电子信息与电气工程技术丛书 E&E

RBF NEURAL NETWORK CONTROL FOR MECHANICAL SYSTEMS: DESIGN, ANALYSIS AND MATLAB SIMULATION, SECOND EDITION

RBF神经网络自适应控制及MATLAB仿真

（第2版）

刘金琨 著

Liu Jinkun

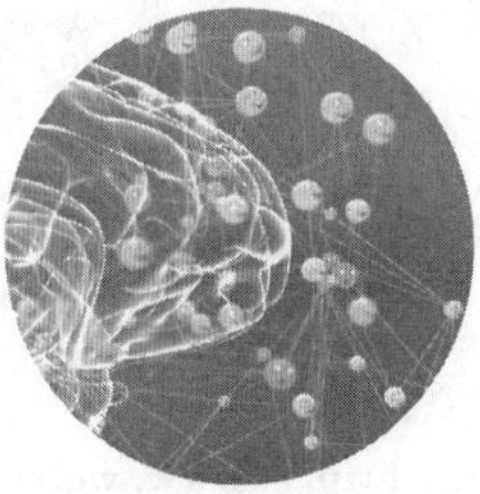

清华大学出版社

北京

内 容 简 介

本书结合典型机械系统控制的实例，系统地介绍了神经网络控制的基本理论、基本方法和应用技术。本书是作者多年来从事控制系统教学和科研工作的结晶，同时融入了国内外同行近年来所取得的新成果。

全书共分 16 章，包括绪论、RBF 神经网络的设计与仿真、基于梯度下降法的 RBF 神经网络控制、自适应 RBF 神经网络控制、RBF 神经网络滑模控制、基于模型整体逼近的自适应 RBF 控制、基于局部逼近的自适应 RBF 控制、基于 RBF 神经网络的动态面自适应控制、数字 RBF 神经网络控制、离散神经网络控制、自适应 RBF 观测器设计及滑模控制、基于 RBF 神经网络的反演自适应控制、基于 RBF 神经网络的自适应容错控制、基于 RBF 神经网络的自适应量化控制、基于 RBF 神经网络的控制输出受限控制和基于 RBF 神经网络的控制方向未知的状态跟踪。每种控制方法都通过 MATLAB 进行了仿真分析。

本书各部分内容既相互联系又相对独立，读者可根据需要选择学习。本书适用于从事生产过程自动化、计算机应用、机械电子和电气自动化领域的工程技术人员阅读，也可作为大专院校工业自动化、自动控制、机械电子、自动化仪表、计算机应用等专业的教学参考书。

图书在版编目(CIP)数据

RBF 神经网络自适应控制及 MATLAB 仿真/刘金琨著. —2 版. —北京：清华大学出版社，2018（2022.2重印）
（电子信息与电气工程技术丛书）
ISBN 978-7-302-51732-0

Ⅰ. ①R… Ⅱ. ①刘… Ⅲ. ①神经网络－自适应控制－研究 ②神经网络－计算机仿真 ③Matlab 软件 Ⅳ. ①TP183 ②TP391.9

中国版本图书馆 CIP 数据核字(2018)第 267511 号

责任编辑：盛东亮
封面设计：李召霞
责任校对：白　蕾
责任印制：曹婉颖

出版发行：清华大学出版社
网　　址：http://www.tup.com.cn，http://www.wqbook.com
地　　址：北京清华大学学研大厦 A 座　　**邮　　编**：100084
社 总 机：010-62770175　　**邮　　购**：010-83470235
投稿与读者服务：010-62776969，c-service@tup.tsinghua.edu.cn
质量反馈：010-62772015，zhiliang@tup.tsinghua.edu.cn
课件下载：http://www.tup.com.cn，010-83470236
印 装 者：三河市铭诚印务有限公司
经　　销：全国新华书店
开　　本：185mm×260mm　　**印　　张**：27　　**字　　数**：659 千字
版　　次：2014 年 1 月第 1 版　2018 年 12 月第 2 版　　**印　　次**：2022 年 2 月第 4 次印刷
定　　价：99.00 元

产品编号：080457-01

前言

神经网络控制出现于20世纪80年代，经历了30余年的发展，已形成了一个相对独立的研究分支，成为智能控制系统的一种设计方法，适用于线性与非线性系统、连续与离散系统、确定性与不确定性系统、集中参数与分布参数系统、集中控制与分散控制系统等。

神经网络具有高度并行的结构、强大的学习能力、连续非线性函数逼近能力、容错能力等优点，极大地促进与拓展了神经网络技术在非线性系统辨识与控制中的应用。在实际工业过程中，存在着非线性、未建模动态、不可测噪声以及多环路等问题，这些问题对控制系统设计提出了很大的挑战。

与传统的控制策略相比，神经网络在如下几个方面具有优势。

(1) 神经网络对任意函数都具有学习能力，神经网络的自学习能力可避免在传统自适应控制理论中占有重要地位的复杂数学分析。

(2) 针对传统控制方法不能解决的高度非线性控制问题，多层神经网络的隐含层神经元采用了激活函数，具有非线性映射功能，这种映射可以逼近任意非线性函数，为解决非线性控制问题提供了有效的解决途径。

(3) 传统自适应控制方法需要模型先验信息来设计控制方案，由于神经网络的逼近能力，控制器不需要具体的模型信息。因此，神经网络控制可以被广泛用于解决具有不确定模型的控制问题。

(4) 在神经网络大规模并行处理架构下，网络的某些节点损坏并不影响整个神经网络的整体性能，有效地提高了控制系统的容错性。

有关神经网络控制理论及其工程应用，近年来已有大量的论文发表。作者多年来一直从事智能控制及应用方面的研究和教学工作，为了促进神经网络控制和自动化技术的进步，反映神经网络控制设计与应用中的最新研究成果，并使广大工程技术人员能了解、掌握和应用这一领域的最新技术，学会用MATLAB语言进行RBF(Radial Basis Function，径向基函数)网络控制器的设计，作者编写了这本书，以期抛砖引玉，供广大读者学习参考。

本书是作者在总结多年研究成果的基础上，进一步使其理论化、系统化、规范化、实用化而成，其特点是：

(1) 书中给出的RBF神经网络控制算法简单，内容先进，取材着重于基本概念、基本理论和基本方法；

(2) 本书针对每种RBF神经网络控制算法给出了完整的MATLAB仿真程序，并给出了程序的说明和仿真结果，具有很强的可读性；

(3) 着重从应用角度出发，突出理论联系实际的功能，面向广大工程技术人员，具有很强的工程性和实用性，书中有大量应用实例及其结果分析，为读者提供了有益的借鉴；

(4) 所给出的各种RBF神经网络控制算法完整，程序设计结构力求简单明了，便于读者自学和进一步开发。

前言

全书共分16章。第1章为绪论，介绍神经网络控制的基本原理及其在理论和应用方面的发展状况，并介绍了一种简单的自适应控制设计方法；第2章介绍RBF神经网络的设计与仿真、影响RBF神经网络的参数及离线建模方法；第3章介绍基于梯度下降法的RBF神经网络控制方法，包括基于RBF神经网络的监督控制、基于RBF神经网络的模型参考自适应控制和RBF自校正控制三种方法；第4章介绍几种简单的RBF神经网络自适应控制的设计和分析方法；第5章介绍RBF神经网络滑模控制的设计及分析方法，并引入了一种基于神经网络最小参数学习法的自适应滑模控制方法；第6章和第7章分别介绍基于模型整体逼近的自适应RBF控制和基于局部逼近的自适应RBF控制，并以机械手控制为例给出了控制器的设计和分析实例；第8章以柔性机械臂的控制为例，介绍基于RBF神经网络的自适应动态面控制的设计和分析方法；第9章介绍RBF神经网络自适应控制的离散化方法；第10章介绍离散系统的RBF神经网络控制器设计及离散控制系统的稳定性分析方法；第11章介绍自适应RBF神经网络观测器的设计和分析方法；第12章介绍基于RBF神经网络的反演自适应控制方法；第13章介绍基于RBF神经网络的自适应容错控制方法；第14章介绍基于RBF神经网络的自适应量化控制方法；第15章介绍基于RBF神经网络的控制输出受限控制；第16章介绍基于RBF神经网络的控制方向未知的状态跟踪。

本书是作者在原有的英文版著作 *RBF Neural Network Control for Mechanical Systems—Design, Analysis and Matlab Simulation*（Jinkun LIU，Tsinghua & Springer Press，2013）和原有的中文版著作《RBF神经网络自适应控制MATLAB仿真》（北京：清华大学出版社，2014）基础上撰写的，并做了适当的增减。

本书是在MATLAB的R2011a环境下开发的，各章节具有很强的独立性，读者可以结合自己的方向深入地进行研究。

作者在本书编写过程中得到新加坡国立大学葛树志教授的热情支持和宝贵建议，在此表示感谢。

假如读者对算法和仿真程序有疑问，可通过E-mail与作者联系（邮箱：ljk@buaa.edu.cn）。程序下载网址为 http://shi.buaa.edu.cn/liujinkun。由于作者水平有限，书中难免存在一些不足和疏漏之处，欢迎广大读者批评指正。

作者

于北京航空航天大学

符号说明

$\boldsymbol{R} \triangleq$实数集合

$\boldsymbol{R}^n \triangleq n$维向量实数集合

$\boldsymbol{R}^{n\times m} \triangleq n\times m$维矩阵向量实数集合

$|a| \triangleq$标量a的绝对值

$\det(\boldsymbol{A}) \triangleq$矩阵$\boldsymbol{A}$的行列式

$\|\boldsymbol{x}\| \triangleq$矢量$\boldsymbol{x}$的范数

$\boldsymbol{A}^{\mathrm{T}} \triangleq$矩阵$\boldsymbol{A}$的转置

$\boldsymbol{A}^{-1} \triangleq$矩阵$\boldsymbol{A}$的逆

$\boldsymbol{I} \triangleq$单位矩阵

$\boldsymbol{I}_n \triangleq n\times n$维单位矩阵

$\lambda_i(\boldsymbol{A}) \triangleq \boldsymbol{A}$的第$i$个特征值

$\lambda(\boldsymbol{A}) \triangleq \boldsymbol{A}$的特征值集合

$\lambda_{\min}(\boldsymbol{A}) \triangleq$矩阵$\boldsymbol{A}$的最小特征值

$\lambda_{\max}(\boldsymbol{A}) \triangleq$矩阵$\boldsymbol{A}$的最大特征值

$x_i \triangleq$向量$\boldsymbol{x}$的第i个元素

$a_{ij} \triangleq$矩阵$\boldsymbol{A}$的第ij元素

$(\hat{\cdot}) \triangleq (\cdot)$的估计值

$(\tilde{\cdot}) \triangleq (\cdot)-(\hat{\cdot})$

$\sup\alpha(t) \triangleq \alpha(t)$的上界

$\mathrm{diag}[\cdots] \triangleq$给定元素构成的对角阵

$\boldsymbol{h} \triangleq$ RBF 网络高斯基函数的输出向量

$\boldsymbol{c}_j \triangleq$ RBF 网络高斯基函数第j个神经元的中心点向量

$b_j \triangleq$ RBF 网络高斯基函数第j个神经元的基宽

$\boldsymbol{W} \triangleq$ RBF 网络的权值矩阵

$\log x$表示自然对数

注：本书的示例采用英文版 MATLAB 软件仿真，所以书中仿真图形中的图字为英文，不区分物理量正体与斜体，与代码中的物理量一致。

目录

目录

目录

目录

第1章 绪论

1.1 神经网络控制

1.1.1 神经网络控制的提出

自从20世纪40年代提出了基于单神经元模型构建的神经网络计算模型[1]，神经网络在感知学习、模式识别、信号处理、建模技术和系统控制等方面得到了巨大的发展与应用。神经网具有高度并行的结构、强大的学习能力、连续非线性函数逼近能力、容错能力以及高效实时模拟VSL能力等优点，极大地促进与拓展了神经网络技术在非线性系统辨识与控制的应用[2]。

在实际工业过程中，存在着非线性、未建模动态、不可测噪声以及多环路等问题，这些问题对控制系统设计提出了很大的挑战。

经过几十年的发展，基于现代和经典控制理论的控制策略得到了很大的发展。现代控制理中的自适应和最优控制技术以及经典控制理论主要都是基于线性系统，然而应用这些技术，都需要发展数学建模技术。

与传统的控制策略相比，神经网络在如下几个方面吸引了广大研究者的注意，概括如下：

(1) 神经网络对任意函数具有学习能力，神经网络的自学习能力可避免在传统自适应控制理论中占有重要地位的复杂数学分析。

(2) 针对传统控制方法不能解决的高度非线性控制问题，多层神经网络的隐含层神经元采用了激活函数，它具有非线性映射功能，这种映射可以逼近任意非线性函数，为解决非线性控制问题提供了有效的解决途径。

(3) 传统自适应控制方法需要模型先验信息来设计控制方案，例如需要建立被控对象的数学模型。由于神经网络的自学习能力，控制器不要许多系统的模型和参数信息，因此，神经网络控制可以广泛用于解决具有不确定模型的控制问题。

(4) 采用神经元芯片或并行硬件，为大规模神经网络并行处理提供了非常快速的多处理技术。

(5) 在神经网的大规模并行处理架构下,网络的某些节点损坏并不影响整个神经网络的整体性能,有效地提高了控制系统的容错性。

1.1.2 神经网络控制概述

针对 MIMO 模型,例如多关节机器人动力学模型,常规控制器的设计方法一般要求建立最小相位系统的结构和精确的数学模型,在许多情况下模型参数还要求精确已知。

神经网络可以通过前向和反向的动态行为在线学习复杂模型,通过适应环境的变化设计自适应 MIMO 控制器。从理论上讲,一个基于神经网络的控制系统的设计相对简单,因为它不要求有关该模型的任何先验知识。

神经网络的逼近能力已经被许多研究者证明[3~7],一些研究者在自适应神经网络控制器引入了逼近能力[8~14],一些研究小组发展了自适应神经网络控制稳定性分析技术。

针对神经网络控制已经有许多成果发表。例如,一些研究者针对非线性动态系统的辨识和控制问题,提出了一个统一的框架[15],针对自适应非线性控制和自适应线性控制理论应用参数化方法进行稳定性分析。文献[8]通过引入 Ge-Lee 算子,针对机器人神经网络控制方法进行了稳定性分析和描述。文献[16～18]中给出了基于李雅普诺夫方法的典型神经网络控制系统稳定性分析方法。

反向传播(BP)神经网络和 RBF 神经网络的普及,大大促进了神经网络控制的发展[19]。例如,文献[20～28]采用 BP 神经网络进行了控制器的分析和设计。

1.1.3 自适应 RBF 神经网络概述

针对 RBF 通用函数逼近的自适应非线性控制研究引起了国内外学者的广泛关注[29~37]。RBF 神经网络在系统具有较大不确定性时,能有效地提高控制器的性能。在神经网络控制中,神经网络自适应律可通过 Lyapunov 方法导出,通过自适应权重的调节保证整个闭环系统的稳定性和收敛性。

本书通过许多控制系统设计和仿真实例,来论述当系统受到外界干扰时,采用 RBF 神经网络能够显著改善控制性能。

1.2 RBF 神经网络

在 1990 年,研究人员首次提出了非线性动力系统的人工神经网络自适应控制方法[38]。此后,多层神经网络(MNN)和径向基函数(RBF)神经网络成功地应用于模式识别和控制中[39]。

RBF 神经网络于 1988 年提出[40]。相比多层前馈网络(MFN),RBF 网络由于具有良好的泛化能力,网络结构简单,避免不必要的和冗长的计算而备受关注。关于 RBF 网络的研究表明了 RBF 神经网络能在一个紧凑集和任意精度下,逼近任何非线性函数[41,42]。目前,已经有许多针对非线性系统的 RBF 神经网络控制研究成果发表[24,43]。

RBF 神经网络有 3 层:输入层、隐含层和输出层。隐含层的神经元激活函数由径向基

函数构成。隐含层组成的数组运算单元称为隐含层节点。每个隐含层节点包含一个中心向量 $\boldsymbol{c}$，$\boldsymbol{c}$ 和输入参数向量 $\boldsymbol{x}$ 具有相同维数，二者之间的欧氏距离定义为 $\| x(t)-c_j(t) \|$。

隐含层的输出为非线性激活函数 $h_j(t)$ 构成

$$h_j(t)=\exp\left(-\frac{\| \boldsymbol{x}(t)-\boldsymbol{c}_j(t) \|^2}{2b_j^2}\right),\quad j=1,\cdots,m \tag{1.1}$$

其中，b_j 为一个正的标量，表示高斯基函数的宽度；m 是隐含层的节点数量。网络的输出由如下加权函数实现：

$$y_i(t)=\sum_{j=1}^{m} w_{ji}h_j(t),\quad i=1,\cdots,n \tag{1.2}$$

其中，w 是输出层的权值；n 是输出节点个数；y 是神经网络输出。

1.3 机器人 RBF 神经网络控制

多输入多输出系统(MIMO)模型中的非线性、时变以及模型参数动态变化的控制问题，一直是控制领域的难题。这方面的研究成果已经有很多，如文献[44]针对一类双关节或多关节机械臂的控制问题进行了研究。

机械臂在柔性自动化领域已经成为越来越重要的研究对象，近年来，针对机械臂的控制器设计已取得了许多成果，为了实现精确的轨迹跟踪和良好的控制性能，出现了许多控制方法。

针对机械力臂的控制问题，计算力矩控制方法是最简单的控制方法，但该方法依赖于系统的精确非线性动力学模型。在实际工程中，机械手的有效载荷中可能会发生变化，在其运动期间，该参数无法实现精确预知。为了克服这个问题，许多研究人员引入了自适应控制策略[45~47]。

自适应控制方法具有不需要未知参数的先验知识的优点，例如不需要有效载荷的质量。对于刚性机械臂系统，神经网络控制技术已经用于此类系统的研究，例如，采用神经网络自适应控制方法，可设计稳定跟踪控制的刚性连杆机械臂系统[8~14,48~52]。

针对柔性机械臂系统，出现了许多神经网络自适应控制方法的解决方案[53~55]。例如，文献[53]针对柔性连杆机械臂关节位置跟踪的奇异摄动技术，设计了一个神经网络控制器，该方法不需要机器人机械臂的先验知识，且不需要离线训练神经网络。文献[54]针对连杆柔性臂尖端位置跟踪控制问题，设计了神经网络自适应控制器，不需要有效载荷质量的先验知识。

1.4 控制系统 S 函数设计

1.4.1 S 函数介绍

S 函数是 Simulink 的重要部分，它为 Simulink 环境下的仿真提供了强有力的拓展能力。S 函数可以用计算机语言来描述动态系统。在控制系统设计中，S 函数可以用来描述控制算法、自适应算法和模型动力学方程。

1.4.2 S函数基本参数

（1）S函数：包括initialization程序、mdlDerivative程序、mdlOutput程序等。

（2）NumContStates：连续状态个数。

（3）NumDiscStates：离散状态个数。

（4）NumInputs和NumOutputs：系统的输入和输出个数。

（5）DirFeedthrough：表示输入信号是否直接在输出端出现。

例如，形如 $y=k\times u$ 的系统需要输入（即直接反馈），其中 u 是输入，k 是增益，y 是输出，形如等式 $y=x,\dot{x}=u$ 的系统不需要输入（即不存在直接反馈），其中 x 是状态，u 是输入，y 为输出。

（6）NumSampleTimes：Simulink提供了采样周期选项：连续采样时间、离散采样时间、变步长采样时间等。对于连续采样时间，输出在很小的步长内改变。

1.4.3 实例

在控制系统设计中，S函数可以用于控制器、自适应律和模型描述。1.5节将会用到如下的定义，在此作一个简单的介绍。

1. 模型初始化Initialization函数

采用S函数来描述形如式 $m\ddot{x}=u$ 定义的系统，可以看出系统模型是二阶的。如果采用S函数来描述2输入3输出系统，模型初始化参数可写为[0.5,0]，假定模型的输出不直接由输入部分控制，则模型的初始化程序可描述如下：

```
function [sys,x0,str,ts] = mdlInitializeSizes
sizes = simsizes;
sizes.NumContStates   = 2;
sizes.NumDiscStates   = 0;
sizes.NumOutputs      = 3;
sizes.NumInputs       = 2;
sizes.DirFeedthrough  = 0;
sizes.NumSampleTimes = 1;
sys = simsizes(sizes);
x0  = [0.5,0];
str = [];
ts  = [0 0];
```

2. 动力学模型描述的mdlDerivative函数

在控制系统中，该函数可用于描述动态模型和自适应律等。例如，针对模型 $m\ddot{x}=u$ 的描述程序如下：

```
function sys = mdlDerivatives(t,x,u)
m = 2;
ut = u(2);
```

```
sys(1) = x(2);
sys(2) = 1/m * ut;
```

3. 自适应律的 mdlDerivative 函数

在控制系统中，S 函数的 mdlDerivative 函数用于描述自适应律，例如自适应律 $\dot{\hat{m}}=-\gamma vs$ 的程序描述如下：

```
function sys = mdlDerivatives(t,x,u)
xm = u(1);
dxm = u(2);
ddxm = u(3);
x1 = u(4);
dx1 = u(5);

e = x1 - xm;
de = dx1 - dxm;

nmn = 6;
s = de + nmn * e;
v = ddxm - 2 * nmn * de - nmn^2 * e;

gama = 0.5;
sys(1) = - gama * v * s;
```

4. mdlOutput 函数

S 函数的 mdlOutput 函数通常用于描述控制器或模型的输出。例如下面程序就是采用 S 函数 mdlOutput 模块来描述模型的输出：

```
function sys = mdlOutputs(t,x,u)
m = 2;
sys(1) = x(1);
sys(2) = x(2);
sys(3) = m;
```

1.5 简单自适应控制系统设计实例

本节基于文献[56]设计一个简单的自适应系统。

1.5.1 系统描述

系统通过电机控制输入 u 来控制，动态模型如下：

$$m\ddot{x}=u \tag{1.3}$$

位置命令为 $r(t)$，则包含 $r(t)$ 的参考模型如下：

$$\ddot{x}_m+\lambda_1\dot{x}_m+\lambda_2 x_m=\lambda_2 r(t) \tag{1.4}$$

其中，λ_1 和 λ_2 为正实数；$\tilde{x}=x-x_m$ 为跟踪误差。

1.5.2 自适应控制律设计

如果 m 已知,则可设计如下的自适应控制律:

$$u = m(\ddot{x}_m - 2\lambda\dot{\tilde{x}} - \lambda^2\tilde{x}) \tag{1.5}$$

其中,λ 是一个严格正实数。

将式(1.5)代入式(1.3)中,则可得一个指数收敛的跟踪误差动态模型:

$$\ddot{\tilde{x}} + 2\lambda\dot{\tilde{x}} + \lambda^2\tilde{x} = 0 \tag{1.6}$$

如果 m 未知,则可设计自适应律如下:

$$u = \hat{m}(\ddot{x}_m - 2\lambda\dot{\tilde{x}} - \lambda^2\tilde{x}) \tag{1.7}$$

其中,$\hat{m}$是对质量 m 的估计。

定义 $v=\ddot{x}_m-2\lambda\dot{\tilde{x}}-\lambda^2\tilde{x}$,将式(1.7) 代入式(1.3),则

$$m\ddot{x} = \hat{m}(\ddot{x}_m - 2\lambda\dot{\tilde{x}} - \lambda^2\tilde{x}) = \hat{m}v$$

定义$\tilde{m}=\hat{m}-m$,上式变为

$$m(\ddot{x} - v) = \tilde{m}v \tag{1.8}$$

定义跟踪误差函数 s 为

$$s = \dot{\tilde{x}} + \lambda\tilde{x} \tag{1.9}$$

由式(1.9)可见,s 的收敛性意味着位置跟踪误差$\tilde{x}$ 和速度跟踪误差$\dot{\tilde{x}}$的收敛性。

由于$\ddot{x}-v=\ddot{x}-\ddot{x}_m+2\lambda\dot{\tilde{x}}+\lambda^2\tilde{x}=\ddot{\tilde{x}}+\lambda\dot{\tilde{x}}+\lambda(\dot{\tilde{x}}+\lambda\tilde{x})=\dot{s}+\lambda s$,则式 (1.8)变为

$$m(\dot{s} + \lambda s) = \tilde{m}v \tag{1.10}$$

由式(1.10)可得 $ms\dot{s}=-\lambda ms^2+\tilde{m}vs$。定义 Lyapunov 函数如下

$$V = \frac{1}{2}\left(ms^2 + \frac{1}{\gamma}\tilde{m}^2\right)$$

其中,$\gamma>0$。

从而有

$$\dot{V} = ms\dot{s} + \frac{1}{\gamma}\tilde{m}\dot{\tilde{m}} = -\lambda ms^2 + \tilde{m}vs + \frac{1}{\gamma}\tilde{m}\dot{\hat{m}} = -\lambda ms^2 + \tilde{m}\left(vs + \frac{1}{\gamma}\dot{\hat{m}}\right)$$

设计参数$\hat{m}$的自适应律公式为

$$\dot{\hat{m}} = -\gamma vs \tag{1.11}$$

则

$$\dot{V} = -\lambda ms^2 \leqslant 0$$

由于 $V\geqslant0,\dot{V}\leqslant0$,从而 s 和$\tilde{m}$有界。当$\dot{V}\equiv0$ 时,$s=0$,根据 LaSalle 不变性原理[57,58],闭环系统为渐进稳定,当 $t\to\infty$时,$s\to0$,从而$\tilde{x}\to0,\dot{\tilde{x}}\to0$。

由于$\dot{V}\leqslant0$ 不取决于$\tilde{m}$值,则当 $t\to\infty$时,可保证$\hat{m}$有界,但无法保证$\hat{m}$收敛于 m。

1.5.3 仿真实例

在式(1.3)所描述的系统中 ,假设真实质量为 $m=2$,在仿真中,初始值为$\hat{m}(0)=0$,

采用式(1.7)与式(1.11)设计的控制律，设定参数为 $\gamma=0.5$，$\lambda_1=10$，$\lambda_2=25$，$\lambda=6$，分别设定参考位置为 $r(t)=0$，$r(t)=\sin(4t)$，初始条件为 $\dot{x}(0)=\dot{x}_m(0)=0$，$x(0)=x_m(0)=0.5$。

图 1.1 和图 1.2 为指令 $r(t)=0$ 时控制效果，图 1.3 和图 1.4 为指令 $r(t)=\sin(4t)$ 时的控制效果。

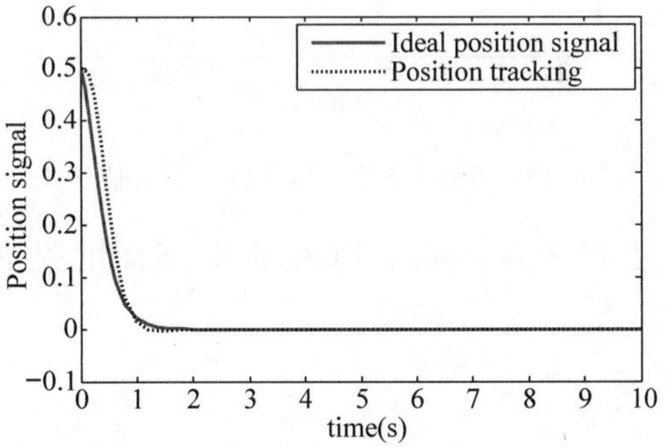

图 1.1　指令 $r(t)=0$ 跟踪($m=1$)

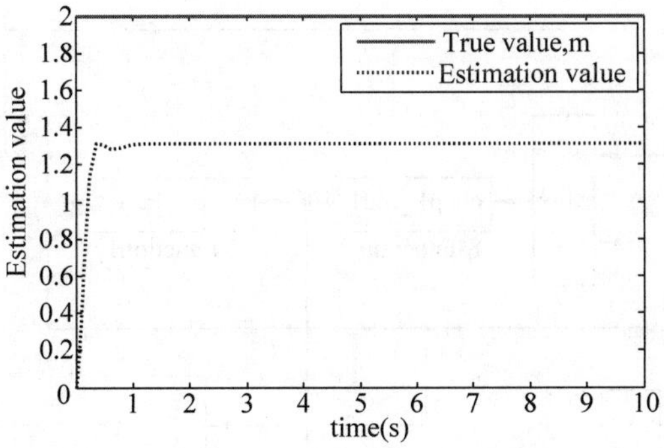

图 1.2　$r(t)=0$ 时未知负载的参数估计($m=1$)

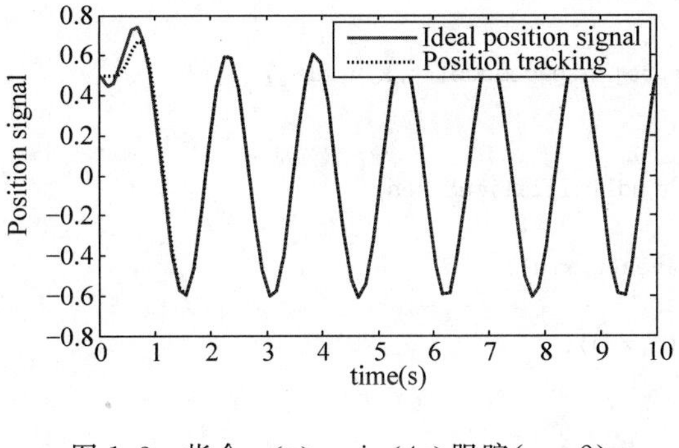

图 1.3　指令 $r(t)=\sin(4t)$ 跟踪($m=2$)

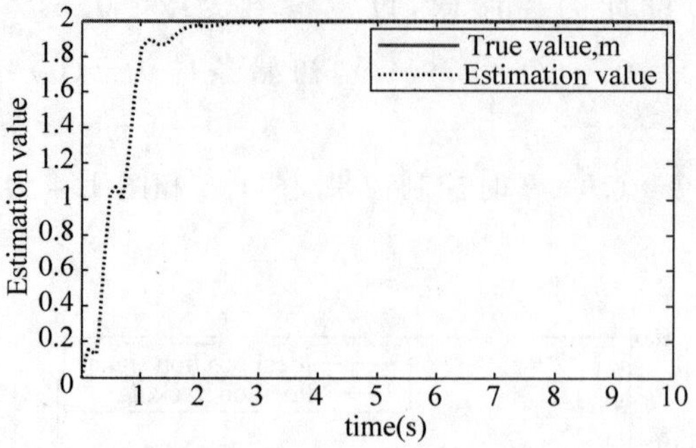

图 1.4　$r(t)=\sin(4t)$时未知负载的参数估计（$m=2$）

本实例的 Simulink 主程序为 chap1_1sim. mdl，下面的附录是本实例的 MATLAB 程序。

附录　仿真程序

1. 仿真主程序：chap1_1sim. mdl

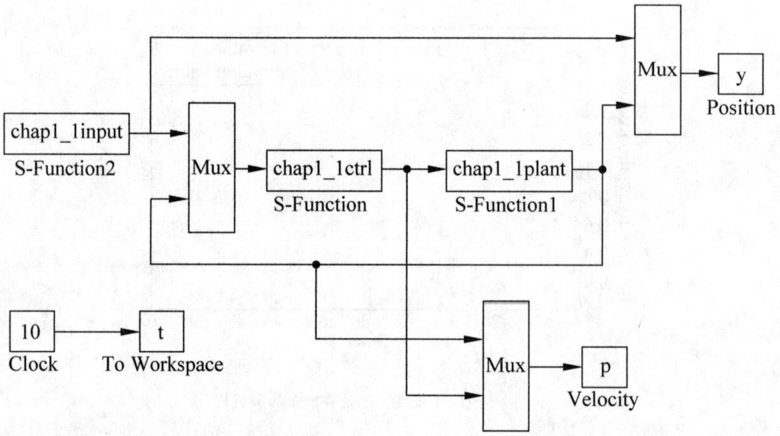

2. 控制设计程序：chap1_1ctrl. m

```
function [sys,x0,str,ts] = spacemodel(t,x,u,flag)
switch flag,
case 0,
    [sys,x0,str,ts] = mdlInitializeSizes;
case 1,
    sys = mdlDerivatives(t,x,u);
case 3,
    sys = mdlOutputs(t,x,u);
case {2,4,9}
    sys = [];
otherwise
    error(['Unhandled flag = ',num2str(flag)]);
end
function [sys,x0,str,ts] = mdlInitializeSizes
```

```
sizes = simsizes;
sizes.NumContStates      = 1;
sizes.NumDiscStates      = 0;
sizes.NumOutputs         = 2;
sizes.NumInputs          = 6;
sizes.DirFeedthrough     = 1;
sizes.NumSampleTimes     = 0;
sys = simsizes(sizes);
x0 = [0];
str = [];
ts = [];
function sys = mdlDerivatives(t,x,u)
xm = u(1);
dxm = u(2);
ddxm = u(3);
x1 = u(4);
dx1 = u(5);

e = x1 - xm;
de = dx1 - dxm;

nmn = 6;
s = de + nmn * e;
v = ddxm - 2 * nmn * de - nmn ^ 2 * e;

gama = 0.5;
sys(1) = - gama * v * s;
function sys = mdlOutputs(t,x,u)
xm = u(1);
dxm = u(2);
ddxm = u(3);
x1 = u(4);
dx1 = u(5);

e = x1 - xm;
de = dx1 - dxm;

nmn = 6;

mp = x(1);
ut = mp * (ddxm - 2 * nmn * de - nmn ^ 2 * e);

sys(1) = mp;
sys(2) = ut;
```

3. 被控对象程序：chap1_1plant.m

```
function [sys,x0,str,ts] = spacemodel(t,x,u,flag)
switch flag,
case 0,
    [sys,x0,str,ts] = mdlInitializeSizes;
```

```
case 1,
    sys = mdlDerivatives(t,x,u);
case 3,
    sys = mdlOutputs(t,x,u);
case {2,4,9}
    sys = [];
otherwise
    error(['Unhandled flag = ',num2str(flag)]);
end
function [sys,x0,str,ts] = mdlInitializeSizes
sizes = simsizes;
sizes.NumContStates     = 2;
sizes.NumDiscStates     = 0;
sizes.NumOutputs        = 3;
sizes.NumInputs         = 2;
sizes.DirFeedthrough    = 0;
sizes.NumSampleTimes    = 1;
sys = simsizes(sizes);
x0 = [0.5,0];
str = [];
ts = [0 0];
function sys = mdlDerivatives(t,x,u)
m = 2;
ut = u(2);
sys(1) = x(2);
sys(2) = 1/m * ut;
function sys = mdlOutputs(t,x,u)
m = 2;
sys(1) = x(1);
sys(2) = x(2);
sys(3) = m;
```

4. 指令信号程序：chap1_1input. m

```
function [sys,x0,str,ts] = spacemodel(t,x,u,flag)
switch flag,
case 0,
    [sys,x0,str,ts] = mdlInitializeSizes;
case 1,
    sys = mdlDerivatives(t,x,u);
case 3,
    sys = mdlOutputs(t,x,u);
case {2,4,9}
    sys = [];
otherwise
    error(['Unhandled flag = ',num2str(flag)]);
end
function [sys,x0,str,ts] = mdlInitializeSizes
global M
M = 2;
sizes = simsizes;
```

```
sizes.NumContStates     = 2;
sizes.NumDiscStates     = 0;
sizes.NumOutputs        = 3;
sizes.NumInputs         = 0;
sizes.DirFeedthrough    = 1;
sizes.NumSampleTimes    = 0;
sys = simsizes(sizes);
x0 = [0.5,0];
str = [];
ts = [];
function sys = mdlDerivatives(t,x,u)
global M
if M == 1
r = 0;
elseif M == 2
r = sin(4 * t);
end

nmn1 = 10;
nmn2 = 25;
sys(1) = x(2);
sys(2) = - nmn1 * x(2) - nmn2 * x(1) + nmn2 * r;
function sys = mdlOutputs(t,x,u)
global M
if M == 1
r = 0;
elseif M == 2
r = sin(4 * t);
end

nmn1 = 10;
nmn2 = 25;

xm = x(1);
dxm = x(2);
ddxm = - nmn1 * x(2) - nmn2 * x(1) + nmn2 * r;

sys(1) = xm;
sys(2) = dxm;
sys(3) = ddxm;
```

5. 画图程序：chap1_1plot.m

```
close all;

figure(1);
plot(t,y(:,1),'r',t,y(:,4),'k:','linewidth',2);
xlabel('time(s)');ylabel('position signal');
legend('ideal position signal','position tracking');

figure(2);
```

```
plot(t,p(:,3),'r',t,p(:,4),'k:','linewidth',2);
xlabel('time(s)');ylabel('estimation value');
legend('True value,m','estimation value');
```

参考文献

[1] McCulloch W S, Pitts W. A logical calculus of the ideas immanent in nervous activity[J]. Bull Math Biophys,1943,5: 115-133.

[2] Hunt K J, Sbarbaro D, Zbikowski R, Gawthrop P J. Neural networks for control system—a survey[J]. Automatica,1992,28(6): 1083-1112.

[3] Barron A R. Approximation and estimation bounds for artificial neural networks: Proceedings of the 4th annual workshop on computational learning theory[C]. San Mateo: Morgan Kaufmann,1991: 243-249.

[4] Barron A R. Universal approximation bounds for superposition for a sigmoidal function[J]. IEEE Trans Inf Theory,1993,39(3): 930-945.

[5] Chen T P, Chen H. Approximation capability to functions of several variables, nonlinear functionals, and operators by radial basis function neural networks[J]. IEEE Trans Neural Netw,1995,6(4): 904-910.

[6] Hornik K, Stinchcombe M, White H. Multilayer feedforward networks are universal approximator[J]. Neural Netw,1989,2(5): 359-366.

[7] Poggio T, Girosi T. Networks for approximation and learning[J]. Proc IEEE,1990,78(9): 1481-1497.

[8] Ge S S, Lee T H, Harris C J. Adaptive neural network control of robotic manipulators. London: World Scientific,1998.

[9] Ge S S, Hang C C, Lee T H, Zhang T. Stable adaptive neural network control [M]. Boston: Kluwer,2001.

[10] Lewis F L, Jagannathan S, Yesildirek A. Neural network control of robot manipulators and nonlinear systems[M]. London: Taylor & Francis,1999.

[11] Lewis F L, Campos J, Selmic R. Neuro-fuzzy control of industrial systems with actuator nonlinearities[J]. Philadelphia: SIAM,2002.

[12] Talebi H A, Patel R V, Khorasani K. Control of flexible-link manipulators using neural networks[M]. London: Springer,2000.

[13] Kim Y H, Lewis F L. High-level feedback control with neural networks[J]. Singapore: World Scientific,1998.

[14] Fabri S G, Kadirkamanathan V. Functional adaptive control: an intelligent systems approach[M]. New York: Springer,2001.

[15] Polycarpou M M. Stable adaptive neural control scheme for nonlinear systems[J]. IEEE Trans Autom Control,1996,41(3): 447-451.

[16] Zhang T P, Ge S S. Adaptive neural network tracking control of MIMO nonlinear systems with unknown dead zones and control directions[J]. IEEE Trans Neural Netw,2009,20(3): 483-497.

[17] Yu S H, Annaswamy A M. Adaptive control of nonlinear dynamic systems using θ-adaptive neural networks[J]. Automatica,1997,33(11): 1975-1995.

[18] Yu S H, Annaswamy A M. Stable neural controllers for nonlinear dynamic systems [J]. Automatica,1998,34(5): 641-650.

[19] Rumelhart D E, Hinton G E, Williams R J. Learning internal representations by error propagation[J]. Parallel Distrib Process,1986,1: 318-362.

[20] Chen F C. Back-propagation neural networks for nonlinear self-tuning adaptive control[J]. IEEE Control Syst Mag,1990,10(3): 44-48.

[21] Fierro R, Lewis F L. Control of a nonholonomic mobile robot using neural networks[J]. IEEE Trans Neural Netw,1998,9(4): 589-600.

[22] Jagannathan S, Lewis F L. Identification of nonlinear dynamical systems using multi-layered neural networks[J]. Automatica 32(12): 1707-1712.

[23] Kwan C, Lewis F L, Dawson D M. Robust neural-network control of rigid-link electrically driven robots[J]. IEEE Trans Neural Netw,1998,9(4): 581-588.

[24] Lewis F L, Liu K, Yesildirek A. Neural net robot controller with guaranteed tracking performance[J]. IEEE Trans Neural Netw,1995,6(3): 703-715.

[25] Lewis F L, Parisini T. Neural network feedb ack with guaranteed stability[J]. Int J Control, 1998(70): 337-339.

[26] Lewis F L, Yesildirek A, Liu K. Multilayer neural-net robot controller with guaranteed tracking performance[J]. IEEE Trans Neural Netw,1996,7(2): 388-399.

[27] Yesidirek A, Lewis F L. Feedback linearization using neural networks[J]. Automatica, 1995, 31(11): 1659-1664.

[28] Jagannathan S, Lewis F L. Discrete-time neural net controller for a class of nonlinear dynamical systems[J]. IEEE Trans Autom Control,1996,41(11): 1693-1699.

[29] Sundararajan N, Saratchandran P, Li Y. Fully tuned radial basis function neural networks for flight control[M]. Boston: Kluwer,2002.

[30] Sanner R M, Slotine J E. Gaussian networks for direct adaptive control[J]. IEEE Trans Neural Netw,1992,3(6): 837-863.

[31] Seshagiri S, Khalil H K. Output feedback control of nonlinear systems using RBF neural networks[J]. IEEE Trans Neural Netw,2000,11(1): 69-79.

[32] Huang S N, Tan K K, Lee T H. Adaptive motion control using neural network approximations[J]. Automatica,2002,38(2): 227-233.

[33] Ge S S, Wang C. Direct adaptive N N control of a class of nonlinear systems. IEEE Trans Neural Netw,2002,13(1): 214-221.

[34] Li Y, Qiang S, Zhuang X, Kaynak O. Robust and adaptive backstepping control for nonlinear systems using RBF neural networks[J]. IEEE Trans Neural Netw,2004,15(3): 693-701.

[35] Huang S, Tan K K, Lee T H, Putra AS. Adaptive control of mechanical systems using neural networks[J]. IEEE Trans Syst Man, Cybern Part C,2007,37(5): 897-903.

[36] Wang S W, Yu D L. Adaptive RBF network for parameter estimation and stable air-fuel ratio control[J]. Neural Netw,2008,21(1): 102-112.

[37] Zhu Q, Fei S, Zhang T, Li T. Adaptive RBF neural-networks control for a class of time-delay nonlinear systems[J]. Neurocomputing,2008,71(16-18): 3617-3624.

[38] Narendra K S, Parthasarat hy K. Identification and control of dynamical systems using neural networks[J]. IEEE Trans Neural Netw,1990,1(1): 4-27.

[39] Narenndra K S, Mukhopadhyay S. Adaptive control of nonlinear multivariable systems using neural networks[J]. Neural Netw,1994,7(5): 737-752.

[40] Broomhead D S, Lowe D. Multivariable functional interpolation and adaptive networks[J]. Complex Syst,1988,2: 321-355.

[41] Hartman E J, Keeler J D, Kowalski J M. Layered neural networks with Gaussian hidden units as universal approximations[J]. Neural Comput,1990,2(2): 210-215.

[42] Park J, Sandberg L W . Universal approximation using radial-basis-function networks[J]. Neural

Comput,1991,3(2): 246-257.

[43] Kobayashi H, Ozawa R. Adaptive neural network control of tendo n-driven mechanisms with elastic tendons[J]. Automatica,2003,39(9): 1509-1519.

[44] Slotine J J, Li W. On the adaptive control of robot manipulators[J]. Int J Robot Res,1987,6(3): 49-59.

[45] Craig J J, Hsu P, Sastry S S. Adaptive control of mechanical manipulators[J]. Int J Robot Res, 1987,6(2): 16-28.

[46] Astolfi A, Karagiann is D, Ortega R. Nonlinear and adaptive control with applications[J]. London: Springer,2008.

[47] Alonge F, Ippolito F D, Raimondi F M. An adaptive control law for robotic manipulator without velocity feedback[J]. Control Eng Pract,2003,11(9): 999-1005.

[48] Omidvar O, Elliott D L. Neural systems for control[M]. San Diego: Academic Press,1997.

[49] Lewis F L, Yesildirek A, Liu K. Multilayer neural-net robot controller with guaranteed tracking performance[J]. IEEE Trans Neural Netw,1996,7(2): 1-11.

[50] Miyamoto H, Kawato M, Setoyama T, Suzuki R. Feedback error learning neural network for trajectory control of a robotic manipulator[J]. Neural Netw,1998,1(3): 251-265.

[51] Ozaki T, Suzuki T, Furuhashi T, Okuma S, Uchikawa Y. Trajectory control of robotic manipulators using neural networks[J]. IEEE Trans Ind Electron,1991,38(3): 195-202.

[52] Saad M, Dessaint L A, Bigras P, Al-haddad K. Adaptive versus neural adaptive control: application to robotics[J]. Int J Adapt Control Signal Process,1994,8(3): 223-236.

[53] Yesildirek A, Vandegrift M W, Lewis F L. A neural network controller for flexible-link robots[J]. J Intell Robot Syst,1996,17(4): 327-349.

[54] Talebi H A, Khorasani K, Patel R V. Neural network based control schemes for flexible-link manipulators: simulation and experiments[J]. Neural Netw,1998,11(7-8): 1357-1377.

[55] Cheng X P, Patel R V. Neural network based tracking control of a flexible macro-micro manipulator system[J]. Neural Netw,2003,16(2): 271-286.

[56] Slotine J E, Li W. Applied nonlinear control[M]. Englewood Cliffs: Prentice Hall,1991.

[57] LaSalle J, Lefschetz S. Stability by Lyapunov's direct method [M]. New York: Academic Press, 1961.

[58] Hassan K H. Nonlinear Systems[M]. 3rd Ed. New Jersey: Prentice Hall, 2002.

2.1 RBF 神经网络算法及仿真

2.1.1 RBF 神经网络算法设计

具有 3 个隐含层的 RBF 网络结构，如图 2.1 所示。

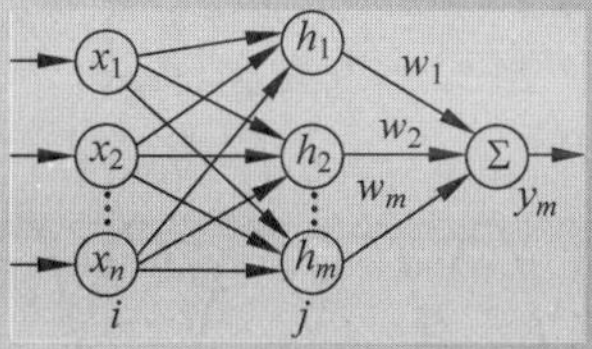

图 2.1　RBF 网络结构

RBF 网络中，$\boldsymbol{x}=[x_i]^{\mathrm{T}}$ 为网络的输入，网络的隐含层输出为 $\boldsymbol{h}=[h_j]^{\mathrm{T}}$，$h_j$ 为隐含层第 j 个神经元的输出

$$h_j=\exp\left(-\frac{\|\boldsymbol{x}-c_j\|^2}{2b_j^2}\right) \tag{2.1}$$

其中，$\boldsymbol{c}=[c_{ij}]=\begin{bmatrix} c_{11} & \cdots & c_{1m} \\ \vdots & \ddots & \vdots \\ c_{n1} & \cdots & c_{nm} \end{bmatrix}$ 为隐含层第 j 个神经元高斯基函数中心点的坐标向量，$i=1,2,\cdots,n,j=1,2,\cdots,m$；$\boldsymbol{b}=[b_1,\cdots,b_m]^{\mathrm{T}}$，$b_j$ 为隐含层第 j 个神经元高斯基函数的宽度。

RBF 网络权值为

$$\boldsymbol{w}=[w_1,\cdots,w_m]^{\mathrm{T}} \tag{2.2}$$

RBF 网络输出为

$$y(t)=\boldsymbol{w}^{\mathrm{T}}\boldsymbol{h}=w_1h_1+w_2h_2+\cdots+w_mh_m \tag{2.3}$$

2.1.2 RBF 神经网络设计实例及 MATLAB 仿真

2.1.2.1 结构为 1-5-1 的 RBF 网络

考虑结构为 1-5-1 的 RBF 网络，取网络输入为 $\boldsymbol{x}=\boldsymbol{x}_1$，令 $\boldsymbol{b}=$

$[b_1 \quad b_2 \quad b_3 \quad b_4 \quad b_5]^{\mathrm{T}}$，$\boldsymbol{c}=[c_{11} \quad c_{12} \quad c_{13} \quad c_{14} \quad c_{15}]$，$\boldsymbol{h}=[h_1 \quad h_2 \quad h_3 \quad h_4 \quad h_5]^{\mathrm{T}}$，$\boldsymbol{w}=[w_1 \quad w_2 \quad w_3 \quad w_4 \quad w_5]^{\mathrm{T}}$，则网络输出为 $y(t)=\boldsymbol{w}^{\mathrm{T}}\boldsymbol{h}=w_1h_1+w_2h_2+w_3h_3+w_4h_4+w_5h_5$。

取网络的输入为 $\sin t$ 时，网络的输出如图 2.2 所示，网络隐含层的输出如图 2.3 所示。仿真主程序为 chap2_1sim.mdl，程序清单见附录。

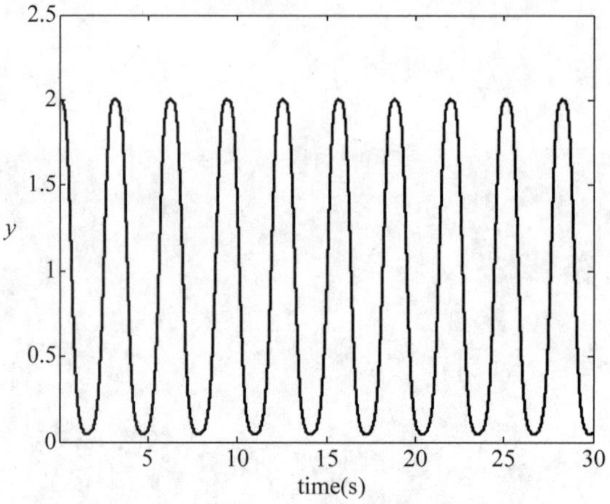

图 2.2 RBF 网络输出

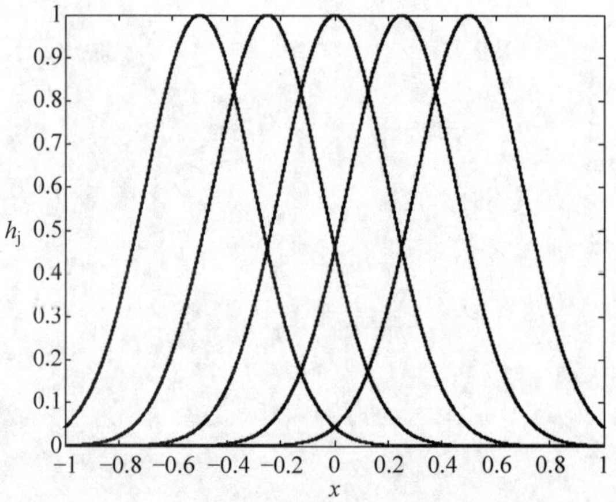

图 2.3 RBF 网络隐层的输出

2.1.2.2 结构为 2-5-1 的 RBF 网络

考虑结构为 2-5-1 的 RBF 网络，取网络输入为 $\boldsymbol{x}=[x_1, x_2]^{\mathrm{T}}$，令 $\boldsymbol{b}=[b_1 \quad b_2 \quad b_3 \quad b_4 \quad b_5]^{\mathrm{T}}$，$\boldsymbol{c}=\begin{bmatrix} c_{11} & c_{12} & c_{13} & c_{14} & c_{15} \\ c_{21} & c_{22} & c_{23} & c_{24} & c_{25} \end{bmatrix}$，$\boldsymbol{h}=[h_1 \quad h_2 \quad h_3 \quad h_4 \quad h_5]^{\mathrm{T}}$，$\boldsymbol{w}=[w_1 \quad w_2 \quad w_3 \quad w_4 \quad w_5]^{\mathrm{T}}$，网络输出为 $y(t)=\boldsymbol{w}^{\mathrm{T}}\boldsymbol{h}=w_1h_1+w_2h_2+w_3h_3+w_4h_4+w_5h_5$。

取网络的输入为 $\sin t$ 时，网络的输出如图 2.4 所示，网络隐含层的输出如图 2.5 和图 2.6 所示。仿真程序为 chap2_2sim.mdl，程序清单见附录。

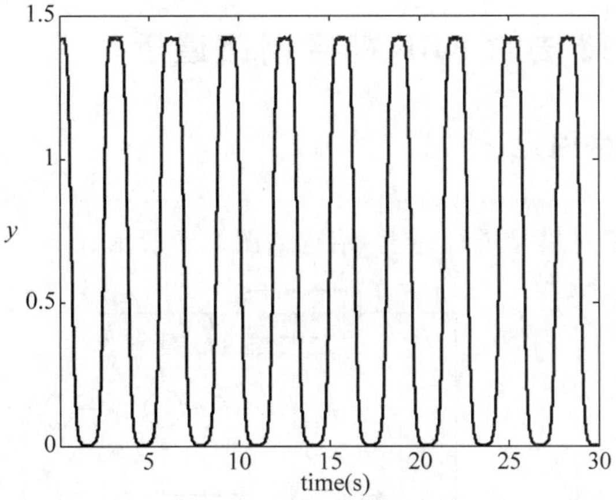

图 2.4　RBF 网络的输出

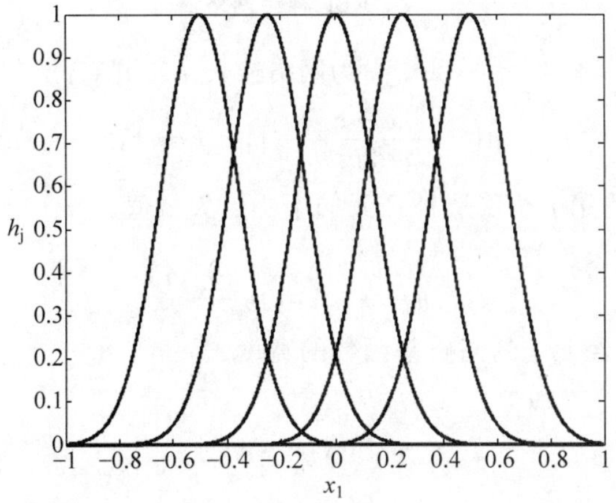

图 2.5　第一个输入的隐层神经网络输出

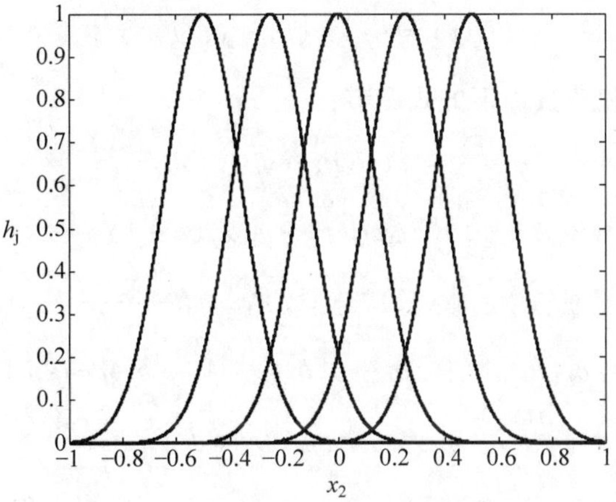

图 2.6　第二个输入的隐层神经网络输出

2.2 基于梯度下降法的 RBF 神经网络逼近

2.2.1 RBF 神经网络逼近

采用 RBF 神经网络对模型进行逼近,结构如图 2.7 所示。

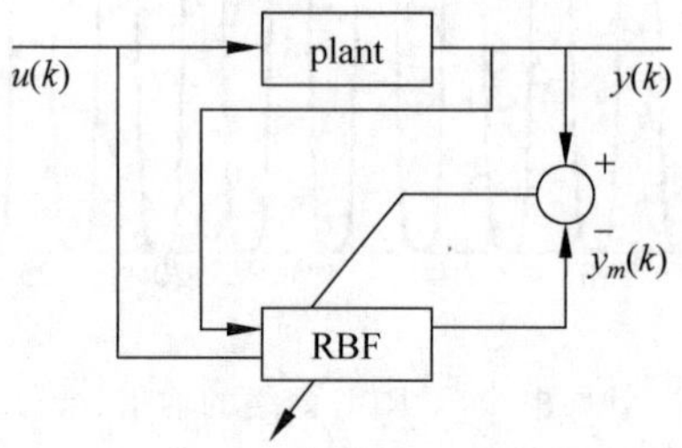

图 2.7 RBF 神经网络逼近

RBF 神经网络中,$\boldsymbol{x}=[x_1,x_2,\cdots,x_n]^{\mathrm{T}}$ 为网络输入,h_j 为隐含层第 j 个神经元的输出,即

$$h_j=\exp\left(-\frac{\|\boldsymbol{x}-\boldsymbol{c}_j\|^2}{2b_j^2}\right),\quad j=1,2,\cdots,m \tag{2.4}$$

其中,$\boldsymbol{c}_j=[c_{j1},\cdots,c_{jn}]$为第 j 个隐层神经元的中心点矢量值。

高斯基函数的宽度矢量为

$$\boldsymbol{b}=[b_1,\cdots,b_m]^{\mathrm{T}}$$

其中,$b_j>0$ 为隐含层神经元 j 的高斯基函数的宽度。

网络的权值为

$$\boldsymbol{w}=[w_1,\cdots,w_m]^{\mathrm{T}} \tag{2.5}$$

RBF 网络的输出为

$$y_m(t)=w_1h_1+w_2h_2+\cdots+w_mh_m \tag{2.6}$$

网络逼近的误差指标为

$$E(t)=\frac{1}{2}(y(t)-y_m(t))^2 \tag{2.7}$$

根据梯度下降法,权值按以下方式调节:

$$\Delta w_j(t)=-\eta\frac{\partial E}{\partial w_j}=\eta(y(t)-y_m(t))h_j$$

$$w_j(t)=w_j(t-1)+\Delta w_j(t)+\alpha[w_j(t-1)-w_j(t-2)] \tag{2.8}$$

$$\Delta b_j=-\eta\frac{\partial E}{\partial b_j}=\eta[y(t)-y_m(t)]w_jh_j\frac{\|\boldsymbol{x}-\boldsymbol{c}_j\|^2}{b_j^3} \tag{2.9}$$

$$b_j(t)=b_j(t-1)+\Delta b_j+\alpha[b_j(t-1)-b_j(t-2)] \tag{2.10}$$

$$\Delta c_{ji}=-\eta\frac{\partial E}{\partial c_{ji}}=\eta[y(t)-y_m(t)]w_jh_j\frac{x_j-c_{ji}}{b_j^2} \tag{2.11}$$

$$c_{ji}(t)=c_{ji}(t-1)+\Delta c_{ji}+\alpha[c_{ji}(t-1)-c_{ji}(t-2)] \tag{2.12}$$

其中,$\eta\in(0,1)$为学习速率,$\alpha\in(0,1)$为动量因子。

在 RBF 网络设计中,需要注意的是应将$\boldsymbol{c}_j$ 和 $\boldsymbol{b}$ 值设计在网络输入有效的映射范围内,否则高斯基函数将不能保证实现有效的映射，导致RBF网络失效。在RBF网络逼近中，采用梯度下降法调节$\boldsymbol{c}_i$和$\boldsymbol{b}_i$值是一种有效的方法。

在RBF网络设计中，如果将$\boldsymbol{c}_j$和$\boldsymbol{b}$的初始值设计在有效的映射范围内，则只调节网络的权值便可实现RBF网络的有效学习。

2.2.2 仿真实例

2.2.2.1 实例1：只调节权值

采用RBF网络对如下模型进行逼近

$$G(s)=\frac{133}{s^2+25s}$$

网络结构为2-5-1，取$x(1)=u(t)$，$x(2)=y(t)$，$\alpha=0.05$，$\eta=0.5$。网络的初始权值取0～1的随机值。考虑到网络的第一个输入范围为[0,1]，离线测试可得第二个输入范围为[0,10]，取高斯基函数的参数取值为$\boldsymbol{c}_j=\begin{bmatrix}-1 & -0.5 & 0 & 0.5 & 1\\ -10 & -5 & 0 & 5 & 10\end{bmatrix}^{\mathrm{T}}$，$\boldsymbol{b}_j=1.5$，$j=1,2,3,4,5$。

网络的第一个输入为$u(t)=\sin t$，仿真中，只调节权值$\boldsymbol{w}$，取固定的$\boldsymbol{c}_j$和$\boldsymbol{b}$，仿真结果如图2.8所示。仿真程序为chap2_3sim.mdl，程序见附录。

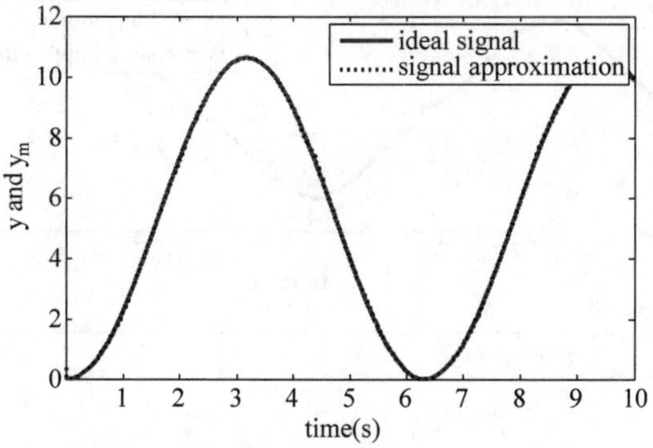

图2.8 基于权值调节的RBF网络逼近

2.2.2.2 实例2：调节权值及高斯基函数的参数$\boldsymbol{w}$，$\boldsymbol{c}_j$，$\boldsymbol{b}$

采用RBF网络对如下离散模型进行逼近：

$$y(k)=u(k)^3+\frac{y(k-1)}{1+y(k-1)^2}$$

网络结构为2-5-1，取$x(1)=u(t)$，$x(2)=y(t)$，$\alpha=0.05$，$\eta=0.15$。网络的初始权值取0～1的随机值。考虑到网络的第一个输入范围为[0,1]，离线测试可得第二个输入范围为[0,1]，取高斯基函数的参数取值为$\boldsymbol{c}_j=\begin{bmatrix}-1 & -0.5 & 0 & 0.5 & 1\\ -1 & -0.5 & 0 & 0.5 & 1\end{bmatrix}^{\mathrm{T}}$，$\boldsymbol{b}_j=3.0$，$j=1,2,3,4,5$。

网络的第一个输入为$u(t)=\sin t$，$t=k\times T$，$T=0.001$。仿真中，$M=1$时为只调节权值$\boldsymbol{w}$，取固定的$\boldsymbol{c}_j$和$\boldsymbol{b}$，$M=2$时为调节权值$\boldsymbol{w}$及高斯基参数$\boldsymbol{c}_j$和$\boldsymbol{b}$，仿真结果如图2.9和

图 2.10 所示。可见,同时调节权值 $\boldsymbol{w}$ 及高斯基参数$\boldsymbol{c}_j$ 和 $\boldsymbol{b}$ 的逼近精度要稍好于只调节权值 $\boldsymbol{w}$ 的逼近精度。

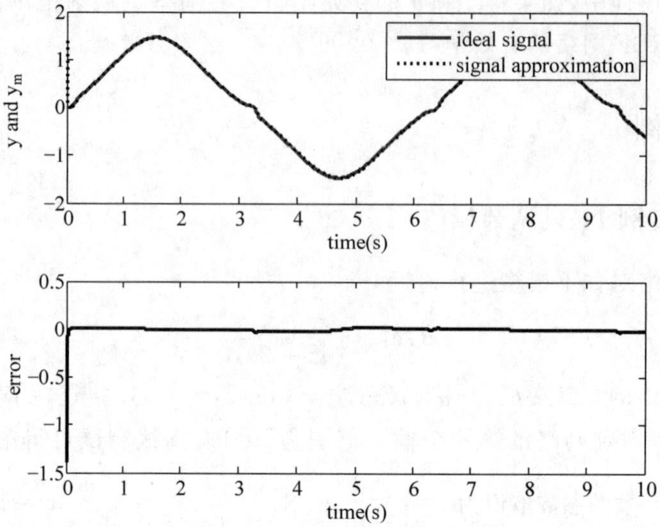

图 2.9　基于权值调节的 RBF 网络逼近(M=1)

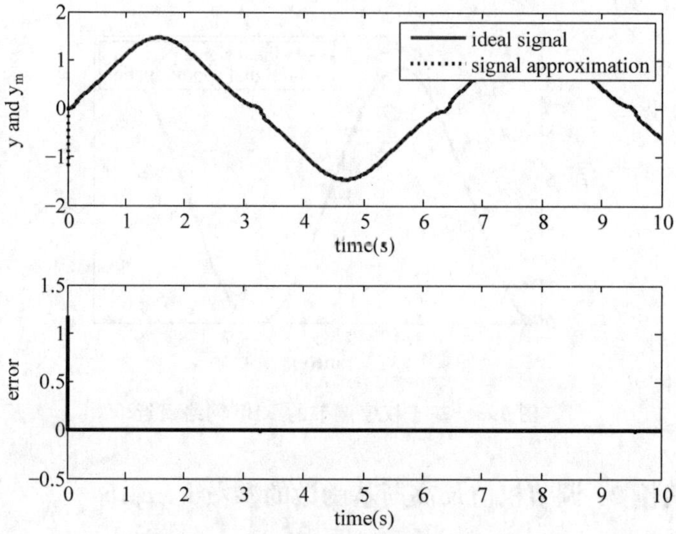

图 2.10　基于权值和高斯基函数参数调节的 RBF 网络逼近(M=2)

由仿真结果可见,采用梯度下降法可实现很好的逼近效果,其中高斯基函数的参数值$\boldsymbol{c}_j$ 和 $\boldsymbol{b}$ 的取值很重要。仿真程序为chap2_4.m,程序见附录。

2.3　高斯基函数的参数对 RBF 网络逼近的影响

由高斯函数的表达式可知,高斯基函数受参数 c_j 和 b_j 的影响,c_j 和 b_j 的设计原则如下:

(1) b_j 为隐含层第 j 个神经元高斯基函数的宽度。b_j 值越大,表示高斯基函数越宽。

高斯基函数宽度是影响网络映射范围的重要因素，高斯基函数越宽，网路对输入的映射能力越大，否则，网路对输入的映射能力越小。一般将 b_j 值设计为适中的值。

(2) c_j 为隐含层第 j 个神经元高斯基函数中心点的坐标向量。c_j 值离输入越近，高斯函数对输入越敏感，否则，高斯函数对输入越不敏感。

(3) 中心点坐标向量 c_j 应使高斯基函数在有效的输入映射范围内。例如，RBF 网络输入为[-3，$+3$]，则 c_j 为[-3，$+3$]。

仿真中，应根据网络输入值的范围来设计 c_j 和 b_j，从而保证有效的高斯基函数映射，如图 2.11 为 5 个高斯基函数。

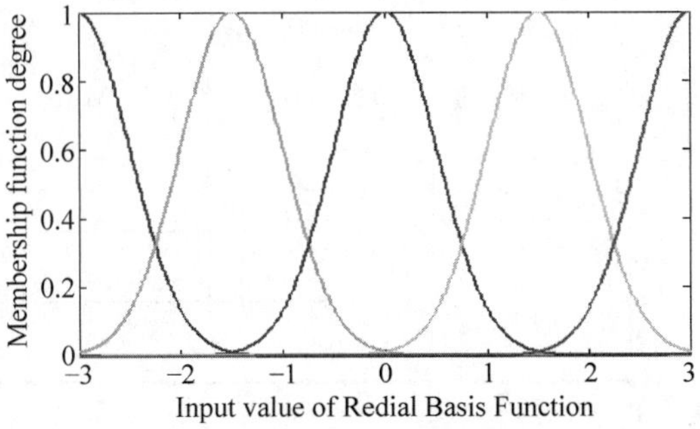

图 2.11　5 个高斯隶属函数

仿真程序为 chap2_5.m，程序见附录。

采用 RBF 网络对如下离散模型进行逼近：

$$y(k) = u(k)^3 + \frac{y(k-1)}{1+y(k-1)^2}$$

仿真中，取 RBF 网络输入为 $0.5\sin(2\pi t)$，网络结构为 2-5-1，通过改变高斯基函数 c_j 和 b_j 值，可分析 c_j 和 b_j 对 RBF 网络逼近性能的影响。具体说明如下：

(1) 合适的 b_j 和 c_j 值对 RBF 网络逼近的影响(Mb=1，Mc=1)；

(2) 不合适的 b_j 和合适的 c_j 值对 RBF 网络逼近的影响(Mb=2，Mc=1)；

(3) 合适的 b_j 与不合适的 c_j 值对 RBF 网络逼近的影响(Mb=1，Mc=2)；

(4) 不合适的 b_j 和 c_j 值对 RBF 网络逼近的影响(Mb=2，Mc=2)。

仿真结果如图 2.12～图 2.15 所示，由仿真结果可见，如果选取的参数 c_j 和 b_j 不合适，RBF 网络逼近性能将得不到保证。仿真程序为 chap2_6.m，程序见附录。

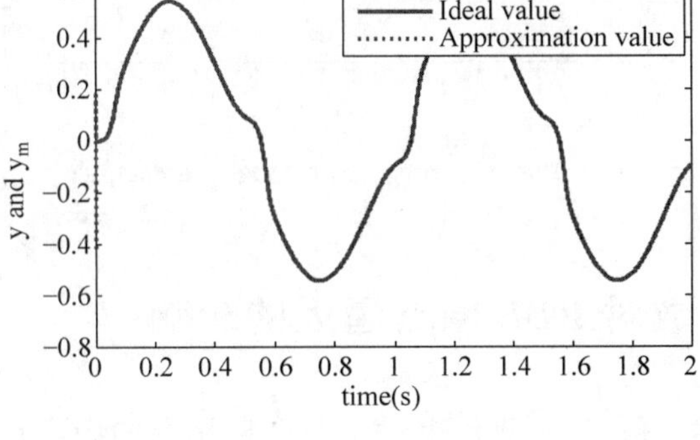

图 2.12　合适 b_j 与 c_j 值的 RBF 网络逼近 RBF(Mb=1，Mc=1)

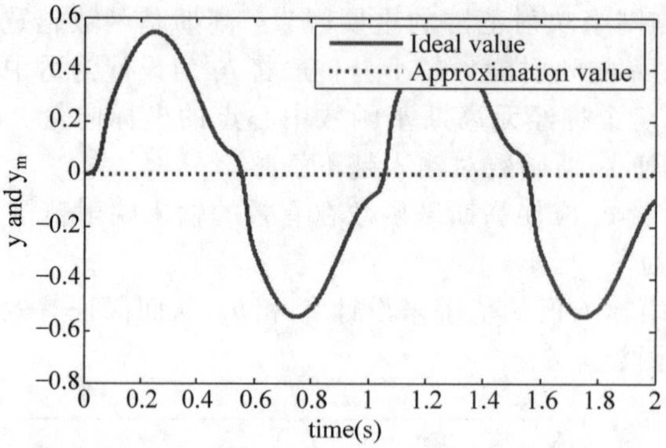

图 2.13　不合适 b_j 与合适 c_j 值的 RBF 网络逼近(Mb=2，Mc=1)

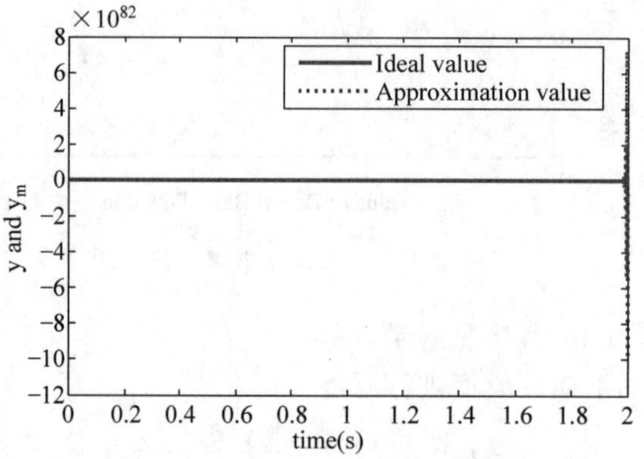

图 2.14　合适的 b_j 与不合适的 c_j 值的 RBF 网络逼近(Mb=1，Mc=2)

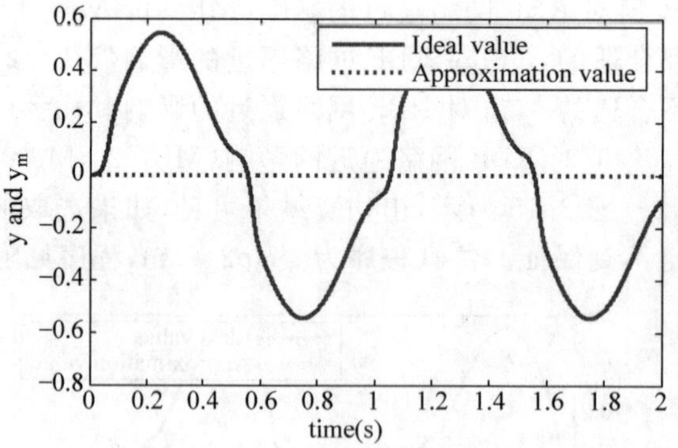

图 2.15　不合适 b_j 和 c_j 值的 RBF 网络逼近(Mb=2，Mc=2)

2.4　隐含层节点数对 RBF 网络逼近的影响

由高斯函数的表达式可见，逼近误差除了与高斯函数的中心点坐标 c_j 和宽度参数 b_j 有关，还与隐含层神经元节点数量有关。

采用 RBF 网络对如下离散模型进行逼近：

$$y(k)=u(k)^3+\frac{y(k-1)}{1+y(k-1)^2}$$

仿真中，取 $\alpha=0.05$，$\eta=0.3$。神经网络权值的初始值取零，取高斯基函数参数 $\boldsymbol{b}_j=1.5$。取 RBF 网络的输入为 $u(k)=\sin t$ 和 $y(k)$，网络结构取 2－m－1，m 为隐含层节点数。为了表明隐含层节点数对网络逼近的影响，分别取 $m=1$，$m=3$，$m=7$，所对应的 $\boldsymbol{c}_j$ 分别取 $\boldsymbol{c}_j=0$，$\boldsymbol{c}_j=\frac{1}{3}[-1\quad 0\quad 1]^{\mathrm{T}}$ 和 $\boldsymbol{c}_j=\frac{1}{9}\begin{bmatrix}-3 & -2 & -1 & 0 & 1 & 2 & 3\\ -3 & -2 & -1 & 0 & 1 & 2 & 3\end{bmatrix}^{\mathrm{T}}$。

仿真结果如图 2.16～图 2.21 所示。由仿真结果可见，随着隐含层神经元节点数的增加，逼近误差下降。同时，随着隐含层神经元节点数的增加，为了防止梯度下降法的过度调整造成学习过程发散，应适当降低学习速率 η。

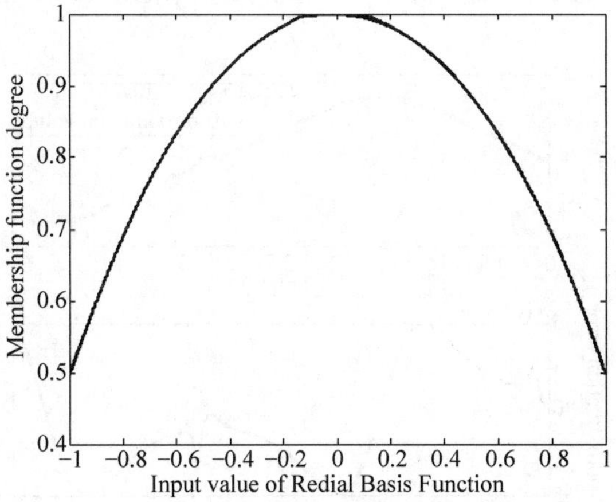

图 2.16　单个隐含神经元的高斯基函数($m=1$)

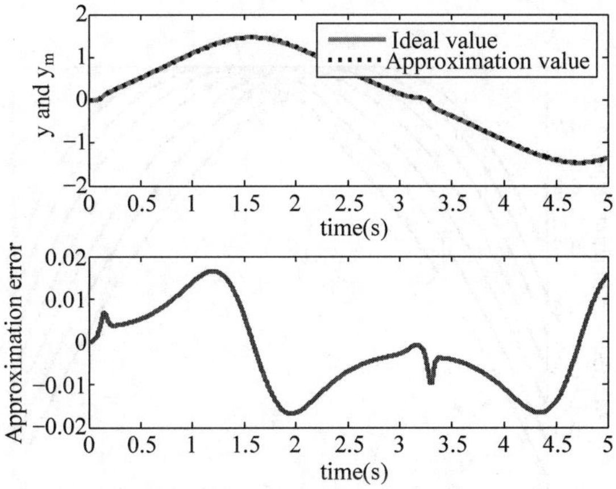

图 2.17　含有单个隐含层神经元的逼近($m=1$)

仿真程序为 chap2_7.m，程序见附录。

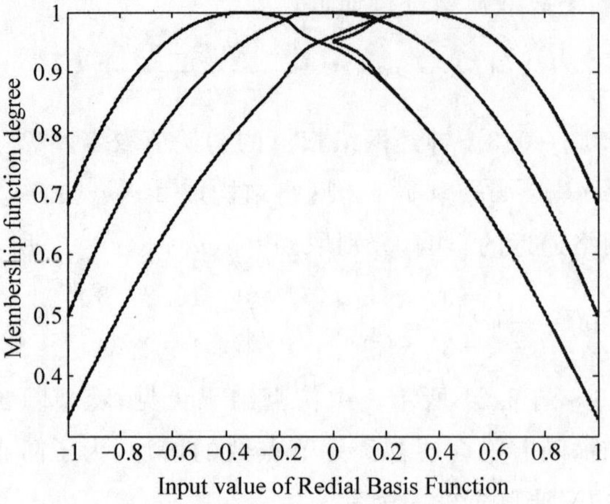

图 2.18　3 个隐含层神经元的高斯基函数($m=3$)

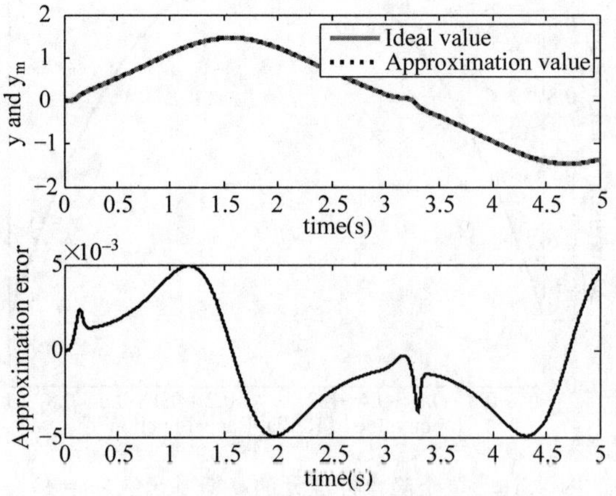

图 2.19　含有 3 个隐含层神经元的逼近($m=3$)

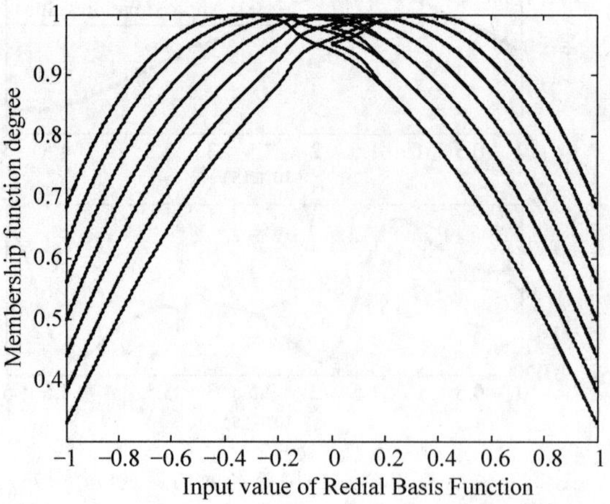

图 2.20　7 个隐含层神经元的高斯基函数($m=7$)

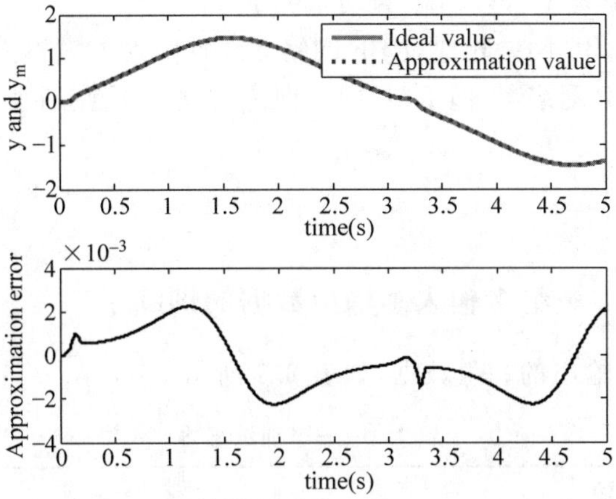

图 2.21　含有 7 个隐含层神经元的逼近（$m=7$）

2.5　RBF 神经网络的建模训练

2.5.1　RBF 神经网络训练

通过离线训练，采用 RBF 网络，可实现对一组多输入多输出数据或模型进行建模。

RBF 网络中，取输入为 $\boldsymbol{x}=[x_1,x_2,\cdots,x_n]^{\mathrm{T}}$，则隐含层高斯基函数的输出为

$$h_j=\exp\left(-\frac{\|\boldsymbol{x}-\boldsymbol{c}_j\|^2}{2b_j^2}\right),\quad j=1,2,\cdots,m \tag{2.13}$$

其中，$\boldsymbol{c}_j=[c_{j1},\cdots,c_{jn}]$为隐层第 j 个神经元的中心向量。

网络的基宽向量为

$$\boldsymbol{b}=[b_1,\cdots,b_m]^{\mathrm{T}}$$

其中，$b_j>0$ 为节点 j 的基宽参数。

网络权值为

$$\boldsymbol{w}=[w_1,\cdots,w_m]^{\mathrm{T}} \tag{2.14}$$

网络输出为

$$y_l=w_1h_1+w_2h_2+\cdots+w_mh_m \tag{2.15}$$

其中，$l=1,2,\cdots,N$。

y_l^d为理想的输出，网络的第 l 个输出的误差为

$$e_l=y_l^d-y_l$$

整个训练样本误差指标为

$$E(t)=\sum_{l=1}^{N}e_l^2 \tag{2.16}$$

根据梯度下降法，权值按下式调整：

$$\Delta w_j(t)=-\eta\frac{\partial E}{\partial w_j}=\eta\sum_{l=1}^{N}e_lh_j$$

$$w_j(t)=w_j(t-1)+\Delta w_j(t)+\alpha[w_j(t-1)-w_j(t-2)] \tag{2.17}$$

其中,$\eta \in (0,1)$为学习速率;$\alpha \in (0,1)$为动量因子。

与具有双层权值的 BP 网络相比,RBF 网络非线性映射能力不强。故 RBF 网络对输入输出的训练指标不如 BP 网络[3],但 RBF 网络训练时间短,实时性强。

2.5.2 仿真实例

2.5.2.1 实例 1:一组多输入多输出数据的训练

考虑具有 3 输入 2 输出的一组数据,如表 2.1 所示。

表 2.1 一个训练样本

输入			输出	
1	0	0	1	0

RBF 网络结构为 3-5-1,根据网络输入为 x_1 和 x_2 的取值范围,取 $\boldsymbol{c}_i$ 和 $\boldsymbol{b}_i$ 分别为 $\begin{bmatrix} -1 & -0.5 & 0 & 0.5 & 1 \\ -1 & -0.5 & 0 & 0.5 & 1 \\ -1 & -0.5 & 0 & 0.5 & 1 \end{bmatrix}$ 和 10,网络权值为$[-1 \quad +1]$内的随机值,取 $\eta=0.10$,$\alpha=0.05$。

首先,运行网络的训练程序 chap2_8a.m,误差指标取 $E=10^{-20}$,误差变化如图 2.22 所示,训练后的网络权值保存在文件 wfile.dat 中。

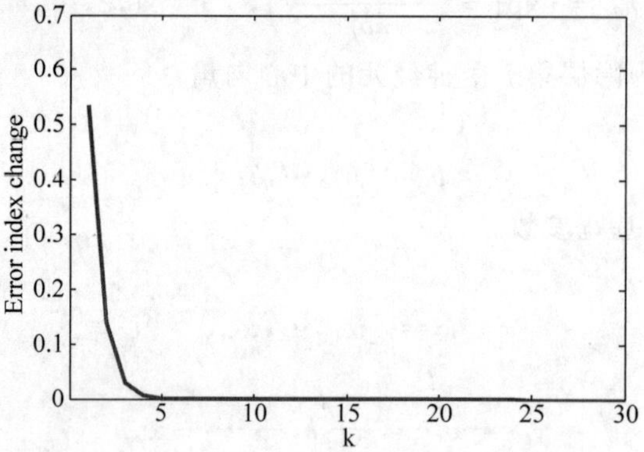

图 2.22 误差指标的变化过程

利用所保存的权值,运行测试程序 chap2_8b.m,测试结果如表 2.2 所示。可见,采样 RBF 网络可实现很好的模式识别性能。

表 2.2 测试样本及结果

输入			输出	
0.970	0.001	0.001	1.0004	−0.0007
1.000	0.000	0.000	1.0000	0.0000

仿真程序为 chap2_8a.m 和 chap2_8b.m,程序清单见附录。

2.5.2.2 实例2：系统建模

考虑如下非线性离散系统：

$$y(k)=\frac{0.5y(k-1)[1-y(k-1)]}{1+\exp[-0.25y(k-1)]}+u(k-1)$$

采样 RBF 网络，实现上述模型的建模。网络结构为 2-5-1，网络输入为 $\boldsymbol{x}=[u(k)\quad y(k)]$，根据网络输入的范围，分别取高斯函数参数 $\boldsymbol{c}_i$ 和 $\boldsymbol{b}_i$ 为 $\begin{bmatrix}-3 & -2 & -1 & 0 & 1 & 2 & 3\\ -3 & -2 & -1 & 0 & 1 & 2 & 3\end{bmatrix}$ 和 1.5，初始权值取 0.10，取 $\eta=0.50$，$\alpha=0.05$。

首先，运行程序 chap2_9a.m，取 $u(k)=\sin t$，$t=k\cdot ts$，采样时间为 $ts=0.001$。训练样本数量取 $NS=3000$，经过 500 步的离线训练，误差指标的变化过程如图 2.23 所示。训练后的网络权值和高斯基函数参数保存在文件 wfile.dat 中。

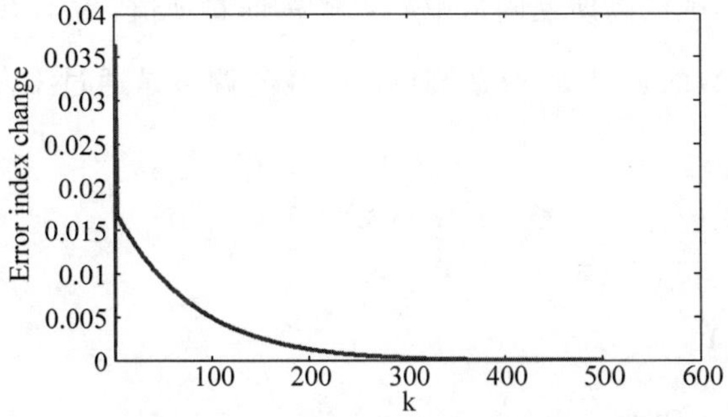

图 2.23 误差指标的变化过程

运行测试程序 chap2_9b.m，利用保存的文件 wfile.dat，采用网络输入为 $\sin t$，测试结果如图 2.24 所示。可见，采样 RBF 网络可很好地实现离线建模性能。

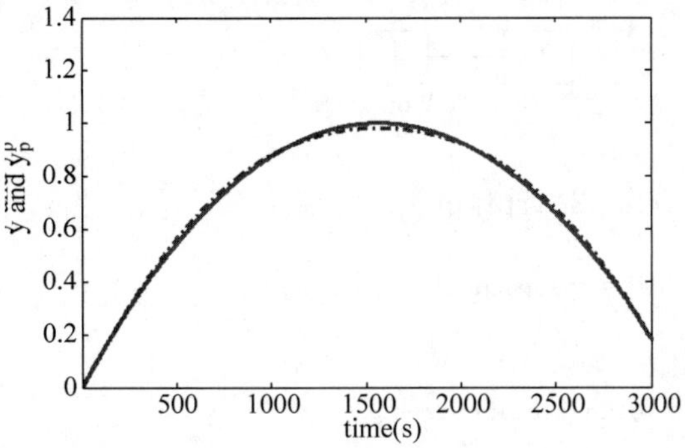

图 2.24 模型测试

仿真程序为 chap2_9a.m 和 chap2_9b.m，程序见附录。

2.6 RBF 神经网络逼近

RBF 网络可对任意未知非线性函数进行任意精度的逼近[1,2]。在控制系统设计中，采用 RBF 网络可实现对未知函数的逼近。

例如，为了估计函数 $f(x)$，采用如下 RBF 网络算法：

$$h_j = g(\| \boldsymbol{x} - \boldsymbol{c}_{ij} \|^2 / b_j^2)$$

$$f = \boldsymbol{W}^{*\mathrm{T}} \boldsymbol{h}(\boldsymbol{x}) + \varepsilon$$

其中，$\boldsymbol{x}$ 为网络输入；i 表示输入层节点；j 为隐含层节点；$\boldsymbol{h}=[h_1, h_2, \cdots, h_n]^{\mathrm{T}}$ 为隐含层的输出；$\boldsymbol{W}^*$ 为理想权值；ε 为网络的逼近误差，$\varepsilon \leqslant \varepsilon_N$。

在控制系统设计中，可采样 RBF 网络对未知函数 f 进行逼近。一般可采用系统状态作为网络的输入，网络输出为

$$\hat{f}(\boldsymbol{x}) = \hat{\boldsymbol{W}}^{\mathrm{T}} \boldsymbol{h}(\boldsymbol{x}) \tag{2.18}$$

其中，$\hat{\boldsymbol{W}}$为估计权值。

在实际的控制系统设计中，为了保证网络的输入值处于高斯基函数的有效范围，应根据网络的输入值实际范围确定高斯基函数中心点坐标向量 $\boldsymbol{c}$ 值，为了保证高斯基函数的有效映射，需要将高斯基函数的宽度 $\boldsymbol{b}_j$ 取适当的值。$\hat{\boldsymbol{W}}$的调节是通过 Lyapunov 稳定性分析中进行设计的。

附录　仿真程序

2.1.2.1 节的程序

1. Simulink 仿真主程序：chap2_1sim.mdl

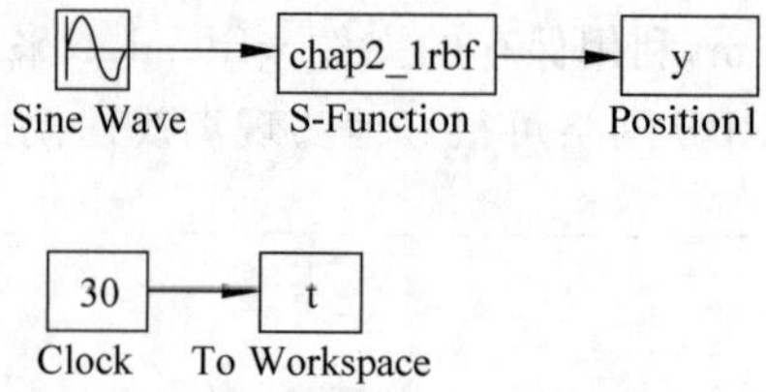

2. RBF 函数程序：chap2_1rbf.m

```
function [sys,x0,str,ts] = spacemodel(t,x,u,flag)
switch flag,
case 0,
    [sys,x0,str,ts] = mdlInitializeSizes;
case 3,
    sys = mdlOutputs(t,x,u);
case {2,4,9}
    sys = [];
otherwise
    error(['Unhandled flag = ',num2str(flag)]);
end
function [sys,x0,str,ts] = mdlInitializeSizes
sizes = simsizes;
sizes.NumContStates     = 0;
sizes.NumDiscStates     = 0;
```

```
sizes.NumOutputs         = 7;
sizes.NumInputs          = 1;
sizes.DirFeedthrough     = 1;
sizes.NumSampleTimes     = 0;
sys = simsizes(sizes);
x0 = [];
str = [];
ts = [];
function sys = mdlOutputs(t,x,u)
x = u(1);                              % Input Layer

%i = 1
%j = 1,2,3,4,5
%k = 1
c = [ -0.5  -0.25 0 0.25 0.5];         %cij
b = [0.2 0.2 0.2 0.2 0.2]';            %bj

W = ones(5,1);                         %Wj
h = zeros(5,1);                        %hj
for j = 1:1:5
    h(j) = exp( -norm(x - c(:,j))^2/(2 * b(j) * b(j))); %Hidden Layer
end
y = W' * h;                            %Output Layer

sys(1) = y;
sys(2) = x;
sys(3) = h(1);
sys(4) = h(2);
sys(5) = h(3);
sys(6) = h(4);
sys(7) = h(5);
```

3. 画图程序：chap2_1plot.m

```
close all;

% y = y(:,1);
% x = y(:,2);
% h1 = y(:,3);
% h2 = y(:,4);
% h3 = y(:,5);
% h4 = y(:,6);
% h5 = y(:,7);

figure(1);
plot(t,y(:,1),'k','linewidth',2);
xlabel('time(s)');ylabel('y');

figure(2);
plot(y(:,2),y(:,3),'k','linewidth',2);
xlabel('x');ylabel('hj');
```

```
hold on;
plot(y(:,2),y(:,4),'k','linewidth',2);
hold on;
plot(y(:,2),y(:,5),'k','linewidth',2);
hold on;
plot(y(:,2),y(:,6),'k','linewidth',2);
hold on;
plot(y(:,2),y(:,7),'k','linewidth',2);
```

2.1.2.2 节的程序

1. 仿真主程序：chap2_2sim.mdl

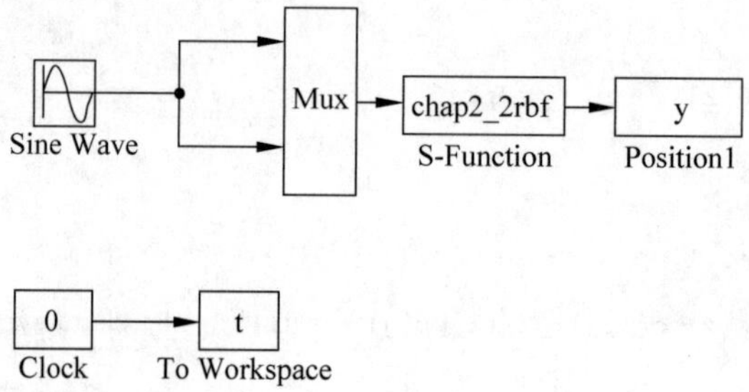

2. RBF 函数程序：chap2_2rbf.m

```
function [sys,x0,str,ts] = spacemodel(t,x,u,flag)
switch flag,
case 0,
    [sys,x0,str,ts] = mdlInitializeSizes;
case 3,
    sys = mdlOutputs(t,x,u);
case {2,4,9}
    sys = [];
otherwise
    error(['Unhandled flag = ',num2str(flag)]);
end
function [sys,x0,str,ts] = mdlInitializeSizes
sizes = simsizes;
sizes.NumContStates    = 0;
sizes.NumDiscStates    = 0;
sizes.NumOutputs       = 8;
sizes.NumInputs        = 2;
sizes.DirFeedthrough   = 1;
sizes.NumSampleTimes   = 0;
sys = simsizes(sizes);
x0 = [];
str = [];
ts = [];
function sys = mdlOutputs(t,x,u)
x1 = u(1);                      % Input Layer
x2 = u(2);
```

```
x = [x1 x2]';

%i = 2
%j = 1,2,3,4,5
%k = 1
c = [ - 0.5  - 0.25 0 0.25 0.5;
     - 0.5  - 0.25 0 0.25 0.5]; %cij
b = [0.2 0.2 0.2 0.2 0.2]';       %bj

W = ones(5,1);                    %Wj
h = zeros(5,1);                   %hj
for j = 1:1:5
    h(j) = exp( - norm(x - c(:,j))^2/(2 * b(j) * b(j)));  %Hidden Layer
end
yout = W' * h;                    %Output Layer

sys(1) = yout;
sys(2) = x1;
sys(3) = x2;
sys(4) = h(1);
sys(5) = h(2);
sys(6) = h(3);
sys(7) = h(4);
sys(8) = h(5);
```

3. 画图程序：chap2_2plot.m

```
close all;
% y = y(:,1);
% x1 = y(:,2);
% x2 = y(:,3);
% h1 = y(:,4);
% h2 = y(:,5);
% h3 = y(:,6);
% h4 = y(:,7);
% h5 = y(:,8);

figure(1);
plot(t,y(:,1),'k','linewidth',2);
xlabel('time(s)');ylabel('y');

figure(2);
plot(y(:,2),y(:,4),'k','linewidth',2);
xlabel('x1');ylabel('hj');
hold on;
plot(y(:,2),y(:,5),'k','linewidth',2);
hold on;
plot(y(:,2),y(:,6),'k','linewidth',2);
hold on;
plot(y(:,2),y(:,7),'k','linewidth',2);
hold on;
```

```
plot(y(:,2),y(:,8),'k','linewidth',2);

figure(3);
plot(y(:,3),y(:,4),'k','linewidth',2);
xlabel('x2');ylabel('hj');
hold on;
plot(y(:,3),y(:,5),'k','linewidth',2);
hold on;
plot(y(:,3),y(:,6),'k','linewidth',2);
hold on;
plot(y(:,3),y(:,7),'k','linewidth',2);
hold on;
plot(y(:,3),y(:,8),'k','linewidth',2);
```

2.2.2.1 节的程序

1. 仿真主程序：chap2_3sim. mdl

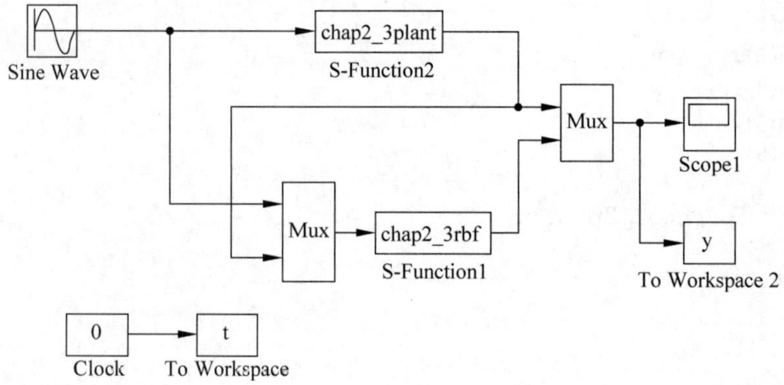

2. RBF 设计程序：chap2_3rbf. m

```
function [sys,x0,str,ts] = s_function(t,x,u,flag)
switch flag,
case 0,
    [sys,x0,str,ts] = mdlInitializeSizes;
case 3,
    sys = mdlOutputs(t,x,u);
case {2, 4, 9}
    sys = [];
otherwise
    error(['Unhandled flag = ',num2str(flag)]);
end

function [sys,x0,str,ts] = mdlInitializeSizes
sizes = simsizes;
sizes.NumContStates     = 0;
sizes.NumDiscStates     = 0;
sizes.NumOutputs        = 1;
```

```
sizes.NumInputs        = 2;
sizes.DirFeedthrough   = 1;
sizes.NumSampleTimes   = 0;
sys = simsizes(sizes);
x0 = [];
str = [];
ts = [];
function sys = mdlOutputs(t,x,u)
persistent w w_1 w_2 b ci
alfa = 0.05;
xite = 0.5;
if t == 0
    b = 1.5;
    ci = [ - 1  - 0.5 0 0.5 1;
         - 10  - 5 0 5 10];
    w = rands(5,1);
    w_1 = w;w_2 = w_1;
end
ut = u(1);
yout = u(2);
xi = [ut yout]';
for j = 1:1:5
    h(j) = exp( - norm(xi - ci(:,j))^2/(2 * b^2));
end
ymout = w' * h';

d_w = 0 * w;
for j = 1:1:5                              % Only weight value update
   d_w(j) = xite * (yout - ymout) * h(j);
end
w = w_1 + d_w + alfa * (w_1 - w_2);

w_2 = w_1;w_1 = w;
sys(1) = ymout;
```

3. 被测试对象程序：chap2_3plant.m

```
function [sys,x0,str,ts] = s_function(t,x,u,flag)
switch flag,
case 0,
    [sys,x0,str,ts] = mdlInitializeSizes;
case 1,
    sys = mdlDerivatives(t,x,u);
case 3,
    sys = mdlOutputs(t,x,u);
case {2, 4, 9}
    sys = [];
otherwise
    error(['Unhandled flag = ',num2str(flag)]);
end
function [sys,x0,str,ts] = mdlInitializeSizes
```

```
sizes = simsizes;
sizes.NumContStates    = 2;
sizes.NumDiscStates    = 0;
sizes.NumOutputs       = 1;
sizes.NumInputs        = 1;
sizes.DirFeedthrough   = 0;
sizes.NumSampleTimes   = 0;
sys = simsizes(sizes);
x0 = [0,0];
str = [];
ts = [];
function sys = mdlDerivatives(t,x,u)
sys(1) = x(2);
sys(2) = - 25 * x(2) + 133 * u;
function sys = mdlOutputs(t,x,u)
sys(1) = x(1);
```

4. 画图程序：chap2_3plot.m

```
close all;

figure(1);
plot(t,y(:,1),'r',t,y(:,2),'k:','linewidth',2);
xlabel('time(s)');ylabel('y and ym');
legend('ideal signal','signal approximation');
```

2.2.2.2 节的程序

RBF 逼近仿真程序：chap2_4.m

```
% RBF identification
clear all;
close all;

alfa = 0.05;
xite = 0.15;
x = [0,1]';

b = 3 * ones(5,1);
c = [ - 1  - 0.5 0 0.5 1;
     - 1  - 0.5 0 0.5 1];
w = rands(5,1);

w_1 = w;w_2 = w_1;
c_1 = c;c_2 = c_1;
b_1 = b;b_2 = b_1;
d_w = 0 * w;
d_b = 0 * b;
y_1 = 0;
```

```
ts = 0.001;
for k = 1:1:10000

time(k) = k * ts;
u(k) = sin(k * ts);

y(k) = u(k)^3 + y_1/(1 + y_1 ^2);

x(1) = u(k);
x(2) = y_1;

for j = 1:1:5
    h(j) = exp( - norm(x - c(:,j))^2/(2 * b(j) * b(j)));
end
ym(k) = w' * h';
em(k) = y(k) - ym(k);

M = 2;
if M == 1                   % Only weight value update
   d_w(j) = xite * em(k) * h(j);
elseif M == 2               % Update w,b,c
    for j = 1:1:5
        d_w(j) = xite * em(k) * h(j);
        d_b(j) = xite * em(k) * w(j) * h(j) * (b(j)^ - 3) * norm(x - c(:,j))^2;
       for i = 1:1:2
        d_c(i,j) = xite * em(k) * w(j) * h(j) * (x(i) - c(i,j)) * (b(j)^ - 2);
       end
    end
    b = b_1 + d_b + alfa * (b_1 - b_2);
    c = c_1 + d_c + alfa * (c_1 - c_2);
end
w = w_1 + d_w + alfa * (w_1 - w_2);

y_1 = y(k);

w_2 = w_1;
w_1 = w;

c_2 = c_1;
c_1 = c;

b_2 = b_1;
b_1 = b;
end
figure(1);
subplot(211);
plot(time,y,'r',time,ym,'k:','linewidth',2);
xlabel('time(s)');ylabel('y and ym');
legend('ideal signal','signal approximation');
subplot(212);
plot(time,y - ym,'k','linewidth',2);
```

```
xlabel('time(s)');ylabel('error');
```

2.3 节的程序

1. 高斯隶属函数程序：chap2_5.m

```
% RBF function
clear all;
close all;

c = [ - 3  - 1.5 0 1.5 3];

M = 1;
if M == 1
    b = 0.50 * ones(5,1);
elseif M == 2
    b = 1.50 * ones(5,1);
end

h = [0,0,0,0,0]';

ts = 0.001;
for k = 1:1:2000

time(k) = k * ts;

% RBF function
x(1) = 3 * sin(2 * pi * k * ts);

for j = 1:1:5
    h(j) = exp( - norm(x - c(:,j))^2/(2 * b(j) * b(j)));
end

x1(k) = x(1);
% First Redial Basis Function
h1(k) = h(1);
% Second Redial Basis Function
h2(k) = h(2);
% Third Redial Basis Function
h3(k) = h(3);
% Fourth Redial Basis Function
h4(k) = h(4);
% Fifth Redial Basis Function
h5(k) = h(5);
end
figure(1);
plot(x1,h1,'b');
figure(2);
plot(x1,h2,'g');
figure(3);
```

```
plot(x1,h3,'r');
figure(4);
plot(x1,h4,'c');
figure(5);
plot(x1,h5,'m');
figure(6);
plot(x1,h1,'b');
hold on;plot(x1,h2,'g');
hold on;plot(x1,h3,'r');
hold on;plot(x1,h4,'c');
hold on;plot(x1,h5,'m');
xlabel('Input value of Redial Basis Function');ylabel('Membership function degree');
```

2. 测试参数 b 和 c 选取对 RBF 逼近误差影响的仿真程序：chap2_6.m

```
%RBF approximation test
clear all;
close all;

alfa = 0.05;
xite = 0.5;
x = [0,0]';

%The parameters design of Guassian Function
%The input of RBF (u(k),y(k)) must be in the effect range of Guassian function overlay

%The value of b represents the widenth of Guassian function overlay
Mb = 1;
if Mb == 1                        %The width of Guassian function is moderate
    b = 1.5 * ones(5,1);
elseif Mb == 2                    %The width of Guassian function is too narrow, most overlap
                                  %of the function is near to zero
    b = 0.0005 * ones(5,1);
end

%The value of c represents the center position of Guassian function overlay
%the NN structure is 2-5-1: i = 2; j = 1,2,3,4,5; k = 1
Mc = 1;
if Mc == 1                        %The center position of Guassian function is moderate
c = [-1.5 -0.5 0 0.5 1.5;
    -1.5 -0.5 0 0.5 1.5];         %cij
elseif Mc == 2                    %The center position of Guassian function is improper
c = 0.1 * [-1.5 -0.5 0 0.5 1.5;
          -1.5 -0.5 0 0.5 1.5];   %cij
end
w = rands(5,1);
w_1 = w;w_2 = w_1;
y_1 = 0;

ts = 0.001;
for k = 1:1:2000
```

```
time(k) = k * ts;
u(k) = 0.50 * sin(1 * 2 * pi * k * ts);

y(k) = u(k)^3 + y_1/(1 + y_1^2);

x(1) = u(k);
x(2) = y(k);

for j = 1:1:5
    h(j) = exp( - norm(x - c(:,j))^2/(2 * b(j) * b(j)));
end
ym(k) = w' * h';
em(k) = y(k) - ym(k);

d_w = xite * em(k) * h';
w = w_1 + d_w + alfa * (w_1 - w_2);

y_1 = y(k);
w_2 = w_1;w_1 = w;

end
figure(1);
plot(time,y,'r',time,ym,'b:','linewidth',2);
xlabel('time(s)');ylabel('y and ym');
legend('Ideal value','Approximation value');
```

2.4 节的程序

测试隐含层节点对逼近误差影响的仿真程序：chap2_7.m

```
% RBF approximation test
clear all;
close all;

alfa = 0.05;
xite = 0.3;
x = [0,0]';

% The parameters design of Guassian Function
% The input of RBF (u(k),y(k)) must be in the effect range of Guassian function overlay
% The value of b represents the widenth of Guassian function overlay

bj = 1.5;                 % The width of Guassian function
% The value of c represents the center position of Guassian function overlay
% the NN structure is 2 - m - 1: i = 2; j = 1,2, … ,m; k = 1
M = 3;                    % Different hidden nets number
if M == 1                 % only one hidden net
m = 1;
c = 0;
elseif M == 2
```

```
m = 3;
c = 1/3 * [ - 1 0 1;
          - 1 0 1];
elseif M == 3
m = 7;
c = 1/9 * [ - 3  - 2  - 1 0 1 2 3;
          - 3  - 2  - 1 0 1 2 3];
end
w = zeros(m,1);
w_1 = w;w_2 = w_1;
y_1 = 0;

ts = 0.001;
for k = 1:1:5000

time(k) = k * ts;
u(k) = sin(k * ts);

y(k) = u(k)^3 + y_1/(1 + y_1 ^2);

x(1) = u(k);
x(2) = y(k);

for j = 1:1:m
    h(j) = exp( - norm(x - c(:,j))^2/(2 * bj ^2));
end
ym(k) = w' * h';
em(k) = y(k) - ym(k);

d_w = xite * em(k) * h';
w = w_1 + d_w + alfa * (w_1 - w_2);

y_1 = y(k);
w_2 = w_1;w_1 = w;

x1(k) = x(1);
for j = 1:1:m
    H(j,k) = h(j);
end

if k == 5000
    figure(1);
    for j = 1:1:m
        plot(x1,H(j,:),'linewidth',2);
        hold on;
    end
    xlabel('Input value of Redial Basis Function');ylabel('Membership function degree');
end
end
figure(2);
subplot(211);
```

```
plot(time,y,'r',time,ym,'b:','linewidth',2);
xlabel('time(s)');ylabel('y and ym');
legend('Ideal value','Approximation value');
subplot(212);
plot(time,y-ym,'r','linewidth',2);
xlabel('time(s)');ylabel('Approximation error');
```

2.5.2.1 节的程序

1. RBF 训练程序：chap2_8a.m

```
%RBF Training for MIMO
clear all;
close all;

xite=0.10;
alfa=0.05;

W=rands(5,2);
W_1=W;
W_2=W_1;
h=[0,0,0,0,0]';

c=2*[-0.5 -0.25 0 0.25 0.5;
     -0.5 -0.25 0 0.25 0.5;
     -0.5 -0.25 0 0.25 0.5];       %cij
b=10;                              %bj

xs=[1,0,0];                        %Ideal Input
ys=[1,0];                          %Ideal Output
OUT=2;
NS=1;

k=0;

E=1.0;
while E>=1e-020
%for k=1:1:1000
k=k+1;
times(k)=k;

for s=1:1:NS                       %MIMO Samples
x=xs(s,:);

for j=1:1:5
    h(j)=exp(-norm(x'-c(:,j))^2/(2*b^2)); %Hidden Layer
```

```
end
yl = W' * h;                              % Output Layer

el = 0;
y = ys(s,:);
for l = 1:1:OUT
    el = el + 0.5 * (y(l) - yl(l))^2;     % Output error
end
es(s) = el;

E = 0;
if s == NS
    for s = 1:1:NS
        E = E + es(s);
    end
end
error = y - yl';
dW = xite * h * error;

W = W_1 + dW + alfa * (W_1 - W_2);

W_2 = W_1;W_1 = W;
end                                       % End of for
Ek(k) = E;
end                                       % End of while
figure(1);
plot(times,Ek,'r','linewidth',2);
xlabel('k');ylabel('Error index change');
save wfile b c W;
```

2. RBF 测试程序：chap2_8b.m

```
%Test RBF
clear all;
load wfile b c W;

%N Samples
x = [0.970,0.001,0.001;
     1.000,0.000,0.000];
NS = 2;
h = zeros(5,1);                           % hj

for i = 1:1:NS
     for j = 1:1:5
          h(j) = exp( - norm(x(i,:)' - c(:,j))^2/(2 * b^2)); % Hidden Layer
     end
yl(i,:) = W' * h;                         % Output Layer
```

```
end
yl
```

2.5.2.2 节的程序

1. RBF 训练程序：chap2_9a.m

```
% RBF Training for a Plant
clear all;
close all;

ts = 0.001;
xite = 0.50;
alfa = 0.05;

u_1 = 0;y_1 = 0;
fx_1 = 0;

W = 0.1 * ones(1,7);
W_1 = W;
W_2 = W_1;
h = zeros(7,1);

c1 = [ -3  -2  -1 0 1 2 3];
c2 = [ -3  -2  -1 0 1 2 3];
c = [c1;c2];

b = 1.5;                                 % bj

NS = 3000;
for s = 1:1:NS                           % Samples
u(s) = sin(s * ts);

fx(s) = 0.5 * y_1 * (1 - y_1)/(1 + exp( - 0.25 * y_1));
y(s) = fx_1 + u_1;

u_1 = u(s);
y_1 = y(s);
fx_1 = fx(s);
end
k = 0;

for k = 1:1:500
k = k + 1;
times(k) = k;

for s = 1:1:NS                           % Samples
    x = [u(s),y(s)];
for j = 1:1:7
    h(j) = exp( - norm(x' - c(:,j))^2/(2 * b^2)); % Hidden Layer
```

```
end
yl(s) = W * h;                          % Output Layer

el = 0.5 * (y(s) - yl(s))^2;            % Output error

es(s) = el;

E = 0;
if s == NS
   for s = 1:1:NS
        E = E + es(s);
   end
end
error = y(s) - yl(s);
dW = xite * h' * error;

W = W_1 + dW + alfa * (W_1 - W_2);

W_2 = W_1;W_1 = W;
end                                      % End of for
Ek(k) = E;
end                                      % End of while
figure(1);
plot(times,Ek,'r','linewidth',2);
xlabel('k');ylabel('Error index change');
save wfile b c W NS;
```

2. RBF 测试程序：chap2_9b.m

```
%Online RBF Etimation for Plant
clear all;
load wfile b c W NS;

ts = 0.001;
u_1 = 0;y_1 = 0;
fx_1 = 0;
h = zeros(7,1);
for k = 1:1:NS
    times(k) = k;
    u(k) = sin(k * ts);

    fx(k) = 0.5 * y_1 * (1 - y_1)/(1 + exp( - 0.25 * y_1));
    y(k) = fx_1 + u_1;

    x = [u(k),y(k)];
for j = 1:1:7
    h(j) = exp( - norm(x' - c(:,j))^2/(2 * b^2));  % Hidden Layer
end
yp(k) = W * h;                           % Output Layer

u_1 = u(k);y_1 = y(k);
```

```
fx_1 = fx(k);
end
figure(1);
plot(times,y,'r',times,yp,'b-.','linewidth',2);
xlabel('times');ylabel('y and yp');
```

参考文献

[1] Hartman E J, Keeler J D, Kowalski J M. Layered neural networks with Gaussian hidden units as universal approximations[J]. Neural Comput,1990,2(2):210-215.

[2] Park J, Sandberg L W. Universal approximation using radial-basis-function networks[J]. Neural Comput,1991,3(2):246-257.

[3] 刘金琨.智能控制.3版.北京：电子工业出版社,2013.

第3章 基于梯度下降法的RBF神经网络控制

离散神经网络控制系统中，常采用梯度下降法实现神经网络权值的学习，有代表性的研究工作如文献[1,2]。

3.1 基于RBF神经网络的监督控制

3.1.1 RBF监督控制

图3.1为基于RBF神经网络的监督控制系统，其控制思想为：初始阶段采用PD反馈控制，然后过渡到神经网络控制。在控制过程中，如出现较大的误差，则PD控制起主导作用，神经网络控制起调节作用。

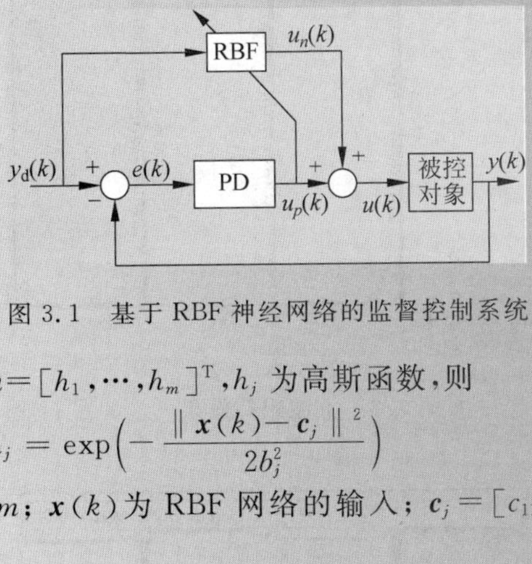

图3.1 基于RBF神经网络的监督控制系统

设径向基向量为 $\boldsymbol{h}=[h_1,\cdots,h_m]^{\mathrm{T}}$，$h_j$ 为高斯函数，则

$$h_j = \exp\left(-\frac{\|\boldsymbol{x}(k)-\boldsymbol{c}_j\|^2}{2b_j^2}\right) \tag{3.1}$$

其中，$i=1$；$j=1,\cdots,m$；$\boldsymbol{x}(k)$ 为RBF网络的输入；$\boldsymbol{c}_j=[c_{11},\cdots,c_{1m}]$；$\boldsymbol{b}=[b_1,\cdots,b_m]^{\mathrm{T}}$。

设权值向量为

$$\boldsymbol{w} = [w_1,\cdots,w_m]^{\mathrm{T}} \tag{3.2}$$

RBF神经网络的输出为

$$u_n(k) = h_1w_1 + \cdots + h_jw_j + \cdots + h_mw_m \tag{3.3}$$

其中，m 为隐含层节点的个数。

总控制输入为 $u(k)=u_n(k)+u_p(k)$，误差指标为

$$E(k) = \frac{1}{2}[u_n(k)-u(k)]^2 \tag{3.4}$$

采用梯度下降法，网络权值学习算法为

$$\Delta w_j(k) = -\eta\frac{\partial E(k)}{\partial w_j(k)} = \eta[u_n(k)-u(k)]h_j(k)$$

$$\boldsymbol{w}(k)=\boldsymbol{w}(k-1)+\Delta\boldsymbol{w}(k)+\alpha[\boldsymbol{w}(k-1)-\boldsymbol{w}(k-2)] \tag{3.5}$$

其中,$\eta\in[0,1]$为学习速率,$\alpha\in[0,1]$为动量因子。

3.1.2 仿真实例

设控制对象为

$$G(s)=\frac{1000}{s^3+87.35s^2+10470s}$$

取采样周期为1ms,对上述对象进行离散化,可得

$$y(k)=-\operatorname{den}(2)y(k-1)-\operatorname{den}(3)y(k-2)+\operatorname{num}(2)u(k-1)+\operatorname{num}(3)u(k-2)$$

取神经网络的结构为1-4-1,理想跟踪指令为 $y_d(k)$,网络输入为 $y_d(k)$,网络的初始权值取[0,1]之间的随机数,根据网络的输入范围,高斯函数参数取 $\boldsymbol{c}=[-2\quad -1\quad 1\quad 2]^T$,$b_j=0.5$。取学习速率 $\eta=0.30$,动量因子 $\alpha=0.05$。

仿真结果如图3.2和图3.3所示。RBF监督控制的仿真程序为chap3_1.m,详见附录。

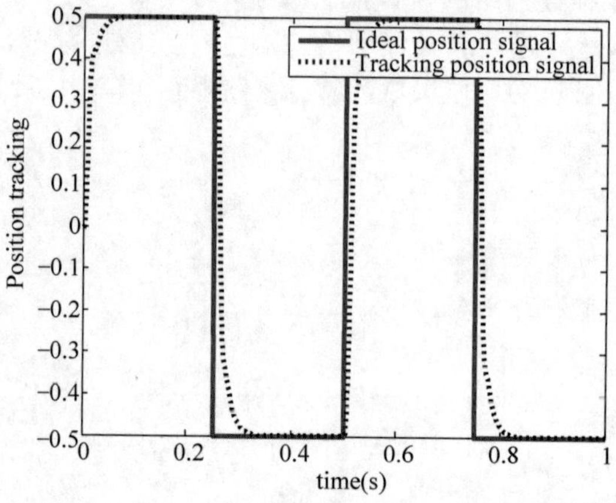

图3.2 方波跟踪效果

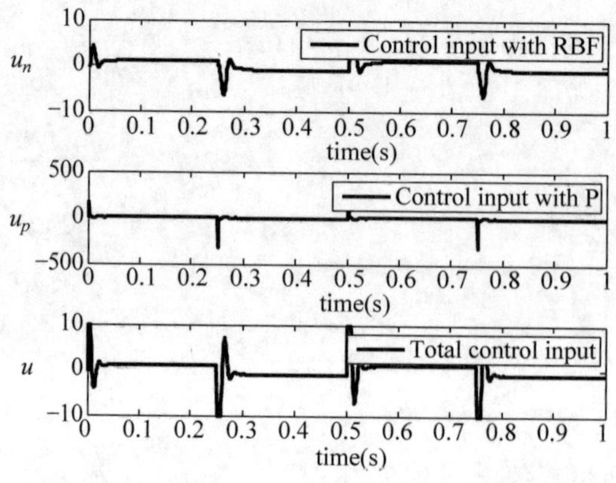

图3.3 神经网络输入、PD控制输入及总控制输入

3.2 基于 RBF 神经网络的模型参考自适应控制

3.2.1 控制系统设计

图 3.4 为基于 RBF 神经网络的模型参考自适应控制系统框图。

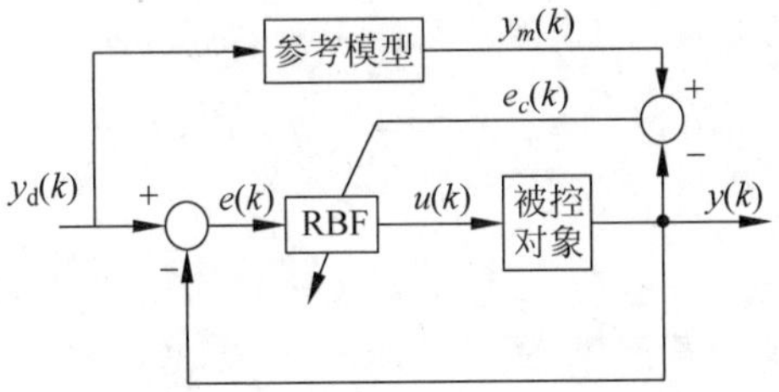

图 3.4 基于 RBF 神经网络的模型参考自适应控制系统

设理想跟踪指令为 $y_m(k)$，则定义跟踪误差为

$$e(k)=y_m(k)-y(k) \tag{3.6}$$

网络权值学习误差指标为

$$E(k)=\frac{1}{2}e(k)^2 \tag{3.7}$$

控制输入为 RBF 网络的输出：

$$u(k)=h_1w_1+\cdots+h_jw_j+\cdots+h_mw_m \tag{3.8}$$

其中，m 为隐含层的节点个数；w_j 为节点的权值；h_j 为高斯基函数的输出。

在 RBF 网络中，$\boldsymbol{x}=[x_1,\cdots,x_n]^{\mathrm{T}}$ 为网络输入，$\boldsymbol{h}=[h_1,\cdots,h_m]^{\mathrm{T}}$，$h_j$ 为高斯函数：

$$h_j=\exp\left(-\frac{\|\boldsymbol{x}-\boldsymbol{c}_j\|^2}{2b_j^2}\right) \tag{3.9}$$

其中，$i=1,\cdots,n$；$j=1,\cdots,m$。$b_j>0$，$\boldsymbol{c}_j=[c_{j1},\cdots,c_{ji},\cdots,c_{jn}]$，$\boldsymbol{b}=[b_1,\cdots,b_m]^{\mathrm{T}}$。

设权值向量为

$$\boldsymbol{w}=[w_1,\cdots,w_m]^{\mathrm{T}} \tag{3.10}$$

由梯度下降法，网络的学习算法为

$$\Delta w_j(k)=-\eta\frac{\partial E(k)}{\partial w}=\eta e_c(k)\frac{\partial y(k)}{\partial u(k)}h_j$$

$$w_j(k)=w_j(k-1)+\Delta w_j(k)+\alpha\Delta w_j(k) \tag{3.11}$$

其中，η 为学习速率；α 为动量因子；$\eta\in[0,1]$，$\alpha\in[0,1]$。

同理可得

$$\begin{aligned}\Delta b_j(k)&=-\eta\frac{\partial E(k)}{\partial b_j}=\eta e_c(k)\frac{\partial y(k)}{\partial u(k)}\frac{\partial u(k)}{\partial b_j}\\&=\eta e_c(k)\frac{\partial y(k)}{\partial u(k)}w_jh_j\frac{\|\boldsymbol{x}-\boldsymbol{c}_{ij}\|^2}{b_j^3}\end{aligned} \tag{3.12}$$

$$b_j(k)=b_j(k-1)+\eta\Delta b_j(k)+\alpha[b_j(k-1)-b_j(k-2)] \tag{3.13}$$

$$\Delta c_{ij}(k)=-\eta\frac{\partial E(k)}{\partial c_{ij}}=\eta e_c(k)\frac{\partial y(k)}{\partial u(k)}\frac{\partial u(k)}{\partial c_{ij}}$$

$$=\eta e_c(k)\frac{\partial y(k)}{\partial u(k)}w_j h_j\frac{x_i-c_{ij}}{b_j^2} \tag{3.14}$$

$$c_{ij}(k)=c_{ij}(k-1)+\eta\Delta c_{ij}(k)+\alpha[c_{ij}(k-1)-c_{ij}(k-2)] \tag{3.15}$$

其中，$\frac{\partial y(k)}{\partial u(k)}$为 Jacobian 阵，表征系统输出对控制输入的灵敏度。

3.2.2 仿真实例

取离散被控对象为

$$y(k)=[-0.10y(k-1)+u(k-1)]/[1+y(k-1)^2]$$

其中，采样周期为 $ts=1\text{ms}$，参考模型为 $y_m(k)=0.6y_m(k-1)+y_d(k)$，理想跟踪指令为 $y_d(k)=0.50\sin(2\pi k\times ts)$。

取 RBF 神经网络的输入为 $y_d(k)$、$e_c(k)$和 $y(k)$，学习速率为 $\eta=0.35$，动量因子为$\alpha=0.05$。

根据网络的输入范围，高斯函数参数值为 $\boldsymbol{c}=\begin{bmatrix}-3 & -2 & -1 & 1 & 2 & 3\\ -3 & -2 & -1 & 1 & 2 & 3\\ -3 & -2 & -1 & 1 & 2 & 3\end{bmatrix}^{\mathrm{T}}$，$\boldsymbol{b}=[2,2,2,2,2,2]^{\mathrm{T}}$，网络初始权值取$[0,1]$之间的随机值。

仿真结果如图 3.5 和图 3.6 所示。基于 RBF 神经网络的模型参考自适应控制程序为 chap3_2.m。

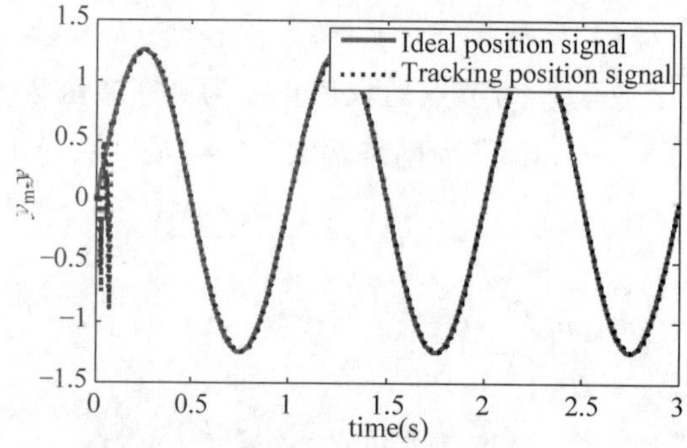

图 3.5　正弦跟踪

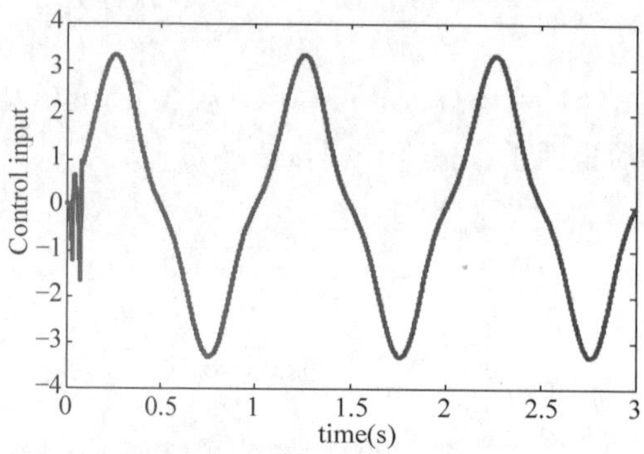

图 3.6　控制输入

3.3 RBF 自校正控制

3.3.1 系统描述

考虑被控对象为

$$y(k+1)=g[y(k)]+\phi[y(k)]u(k) \tag{3.16}$$

其中，$y(k)$为系统输出；$u(k)$控制输入。

设 $y_{\mathrm{d}}(k)$为理想跟踪指令。如果 $g[\cdot]$和 $\phi[\cdot]$为已知的，设计自校正控制器为

$$u(k)=\frac{-g[\cdot]}{\phi[\cdot]}+\frac{y_{\mathrm{d}}(k+1)}{\phi[\cdot]} \tag{3.17}$$

在实际工程中 $g[\cdot]$和 $\phi[\cdot]$通常是未知的，控制器式(3.17)难以实现，采用 RBF 神经网络逼近 $g[\cdot]$和 $\phi[\cdot]$，可有效解决这一难题。

3.3.2 RBF 控制算法设计

如果 $g[\cdot]$和 $\phi[\cdot]$未知，可利用 RBF 网络逼近 $g[\cdot]$和$\phi[\cdot]$，从而得到 $g[\cdot]$和 $\phi[\cdot]$的估计值，记为 $Ng[\cdot]$和$N\phi[\cdot]$，则自校正控制器为

$$u(k)=\frac{-Ng[\cdot]}{N\phi[\cdot]}+\frac{y_{\mathrm{d}}(k+1)}{N\phi[\cdot]} \tag{3.18}$$

其中，$Ng[\cdot]$和 $N\phi[\cdot]$为 RBF 神经网络的逼近输出。

分别采用两个 RBF 神经网络逼近 $g[\cdot]$和 $\phi[\cdot]$，$\boldsymbol{W}$ 和 $\boldsymbol{V}$ 分别为两个神经网络的权值。在 RBF 网络设计中，取 $y(k)$为网络输入，$\boldsymbol{h}=[h_1,\cdots,h_m]^{\mathrm{T}}$，$h_j$ 为高斯函数：

$$h_j=\exp\left(-\frac{\|y(k)-\boldsymbol{c}_j\|^2}{2b_j^2}\right) \tag{3.19}$$

其中，$i=1$；$j=1,\cdots,m$；$b_j>0$；$\boldsymbol{c}_j=[c_{11},\cdots,c_{1m}]$；$\boldsymbol{b}=[b_1,\cdots,b_m]^{\mathrm{T}}$。

设 RBF 网络的权值为

$$\boldsymbol{W}=[w_1,\cdots,w_m]^{\mathrm{T}} \tag{3.20}$$

$$\boldsymbol{V}=[v_1,\cdots,v_m]^{\mathrm{T}} \tag{3.21}$$

两个 RBF 网络的输出分别为

$$Ng(k)=h_1w_1+\cdots+h_jw_j+\cdots+h_mw_m \tag{3.22}$$

$$N\phi(k)=h_1v_1+\cdots+h_jv_j+\cdots+h_mv_m \tag{3.23}$$

其中，m 为隐含层节点的个数。

基于 RBF 神经网络逼近的输出为

$$y_m(k)=Ng[y(k-1);\boldsymbol{W}(k)]+N\phi[y(k-1);\boldsymbol{V}(k)]u(k-1) \tag{3.24}$$

基于神经网络 $Ng[\cdot]$和 $N\phi[\cdot]$逼近的自适应控制系统框图如图 3.7 所示。

用于权值调整的误差指标为

$$E(k)=\frac{1}{2}[y(k)-y_m(k)]^2 \tag{3.25}$$

根据梯度下降法，网络权值学习算法为

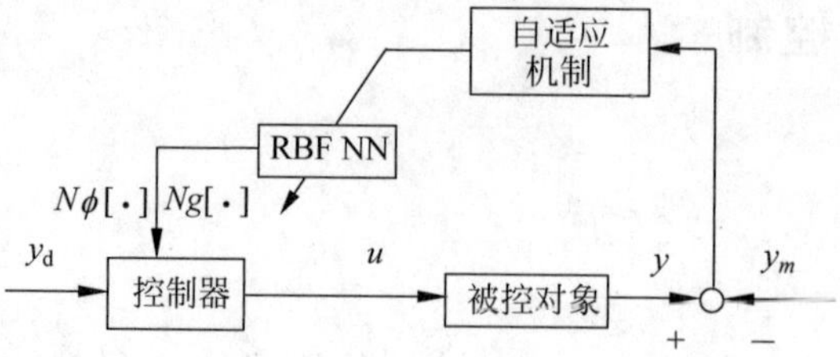

图 3.7　基于 RBF 逼近的自适应控制系统

$$\Delta w_j(k) = -\eta_w \frac{\partial E(k)}{\partial w_j(k)} = \eta_w[y(k) - y_m(k)]h_j(k)$$

$$\Delta v_j(k) = -\eta_v \frac{\partial E(k)}{\partial v_j(k)}$$

$$= \eta_v[y(k) - y_m(k)]h_j(k)u(k-1)$$

$$\boldsymbol{W}(k) = \boldsymbol{W}(k-1) + \Delta\boldsymbol{W}(k) + \alpha[\boldsymbol{W}(k-1) - \boldsymbol{W}(k-2)] \tag{3.26}$$

$$\boldsymbol{V}(k) = \boldsymbol{V}(k-1) + \Delta\boldsymbol{V}(k) + \alpha[\boldsymbol{V}(k-1) - \boldsymbol{V}(k-2)] \tag{3.27}$$

其中，η_w 和 η_v 为学习速率；α 为动量因子。

3.3.3　仿真实例

取被控对象为

$$y(k) = 0.8\sin[y(k-1)] + 15u(k-1)$$

其中，$g[y(k)] = 0.8\sin[y(k-1)]$，$\phi[y(k)] = 15$。

理想跟踪指令为 $y_d(t) = 2.0\sin(0.1\pi t)$，RBF 神经网络的结构为 1-6-1，网络的初始权值和高斯函数参数分别设置为 $\boldsymbol{W} = [0.5, 0.5, 0.5, 0.5, 0.5, 0.5]^T$，$\boldsymbol{V} = [0.5, 0.5, 0.5, 0.5, 0.5, 0.5]^T$，$\boldsymbol{c}_j = [-2 \quad -1 \quad 0 \quad 0 \quad 1 \quad 2]^T$，$\boldsymbol{b} = [5, 5, 5, 5, 5, 5]^T$。

取学习速率为 $\eta_1 = 0.15$，$\eta_2 = 0.50$，动量因子为 $\alpha = 0.05$。仿真结果如图 3.8～图 3.10 所示。RBF 神经网络自校正控制程序为 chap3_3.m，详见附录。

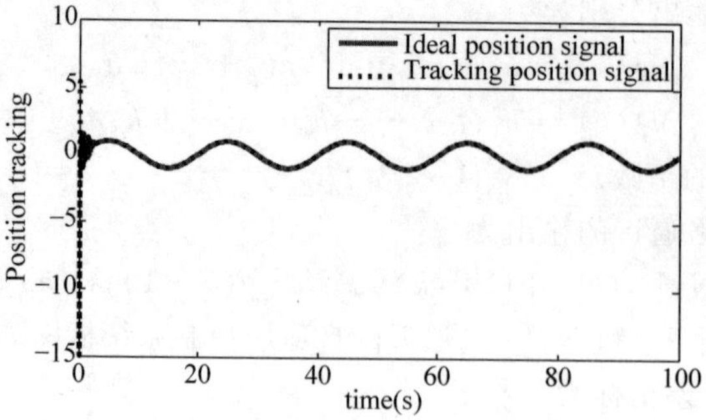

图 3.8　正弦指令的跟踪

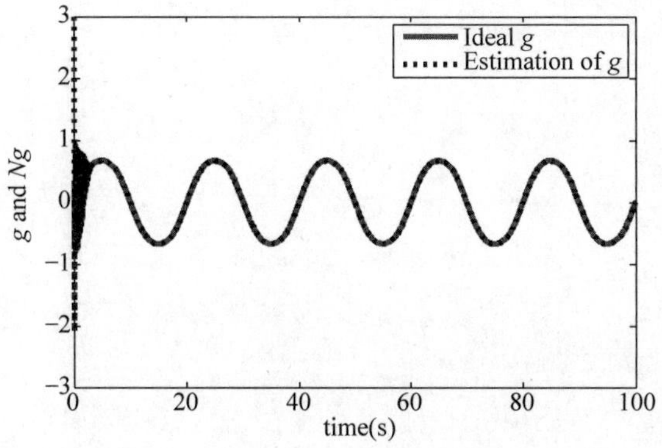

图 3.9　$g(x,t)$及其估计值$\hat{g}(x,t)$

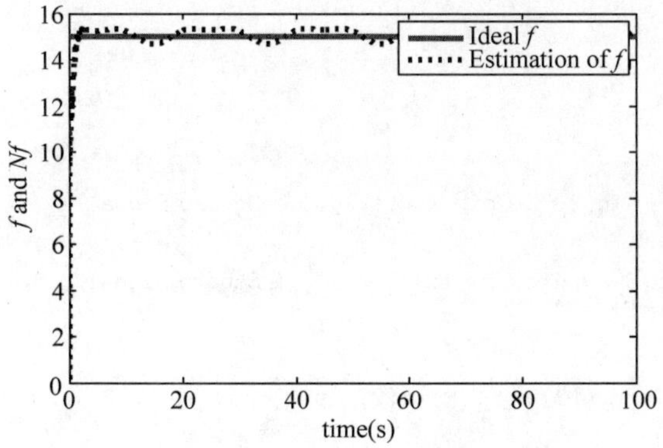

图 3.10　$f(x,t)$及其估计值$\hat{f}(x,t)$

梯度下降法的优点是设计过程简单，但收敛效果取决于初值的选取，采用该方法调整神经网络权值易陷入局部最优，不能保证闭环系统的全局稳定性，因此有很大的局限性。

附录　仿真程序

3.1.2 节的程序

RBF 监督控制仿真程序：chap3_1.m

```
% RBF Supervisory Control
clear all;
close all;

ts = 0.001;
sys = tf(1000,[1,50,2000]);
dsys = c2d(sys,ts,'z');
[num,den] = tfdata(dsys,'v');

y_1 = 0;y_2 = 0;
u_1 = 0;u_2 = 0;
```

```
e_1 = 0;

xi = 0;
x = [0,0]';

b = 0.5 * ones(4,1);
c = [ -2  -1 1 2];
w = rands(4,1);
w_1 = w;
w_2 = w_1;

xite = 0.30;
alfa = 0.05;

kp = 25;
kd = 0.3;
for k = 1:1:1000
    time(k) = k * ts;
S = 1;
if S == 1
   yd(k) = 0.5 * sign(sin(2 * 2 * pi * k * ts));     % Square Signal
elseif S == 2
   yd(k) = 0.5 * (sin(3 * 2 * pi * k * ts));         % Square Signal
end

y(k) = - den(2) * y_1 - den(3) * y_2 + num(2) * u_1 + num(3) * u_2;
e(k) = yd(k) - y(k);

xi = yd(k);

for j = 1:1:4
    h(j) = exp( - norm(xi - c(:,j))^2/(2 * b(j) * b(j)));
end
un(k) = w' * h';

 % PD Controller
up(k) = kp * x(1) + kd * x(2);

M = 2;
if M == 1                    % Only Using PID Control
   u(k) = up(k);
elseif M == 2                % Total control output
    u(k) = up(k) + un(k);
end

if u(k)> = 10
   u(k) = 10;
end
if u(k)< = - 10
   u(k) = - 10;
end
```

```
%Update NN Weight
d_w = -xite*(un(k) - u(k))*h';
w = w_1 + d_w + alfa*(w_1 - w_2);

w_2 = w_1;
w_1 = w;
u_2 = u_1;
u_1 = u(k);
y_2 = y_1;
y_1 = y(k);

x(1) = e(k);              %Calculating P
x(2) = (e(k) - e_1)/ts;   %Calculating D
e_1 = e(k);
end
figure(1);
plot(time,yd,'r',time,y,'k:','linewidth',2);
xlabel('time(s)');ylabel('Position tracking');
legend('Ideal position signal','Tracking position signal');

figure(2);
subplot(311);
plot(time,un,'k','linewidth',2);
xlabel('time(s)');ylabel('un');
legend('Control input with RBF');
subplot(312);
plot(time,up,'k','linewidth',2);
xlabel('time(s)');ylabel('up');
legend('Control input with P');
subplot(313);
plot(time,u,'k','linewidth',2);
xlabel('time(s)');ylabel('u');
legend('Total control input');
```

3.2.2 节的程序

基于 RBF 神经网络的模型参考自适应控制：chap3_2.m

```
%Model Reference Adaptive RBF Control
clear all;
close all;

u_1 = 0;
y_1 = 0;
ym_1 = 0;

x = [0,0,0]';
c = [-3 -2 -1 0 1 2 3;
     -3 -2 -1 0 1 2 3;
     -3 -2 -1 0 1 2 3];
```

```
b = 2;
w = rands(1,7);

xite = 0.35;
alfa = 0.05;
h = [0,0,0,0,0,0,0]';

c_1 = c;c_2 = c;
b_1 = b;b_2 = b;
w_1 = w;w_2 = w;

ts = 0.001;
for k = 1:1:3000
time(k) = k * ts;

yd(k) = 0.50 * sin(2 * pi * k * ts);
ym(k) = 0.6 * ym_1 + yd(k);

y(k) = ( - 0.1 * y_1 + u_1)/(1 + y_1 ^ 2); % Nonlinear plant

for j = 1:1:7
    h(j) = exp( - norm(x - c(:,j))^2/(2 * b ^ 2));
end
u(k) = w * h;

ec(k) = ym(k) - y(k);
dyu(k) = sign((y(k) - y_1)/(u(k) - u_1));

d_w = 0 * w;
for j = 1:1:7
    d_w(j) = xite * ec(k) * h(j) * dyu(k);
end
w = w_1 + d_w + alfa * (w_1 - w_2);
% Return of parameters
u_1 = u(k);
y_1 = y(k);
ym_1 = ym(k);

x(1) = yd(k);
x(2) = ec(k);
x(3) = y(k);

w_2 = w_1;w_1 = w;
end
figure(1);
plot(time,ym,'r',time,y,'k:','linewidth',2);
xlabel('time(s)');ylabel('ym,y');
legend('Ideal position signal','Tracking position signal');
figure(2);
plot(time,u,'r','linewidth',2);
xlabel('time(s)');ylabel('Control input');
```

3.3.3 节的程序

RBF 神经网络自校正控制：chap3_3.m

```
%Self-Correct control based RBF Identification
clear all;
close all;

xite1=0.15;
xite2=0.50;
alfa=0.05;

w=0.5*ones(6,1);
v=0.5*ones(6,1);

cij=[-2  -1  0  0  1  2];
bj=5*ones(6,1);
h=zeros(6,1);

w_1=w;w_2=w_1;
v_1=v;v_2=v_1;
u_1=0;y_1=0;

ts=0.02;
for k=1:1:5000
time(k)=k*ts;
yd(k)=1.0*sin(0.1*pi*k*ts);

%Practical Plant;
g(k)=0.8*sin(y_1);
f(k)=15;
y(k)=g(k)+f(k)*u_1;

for j=1:1:6
    h(j)=exp(-norm(y(k)-cij(:,j))^2/(2*bj(j)*bj(j)));
end

Ng(k)=w'*h;
Nf(k)=v'*h;

ym(k)=Ng(k)+Nf(k)*u_1;

e(k)=y(k)-ym(k);

d_w=0*w;
for j=1:1:6
    d_w(j)=xite1*e(k)*h(j);
end
w=w_1+d_w+alfa*(w_1-w_2);
```

```
d_v = 0 * v;
for j = 1:1:6
    d_v(j) = xite2 * e(k) * h(j) * u_1;
end
v = v_1 + d_v + alfa * (v_1 - v_2);

u(k) = - Ng(k)/Nf(k) + yd(k)/Nf(k);

u_1 = u(k);
y_1 = y(k);

w_2 = w_1;
w_1 = w;

v_2 = v_1;
v_1 = v;
end
figure(1);
plot(time,yd,'r',time,y,'k:','linewidth',2);
xlabel('time(s)');ylabel('Position tracking');
legend('Ideal position signal','Tracking position signal');
figure(2);
plot(time,g,'r',time,Ng,'k:','linewidth',2);
xlabel('time(s)');ylabel('g and Ng');
legend('Ideal g','Estimation of g');
figure(3);
plot(time,f,'r',time,Nf,'k:','linewidth',2);
xlabel('time(s)');ylabel('f and Nf');
legend('Ideal f','Estimation of f');
```

参考文献

[1] Noriega J R, Wang H. A direct adaptive neural network control for unknown nonlinear systems and its application[J]. IEEE Trans Neural Netw,1998,9(1): 27-34.

[2] Suykens J A K, Vandewalle J P L, Demoor B L R. Artificial neural networks for modeling and control of nonlinear systems[M]. Boston: Kluwer Academic,1996.

[3] 刘金琨. 智能控制. 2 版. 北京: 电子工业出版社,2012.

第4章 自适应RBF神经网络控制

采用梯度下降法调整神经网络权值，易陷入局部最优，且不能保证闭环系统的稳定性。基于 Lyapunov 稳定性分析的在线自适应神经网络控制可有效解决这一难题。

4.1 基于神经网络逼近的自适应控制

4.1.1 系统描述

考虑如下二阶非线性系统

$$\ddot{x} = f(x,\dot{x}) + g(x,\dot{x})u \tag{4.1}$$

其中，f 为未知非线性函数；g 为已知非线性函数；$u \in R^n$ 和 $y \in R^n$ 分别为系统的控制输入和输出。

令 $x_1 = x, x_2 = \dot{x}$ 和 $y = x_1$，式(4.1)可写为

$$\begin{cases} \dot{x}_1 = x_2 \\ \dot{x}_2 = f(x_1,x_2) + g(x_1,x_2)u \\ y = x_1 \end{cases} \tag{4.2}$$

理想跟踪指令为 y_d，则误差为

$$e = y_d - y = y_d - x_1, \quad \boldsymbol{E} = (e \quad \dot{e})^T$$

设计理想控制律为

$$u^* = \frac{1}{g(\boldsymbol{x})}[-f(\boldsymbol{x}) + \ddot{y}_d + \boldsymbol{K}^T E] \tag{4.3}$$

将式(4.3)代入式(4.1)，可得到误差系统为

$$\ddot{e} + k_p e + k_d \dot{e} = 0 \tag{4.4}$$

设计 $\boldsymbol{K} = (k_p, k_d)^T$ 使多项式 $s^2 + k_d s + k_p = 0$ 的根都在左半复平面，则当 $t \to \infty$ 时，$e(t) \to 0, \dot{e}(t) \to 0$。

如果式(4.3)中的函数 $f(\boldsymbol{x})$ 为未知，则控制律式(4.3)无法实现。

4.1.2 自适应 RBF 控制器设计

4.1.2.1 RBF 神经网络逼近

采用 RBF 网络可实现未知函数 $f(\boldsymbol{x})$ 的逼近，RBF 网络算法为

$$h_j = g(\| \boldsymbol{x} - \boldsymbol{c}_{ij} \|^2 / b_j^2)$$

$$f = \boldsymbol{W}^{\mathrm{T}} \boldsymbol{h}(\boldsymbol{x}) + \varepsilon$$

其中，$\boldsymbol{x}$ 为网络的输入；i 为网络的输入个数；j 为网络隐含层第 j 个节点；$\boldsymbol{h} = [h_1, h_2, \cdots, h_n]^{\mathrm{T}}$ 为高斯函数的输出；$\boldsymbol{W}$ 为网络的权值；ε 为网络的逼近误差，$|\varepsilon| \leqslant \varepsilon_{\mathrm{N}}$。

采用 RBF 逼近未知函数 f，网络的输入取 $\boldsymbol{x} = [e \quad \dot{e}]^{\mathrm{T}}$，则 RBF 网络的输出为

$$\hat{f}(\boldsymbol{x}) = \hat{\boldsymbol{W}}^{\mathrm{T}} \boldsymbol{h}(\boldsymbol{x}) \tag{4.5}$$

4.1.2.2 控制律和自适应律设计

文献[1]将模糊逼近算法直接用于自适应模糊控制器中。本节将 RBF 网络代替模糊逼近算法直接用于 RBF 自适应控制器中。

将 RBF 神经网络的输出代替式(4.3)中的未知函数 f，可得控制律为

$$u = \frac{1}{g(\boldsymbol{x})}[-\hat{f}(\boldsymbol{x}) + \ddot{y}_{\mathrm{d}} + \boldsymbol{K}^{\mathrm{T}} \boldsymbol{E}] \tag{4.6}$$

$$\hat{f}(\boldsymbol{x}) = \hat{\boldsymbol{W}}^{\mathrm{T}} \boldsymbol{h}(\boldsymbol{x}) \tag{4.7}$$

其中，$\boldsymbol{h}(\boldsymbol{x})$ 为高斯函数；$\hat{\boldsymbol{W}}$ 为理想权值 $\boldsymbol{W}$ 的估计。

图 4.1 为闭环神经网络自适应控制系统框图。

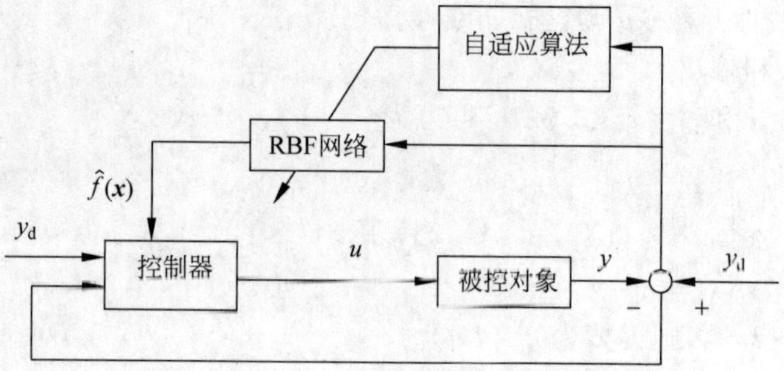

图 4.1 闭环神经网络自适应控制系统

设计自适应律为

$$\dot{\hat{\boldsymbol{W}}} = -\gamma \boldsymbol{E}^{\mathrm{T}} \boldsymbol{P} \boldsymbol{B} \boldsymbol{h}(\boldsymbol{x}) \tag{4.8}$$

4.1.2.3 稳定性分析

将控制律式(4.6)代入式(4.1)，可得闭环系统的表达式为

$$\ddot{e} = -\boldsymbol{K}^{\mathrm{T}} \boldsymbol{E} + [\hat{f}(\boldsymbol{x}) - f(\boldsymbol{x})] \tag{4.9}$$

令

$$\boldsymbol{\Lambda} = \begin{bmatrix} 0 & 1 \\ -k_{\mathrm{p}} & -k_{\mathrm{d}} \end{bmatrix}, \quad \boldsymbol{B} = \begin{bmatrix} 0 \\ 1 \end{bmatrix} \tag{4.10}$$

则式(4.9)可写为

$$\dot{\boldsymbol{E}} = \boldsymbol{\Lambda} \boldsymbol{E} + \boldsymbol{B}[\hat{f}(\boldsymbol{x}) - f(\boldsymbol{x})] \tag{4.11}$$

最优权值为

$$W^* = \arg\min_{W\in\Omega}[\sup|\hat{f}(\boldsymbol{x})-f(\boldsymbol{x})|] \tag{4.12}$$

定义模型逼近误差为

$$\omega = \hat{f}(\boldsymbol{x} \mid \boldsymbol{W}^*) - f(\boldsymbol{x}) \tag{4.13}$$

则式(4.11)可写为

$$\dot{\boldsymbol{E}} = \boldsymbol{\Lambda E} + \boldsymbol{B}\{[\hat{f}(\boldsymbol{x}|)-\hat{f}(\boldsymbol{x}|\boldsymbol{W}^*)]+\omega\} \tag{4.14}$$

将式(4.7)代入式(4.14),可得到闭环方程为

$$\dot{\boldsymbol{E}} = \boldsymbol{\Lambda E} + \boldsymbol{B}[(\hat{\boldsymbol{W}}-\boldsymbol{W}^*)^{\mathrm{T}}\boldsymbol{h}(\boldsymbol{x})+\omega] \tag{4.15}$$

设计 Lyapunov 函数为

$$V = \frac{1}{2}\boldsymbol{E}^{\mathrm{T}}\boldsymbol{PE} + \frac{1}{2\gamma}(\hat{\boldsymbol{W}}-\boldsymbol{W}^*)^{\mathrm{T}}(\hat{\boldsymbol{W}}-\boldsymbol{W}^*) \tag{4.16}$$

其中,γ 为正常数,矩阵 $\boldsymbol{P}$ 为对称正定的且满足如下 Lyapunov 方程:

$$\boldsymbol{\Lambda}^{\mathrm{T}}\boldsymbol{P} + \boldsymbol{P\Lambda} = -\boldsymbol{Q} \tag{4.17}$$

其中,$\boldsymbol{Q}>0$,$\boldsymbol{\Lambda}$ 由式(4.10)定义。

取 $V_1=\frac{1}{2}\boldsymbol{E}^{\mathrm{T}}\boldsymbol{PE}$,$V_2=\frac{1}{2\gamma}(\hat{\boldsymbol{W}}-\boldsymbol{W}^*)^{\mathrm{T}}(\hat{\boldsymbol{W}}-\boldsymbol{W}^*)$,令 $\boldsymbol{M}=\boldsymbol{B}[(\hat{\boldsymbol{W}}-\boldsymbol{W}^*)^{\mathrm{T}}\boldsymbol{h}(\boldsymbol{x})+\omega]$,则式(4.15)可写为

$$\dot{\boldsymbol{E}} = \boldsymbol{\Lambda E} + \boldsymbol{M}$$

则

$$\begin{aligned}
\dot{V}_1 &= \frac{1}{2}\dot{\boldsymbol{E}}^{\mathrm{T}}\boldsymbol{PE} + \frac{1}{2}\boldsymbol{E}^{\mathrm{T}}\boldsymbol{P}\dot{\boldsymbol{E}} \\
&= \frac{1}{2}(\boldsymbol{E}^{\mathrm{T}}\boldsymbol{\Lambda}^{\mathrm{T}}+\boldsymbol{M}^{\mathrm{T}})\boldsymbol{PE} + \frac{1}{2}\boldsymbol{E}^{\mathrm{T}}\boldsymbol{P}(\boldsymbol{\Lambda E}+\boldsymbol{M}) \\
&= \frac{1}{2}\boldsymbol{E}^{\mathrm{T}}(\boldsymbol{\Lambda}^{\mathrm{T}}\boldsymbol{P}+\boldsymbol{P\Lambda})\boldsymbol{E} + \frac{1}{2}\boldsymbol{M}^{\mathrm{T}}\boldsymbol{PE} + \frac{1}{2}\boldsymbol{E}^{\mathrm{T}}\boldsymbol{PM} \\
&= -\frac{1}{2}\boldsymbol{E}^{\mathrm{T}}\boldsymbol{QE} + \frac{1}{2}(\boldsymbol{M}^{\mathrm{T}}\boldsymbol{PE}+\boldsymbol{E}^{\mathrm{T}}\boldsymbol{PM}) = -\frac{1}{2}\boldsymbol{E}^{\mathrm{T}}\boldsymbol{QE} + \boldsymbol{E}^{\mathrm{T}}\boldsymbol{PM}
\end{aligned}$$

将 $\boldsymbol{M}$ 代入上式,由于 $\boldsymbol{E}^{\mathrm{T}}\boldsymbol{PB}(\hat{\boldsymbol{W}}-\boldsymbol{W}^*)^{\mathrm{T}}\boldsymbol{h}(\boldsymbol{x})=(\hat{\boldsymbol{W}}-\boldsymbol{W}^*)^{\mathrm{T}}[\boldsymbol{E}^{\mathrm{T}}\boldsymbol{PBh}(\boldsymbol{x})]$,可得

$$\begin{aligned}
\dot{V}_1 &= -\frac{1}{2}\boldsymbol{E}^{\mathrm{T}}\boldsymbol{QE} + \boldsymbol{E}^{\mathrm{T}}\boldsymbol{PB}(\hat{\boldsymbol{W}}-\boldsymbol{W}^*)^{\mathrm{T}}\boldsymbol{h}(x) + \boldsymbol{E}^{\mathrm{T}}\boldsymbol{PB}\omega \\
&= -\frac{1}{2}\boldsymbol{E}^{\mathrm{T}}\boldsymbol{QE} + (\hat{\boldsymbol{W}}-\boldsymbol{W}^*)^{\mathrm{T}}\boldsymbol{E}^{\mathrm{T}}\boldsymbol{PBh}(\boldsymbol{x}) + \boldsymbol{E}^{\mathrm{T}}\boldsymbol{PB}\omega
\end{aligned}$$

由于

$$\dot{V}_2 = \frac{1}{\gamma}(\hat{\boldsymbol{W}}-\boldsymbol{W}^*)^{\mathrm{T}}\dot{\hat{\boldsymbol{W}}}$$

对 V 求导,可得

$$\dot{V} = \dot{V}_1 + \dot{V}_2 = -\frac{1}{2}\boldsymbol{E}^{\mathrm{T}}\boldsymbol{QE} + E^{\mathrm{T}}\boldsymbol{PB}\omega + \frac{1}{\gamma}(\hat{\boldsymbol{W}}-\boldsymbol{W}^*)^{\mathrm{T}}[\dot{\hat{\boldsymbol{W}}}+\gamma\boldsymbol{E}^{\mathrm{T}}\boldsymbol{PBh}(\boldsymbol{x})]$$

将自适应律式(4.8)代入上式,可得

$$\dot{V} = -\frac{1}{2}\boldsymbol{E}^{\mathrm{T}}\boldsymbol{QE} + \boldsymbol{E}^{\mathrm{T}}\boldsymbol{PB}\omega$$

由于$-\frac{1}{2}\boldsymbol{E}^{\mathrm{T}}\boldsymbol{QE}\leqslant 0$,可通过设计 RBF 神经网络,使逼近误差$\omega$足够小,从而可使$\dot{V}\leqslant 0$。

由于$\|\boldsymbol{B}\|=1$,神经网络逼近误差有界,取$|\omega|\leqslant\omega_{\max}$,则$\dot{V}\leqslant-\frac{1}{2}\lambda_{\min}(\boldsymbol{Q})\|\boldsymbol{E}\|^2+\omega_{\max}\lambda_{\max}(\boldsymbol{P})\|\boldsymbol{E}\|=-\frac{1}{2}\|\boldsymbol{E}\|[\lambda_{\min}(\boldsymbol{Q})\|\boldsymbol{E}\|-2\omega_{\max}\lambda_{\max}(\boldsymbol{P})]$,其中,$\lambda_{\min}(\boldsymbol{Q})$为矩阵$\boldsymbol{Q}$特征值的最小值;$\lambda_{\max}(\boldsymbol{P})$为矩阵$\boldsymbol{P}$特征值的最大值。

由于当且仅当$\|\boldsymbol{E}\|=\frac{2\omega_{\max}\lambda_{\max}(\boldsymbol{P})}{\lambda_{\min}(\boldsymbol{Q})}$时,$\dot{V}=0$,$t\to\infty$时,$\|\boldsymbol{E}\|\to\frac{2\omega_{\max}\lambda_{\max}(\boldsymbol{P})}{\lambda_{\min}(\boldsymbol{Q})}$,系统的收敛速度取决于$\lambda_{\min}(\boldsymbol{Q})$。

由于$V\geqslant 0$,$\dot{V}\leqslant 0$,则当$t\to\infty$时,V有界,从而$\widetilde{\boldsymbol{W}}$有界,但由于自适应律的设计,无法保证$\widetilde{\boldsymbol{W}}$收敛。

4.1.3 仿真实例

4.1.3.1 实例 1

考虑如下的线性系统:

$$\begin{cases}\dot{x}_1=x_2\\ \dot{x}_2=f(\boldsymbol{x})+g(\boldsymbol{x})u\end{cases}$$

其中,$\boldsymbol{x}=[x_1\quad x_2]^{\mathrm{T}}$;$x_1$和$x_2$分别为位置和速度;$u$为控制输入;$f(\boldsymbol{x})=-25x_2$,$g(\boldsymbol{x})=133$。

理想跟踪指令为$y_{\mathrm{d}}(t)=0.1\sin t$,系统的初始状态为$[\pi/60,0]$。取 RBF 神经网络的结构为 2-5-1。RBF 网络高斯函数中心点矢量值及基宽按输入值的有效映射范围来选取,根据实际问题x_1和x_2的范围,参数$\boldsymbol{c}_i$和b_i可选为$[-2\quad -1\quad 0\quad 1\quad 2]$和 0.20,网络的初始权值设置为 0。采用控制律式(4.6)和自适应律式(4.8),取$\boldsymbol{Q}=\begin{bmatrix}500 & 0\\ 0 & 500\end{bmatrix}$,$k_{\mathrm{d}}=50$,$k_{\mathrm{p}}=30$,$\gamma=1200$。

仿真结果如图 4.2 和图 4.3。仿真主程序为 chap4_1sim.mdl,详见附录。

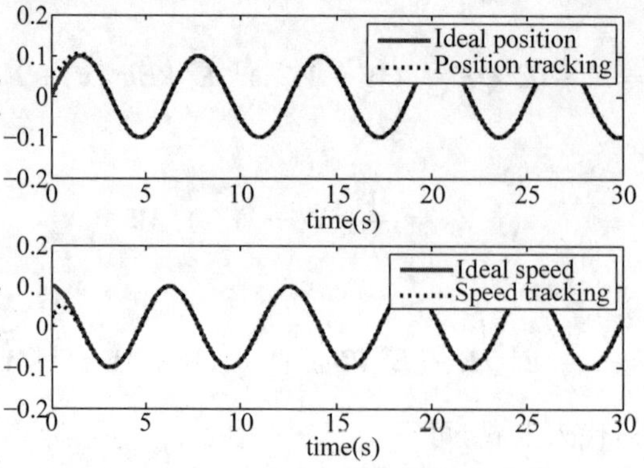

图 4.2 位置和速度跟踪

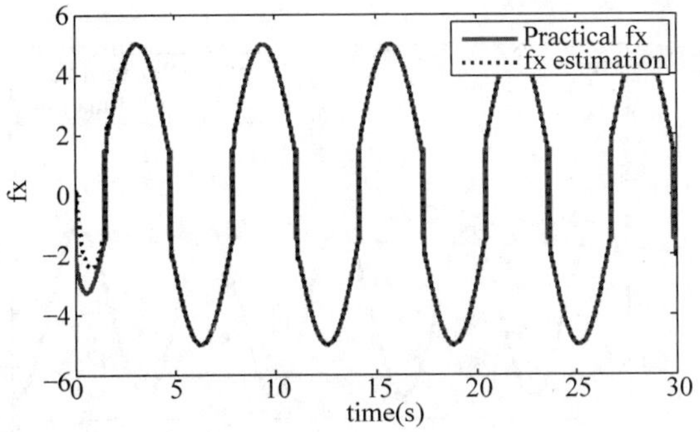

图 4.3 $f(\boldsymbol{x})$和$\hat{f}(\boldsymbol{x})$

4.1.3.2 实例 2

被控对象为单级倒立摆，如图 4.4 所示。

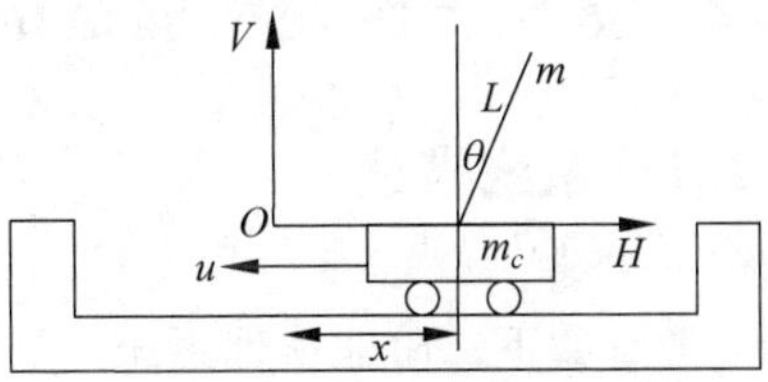

图 4.4 单级倒立摆系统

单级倒立摆动力学方程为

$$\begin{cases}\dot{x}_1 = x_2 \\ \dot{x}_2 = f(\boldsymbol{x}) + g(\boldsymbol{x})u\end{cases}$$

其中，$f(\boldsymbol{x}) = \dfrac{g\sin x_1 - mlx_2^2\cos x_1\sin x_1/(m_c+m)}{l[4/3 - m\cos^2 x_1/(m_c+m)]}$；$g(\boldsymbol{x}) = \dfrac{\cos x_1/(m_c+m)}{l[4/3 - m\cos^2 x_1/(m_c+m)]}$；$x_1$ 和 x_2 分别为摆角和摆速；$g=9.8\text{m/s}^2$ 为重力加速度；$m_c=1\text{kg}$ 为小车质量；$m=0.1\text{kg}$ 为摆的质量；$l=0.5\text{m}$ 为摆长的一半；u 为控制输入。

期望轨迹为 $y_d(t)=0.1\sin t$，系统的初始状态为$[\pi/60, 0]$，神经网络结构取为 2-5-1，$\boldsymbol{c}_i$ 和 b_i 分别设置为$[-2 \quad -1 \quad 0 \quad 1 \quad 2]$和 0.20，网络的初始权值为 0。采用控制律式 (4.6) 和自适应律式(4.8)，控制参数取 $Q=\begin{bmatrix}500 & 0 \\ 0 & 500\end{bmatrix}$，$k_d=50$，$k_p=30$，自适应参数取 $\gamma=1200$。仿真结果如图 4.5 和图 4.6 所示。仿真主程序为 chap4_2sim.mdl，详见附录。

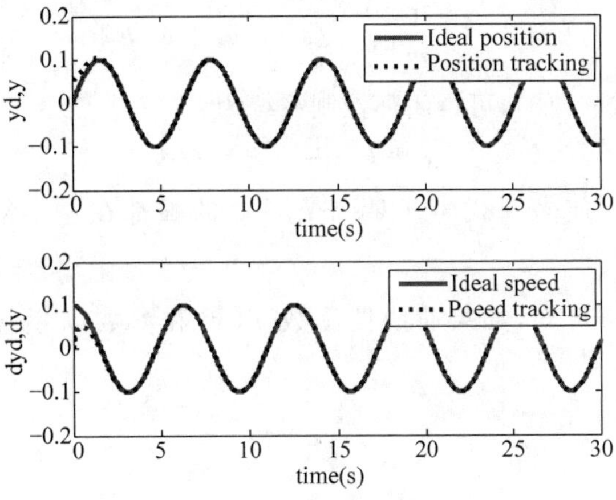

图 4.5 摆角和摆速跟踪

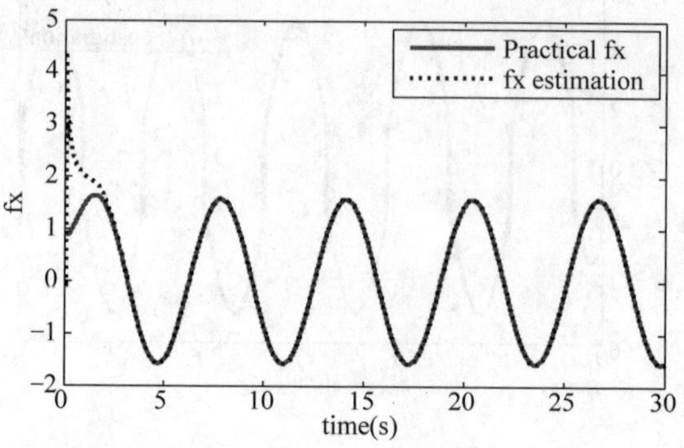

图 4.6 $f(\boldsymbol{x})$和$\hat{f}(\boldsymbol{x})$

4.2 基于神经网络逼近的未知参数自适应控制

4.2.1 系统描述

考虑如下二阶非线性系统

$$\ddot{x} = f(x,\dot{x}) + mu \tag{4.18}$$

其中,f 为未知非线性函数;m 为未知参数,且 m 的下界已知,即 $m \geqslant \underline{m}$和$\underline{m} > 0$。

定义 $x_1 = x, \dot{x}_2 = \dot{x}, y = x_1$,式(4.18)可写为

$$\begin{cases} \dot{x}_1 = x_2 \\ \dot{x}_2 = f(\boldsymbol{x}) + mu \\ y = x_1 \end{cases} \tag{4.19}$$

理想跟踪指令为 y_d,定义跟踪误差为

$$e = y_d - y = y_d - x_1, \quad \boldsymbol{E} = [e \quad \dot{e}]^T$$

设计控制律为

$$u^* = \frac{1}{m}[-f(\boldsymbol{x}) + \ddot{y}_d + \boldsymbol{K}^T \boldsymbol{E}] \tag{4.20}$$

将式(4.20)代入式(4.18),可得闭环控制系统为

$$\ddot{e} + k_p e + k_d \dot{e} = 0 \tag{4.21}$$

设计 $\boldsymbol{K} = (k_p, k_d)^T$ 使多项式 $s^2 + k_d s + k_p = 0$ 的根都在左半复平面,则当 $t \to \infty$ 时,$e(t) \to 0, \dot{e}(t) \to 0$。

从控制律式(4.20)可知,如果非线性函数 $f(\boldsymbol{x})$和参数 m 为未知的,控制律将无法实现。

4.2.2 自适应控制设计

4.2.2.1 RBF 神经网络设计

采用 RBF 神经网络逼近未知函数 $f(\boldsymbol{x})$，网络算法为

$$h_j = g(\|\boldsymbol{x}-\boldsymbol{c}_{ij}\|^2/b_j^2)$$

$$f = \boldsymbol{W}^{\mathrm{T}}\boldsymbol{h}(\boldsymbol{x})+\varepsilon$$

其中，$\boldsymbol{x}$ 为网络的输入；i 为网络的输入个数；j 为网络隐含层第 j 个节点；$\boldsymbol{h}=[h_1,h_2,\cdots,h_n]^{\mathrm{T}}$ 为高斯函数的输出；$\boldsymbol{W}$ 为网络的权值；ε 为网络的逼近误差，且 $\varepsilon\leqslant\varepsilon_{\mathrm{N}}$。

采用 RBF 逼近未知函数 f，网络的输入取 $\boldsymbol{x}=[e \quad \dot{e}]^{\mathrm{T}}$，则 RBF 网络的输出为

$$\hat{f}(\boldsymbol{x})=\hat{\boldsymbol{W}}^{\mathrm{T}}\boldsymbol{h}(\boldsymbol{x}) \tag{4.22}$$

4.2.2.2 控制律和自适应律设计

采用 RBF 神经网络逼近未知函数 f，可得控制律为

$$u=\frac{1}{\hat{m}}[-\hat{f}(\boldsymbol{x})+\ddot{y}_{\mathrm{d}}+\boldsymbol{K}^{\mathrm{T}}\boldsymbol{E}] \tag{4.23}$$

$$\hat{f}(\boldsymbol{x})=\hat{\boldsymbol{W}}^{\mathrm{T}}\boldsymbol{h}(\boldsymbol{x}) \tag{4.24}$$

其中，$\boldsymbol{h}(\boldsymbol{x})$为高斯函数；$\hat{\boldsymbol{W}}$为理想权值 $\boldsymbol{W}$ 的估计。

4.2.2.3 稳定性分析

将控制律式(4.23)代入式(4.18)，可得闭环系统为

$$\ddot{e}=-\boldsymbol{K}^{\mathrm{T}}\boldsymbol{E}+[\hat{f}(\boldsymbol{x})-f(\boldsymbol{x})]+(m-\hat{m})u \tag{4.25}$$

令

$$\boldsymbol{\Lambda}=\begin{bmatrix}0 & 1\\ -k_{\mathrm{p}} & -k_{\mathrm{d}}\end{bmatrix},\quad \boldsymbol{B}=\begin{bmatrix}0\\1\end{bmatrix} \tag{4.26}$$

则式(4.25)可写为

$$\dot{\boldsymbol{E}}=\boldsymbol{\Lambda}\boldsymbol{E}+\boldsymbol{B}\{[\hat{f}(\boldsymbol{x})-f(\boldsymbol{x})]+(m-\hat{m})u\} \tag{4.27}$$

最优权值为

$$W^*=\arg\min_{\boldsymbol{W}\in\Omega}[\sup|\hat{f}(\boldsymbol{x})-f(\boldsymbol{x})|] \tag{4.28}$$

定义逼近误差为

$$\omega=\hat{f}(\boldsymbol{x}\mid\boldsymbol{W}^*)-f(\boldsymbol{x}) \tag{4.29}$$

则式(4.27)可写为

$$\dot{\boldsymbol{E}}=\boldsymbol{\Lambda}\boldsymbol{E}+\boldsymbol{B}\{[\hat{f}(\boldsymbol{x}|)-\hat{f}(\boldsymbol{x}|\boldsymbol{W}^*)]+\omega+(m-\hat{m})u\} \tag{4.30}$$

将式(4.24)代入式(4.13)中，可得闭环系统方程为

$$\dot{\boldsymbol{E}}=\boldsymbol{\Lambda}\boldsymbol{E}+\boldsymbol{B}[(\hat{\boldsymbol{W}}-\boldsymbol{W}^*)^{\mathrm{T}}\boldsymbol{h}(\boldsymbol{x})+\omega+(m-\hat{m})u] \tag{4.31}$$

设计闭环系统 Lyapunov 函数为

$$V=\frac{1}{2}\boldsymbol{E}^{\mathrm{T}}\boldsymbol{PE}+\frac{1}{2\gamma}(\hat{\boldsymbol{W}}-\boldsymbol{W}^{*})^{\mathrm{T}}(\hat{\boldsymbol{W}}-\boldsymbol{W}^{*})+\frac{1}{2}\eta\tilde{m}^{2} \tag{4.32}$$

其中,γ 为正常数；矩阵 $\boldsymbol{P}$ 为对称正定且满足下面的 Lyapunov 方程：

$$\boldsymbol{\Lambda}^{\mathrm{T}}\boldsymbol{P}+\boldsymbol{P\Lambda}=-\boldsymbol{Q} \tag{4.33}$$

其中,$\boldsymbol{Q}>0$；$\boldsymbol{\Lambda}$ 由式(4.26)定义；$\eta>0$。

取 $V_1=\frac{1}{2}\boldsymbol{E}^{\mathrm{T}}\boldsymbol{PE}$，$V_2=\frac{1}{2\gamma}(\hat{\boldsymbol{W}}-\boldsymbol{W}^{*})^{\mathrm{T}}(\hat{\boldsymbol{W}}-\boldsymbol{W}^{*})$，$V_3=\frac{1}{2}\eta\tilde{m}^{2}$，令 $\boldsymbol{M}=\boldsymbol{B}[(\hat{\boldsymbol{W}}-\boldsymbol{W}^{*})^{\mathrm{T}}\boldsymbol{h}(\boldsymbol{x})+\omega+\tilde{m}u]$,则式(4.31)写为

$$\dot{\boldsymbol{E}}=\boldsymbol{\Lambda E}+\boldsymbol{M}$$

则

$$\begin{aligned}
\dot{V}_1&=\frac{1}{2}\dot{\boldsymbol{E}}^{\mathrm{T}}\boldsymbol{PE}+\frac{1}{2}\boldsymbol{E}^{\mathrm{T}}\boldsymbol{P}\dot{\boldsymbol{E}}\\
&=\frac{1}{2}(\boldsymbol{E}^{\mathrm{T}}\boldsymbol{\Lambda}^{\mathrm{T}}+\boldsymbol{M}^{\mathrm{T}})\boldsymbol{PE}+\frac{1}{2}\boldsymbol{E}^{\mathrm{T}}\boldsymbol{P}(\boldsymbol{\Lambda E}+M)\\
&=\frac{1}{2}\boldsymbol{E}^{\mathrm{T}}(\boldsymbol{\Lambda}^{\mathrm{T}}\boldsymbol{P}+\boldsymbol{P\Lambda})\boldsymbol{E}+\frac{1}{2}\boldsymbol{M}^{\mathrm{T}}\boldsymbol{PE}+\frac{1}{2}\boldsymbol{E}^{\mathrm{T}}\boldsymbol{P}M\\
&=-\frac{1}{2}\boldsymbol{E}^{\mathrm{T}}\boldsymbol{QE}+\frac{1}{2}(\boldsymbol{M}^{\mathrm{T}}\boldsymbol{PE}+\boldsymbol{E}^{\mathrm{T}}\boldsymbol{P}M)=-\frac{1}{2}\boldsymbol{E}^{\mathrm{T}}\boldsymbol{QE}+\boldsymbol{E}^{\mathrm{T}}\boldsymbol{P}M
\end{aligned}$$

将 $\boldsymbol{M}$ 代入上式,由于$\boldsymbol{E}^{\mathrm{T}}\boldsymbol{P}B(\hat{\boldsymbol{W}}-\boldsymbol{W}^{*})^{\mathrm{T}}\boldsymbol{h}(x)=(\hat{\boldsymbol{W}}-\boldsymbol{W}^{*})^{\mathrm{T}}[\boldsymbol{E}^{\mathrm{T}}\boldsymbol{P}B\boldsymbol{h}(\boldsymbol{x})]$,可得

$$\begin{aligned}
\dot{V}_1&=-\frac{1}{2}\boldsymbol{E}^{\mathrm{T}}\boldsymbol{QE}+\boldsymbol{E}^{\mathrm{T}}\boldsymbol{PB}(\hat{\boldsymbol{W}}-\boldsymbol{W}^{*})^{\mathrm{T}}\boldsymbol{h}(\boldsymbol{x})+\boldsymbol{E}^{\mathrm{T}}\boldsymbol{P}B\omega+\boldsymbol{E}^{\mathrm{T}}\boldsymbol{PB}\tilde{m}u\\
&=-\frac{1}{2}\boldsymbol{E}^{\mathrm{T}}\boldsymbol{QE}+(\hat{\boldsymbol{W}}-\boldsymbol{W}^{*})^{\mathrm{T}}\boldsymbol{E}^{\mathrm{T}}\boldsymbol{PBh}(\boldsymbol{x})+\boldsymbol{E}^{\mathrm{T}}\boldsymbol{P}B\omega+\boldsymbol{E}^{\mathrm{T}}\boldsymbol{PB}\tilde{m}u
\end{aligned}$$

$$\dot{V}_2=\frac{1}{\gamma}(\hat{\boldsymbol{W}}-\boldsymbol{W}^{*})^{\mathrm{T}}\dot{\hat{\boldsymbol{W}}}$$

$$\dot{V}_3=-\eta\tilde{m}\dot{\hat{m}}$$

则

$$\begin{aligned}
\dot{V}&=\dot{V}_1+\dot{V}_2+\dot{V}_3\\
&=-\frac{1}{2}\boldsymbol{E}^{\mathrm{T}}\boldsymbol{QE}+\boldsymbol{E}^{\mathrm{T}}\boldsymbol{PB}\omega+\frac{1}{\gamma}(\hat{\boldsymbol{W}}-\boldsymbol{W}^{*})^{\mathrm{T}}\times\\
&\quad[\dot{\hat{\boldsymbol{W}}}+\gamma\boldsymbol{E}^{\mathrm{T}}\boldsymbol{P}B\boldsymbol{h}(\boldsymbol{x})]+\tilde{m}(\boldsymbol{E}^{\mathrm{T}}\boldsymbol{PB}u-\eta\dot{\hat{m}})
\end{aligned}$$

取自适应律为

$$\dot{\hat{\boldsymbol{W}}}=-\gamma\boldsymbol{E}^{\mathrm{T}}\boldsymbol{PBh}(\boldsymbol{x}) \tag{4.34}$$

为了保证$\tilde{m}(\boldsymbol{E}^{\mathrm{T}}\boldsymbol{PB}u-\eta\dot{\hat{m}})\leqslant 0$,同时避免式(4.23)中产生奇异且保证$\hat{m}\geqslant\underline{m}$[2],设计自适应律为

$$\dot{\hat{m}}=\begin{cases}\dfrac{1}{\eta}\boldsymbol{E}^{\mathrm{T}}\boldsymbol{P}Bu, & \boldsymbol{E}^{\mathrm{T}}\boldsymbol{P}Bu>0\\ \dfrac{1}{\eta}\boldsymbol{E}^{\mathrm{T}}\boldsymbol{P}Bu, & \boldsymbol{E}^{\mathrm{T}}\boldsymbol{P}Bu\leqslant 0\ 且\ \hat{m}>\underline{m}\\ \dfrac{1}{\eta}, & \boldsymbol{E}^{\mathrm{T}}\boldsymbol{P}Bu\leqslant 0\ 且\ \hat{m}\leqslant\underline{m}\end{cases}\tag{4.35}$$

其中，$\hat{m}(0)\geqslant\underline{m}$。

对自适应式(4.35)进行分析，可得如下结论：

(1) 如果$\boldsymbol{E}^{\mathrm{T}}\boldsymbol{PB}u>0$，可得$\tilde{m}(\boldsymbol{E}^{\mathrm{T}}\boldsymbol{PB}u-\eta\dot{\hat{m}})=0$且$\dot{\hat{m}}>0$，进而得$\hat{m}>\underline{m}$；

(2) 如果$\boldsymbol{E}^{\mathrm{T}}\boldsymbol{PB}u\leqslant 0$且$\hat{m}>\underline{m}$，可得$\tilde{m}(\boldsymbol{E}^{\mathrm{T}}\boldsymbol{PB}u-\eta\dot{\hat{m}})=0$；

(3) 如果$\boldsymbol{E}^{\mathrm{T}}\boldsymbol{PB}u\leqslant 0$且$\hat{m}\leqslant\underline{m}$，可得$\tilde{m}=m-\hat{m}\geqslant m-\underline{m}>0$，进而得$\tilde{m}(\boldsymbol{E}^{\mathrm{T}}\boldsymbol{PB}u-\eta\dot{\hat{m}})=\tilde{m}\boldsymbol{E}^{\mathrm{T}}\boldsymbol{PB}u-\tilde{m}\leqslant 0$，$\hat{m}$将会逐渐增大，由$\dot{\hat{m}}>0$可保证$\hat{m}>\underline{m}$。

将自适应律式(4.34)和式(4.35)代入上式，可得

$$\dot{V}=-\frac{1}{2}\boldsymbol{E}^{\mathrm{T}}\boldsymbol{QE}+\boldsymbol{E}^{\mathrm{T}}\boldsymbol{P}B\omega$$

由于$-\dfrac{1}{2}\boldsymbol{E}^{\mathrm{T}}\boldsymbol{QE}\leqslant 0$，可通过设计 RBF 神经网络，使逼近误差 ω 足够小，从而使$\dot{V}\leqslant 0$。

由于$\|\boldsymbol{B}\|=1$，神经网络逼近误差有界，取$|\omega|\leqslant\omega_{\max}$，则

$$\dot{V}\leqslant-\frac{1}{2}\lambda_{\min}(\boldsymbol{Q})\|\boldsymbol{E}\|^{2}+\omega_{\max}\lambda_{\max}(\boldsymbol{P})\|\boldsymbol{E}\|=-\frac{1}{2}\|\boldsymbol{E}\|[\lambda_{\min}(\boldsymbol{Q})\|\boldsymbol{E}\|-2\omega_{\max}\lambda_{\max}(\boldsymbol{P})]$$

其中，$\lambda_{\min}(\boldsymbol{Q})$为矩阵$\boldsymbol{Q}$特征值的最小值，$\lambda_{\max}(\boldsymbol{P})$为矩阵$\boldsymbol{P}$特征值的最大值。

由于当且仅当$\|\boldsymbol{E}\|=\dfrac{2\omega_{\max}\lambda_{\max}(\boldsymbol{P})}{\lambda_{\min}(\boldsymbol{Q})}$时，$\dot{V}=0$，$t\to\infty$时，$\|\boldsymbol{E}\|\to\dfrac{2\omega_{\max}\lambda_{\max}(\boldsymbol{P})}{\lambda_{\min}(\boldsymbol{Q})}$，系统的收敛速度取决于$\lambda_{\min}(\boldsymbol{Q})$。

由于$V\geqslant 0$，$\dot{V}\leqslant 0$，则当$t\to\infty$时，V有界，从而$\tilde{\boldsymbol{W}}$和$\tilde{m}$有界，但由于自适应律的设计，无法保证$\tilde{\boldsymbol{W}}$和$\tilde{m}$收敛。

4.2.3 仿真实例

考虑如下简单二阶系统：

$$\begin{cases}\dot{x}_1=x_2\\ \dot{x}_2=f(\boldsymbol{x})+mu\end{cases}$$

其中，x_1和x_2分别表示位置和速度；u为控制输入；$f(\boldsymbol{x})=-25x_2-10x_1$；$m=133$。

理想跟踪指令为$y_{\mathrm{d}}(t)=\sin t$，系统的初始状态为$[0.50,0]$。

采用 RBF 神经网络逼近$f(\boldsymbol{x})$，并设计自适应算法估计未知参数m。神经网络的结构取为 2-5-1，RBF 网络的输入向量为$\boldsymbol{z}=[x_1\quad x_2]^{\mathrm{T}}$。高斯函数参数设置为$\boldsymbol{c}_i=[-1\quad -0.5\quad 0\quad 0.5\quad 1]$和$b_i=2.0$，网络的初始权值为0。

仿真中，采用控制律式(4.23)和自适应律式(4.34)和式(4.35)，控制和自适应参数取$\boldsymbol{Q}=\begin{bmatrix}500 & 0\\ 0 & 500\end{bmatrix}$，$k_{\mathrm{p}}=30$，$k_{\mathrm{d}}=50$，$\gamma=1200$，$\eta=0.0001$，$\underline{m}=100$，$\hat{m}(0)=120$。

仿真结果如图 4.7～图 4.9 所示。

仿真主程序为 chap4_3sim.mdl，详见附录。

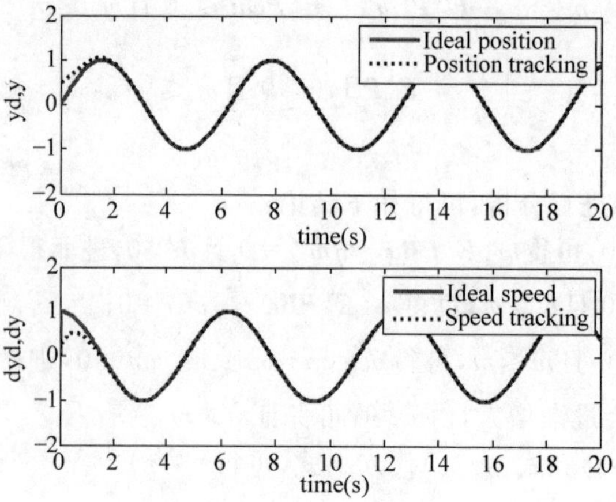

图 4.7　位置和速度跟踪

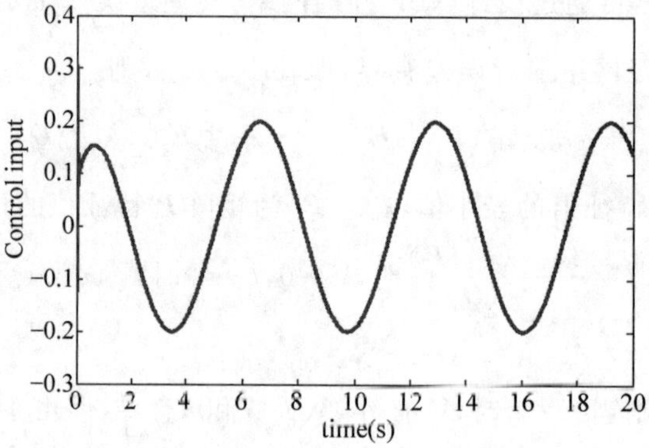

图 4.8　控制输入

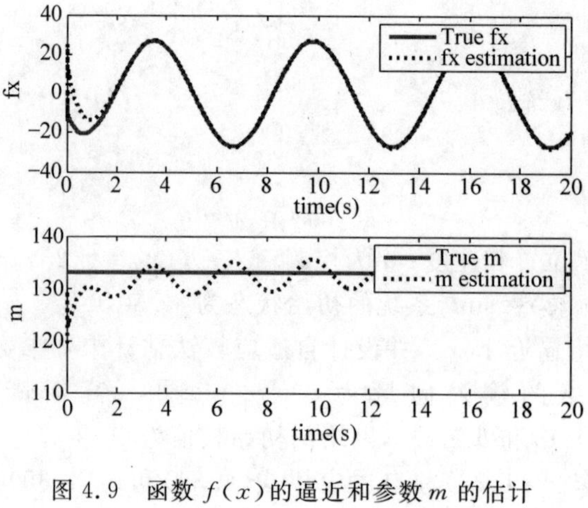

图 4.9　函数 $f(x)$ 的逼近和参数 m 的估计

4.3 基于 RBF 神经网络的直接鲁棒自适应控制

本节在文献[3,4]的基础上，探讨基于 RBF 神经网络直接控制器的自适应控制设计及仿真分析方法。

4.3.1 系统描述

考虑如下二阶 SISO 非线性系统：

$$\begin{cases}\dot{x}_1 = x_2 \\ \dot{x}_2 = \alpha(x) + \beta(x)u + d(t) \\ y = x_1\end{cases} \tag{4.36}$$

其中，$\boldsymbol{x}=[x_1 \quad x_2]^{\mathrm{T}} \in R$、$u \in R$ 和 $y \in R$ 分别为系统的状态、控制输入和输出；$\alpha(x)$和$\beta(x)$为未知非线性函数；$d(t)$为外界扰动且有 $d_0>0$，$|d(t)| \leqslant d_0$。

假设 1 $\beta(x)$的符号已知且$\beta(x) \neq 0$，$\forall x \in \Omega$，不失一般性，假设 $\beta(x)>0$。

假设 2 存在一个光滑的函数 $\bar{\beta}$，使$|\beta(x)| \leqslant \bar{\beta}$。

定义理想跟踪指令向量$\boldsymbol{x}_{\mathrm{d}}$，跟踪误差 $\boldsymbol{e}$ 和误差函数 s 为

$$\boldsymbol{x}_{\mathrm{d}} = [y_{\mathrm{d}} \quad \dot{y}_{\mathrm{d}}]^{\mathrm{T}}$$

$$\boldsymbol{e} = \boldsymbol{x} - \boldsymbol{x}_{\mathrm{d}} = [e \quad \dot{e}]^{\mathrm{T}}, \quad s = [\lambda \quad 1]\boldsymbol{e} = \lambda e + \dot{e} \tag{4.37}$$

其中，$\lambda>0$，从而满足多项式 $s+\lambda$ 是 Hurwitz。

由式(4.37)，对 s 求导可得

$$\begin{aligned}\dot{s} &= \lambda\dot{e} + \ddot{e} = \lambda\dot{e} + \ddot{x}_1 - \ddot{y}_{\mathrm{d}} \\ &= \lambda\dot{e} + \alpha(x) + \beta(x)u + d(t) - \ddot{y}_{\mathrm{d}} \\ &= \alpha(x) + v + \beta(x)u + d(t)\end{aligned} \tag{4.38}$$

其中，$v = -\ddot{y}_{\mathrm{d}} + \lambda\dot{e}$ 。

4.3.2 理想反馈控制和函数逼近

引理 1 如果系统式(4.36)满足假设 1-2 且 $d(t)=0$，设计理想控制器为

$$u^* = -\frac{1}{\beta(x)}(\alpha(x)+v) - \left(\frac{1}{\varepsilon\beta(x)} + \frac{1}{\varepsilon\beta^2(x)} - \frac{\dot{\beta}(x)}{2\beta^2(x)}\right)s \tag{4.39}$$

其中，$\varepsilon>0$，则$\lim\limits_{t\to\infty}\|e(t)\|=0$。

证明：令 $u=u^*$，代入式(4.38)中，由于 $d(t)=0$，整理可得

$$\dot{s} = \alpha(x) + v + \beta(x)\left[-\frac{1}{\beta(x)}(\alpha(x)+v) - \left(\frac{1}{\varepsilon\beta(x)} + \frac{1}{\varepsilon\beta^2(x)} - \frac{\dot{\beta}(x)}{2\beta^2(x)}\right)s\right]$$

$$= -\left(\frac{1}{\varepsilon} + \frac{1}{\varepsilon\beta(x)} - \frac{\dot{\beta}(x)}{2\beta(x)}\right)s = -\left(\frac{1}{\varepsilon} + \frac{1}{\varepsilon\beta(x)}\right)s + \frac{\dot{\beta}(x)}{2\beta(x)}s$$

设计 Lyapunov 函数为 $V=\frac{1}{2\beta(x)}s^2$，则

$$\dot{V}=\frac{1}{\beta(x)}s\dot{s}-\frac{\dot{\beta}(x)}{2\beta^2(x)}s^2$$
$$=\frac{1}{\beta(x)}s\left[-\left(\frac{1}{\varepsilon}+\frac{1}{\varepsilon\beta(x)}\right)s+\frac{\dot{\beta}(x)}{2\beta(x)}s\right]-\frac{\dot{\beta}(x)}{2\beta^2(x)}s^2$$
$$=-\left(\frac{1}{\varepsilon\beta(x)}+\frac{1}{\varepsilon\beta^2(x)}\right)s^2 \tag{4.40}$$

由于$\beta(x)>0$,由 Lyapunov 稳定定理可知,$\dot{V}\leqslant 0$,这意味着$\lim\limits_{t\to\infty}|s|=0$,进而可得$\lim\limits_{t\to\infty}\|e(t)\|=0$。由式(4.40)的表达式可知,参数 ε 越小,$\dot{V}$越为负数。因此收敛性能可通过改变参数 ε 来调整。

由式(4.39)可知,理想控制器 u^* 可写为 $\boldsymbol{x}$、s 和 v 的函数,即

$$\boldsymbol{z}=\begin{bmatrix}\boldsymbol{x}^{\mathrm{T}} & s & \dfrac{s}{\varepsilon} & v\end{bmatrix}^{\mathrm{T}}\in\Omega_z\subset R^5 \tag{4.41}$$

其中,紧集 Ω_z 定义如下:

$$\Omega_z=\left(\boldsymbol{x}^{\mathrm{T}} \quad s \quad \frac{s}{\varepsilon} \quad v\right)\mid x\in\Omega;\mid x_{\mathrm{d}}\in\Omega_{\mathrm{d}};$$

其中,$s=[\lambda \quad 1]\boldsymbol{e};v=-\ddot{y}_{\mathrm{d}}+\lambda\dot{e}$ (4.42)

由于非线性函数 $\alpha(x)$和$\beta(x)$式未知,从而 $u^*(z)$无法直接用于控制,文献[3]采用高阶神经网络(HONNS)作为直接控制器,其中隐层神经元激发函数为双曲正切函数。本节采用 RBF 网络代替高阶神经网络,更加简单方便,即采用 RBF 神经网络逼近未知项 $u^*(z)$。

式(4.42)中,输入向量 z 中元素 s 和$\frac{s}{\varepsilon}$是线性相关的,但当 ε 很小时,$s\ll\frac{s}{\varepsilon}$,$\frac{s}{\varepsilon}$与 s 属于不同数量级。则$\frac{s}{\varepsilon}$可作为网络的输入,并提高神经网络逼近精度。

存在理想神经网络权值向量 W^*,使

$$u^*(z)=\boldsymbol{W}^{*\mathrm{T}}\boldsymbol{h}(\boldsymbol{z})+\mu_l,\quad \forall z\in\Omega_z \tag{4.43}$$

其中,$\boldsymbol{h}(\boldsymbol{z})$为径向基函数向量;$\mu_l$ 为网络的逼近误差,满足$|\mu_l|\leqslant\mu_0$,且

$$\boldsymbol{W}^*=\arg\min_{W\in R^l}\{\sup_{z\in\Omega_z}|\boldsymbol{W}^{\mathrm{T}}\boldsymbol{h}(z)-u^*(z)|\}$$

4.3.3 控制器设计及分析

图 4.10 为基于 RBF 神经网络的自适应控制闭环框图。

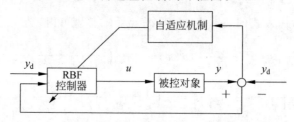

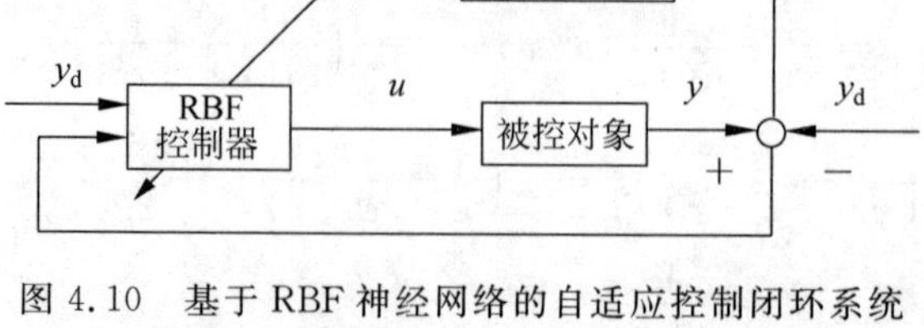

图 4.10 基于 RBF 神经网络的自适应控制闭环系统

令$\hat{\boldsymbol{W}}$为理想网络权值$\boldsymbol{W}^*$的估计，可设计直接自适应控制器为 RBF 网络的输出，即

$$u=\hat{\boldsymbol{W}}^{\mathrm{T}}\boldsymbol{h}(z) \tag{4.44}$$

自适应律取

$$\dot{\hat{\boldsymbol{W}}}=-\boldsymbol{\Gamma}\left(\boldsymbol{h}(z)s+\sigma\hat{\boldsymbol{W}}\right) \tag{4.45}$$

其中，$\boldsymbol{\Gamma}=\boldsymbol{\Gamma}^{\mathrm{T}}>0$ 为自适应增益矩阵，且 $\sigma>0$ 为常数。

将控制律式(4.44)代入式(4.38)中，误差方程式(4.38)可写为

$$\dot{s}=\alpha(x)+v+\beta(x)\hat{\boldsymbol{W}}^{\mathrm{T}}\boldsymbol{h}(z)+d(t) \tag{4.46}$$

在等式(4.46)的右边分别加上和减去 $\beta(x)u^*(\boldsymbol{z})$，结合式(4.43)，整理可得

$$\dot{s}=\alpha(x)+v+\beta(x)\left[\hat{\boldsymbol{W}}^{\mathrm{T}}\boldsymbol{h}(\boldsymbol{z})-\boldsymbol{W}^{*\mathrm{T}}\boldsymbol{h}(\boldsymbol{z})-\mu_l\right]+\beta(x)u^*(\boldsymbol{z})+d(t) \tag{4.47}$$

由式(4.39)，可得

$$u^*=-\frac{1}{\beta(x)}[\alpha(x)+v]-\left(\frac{1}{\varepsilon\beta(x)}+\frac{1}{\varepsilon\beta^2(x)}-\frac{\dot{\beta}(x)}{2\beta^2(x)}\right)s$$

将上式代入式(4.47)中，可得

$$\dot{s}=\beta(x)\left[\tilde{\boldsymbol{W}}^{\mathrm{T}}\boldsymbol{h}(\boldsymbol{z})-\mu_l\right]-\left(\frac{1}{\varepsilon}+\frac{1}{\varepsilon\beta(x)}-\frac{\dot{\beta}(x)}{2\beta(x)}\right)s+d(t) \tag{4.48}$$

其中，$\tilde{\boldsymbol{W}}=\hat{\boldsymbol{W}}-\boldsymbol{W}^*$。

式(4.48)中，$\beta(x)$作为$\tilde{\boldsymbol{W}}^{\mathrm{T}}$ 的系数存在，如果设计 Lyapunov 函数 V 中含有$\frac{1}{2}s^2$，将导致自适应律$\dot{\hat{\boldsymbol{W}}}$中包含 $\beta(x)$。为了避免自适应律$\dot{\hat{\boldsymbol{W}}}$中含有 $\beta(x)$，将$\frac{1}{2}\frac{s^2}{\beta(x)}$代替$\frac{1}{2}s^2$，设计 Lyapunov 函数为[3]

$$V=\frac{1}{2}\left(\frac{s^2}{\beta(x)}+\tilde{\boldsymbol{W}}^{\mathrm{T}}\boldsymbol{\Gamma}^{-1}\tilde{\boldsymbol{W}}\right) \tag{4.49}$$

对上式求导，并结合式(4.48)可得

$$\begin{aligned}
\dot{V}&=\frac{s\dot{s}}{\beta(x)}-\frac{\dot{\beta}(x)}{2\beta^2(x)}s^2+\tilde{\boldsymbol{W}}^{\mathrm{T}}\Gamma^{-1}\dot{\hat{\boldsymbol{W}}}\\
&=\frac{s}{\beta(x)}\left[\beta(x)\left(\tilde{\boldsymbol{W}}^{\mathrm{T}}\boldsymbol{h}(\boldsymbol{z})-\mu_l\right)-\left(\frac{1}{\varepsilon}+\frac{1}{\varepsilon\beta(x)}-\frac{\dot{\beta}(x)}{2\beta(x)}\right)s+d(t)\right]-\\
&\quad\frac{\dot{\beta}(x)}{2\beta^2(x)}s^2+\tilde{\boldsymbol{W}}^{\mathrm{T}}\boldsymbol{\Gamma}^{-1}\left(-\boldsymbol{\Gamma}\left(\boldsymbol{h}(z)s+\sigma\hat{\boldsymbol{W}}\right)\right)\\
&=-\left(\frac{1}{\varepsilon\beta(x)}+\frac{1}{\varepsilon\beta^2(x)}\right)s^2+\frac{d(t)}{\beta(x)}s-\mu_l s-\sigma\tilde{\boldsymbol{W}}^{\mathrm{T}}\hat{\boldsymbol{W}}
\end{aligned}$$

由于

$$\begin{aligned}
2\tilde{\boldsymbol{W}}^{\mathrm{T}}\hat{\boldsymbol{W}}&=\tilde{\boldsymbol{W}}^{\mathrm{T}}(\tilde{\boldsymbol{W}}+\boldsymbol{W}^*)+(\hat{\boldsymbol{W}}-\boldsymbol{W}^*)^{\mathrm{T}}\hat{\boldsymbol{W}}\\
&=\tilde{\boldsymbol{W}}^{\mathrm{T}}\tilde{\boldsymbol{W}}+(\hat{\boldsymbol{W}}-\boldsymbol{W}^*)^{\mathrm{T}}\boldsymbol{W}^*+\hat{\boldsymbol{W}}^{\mathrm{T}}\hat{\boldsymbol{W}}-W^{*\mathrm{T}}\hat{\boldsymbol{W}}\\
&=\|\tilde{\boldsymbol{W}}\|^2+\|\hat{\boldsymbol{W}}\|^2-\|\boldsymbol{W}^*\|^2\geqslant\|\tilde{\boldsymbol{W}}\|^2-\|\boldsymbol{W}^*\|^2
\end{aligned}$$

$$\frac{d(t)}{\beta(x)}s \leqslant \frac{s^2}{\varepsilon\beta^2(x)} + \frac{\varepsilon}{4}d(t)^2$$

$$|\mu_l s| \leqslant \frac{s^2}{2\varepsilon\beta(x)} + \frac{\varepsilon}{2}\mu_l^2\beta(x) \leqslant \frac{s^2}{2\varepsilon\beta(x)} + \frac{\varepsilon}{2}\mu_l^2\bar{\beta}$$

又由于$|\mu_l| \leqslant \mu_0$，$|d(t)| \leqslant d_0$，则

$$\dot{V} \leqslant -\frac{s^2}{2\varepsilon\beta(x)} - \frac{\sigma}{2}\|\tilde{\boldsymbol{W}}\|^2 + \frac{\varepsilon}{2}\mu_0^2\bar{\beta} + \frac{\varepsilon}{4}d_0^2 + \frac{\sigma}{2}\|\boldsymbol{W}^*\|^2$$

由于$\tilde{\boldsymbol{W}}^{\mathrm{T}}\boldsymbol{\Gamma}^{-1}\tilde{\boldsymbol{W}} \leqslant \bar{\gamma}\|\tilde{\boldsymbol{W}}\|^2$（$\bar{\gamma}$ 是 Γ^{-1} 的最大特征根），可得

$$\dot{V} \leqslant -\frac{1}{\alpha_0}V + \frac{\varepsilon}{2}\mu_0^2\bar{\beta} + \frac{\varepsilon}{4}d_0^2 + \frac{\sigma}{2}\|\boldsymbol{W}^*\|^2$$

其中，$\alpha_0 = \max\{\varepsilon, \bar{\gamma}/\sigma\}$。

利用文献[5]中的引理 B.5 解上面的不等式，可得

$$\begin{aligned} V(t) &\leqslant \mathrm{e}^{-t/\alpha_0}V(0) + \left(\frac{\varepsilon}{2}\mu_0^2\bar{\beta} + \frac{\varepsilon}{4}d_0^2 + \frac{\sigma}{2}\|\boldsymbol{W}^*\|^2\right)\int_0^t \mathrm{e}^{-(t-\tau)/\alpha_0}\mathrm{d}\tau \\ &\leqslant \mathrm{e}^{-t/\alpha_0}V(0) + \alpha_0\left(\frac{\varepsilon}{2}\mu_0^2\bar{\beta} + \frac{\varepsilon}{4}d_0^2 + \frac{\sigma}{2}\|\boldsymbol{W}^*\|^2\right), \quad t \geqslant 0 \end{aligned} \tag{4.50}$$

由于 $V(0)$ 是有界的，不等式(4.50)表明 s 和 $\hat{\boldsymbol{W}}(t)$ 是有界的。由式(4.49)可得 $V \geqslant \frac{1}{2}\frac{s^2}{\beta(x)}$，进而得 $s \leqslant \sqrt{2\beta(x)V} \leqslant \sqrt{2\bar{\beta}V}$。

综合式(4.50)，并结合不等式 $\sqrt{ab} \leqslant \sqrt{a} + \sqrt{b}\,(a>0, b>0)$，可得

$$|s| \leqslant \mathrm{e}^{-t/2\alpha_0}\sqrt{2\bar{\beta}V(0)} + \sqrt{\alpha_0\bar{\beta}}\left(\varepsilon\mu_0^2\bar{\beta} + \frac{\varepsilon}{2}d_0^2 + \sigma\|\boldsymbol{W}^*\|^2\right)^{1/2}, \quad t \geqslant 0$$

可见，$t \to 0$ 时，$|s|$ 收敛精度取决于 ε 和 σ，当 ε 和 σ 足够小时，$|s| \to 0, e \to 0, \dot{e} \to 0$。

4.3.4 仿真实例

4.3.4.1 实例(1)

将被控对象表示成式(4.36)的形式，状态方程为

$$\begin{cases} \dot{x}_1 = x_2 \\ \dot{x}_2 = -25x_2 + 133u + d(t) \\ y = x_1 \end{cases}$$

其中，$\alpha(x) = -25x_2$；$\beta(x) = 133$；$d(t) = 100\sin t$；$\boldsymbol{x} = [x_1 \quad x_2]^{\mathrm{T}} = [\theta \quad \dot{\theta}]^{\mathrm{T}}$。

系统的初始状态为 $\boldsymbol{x} = [0.5 \quad 0]^{\mathrm{T}}$，理想跟踪指令为 $y_{\mathrm{d}} = \sin t$。RBF 神经网络的输入向量为 $\boldsymbol{z} = [x_1 \quad x_2 \quad s \quad s/\varepsilon \quad v]^{\mathrm{T}}$，选取网络结构为 5-9-1，高斯函数中心点矢量值按输入值的有效映射范围来选取，根据实际 x_1、x_2、s、s/ε 和 v 的取值范围，并结合式(4.42)，参数 $\boldsymbol{c}_i$ 和 b_i 可以选为[−2 −1.5 −1 −0.5 0 0.5 1 1.5 2]和 5.0，网络的初始权值设置为 0。采用自适应律式(4.44)和式(4.45)，取 $\lambda = 5.0$，$\Gamma_{ii} = 500\ (i=9)$，$\varepsilon = 0.25$ 和 $\sigma = 0.005$，由 $\beta(x)$ 的表达式取 $\bar{\beta} = 150$。

仿真结果如图 4.11 和图 4.12 所示。仿真程序为 chap4_4sim.mdl，详见附录。

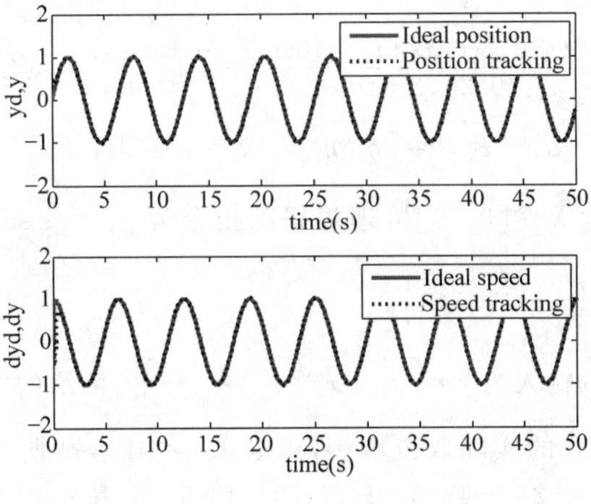

图 4.11　位置和速度跟踪

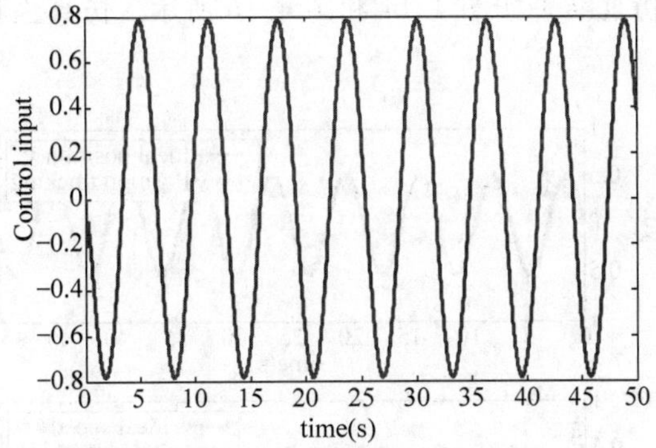

图 4.12　控制输入

4.3.4.2　实例(2)

如图 4.13 所示为一个摆长 $l(\theta)$ 可变的钟摆系统[3]。

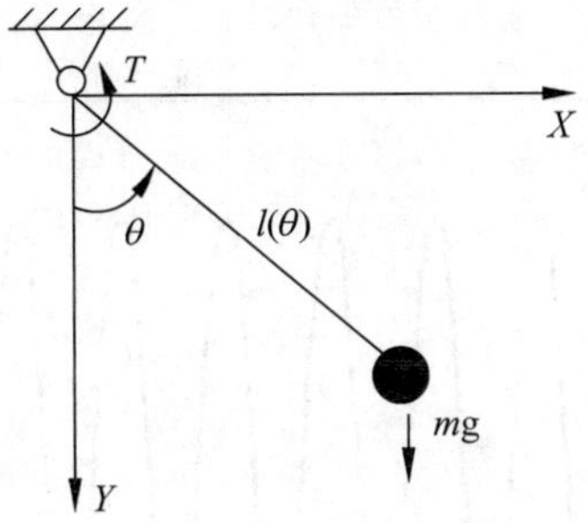

图 4.13　钟摆系统

将钟摆系统的动态方程写成式(4.36)的形式为

$$\dot{x}_1 = x_2$$

$$\dot{x}_2=\alpha(x)+\beta(x)u+d(t)$$
$$y=x_1$$

其中，$\alpha(x)=\dfrac{0.5\sin x_1(1+0.5\cos x_1)x_2^2-10\sin x_1(1+\cos x_1)}{0.25(2+\cos x_1)^2}$；$\beta(x)=\dfrac{1}{0.25(2+\cos x_1)^2}$；

$d(t)=d_1(t)\cos x_1$；$\boldsymbol{x}=[x_1\quad x_2]^{\mathrm{T}}=[\theta\quad\dot{\theta}]^{\mathrm{T}}$；$d_1=\cos(3t)$。

系统的初始状态为 $\boldsymbol{x}=[0\quad 0]^{\mathrm{T}}$，理想跟踪指令为 $y_{\mathrm{d}}=\dfrac{\pi}{6}\sin t$。设系统的状态满足 $\Omega=\left\{(x_1,x_2)\,\middle|\,|x_1|\leqslant\dfrac{\pi}{2},|x_2|\leqslant 4\pi\right\}$。

取 RBF 神经网络的输入为 $\boldsymbol{z}=\left[x_1\quad x_2\quad s\quad \dfrac{s}{\varepsilon}\quad v\right]^{\mathrm{T}}$，网络的结构取 5-13-1。根据网络输入 x_1、x_2、s、s/ε 和 v 的实际取值范围，综合式(4.42)，高斯函数的参数设置为 $\boldsymbol{c}_i=[-6\quad -5\quad -4\quad -3\quad -2\quad -1\quad 0\quad 1\quad 2\quad 3\quad 4\quad 5\quad 6]$和$b_i=3.0$。自适应律取式(4.44)和式(4.45)，取 $\lambda=10$，$\Gamma_{ii}=15(i=13)$，$\varepsilon=0.25$ 和 $\sigma=0.005$，由 $\beta(x)$的表达式可取 $\bar{\beta}=1$，网络的初始权值取 0。仿真结果如图 4.14 和图 4.15 所示。仿真主程序为 chap4_5sim.mdl，详见附录。

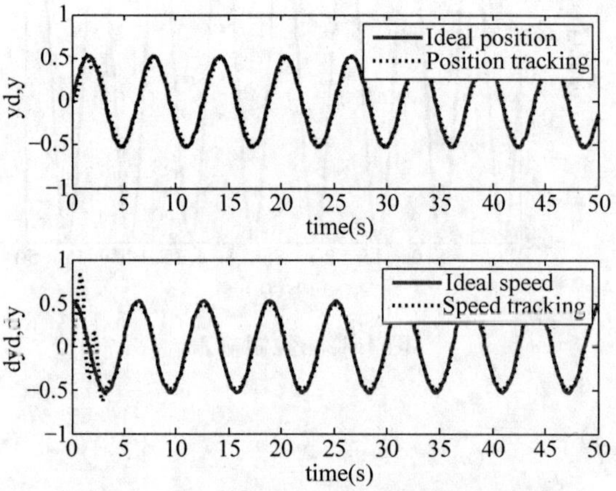

图 4.14　位置和速度跟踪

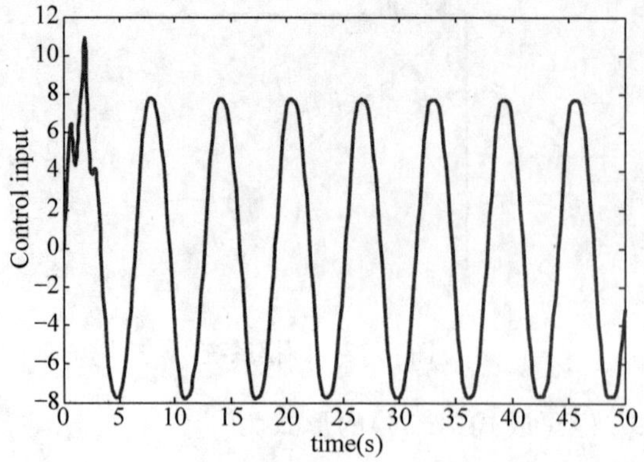

图 4.15　控制输入

4.4 基于RBF神经网络的单参数直接鲁棒自适应控制

采用神经网络最小参数学习法[7-9]，取神经网络权值的上界估计值作为神经网络权值的估计值，通过设计参数估计自适应律代替神经网络权值的调整，自适应算法简单，便于实际工程应用。

本节仍采用4.3节的被控对象及假设，在4.3节的基础上，介绍一种基于单参数RBF神经网络的直接鲁棒自适应控制方法。

4.4.1 系统描述

二阶SISO非线性系统为

$$\begin{cases}\dot{x}_1 = x_2\\ \dot{x}_2 = \alpha(x)+\beta(x)u+d(t)\\ y = x_1\end{cases} \tag{4.51}$$

其中，$\boldsymbol{x}=[x_1 \quad x_2]^{\mathrm{T}}\in\boldsymbol{R}$、$u\in\boldsymbol{R}$ 和 $y\in\boldsymbol{R}$ 分别为系统的状态、控制输入和输出；$\alpha(x)$ 和 $\beta(x)$ 为未知非线性函数；$d(t)$ 为外界扰动且有 $d_0>0$，$|d(t)|\leqslant d_0$；$\beta(x)>0$，$|\beta(x)|\leqslant\bar{\beta}$。

由式(4.37)，对 s 求导可得

$$\dot{s} = \alpha(x)+v+\beta(x)u+d(t) \tag{4.52}$$

其中，$v=-\ddot{y}_{\mathrm{d}}+\lambda\dot{e}$。

取 $d(t)=0$，理想控制律为

$$u^* = -\frac{1}{\beta(x)}\left\{\alpha(x)+v+\left[\frac{1}{\delta}+\frac{1}{\delta\beta(x)}-\frac{\dot{\beta}(x)}{2\beta(x)}\right]s\right\} \tag{4.53}$$

其中，$\delta>0$。

存在理想神经网络权值向量 W^*，使

$$u^*(z)=\boldsymbol{W}^{*\mathrm{T}}\boldsymbol{h}(z)+\mu_l,\quad \forall z\in\Omega_z \tag{4.54}$$

其中，$\boldsymbol{h}(z)$ 为径向基函数向量；μ_l 为网络的逼近误差，满足 $|\mu_l|\leqslant\mu_0$，且

$$\boldsymbol{W}^* = \arg\min_{W\in R^l}\left\{\sup_{z\in\Omega_z}\left|\boldsymbol{W}^{\mathrm{T}}\boldsymbol{h}(z)-u^*(z)\right|\right\}$$

取 $u=u^*$，代入式(4.38)，可得

$$\dot{s} = -\left(\frac{1}{\delta}+\frac{1}{\delta\beta(x)}\right)s+\frac{\dot{\beta}(x)}{2\beta(x)}s \tag{4.55}$$

取 $V=\frac{1}{2\beta(x)}s^2$，则

$$\dot{V} = -\left(\frac{1}{\delta\beta(x)}+\frac{1}{\delta\beta^2(x)}\right)s^2\leqslant 0 \tag{4.56}$$

为了实现基于单参数RBF神经网络的直接鲁棒自适应控制，取 $\|W^*\|_F\leqslant w_{\max}$，定义

$$\phi = \|\boldsymbol{W}^*\|_F^2 \tag{4.57}$$

取 $\hat{\phi}$ 为 ϕ 的估计值，定义 $\tilde{\phi}=\hat{\phi}-\phi$，设计控制律为

$$u=-\frac{1}{2}s\hat{\phi}h^{\mathrm{T}}h \tag{4.58}$$

将式(4.58)代入式(4.38),可得

$$\dot{s}=\alpha(x)+v+\beta(x)\left(-\frac{1}{2}s\hat{\phi}h^{\mathrm{T}}h\right)+d(t) \tag{4.59}$$

将式(4.59)的右边加减 $\beta(x)u^*$,代入式(4.54),可得

$$\begin{aligned}\dot{s}&=\alpha(x)+v+\beta(x)\left(-\frac{1}{2}s\hat{\phi}h^{\mathrm{T}}h-u^*\right)+\beta(x)u^*+d(t)\\&=\alpha(x)+v+\beta(x)\left(-\frac{1}{2}s\hat{\phi}h^{\mathrm{T}}h-\boldsymbol{W}^{*\mathrm{T}}h-\mu_l\right)+\beta(x)u^*+d(t)\end{aligned} \tag{4.60}$$

将理想控制律式(4.53)代入式(4.60),可得

$$\dot{s}=\beta(x)\left(-\frac{1}{2}s\hat{\phi}\boldsymbol{h}^{\mathrm{T}}\boldsymbol{h}-\boldsymbol{W}^{*\mathrm{T}}\boldsymbol{h}-\mu_l\right)-\left(\frac{1}{\delta}+\frac{1}{\delta\beta(x)}-\frac{\dot{\beta}(x)}{2\beta(x)}\right)s+d(t) \tag{4.61}$$

自适应律设计为

$$\dot{\hat{\phi}}=\frac{\gamma}{2}s^2h^{\mathrm{T}}h-\kappa\gamma\hat{\phi} \tag{4.62}$$

其中,$\gamma>0$;$\kappa>0$。

设计 Lyapunov 函数为

$$V=\frac{1}{2}\left(\frac{s^2}{\beta(x)}+\frac{1}{\gamma}\tilde{\phi}^2\right) \tag{4.63}$$

对式(4.63)求导,并代入式(4.61),可得

$$\begin{aligned}\dot{V}&=\frac{s\dot{s}}{\beta(x)}-\frac{\dot{\beta}(x)}{2\beta^2(x)}s^2+\frac{1}{\gamma}\tilde{\phi}\dot{\hat{\phi}}\\&=\frac{s}{\beta(x)}\left[\beta(x)\left(-\frac{1}{2}s\hat{\phi}\boldsymbol{h}^{\mathrm{T}}h-\boldsymbol{W}^{*\mathrm{T}}\boldsymbol{h}-\mu_l\right)\right]-\frac{\dot{\beta}(x)}{2\beta^2(x)}s^2-\\&\quad\frac{s}{\beta(x)}\left[\left(\frac{1}{\delta}+\frac{1}{\delta\beta(x)}-\frac{\dot{\beta}(x)}{2\beta(x)}\right)s+d(t)\right]+\frac{1}{\gamma}\tilde{\phi}\dot{\hat{\phi}}\\&=-\frac{1}{2}s^2(\tilde{\phi}+\phi)\boldsymbol{h}^{\mathrm{T}}\boldsymbol{h}-s\boldsymbol{W}^{*\mathrm{T}}h-\left(\frac{1}{\delta\beta(x)}+\frac{1}{\delta\beta^2(x)}\right)s^2+\frac{d(t)}{\beta(x)}s-\mu_ls+\frac{1}{\gamma}\tilde{\phi}\dot{\hat{\phi}}\end{aligned} \tag{4.64}$$

由于

$$s^2\phi\boldsymbol{h}^{\mathrm{T}}\boldsymbol{h}+1=s^2\|\boldsymbol{W}^*\|^2\boldsymbol{h}^{\mathrm{T}}h+1\geqslant-2s\boldsymbol{W}^{*\mathrm{T}}\boldsymbol{h} \tag{4.65}$$

$$\frac{d(t)}{\beta(x)}s\leqslant\frac{s^2}{\delta\beta^2(x)}+\frac{\delta}{4}d^2(t) \tag{4.66}$$

$$|\mu_ls|\leqslant\frac{s^2}{2\delta\beta(x)}+\frac{\delta}{2}\mu_l^2\beta(x) \tag{4.67}$$

考虑 $|\mu_l|\leqslant\mu_0$, $|d(t)|\leqslant d_0$,则

$$\begin{aligned}\dot{V}&\leqslant\tilde{\phi}\left(-\frac{1}{2}s^2\boldsymbol{h}^{\mathrm{T}}\boldsymbol{h}+\frac{1}{\gamma}\dot{\hat{\phi}}\right)-\left(\frac{1}{\delta\beta(x)}+\frac{1}{\delta\beta^2(x)}\right)s^2+\frac{d(t)}{\beta(x)}s-\mu_ls+\frac{1}{2}\\&\leqslant\tilde{\phi}\left(-\frac{1}{2}s^2\boldsymbol{h}^{\mathrm{T}}\boldsymbol{h}+\frac{1}{\gamma}\dot{\hat{\phi}}\right)-\frac{s^2}{2\delta\beta(x)}+\frac{\delta}{2}\mu_0^2\bar{\beta}+\frac{\delta}{4}d_0^2+\frac{1}{2}\end{aligned} \tag{4.68}$$

代入自适应律式(4.62),可得

$$\dot{V}\leqslant-\kappa\tilde{\phi}\hat{\phi}-\frac{s^2}{2\delta\beta(x)}+\frac{\delta}{2}\mu_0^2\bar{\beta}+\frac{\delta}{4}d_0^2+\frac{1}{2}$$

$$\leqslant -\frac{\kappa}{2}(\tilde{\phi}^2-\phi^2)-\frac{s^2}{2\delta\beta(x)}+\frac{\delta}{2}\mu_0^2\bar{\beta}+\frac{\delta}{4}d_0^2+\frac{1}{2}$$

$$\leqslant -\frac{\kappa}{2}\tilde{\phi}^2-\frac{s^2}{2\delta\beta(x)}+\frac{\delta}{2}\mu_0^2\bar{\beta}+\frac{\delta}{4}d_0^2+\left(\frac{1}{2}+\frac{\kappa}{2}\phi^2\right) \tag{4.69}$$

取 $\kappa=\frac{\eta}{\gamma}$，$\eta>0$，可得

$$\dot{V}\leqslant -\frac{\eta}{2\gamma}\tilde{\phi}^2-\frac{s^2}{2\delta\beta(x)}+\frac{\delta}{2}\mu_0^2\bar{\beta}+\frac{\delta}{4}d_0^2+\frac{1}{2}+\frac{\eta}{2\gamma}\phi^2\leqslant -c_1V+c_2 \tag{4.70}$$

其中，$c_1=\min\left\{\eta,\frac{1}{\delta}\right\}$；$c_2=\frac{\delta}{2}\mu_0^2\bar{\beta}+\frac{\delta}{4}d_0^2+\frac{1}{2}+\frac{\eta}{2\gamma}\phi^2$。

利用参考文献[5]中的引理 B.5 解不等式(4.70)，可得

$$V(t)\leqslant \mathrm{e}^{-c_1t}V(0)+c_2\int_0^t \mathrm{e}^{-c_1(t-\tau)}\mathrm{d}\tau\leqslant \mathrm{e}^{-c_1t}\left[V(0)-\frac{c_2}{c_1}\right]+\frac{c_2}{c_1},\quad \forall t\geqslant 0 \tag{4.71}$$

根据 V 的定义，有 $V\geqslant\frac{1}{2}\frac{s^2}{\beta(x)}$，则

$$s\leqslant\sqrt{2\beta(x)V}\leqslant\sqrt{2\bar{\beta}V} \tag{4.72}$$

由于 $V(0)$ 有界，则式(4.72)表明 $\lim\limits_{t\to\infty}|s|\leqslant\sqrt{\frac{2\bar{\beta}c_2}{c_1}}$，$\forall t\geqslant 0$。从而根据滑模函数的定义，可知 $e(t)$ 和 $\dot{e}(t)$ 有界，从而可以保证位置和速度的跟踪。

4.4.2 仿真实例

4.4.2.1 实例 1

被控对象方程式可写为

$$\begin{cases}\dot{x}_1=x_2\\ \dot{x}_2=-25x_2+133u+d(t)\\ y=x_1\end{cases}$$

其中，$\alpha(x)=-25x_2$；$\beta(x)=133$；$d(t)=10\sin t$；$x=[x_1\quad x_2]^{\mathrm{T}}=[\theta\quad\dot{\theta}]^{\mathrm{T}}$。

系统的初始状态为 $\boldsymbol{x}=[0.5\quad 0]^{\mathrm{T}}$，理想跟踪指令为 $y_{\mathrm{d}}=\sin t$。RBF 神经网络的输入向量为 $\boldsymbol{z}=[x_1\quad x_2\quad s\quad s/\varepsilon\quad v]^{\mathrm{T}}$，选取网络结构为 5-9-1，高斯函数中心点矢量值按输入值的有效映射范围来选取，根据实际 x_1、x_2、s、s/ε 和 v 的取值范围，并结合式(4.42)，参数 c_i 和 b_i 可以选为 $[-2\quad -1.5\quad -1\quad -0.5\quad 0\quad 0.5\quad 1\quad 1.5\quad 2]$ 和 15.0，单参数 $\hat{\phi}$ 的初始权值设置为 0。采用控制律式(4.58)和自适应律式(4.62)，取 $\lambda=5.0$，$\varepsilon=0.25$，$\gamma=0.05$，$k=0.10$，由 $\beta(x)$ 的表达式取 $\bar{\beta}=150$。仿真结果如图 4.16 和图 4.17 所示。仿真程序为 chap4_6sim.mdl，详见附录。

4.4.2.2 实例 2

考虑 4.3 节中的钟摆系统的动态方程

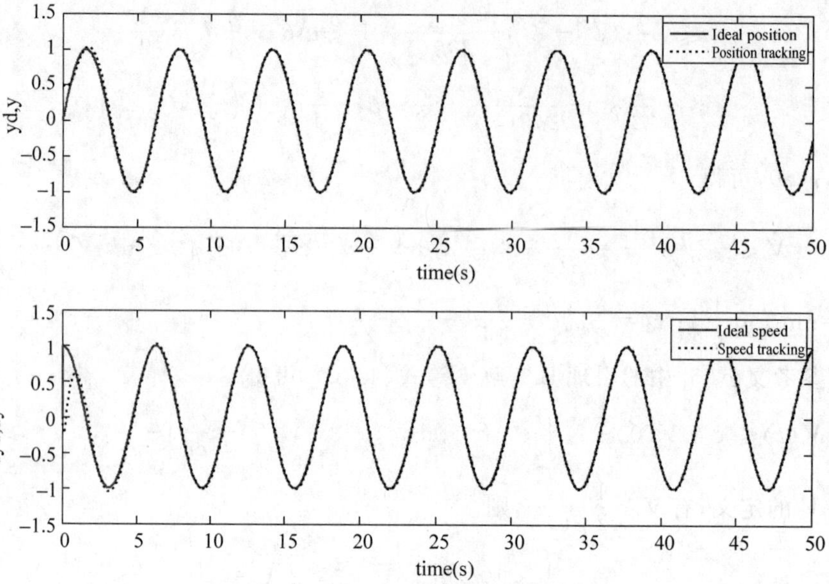

图 4.16　位置和速度跟踪

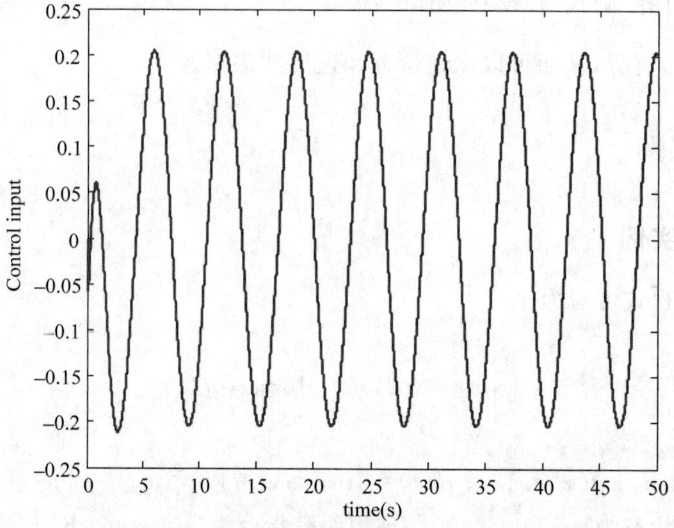

图 4.17　控制输入

$$\begin{cases}\dot{x}_1 = x_2 \\ \dot{x}_2 = \alpha(x) + \beta(x)u + d(t) \\ y = x_1\end{cases}$$

其中，$\alpha(x) = \dfrac{0.5\sin x_1(1+0.5\cos x_1)x_2^2 - 10\sin x_1(1+\cos x_1)}{0.25(2+\cos x_1)^2}$；$\beta(x) = \dfrac{1}{0.25(2+\cos x_1)^2}$，$d(t) = d_1(t)\cos x_1$；$\boldsymbol{x} = [x_1 \quad x_2]^{\mathrm{T}} = [\theta \quad \dot{\theta}]^{\mathrm{T}}$；$d_1 = \cos(3t)$。

系统的初始状态为 $\boldsymbol{x} = [0 \quad 0]^{\mathrm{T}}$，理想跟踪指令为 $y_{\mathrm{d}} = \dfrac{\pi}{6}\sin t$。设系统的状态满足

$\Omega=\left\{(x_1,x_2)\,\middle|\,|x_1|\leqslant\frac{\pi}{2},|x_2|\leqslant 4\pi\right\}$。

取 RBF 神经网络的输入为 $\boldsymbol{z}=\begin{bmatrix}x_1 & x_2 & s & \frac{s}{\varepsilon} & v\end{bmatrix}^{\mathrm{T}}$，网络的结构取 5-13-1。根据网络输入 x_1、x_2、s、s/ε 和 v 的实际取值范围，综合式(4.42)，高斯函数的参数设置为 $\boldsymbol{c}_i=[-3\quad -2.5\quad -2\quad -1.5\quad -1\quad -0.5\quad 0\quad 0.5\quad 1\quad 1.5\quad 2\quad 2.5\quad 3]$和 $b_i=15$。单参数 $\hat{\phi}$ 的初始权值设置为 0。采用控制律式(4.58)和自适应律式(4.62)，取 $\lambda=15$，$\varepsilon=0.25$，$\gamma=1.5$，$k=0.10$，由 $\beta(x)$ 的表达式可取 $\bar{\beta}=1$。仿真结果如图 4.18 和图 4.19 所示。仿真程序为 chap4_7sim.mdl，详见附录。

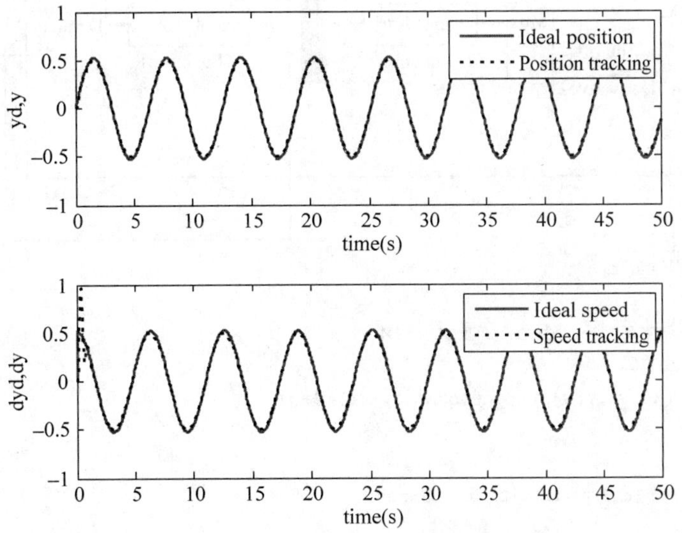

图 4.18　位置和速度跟踪

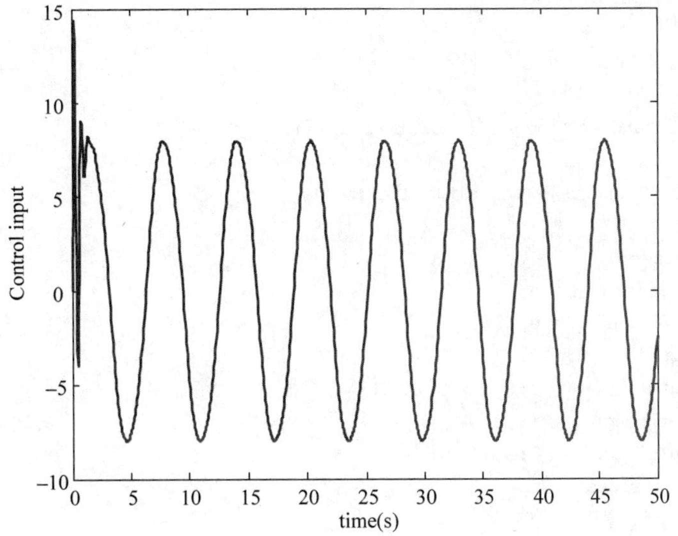

图 4.19　控制输入

附录　仿真程序

4.1.3.1 节的程序

1. 仿真主程序：chap4_1sim.mdl

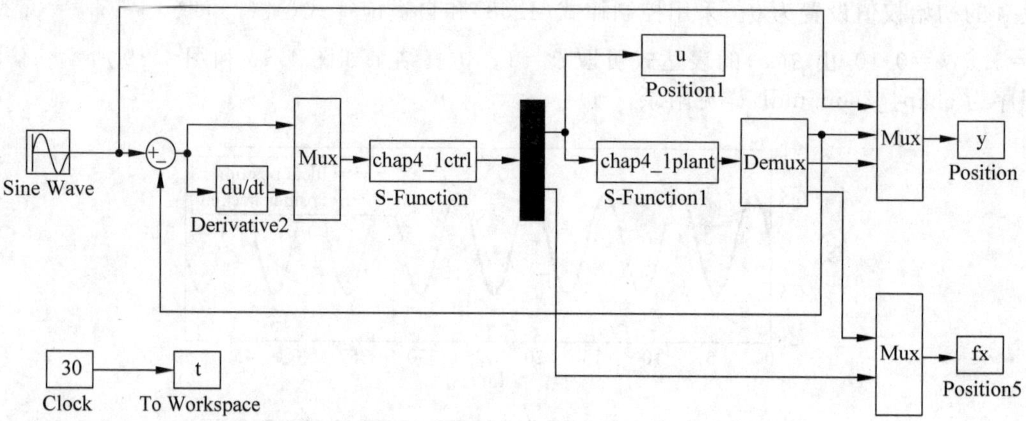

2. 控制器设计程序：chap4_1ctrl.m

```
function [sys,x0,str,ts] = spacemodel(t,x,u,flag)
switch flag,
case 0,
    [sys,x0,str,ts] = mdlInitializeSizes;
case 1,
    sys = mdlDerivatives(t,x,u);
case 3,
    sys = mdlOutputs(t,x,u);
case {2,4,9}
    sys = [];
otherwise
    error(['Unhandled flag = ',num2str(flag)]);
end
function [sys,x0,str,ts] = mdlInitializeSizes
global c b
sizes = simsizes;
sizes.NumContStates   = 5;
sizes.NumDiscStates   = 0;
sizes.NumOutputs      = 2;
sizes.NumInputs       = 2;
sizes.DirFeedthrough  = 1;
sizes.NumSampleTimes  = 0;
sys = simsizes(sizes);
x0 = [0 * ones(5,1)];
c = [ -2 -1 0 1 2;
      -2 -1 0 1 2];
b = 0.20;
```

```
str = [];
ts = [];
function sys = mdlDerivatives(t,x,u)
global c b
gama = 1200;
yd = 0.1 * sin(t);
dyd = 0.1 * cos(t);
ddyd = - 0.1 * sin(t);

e = u(1);
de = u(2);
x1 = yd - e;
x2 = dyd - de;

kp = 30;kd = 50;
K = [kp kd]';

E = [e,de]';

Fai = [0 1; - kp - kd];
A = Fai';

Q = [500 0;0 500];
P = lyap(A,Q);

xi = [e;de];
h = zeros(5,1);
for j = 1:1:5
    h(j) = exp( - norm(xi - c(:,j))^2/(2 * b^2));
end
W = [x(1) x(2) x(3) x(4) x(5)]';

B = [0;1];
S = - gama * E' * P * B * h;

for i = 1:1:5
    sys(i) = S(i);
end

function sys = mdlOutputs(t,x,u)
global c b
yd = 0.1 * sin(t);
dyd = 0.1 * cos(t);
ddyd = - 0.1 * sin(t);

e = u(1);
de = u(2);
x1 = yd - e;
x2 = dyd - de;

kp = 30;kd = 50;
```

```
K = [kp kd]';

E = [e de]';

W = [x(1) x(2) x(3) x(4) x(5)]';
xi = [e;de];
h = zeros(5,1);
for j = 1:1:5
    h(j) = exp( - norm(xi - c(:,j))^2/(2 * b^2));
end
fxp = W' * h;

gx = 133;

ut = 1/gx * ( - fxp + ddyd + K' * E);

sys(1) = ut;
sys(2) = fxp;
```

3. 控制对象程序：chap4_1plant.m

```
function [sys,x0,str,ts] = s_function(t,x,u,flag)
switch flag,
case 0,
    [sys,x0,str,ts] = mdlInitializeSizes;
case 1,
    sys = mdlDerivatives(t,x,u);
case 3,
    sys = mdlOutputs(t,x,u);
case {2, 4, 9}
    sys = [];
otherwise
    error(['Unhandled flag = ',num2str(flag)]);
end
function [sys,x0,str,ts] = mdlInitializeSizes
sizes = simsizes;
sizes.NumContStates     = 2;
sizes.NumDiscStates     = 0;
sizes.NumOutputs        = 3;
sizes.NumInputs         = 1;
sizes.DirFeedthrough    = 0;
sizes.NumSampleTimes    = 0;
sys = simsizes(sizes);
x0 = [pi/60 0];
str = [];
ts = [];
function sys = mdlDerivatives(t,x,u)
F = 10 * x(2) + 1.5 * sign(x(2));
fx = - 25 * x(2) - F;

sys(1) = x(2);
```

```
sys(2) = fx + 133 * u;
function sys = mdlOutputs(t,x,u)
F = 10 * x(2) + 1.5 * sign(x(2));
fx = - 25 * x(2) - F;

sys(1) = x(1);
sys(2) = x(2);
sys(3) = fx;
```

4. 画图程序：chap4_1plot.m

```
close all;

figure(1);
subplot(211);
plot(t,y(:,1),'r',t,y(:,2),'k:','linewidth',2);
xlabel('time(s)');ylabel('yd,y');
legend('ideal position','position tracking');
subplot(212);
plot(t,0.1 * cos(t),'r',t,y(:,3),'k:','linewidth',2);
xlabel('time(s)');ylabel('dyd,dy');
legend('ideal speed','speed tracking');

figure(2);
plot(t,u(:,1),'r','linewidth',2);
xlabel('time(s)');ylabel('Control input');

figure(3);
plot(t,fx(:,1),'r',t,fx(:,2),'k:','linewidth',2);
xlabel('time(s)');ylabel('fx');
legend('Practical fx','fx estimation');
```

4.1.3.2 节的程序

1. 仿真主程序：chap4_2sim.mdl

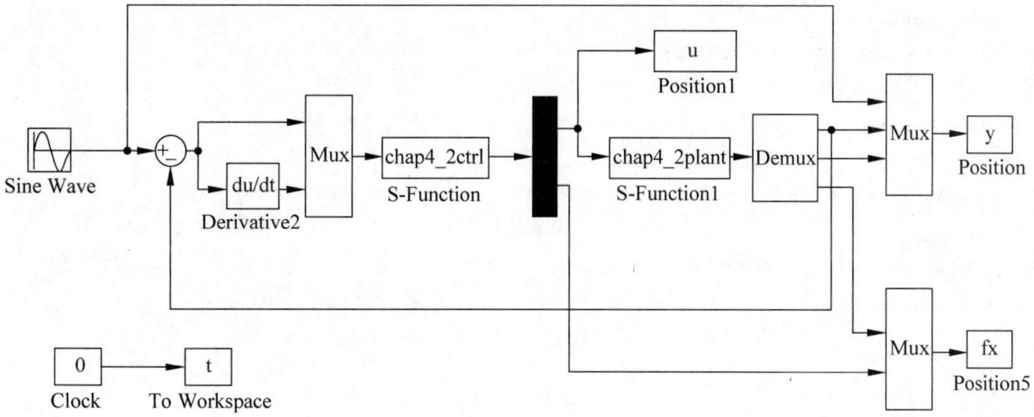

2. 控制器设计程序：chap4_2ctrl. m

```
function [sys,x0,str,ts] = spacemodel(t,x,u,flag)
switch flag,
case 0,
    [sys,x0,str,ts] = mdlInitializeSizes;
case 1,
    sys = mdlDerivatives(t,x,u);
case 3,
    sys = mdlOutputs(t,x,u);
case {2,4,9}
    sys = [];
otherwise
    error(['Unhandled flag = ',num2str(flag)]);
end
function [sys,x0,str,ts] = mdlInitializeSizes
global c b
sizes = simsizes;
sizes.NumContStates     = 5;
sizes.NumDiscStates     = 0;
sizes.NumOutputs        = 2;
sizes.NumInputs         = 2;
sizes.DirFeedthrough    = 1;
sizes.NumSampleTimes    = 0;
sys = simsizes(sizes);
x0 = [0 * ones(5,1)];
c= [-2 -1 0 1 2;
    -2 -1 0 1 2];
b=0.20;
str = [];
ts = [];
function sys = mdlDerivatives(t,x,u)
global c b
gama = 1200;
yd = 0.1 * sin(t);
dyd = 0.1 * cos(t);
ddyd = -0.1 * sin(t);

e = u(1);
de = u(2);
x1 = yd - e;
x2 = dyd - de;

kp = 30;kd = 50;
K = [kp kd]';
```

```
E = [e de]';

Fai = [0 1; - kp  - kd];
A = Fai';

Q = [500 0;0 500];
P = lyap(A,Q);

xi = [e;de];
h = zeros(5,1);
for j = 1:1:5
    h(j) = exp( - norm(xi - c(:,j))^2/(2 * b^2));
end
W = [x(1) x(2) x(3) x(4) x(5)]';

B = [0;1];
S = - gama * E' * P * B * h;

for i = 1:1:5
    sys(i) = S(i);
end

function sys = mdlOutputs(t,x,u)
global c b
yd = 0.1 * sin(t);
dyd = 0.1 * cos(t);
ddyd = - 0.1 * sin(t);

e = u(1);
de = u(2);
x1 = yd - e;
x2 = dyd - de;

kp = 30;kd = 50;
K = [kp kd]';
E = [e de]';

Fai = [0 1; - kp  - kd];
A = Fai';

W = [x(1) x(2) x(3) x(4) x(5)]';
xi = [e;de];
h = zeros(5,1);
for j = 1:1:5
    h(j) = exp( - norm(xi - c(:,j))^2/(2 * b^2));
```

```
end
fxp = W' * h;

%%%%%%%%%%
g = 9.8;mc = 1.0;m = 0.1;l = 0.5;
S = l * (4/3 - m * (cos(x(1)))^2/(mc + m));
gx = cos(x(1))/(mc + m);
gx = gx/S;
%%%%%%%%%%%%%%
ut = 1/gx * ( - fxp + ddyd + K' * E);

sys(1) = ut;
sys(2) = fxp;
```

3. 控制对象程序：chap4_2plant.m

```
function [sys,x0,str,ts] = s_function(t,x,u,flag)
switch flag,
case 0,
    [sys,x0,str,ts] = mdlInitializeSizes;
case 1,
    sys = mdlDerivatives(t,x,u);
case 3,
    sys = mdlOutputs(t,x,u);
case {2, 4, 9}
    sys = [];
otherwise
    error(['Unhandled flag = ',num2str(flag)]);
end
function [sys,x0,str,ts] = mdlInitializeSizes
sizes = simsizes;
sizes.NumContStates    = 2;
sizes.NumDiscStates    = 0;
sizes.NumOutputs       = 3;
sizes.NumInputs        = 1;
sizes.DirFeedthrough   = 0;
sizes.NumSampleTimes   = 0;
sys = simsizes(sizes);
x0 = [pi/60 0];
str = [];
ts = [];
function sys = mdlDerivatives(t,x,u)
g = 9.8;mc = 1.0;m = 0.1;l = 0.5;
S = l * (4/3 - m * (cos(x(1)))^2/(mc + m));
fx = g * sin(x(1)) - m * l * x(2)^2 * cos(x(1)) * sin(x(1))/(mc + m);
fx = fx/S;
```

```
gx = cos(x(1))/(mc + m);
gx = gx/S;

sys(1) = x(2);
sys(2) = fx + gx * u;
function sys = mdlOutputs(t,x,u)
g = 9.8;mc = 1.0;m = 0.1;l = 0.5;

S = l * (4/3 - m * (cos(x(1)))^2/(mc + m));
fx = g * sin(x(1)) - m * l * x(2)^2 * cos(x(1)) * sin(x(1))/(mc + m);
fx = fx/S;
gx = cos(x(1))/(mc + m);
gx = gx/S;

sys(1) = x(1);
sys(2) = x(2);
sys(3) = fx;
```

4. 画图程序：chap4_2plot. m

```
close all;

figure(1);
subplot(211);
plot(t,y(:,1),'r',t,y(:,2),'k:','linewidth',2);
xlabel('time(s)');ylabel('yd,y');
legend('ideal position','position tracking');
subplot(212);
plot(t,0.1 * cos(t),'r',t,y(:,3),'k:','linewidth',2);
xlabel('time(s)');ylabel('dyd,dy');
legend('ideal speed','speed tracking');

figure(2);
plot(t,u(:,1),'r','linewidth',2);
xlabel('time(s)');ylabel('Control input');

figure(3);
plot(t,fx(:,1),'r',t,fx(:,2),'k:','linewidth',2);
xlabel('time(s)');ylabel('fx');
legend('Practical fx','fx estimation');
```

4.2 节的程序

1. 仿真主程序：chap4_3sim. mdl

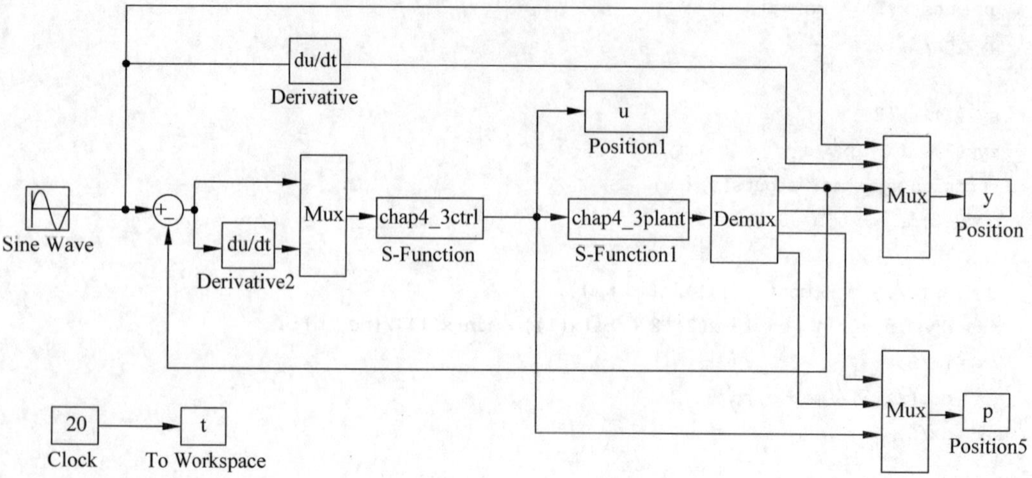

2. 控制器设计程序：chap4_3ctrl.m

```
function [sys,x0,str,ts] = spacemodel(t,x,u,flag)
switch flag,
case 0,
    [sys,x0,str,ts] = mdlInitializeSizes;
case 1,
    sys = mdlDerivatives(t,x,u);
case 3,
    sys = mdlOutputs(t,x,u);
case {2,4,9}
    sys = [];
otherwise
    error(['Unhandled flag = ',num2str(flag)]);
end
function [sys,x0,str,ts] = mdlInitializeSizes
global node c b
node = 5;
sizes = simsizes;
sizes.NumContStates = node + 1;
sizes.NumDiscStates = 0;
sizes.NumOutputs = 3;
sizes.NumInputs = 2;
sizes.DirFeedthrough = 1;
sizes.NumSampleTimes = 0;
sys = simsizes(sizes);
x0 = [zeros(1,5),120];
c= [ -1 - 0.5 0 0.5 1;
     -1 - 0.5 0 0.5 1];
b = 2;
str = [];
ts = [];
function sys = mdlDerivatives(t,x,u)
global node c b
```

```
yd = sin(t);
dyd = cos(t);
ddyd = - sin(t);

e = u(1);
de = u(2);
x1 = yd - e;
x2 = dyd - de;

kp = 30;
kd = 50;
K = [kp kd]';
E = [e de]';

Fai = [0 1; - kp  - kd];
A = Fai';
Q = [500 0;0 500];
P = lyap(A,Q);

W = [x(1) x(2) x(3) x(4) x(5)]';
xi = [e;de];
h = zeros(5,1);
for j = 1:1:5
    h(j) = exp( - norm(xi - c(:,j))^2/(2 * b^2));
end
fxp = W' * h;

mp = x(node + 1);

ut = 1/mp * ( - fxp + ddyd + K' * E);

B = [0;1];
gama = 1200;
S = - gama * E' * P * B * h;
for i = 1:1:node
    sys(i) = S(i);
end

eta = 0.0001;
ml = 100;
if (E' * P * B * ut > 0)
    dm = (1/eta) * E' * P * B * ut;
end
if (E' * P * B * ut <= 0)
    if (mp > ml)
    dm = (1/eta) * E' * P * B * ut;
    else
    dm = 1/eta;
    end
end
sys(node + 1) = dm;
```

```
function sys = mdlOutputs(t,x,u)
global node c b
yd = sin(t);
dyd = cos(t);
ddyd = - sin(t);

e = u(1);
de = u(2);
x1 = yd - e;
x2 = dyd - de;

kp = 30;
kd = 50;
K = [kp kd]';
E = [e de]';

W = [x(1) x(2) x(3) x(4) x(5)]';
xi = [e;de];
h = zeros(5,1);
for j = 1:1:node
    h(j) = exp( - norm(xi - c(:,j))^2/(2 * b^2));
end
fxp = W' * h;

mp = x(node + 1);

ut = 1/mp * ( - fxp + ddyd + K' * E);

sys(1) = ut;
sys(2) = fxp;
sys(3) = mp;
```

3. 被控对象程序：chap4_3plant. m

```
function [sys,x0,str,ts] = s_function(t,x,u,flag)
switch flag,
case 0,
    [sys,x0,str,ts] = mdlInitializeSizes;
case 1,
    sys = mdlDerivatives(t,x,u);
case 3,
    sys = mdlOutputs(t,x,u);
case {2, 4, 9}
    sys = [];
otherwise
    error(['Unhandled flag = ',num2str(flag)]);
end
function [sys,x0,str,ts] = mdlInitializeSizes
sizes = simsizes;
sizes.NumContStates    = 2;
```

```
sizes.NumDiscStates   = 0;
sizes.NumOutputs      = 4;
sizes.NumInputs       = 3;
sizes.DirFeedthrough  = 0;
sizes.NumSampleTimes  = 0;
sys = simsizes(sizes);
x0 = [0.5 0];
str = [];
ts = [];
function sys = mdlDerivatives(t,x,u)
ut = u(1);

fx = -25 * x(2) - 10 * x(1);
m = 133;

sys(1) = x(2);
sys(2) = fx + m * ut;
function sys = mdlOutputs(t,x,u)
fx = -25 * x(2) - 10 * x(1);
m = 133;

sys(1) = x(1);
sys(2) = x(2);
sys(3) = fx;
sys(4) = m;
```

4. 画图程序：chap4_3plot.m

```
close all;

figure(1);
subplot(211);
plot(t,y(:,1),'r',t,y(:,3),'k:','linewidth',2);
xlabel('time(s)');ylabel('yd,y');
legend('ideal position','position tracking');
subplot(212);
plot(t,y(:,2),'r',t,y(:,4),'k:','linewidth',2);
xlabel('time(s)');ylabel('dyd,dy');
legend('ideal speed','speed tracking');

figure(2);
plot(t,u(:,1),'r','linewidth',2);
xlabel('time(s)');ylabel('Control input');

figure(3);
subplot(211);
plot(t,p(:,1),'r',t,p(:,4),'k:','linewidth',2);
xlabel('time(s)');ylabel('fx');
legend('True fx','fx estimation');
subplot(212);
plot(t,p(:,2),'r',t,p(:,5),'k:','linewidth',2);
```

```
xlabel('time(s)');ylabel('m');
legend('True m','m estimation');
```

4.3.4.1 节的程序

1. 仿真主程序：chap4_4sim.mdl

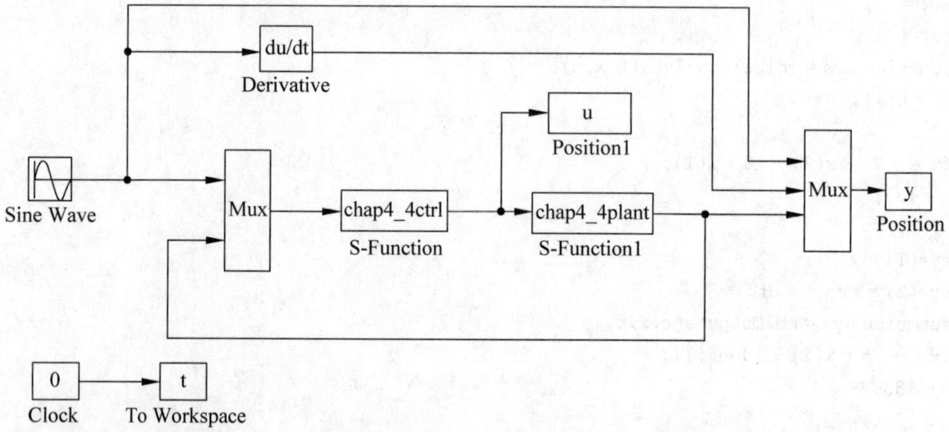

2. 控制律设计程序：chap4_4ctrl.m

```
function [sys,x0,str,ts] = spacemodel(t,x,u,flag)
switch flag,
case 0,
    [sys,x0,str,ts] = mdlInitializeSizes;
case 1,
    sys = mdlDerivatives(t,x,u);
case 3,
    sys = mdlOutputs(t,x,u);
case {2,4,9}
    sys = [];
otherwise
    error(['Unhandled flag = ',num2str(flag)]);
end
function [sys,x0,str,ts] = mdlInitializeSizes
global node c b lambd epc
lambd = 5;
epc = 0.25;
node = 9;
sizes = simsizes;
sizes.NumContStates = node;
sizes.NumDiscStates = 0;
sizes.NumOutputs = 1;
sizes.NumInputs = 3;
sizes.DirFeedthrough = 1;
```

```
sizes.NumSampleTimes = 0;
sys = simsizes(sizes);
x0 = zeros(1,9);
c= [-2 -1.5 -1 -0.5 0 0.5 1 1.5 2;
    -2 -1.5 -1 -0.5 0 0.5 1 1.5 2;
    -2 -1.5 -1 -0.5 0 0.5 1 1.5 2;
    -2 -1.5 -1 -0.5 0 0.5 1 1.5 2;
    -2 -1.5 -1 -0.5 0 0.5 1 1.5 2];
b=5;
str = [];
ts = [];
function sys = mdlDerivatives(t,x,u)
global node c b lambd epc
yd=sin(t);
dyd=cos(t);
ddyd=-sin(t);
x1=u(2);
x2=u(3);
e=x1-yd;
de=x2-dyd;

s=lambd*e+de;
v=-ddyd+lambd*de;
xi=[x1;x2;s;s/epc;v];

h=zeros(9,1);
for j=1:1:9
    h(j)=exp(-norm(xi-c(:,j))^2/(2*b^2));
end

rou=0.005;
Gama=500*eye(node);
W=[x(1) x(2) x(3) x(4) x(5) x(6) x(7) x(8) x(9)]';
S=-Gama*(h*s+rou*W);

for i=1:1:node
    sys(i)=S(i);
end
function sys = mdlOutputs(t,x,u)
global node c b lambd epc
yd=sin(t);
dyd=cos(t);
ddyd=-sin(t);
x1=u(2);
x2=u(3);
```

```
e = x1 - yd;
de = x2 - dyd;
s = lambd * e + de;
v = - ddyd + lambd * de;

xi = [x1;x2;s;s/epc;v];

W = [x(1) x(2) x(3) x(4) x(5) x(6) x(7) x(8) x(9)]';
h = zeros(9,1);
for j = 1:1:9
    h(j) = exp( - norm(xi - c(:,j))^2/(2 * b^2));
end
betaU = 150;
ut = 1/betaU * W' * h;

sys(1) = ut;
```

3. 被控对象程序：chap4_4plant. m

```
function [sys,x0,str,ts] = s_function(t,x,u,flag)
switch flag,
case 0,
    [sys,x0,str,ts] = mdlInitializeSizes;
case 1,
    sys = mdlDerivatives(t,x,u);
case 3,
    sys = mdlOutputs(t,x,u);
case {2, 4, 9}
    sys = [];
otherwise
    error(['Unhandled flag = ',num2str(flag)]);
end
function [sys,x0,str,ts] = mdlInitializeSizes
sizes = simsizes;
sizes.NumContStates   = 2;
sizes.NumDiscStates   = 0;
sizes.NumOutputs      = 2;
sizes.NumInputs       = 1;
sizes.DirFeedthrough  = 0;
sizes.NumSampleTimes  = 0;
sys = simsizes(sizes);
x0 = [0.5 0];
str = [];
ts = [];
function sys = mdlDerivatives(t,x,u)
ut = u(1);
```

```
dt = 100 * sin(t);
sys(1) = x(2);
sys(2) = - 25 * x(2) + 133 * ut + dt;
function sys = mdlOutputs(t,x,u)
sys(1) = x(1);
sys(2) = x(2);
```

4. 画图程序：chap4_4plot.m

```
close all;

figure(1);
subplot(211);
plot(t,y(:,1),'r',t,y(:,3),'k:','linewidth',2);
xlabel('time(s)');ylabel('yd,y');
legend('ideal position','position tracking');
subplot(212);
plot(t,y(:,2),'r',t,y(:,4),'k:','linewidth',2);
xlabel('time(s)');ylabel('dyd,dy');
legend('ideal speed','speed tracking');

figure(2);
plot(t,u(:,1),'r','linewidth',2);
xlabel('time(s)');ylabel('Control input');
```

4.3.4.2 节的程序

1. 仿真主程序：chap4_5sim.mdl

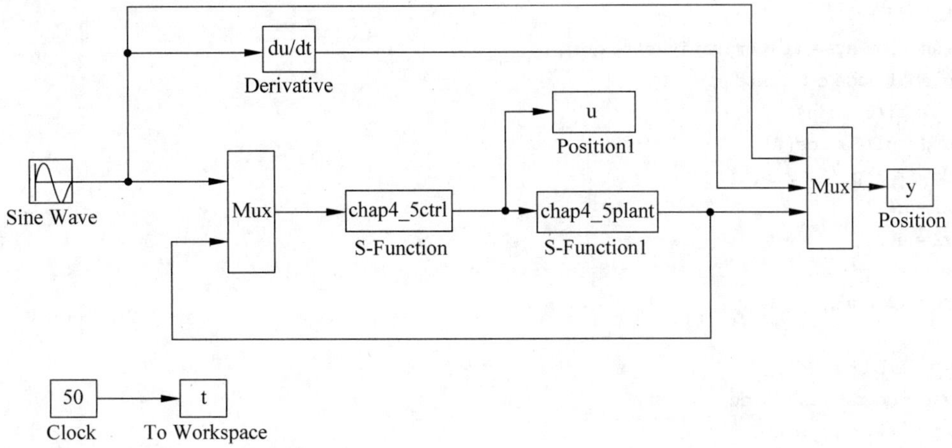

2. 控制律设计程序：chap4_5ctrl.m

```
function [sys,x0,str,ts] = spacemodel(t,x,u,flag)
switch flag,
```

```
case 0,
    [sys,x0,str,ts] = mdlInitializeSizes;
case 1,
    sys = mdlDerivatives(t,x,u);
case 3,
    sys = mdlOutputs(t,x,u);
case {2,4,9}
    sys = [];
otherwise
    error(['Unhandled flag = ',num2str(flag)]);
end
function [sys,x0,str,ts] = mdlInitializeSizes
global node c b lambd epc
lambd = 5;
epc = 0.25;
node = 13;
sizes = simsizes;
sizes.NumContStates   = node;
sizes.NumDiscStates   = 0;
sizes.NumOutputs      = 1;
sizes.NumInputs       = 3;
sizes.DirFeedthrough  = 1;
sizes.NumSampleTimes  = 0;
sys = simsizes(sizes);
x0 = zeros(1,13);
c= 2*[-3 -2.5 -2 -1.5 -1 -0.5 0 0.5 1 1.5 2 2.5 3;
      -3 -2.5 -2 -1.5 -1 -0.5 0 0.5 1 1.5 2 2.5 3;
      -3 -2.5 -2 -1.5 -1 -0.5 0 0.5 1 1.5 2 2.5 3;
      -3 -2.5 -2 -1.5 -1 -0.5 0 0.5 1 1.5 2 2.5 3;
      -3 -2.5 -2 -1.5 -1 -0.5 0 0.5 1 1.5 2 2.5 3];
b = 3;
str = [];
ts = [];
function sys = mdlDerivatives(t,x,u)
global node c b lambd epc
yd = pi/6*sin(t);
dyd = pi/6*cos(t);
ddyd = -pi/6*sin(t);
x1 = u(2);
x2 = u(3);
e = x1 - yd;
de = x2 - dyd;

s = lambd*e + de;
v = -ddyd + lambd*de;
xi = [x1;x2;s;s/epc;v];

h = zeros(13,1);
for j = 1:1:13
    h(j) = exp(-norm(xi-c(:,j))^2/(2*b^2));
end
```

```
rou = 0.005;
Gama = 15 * eye(13);
W = [x(1) x(2) x(3) x(4) x(5) x(6) x(7) x(8) x(9) x(10) x(11) x(12) x(13)]';
S = - Gama * (h * s + rou * W);

for i = 1:1:node
    sys(i) = S(i);
end
function sys = mdlOutputs(t,x,u)
global node c b lambd epc
yd = pi/6 * sin(t);
dyd = pi/6 * cos(t);
ddyd = - pi/6 * sin(t);
x1 = u(2);
x2 = u(3);
e = x1 - yd;
de = x2 - dyd;

s = lambd * e + de;
v = - ddyd + lambd * de;

xi = [x1;x2;s;s/epc;v];

W = [x(1) x(2) x(3) x(4) x(5) x(6) x(7) x(8) x(9) x(10) x(11) x(12) x(13)]';
h = zeros(13,1);
for j = 1:1:13
    h(j) = exp( - norm(xi - c(:,j))^2/(2 * b^2));
end
ut = W' * h;

sys(1) = ut;
```

3. 被控对象程序：chap4_5plant. m

```
function [sys,x0,str,ts] = s_function(t,x,u,flag)
switch flag,
case 0,
    [sys,x0,str,ts] = mdlInitializeSizes;
case 1,
    sys = mdlDerivatives(t,x,u);
case 3,
    sys = mdlOutputs(t,x,u);
case {2, 4, 9}
    sys = [];
otherwise
    error(['Unhandled flag = ',num2str(flag)]);
end
function [sys,x0,str,ts] = mdlInitializeSizes
sizes = simsizes;
```

```
sizes.NumContStates   = 2;
sizes.NumDiscStates   = 0;
sizes.NumOutputs      = 2;
sizes.NumInputs       = 1;
sizes.DirFeedthrough  = 0;
sizes.NumSampleTimes  = 0;
sys = simsizes(sizes);
x0 = [0 0];
str = [];
ts = [];
function sys = mdlDerivatives(t,x,u)
ut = u(1);
x1 = x(1);
x2 = x(2);
a1 = 0.5 * sin(x1) * (1 + cos(x1)) * x2 ^2 - 10 * sin(x1) * (1 + cos(x1));
a2 = 0.25 * (2 + cos(x1))^2;
alfax = a1/a2;

b = 0.25 * (2 + cos(x1))^2;
betax = 1/b;
d1 = cos(3 * t);
dt = 0.1 * d1 * cos(x1);

sys(1) = x(2);
sys(2) = alfax + betax * ut + dt;
function sys = mdlOutputs(t,x,u)
sys(1) = x(1);
sys(2) = x(2);
```

4. 画图程序：chap4_5plot.m

```
close all;

figure(1);
subplot(211);
plot(t,y(:,1),'r',t,y(:,3),'k:','linewidth',2);
xlabel('time(s)');ylabel('yd,y');
legend('ideal position','position tracking');
subplot(212);
plot(t,y(:,2),'r',t,y(:,4),'k:','linewidth',2);
xlabel('time(s)');ylabel('dyd,dy');
legend('ideal speed','speed tracking');

figure(2);
plot(t,u(:,1),'r','linewidth',2);
xlabel('time(s)');ylabel('Control input');
```

4.4.2.1 节的仿真程序

1. 仿真主程序：chap4_6sim.mdl

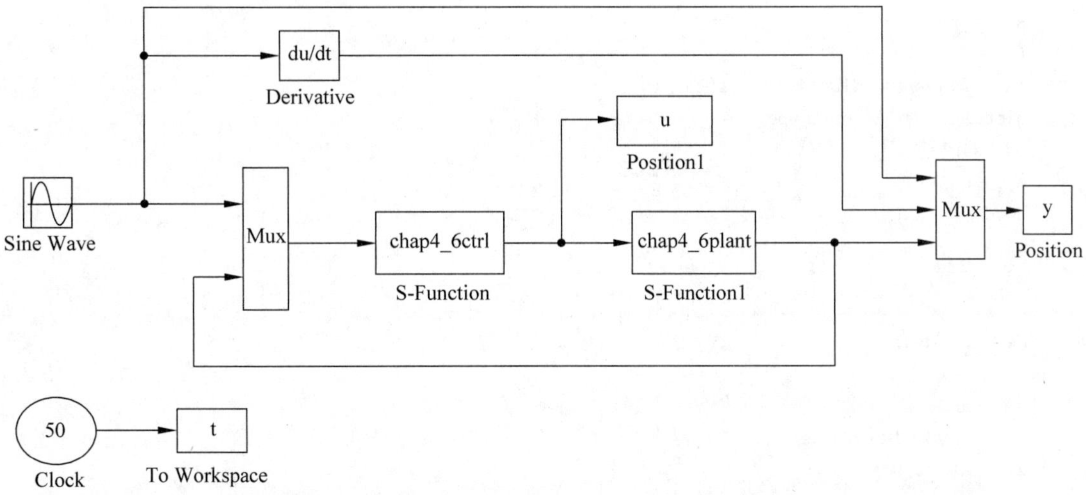

2. 控制律设计程序：chap4_6ctrl.m

```
function [sys,x0,str,ts] = spacemodel(t,x,u,flag)
switch flag,
case 0,
    [sys,x0,str,ts] = mdlInitializeSizes;
case 1,
    sys = mdlDerivatives(t,x,u);
case 3,
    sys = mdlOutputs(t,x,u);
case {2,4,9}
    sys = [];
otherwise
    error(['Unhandled flag = ',num2str(flag)]);
end
function [sys,x0,str,ts] = mdlInitializeSizes
global node c b lambd epc
lambd = 5;
epc = 0.25;
node = 9;
sizes = simsizes;
sizes.NumContStates   = 1;
sizes.NumDiscStates   = 0;
sizes.NumOutputs      = 1;
sizes.NumInputs       = 3;
sizes.DirFeedthrough  = 1;
sizes.NumSampleTimes  = 0;
sys = simsizes(sizes);
x0 = [0];
c= [-2 -1.5 -1 -0.5 0 0.5 1 1.5 2;
```

```
    -2 -1.5 -1 -0.5 0 0.5 1 1.5 2;
    -2 -1.5 -1 -0.5 0 0.5 1 1.5 2;
    -2 -1.5 -1 -0.5 0 0.5 1 1.5 2;
    -2 -1.5 -1 -0.5 0 0.5 1 1.5 2];
b=15;
str = [];
ts = [];
function sys=mdlDerivatives(t,x,u)
global node c b lambd epc
yd=sin(t);
dyd=cos(t);
ddyd=-sin(t);
x1=u(2);
x2=u(3);
e=x1-yd;
de=x2-dyd;

s=lambd*e+de;
v=-ddyd+lambd*de;
xi=[x1;x2;s;s/epc;v];

h=zeros(9,1);
for j=1:1:9
    h(j)=exp(-norm(xi-c(:,j))^2/(2*b^2));
end

Gama=0.05;
faip=x(1);
k=0.10;
S=Gama/2*s^2*h'*h-k*Gama*faip;
sys(1)=S;

function sys=mdlOutputs(t,x,u)
global node c b lambd epc
yd=sin(t);
dyd=cos(t);
ddyd=-sin(t);
x1=u(2);
x2=u(3);
e=x1-yd;
de=x2-dyd;
s=lambd*e+de;
v=-ddyd+lambd*de;

xi=[x1;x2;s;s/epc;v];

faip=x(1);

h=zeros(9,1);
for j=1:1:9
    h(j)=exp(-norm(xi-c(:,j))^2/(2*b^2));
```

```
end
ut = -1/2 * s * faip * h' * h;

sys(1) = ut;
```

3. 被控对象程序：chap4_6plant.m

```
function [sys,x0,str,ts] = s_function(t,x,u,flag)
switch flag,
case 0,
    [sys,x0,str,ts] = mdlInitializeSizes;
case 1,
    sys = mdlDerivatives(t,x,u);
case 3,
    sys = mdlOutputs(t,x,u);
case {2, 4, 9 }
    sys = [];
otherwise
    error(['Unhandled flag = ',num2str(flag)]);
end
function [sys,x0,str,ts] = mdlInitializeSizes
sizes = simsizes;
sizes.NumContStates   = 2;
sizes.NumDiscStates   = 0;
sizes.NumOutputs      = 2;
sizes.NumInputs       = 1;
sizes.DirFeedthrough  = 0;
sizes.NumSampleTimes  = 0;
sys = simsizes(sizes);
x0 = [0.5 0];
str = [];
ts = [];
function sys = mdlDerivatives(t,x,u)
ut = u(1);
dt = 10 * sin(t);
sys(1) = x(2);
sys(2) = -25 * x(2) + 133 * ut + dt;
function sys = mdlOutputs(t,x,u)
sys(1) = x(1);
sys(2) = x(2);
```

4. 画图程序：chap4_6plot.m

```
close all;

figure(1);
subplot(211);
plot(t,y(:,1),'r',t,y(:,3),'k:','linewidth',2);
xlabel('time(s)');ylabel('yd,y');
legend('ideal position','position tracking');
subplot(212);
```

```
plot(t,y(:,2),'r',t,y(:,4),'k:','linewidth',2);
xlabel('time(s)');ylabel('dyd,dy');
legend('ideal speed','speed tracking');

figure(2);
plot(t,u(:,1),'r','linewidth',2);
xlabel('time(s)');ylabel('Control input');
```

4.4.2.2 节的仿真程序

1. 仿真主程序：chap4_7sim.mdl

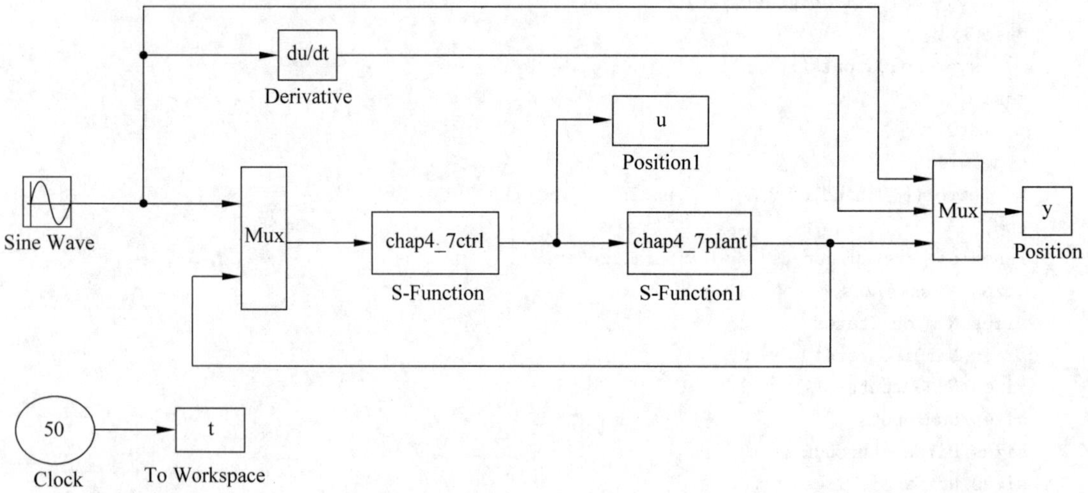

2. 控制律设计程序：chap4_7ctrl.m

```
function [sys,x0,str,ts] = spacemodel(t,x,u,flag)
switch flag,
case 0,
    [sys,x0,str,ts] = mdlInitializeSizes;
case 1,
    sys = mdlDerivatives(t,x,u);
case 3,
    sys = mdlOutputs(t,x,u);
case {2,4,9}
    sys = [];
otherwise
    error(['Unhandled flag = ',num2str(flag)]);
end
function [sys,x0,str,ts] = mdlInitializeSizes
global node c b lambd epc
lambd = 15;
epc = 0.25;
node = 1;
sizes = simsizes;
sizes.NumContStates    = 1;
```

```
sizes.NumDiscStates    = 0;
sizes.NumOutputs       = 1;
sizes.NumInputs        = 3;
sizes.DirFeedthrough   = 1;
sizes.NumSampleTimes   = 0;
sys = simsizes(sizes);
x0 = [0];
c= [-3 -2.5 -2 -1.5 -1 -0.5 0 0.5 1 1.5 2 2.5 3;
    -3 -2.5 -2 -1.5 -1 -0.5 0 0.5 1 1.5 2 2.5 3;
    -3 -2.5 -2 -1.5 -1 -0.5 0 0.5 1 1.5 2 2.5 3;
    -3 -2.5 -2 -1.5 -1 -0.5 0 0.5 1 1.5 2 2.5 3;
    -3 -2.5 -2 -1.5 -1 -0.5 0 0.5 1 1.5 2 2.5 3];
b=15;
str = [];
ts = [];
function sys=mdlDerivatives(t,x,u)
global node c b lambd epc
yd=pi/6*sin(t);
dyd=pi/6*cos(t);
ddyd=-pi/6*sin(t);
x1=u(2);
x2=u(3);
e=x1-yd;
de=x2-dyd;

s=lambd*e+de;
v=-ddyd+lambd*de;
xi=[x1;x2;s;s/epc;v];

h=zeros(13,1);
for j=1:1:13
    h(j)=exp(-norm(xi-c(:,j))^2/(2*b^2));
end

Gama=1.5;
faip=x(1);
k=0.10;
S=Gama/2*s^2*h'*h-k*Gama*faip;
sys=S;
function sys=mdlOutputs(t,x,u)
global node c b lambd epc
yd=pi/6*sin(t);
dyd=pi/6*cos(t);
ddyd=-pi/6*sin(t);
x1=u(2);
x2=u(3);
e=x1-yd;
de=x2-dyd;

s=lambd*e+de;
v=-ddyd+lambd*de;
```

```
xi=[x1;x2;s;s/epc;v];

h=zeros(13,1);
for j=1:1:13
    h(j)=exp(-norm(xi-c(:,j))^2/(2*b^2));
end
faip=x(1);
ut=-1/2*s*faip*h'*h;

sys(1)=ut;
```

3. 被控对象程序：chap4_7plant.m

```
function [sys,x0,str,ts]=s_function(t,x,u,flag)
switch flag,
case 0,
    [sys,x0,str,ts]=mdlInitializeSizes;
case 1,
    sys=mdlDerivatives(t,x,u);
case 3,
    sys=mdlOutputs(t,x,u);
case {2, 4, 9 }
    sys = [];
otherwise
    error(['Unhandled flag = ',num2str(flag)]);
end
function [sys,x0,str,ts]=mdlInitializeSizes
sizes = simsizes;
sizes.NumContStates   = 2;
sizes.NumDiscStates   = 0;
sizes.NumOutputs      = 2;
sizes.NumInputs       = 1;
sizes.DirFeedthrough  = 0;
sizes.NumSampleTimes  = 0;
sys=simsizes(sizes);
x0=[0 0];
str=[];
ts=[];
function sys=mdlDerivatives(t,x,u)
ut=u(1);
x1=x(1);
x2=x(2);
a1=0.5*sin(x1)*(1+cos(x1))*x2^2-10*sin(x1)*(1+cos(x1));
a2=0.25*(2+cos(x1))^2;
alfax=a1/a2;

b=0.25*(2+cos(x1))^2;
betax=1/b;
d1=cos(3*t);
dt=0.1*d1*cos(x1);
```

```
sys(1) = x(2);
sys(2) = alfax + betax * ut + dt;
function sys = mdlOutputs(t,x,u)
sys(1) = x(1);
sys(2) = x(2);
```

4. 画图程序：chap4_7plot.m

```
close all;

figure(1);
subplot(211);
plot(t,y(:,1),'r',t,y(:,3),'k:','linewidth',2);
xlabel('time(s)');ylabel('yd,y');
legend('ideal position','position tracking');
subplot(212);
plot(t,y(:,2),'r',t,y(:,4),'k:','linewidth',2);
xlabel('time(s)');ylabel('dyd,dy');
legend('ideal speed','speed tracking');

figure(2);
plot(t,u(:,1),'r','linewidth',2);
xlabel('time(s)');ylabel('Control input');
```

参考文献

[1] Wang L X. A course in fuzzy systems and control[M]. New York: Prentice-Hall,1997.

[2] Huang A C, Chen Y C. Adaptive sliding control for single-link flexible joint robot with mismatched uncertainties[J]. IEEE Trans Control Syst Technol,2004,12(5): 770-775.

[3] Ge S S, Hang C C, Zhang T. A direct method for robust adaptive nonlinear control with guaranteed transient performance[J]. Syst Control Lett,1999,37: 275-284.

[4] Ge S S, Hang C C, Lee T H, Zhang T. Stable adaptive neural network control[M]. Boston: Kluwer,2001.

[5] Krstic M, Kanellakopoulos I, Kokotovic P. Nonlinear and adaptive control design[M]. New York: Wiley,1995.

[6] Jinkun LIU,Yu Lu. Adaptive RBF neural network control of robot with actuator nonlinearities[J]. Journal of Control Theory and Applications,2010, 8(2): 150-156.

[7] Yang Y S, Ren J S. Adaptive fuzzy robust tracking controller design via small gain approach and its application[J]. IEEE Transactions on Fuzzy Systems, 2003, 11(6): 783-795.

[8] Chen B,Liu X P, Liu K F, Lin C. Direct adaptive fuzzy control of nonlinear strict-feedback systems[J]. Automatica, 2009, 45: 1530-1535.

[9] Yang H J, Liu J K. An adaptive RBF neural network control method for a class of nonlinear systems[J]. IEEE/CAA Journal of Automatica Sinica, 2018,5(2): 1-6.

第5章 RBF神经网络滑模控制

早在20世纪50年代，苏联学者Emelyanov等就提出了滑模控制(Sliding Mode Control，SMC)方法。在以后几十年中，滑模控制设计引起了国内外学者的广泛关注。

滑模控制为含有不确定性的非线性系统鲁棒控制提供了有效的控制设计方法。滑模变结构控制的原理是根据系统所期望的动态特性来设计系统的切换超平面，通过滑动模态控制器使系统状态从超平面之外向切换超平面运动。系统一旦到达切换超平面，控制作用将保证系统状态沿切换超平面到达系统原点，这一沿切换超平面向原点的滑动过程称为滑模运动。由于系统的特性和参数只取决于设计的切换超平面而与外界干扰没有关系，所以滑模变结构控制具有很强的鲁棒性。

近些年来，一些学者[1,2]将滑模控制结合神经网络用于非线性系统的控制中。滑模控制存在稳定性分析难，达到条件难以满足及抖振等问题[3]。如果系统的数学模型已知，滑模控制器可以使系统输出直接跟踪期望指令。但较大的外界扰动需要较大的切换增益，这就造成抖振，抖振是滑模控制中难以避免的问题。采用神经网络对滑模控制进行补偿，为解决这一问题提供了有效的途径。

5.1 经典滑模控制器设计

针对线性系统

$$\dot{\boldsymbol{x}} = \boldsymbol{A}\boldsymbol{x} + \boldsymbol{b}u, \quad \boldsymbol{x} \in R^n \quad, u \in R \tag{5.1}$$

滑模面设计为

$$s(\boldsymbol{x}) = \boldsymbol{c}^{\mathrm{T}}\boldsymbol{x} = \sum_{i=1}^{n} c_i x_i = \sum_{i=1}^{n-1} c_i x_i + x_n \tag{5.2}$$

其中，$\boldsymbol{x}$ 为状态向量，$\boldsymbol{c}=[c_1 \quad \cdots \quad c_{n-1} \quad 1]^{\mathrm{T}}$。

在滑模控制中，参数 $c_1, c_2, \cdots, c_{n-1}$ 应满足多项式 $p^{n-1}+c_{n-1}p^{n-2}+\cdots+c_2 p+c_1$ 为Hurwitz，其中 p 为拉氏算子。

例如，$n=2$ 时，假设 $\dot{x}_1=x_2$，则可设计 $s(\boldsymbol{x})=c_1x_1+x_2$，为了保证多项式 $p+c_1$ 为Hurwitz，需要多项式 $p+c_1=0$ 的特征根实数部分为负，即 $c_1>0$。例如，取 $c_1=10$，可得滑模面为 $s(\boldsymbol{x})=10x_1+x_2$。

又例如，当 $n=3$ 时，设 $\dot{x}_1=x_2$，$\dot{x}_2=x_3$，则可设计 $s(\boldsymbol{x})=c_1x_1+c_2x_2+$

x_3，针对 $n=2$，为了保证多项式 $p^2+c_2p+c_1$ 为 Hurwitz，需要多项式 $p^2+c_2p+c_1=0$ 特征根实数部分为负。可取 $p^2+2\lambda p+\lambda^2=0$，即 $(p+\lambda)^2=0$，取 $\lambda>0$，即可满足多项式 $p^2+2\lambda p+\lambda^2=0$ 的特征根实数部分为负，从而可得 $c_2=2\lambda, c_1=\lambda^2$，例如，令 $\lambda=5$，可得 $c_1=25, c_2=10$，则 $s(\boldsymbol{x})=25x_1+10x_2+x_3$。

对于一个二阶系统，滑模控制设计可分为两步：首先设计滑模面，以便使系统能够按照预定的"滑动模态"轨迹运动，然后设计控制器，使系统的状态沿滑模面运动。上述设计的基础是构建 Lyapunov 函数。

考虑如下被控对象：

$$J\ddot{\theta}(t)=u(t)+dt \tag{5.3}$$

其中，J 为转动惯量；$\theta(t)$ 为角度；$u(t)$ 为控制输入；dt 为外界扰动且满足 $|dt|\leqslant D$。

设计滑模函数为

$$s(t)=ce(t)+\dot{e}(t) \tag{5.4}$$

其中，c 必须满足 Hurwitz 条件，即 $c>0$。

定义跟踪误差，并求导可得

$$e(t)=\theta(t)-\theta_{\mathrm{d}}(t), \quad \dot{e}(t)=\dot{\theta}(t)-\dot{\theta}_{\mathrm{d}}(t)$$

其中，$\theta_{\mathrm{d}}(t)$ 为理想跟踪指令。

设计 Lyapunov 函数为

$$V=\frac{1}{2}s^2$$

则

$$\dot{s}(t)=c\dot{e}(t)+\ddot{e}(t)=c\dot{e}(t)+\ddot{\theta}(t)-\ddot{\theta}_{\mathrm{d}}(t)=c\dot{e}(t)+\frac{1}{J}(u+dt)-\ddot{\theta}_{\mathrm{d}}(t) \tag{5.5}$$

且

$$s\dot{s}=s\left[c\dot{e}+\frac{1}{J}(u+dt)-\ddot{\theta}_{\mathrm{d}}\right]$$

为了保证 $s\dot{s}<0$，设计滑模控制律为

$$u(t)=J[-c\dot{e}+\ddot{\theta}_{\mathrm{d}}-\eta\mathrm{sgn}(s)]-D\mathrm{sgn}(s) \tag{5.6}$$

则

$$s\dot{s}=s\left[c\dot{e}+\frac{1}{J}(u+dt)-\ddot{\theta}_{\mathrm{d}}\right]$$

$$s\dot{s}=-\eta|s|-\frac{D}{J}|s|<0$$

从而

$$\dot{V}\leqslant 0 \quad (\dot{V}=0, 当\ s=0)$$

从控制律的表达式可知，滑模控制器具有很好的鲁棒性。然而，当干扰 dt 较大时，为了保证鲁棒性，必须保证足够大的干扰上界 D，而较大的干扰上界 D 会导致切换增益过大，从而造成抖振。

另外，在控制律式(5.6)中，建模信息 J 必须是精确已知的，这在实际工程中是难以实现的，采用 RBF 神经网络逼近方法可有效地解决这一难题。

5.2 基于 RBF 神经网络的二阶 SISO 系统的滑模控制

5.2.1 系统描述

考虑如下二阶被控对象：

$$\ddot{\theta} = f(\theta,\dot{\theta}) + g(\theta,\dot{\theta})u + d(t) \tag{5.7}$$

其中，$f(\cdot)$和 $g(\cdot)$为非线性函数；$u\in R$ 和 $y\in R$ 分别为控制输入和系统输出；$d(t)$为外界干扰，且满足$|d(t)|\leqslant D$。

理想跟踪指令为 θ_{d}，定义跟踪误差为

$$e = \theta_{\mathrm{d}} - \theta$$

设计滑模面为

$$s = \dot{e} + ce \tag{5.8}$$

其中，$c>0$，则

$$\dot{s} = \ddot{e} + c\dot{e} = \ddot{\theta}_{\mathrm{d}} - \ddot{\theta} + c\dot{e} = \ddot{\theta}_{\mathrm{d}} - f - gu - d(t) + c\dot{e} \tag{5.9}$$

如果 f 和 g 是已知的，可设计控制律为

$$u = \frac{1}{g}[-f + \ddot{\theta}_{\mathrm{d}} + c\dot{e} + \eta\mathrm{sgn}(s)] \tag{5.10}$$

将式(5.10)代入式(5.9)，可得

$$\dot{s} = \ddot{e} + c\dot{e} = \ddot{\theta}_{\mathrm{d}} - \ddot{\theta} + c\dot{e} = \ddot{\theta}_{\mathrm{d}} - f - gu - d(t) + c\dot{e} = -\eta\mathrm{sgn}(s) - d(t)$$

如果选择 $\eta\geqslant D$，可得

$$s\dot{s} = -\eta|s| - s\cdot d(t) \leqslant 0$$

如果 $f(\cdot)$未知，可通过逼近 $f(\cdot)$来实现稳定控制设计。下面介绍 RBF 神经网络对未知项 $f(\cdot)$的逼近算法。

5.2.2 基于 RBF 网络逼近 $f(\cdot)$的滑模控制

采用 RBF 神经网络逼近 $f(\cdot)$，RBF 网络算法为

$$h_j = \exp\left(\frac{\|\boldsymbol{x} - \boldsymbol{c}_j\|^2}{2b_j^2}\right)$$

$$f = \boldsymbol{W}^{*\mathrm{T}}\boldsymbol{h}(\boldsymbol{x}) + \varepsilon$$

其中，$\boldsymbol{x}$ 为网络的输入；i 为网络的输入个数；j 为网络隐含层第 j 个节点；$\boldsymbol{h}=[h_j]^{\mathrm{T}}$ 为高斯函数的输出；$\boldsymbol{W}^*$ 为网络的理想权值；ε 为网络的逼近误差；且 $\varepsilon\leqslant\varepsilon_{\mathrm{N}}$。

网络的输入取 $\boldsymbol{x}=[e \quad \dot{e}]^{\mathrm{T}}$，则 RBF 网络的输出为

$$\hat{f}(x) = \hat{\boldsymbol{W}}^{\mathrm{T}}\boldsymbol{h}(\boldsymbol{x}) \tag{5.11}$$

其中，$\boldsymbol{h}(\boldsymbol{x})$为 RBF 神经网络的高斯函数。

则控制输入式(5.10)可写为

$$u = \frac{1}{g}[-\hat{f} + \ddot{\theta}_d + c\dot{e} + \eta \mathrm{sgn}(s)] \tag{5.12}$$

将控制律式(5.12)代入式(5.9)中，可得

$$\dot{s} = \ddot{\theta}_d - f - gu - d(t) + c\dot{e} = \ddot{\theta}_d - f - [-\hat{f} + \ddot{\theta}_d + c\dot{e} + \eta \mathrm{sgn}(s)] - d(t) + c\dot{e}$$

$$= -f + \hat{f} - \eta \mathrm{sgn}(s) - d(t) = -\tilde{f} - d(t) - \eta \mathrm{sgn}(s) \tag{5.13}$$

其中

$$\tilde{f} = f - \hat{f} = \boldsymbol{W}^{*\mathrm{T}} \boldsymbol{h}(\boldsymbol{x}) + \varepsilon - \hat{\boldsymbol{W}}^{\mathrm{T}} \boldsymbol{h}(\boldsymbol{x}) = \tilde{\boldsymbol{W}}^{\mathrm{T}} \boldsymbol{h}(\boldsymbol{x}) + \varepsilon \tag{5.14}$$

并定义$\tilde{\boldsymbol{W}} = \boldsymbol{W}^* - \hat{\boldsymbol{W}}$。

定义 Lyapunov 函数为

$$L = \frac{1}{2}s^2 + \frac{1}{2}\gamma \tilde{\boldsymbol{W}}^{\mathrm{T}} \tilde{\boldsymbol{W}}$$

其中，$\gamma > 0$。

对 Lyapunov 函数 L 求导，综合式(5.12)和式(5.13)，可得

$$\dot{L} = s\dot{s} + \gamma \tilde{\boldsymbol{W}}^{\mathrm{T}} \dot{\tilde{\boldsymbol{W}}} = s[-\tilde{f} - d(t) - \eta \mathrm{sgn}(s)] - \gamma \tilde{\boldsymbol{W}}^{\mathrm{T}} \dot{\hat{\boldsymbol{W}}}$$

$$= s[-\tilde{\boldsymbol{W}}^{\mathrm{T}} \boldsymbol{h}(\boldsymbol{x}) - \varepsilon - d(t) - \eta \mathrm{sgn}(s)] - \gamma \tilde{\boldsymbol{W}}^{\mathrm{T}} \dot{\hat{\boldsymbol{W}}}$$

$$= -\tilde{\boldsymbol{W}}^{\mathrm{T}} [s\boldsymbol{h}(\boldsymbol{x}) + \gamma \dot{\hat{\boldsymbol{W}}}] - s[\varepsilon + d(t) + \eta \mathrm{sgn}(s)]$$

设计自适应律为

$$\dot{\hat{\boldsymbol{W}}} = -\frac{1}{\gamma} s\boldsymbol{h}(\boldsymbol{x}) \tag{5.15}$$

则

$$\dot{L} = -s[\varepsilon + d(t) + \eta \mathrm{sgn}(s)] = -s[\varepsilon + d(t)] - \eta |s|$$

由于逼近误差 ε 可以限制得足够小，取 $\eta \geqslant \varepsilon_N + D$，可得$\dot{L} \leqslant 0$。

存在 $\eta_0 > 0$，$\eta \geqslant \eta_0 + \varepsilon_N + D$，使得

$$\dot{L} \leqslant -\eta_0 |s| \leqslant 0$$

由于 $L \geqslant 0$，$\dot{L} \leqslant 0$，从而 s 和 $\tilde{\boldsymbol{W}}$ 有界。当$\dot{L} \equiv 0$ 时，$s = 0$，根据 LaSalle 不变性原理[8,9]，闭环系统为渐进稳定，当 $t \to \infty$时，$s \to 0$，从而 $e \to 0$，$\dot{e} \to 0$。

5.2.3 仿真实例

考虑单级倒立摆动力学方程

$$\dot{x}_1 = x_2$$

$$\dot{x}_2 = \frac{g\sin x_1 - mlx_2^2 \cos x_1 \sin x_1/(m_c + m)}{l[4/3 - m\cos^2 x_1/(m_c + m)]} + \frac{\cos x_1/(m_c + m)}{l[4/3 - m\cos^2 x_1/(m_c + m)]}u$$

其中，x_1 和 x_2 分别为摆角和摆速；$g = 9.8\mathrm{m/s^2}$ 为重力加速度；$m_c = 1\mathrm{kg}$ 为小车质量；$m = 0.1\mathrm{kg}$ 为摆的质量；$l = 0.5\mathrm{m}$ 为摆长的一半；u 为控制输入。

取 $x_1 = \theta$，期望轨迹为 $\theta_d(t) = 0.1\sin(t)$，系统的初始状态为$[\pi/60, 0]$。采用控制律

式(5.12)和自适应律式(5.15),控制参数取 $c=15$,$\eta=0.1$ 和自适应参数取 $\gamma=0.05$。

神经网络的结构取为 2-5-1,c_i 和 b_i 分别设置为[−1.0 −0.5 0 0.5 1.0]和 $b_j=0.50$,网络的初始权值为 0.10。仿真结果如图 5.1～图 5.3 所示。

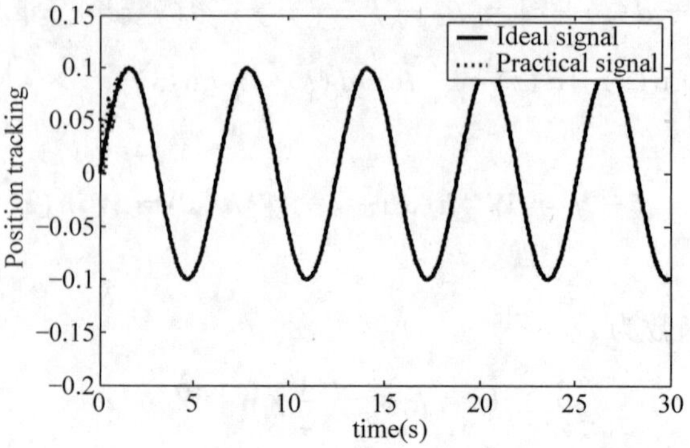

图 5.1 摆角跟踪

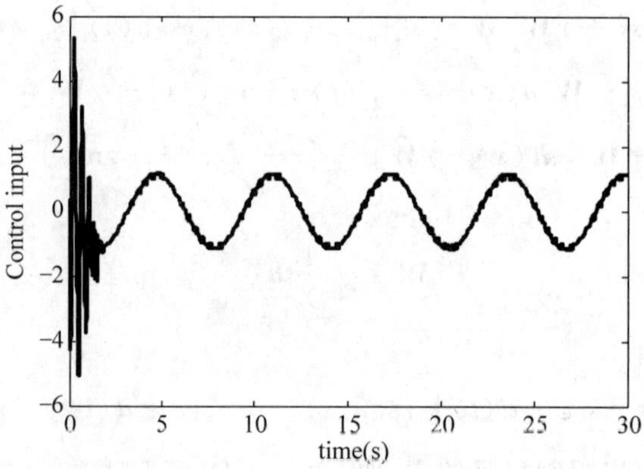

图 5.2 控制输入

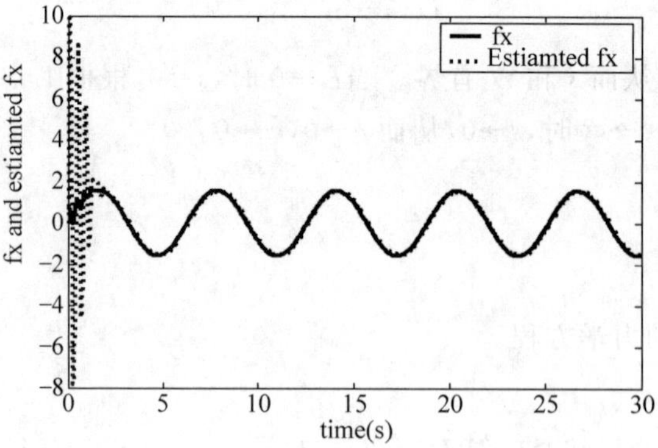

图 5.3 $f(x)$和$\hat{f}(x)$

仿真主程序为 chap5_1sim.mdl,详见附录。

5.3 基于 RBF 逼近未知函数 $f(\cdot)$和 $g(\cdot)$的滑模控制

5.3.1 引言

考虑二阶非线性系统式(5.7),假设 $f(\cdot)$和 $g(\cdot)$都是未知的非线性函数,$u\in R$ 和 $y\in R$ 分别是控制输入和系统的输出,$d(t)$为外界干扰,且满足$|d(t)|\leqslant D$。

类似 5.2 节,设理想跟踪指令为 θ_d,定义跟踪误差为 $e=\theta_d-\theta$,设计滑模面为 $s=\dot{e}+ce$,其中 $c>0$。

在控制系统设计中,采用两个 RBF 神经网络分别逼近$f(\cdot)$和 $g(\cdot)$,图 5.4 为基于神经网络的闭环自适应控制系统。

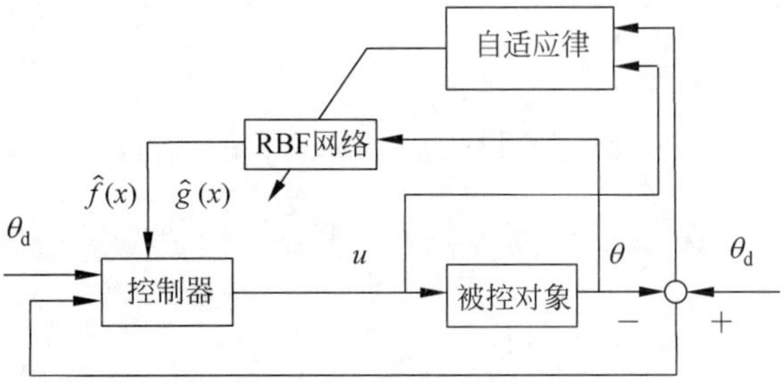

图 5.4 基于神经网络的自适应控制系统

采用 RBF 神经网络逼近 $f(x)$,网络算法为

$$h_j=\exp\left(\frac{\|\boldsymbol{x}-\boldsymbol{c}_j\|^2}{2b_j^2}\right)$$

$$f(\cdot)=\boldsymbol{W}^{*\mathrm{T}}\boldsymbol{h}_f(x)+\varepsilon_f,\quad g(\cdot)=V^{*\mathrm{T}}\boldsymbol{h}_g(x)+\varepsilon_g$$

其中,$\boldsymbol{x}$ 为网络的输入;i 为网络的输入个数;j 为网络隐含层第 j 个节点;$\boldsymbol{h}=[h_j]^{\mathrm{T}}$ 为高斯函数的输出;$\boldsymbol{W}^*$ 和$\boldsymbol{V}^*$ 为网络的理想权值;ε_f 和 ε_g 为网络的逼近误差,且$|\varepsilon_f|\leqslant\varepsilon_{\mathrm{Mf}}$,$|\varepsilon_g|\leqslant\varepsilon_{\mathrm{Mg}}$,$f(\cdot)$和 $g(\cdot)$分别为理想 RBF 网络的输出。

定义网络的输入为 $\boldsymbol{x}=[x_1\quad x_2]^{\mathrm{T}}$,则 RBF 网络的输出为

$$\hat{f}(x)=\hat{\boldsymbol{W}}^{\mathrm{T}}\boldsymbol{h}_f(x),\quad \hat{g}(x)=\hat{V}^{\mathrm{T}}\boldsymbol{h}_g(x)\tag{5.16}$$

其中,$\boldsymbol{h}_f(x)$和$\boldsymbol{h}_g(x)$为 RBF 神经网络的高斯函数。

则控制律式(5.10)可写为

$$u=\frac{1}{\hat{g}(x)}[-\hat{f}(x)+\ddot{\theta}_d+c\dot{e}+\eta\operatorname{sgn}(s)]\tag{5.17}$$

其中,$\eta\geqslant D$。

将式(5.17)代入式(5.9)中,可得

$$\begin{aligned}\dot{s}&=\ddot{e}+c\dot{e}=\ddot{\theta}_d-\ddot{\theta}+c\dot{e}=\ddot{\theta}_d-f-gu-d(t)+c\dot{e}\\&=\ddot{\theta}_d-f-\hat{g}u+(\hat{g}-g)u-d(t)+c\dot{e}\\&=\ddot{\theta}_d-f-\hat{g}\frac{1}{\hat{g}(x)}[-\hat{f}(x)+\ddot{\theta}_d+c\dot{e}+\eta\operatorname{sgn}(s)]+(\hat{g}-g)u-d(t)+c\dot{e}\end{aligned}$$

$$= (\hat{f}-f)-\eta\mathrm{sgn}(s)+(\hat{g}-g)u-d(t)=\tilde{f}-\eta\mathrm{sgn}(s)+\tilde{g}u-d(t)$$
$$=\tilde{\boldsymbol{W}}^{\mathrm{T}}\varphi_f(\boldsymbol{x})-\varepsilon_f-\eta\mathrm{sgn}(s)+(\tilde{\boldsymbol{V}}^{\mathrm{T}}\varphi_g(\boldsymbol{x})-\varepsilon_g)u-d(t) \tag{5.18}$$

其中,$\tilde{\boldsymbol{W}}=\boldsymbol{W}^*-\hat{\boldsymbol{W}}$, $\tilde{\boldsymbol{V}}=\boldsymbol{V}^*-\hat{\boldsymbol{V}}$,且

$$\tilde{f}=\hat{f}-f=\hat{\boldsymbol{W}}^{\mathrm{T}}\boldsymbol{h}_f(\boldsymbol{x})-\boldsymbol{W}^{*\mathrm{T}}\boldsymbol{h}_f(\boldsymbol{x})-\varepsilon_f=\tilde{\boldsymbol{W}}^{\mathrm{T}}\boldsymbol{h}_f(\boldsymbol{x})-\varepsilon_f$$
$$\tilde{g}=\hat{g}-g=\hat{\boldsymbol{V}}^{\mathrm{T}}\boldsymbol{h}_g(\boldsymbol{x})-\boldsymbol{V}^{*\mathrm{T}}\boldsymbol{h}_g(\boldsymbol{x})-\varepsilon_g=\tilde{\boldsymbol{V}}^{\mathrm{T}}\boldsymbol{h}_g(\boldsymbol{x})-\varepsilon_g \tag{5.19}$$

定义闭环系统 Lyapunov 函数为

$$L=\frac{1}{2}s^2+\frac{1}{2\gamma_1}\tilde{\boldsymbol{W}}^{\mathrm{T}}\tilde{\boldsymbol{W}}+\frac{1}{2\gamma_2}\tilde{\boldsymbol{V}}^{\mathrm{T}}\tilde{\boldsymbol{V}}$$

其中,$\gamma_1>0,\gamma_2>0$。

对 L 求导,综合式(5.18),可得

$$\dot{L}=s\dot{s}+\frac{1}{\gamma_1}\tilde{\boldsymbol{W}}^{\mathrm{T}}\dot{\tilde{\boldsymbol{W}}}+\frac{1}{\gamma_2}\tilde{\boldsymbol{V}}^{\mathrm{T}}\dot{\tilde{\boldsymbol{V}}}$$
$$=s\{\tilde{\boldsymbol{W}}^{\mathrm{T}}\boldsymbol{h}_f(\boldsymbol{x})-\varepsilon_f-\eta\mathrm{sgn}(s)+[\tilde{\boldsymbol{V}}^{\mathrm{T}}\boldsymbol{h}_g(\boldsymbol{x})-\varepsilon_g]u-d(t)\}-\frac{1}{\gamma_1}\tilde{\boldsymbol{W}}^{\mathrm{T}}\dot{\hat{\boldsymbol{W}}}-\frac{1}{\gamma_2}\tilde{\boldsymbol{V}}^{\mathrm{T}}\dot{\hat{\boldsymbol{V}}}$$
$$=\tilde{\boldsymbol{W}}^{\mathrm{T}}\left[s\boldsymbol{h}_f(\boldsymbol{x})-\frac{1}{\gamma_1}\dot{\hat{\boldsymbol{W}}}\right]+\tilde{\boldsymbol{V}}^{\mathrm{T}}\left[s\boldsymbol{h}_g(\boldsymbol{x})u-\frac{1}{\gamma_2}\dot{\hat{\boldsymbol{V}}}\right]+$$
$$s[-\varepsilon_f-\eta\mathrm{sgn}(s)-\varepsilon_g u-d(t)]$$

设计自适应律为

$$\dot{\hat{\boldsymbol{W}}}=-\gamma_1 s\boldsymbol{h}_f(\boldsymbol{x}) \tag{5.20}$$
$$\dot{\hat{\boldsymbol{V}}}=-\gamma_2 s\boldsymbol{h}_g(\boldsymbol{x})u \tag{5.21}$$

则

$$\dot{L}=s[-\varepsilon_f-\eta\mathrm{sgn}(s)-\varepsilon_g u-d(t)]$$
$$=[-\varepsilon_f-\varepsilon_g u-d(t)]s-\eta|s|$$

由于逼近误差 ε_f 和 ε_g 可以限制得足够小,如取 $\eta\geqslant|\varepsilon_f+\varepsilon_g u+d(t)|$,则可得$\dot{L}\leqslant 0$。存在 $\eta_0>0,\eta\geqslant\eta_0+|\varepsilon_{Mf}|+|\varepsilon_{Mg}u|+D$,使得

$$\dot{L}\leqslant-\eta_0|s|\leqslant 0$$

由于 $L\geqslant 0,\dot{L}\leqslant 0$,从而 s、$\tilde{\boldsymbol{W}}$和$\tilde{\boldsymbol{V}}$有界。当$\dot{L}\equiv 0$ 时,$s=0$,根据 LaSalle 不变性原理,闭环系统为渐进稳定,当 $t\to\infty$时,$s\to 0$,从而 $e\to 0,\dot{e}\to 0$。由于无法得到$\tilde{\boldsymbol{W}}$和$\tilde{\boldsymbol{V}}$收敛于零,故$\tilde{f}$和$\tilde{g}$无法收敛于零。

5.3.2 仿真实例

被控对象为单级倒立摆,其动力学方程为

$$\dot{x}_1=x_2$$
$$\dot{x}_2=f(\boldsymbol{x})+g(\boldsymbol{x})u$$

其中,$f(\boldsymbol{x})=\dfrac{g\sin x_1-mlx_2^2\cos x_1\sin x_1/(m_c+m)}{l[4/3-m\cos^2 x_1/(m_c+m)]}$; $g(\boldsymbol{x})=\dfrac{\cos x_1/(m_c+m)}{l[4/3-m\cos^2 x_1/(m_c+m)]}$,其

中 x_1 和 x_2 分别为摆角和摆速，$g=9.8\,\text{m/s}^2$ 为重力加速度，$m_c=1\text{kg}$ 为小车质量，$m=0.1\text{kg}$为摆的质量，$l=0.5\text{m}$ 为摆长的一半，u 为控制输入。

取 $x_1=\theta$,期望轨迹为 $\theta_{\mathrm{d}}(t)=0.1\sin(t)$,系统的初始状态为$[\pi/60,0]$。网络输入取 x_1 和 x_2,高斯函数的参数取 $\boldsymbol{c}_i=[-1.0\quad -0.5\quad 0\quad 0.5\quad 1.0]$和 $b_i=5.0$。网络的初始权值取 0.10。控制律采用式(5.17),自适应律采用式(5.20)和式(5.21),参数选为 $\gamma_1=10,\gamma_2=1.0$ 和$c=5.0$。

仿真结果如图 5.5～图 5.7 所示。

仿真主程序为 chap5_2sim.mdl,详见附录。

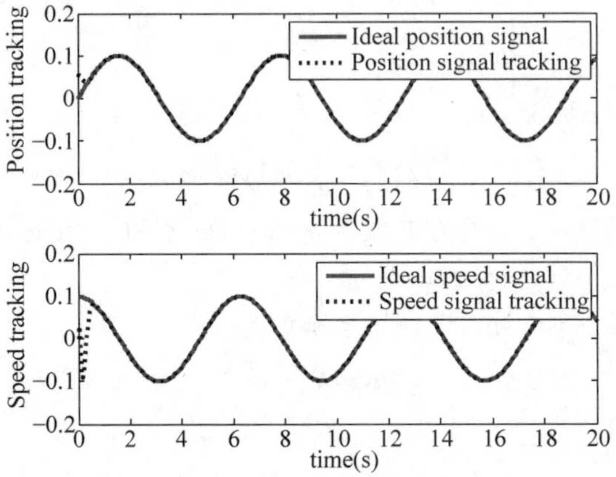

图 5.5　摆角和摆速跟踪

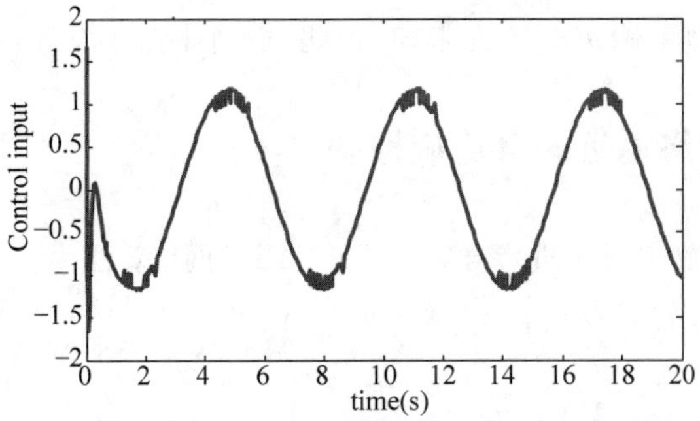

图 5.6　控制输入

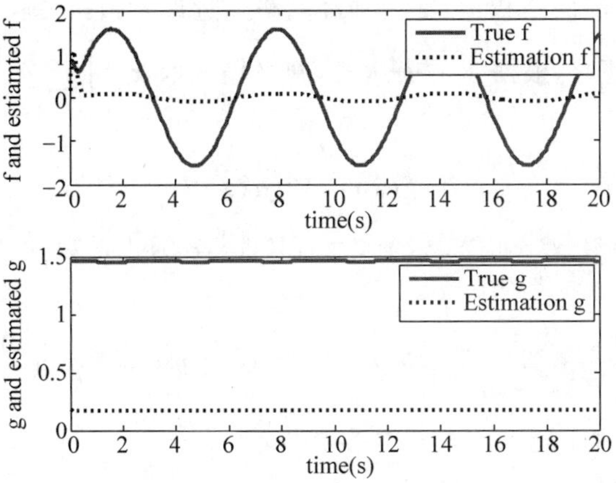

图 5.7　$f(\cdot)$和 $g(\cdot)$及逼近

5.4 基于神经网络最小参数学习法的自适应滑模控制

采用神经网络最小参数学习法[4,5]，取神经网络权值的上界估计值作为神经网络权值的估计值，通过设计参数估计自适应律代替神经网络权值的调整，自适应算法简单，便于实际工程应用。

5.4.1 问题描述

考虑如下2阶非线性系统：

$$\ddot{\theta} = f(\theta,\dot{\theta}) + g(\theta,\dot{\theta})u + d(t) \tag{5.22}$$

其中，f 为未知非线性函数；g 为已知非线性函数；$u \in R$ 和 $y = \theta \in R$ 分别为系统的输入和输出；$d(t)$ 为外加干扰，$|d(t)| \leqslant D$。

设位置指令为 θ_{d}，令 $e = \theta - \theta_{\mathrm{d}}$，设计切换函数为

$$s = \dot{e} + ce \tag{5.23}$$

其中，$c > 0$。

则

$$\dot{s} = \ddot{e} + c\dot{e} = \ddot{\theta} + c\dot{e} - \ddot{\theta}_{\mathrm{d}} = f + gu + d - \ddot{\theta}_{\mathrm{d}} + c\dot{e} \tag{5.24}$$

在实际工程中，模型不确定项 f 为未知，为此，控制律无法设计，需要对 f 进行逼近。

5.4.2 基于 RBF 网络逼近的自适应控制

采用 RBF 网络对不确定项 f 进行自适应逼近。RBF 网络算法为

$$h_j = \exp\left(-\frac{\|\boldsymbol{x} - \boldsymbol{c}_j\|^2}{2b_j^2}\right), \quad j = 1,\cdots,m$$

$$f = \boldsymbol{W}^{\mathrm{T}}\boldsymbol{h}(\boldsymbol{x}) + \varepsilon$$

其中，$\boldsymbol{x}$ 为网络的输入信号；j 为网络隐含层节点的个数；$\boldsymbol{h} = [h_1, h_2, \cdots, h_m]^{\mathrm{T}}$ 为高斯基函数的输出；$\boldsymbol{W}$ 为理想神经网络权值；ε 为神经网络逼近误差，$|\varepsilon| \leqslant \varepsilon_{\mathrm{N}}$。

采用 RBF 网络逼近 f，根据 f 的表达式，网络输入取 $\boldsymbol{x} = [\theta \quad \dot{\theta}]^{\mathrm{T}}$，RBF 神经网络的输出为

$$\hat{f}(\boldsymbol{x}) = \hat{\boldsymbol{W}}^{\mathrm{T}}\boldsymbol{h}(\boldsymbol{x}) \tag{5.25}$$

采用神经网络最小参数学习法[5]，令 $\phi = \|\boldsymbol{W}\|^2$，$\phi$ 为正常数，$\hat{\phi}$ 为 ϕ 的估计，$\tilde{\phi} = \hat{\phi} - \phi$。

设计控制律为

$$u = \frac{1}{g}\left[-\frac{1}{2}s\hat{\phi}\,\boldsymbol{h}^{\mathrm{T}}\boldsymbol{h} + \ddot{\theta}_{\mathrm{d}} - c\dot{e} - \eta\operatorname{sgn}(s) - \mu s\right] \tag{5.26}$$

其中，$\hat{f}$ 为 RBF 网络的估计值；$\eta \geqslant \varepsilon_{\mathrm{N}} + D$；$\mu > 0$。

将控制律式(5.26)代入式(5.24)，得

$$\dot{s}=\boldsymbol{W}^{\mathrm{T}}\boldsymbol{h}+\varepsilon-\frac{1}{2}s\hat{\phi}\,\boldsymbol{h}^{\mathrm{T}}\boldsymbol{h}-\eta\operatorname{sgn}(s)+d-\mu s \tag{5.27}$$

定义 Lyapunov 函数：

$$L=\frac{1}{2}s^2+\frac{1}{2\gamma}\tilde{\phi}^2$$

其中，$\gamma>0$。

对 L 求导，并将式(5.26)和式(5.27)代入，得

$$\begin{aligned}\dot{L}&=s\dot{s}+\frac{1}{\gamma}\tilde{\phi}\dot{\hat{\phi}}=s\left[\boldsymbol{W}^{\mathrm{T}}\boldsymbol{h}+\varepsilon-\frac{1}{2}s\hat{\phi}\,\boldsymbol{h}^{\mathrm{T}}\boldsymbol{h}-\eta\operatorname{sgn}(s)+d-\mu s\right]+\frac{1}{\gamma}\tilde{\phi}\dot{\hat{\phi}}\\&\leqslant\frac{1}{2}s^2\phi\,\boldsymbol{h}^{\mathrm{T}}\boldsymbol{h}+\frac{1}{2}-\frac{1}{2}s^2\hat{\phi}\,\boldsymbol{h}^{\mathrm{T}}\boldsymbol{h}+(\varepsilon+d)s-\eta|s|+\frac{1}{\gamma}\tilde{\phi}\dot{\hat{\phi}}-\mu s^2\\&=-\frac{1}{2}s^2\tilde{\phi}\,\boldsymbol{h}^{\mathrm{T}}\boldsymbol{h}+\frac{1}{2}+(\varepsilon+d)s-\eta|s|+\frac{1}{\gamma}\tilde{\phi}\dot{\hat{\phi}}-\mu s^2\\&=\tilde{\phi}\left(-\frac{1}{2}s^2\,\boldsymbol{h}^{\mathrm{T}}\boldsymbol{h}+\frac{1}{\gamma}\dot{\hat{\phi}}\right)+\frac{1}{2}+(\varepsilon+d)s-\eta|s|-\mu s^2\\&\leqslant\tilde{\phi}\left(-\frac{1}{2}s^2\,\boldsymbol{h}^{\mathrm{T}}\boldsymbol{h}+\frac{1}{\gamma}\dot{\hat{\phi}}\right)+\frac{1}{2}-\mu s^2\end{aligned}$$

设计自适应律为

$$\dot{\hat{\phi}}=\frac{\gamma}{2}s^2\,\boldsymbol{h}^{\mathrm{T}}\boldsymbol{h}-\kappa\gamma\hat{\phi} \tag{5.28}$$

其中，$k>0$。

则

$$\dot{L}\leqslant-\kappa\tilde{\phi}\hat{\phi}+\frac{1}{2}-\mu s^2\leqslant-\frac{\kappa}{2}(\tilde{\phi}^2-\phi^2)+\frac{1}{2}-\mu s^2=-\frac{\kappa}{2}\tilde{\phi}^2-\mu s^2+\left(\frac{\kappa}{2}\phi^2+\frac{1}{2}\right)$$

取 $\kappa=\dfrac{2\mu}{\gamma}$，则

$$\dot{L}\leqslant-\frac{\mu}{\gamma}\tilde{\phi}^2-\mu s^2+\left(\frac{\kappa}{2}\phi^2+\frac{1}{2}\right)=-2\mu\left(\frac{1}{2\gamma}\tilde{\phi}^2+\frac{1}{2}s^2\right)+\left(\frac{\kappa}{2}\phi^2+\frac{1}{2}\right)=-2\mu L+Q$$

其中，$Q=\dfrac{\kappa}{2}\phi^2+\dfrac{1}{2}$。

解不等式 $\dot{L}\leqslant-2\mu L+Q$，得

$$L\leqslant\frac{Q}{2\mu}+\left(L(0)-\frac{Q}{2\mu}\right)\mathrm{e}^{-2\mu t}$$

即

$$\lim_{t\to\infty}L=\frac{Q}{2\mu}=\frac{\frac{\kappa}{2}\phi^2+\frac{1}{2}}{2\mu}=\frac{\kappa\phi^2+1}{4\mu}=\frac{\frac{2\mu}{\gamma}\phi^2+1}{4\mu}=\frac{\phi^2}{2\gamma}+\frac{1}{4\mu}$$

注：推导中采用了以下两个结论。

(1) $s^2\phi\,\boldsymbol{h}^{\mathrm{T}}\boldsymbol{h}+1=s^2\,\|\boldsymbol{W}\|^2\boldsymbol{h}^{\mathrm{T}}\boldsymbol{h}+1=s^2\,\|\boldsymbol{W}\|^2\,\|\boldsymbol{h}\|^2+1=s^2\,\|\boldsymbol{W}^{\mathrm{T}}\boldsymbol{h}\|^2+1\geqslant2s\boldsymbol{W}^{\mathrm{T}}\boldsymbol{h}$，即

$$s\boldsymbol{W}^{\mathrm{T}}\boldsymbol{h}\leqslant\frac{1}{2}s^2\phi\,\boldsymbol{h}^{\mathrm{T}}\boldsymbol{h}+\frac{1}{2}$$

(2) 由于 $(\tilde{\phi}+\phi)^2\geqslant0$，则 $\tilde{\phi}^2+2\tilde{\phi}\phi+\phi^2\geqslant0$，$\tilde{\phi}^2+2\tilde{\phi}(\hat{\phi}-\tilde{\phi})+\phi^2\geqslant0$，即 $2\tilde{\phi}\hat{\phi}\geqslant\tilde{\phi}^2-\phi^2$。

采用神经网络最小参数学习法的不足之处为：由于采用了神经网络权值的上界作为神经网络权值的估计值，而且又利用了不等式进行了放大，所设计的控制算法过于保守。

5.4.3 仿真实例

被控对象取单级倒立摆，其动态方程如下：

$$\dot{x}_1 = x_2$$

$$\dot{x}_2 = \frac{g\sin x_1 - mlx_2^2\cos x_1\sin x_1/(m_c+m)}{l[4/3 - m\cos^2 x_1/(m_c+m)]} + \frac{\cos x_1/(m_c+m)}{l[4/3 - m\cos^2 x_1/(m_c+m)]}u$$

其中，$f(\cdot) = \frac{g\sin x_1 - mlx_2^2\cos x_1\sin x_1/(m_c+m)}{l[4/3-m\cos^2 x_1/(m_c+m)]}$；$g(\cdot) = \frac{\cos x_1/(m_c+m)}{l[4/3-m\cos^2 x_1/(m_c+m)]}$；$x_1$ 和 x_2 分别为摆角和摆速；$g=9.8\text{m/s}^2$；$m_c=1\text{kg}$ 为小车质量；$m_c=1\text{kg}$；m 为摆杆质量；$m=0.1\text{kg}$；l 为摆长的一半；$l=0.5\text{m}$；u 为控制输入。

取 $x_1=\theta$，j 摆的角度指令为 $\theta_d=0.1\sin(t)$。倒立摆初始状态为 $[\pi/60,0]$，控制律取式(5.26)，自适应律取式(5.28)，自适应参数取 $\gamma=150$。在滑模函数中，取 $c=15$，取 $\eta=0.1$。仿真结果如图 5.8 和图 5.9 所示。仿真主程序为 chap5_3sim. mdl。

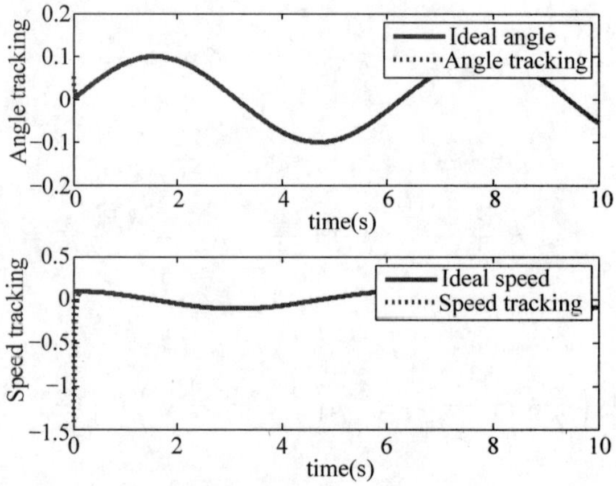

图 5.8 角度和角速度跟踪

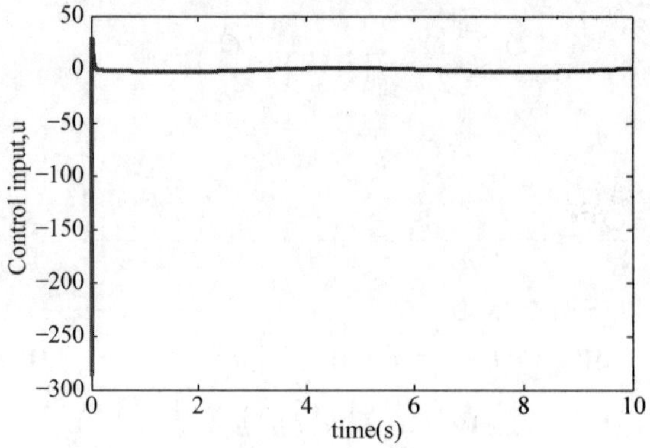

图 5.9 控制输入信号

附录 仿真程序

5.2 节的程序

1. 仿真主程序：chap5_1sim.mdl

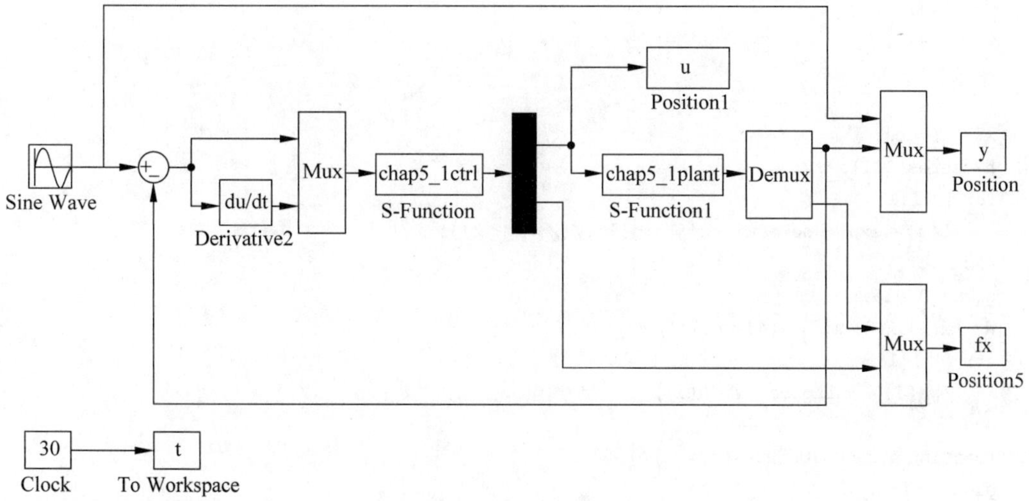

2. 控制律设计程序：chap5_1ctrl.m

```
function [sys,x0,str,ts] = spacemodel(t,x,u,flag)
switch flag,
case 0,
    [sys,x0,str,ts] = mdlInitializeSizes;
case 1,
    sys = mdlDerivatives(t,x,u);
case 3,
    sys = mdlOutputs(t,x,u);
case {2,4,9}
    sys = [];
otherwise
    error(['Unhandled flag = ',num2str(flag)]);
end
function [sys,x0,str,ts] = mdlInitializeSizes
global cij bj c
sizes = simsizes;
sizes.NumContStates   = 5;
sizes.NumDiscStates   = 0;
sizes.NumOutputs      = 2;
sizes.NumInputs       = 2;
sizes.DirFeedthrough  = 1;
sizes.NumSampleTimes  = 0;
sys = simsizes(sizes);
x0 = 0 * ones(1,5);
str = [];
```

```
ts = [];
cij = 0.10 * [ - 1  - 0.5 0 0.5 1;
              - 1  - 0.5 0 0.5 1];
bj = 5.0;
c = 15;
function sys = mdlDerivatives(t,x,u)
global cij bj c
e = u(1);
de = u(2);
s = c * e + de;

xi = [e;de];
h = zeros(5,1);
for j = 1:1:5
    h(j) = exp( - norm(xi - cij(:,j))^2/(2 * bj^2));
end
gama = 0.015;
W = [x(1) x(2) x(3) x(4) x(5)]';
for i = 1:1:5
    sys(i) = - 1/gama * s * h(i);
end
function sys = mdlOutputs(t,x,u)
global cij bj c
e = u(1);
de = u(2);
thd = 0.1 * sin(t);
dthd = 0.1 * cos(t);
ddthd = - 0.1 * sin(t);
x1 = thd - e;

s = c * e + de;
W = [x(1) x(2) x(3) x(4) x(5)]';
xi = [e;de];
h = zeros(5,1);
for j = 1:1:5
    h(j) = exp( - norm(xi - cij(:,j))^2/(2 * bj^2));
end
fn = W' * h;

g = 9.8;mc = 1.0;m = 0.1;l = 0.5;
S = l * (4/3 - m * (cos(x1))^2/(mc + m));
gx = cos(x1)/(mc + m);
gx = gx/S;

if t <= 1.5
    xite = 1.0;
else
    xite = 0.10;
end
ut = 1/gx * ( - fn + ddthd + c * de + xite * sign(s));
sys(1) = ut;
sys(2) = fn;
```

3. 控制对象程序：chap5_1plant. m

```
function [sys,x0,str,ts] = s_function(t,x,u,flag)
switch flag,
case 0,
    [sys,x0,str,ts] = mdlInitializeSizes;
case 1,
    sys = mdlDerivatives(t,x,u);
case 3,
    sys = mdlOutputs(t,x,u);
case {2, 4, 9}
    sys = [];
otherwise
    error(['Unhandled flag = ',num2str(flag)]);
end
function [sys,x0,str,ts] = mdlInitializeSizes
sizes = simsizes;
sizes.NumContStates   = 2;
sizes.NumDiscStates   = 0;
sizes.NumOutputs      = 2;
sizes.NumInputs       = 1;
sizes.DirFeedthrough  = 0;
sizes.NumSampleTimes  = 0;
sys = simsizes(sizes);
x0 = [pi/60 0];
str = [];
ts = [];
function sys = mdlDerivatives(t,x,u)
g = 9.8;mc = 1.0;m = 0.1;l = 0.5;
S = l * (4/3 - m * (cos(x(1)))^2/(mc + m));
fx = g * sin(x(1)) - m * l * x(2)^2 * cos(x(1)) * sin(x(1))/(mc + m);
fx = fx/S;
gx = cos(x(1))/(mc + m);
gx = gx/S;
%%%%%%%%%
dt = 0 * 10 * sin(t);
%%%%%%%%%

sys(1) = x(2);
sys(2) = fx + gx * u + dt;
function sys = mdlOutputs(t,x,u)
g = 9.8;
mc = 1.0;
m = 0.1;
l = 0.5;

S = l * (4/3 - m * (cos(x(1)))^2/(mc + m));
fx = g * sin(x(1)) - m * l * x(2)^2 * cos(x(1)) * sin(x(1))/(mc + m);
fx = fx/S;
```

```
sys(1) = x(1);
sys(2) = fx;
```

4. 画图程序：chap5_1plot. m

```
close all;

figure(1);
plot(t,y(:,1),'k',t,y(:,2),'r:','linewidth',2);
xlabel('time(s)');ylabel('Position tracking');
legend('ideal signal','practical signal');

figure(2);
plot(t,u(:,1),'k','linewidth',2);
xlabel('time(s)');ylabel('Control input');

figure(3);
plot(t,fx(:,1),'k',t,fx(:,2),'r:','linewidth',2);
xlabel('time(s)');ylabel('fx and estiamted fx');
legend('fx','estiamted fx');
```

5.3 节的程序

1. 仿真主程序：chap5_2sim. mdl

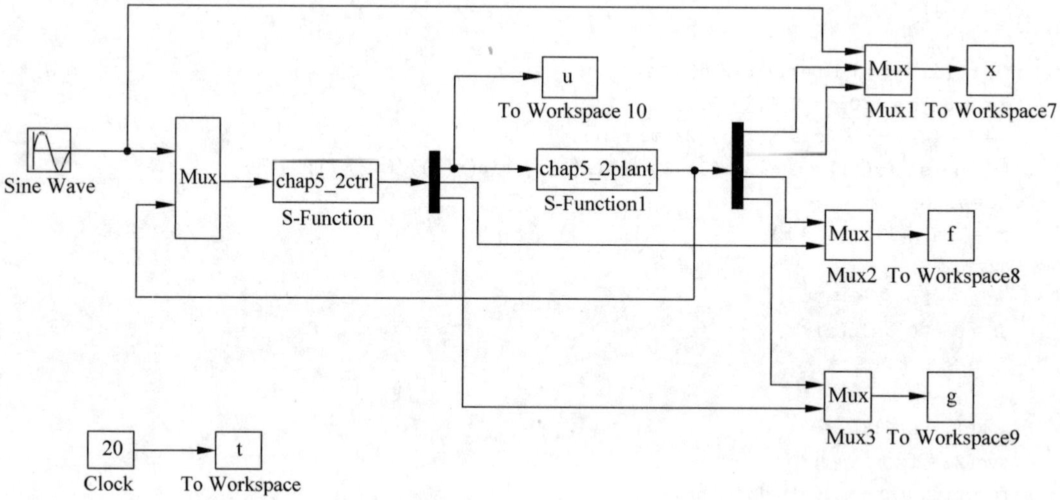

2. 控制律设计程序：chap5_2ctrl. m

```
function [sys,x0,str,ts] = spacemodel(t,x,u,flag)
switch flag,
case 0,
    [sys,x0,str,ts] = mdlInitializeSizes;
case 1,
    sys = mdlDerivatives(t,x,u);
```

```
case 3,
    sys = mdlOutputs(t,x,u);
case {2,4,9}
    sys = [];
otherwise
    error(['Unhandled flag = ',num2str(flag)]);
end
function [sys,x0,str,ts] = mdlInitializeSizes
global xite cij bj h c
sizes = simsizes;
sizes.NumContStates   = 10;
sizes.NumDiscStates   = 0;
sizes.NumOutputs      = 3;
sizes.NumInputs       = 5;
sizes.DirFeedthrough  = 1;
sizes.NumSampleTimes  = 0;
sys = simsizes(sizes);
x0 = 0.1 * ones(10,1);
str = [];
ts = [];
cij = [ -1 -0.5 0 0.5 1;
        -1 -0.5 0 0.5 1];
bj = 5;
h = [0,0,0,0,0];
c = 5;
xite = 0.01;
function sys = mdlDerivatives(t,x,u)
global xite cij bj h c
thd = u(1);
dthd = 0.1 * cos(t);
ddthd = - 0.1 * sin(t);

x1 = u(2);
x2 = u(3);
e = thd - x1;
de = dthd - x2;

s = c * e + de;

xi = [x1;x2];
for j = 1:1:5
    h(j) = exp( - norm(xi - cij(:,j))^2/(2 * bj ^2));
end

for i = 1:1:5
    wf(i,1) = x(i);
end
for i = 1:1:5
    wg(i,1) = x(i + 5);
end
fxn = wf' * h';
```

```
gxn = wg' * h' + 0.01;

ut = 1/gxn * ( - fxn + ddthd + xite * sign(s) + c * de);

gama1 = 10;gama2 = 1.0;
S1 = - gama1 * s * h;
S2 = - gama2 * s * h * ut;
for i = 1:1:5
    sys(i) = S1(i);
end
for j = 6:1:10
    sys(j) = S2(j - 5);
end

function sys = mdlOutputs(t,x,u)
global xite cij bj h c
thd = u(1);
dthd = 0.1 * cos(t);
ddthd = - 0.1 * sin(t);

x1 = u(2);
x2 = u(3);
e = thd - x1;
de = dthd - x2;

s = c * e + de;

for i = 1:1:5
    wf(i,1) = x(i);
end
for i = 1:1:5
    wg(i,1) = x(i + 5);
end

xi = [x1;x2];
for j = 1:1:5
    h(j) = exp( - norm(xi - cij(:,j))^2/(2 * bj ^2));
end

fxn = wf' * h';
gxn = wg' * h' + 0.01;

ut = 1/gxn * ( - fxn + ddthd + xite * sign(s) + c * de);

sys(1) = ut;
sys(2) = fxn;
sys(3) = gxn;
```

3. 控制对象程序：chap5_2plant.m

```
function [sys,x0,str,ts] = s_function(t,x,u,flag)
```

```
switch flag,
case 0,
    [sys,x0,str,ts] = mdlInitializeSizes;
case 1,
    sys = mdlDerivatives(t,x,u);
case 3,
    sys = mdlOutputs(t,x,u);
case {2, 4, 9}
    sys = [];
otherwise
    error(['Unhandled flag = ',num2str(flag)]);
end
function [sys,x0,str,ts] = mdlInitializeSizes
sizes = simsizes;
sizes.NumContStates   = 2;
sizes.NumDiscStates   = 0;
sizes.NumOutputs      = 4;
sizes.NumInputs       = 1;
sizes.DirFeedthrough  = 0;
sizes.NumSampleTimes  = 0;
sys = simsizes(sizes);
x0 = [pi/60 0];
str = [];
ts = [];
function sys = mdlDerivatives(t,x,u)
g = 9.8;mc = 1.0;m = 0.1;l = 0.5;

S = l * (4/3 - m * (cos(x(1)))^2/(mc + m));
fx = g * sin(x(1)) - m * l * x(2)^2 * cos(x(1)) * sin(x(1))/(mc + m);
fx = fx/S;
gx = cos(x(1))/(mc + m);
gx = gx/S;

sys(1) = x(2);
sys(2) = fx + gx * u;
function sys = mdlOutputs(t,x,u)
g = 9.8;mc = 1.0;m = 0.1;l = 0.5;

S = l * (4/3 - m * (cos(x(1)))^2/(mc + m));
fx = g * sin(x(1)) - m * l * x(2)^2 * cos(x(1)) * sin(x(1))/(mc + m);
fx = fx/S;
gx = cos(x(1))/(mc + m);
gx = gx/S;

sys(1) = x(1);
sys(2) = x(2);
sys(3) = fx;
sys(4) = gx;
```

4. 画图程序：chap5_2plot.m

```
close all;

figure(1);
subplot(211);
plot(t,x(:,1),'r',t,x(:,2),'k:','linewidth',2);
xlabel('time(s)');ylabel('Position tracking');
legend('Ideal position signal','Position signal tracking');
subplot(212);
plot(t,0.1*cos(t),'r',t,x(:,3),'k:','linewidth',2);
xlabel('time(s)');ylabel('Speed tracking');
legend('Ideal speed signal','Speed signal tracking');

figure(2);
plot(t,u(:,1),'r','linewidth',2);
xlabel('time(s)');ylabel('Control input');

figure(3);
subplot(211);
plot(t,f(:,1),'r',t,f(:,2),'k:','linewidth',2);
xlabel('time(s)');ylabel('f and estiamted f');
legend('True f','Estimation f');
subplot(212);
plot(t,g(:,1),'r',t,g(:,2),'k:','linewidth',2);
xlabel('time(s)');ylabel('g and estimated g');
legend('True g','Estimation g');
```

5.4 节的程序

1. Simulink 主程序：chap5_3sim.mdl

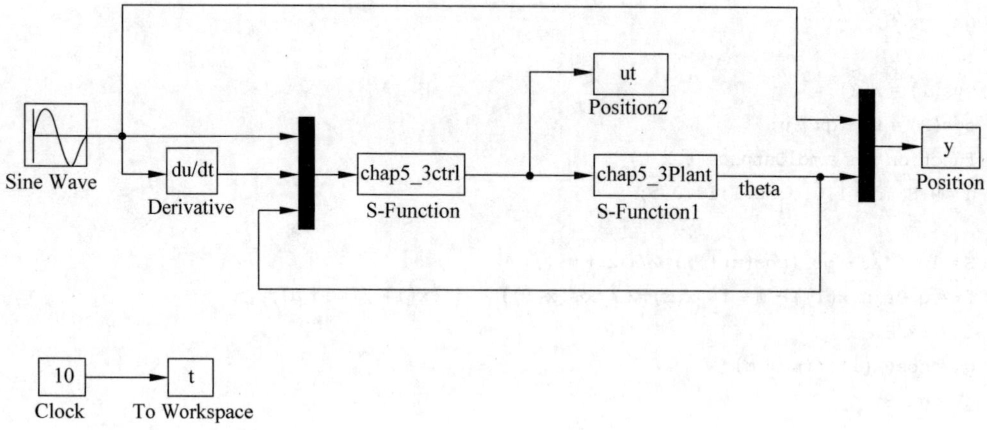

2. 控制器 S 函数：chap5_3ctrl.m

```
function [sys,x0,str,ts] = spacemodel(t,x,u,flag)
switch flag,
```

```
case 0,
    [sys,x0,str,ts] = mdlInitializeSizes;
case 1,
    sys = mdlDerivatives(t,x,u);
case 3,
    sys = mdlOutputs(t,x,u);
case {2,4,9}
    sys = [];
otherwise
    error(['Unhandled flag = ',num2str(flag)]);
end
function [sys,x0,str,ts] = mdlInitializeSizes
global cc bb c miu
sizes = simsizes;
sizes.NumContStates   = 1;
sizes.NumDiscStates   = 0;
sizes.NumOutputs      = 1;
sizes.NumInputs       = 4;
sizes.DirFeedthrough  = 1;
sizes.NumSampleTimes  = 0;
sys = simsizes(sizes);
x0 = 0;
str = [];
ts = [];
cc = [-2 -1 0 1 2;
      -2 -1 0 1 2];
bb = 1;
c = 200;
miu = 30;
function sys = mdlDerivatives(t,x,u)
global cc bb c miu
x1d = u(1);
dx1d = u(2);
x1 = u(3);
x2 = u(4);

e = x1 - x1d;
de = x2 - dx1d;
s = c * e + de;

xi = [x1;x2];
h = zeros(5,1);
for j = 1:1:5
    h(j) = exp(-norm(xi - cc(:,j))^2/(2 * bb * bb));
end
gama = 150;
k = 2 * miu/gama;
sys(1) = gama/2 * s^2 * h' * h - k * gama * x;

function sys = mdlOutputs(t,x,u)
global cc bb c miu
```

```
x1d = u(1);
dx1d = u(2);
x1 = u(3);
x2 = u(4);

e = x1 - x1d;
de = x2 - dx1d;
thd = 0.1 * sin(t);
dthd = 0.1 * cos(t);
ddthd = - 0.1 * sin(t);
s = c * e + de;

fi = x;
xi = [x1;x2];
h = zeros(5,1);
for j = 1:1:5
    h(j) = exp( - norm(xi - cc(:,j))^2/(2 * bb * bb));
end

g = 9.8;mc = 1.0;m = 0.1;l = 0.5;
S = l * (4/3 - m * (cos(x1))^2/(mc + m));
gx = cos(x1)/(mc + m);
gx = gx/S;

xite = 0.5;
miu = 40;

ut = 1/gx * ( - 0.5 * s * fi * h' * h + ddthd - c * de - xite * sign(s) - miu * s);
sys(1) = ut;
```

3. 被控对象 S 函数：chap5_3plant. m

```
function [sys,x0,str,ts] = s_function(t,x,u,flag)
switch flag,
case 0,
    [sys,x0,str,ts] = mdlInitializeSizes;
case 1,
    sys = mdlDerivatives(t,x,u);
case 3,
    sys = mdlOutputs(t,x,u);
case {2, 4, 9}
    sys = [];
otherwise
    error(['Unhandled flag = ',num2str(flag)]);
end
function [sys,x0,str,ts] = mdlInitializeSizes
sizes = simsizes;
sizes.NumContStates    = 2;
sizes.NumDiscStates    = 0;
sizes.NumOutputs       = 2;
sizes.NumInputs        = 1;
```

```
sizes.DirFeedthrough   = 0;
sizes.NumSampleTimes   = 0;
sys = simsizes(sizes);
x0 = [pi/60 0];
str = [];
ts = [];
function sys = mdlDerivatives(t,x,u)
g = 9.8;mc = 1.0;m = 0.1;l = 0.5;
S = l * (4/3 - m * (cos(x(1)))^2/(mc + m));
fx = g * sin(x(1)) - m * l * x(2)^2 * cos(x(1)) * sin(x(1))/(mc + m);
fx = fx/S;
gx = cos(x(1))/(mc + m);
gx = gx/S;
%%%%%%%%%
dt = 0.1 * 10 * sin(t);
%%%%%%%%%

sys(1) = x(2);
sys(2) = fx + gx * u + dt;
function sys = mdlOutputs(t,x,u)
g = 9.8;
mc = 1.0;
m = 0.1;
l = 0.5;

S = l * (4/3 - m * (cos(x(1)))^2/(mc + m));
fx = g * sin(x(1)) - m * l * x(2)^2 * cos(x(1)) * sin(x(1))/(mc + m);
fx = fx/S;

sys(1) = x(1);
sys(2) = x(2);
```

4. 画图程序：chap5_3plot.m

```
close all;

figure(1);
subplot(211);
plot(t,y(:,1),'r',t,y(:,2),'b:','linewidth',2);
xlabel('time(s)');ylabel('angle tracking');
legend('ideal angle','angle tracking');
subplot(212);
plot(t,0.1 * cos(t),'r',t,y(:,3),'b:','linewidth',2);
xlabel('time(s)');ylabel('speed tracking');
legend('ideal speed','speed tracking');

figure(2);
plot(t,ut(:,1),'r','linewidth',2);
xlabel('time(s)');ylabel('Control input,u');
```

参考文献

[1] Huang S, Tan K K, Tong H L, et al. Adaptive Control of Mechanical Systems Using Neural Networks[J]. IEEE Transactions on Systems Man & Cybernetics Part C, 2014, 37(5):897-903.

[2] Tsai C H, Chung H Y, Yu FM. Neuro-sliding mode control with its applications to seesaw systems[J]. IEEE Trans Neural Network, 2004, 15(1):124-134.

[3] Edwards C, Spurgeon S. Sliding mode control: theory and applications[M]. London: Taylor & Francis, 1998.

[4] Yansheng Yang and Junsheng Ren. Adaptive fuzzy robust tracking controller design via small gain approach and its application[J]. IEEE TRANSACTIONS ON FUZZY SYSTEMS, 2003, 11(6): 783-795.

[5] Bing Chen, Xiaoping Liu, Kefu Liu, Chong Lin. Direct adaptive fuzzy control of nonlinear strict-feedback systems[J]. Automatica, 2009, 45: 1530-1535.

[6] 刘金琨.滑模变结构控制 MATLAB 仿真.2 版.北京:清华大学出版社,2012.

[7] Jinkun LIU, Yu Lu. Adaptive RBF neural network control of robot with actuator nonlinearities[J]. Journal of Control Theory and Applications, 2010, 8(2): 150-156.

[8] LaSalle J, Lefschetz S. Stability by Lyapunov's direct method[M]. New York: Academic Press, 1961.

[9] Hassan K H. Nonlinear Systems[M]. 3rd Ed. New Jersey: Prentice Hall, 2002.

第6章 基于模型整体逼近的自适应RBF控制

近年来,神经网络越来越广泛地应用于机械臂的控制中。早期,主要通过用神经网络逼近整个系统来提高轨迹跟踪的性能[1,2],不需要系统模型动态方程的先验知识就可获得基于模型的控制效果。

实际控制系统设计中,基于模型控制[3,4]也有一定的自由度,因此,需要知道机械臂模型系统的基本知识,不能完全不了解模型信息。文献[5]利用神经网络实现了直接自适应控制设计,其控制算法主要是基于BP前馈网络进行设计的。

本章通过三个典型的例子阐述RBF神经网络自适应控制器的设计、分析及仿真方法。

6.1 基于RBF神经网络补偿的机器人自适应控制

利用计算力矩控制方法,结合补偿控制器使系统获得高性能的跟踪效果,其中补偿控制器基于RBF神经网络实现。RBF神经网络可以在线辨识出机器人的模型误差。该控制策略的一个重要优点是可以保证闭环系统的稳定性,另一个优点是基于神经网络的校正控制器是一个附加系统,该方法可用于许多非线性控制系统中。

本节在文献[6]的基础上,探讨一种基于RBF网络补偿的自适应控制设计及仿真分析方法。

6.1.1 系统描述

被控对象为n关节机械臂,其动态方程为

$$\boldsymbol{M}(\boldsymbol{q})\ddot{\boldsymbol{q}}+\boldsymbol{C}(\boldsymbol{q},\dot{\boldsymbol{q}})\dot{\boldsymbol{q}}+\boldsymbol{G}(\boldsymbol{q})=\boldsymbol{\tau}+\boldsymbol{d} \tag{6.1}$$

其中,$\boldsymbol{M}(\boldsymbol{q})$为$n\times n$阶正定惯性矩阵;$\boldsymbol{C}(\boldsymbol{q},\dot{\boldsymbol{q}})$为$n\times n$阶离心力和哥氏力项;$\boldsymbol{G}(\boldsymbol{q})$为$n\times 1$阶惯性向量;$d$为未知外加干扰;$\boldsymbol{\tau}$为控制输入。

在实际中很难获得机械臂模型的完整信息,且常存在外界干扰。通常可以得到机械臂的名义模型,设机械臂的名义模型为$\boldsymbol{M}_0(\boldsymbol{q})$,$\boldsymbol{C}_0(\boldsymbol{q},\dot{\boldsymbol{q}})$和$\boldsymbol{G}_0(\boldsymbol{q})$,令$\Delta\boldsymbol{M}=\boldsymbol{M}_0-\boldsymbol{M}$,$\Delta\boldsymbol{C}=\boldsymbol{C}_0-\boldsymbol{C}$,$\Delta\boldsymbol{G}=\boldsymbol{G}_0-\boldsymbol{G}$,结合式(6.1),可得

$$[\boldsymbol{M}_0(\boldsymbol{q})-\Delta\boldsymbol{M}]\ddot{\boldsymbol{q}}+[\boldsymbol{C}_0(\boldsymbol{q},\dot{\boldsymbol{q}})-\Delta\boldsymbol{C}]\dot{\boldsymbol{q}}+\boldsymbol{G}_0(\boldsymbol{q})-\Delta\boldsymbol{G}(\boldsymbol{q})=\boldsymbol{\tau}+\boldsymbol{d}$$

因此

$$\boldsymbol{M}_0(\boldsymbol{q})\ddot{\boldsymbol{q}}+\boldsymbol{C}_0(\boldsymbol{q},\dot{\boldsymbol{q}})\dot{\boldsymbol{q}}+\boldsymbol{G}_0(\boldsymbol{q})=\boldsymbol{\tau}+\boldsymbol{f}(\boldsymbol{q},\dot{\boldsymbol{q}},\ddot{\boldsymbol{q}})$$

其中，$\boldsymbol{f}(\boldsymbol{q},\dot{\boldsymbol{q}},\ddot{\boldsymbol{q}})=\Delta\boldsymbol{M}\ddot{\boldsymbol{q}}+\Delta\boldsymbol{C}\dot{\boldsymbol{q}}+\Delta\boldsymbol{G}+\boldsymbol{d}$。

在计算力矩控制法中，采用名义模型，如果 $\boldsymbol{f}(\cdot)$是已知的，可设计控制律为

$$\boldsymbol{\tau}=\boldsymbol{M}_0(\boldsymbol{q})(\ddot{\boldsymbol{q}}_{\mathrm{d}}-\boldsymbol{k}_{\mathrm{v}}\dot{\boldsymbol{e}}-\boldsymbol{k}_{\mathrm{p}}\boldsymbol{e})+\boldsymbol{C}_0(\boldsymbol{q},\dot{\boldsymbol{q}})\dot{\boldsymbol{q}}+\boldsymbol{G}_0(\boldsymbol{q})-\boldsymbol{f}(\cdot) \tag{6.2}$$

其中，$\boldsymbol{k}_{\mathrm{p}}=\begin{bmatrix}\alpha^2 & 0\\ 0 & \alpha^2\end{bmatrix}$；$\boldsymbol{k}_{\mathrm{v}}=\begin{bmatrix}2\alpha & 0\\ 0 & 2\alpha\end{bmatrix}$，$\alpha>0$。

将式(6.2)代入式(6.1)，可得误差系统为

$$\ddot{\boldsymbol{e}}+\boldsymbol{k}_{\mathrm{v}}\dot{\boldsymbol{e}}+\boldsymbol{k}_{\mathrm{p}}\boldsymbol{e}=0 \tag{6.3}$$

其中，$\boldsymbol{q}_{\mathrm{d}}$ 为理想角度指令；$\boldsymbol{e}=\boldsymbol{q}-\boldsymbol{q}_{\mathrm{d}}$；$\dot{\boldsymbol{e}}=\dot{\boldsymbol{q}}-\dot{\boldsymbol{q}}_{\mathrm{d}}$。

控制目标是设计基于名义模型的稳定鲁棒控制器。在实际工程中，$\boldsymbol{f}(\cdot)$通常是未知的，需要估计 $\boldsymbol{f}(\cdot)$并对其补偿。下面介绍如何利用 RBF 神经网络逼近 $\boldsymbol{f}(\cdot)$并对其进行补偿。

6.1.2 RBF 网络逼近

RBF 网络逼近算法为

$$h_i=g(\|\boldsymbol{x}-\boldsymbol{c}_i\|^2/b_i^2),\quad i=1,2,\cdots,n \tag{6.4}$$

$$\boldsymbol{y}=\boldsymbol{w}^{\mathrm{T}}\boldsymbol{h}(\boldsymbol{x}) \tag{6.5}$$

其中，$\boldsymbol{x}$ 是输入向量；$\boldsymbol{y}$ 是神经网络输出；$\boldsymbol{h}=[h_1,h_2,\cdots,h_n]^{\mathrm{T}}$ 为高斯函数的输出；$\boldsymbol{w}$ 为神经网络的权值。

给定一个很小的正数 ε_0 和一个连续函数 $\boldsymbol{f}(\cdot)$，则存在一个理想的权值向量$\boldsymbol{w}^*$，使 RBF 逼近$\hat{\boldsymbol{f}}(\cdot)$且满足

$$\max\|\boldsymbol{f}(\cdot)-\hat{\boldsymbol{f}}^*(\cdot)\|\leqslant\varepsilon_0 \tag{6.6}$$

其中，$\boldsymbol{w}^*=\arg\min\limits_{\theta\in\beta(M_\theta)}\{\sup\limits_{x\in\varphi(M_x)}\|\boldsymbol{f}(\cdot)-\hat{\boldsymbol{f}}(\cdot)\|\}$；$\boldsymbol{w}^*$ 表示$\boldsymbol{f}(\cdot)$的最佳逼近权值。

定义逼近误差为

$$\boldsymbol{\eta}=\boldsymbol{f}(\cdot)-\hat{\boldsymbol{f}}^*(\cdot) \tag{6.7}$$

假定逼近误差是$\boldsymbol{\eta}$有界的，即

$$\boldsymbol{\eta}_0=\sup\|\boldsymbol{f}(\cdot)-\hat{\boldsymbol{f}}^*(\cdot)\| \tag{6.8}$$

其中，$\hat{\boldsymbol{f}}^*(\cdot)=\boldsymbol{w}^{*\mathrm{T}}\boldsymbol{h}(\boldsymbol{x})$。

6.1.3 RBF 网络控制和自适应律设计及分析

参考文献[6]，针对系统式(6.1)设计如下控制器

$$\boldsymbol{\tau}=\boldsymbol{M}_0(\boldsymbol{q})(\ddot{\boldsymbol{q}}_{\mathrm{d}}-\boldsymbol{k}_{\mathrm{v}}\dot{\boldsymbol{e}}-\boldsymbol{k}_{\mathrm{p}}\boldsymbol{e})+\boldsymbol{C}_0(\boldsymbol{q},\dot{\boldsymbol{q}})\dot{\boldsymbol{q}}+\boldsymbol{G}_0(\boldsymbol{q})-\hat{\boldsymbol{f}}(\cdot) \tag{6.9}$$

其中，$\hat{\boldsymbol{w}}$为$\boldsymbol{w}^*$的估计权值；$\|\boldsymbol{w}^*\|_{\mathrm{F}}\leqslant w_{\max}$；$\hat{\boldsymbol{f}}(\cdot)=\hat{\boldsymbol{w}}^{\mathrm{T}}\boldsymbol{h}(\boldsymbol{x})$。

将式(6.9)代入式(6.1)，整理可得

$$\boldsymbol{M}(\boldsymbol{q})\ddot{\boldsymbol{q}}+\boldsymbol{C}(\boldsymbol{q},\dot{\boldsymbol{q}})\dot{\boldsymbol{q}}+\boldsymbol{G}(\boldsymbol{q})=\boldsymbol{M}_0(\boldsymbol{q})(\ddot{\boldsymbol{q}}_{\mathrm{d}}-\boldsymbol{k}_{\mathrm{v}}\dot{\boldsymbol{e}}-\boldsymbol{k}_{\mathrm{p}}\boldsymbol{e})+\boldsymbol{C}_0(\boldsymbol{q},\dot{\boldsymbol{q}})\dot{\boldsymbol{q}}+\boldsymbol{G}_0(\boldsymbol{q})-\hat{\boldsymbol{f}}(\cdot)+\boldsymbol{d}$$

将上式的两边都减去$\boldsymbol{M}_0(\boldsymbol{q})\ddot{\boldsymbol{q}}+\boldsymbol{C}_0(\boldsymbol{q},\dot{\boldsymbol{q}})\dot{\boldsymbol{q}}+\boldsymbol{G}_0(\boldsymbol{q})$，可得

$$\begin{aligned}&\Delta \boldsymbol{M}(\boldsymbol{q})\ddot{\boldsymbol{q}}+\Delta \boldsymbol{C}(\boldsymbol{q},\dot{\boldsymbol{q}})\dot{\boldsymbol{q}}+\Delta \boldsymbol{G}(\boldsymbol{q})+\boldsymbol{d}\\&=\boldsymbol{M}_0(\boldsymbol{q})\ddot{\boldsymbol{q}}-\boldsymbol{M}_0(\boldsymbol{q})(\ddot{\boldsymbol{q}}_{\mathrm{d}}-\boldsymbol{k}_{\mathrm{v}}\dot{\boldsymbol{e}}-\boldsymbol{k}_{\mathrm{p}}\boldsymbol{e})+\hat{f}(\cdot)\\&=\boldsymbol{M}_0(\boldsymbol{q})(\ddot{\boldsymbol{e}}+\boldsymbol{k}_{\mathrm{v}}\dot{\boldsymbol{e}}+\boldsymbol{k}_{\mathrm{p}}\boldsymbol{e})+\hat{\boldsymbol{f}}(\cdot)\end{aligned}$$

则

$$\ddot{\boldsymbol{e}}+\boldsymbol{k}_{\mathrm{v}}\dot{\boldsymbol{e}}+\boldsymbol{k}_{\mathrm{p}}\boldsymbol{e}+\boldsymbol{M}_0^{-1}(\boldsymbol{q})\hat{\boldsymbol{f}}(\cdot)=\boldsymbol{M}_0^{-1}(\boldsymbol{q})[\Delta \boldsymbol{M}(\boldsymbol{q})\ddot{\boldsymbol{q}}+\Delta \boldsymbol{C}(\boldsymbol{q},\dot{\boldsymbol{q}})\dot{\boldsymbol{q}}+\Delta \boldsymbol{G}(\boldsymbol{q})+\boldsymbol{d}]$$

整理可得

$$\ddot{\boldsymbol{e}}+\boldsymbol{k}_{\mathrm{v}}\dot{\boldsymbol{e}}+\boldsymbol{k}_{\mathrm{p}}\boldsymbol{e}=\boldsymbol{M}_0^{-1}(\boldsymbol{q})(\boldsymbol{f}(\cdot)-\hat{\boldsymbol{f}}(\cdot))$$

令 $\boldsymbol{x}=(\boldsymbol{e}\quad \dot{\boldsymbol{e}})^{\mathrm{T}}$，上述方程化为

$$\dot{\boldsymbol{x}}=\boldsymbol{A}\boldsymbol{x}+\boldsymbol{B}\{\boldsymbol{f}(\cdot)-\hat{\boldsymbol{f}}(\cdot)\}$$

其中，$\boldsymbol{A}=\begin{pmatrix}0 & \boldsymbol{I}\\ -\boldsymbol{k}_{\mathrm{p}} & -\boldsymbol{k}_{\mathrm{v}}\end{pmatrix}$；$\boldsymbol{B}=\begin{bmatrix}0\\ \boldsymbol{M}_0^{-1}(\boldsymbol{q})\end{bmatrix}$。

由于

$$\boldsymbol{f}(\cdot)-\hat{\boldsymbol{f}}(\cdot)=\boldsymbol{f}(\cdot)-\hat{\boldsymbol{f}}^*(\cdot)+\hat{\boldsymbol{f}}^*(\cdot)-\hat{\boldsymbol{f}}(\cdot)=\boldsymbol{\eta}+\boldsymbol{w}^{*\mathrm{T}}\boldsymbol{h}-\hat{\boldsymbol{w}}^{\mathrm{T}}\boldsymbol{h}=\boldsymbol{\eta}-\tilde{\boldsymbol{w}}^{\mathrm{T}}\boldsymbol{h}$$

其中，$\tilde{\boldsymbol{w}}=\hat{\boldsymbol{w}}-\boldsymbol{w}^*$；$\boldsymbol{\eta}=\boldsymbol{f}(\cdot)-\hat{\boldsymbol{f}}^*(\cdot)$。

则

$$\dot{\boldsymbol{x}}=\boldsymbol{A}\boldsymbol{x}+\boldsymbol{B}(\boldsymbol{\eta}-\tilde{\boldsymbol{w}}^{\mathrm{T}}\boldsymbol{h})$$

冯刚教授针对所设计的上述闭环系统，做了如下稳定性分析[6]。设计 Lyapunov 函数为

$$V=\frac{1}{2}\boldsymbol{x}^{\mathrm{T}}\boldsymbol{P}\boldsymbol{x}+\frac{1}{2\gamma}\|\tilde{\boldsymbol{w}}\|^2$$

其中，$\gamma>0$。

矩阵 $\boldsymbol{P}$ 是对称正定的且满足如下 Lyapunov 方程：

$$\boldsymbol{P}\boldsymbol{A}+\boldsymbol{A}^{\mathrm{T}}\boldsymbol{P}=-\boldsymbol{Q}\tag{6.10}$$

其中，$\boldsymbol{Q}\geqslant 0$。

定义

$$\|\boldsymbol{R}\|^2=\sum_{i,j}|r_{ij}|^2=\mathrm{tr}(\boldsymbol{R}\boldsymbol{R}^{\mathrm{T}})=\mathrm{tr}(\boldsymbol{R}^{\mathrm{T}}\boldsymbol{R})$$

其中，tr(·) 为矩阵的迹，则

$$\|\tilde{\boldsymbol{w}}\|^2=\mathrm{tr}(\tilde{\boldsymbol{w}}^{\mathrm{T}}\tilde{\boldsymbol{w}})$$

对 $\boldsymbol{V}$ 求导，可得

$$\begin{aligned}\dot{V}&=\frac{1}{2}[\boldsymbol{x}^{\mathrm{T}}\boldsymbol{P}\dot{\boldsymbol{x}}+\dot{\boldsymbol{x}}^{\mathrm{T}}\boldsymbol{P}\boldsymbol{x}]+\frac{1}{\gamma}\mathrm{tr}(\dot{\tilde{\boldsymbol{w}}}^{\mathrm{T}}\tilde{\boldsymbol{w}})\\&=\frac{1}{2}\{\boldsymbol{x}^{\mathrm{T}}\boldsymbol{P}[\boldsymbol{A}\boldsymbol{x}+\boldsymbol{B}(\boldsymbol{\eta}-\tilde{\boldsymbol{w}}^{\mathrm{T}}\boldsymbol{h})]+[\boldsymbol{x}^{\mathrm{T}}\boldsymbol{A}^{\mathrm{T}}+(\boldsymbol{\eta}-\tilde{\boldsymbol{w}}^{\mathrm{T}}\boldsymbol{h})^{\mathrm{T}}\boldsymbol{B}^{\mathrm{T}}]\boldsymbol{P}\boldsymbol{x}\}+\frac{1}{\gamma}\mathrm{tr}(\dot{\tilde{\boldsymbol{w}}}^{\mathrm{T}}\tilde{\boldsymbol{w}})\\&=\frac{1}{2}[\boldsymbol{x}^{\mathrm{T}}(\boldsymbol{P}\boldsymbol{A}+\boldsymbol{A}^{\mathrm{T}}\boldsymbol{P})\boldsymbol{x}+(\boldsymbol{x}^{\mathrm{T}}\boldsymbol{P}\boldsymbol{B}\boldsymbol{\eta}-\boldsymbol{x}^{\mathrm{T}}\boldsymbol{P}\boldsymbol{B}\tilde{\boldsymbol{w}}^{\mathrm{T}}\boldsymbol{h}+\boldsymbol{\eta}^{\mathrm{T}}\boldsymbol{B}^{\mathrm{T}}\boldsymbol{P}\boldsymbol{x}-\boldsymbol{h}^{\mathrm{T}}\tilde{\boldsymbol{w}}\boldsymbol{B}^{\mathrm{T}}\boldsymbol{P}\boldsymbol{x})]+\frac{1}{\gamma}\mathrm{tr}(\dot{\tilde{\boldsymbol{w}}}^{\mathrm{T}}\tilde{\boldsymbol{w}})\\&=-\frac{1}{2}\boldsymbol{x}^{\mathrm{T}}\boldsymbol{Q}\boldsymbol{x}+\boldsymbol{\eta}^{\mathrm{T}}\boldsymbol{B}^{\mathrm{T}}\boldsymbol{P}\boldsymbol{x}-\boldsymbol{h}^{\mathrm{T}}\tilde{\boldsymbol{w}}\boldsymbol{B}^{\mathrm{T}}\boldsymbol{P}\boldsymbol{x}+\frac{1}{\gamma}\mathrm{tr}(\dot{\tilde{\boldsymbol{w}}}^{\mathrm{T}}\tilde{\boldsymbol{w}})\end{aligned}$$

其中，$\boldsymbol{x}^{\mathrm{T}}\boldsymbol{P}\boldsymbol{B}\tilde{\boldsymbol{w}}^{\mathrm{T}}\boldsymbol{h}=\boldsymbol{h}^{\mathrm{T}}\tilde{\boldsymbol{w}}\boldsymbol{B}^{\mathrm{T}}\boldsymbol{P}\boldsymbol{x}$；$\boldsymbol{x}^{\mathrm{T}}\boldsymbol{P}\boldsymbol{B}\boldsymbol{\eta}=\boldsymbol{\eta}^{\mathrm{T}}\boldsymbol{B}^{\mathrm{T}}\boldsymbol{P}\boldsymbol{x}$。

由于

$$\boldsymbol{h}^{\mathrm{T}}\tilde{\boldsymbol{w}}\boldsymbol{B}^{\mathrm{T}}\boldsymbol{P}\boldsymbol{x}=\operatorname{tr}[\boldsymbol{B}^{\mathrm{T}}\boldsymbol{P}\boldsymbol{x}\boldsymbol{h}^{\mathrm{T}}\tilde{\boldsymbol{w}}]$$

整理可得

$$\dot{V}=-\frac{1}{2}\boldsymbol{x}^{\mathrm{T}}\boldsymbol{Q}\boldsymbol{x}+\frac{1}{\gamma}\operatorname{tr}(-\gamma\boldsymbol{B}^{\mathrm{T}}\boldsymbol{P}\boldsymbol{x}\boldsymbol{h}^{\mathrm{T}}\tilde{\boldsymbol{w}}+\dot{\tilde{\boldsymbol{w}}}^{\mathrm{T}}\tilde{\boldsymbol{w}})+\boldsymbol{\eta}^{\mathrm{T}}\boldsymbol{B}^{\mathrm{T}}\boldsymbol{P}\boldsymbol{x} \tag{6.11}$$

参考文献[6]中的自适应律设计方法，设计如下自适应算法。

1. 自适应律设计方法(1)

设计自适应律为

$$\dot{\hat{\boldsymbol{w}}}^{\mathrm{T}}=\gamma\boldsymbol{B}^{\mathrm{T}}\boldsymbol{P}\boldsymbol{x}\boldsymbol{h}^{\mathrm{T}}$$

则

$$\dot{\hat{\boldsymbol{w}}}=\gamma\boldsymbol{h}\boldsymbol{x}^{\mathrm{T}}\boldsymbol{P}\boldsymbol{B} \tag{6.12}$$

由于$\dot{\tilde{\boldsymbol{w}}}=\dot{\hat{\boldsymbol{w}}}$，将式(6.12)代入式 (6.11)，整理可得

$$\dot{V}=-\frac{1}{2}\boldsymbol{x}^{\mathrm{T}}\boldsymbol{Q}\boldsymbol{x}+\boldsymbol{\eta}^{\mathrm{T}}\boldsymbol{B}^{\mathrm{T}}\boldsymbol{P}\boldsymbol{x}$$

根据前面的已知条件，可得

$$\|\boldsymbol{\eta}^{\mathrm{T}}\|\leqslant\|\boldsymbol{\eta}_0\|,\quad\|\boldsymbol{B}\|=\|\boldsymbol{M}_0^{-1}(\boldsymbol{q})\|$$

$$\begin{aligned}\dot{V}&\leqslant-\frac{1}{2}\lambda_{\min}(\boldsymbol{Q})\|\boldsymbol{x}\|^2+\|\boldsymbol{\eta}_0\|\|\boldsymbol{M}_0^{-1}(\boldsymbol{q})\|\lambda_{\max}(\boldsymbol{P})\|\boldsymbol{x}\|\\&=-\frac{1}{2}\|\boldsymbol{x}\|[\lambda_{\min}(\boldsymbol{Q})\|\boldsymbol{x}\|-2\|\boldsymbol{\eta}_0\|\|\boldsymbol{M}_0^{-1}(\boldsymbol{q})\|\lambda_{\max}(\boldsymbol{P})]\end{aligned}$$

其中，$\lambda_{\max}(\boldsymbol{P})$和$\lambda_{\min}(\boldsymbol{Q})$分别为矩阵$\boldsymbol{P}$的最大特征值和矩阵$\boldsymbol{Q}$的最小特征值。

为了保证$\dot{V}\leqslant 0$，要求$\lambda_{\min}(\boldsymbol{Q})\geqslant\dfrac{2\|\boldsymbol{M}_0^{-1}(\boldsymbol{q})\|\lambda_{\max}(\boldsymbol{P})}{\|\boldsymbol{x}\|}\|\boldsymbol{\eta}_0\|$，即

$$\|\boldsymbol{x}\|=\frac{2\|\boldsymbol{M}_0^{-1}(\boldsymbol{q})\|\lambda_{\max}(\boldsymbol{P})}{\lambda_{\min}(\boldsymbol{Q})}\|\boldsymbol{\eta}_0\| \tag{6.13}$$

由式(6.12)可得到如下结论：增大$\boldsymbol{Q}$的特征值，或减小$\boldsymbol{P}$的特征值，或者减小$\boldsymbol{\eta}_0$，都可以提高$\boldsymbol{x}$的收敛效果。

该自适应律的缺点在于，不能给出$\tilde{\boldsymbol{w}}=\hat{\boldsymbol{w}}-\boldsymbol{w}^*$的有界表达式。

2. 自适应律设计方法(2)

取自适应律为

$$\dot{\hat{\boldsymbol{w}}}^{\mathrm{T}}=\gamma\boldsymbol{B}^{\mathrm{T}}\boldsymbol{P}\boldsymbol{x}\boldsymbol{h}^{\mathrm{T}}+k_1\gamma\|\boldsymbol{x}\|\hat{\boldsymbol{w}}^{\mathrm{T}}$$

则

$$\dot{\hat{\boldsymbol{w}}}=\gamma\boldsymbol{h}\boldsymbol{x}^{\mathrm{T}}\boldsymbol{P}\boldsymbol{B}+k_1\gamma\|\boldsymbol{x}\|\hat{\boldsymbol{w}} \tag{6.14}$$

其中，$k_1>0$。

将式(6.14)代入式(6.11)中，可得

$$\begin{aligned}\dot{V}&=-\frac{1}{2}\boldsymbol{x}^{\mathrm{T}}\boldsymbol{Q}\boldsymbol{x}+\frac{1}{\gamma}\operatorname{tr}(k_1\gamma\|\boldsymbol{x}\|\hat{\boldsymbol{w}}^{\mathrm{T}}\tilde{\boldsymbol{w}})+\boldsymbol{\eta}^{\mathrm{T}}\boldsymbol{B}^{\mathrm{T}}\boldsymbol{P}\boldsymbol{x}\\&=-\frac{1}{2}\boldsymbol{x}^{\mathrm{T}}\boldsymbol{Q}\boldsymbol{x}+k_1\|\boldsymbol{x}\|\operatorname{tr}(\hat{\boldsymbol{w}}^{\mathrm{T}}\tilde{\boldsymbol{w}})+\boldsymbol{\eta}^{\mathrm{T}}\boldsymbol{B}^{\mathrm{T}}\boldsymbol{P}\boldsymbol{x}\end{aligned}$$

由范数 F 的性质，可得 $\operatorname{tr}[\tilde{\boldsymbol{x}}^{\mathrm{T}}(\boldsymbol{x}-\tilde{\boldsymbol{x}})]\leqslant\|\tilde{\boldsymbol{x}}\|_{\mathrm{F}}\|\boldsymbol{x}\|_{\mathrm{F}}-\|\tilde{\boldsymbol{x}}\|_{\mathrm{F}}^2$，则

$$\mathrm{tr}[\hat{\boldsymbol{w}}^{\mathrm{T}}\tilde{\boldsymbol{w}}]=\mathrm{tr}[\tilde{\boldsymbol{w}}^{\mathrm{T}}\hat{\boldsymbol{w}}]=\mathrm{tr}[\tilde{\boldsymbol{w}}^{\mathrm{T}}(\boldsymbol{w}^{*}+\tilde{\boldsymbol{w}})]$$
$$\leqslant \|\tilde{\boldsymbol{w}}\|_{\mathrm{F}}\|\boldsymbol{w}^{*}\|_{\mathrm{F}}-\|\tilde{\boldsymbol{w}}\|_{\mathrm{F}}^{2}$$

由于

$$-k_1\|\tilde{\boldsymbol{w}}\|_{\mathrm{F}}w_{\max}+k_1\|\tilde{\boldsymbol{w}}\|_{\mathrm{F}}^{2}=k_1\left(\|\tilde{\boldsymbol{w}}\|_{\mathrm{F}}-\frac{w_{\max}}{2}\right)^2-\frac{k_1}{4}w_{\max}^2$$

则

$$\dot{V}\leqslant-\frac{1}{2}\boldsymbol{x}^{\mathrm{T}}\boldsymbol{Q}\boldsymbol{x}+k_1\|\boldsymbol{x}\|(\|\tilde{\boldsymbol{w}}\|_{\mathrm{F}}\|\boldsymbol{w}^{*}\|_{\mathrm{F}}-\|\tilde{\boldsymbol{w}}\|_{\mathrm{F}}^{2})+\boldsymbol{\eta}^{\mathrm{T}}\boldsymbol{B}^{\mathrm{T}}\boldsymbol{P}\boldsymbol{x}$$
$$\leqslant-\frac{1}{2}\lambda_{\min}(\boldsymbol{Q})\|\boldsymbol{x}\|^2+k_1\|\boldsymbol{x}\|\|\tilde{\boldsymbol{w}}\|_{\mathrm{F}}\|\boldsymbol{w}^{*}\|_{\mathrm{F}}-k_1\|\boldsymbol{x}\|\|\tilde{\boldsymbol{w}}\|_{\mathrm{F}}^{2}+\|\boldsymbol{\eta}_0\|\lambda_{\max}(\boldsymbol{P})\|\boldsymbol{x}\|$$
$$\leqslant-\|\boldsymbol{x}\|\left(\frac{1}{2}\lambda_{\min}(\boldsymbol{Q})\|\boldsymbol{x}\|-k_1\|\tilde{\boldsymbol{w}}\|_{\mathrm{F}}w_{\max}+k_1\|\tilde{\boldsymbol{w}}\|_{\mathrm{F}}^{2}-\|\boldsymbol{\eta}_0\|\lambda_{\max}(\boldsymbol{P})\right)$$
$$=-\|\boldsymbol{x}\|\left[\frac{1}{2}\lambda_{\min}(\boldsymbol{Q})\|\boldsymbol{x}\|+k_1\left(\|\tilde{\boldsymbol{w}}\|_{\mathrm{F}}-\frac{w_{\max}}{2}\right)^2-\frac{k_1}{4}w_{\max}^2-\|\boldsymbol{\eta}_0\|\lambda_{\max}(\boldsymbol{P})\right]$$

为了保证$\dot{V}\leqslant 0$,应满足以下条件：

$$\frac{1}{2}\lambda_{\min}(\boldsymbol{Q})\|\boldsymbol{x}\|\geqslant\|\boldsymbol{\eta}_0\|\lambda_{\max}(\boldsymbol{P})+\frac{k_1}{4}w_{\max}^2$$

或

$$\boldsymbol{k}_1\left(\|\tilde{\boldsymbol{w}}\|_{\mathrm{F}}-\frac{w_{\max}}{2}\right)^2\geqslant\|\boldsymbol{\eta}_0\|\lambda_{\max}(\boldsymbol{P})+\frac{k_1}{4}w_{\max}^2$$

从而可得闭环系统的收敛结果

$$\|\boldsymbol{x}\|\geqslant\frac{2}{\lambda_{\min}(\boldsymbol{Q})}\left(\|\boldsymbol{\eta}_0\|\lambda_{\max}(\boldsymbol{P})+\frac{k_1}{4}w_{\max}^2\right)\tag{6.15}$$

或

$$\|\tilde{\boldsymbol{w}}\|_{\mathrm{F}}\geqslant\frac{w_{\max}}{2}+\sqrt{\frac{1}{k_1}\left(\|\boldsymbol{\eta}_0\|\lambda_{\max}(\boldsymbol{P})+\frac{k_1}{4}w_{\max}^2\right)}$$

分析式(6.15),可以得到如下结论：增大 $\boldsymbol{Q}$ 的特征值,或减小 $\boldsymbol{P}$ 的特征值,或减小$\boldsymbol{\eta}_0$,或减小 $w_{\max}$,可以减小 $\boldsymbol{x}$ 的收敛值。

该控制器的不足之处在于,需要知道机械臂动力学方程的名义模型。

6.1.4 仿真实例

6.1.4.1 实例(1)

考虑如下简单伺服系统：

$$M\ddot{q}=\tau+d(\dot{q})$$

其中,$M=10$; $d(\dot{q})$为摩擦力,$d(\dot{q})=-15\dot{q}-30\mathrm{sgn}(\dot{q})$。

理想跟踪指令为 $q_{\mathrm{d}}=\sin t$,系统的初始状态为$[0.6\quad 0]^{\mathrm{T}}$。在仿真中,采用控制律式(6.9)和自适应律式(6.12),控制参数设置为 $\boldsymbol{Q}=\begin{bmatrix}50 & 0\\ 0 & 50\end{bmatrix}$,$\alpha=3$,$\gamma=200$,$k_1=0.001$。

对于 RBF 神经网络,高斯函数参数取$\boldsymbol{c}_i=[-2\quad -1\quad 0\quad 1\quad 2]$和 $b_i=5$,初始权值设为 0。在仿真中,选择第一自适应律时设置 $S1=1$,选择第二自适应律时设置 $S1=2$,控制器仅基于名义模型设置 $S=1$,控制器基于精确补偿时设置 $S=2$,控制器基于 RBF 补偿时设置 $S=3$。

设置 $S1=1$ 和 $S=3$，测试隐含层节点数量对逼近精度的影响，分别采用 5 个隐含层节点和 19 个隐含层节点进行测试。仿真结果如图 6.1～图 6.4 所示。由仿真结果可知，隐含层的节点越多，逼近误差越小。

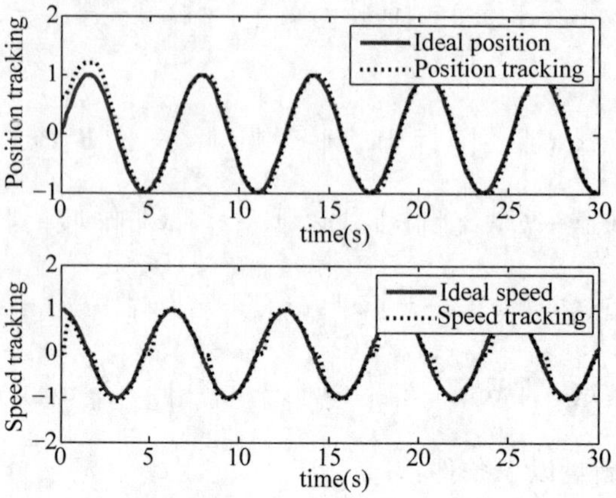

图 6.1　基于 RBF 补偿的位置和速度跟踪(隐层节点为 5，$S=3$)

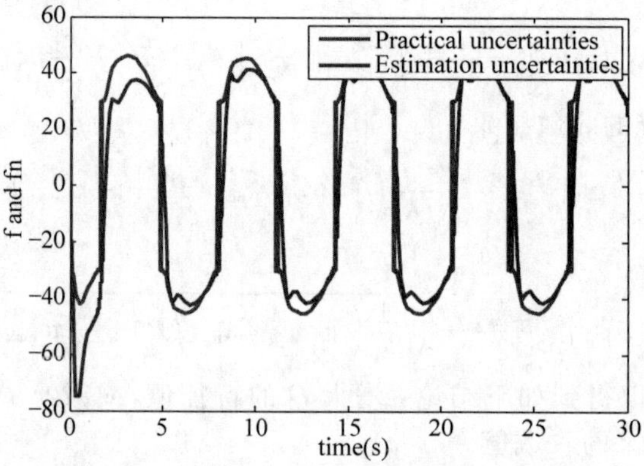

图 6.2　RBF 神经网络对 $f(x)$ 的逼近(隐含层节点为 5，$S=3$)

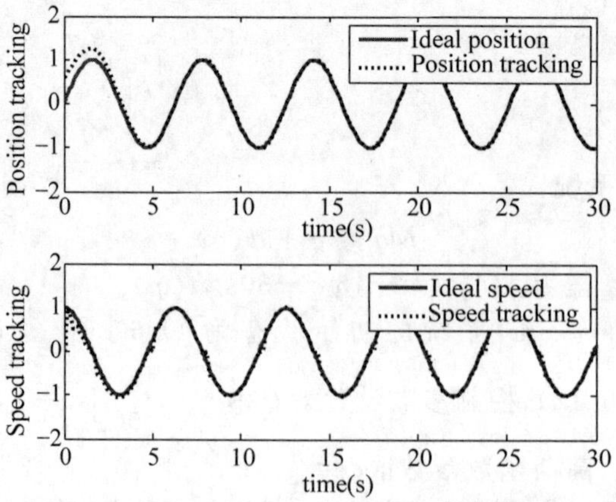

图 6.3　基于 RBF 补偿的位置和速度跟踪(隐含层节点为 19，$S=3$)

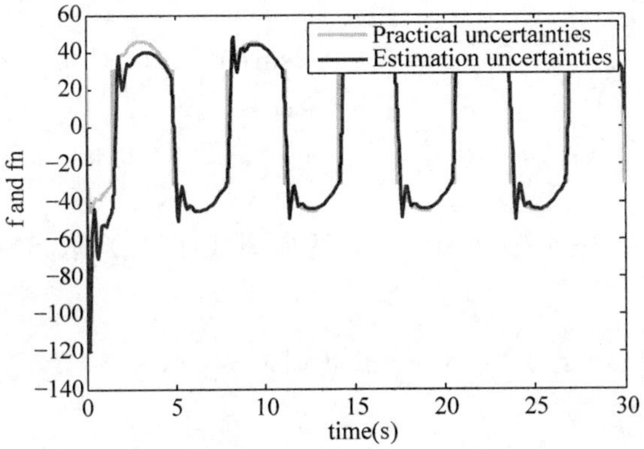

图 6.4　RBF 神经网络对 $\boldsymbol{f(x)}$ 的逼近(隐含层节点为 19，$S=3$)

仅取 $S=1$，无补偿情况下的位置和速度跟踪如图 6.5 所示。

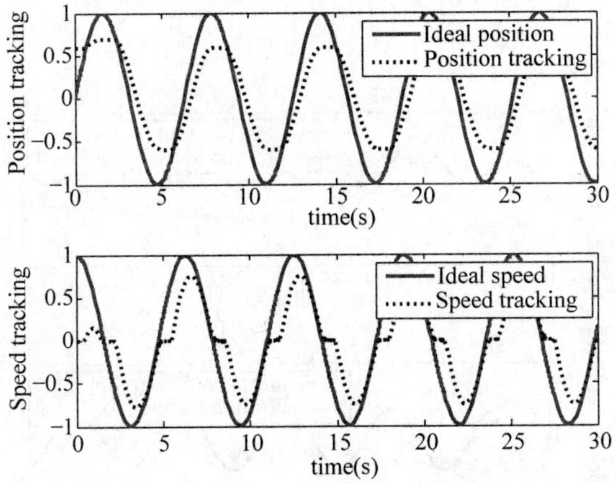

图 6.5　无补偿情况下的位置和速度跟踪($S=1$)

仿真主程序为 chap6_1sim.mdl，详见附录。

6.1.4.2　实例(2)

被控对象为双关节机械臂，其动力学方程为

$$\boldsymbol{M}(\boldsymbol{q})\ddot{\boldsymbol{q}}+\boldsymbol{C}(\boldsymbol{q},\dot{\boldsymbol{q}})\dot{\boldsymbol{q}}+\boldsymbol{G}(\boldsymbol{q})=\boldsymbol{\tau}+\boldsymbol{d}$$

其中

$$\boldsymbol{M}(\boldsymbol{q})=\begin{bmatrix} v+q_{01}+2\gamma\cos(q_2) & q_{01}+q_{02}\cos(q_2) \\ q_{01}+q_{02}\cos(q_2) & q_{01} \end{bmatrix}$$

$$\boldsymbol{C}(\boldsymbol{q},\dot{\boldsymbol{q}})=\begin{bmatrix} -q_{02}\dot{q}_2\sin(q_2) & -q_{02}(\dot{q}_1+\dot{q}_2)\sin(q_2) \\ q_{02}\dot{q}_1\sin(q_2) & 0 \end{bmatrix}$$

$$\boldsymbol{G}(\boldsymbol{q})=\begin{bmatrix} 15g\cos q_1+8.75g\cos(q_1+q_2) \\ 8.75g\cos(q_1+q_2) \end{bmatrix}$$

其中，$v=13.33$；$q_{01}=8.98$；$q_{02}=8.75$；$g=9.8$。

系统的外界干扰为 $d=d_1+d_2\|\boldsymbol{e}\|+d_3\|\dot{\boldsymbol{e}}\|$，$d_1=2$，$d_2=3$，$d_3=6$。设关节角度和角

速度的期望跟踪指令为

$$\begin{cases} q_{1d} = 1 + 0.2\sin(0.5\pi t) \\ q_{2d} = 1 - 0.2\cos(0.5\pi t) \end{cases}$$

系统的初始状态为$[q_1 \quad q_2 \quad q_3 \quad q_4]^{\mathrm{T}} = [0.6 \quad 0.3 \quad 0.5 \quad 0.5]^{\mathrm{T}}$，假设 $\Delta \boldsymbol{M} = 0.2\boldsymbol{M}$，$\Delta \boldsymbol{C} = 0.2\boldsymbol{C}$，$\Delta \boldsymbol{G} = 0.2\boldsymbol{G}$。

仿真中，采用控制律式(6.9)和第一种自适应律式(6.12)，取 $S=3$，$S1=1$，控制参数取

$$\boldsymbol{Q} = \begin{bmatrix} 50 & 0 & 0 & 0 \\ 0 & 50 & 0 & 0 \\ 0 & 0 & 50 & 0 \\ 0 & 0 & 0 & 50 \end{bmatrix}, \alpha = 3, \gamma = 20, k_1 = 0.001。$$

RBF 神经网络中，高斯函数的参数设置为 $\boldsymbol{c}_i = [-2 \quad -1 \quad 0 \quad 1 \quad 2]$和 $b_i = 3.0$，初始权值设为 0.10。仿真中，选择第一种自适应律时取 $S1=1$，选择第二种自适应律时取 $S1=2$，$S=1$ 为基于名义模型的控制器，$S=2$ 为基于精确补偿的控制器，$S=3$ 为基于 RBF 补偿的控制器，仿真结果如图 6.6～图 6.9 所示。

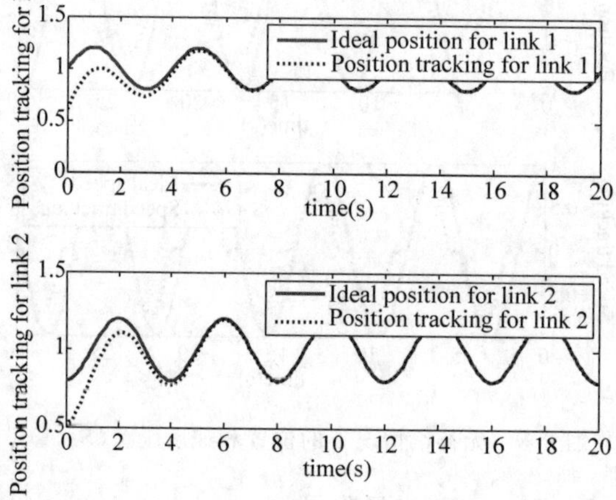

图 6.6　关节 1 和关节 2 的角度跟踪

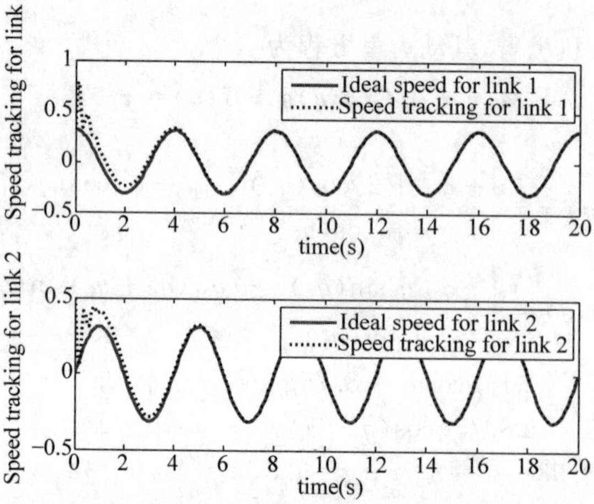

图 6.7　关节 1 和关节 2 的角速度跟踪

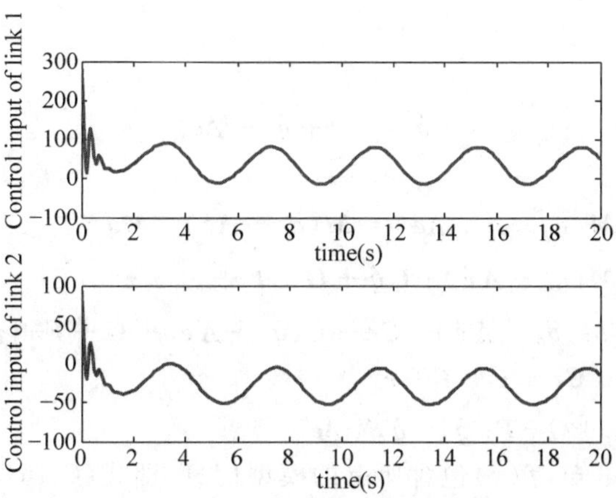

图 6.8 关节 1 和关节 2 的控制输入

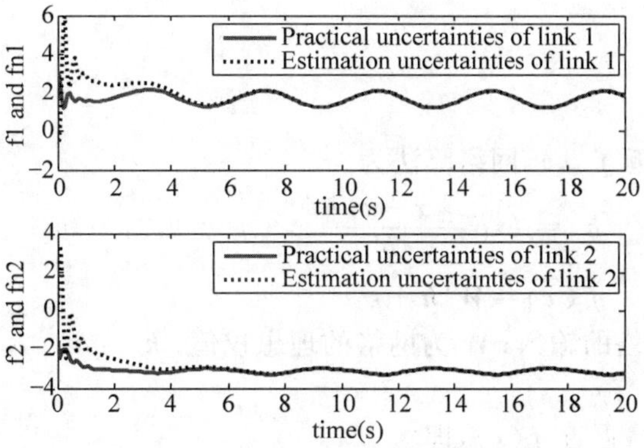

图 6.9 关节 1 和关节 2 的 $f(x)$ 及其逼近

仿真主程序为 chap6_2sim. mdl,详见附录。

6.2 基于滑模鲁棒项的 RBF 神经网络机器人控制

本节在文献[7]基础上,探讨一种简单的 RBF 网络滑模控制设计及仿真分析方法。

6.2.1 系统描述

被控对象为 n 关节机械臂,其动力学方程为

$$\boldsymbol{M}(\boldsymbol{q})\ddot{\boldsymbol{q}}+\boldsymbol{C}(\boldsymbol{q},\dot{\boldsymbol{q}})\dot{\boldsymbol{q}}+\boldsymbol{G}(\boldsymbol{q})+\boldsymbol{F}(\dot{\boldsymbol{q}})+\boldsymbol{\tau}_{\mathrm{d}}=\boldsymbol{\tau} \tag{6.16}$$

其中,$\boldsymbol{q}\in\boldsymbol{R}^n$ 表示关节变量的向量;$\boldsymbol{\tau}\in\boldsymbol{R}^n$ 是执行机构施加的关节扭矩向量;$\boldsymbol{\tau}_{\mathrm{d}}$为外界干扰,$\boldsymbol{M}(\boldsymbol{q})\in\boldsymbol{R}^{n\times n}$为对称正定惯性矩阵;$\boldsymbol{C}(\boldsymbol{q},\dot{\boldsymbol{q}})\in\boldsymbol{R}^{n\times n}$为哥氏力和离心力向量;$\boldsymbol{G}(\boldsymbol{q})\in\boldsymbol{R}^n$为重力向量。

定义跟踪误差为 $e(t)=\boldsymbol{q}_{\mathrm{d}}(t)-\boldsymbol{q}(t)$,设计滑模函数为

$$\boldsymbol{r}=\dot{\boldsymbol{e}}+\boldsymbol{\Lambda}\boldsymbol{e} \tag{6.17}$$

其中,$\boldsymbol{\Lambda}=\boldsymbol{\Lambda}^{\mathrm{T}}=[\lambda_1\quad\lambda_2\quad\cdots\quad\lambda_n]^{\mathrm{T}}>0$ 的选取需保证 $s^{n-1}+\lambda_{n-1}s^{n-2}+\cdots+\lambda_1$ 是 Hurwitz

的(即当 $\boldsymbol{r}\to 0$ 时,$\boldsymbol{e}\to 0$)。

由式(6.17)可得

$$\dot{\boldsymbol{q}} = -\boldsymbol{r} + \dot{\boldsymbol{q}}_{\mathrm{d}} + \boldsymbol{\Lambda e} \tag{6.18}$$

和

$$\begin{aligned}\boldsymbol{M}\dot{\boldsymbol{r}} &= \boldsymbol{M}(\ddot{\boldsymbol{q}}_{\mathrm{d}} - \ddot{\boldsymbol{q}} + \boldsymbol{\Lambda}\dot{\boldsymbol{e}}) = \boldsymbol{M}(\ddot{\boldsymbol{q}}_{\mathrm{d}} + \boldsymbol{\Lambda}\dot{\boldsymbol{e}}) - \boldsymbol{M}\ddot{\boldsymbol{q}} \\ &= \boldsymbol{M}(\ddot{\boldsymbol{q}}_{\mathrm{d}} + \boldsymbol{\Lambda}\dot{\boldsymbol{e}}) + \boldsymbol{C}\dot{\boldsymbol{q}} + \boldsymbol{G} + \boldsymbol{F} + \boldsymbol{\tau}_{\mathrm{d}} - \boldsymbol{\tau} \\ &= \boldsymbol{M}(\ddot{\boldsymbol{q}}_{\mathrm{d}} + \boldsymbol{\Lambda}\dot{\boldsymbol{e}}) - \boldsymbol{Cr} + \boldsymbol{C}(\dot{\boldsymbol{q}}_{\mathrm{d}} + \boldsymbol{\Lambda e}) + \boldsymbol{G} + \boldsymbol{F} + \boldsymbol{\tau}_{\mathrm{d}} - \boldsymbol{\tau} \\ &= -\boldsymbol{Cr} - \boldsymbol{\tau} + \boldsymbol{f} + \boldsymbol{\tau}_{\mathrm{d}}\end{aligned} \tag{6.19}$$

其中,$\boldsymbol{f}(\boldsymbol{x}) = \boldsymbol{M}\ddot{\boldsymbol{q}}_{\mathrm{r}} + \boldsymbol{C}\dot{\boldsymbol{q}}_{\mathrm{r}} + \boldsymbol{G} + \boldsymbol{F}$; $\dot{\boldsymbol{q}}_{\mathrm{r}} = \dot{\boldsymbol{q}}_{\mathrm{d}} + \boldsymbol{\Lambda e}$。

由 $\boldsymbol{f}(\boldsymbol{x})$ 的表达式可知,$\boldsymbol{f}(\boldsymbol{x})$ 包含所有的模型信息,即式(6.16)中,所有的模型信息都可用 $\boldsymbol{f}(\boldsymbol{x})$ 表示[7]。

控制目标为采用 RBF 神经网络逼近 $\boldsymbol{f}(\boldsymbol{x})$,设计一个不需要模型信息的鲁棒控制器。

6.2.2 RBF 逼近

采用 RBF 网络逼近 $\boldsymbol{f}(\boldsymbol{x})$,网络算法为

$$h_j = \exp\frac{\|\boldsymbol{x} - \boldsymbol{c}_j\|^2}{b_j^2}, \quad j = 1,2,\cdots,m$$

$$f(x) = \boldsymbol{W}^{\mathrm{T}}\boldsymbol{h} + \varepsilon \tag{6.20}$$

其中,$\boldsymbol{x}$ 为 RBF 神经网络的输入;$\boldsymbol{W}$ 为网络的理想权值;$\boldsymbol{h} = [h_1 \quad h_2 \quad \cdots \quad h_m]^{\mathrm{T}}$;$\varepsilon$ 是一个很小的正实数。

采用 RBF 神经网络逼近 $\boldsymbol{f}(\boldsymbol{x})$,即

$$\hat{\boldsymbol{f}}(\boldsymbol{x}) = \hat{\boldsymbol{W}}^{\mathrm{T}}\boldsymbol{h} \tag{6.21}$$

其中,$\tilde{\boldsymbol{W}} = \boldsymbol{W} - \hat{\boldsymbol{W}}$;$\|\boldsymbol{W}\|_{\mathrm{F}} \leqslant W_{\max}$。

综合式(6.20)和式(6.21),可得

$$\boldsymbol{f} - \hat{\boldsymbol{f}} = \boldsymbol{W}^{\mathrm{T}}\boldsymbol{h} + \varepsilon - \hat{\boldsymbol{W}}^{\mathrm{T}}\boldsymbol{h} = \tilde{\boldsymbol{W}}^{\mathrm{T}}\boldsymbol{h} + \varepsilon$$

从 $\boldsymbol{f}(\boldsymbol{x})$ 的表达式可知,RBF 神经网络的输入为 $\boldsymbol{x} = [\boldsymbol{e}^{\mathrm{T}} \quad \dot{\boldsymbol{e}}^{\mathrm{T}} \quad \boldsymbol{q}_{\mathrm{d}}^{\mathrm{T}} \quad \dot{\boldsymbol{q}}_{\mathrm{d}}^{\mathrm{T}} \quad \ddot{\boldsymbol{q}}_{\mathrm{d}}^{\mathrm{T}}]$。

6.2.3 控制律设计及稳定性分析

针对式(6.16),参考文献[7]的设计方法,设计控制律为

$$\boldsymbol{\tau} = \hat{\boldsymbol{f}}(\boldsymbol{x}) + \boldsymbol{K}_{\mathrm{v}}\boldsymbol{r} - \boldsymbol{v} \tag{6.22}$$

其中,$\boldsymbol{v} = -(\varepsilon_{\mathrm{N}} + b_{\mathrm{d}})\operatorname{sgn}(\boldsymbol{r})$ 为鲁棒项;$\hat{\boldsymbol{f}}(\boldsymbol{x})$ 为 $\boldsymbol{f}(\boldsymbol{x})$ 的逼近。

RBF 网络权值自适应律为

$$\dot{\hat{\boldsymbol{W}}} = \boldsymbol{\Gamma h r}^{\mathrm{T}} \tag{6.23}$$

其中,$\boldsymbol{\Gamma} = \boldsymbol{\Gamma}^{\mathrm{T}} > 0$。

将式(6.22)代入式(6.19),整理可得

$$\boldsymbol{M}\dot{\boldsymbol{r}} = -\boldsymbol{Cr} - [\hat{\boldsymbol{f}}(\boldsymbol{x}) + \boldsymbol{K}_{\mathrm{v}}\boldsymbol{r} - \boldsymbol{v}] + \boldsymbol{f} + \boldsymbol{\tau}_{\mathrm{d}}$$

$$= -(\boldsymbol{K}_v + \boldsymbol{C})\boldsymbol{r} + \widetilde{\boldsymbol{W}}^{\mathrm{T}}\boldsymbol{h} + (\varepsilon + \boldsymbol{\tau}_d) + \boldsymbol{v}$$
$$= -(\boldsymbol{K}_v + \boldsymbol{C})\boldsymbol{r} + \zeta_1 \tag{6.24}$$

其中，$\zeta_1 = \widetilde{\boldsymbol{W}}^{\mathrm{T}}\boldsymbol{\varphi} + (\varepsilon + \boldsymbol{\tau}_d) + \boldsymbol{v}$。

参考文献[7]，闭环系统的分析如下：

定义 Lyapunov 函数为

$$L = \frac{1}{2}\boldsymbol{r}^{\mathrm{T}}\boldsymbol{M}\boldsymbol{r} + \frac{1}{2}\mathrm{tr}(\widetilde{\boldsymbol{W}}^{\mathrm{T}}\boldsymbol{\Gamma}^{-1}\widetilde{\boldsymbol{W}})$$

求导，可得

$$\dot{L} = \boldsymbol{r}^{\mathrm{T}}\boldsymbol{M}\dot{\boldsymbol{r}} + \frac{1}{2}\boldsymbol{r}^{\mathrm{T}}\dot{\boldsymbol{M}}\boldsymbol{r} + \mathrm{tr}(\widetilde{\boldsymbol{W}}^{\mathrm{T}}\boldsymbol{\Gamma}^{-1}\dot{\widetilde{\boldsymbol{W}}})$$

将式(6.24)代入上式，整理可得

$$\dot{L} = -\boldsymbol{r}^{\mathrm{T}}\boldsymbol{K}_v\boldsymbol{r} + \frac{1}{2}\boldsymbol{r}^{\mathrm{T}}(\dot{\boldsymbol{M}} - 2\boldsymbol{C})\boldsymbol{r} + \mathrm{tr}\,\widetilde{\boldsymbol{W}}^{\mathrm{T}}(\boldsymbol{\Gamma}^{-1}\dot{\widetilde{\boldsymbol{W}}} + \boldsymbol{h}\boldsymbol{r}^{\mathrm{T}}) + \boldsymbol{r}^{\mathrm{T}}(\varepsilon + \boldsymbol{\tau}_d + \boldsymbol{v})$$

根据以下条件：

(1) 机械手动力学模型的斜对称特性$\boldsymbol{r}^{\mathrm{T}}(\dot{\boldsymbol{M}} - 2\boldsymbol{C})\boldsymbol{r} = 0$；

(2) $\boldsymbol{r}^{\mathrm{T}}\widetilde{\boldsymbol{W}}^{\mathrm{T}}\boldsymbol{h} = \mathrm{tr}(\widetilde{\boldsymbol{W}}^{\mathrm{T}}\boldsymbol{h}\boldsymbol{r}^{\mathrm{T}})$；

(3) $\dot{\widetilde{\boldsymbol{W}}} = -\dot{\hat{\boldsymbol{W}}} = -\boldsymbol{\Gamma}\boldsymbol{h}\boldsymbol{r}^{\mathrm{T}}$。

可得

$$\dot{L} = -\boldsymbol{r}^{\mathrm{T}}\boldsymbol{K}_v\boldsymbol{r} + \boldsymbol{r}^{\mathrm{T}}(\varepsilon + \boldsymbol{\tau}_d + \boldsymbol{v})$$

考虑

$$\boldsymbol{r}^{\mathrm{T}}(\varepsilon + \boldsymbol{\tau}_d + \boldsymbol{v}) = \boldsymbol{r}^{\mathrm{T}}(\varepsilon + \boldsymbol{\tau}_d) + \boldsymbol{r}^{\mathrm{T}}[-(\varepsilon_N + b_d)\mathrm{sgn}(\boldsymbol{r})]$$
$$= \boldsymbol{r}^{\mathrm{T}}(\varepsilon + \boldsymbol{\tau}_d) - \|\boldsymbol{r}\|(\varepsilon_N + \boldsymbol{b}_d) \leqslant 0$$

则

$$\dot{L} \leqslant -\boldsymbol{r}^{\mathrm{T}}\boldsymbol{K}_v\boldsymbol{r} \leqslant 0$$

由于$L \geqslant 0$，$\dot{L} \leqslant 0$，从而$\boldsymbol{r}$和$\widetilde{\boldsymbol{W}}$有界。当$\dot{L} \equiv 0$时，$\boldsymbol{r} = 0$，根据 LaSalle 不变性原理，闭环系统为渐进稳定，当$t \to \infty$时，$\boldsymbol{r} \to 0$，从而$\boldsymbol{e} \to 0$，$\dot{\boldsymbol{e}} \to 0$。

6.2.4 仿真实例

6.2.4.1 实例(1)

被控对象简单伺服系统，动力学方程为

$$M\ddot{q} + F(\dot{q}) = \tau$$

其中，$M = 10$；$F(\dot{q})$为摩擦力，取$F(\dot{q}) = 15\dot{q} + 30\mathrm{sgn}(\dot{q})$。

综合式(6.16)～式(6.19)，可得$f(x) = M\ddot{q}_r + F = M(\ddot{q}_d + \boldsymbol{\Lambda}\dot{e}) + F$。

RBF 神经网络设计中，结构为 2-7-1，控制输入为$\boldsymbol{z} = [e \quad \dot{e}]$，高斯函数的参数为$\boldsymbol{c}_i = [-1.5 \quad -1.0 \quad -0.5 \quad 0 \quad 0.5 \quad 1.0 \quad 1.5]$和$b_i = 10$，网络的初始权值设为 0。理想跟踪指令为$q_d = \sin t$，系统的初值为$[0.10 \quad 0]^{\mathrm{T}}$。

仿真中，采用控制律式(6.22)和自适应律式(6.23)，控制参数取$\Lambda = 15$，$\Gamma = 100$，$K_v =$

110。仿真结果如图 6.10 和图 6.11 所示。

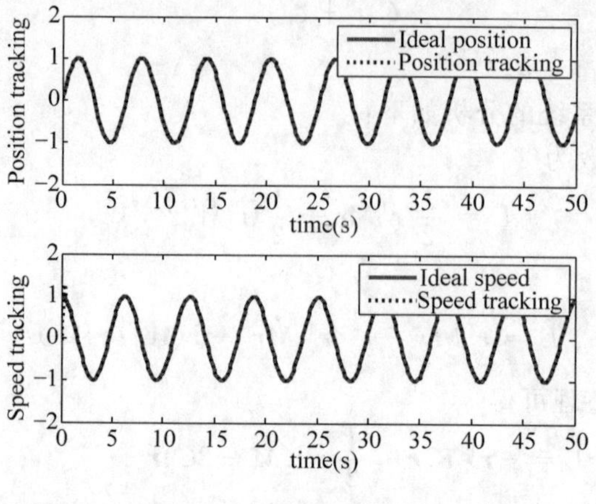

图 6.10 基于 RBF 补偿的角度和角速度跟踪

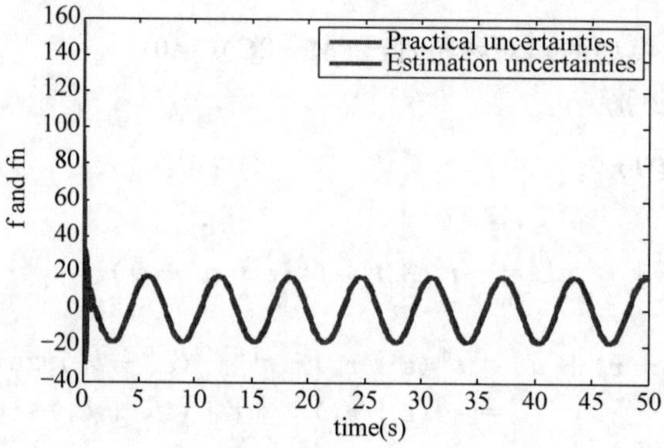

图 6.11 RBF 神经网络对 $f(x)$ 的逼近

仿真主程序为 chap6_3sim.mdl,详见附录。

6.2.4.2 实例(2)

被控系统动力学方程为

$$\boldsymbol{M}(\boldsymbol{q})\ddot{\boldsymbol{q}}+\boldsymbol{V}(\boldsymbol{q},\dot{\boldsymbol{q}})\dot{\boldsymbol{q}}+\boldsymbol{G}(\boldsymbol{q})+\boldsymbol{F}(\dot{\boldsymbol{q}})+\boldsymbol{\tau}_{\mathrm{d}}=\boldsymbol{\tau}$$

其中,$\boldsymbol{M}(\boldsymbol{q})=\begin{bmatrix} p_1+p_2+2p_3\cos q_2 & p_2+p_3\cos q_2 \\ p_2+p_3\cos q_2 & p_2 \end{bmatrix}$;$\boldsymbol{V}(\boldsymbol{q},\dot{\boldsymbol{q}})=\begin{bmatrix} -p_3\dot{q}_2\sin q_2 & -p_3(\dot{q}_1+\dot{q}_2)\sin q_2 \\ p_3\dot{q}_1\sin q_2 & 0 \end{bmatrix}$;

$\boldsymbol{G}(\boldsymbol{q})=\begin{bmatrix} p_4 g\cos q_1+p_5 g\cos(q_1+q_2) \\ p_5 g\cos(q_1+q_2) \end{bmatrix}$;$\boldsymbol{F}(\dot{\boldsymbol{q}})=0.02\mathrm{sgn}(\dot{\boldsymbol{q}})$;$\boldsymbol{\tau}_{\mathrm{d}}=[0.2\sin(t) \quad 0.2\sin(t)]^{\mathrm{T}}$;

$\boldsymbol{p}=[p_1,p_2,p_3,p_4,p_5]=[2.9,0.76,0.87,3.04,0.87]$。

RBF 神经网络设计中,取结构为 2-7-1,输入为 $\boldsymbol{z}=[e \quad \dot{e}]$,高斯函数的参数 $\boldsymbol{c}_i$ 和 b_i 分别设置为 $[-1.5 \quad -1.0 \quad -0.5 \quad 0 \quad 0.5 \quad 1.0 \quad 1.5]$ 和 10,网络的初始权值为 0,理想跟踪指令为 $q_{1\mathrm{d}}=0.1\sin t$,$q_{2\mathrm{d}}=0.1\sin t$,系统的初始状态为 $[0.09 \quad 0 \quad -0.09 \quad 0]$。

采用控制律式(6.22)和自适应律式(6.23),取控制参数为 $\boldsymbol{K}_{\mathrm{v}}=\mathrm{diag}\{10,10\}$,$\boldsymbol{\Gamma}=\mathrm{diag}\{15,15\}$,$\boldsymbol{\Lambda}=\mathrm{diag}\{5,5\}$。仿真结果如图 6.12~图 6.15 所示。

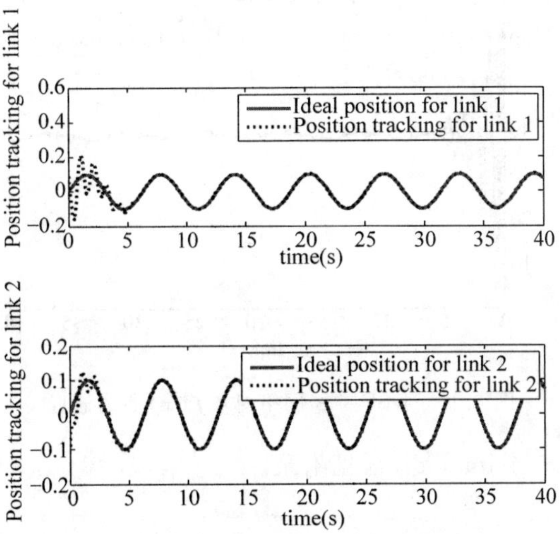

图 6.12 关节 1 和关节 2 角度跟踪

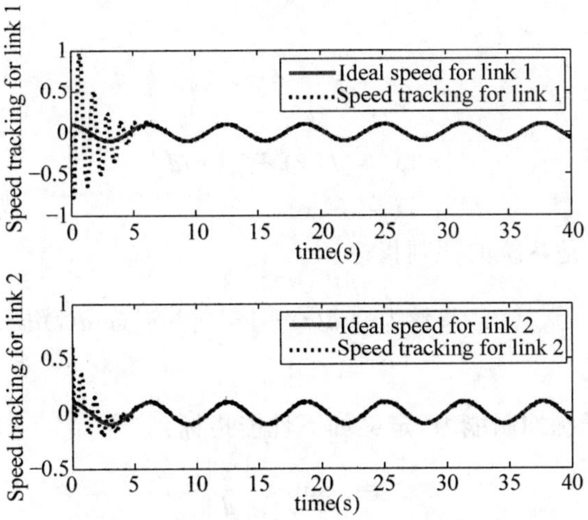

图 6.13 关节 1 和关节 2 角速度跟踪

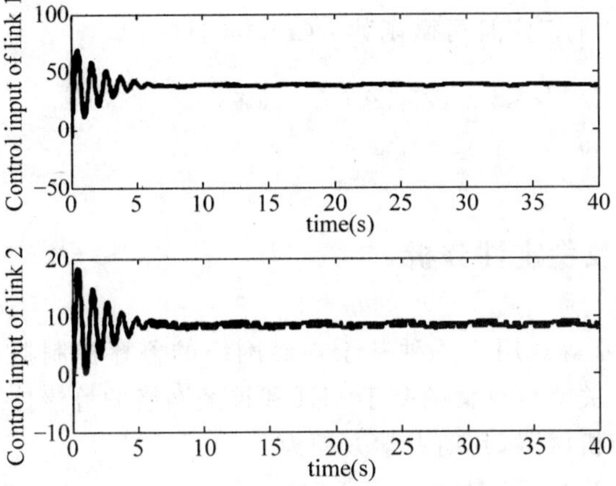

图 6.14 关节 1 和关节 2 的控制输入

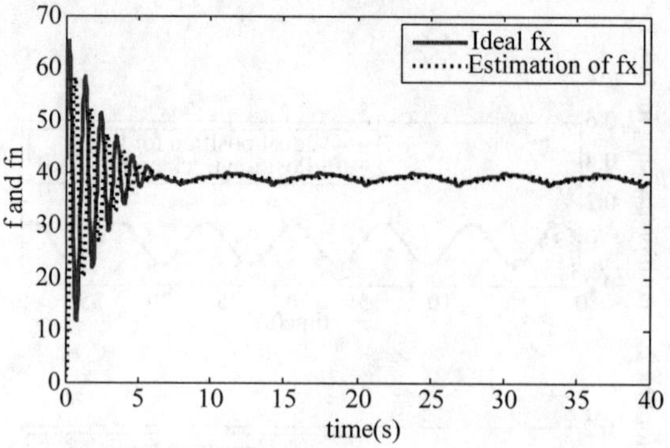

图 6.15　RBF 神经网络对 $\|f(x)\|$ 的逼近

仿真主程序为 chap6_4sim. mdl,详见附录。

6.3　基于 HJI 理论和 RBF 神经网络的鲁棒控制

6.3.1　HJI 定理

针对如下模型：

$$\begin{cases}\dot{\boldsymbol{x}} = \boldsymbol{f}(\boldsymbol{x}) + \boldsymbol{g}(\boldsymbol{x})\boldsymbol{d} \\ \boldsymbol{z} = \boldsymbol{h}(\boldsymbol{x})\end{cases} \tag{6.25}$$

其中,$\boldsymbol{d}$ 为外界干扰；$\boldsymbol{z}$ 是系统的评判指标。

定义　对于信号 $\boldsymbol{d}(t)$,其 L_2 范数为 $\|\boldsymbol{d}(t)\|_2 = \left\{\int_0^\infty \boldsymbol{d}^{\mathrm{T}}(t)\boldsymbol{d}(t)\mathrm{d}t\right\}^{\frac{1}{2}}$,该范数可衡量 $\boldsymbol{d}(t)$ 的能量大小。

为了评判系统的干扰抑制能力,定义如下性能指标：

$$J = \sup_{\|d\| \neq 0} \frac{\|\boldsymbol{z}\|_2}{\|\boldsymbol{d}\|_2} \tag{6.26}$$

其中,J 称为系统的 L_2 增益,表示系统鲁棒性大小；J 越小,表示系统的鲁棒性越好。

由文献[8]中的定理 2 和式(6.25),HJI(Hamilton-Jacobi Inequality)定理可描述为：对一个正数 γ,如果存在一个正定且可微函数 $L(x) \geqslant 0$ 且

$$\dot{L} \leqslant \frac{1}{2}\{\gamma^2 \|\boldsymbol{d}\|^2 - \|\boldsymbol{z}\|^2\} \quad (\forall \boldsymbol{d}) \tag{6.27}$$

则 $J \leqslant \gamma$。

6.3.2　控制器设计及稳定性分析

文献[9]中将 HJI 不等式用于一种基于神经网络的鲁棒控制器中。本节参考文献[8]和[9],介绍一种针对 n 关节机械臂的基于 HJI 和神经网络的鲁棒控制器设计和分析方法。

被控对象为 n 关节机械臂,其动力学方程为

$$\boldsymbol{M}(\boldsymbol{q})\ddot{\boldsymbol{q}} + \boldsymbol{V}(\boldsymbol{q},\dot{\boldsymbol{q}})\dot{\boldsymbol{q}} + \boldsymbol{G}(\boldsymbol{q}) + \Delta(\boldsymbol{q},\dot{\boldsymbol{q}}) + \boldsymbol{d} = \boldsymbol{T} \tag{6.28}$$

其中,$\boldsymbol{M}(\boldsymbol{q})$ 为 $n\times n$ 阶正定惯性矩阵；$\boldsymbol{V}(\boldsymbol{q},\dot{\boldsymbol{q}})$ 为 $n\times n$ 阶离心力和哥氏力项；$\boldsymbol{G}(\boldsymbol{q})$ 为 $n\times 1$

阶重力向量；$\boldsymbol{q}$ 表示关节变量的向量；τ 为执行机构施加的关节扭矩向量；$\Delta(\boldsymbol{q},\dot{\boldsymbol{q}})$为模型不确定性和 $\boldsymbol{d}$ 表示外界干扰。

理想跟踪轨迹为$\boldsymbol{q}_{\mathrm{d}}$，定义跟踪误差为 $\boldsymbol{e}=\boldsymbol{q}-\boldsymbol{q}_{\mathrm{d}}$，设计前馈控制律为

$$\boldsymbol{T}=\boldsymbol{u}+\boldsymbol{M}(\boldsymbol{q})\ddot{\boldsymbol{q}}_{\mathrm{d}}+\boldsymbol{V}(\boldsymbol{q},\dot{\boldsymbol{q}})\dot{\boldsymbol{q}}_{\mathrm{d}}+\boldsymbol{G}(\boldsymbol{q}) \tag{6.29}$$

其中，$\boldsymbol{u}$ 为反馈控制律。

将式(6.29)代入式(6.28)中，可得闭环系统为

$$\boldsymbol{M}(\boldsymbol{q})\ddot{\boldsymbol{e}}+\boldsymbol{V}(\boldsymbol{q},\dot{\boldsymbol{q}})\dot{\boldsymbol{e}}+\Delta(\boldsymbol{q},\dot{\boldsymbol{q}})+\boldsymbol{d}=\boldsymbol{u} \tag{6.30}$$

令 $\Delta\boldsymbol{f}(\boldsymbol{q},\dot{\boldsymbol{q}})=\Delta(\boldsymbol{q},\dot{\boldsymbol{q}})+\boldsymbol{d}$，可得

$$\boldsymbol{M}(\boldsymbol{q})\ddot{\boldsymbol{e}}+\boldsymbol{V}(\boldsymbol{q},\dot{\boldsymbol{q}})\dot{\boldsymbol{e}}+\Delta\boldsymbol{f}=\boldsymbol{u} \tag{6.31}$$

采用 RBF 神经网络逼近 $\Delta\boldsymbol{f}$，其表达式为

$$\Delta\boldsymbol{f}=\boldsymbol{W}_{\mathrm{f}}^{*}\boldsymbol{\sigma}_{\mathrm{f}}+\varepsilon_{\mathrm{f}} \tag{6.32}$$

其中，ε_{f} 为逼近误差；$\boldsymbol{\sigma}_{\mathrm{f}}$ 为 RBF 高斯函数；$\boldsymbol{W}_{\mathrm{f}}^{*}$ 为理想神经网络的权值。

综合式(6.31)和式(6.32)，可得

$$\boldsymbol{M}(\boldsymbol{q})\ddot{\boldsymbol{e}}+\boldsymbol{V}(\boldsymbol{q},\dot{\boldsymbol{q}})\dot{\boldsymbol{e}}+\boldsymbol{W}_{\mathrm{f}}^{*}\boldsymbol{\sigma}_{\mathrm{f}}+\varepsilon_{\mathrm{f}}=\boldsymbol{u}$$

定义

$$\begin{cases}\boldsymbol{x}_1=\boldsymbol{e}\\ \boldsymbol{x}_2=\dot{\boldsymbol{e}}+\alpha\boldsymbol{e}\end{cases} \tag{6.33}$$

其中，$\alpha>0$。

则

$$\begin{cases}\dot{\boldsymbol{x}}_1=\boldsymbol{x}_2-\alpha\boldsymbol{x}_1\\ \boldsymbol{M}\dot{\boldsymbol{x}}_2=-\boldsymbol{V}\boldsymbol{x}_2+\boldsymbol{\omega}-\boldsymbol{W}_{\mathrm{f}}^{*}\boldsymbol{\sigma}_{\mathrm{f}}-\varepsilon_{\mathrm{f}}+\boldsymbol{u}\end{cases} \tag{6.34}$$

其中，$\boldsymbol{\omega}=\boldsymbol{M}\alpha\dot{\boldsymbol{e}}+\boldsymbol{V}\alpha\boldsymbol{e}$。

利用 HJI 不等式，将式(6.34)写成式(6.25)的形式为

$$\begin{cases}\dot{\boldsymbol{x}}=\boldsymbol{f}(\boldsymbol{x})+\boldsymbol{g}(\boldsymbol{x})\boldsymbol{d}\\ \boldsymbol{z}=\boldsymbol{h}(\boldsymbol{x})\end{cases} \tag{6.35}$$

其中，$\boldsymbol{f}(\boldsymbol{x})=\begin{bmatrix}\boldsymbol{x}_2-\alpha\boldsymbol{x}_1\\ \dfrac{1}{M}(-\boldsymbol{V}\boldsymbol{x}_2+\boldsymbol{\omega}-\boldsymbol{W}_{\mathrm{f}}^{*}\boldsymbol{\sigma}_{\mathrm{f}}+\boldsymbol{u})\end{bmatrix}$；$\boldsymbol{g}(\boldsymbol{x})=\begin{bmatrix}0\\ -\dfrac{1}{M}\end{bmatrix}$；$d=\varepsilon_{\mathrm{f}}$。

评判指标为 $\boldsymbol{z}$ 定义如下：由于 $d=\varepsilon_{\mathrm{f}}$，可以把逼近误差 ε_{f}视为外界扰动 d，评判指标定义为 $\boldsymbol{z}=\boldsymbol{x}_2=\dot{\boldsymbol{e}}+\alpha\boldsymbol{e}$，则 L_2 增益为 $J=\sup\limits_{\|\varepsilon_{\mathrm{f}}\|\neq 0}\dfrac{\|\boldsymbol{z}\|_2}{\|\varepsilon_{\mathrm{f}}\|_2}$。

对系统式(6.34)，设计如下自适应律：

$$\dot{\hat{\boldsymbol{W}}}_{\mathrm{f}}=-\eta\boldsymbol{x}_2\boldsymbol{\sigma}_{\mathrm{f}}^{\mathrm{T}} \tag{6.36}$$

设计反馈控制律为

$$\boldsymbol{u}=-\boldsymbol{\omega}-\frac{1}{2\gamma^2}\boldsymbol{x}_2+\hat{\boldsymbol{W}}_{\mathrm{f}}\boldsymbol{\sigma}_{\mathrm{f}}-\frac{1}{2}\boldsymbol{x}_2 \tag{6.37}$$

其中，$\hat{\boldsymbol{W}}_{\mathrm{f}}$ 和$\boldsymbol{\sigma}_{\mathrm{f}}$ 分别为网络的权值和高斯函数输出。

则闭环系统式(6.30)满足 $J\leqslant\gamma$。

根据文献[9]的设计思路,对闭环系统进行如下稳定性分析。

首先,定义 Lyapunov 函数为

$$L=\frac{1}{2}\boldsymbol{x}_2^{\mathrm{T}}\boldsymbol{M}\boldsymbol{x}_2+\frac{1}{2\eta}\mathrm{tr}(\widetilde{\boldsymbol{W}}_{\mathrm{f}}^{\mathrm{T}}\widetilde{\boldsymbol{W}}_{\mathrm{f}})$$

其中,$\widetilde{\boldsymbol{W}}_{\mathrm{f}}=\hat{\boldsymbol{W}}_{\mathrm{f}}-\boldsymbol{W}_{\mathrm{f}}^*$。

结合式(6.34)和式(6.37),并考虑到机械手的斜对称特性,可得

$$\begin{aligned}\dot{L}&=\boldsymbol{x}_2^{\mathrm{T}}\boldsymbol{M}\dot{\boldsymbol{x}}_2+\frac{1}{2}\boldsymbol{x}_2^{\mathrm{T}}\dot{\boldsymbol{M}}\boldsymbol{x}_2+\frac{1}{\eta}\mathrm{tr}(\dot{\widetilde{\boldsymbol{W}}}_{\mathrm{f}}^{\mathrm{T}}\widetilde{\boldsymbol{W}}_{\mathrm{f}})\\&=\boldsymbol{x}_2^{\mathrm{T}}(-\boldsymbol{V}\boldsymbol{x}_2+\boldsymbol{\omega}-\boldsymbol{W}_{\mathrm{f}}^*\boldsymbol{\sigma}_{\mathrm{f}}-\varepsilon_{\mathrm{f}}+\boldsymbol{u})+\frac{1}{2}\boldsymbol{x}_2^{\mathrm{T}}\dot{\boldsymbol{M}}\boldsymbol{x}_2+\frac{1}{\eta}\mathrm{tr}(\dot{\widetilde{\boldsymbol{W}}}_{\mathrm{f}}^{\mathrm{T}}\widetilde{\boldsymbol{W}}_{\mathrm{f}})\\&=\boldsymbol{x}_2^{\mathrm{T}}\left(-\boldsymbol{V}\boldsymbol{x}_2-\boldsymbol{W}_{\mathrm{f}}^*\boldsymbol{\sigma}_{\mathrm{f}}-\varepsilon_{\mathrm{f}}-\frac{1}{2\gamma^2}\boldsymbol{x}_2+\hat{\boldsymbol{W}}_{\mathrm{f}}\boldsymbol{\sigma}_{\mathrm{f}}-\frac{1}{2}\boldsymbol{x}_2\right)+\frac{1}{2}\boldsymbol{x}_2^{\mathrm{T}}\dot{\boldsymbol{M}}\boldsymbol{x}_2+\frac{1}{\eta}\mathrm{tr}(\dot{\widetilde{\boldsymbol{W}}}_{\mathrm{f}}^{\mathrm{T}}\widetilde{\boldsymbol{W}}_{\mathrm{f}})\\&=\boldsymbol{x}_2^{\mathrm{T}}\left(-\varepsilon_{\mathrm{f}}-\frac{1}{2\gamma^2}\boldsymbol{x}_2+\widetilde{\boldsymbol{W}}_{\mathrm{f}}\boldsymbol{\sigma}_{\mathrm{f}}-\frac{1}{2}\boldsymbol{x}_2\right)+\frac{1}{2}\boldsymbol{x}_2^{\mathrm{T}}(\dot{\boldsymbol{M}}-2\boldsymbol{V})\boldsymbol{x}_2+\frac{1}{\eta}\mathrm{tr}(\dot{\widetilde{\boldsymbol{W}}}_{\mathrm{f}}^{\mathrm{T}}\widetilde{\boldsymbol{W}}_{\mathrm{f}})\\&=-\boldsymbol{x}_2^{\mathrm{T}}\varepsilon_{\mathrm{f}}-\frac{1}{2\gamma^2}\boldsymbol{x}_2^{\mathrm{T}}\boldsymbol{x}_2+\boldsymbol{x}_2^{\mathrm{T}}\widetilde{\boldsymbol{W}}_{\mathrm{f}}\boldsymbol{\sigma}_{\mathrm{f}}-\frac{1}{2}\boldsymbol{x}_2^{\mathrm{T}}\boldsymbol{x}_2+\frac{1}{\eta}\mathrm{tr}(\dot{\widetilde{\boldsymbol{W}}}_{\mathrm{f}}^{\mathrm{T}}\widetilde{\boldsymbol{W}}_{\mathrm{f}})\end{aligned}$$

定义

$$H=\dot{L}-\frac{1}{2}\gamma^2\|\varepsilon_{\mathrm{f}}\|^2+\frac{1}{2}\|\boldsymbol{z}\|^2\tag{6.38}$$

则

$$H=-\boldsymbol{x}_2^{\mathrm{T}}\varepsilon_{\mathrm{f}}-\frac{1}{2\gamma^2}\boldsymbol{x}_2^{\mathrm{T}}\boldsymbol{x}_2+\boldsymbol{x}_2^{\mathrm{T}}\widetilde{\boldsymbol{W}}_{\mathrm{f}}\boldsymbol{\sigma}_{\mathrm{f}}-\frac{1}{2}\boldsymbol{x}_2^{\mathrm{T}}\boldsymbol{x}_2+\frac{1}{\eta}\mathrm{tr}(\dot{\widetilde{\boldsymbol{W}}}_{\mathrm{f}}^{\mathrm{T}}\widetilde{\boldsymbol{W}}_{\mathrm{f}})-\frac{1}{2}\gamma^2\|\varepsilon_{\mathrm{f}}\|^2+\frac{1}{2}\|\boldsymbol{z}\|^2$$

考虑到

(1) $-\boldsymbol{x}_2^{\mathrm{T}}\varepsilon_{\mathrm{f}}-\frac{1}{2\gamma^2}\boldsymbol{x}_2^{\mathrm{T}}\boldsymbol{x}_2-\frac{1}{2}\gamma^2\|\varepsilon_{\mathrm{f}}\|^2=-\frac{1}{2}\left\|\frac{1}{\gamma}\boldsymbol{x}_2+\gamma\varepsilon_{\mathrm{f}}\right\|^2\leqslant 0$;

(2) $\boldsymbol{x}_2^{\mathrm{T}}\widetilde{\boldsymbol{W}}_{\mathrm{f}}\boldsymbol{\sigma}_{\mathrm{f}}+\frac{1}{\eta}\mathrm{tr}(\dot{\widetilde{\boldsymbol{W}}}_{\mathrm{f}}^{\mathrm{T}}\widetilde{\boldsymbol{W}}_{\mathrm{f}})=0$;

(3) $-\frac{1}{2}\boldsymbol{x}_2^{\mathrm{T}}\boldsymbol{x}_2+\frac{1}{2}\|\boldsymbol{z}\|^2=0$。

可得 $H\leqslant 0$,根据式(6.38)对 H 的定义,可得

$$\dot{L}\leqslant\frac{1}{2}\gamma^2\|\varepsilon_{\mathrm{f}}\|^2-\frac{1}{2}\|\boldsymbol{z}\|^2$$

再由 HJI(Hamilton-Jacobi Inequality)定理式(6.27),可得 $J\leqslant\gamma$,从而 $\|z\|$ 满足性能指标,即 e 和 $\dot{e}$ 满足收敛要求。

6.3.3 仿真实例

6.3.3.1 实例(1)

针对如下动力学方程

$$M\ddot{q}=T-d$$

其中,$M=1.0$ 为转动惯量。

理想跟踪指令为 $q_{\mathrm{d}}=\sin t$,外界干扰为 $d=150\mathrm{sgn}\dot{q}+10\dot{q}$,系统的初始状态为 0。取控制

参数为 $\eta=1000, \alpha=200, \gamma=0.10$。高斯函数的参数 $\boldsymbol{c}_i$ 和 b_i 分别取 $[-1\quad -0.5\quad 0\quad 0.5\quad 1]$ 和 50。采用自适应律式(6.36)，控制律取式(6.29)和式(6.37)，仿真结果如图 6.16 和图 6.17 所示。

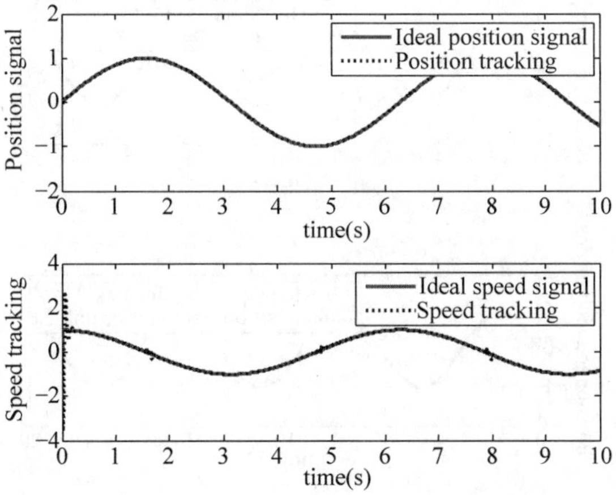

图 6.16 基于 RBF 补偿的角度和角速度跟踪(S=2)

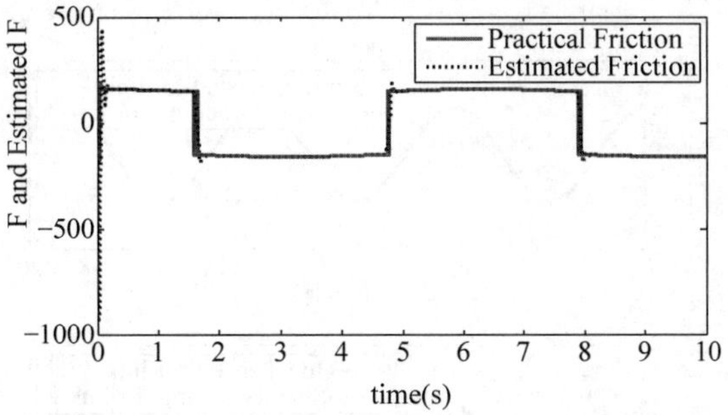

图 6.17 外界干扰及估计(S=2)

仿真主程序为 chap6_5sim.mdl，详见附录。

6.3.3.2 实例(2)

被控对象为双关节机械手，其动力学方程为

$$\boldsymbol{M}(\boldsymbol{q})\ddot{\boldsymbol{q}}+\boldsymbol{V}(\boldsymbol{q},\dot{\boldsymbol{q}})\dot{\boldsymbol{q}}+\boldsymbol{G}(\boldsymbol{q})+\boldsymbol{D}=\boldsymbol{T}$$

其中，$\boldsymbol{D}=\Delta(\boldsymbol{q},\dot{\boldsymbol{q}})+\boldsymbol{d}$；$M_{11}=(m_1+m_2)r_1^2+m_2r_2^2+2m_2r_1r_2\cos q_2$；$M_{12}=M_{21}=m_2r_2^2+m_2r_1r_2\cos q_2$；$M_{22}=m_2r_2^2$；$V=\begin{bmatrix}-V_{12}\dot{q}_2 & -V_{12}(\dot{q}_1+\dot{q}_2)\\ V_{12}q_1 & 0\end{bmatrix}$；$V_{12}=m_2r_1\sin q_2$；$G_1=(m_1+m_2)r_1\cos q_2+m_2r_2\cos(q_1+q_2)$；$G_2=m_2r_2\cos(q_1+q_2)$；$\boldsymbol{D}=\begin{bmatrix}30\mathrm{sgn}q_2\\ 30\mathrm{sgn}q_4\end{bmatrix}$；$r_1=1$；$r_2=0.8$；$m_1=1$；$m_2=1.5$。

设理想跟踪信号为 $q_{1d}=\sin t, q_{2d}=\sin t$，系统的初始状态为 0。取 RBF 神经网络的结构为 4-7-1 RBF，并取 $\eta=1500, \alpha=20, \gamma=0.05$。高斯函数的参数 $\boldsymbol{c}_i$ 和 b_i 分别取 $[-1.5\quad -1.0\quad -0.5\quad 0\quad 0.5\quad 1.0\quad 1.5]$ 和 10。采用自适应律式(6.36)，控制律取

式(6.29)和式(6.37),仿真结果如图 6.18～图 6.20 所示。

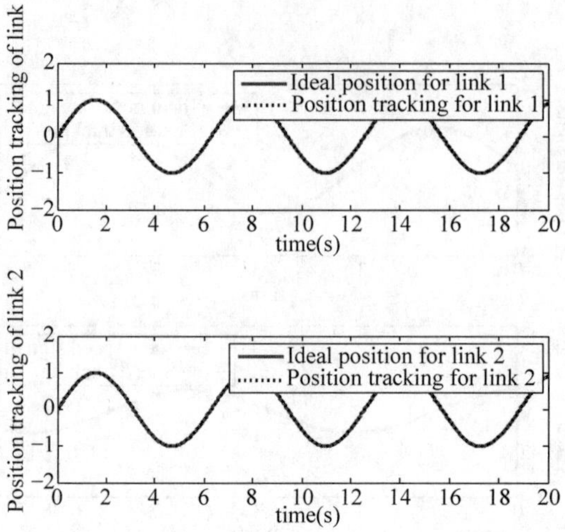

图 6.18　基于 RBF 补偿的关节 1 和关节 2 的角度跟踪 (S=2)

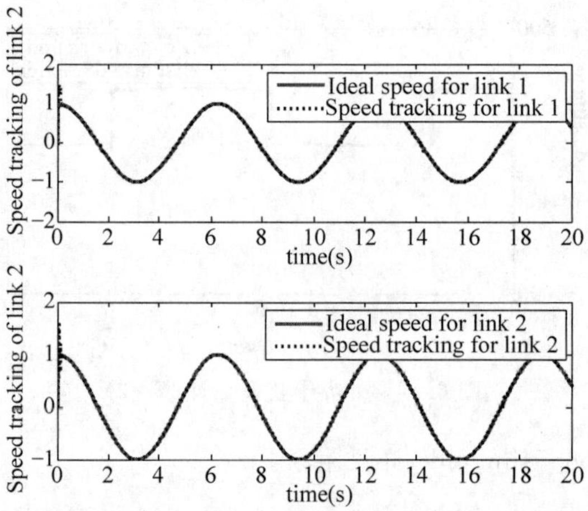

图 6.19　基于 RBF 补偿的关节 1 和关节 2 的角速度跟踪(S=2)

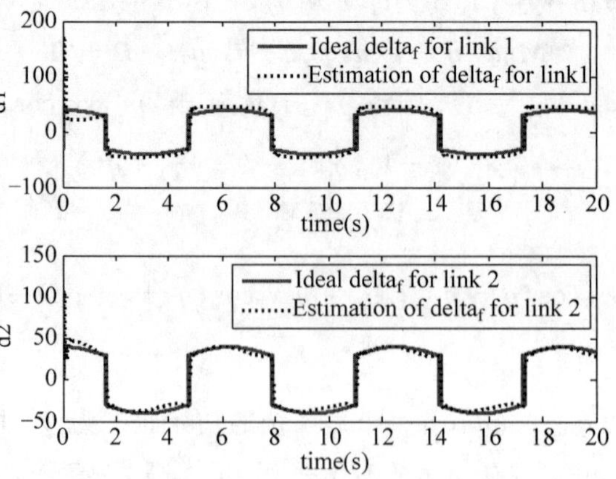

图 6.20　外界扰动及其逼近(S=2)

仿真主程序为 chap6_6sim.mdl,详见附录。

附录　仿真程序

6.1.4.1 节的程序

1. 仿真主程序：chap6_1sim.mdl

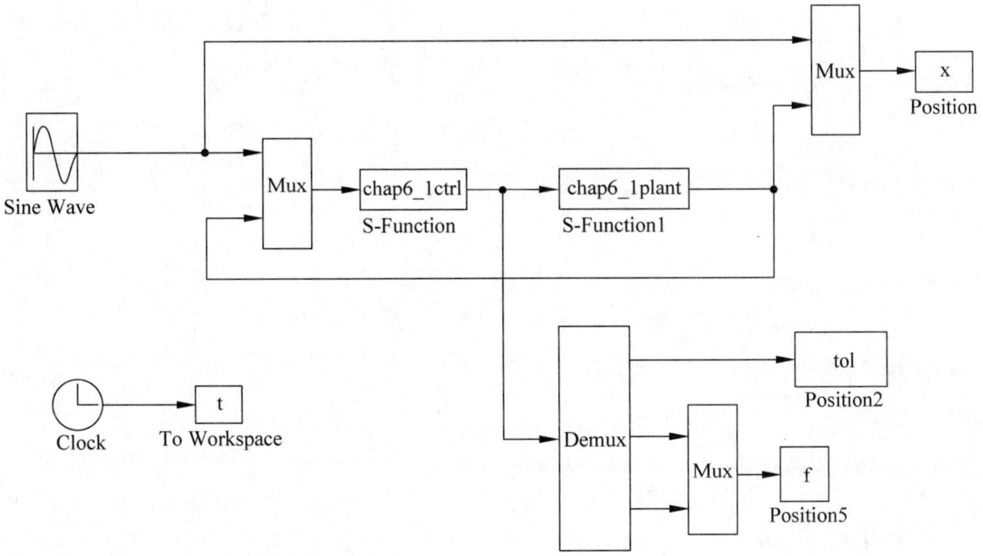

2. 控制律和自适应律设计程序：chap6_1ctrl.m

```
function [sys,x0,str,ts] = spacemodel(t,x,u,flag)

switch flag,
case 0,
    [sys,x0,str,ts] = mdlInitializeSizes;
case 1,
    sys = mdlDerivatives(t,x,u);
case 3,
    sys = mdlOutputs(t,x,u);
case {2,4,9}
    sys = [];
otherwise
    error(['Unhandled flag = ',num2str(flag)]);
end

function [sys,x0,str,ts] = mdlInitializeSizes
global c b kv kp
sizes = simsizes;
sizes.NumContStates     = 5;
sizes.NumDiscStates     = 0;
sizes.NumOutputs        = 3;
sizes.NumInputs         = 3;
sizes.DirFeedthrough    = 1;
```

```
sizes.NumSampleTimes     = 1;
sys = simsizes(sizes);
x0 = 0.1 * ones(1,5);
str = [];
ts = [0 0];
c = 0.5 * [ - 2 - 1 0 1 2;
            - 2 - 1 0 1 2];
b = 1.5 * ones(5,1);
alfa = 3;
kp = alfa ^ 2;
kv = 2 * alfa;
function sys = mdlDerivatives(t,x,u)
global c b kv kp
qd = u(1);
dqd = cos(t);
ddqd = - sin(t);

q = u(2);
dq = u(3);

e = q - qd;
de = dq - dqd;

A = [0 1; - kp - kv];
D = 10;
B = [0 1/D]';

Q = 50 * eye(2);
P = lyap(A',Q);
eig(P);

th = [x(1) x(2) x(3) x(4) x(5)]';
xi = [e;de];

h = zeros(5,1);
for j = 1:1:5
    h(j) = exp( - norm(xi - c(:,j))^2/(2 * b(j) * b(j)));
end
gama = 1200;

S1 = 1;
if S1 == 1                 % First adaptive Law
    S = gama * h * xi' * P * B;
elseif S1 == 2             % Secod adaptive Law with UUB
    k1 = 0.001;
    S = gama * h * xi' * P * B + k1 * gama * norm(xi) * th;
end
S = S';
for i = 1:1:5
    sys(i) = S(i);
end
```

```
function sys = mdlOutputs(t,x,u)
global c b kv kp
qd = u(1);
dqd = cos(t);
ddqd = - sin(t);

q = u(2);
dq = u(3);

e = q - qd;
de = dq - dqd;

M = 10;

tol1 = M * (ddqd - kv * de - kp * e);

xi = [e;de];
h = zeros(5,1);
for j = 1:1:5
    h(j) = exp( - norm(xi - c(:,j))^2/(2 * b(j) * b(j)));
end

d = - 15 * dq - 30 * sign(dq);
f = d;

S = 3;
if S == 1                  % Nominal model based controller
    fn = 0;
    tol = tol1;
elseif S == 2              % Modified computed torque controller
    fn = 0;
    tol2 = - f;
    tol = tol1 + tol2;
elseif S == 3              % RBF compensated controller
    th = [x(1) x(2) x(3) x(4) x(5)]';
    fn = th' * h;
    tol2 = - fn;
    tol = tol1 + 1 * tol2;
end

sys(1) = tol;
sys(2) = f;
sys(3) = fn;
```

3. 控制对象程序：chap6_1plant. m

```
function [sys,x0,str,ts] = s_function(t,x,u,flag)
switch flag,
case 0,
    [sys,x0,str,ts] = mdlInitializeSizes;
```

```
case 1,
    sys = mdlDerivatives(t,x,u);
case 3,
    sys = mdlOutputs(t,x,u);
case {2, 4, 9}
    sys = [];
otherwise
    error(['Unhandled flag = ',num2str(flag)]);
end
function [sys,x0,str,ts] = mdlInitializeSizes
sizes = simsizes;
sizes.NumContStates      = 2;
sizes.NumDiscStates      = 0;
sizes.NumOutputs         = 2;
sizes.NumInputs          = 3;
sizes.DirFeedthrough     = 0;
sizes.NumSampleTimes     = 0;
sys = simsizes(sizes);
x0 = [0.6;0];
str = [];
ts = [];
function sys = mdlDerivatives(t,x,u)
M = 10;
d = - 15 * x(2) - 30 * sign(x(2));

tol = u(1);

sys(1) = x(2);
sys(2) = 1/M * (tol + d);
function sys = mdlOutputs(t,x,u)
sys(1) = x(1);
sys(2) = x(2);
```

4. 画图程序：chap6_1plot.m

```
close all;

figure(1);
subplot(211);
plot(t,x(:,1),'r',t,x(:,2),'k:','linewidth',2);
xlabel('time(s)');ylabel('Position tracking');
legend('ideal position','position tracking');
subplot(212);
plot(t,cos(t),'r',t,x(:,3),'k:','linewidth',2);
xlabel('time(s)');ylabel('Speed tracking');
legend('ideal speed','speed tracking');

figure(2);
plot(t,f(:,1),'r',t,f(:,2),'b','linewidth',2);
xlabel('time(s)');ylabel('f and fn');
legend('Practical uncertainties','Estimation uncertainties');
```

6.1.4.2 节的仿真程序

1. 仿真主程序：chap6_2sim.mdl

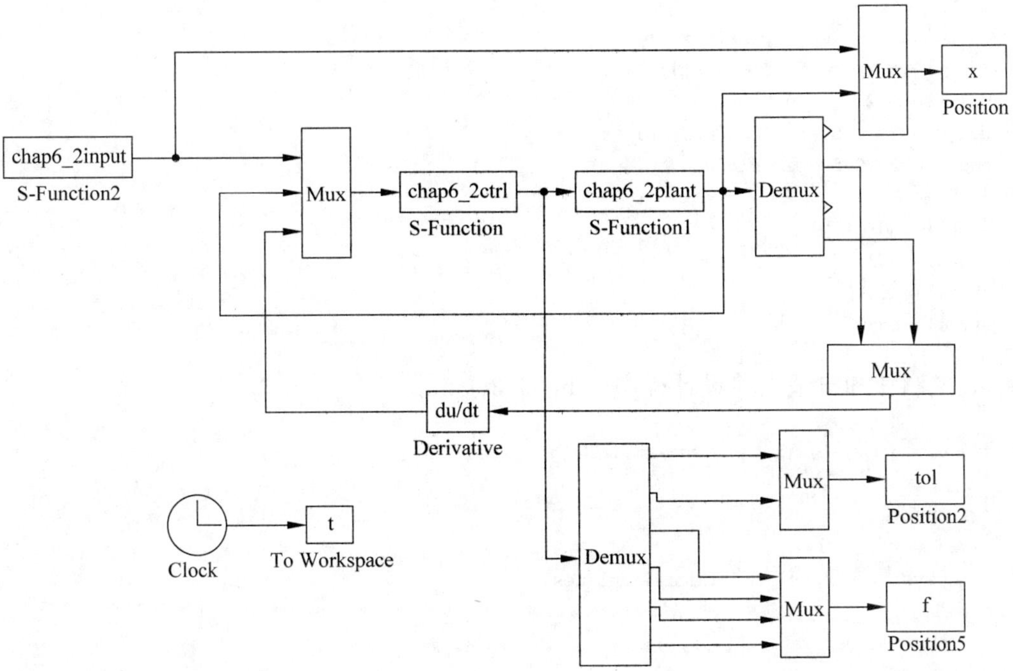

2. 跟踪指令产生程序：chap6_2input.m

```
function [sys,x0,str,ts] = spacemodel(t,x,u,flag)

switch flag,
case 0,
    [sys,x0,str,ts] = mdlInitializeSizes;
case 1,
    sys = mdlDerivatives(t,x,u);
case 3,
    sys = mdlOutputs(t,x,u);
case {2,4,9}
    sys = [];
otherwise
    error(['Unhandled flag = ',num2str(flag)]);
end

function [sys,x0,str,ts] = mdlInitializeSizes
sizes = simsizes;
sizes.NumContStates   = 0;
sizes.NumDiscStates   = 0;
sizes.NumOutputs      = 4;
sizes.NumInputs       = 0;
sizes.DirFeedthrough  = 0;
sizes.NumSampleTimes  = 1;
```

```
sys = simsizes(sizes);
x0 = [];
str = [];
ts = [0 0];

function sys = mdlOutputs(t,x,u)
qd1 = 1 + 0.2 * sin(0.5 * pi * t);
qd2 = 1 - 0.2 * cos(0.5 * pi * t);
dqd1 = 0.2 * 0.5 * pi * cos(0.5 * pi * t);
dqd2 = 0.2 * 0.5 * pi * sin(0.5 * pi * t);

sys(1) = qd1;
sys(2) = qd2;
sys(3) = dqd1;
sys(4) = dqd2;
```

3. 控制律和自适应律设计程序：chap6_2ctrl.m

```
function [sys,x0,str,ts] = spacemodel(t,x,u,flag)

switch flag,
case 0,
    [sys,x0,str,ts] = mdlInitializeSizes;
case 1,
    sys = mdlDerivatives(t,x,u);
case 3,
    sys = mdlOutputs(t,x,u);
case {2,4,9}
    sys = [];
otherwise
    error(['Unhandled flag = ',num2str(flag)]);
end

function [sys,x0,str,ts] = mdlInitializeSizes
global c b kv kp
sizes = simsizes;
sizes.NumContStates    = 10;
sizes.NumDiscStates    = 0;
sizes.NumOutputs       = 6;
sizes.NumInputs        = 10;
sizes.DirFeedthrough   = 1;
sizes.NumSampleTimes   = 1;
sys = simsizes(sizes);
x0 = 0.1 * ones(1,10);
str = [];
ts = [0 0];
c= [-2 -1 0 1 2;
    -2 -1 0 1 2;
    -2 -1 0 1 2;
    -2 -1 0 1 2];
b= 3.0;
```

```
alfa = 3;
kp = [alfa ^2 0;
    0 alfa ^2];
kv = [2 * alfa 0;
    0 2 * alfa];
function sys = mdlDerivatives(t,x,u)
global c b kv kp

A = [zeros(2) eye(2);
     - kp  - kv];
B = [0 0;0 0;1 0;0 1];

Q = [50   0   0   0;
     0  50   0   0;
     0   0  50   0;
     0   0   0  50];
P = lyap(A',Q);
eig(P);

qd1 = u(1);
qd2 = u(2);
d_qd1 = u(3);
d_qd2 = u(4);

q1 = u(5);dq1 = u(6);q2 = u(7);dq2 = u(8);
e1 = q1 - qd1;
e2 = q2 - qd2;
de1 = dq1 - d_qd1;
de2 = dq2 - d_qd2;

w = [x(1) x(2) x(3) x(4) x(5);x(6) x(7) x(8) x(9) x(10)]';
xi = [e1;e2;de1;de2];
h = zeros(5,1);
for j = 1:1:5
    h(j) = exp( - norm(xi - c(:,j))^2/(2 * b^2));
end
gama = 20;

S1 = 1;
if S1 == 1                              % Adaptive Law
    dw = gama * h * xi' * P * B;
elseif S1 == 2                          % Adaptive Law with UUB
    k1 = 0.001;
    dw = gama * h * xi' * P * B + k1 * gama * norm(x) * w;
end
dw = dw';
for i = 1:1:5
    sys(i) = dw(1,i);
    sys(i + 5) = dw(2,i);
end
```

```
function sys = mdlOutputs(t,x,u)
global c b kv kp
qd1 = u(1);
qd2 = u(2);
d_qd1 = u(3);
d_qd2 = u(4);

dd_qd1 = -0.2 * (0.5 * pi)^2 * sin(0.5 * pi * t);
dd_qd2 = 0.2 * (0.5 * pi)^2 * cos(0.5 * pi * t);
dd_qd = [dd_qd1;dd_qd2];

q1 = u(5);dq1 = u(6);q2 = u(7);dq2 = u(8);

ddq1 = u(9);ddq2 = u(10);
ddq = [ddq1;ddq2];

e1 = q1 - qd1;
e2 = q2 - qd2;
de1 = dq1 - d_qd1;
de2 = dq2 - d_qd2;
e = [e1;e2];
de = [de1;de2];

v = 13.33;
q01 = 8.98;
q02 = 8.75;
g = 9.8;

M0 = [v + q01 + 2 * q02 * cos(q2) q01 + q02 * cos(q2);
    q01 + q02 * cos(q2) q01];
C0 = [ -q02 * dq2 * sin(q2)  -q02 * (dq1 + dq2) * sin(q2);
     q02 * dq1 * sin(q2) 0];
G0 = [15 * g * cos(q1) + 8.75 * g * cos(q1 + q2);
    8.75 * g * cos(q1 + q2)];

dq = [dq1;dq2];

tol1 = M0 * (dd_qd - kv * de - kp * e) + C0 * dq + G0;

d_M = 0.2 * M0;
d_C = 0.2 * C0;
d_G = 0.2 * G0;
d1 = 2;d2 = 3;d3 = 6;
d = [d1 + d2 * norm([e1,e2]) + d3 * norm([de1,de2])];
 %d = [20 * sin(2 * t);20 * sin(2 * t)];
f = inv(M0) * (d_M * ddq + d_C * dq + d_G + d);

xi = [e1;e2;de1;de2];
h = zeros(5,1);
for j = 1:1:5
    h(j) = exp( -norm(xi - c(:,j))^2/(2 * b^2));
```

```
end

S = 3;
if S == 1                % Nominal model based controller
    tol = tol1;
elseif S == 2            % Modified computed torque controller
    tol2 = - M0 * f;
    tol = tol1 + tol2;
elseif S == 3            % RBF compensated controller
    w = [x(1) x(2) x(3) x(4) x(5);x(6) x(7) x(8) x(9) x(10)]';
    fn = w' * h;
    tol2 = - M0 * fn;
    tol = tol1 + 1 * tol2;
end

sys(1) = tol(1);
sys(2) = tol(2);
sys(3) = f(1);
sys(4) = fn(1);
sys(5) = f(2);
sys(6) = fn(2);
```

4. 控制对象程序：chap6_2plant.m

```
function [sys,x0,str,ts] = s_function(t,x,u,flag)
switch flag,
case 0,
    [sys,x0,str,ts] = mdlInitializeSizes;
case 1,
    sys = mdlDerivatives(t,x,u);
case 3,
    sys = mdlOutputs(t,x,u);
case {2, 4, 9}
    sys = [];
otherwise
    error(['Unhandled flag = ',num2str(flag)]);
end
function [sys,x0,str,ts] = mdlInitializeSizes
sizes = simsizes;
sizes.NumContStates    = 4;
sizes.NumDiscStates    = 0;
sizes.NumOutputs       = 4;
sizes.NumInputs        = 6;
sizes.DirFeedthrough   = 0;
sizes.NumSampleTimes   = 0;
sys = simsizes(sizes);
x0 = [0.6;0.3;0.5;0.5];
str = [];
ts = [];
function sys = mdlDerivatives(t,x,u)
persistent ddx1 ddx2
```

```
if t == 0
    ddx1 = 0;
    ddx2 = 0;
end
qd1 = 1 + 0.2 * sin(0.5 * pi * t);
dqd1 = 0.2 * 0.5 * pi * cos(0.5 * pi * t);
qd2 = 1 - 0.2 * cos(0.5 * pi * t);
dqd2 = 0.2 * 0.5 * pi * sin(0.5 * pi * t);

e1 = x(1) - qd1;
e2 = x(3) - qd2;
de1 = x(2) - dqd1;
de2 = x(4) - dqd2;

v = 13.33;
q1 = 8.98;
q2 = 8.75;
g = 9.8;

M0 = [v + q1 + 2 * q2 * cos(x(3)) q1 + q2 * cos(x(3));
    q1 + q2 * cos(x(3)) q1];
C0 = [ - q2 * x(4) * sin(x(3)) - q2 * (x(2) + x(4)) * sin(x(3));
     q2 * x(2) * sin(x(3)) 0];
G0 = [15 * g * cos(x(1)) + 8.75 * g * cos(x(1) + x(3));
   8.75 * g * cos(x(1) + x(3))];
d_M = 0.2 * M0;
d_C = 0.2 * C0;
d_G = 0.2 * G0;

d1 = 2;d2 = 3,d3 - 6;
d = [d1 + d2 * norm([e1,e2]) + d3 * norm([de1,de2])];
% d = 20 * sin(2 * t);
tol(1) = u(1);
tol(2) = u(2);

dq = [x(2);x(4)];
ddq = [ddx1;ddx2];
f = inv(M0) * (d_M * ddq + d_C * dq + d_G + d);

ddx = inv(M0) * (tol' - C0 * dq - G0) + 1 * f;

sys(1) = x(2);
sys(2) = ddx(1);
sys(3) = x(4);
sys(4) = ddx(2);
ddx1 = ddx(1);
ddx2 = ddx(2);
function sys = mdlOutputs(t,x,u)
```

```
sys(1) = x(1);
sys(2) = x(2);
sys(3) = x(3);
sys(4) = x(4);
```

5. 画图程序：chap6_2plot.m

```
close all;

figure(1);
subplot(211);
plot(t,x(:,1),'r',t,x(:,5),'k:','linewidth',2);
xlabel('time(s)');ylabel('Position tracking for link 1');
legend('ideal position for link 1','position tracking for link 1');
subplot(212);
plot(t,x(:,2),'r',t,x(:,7),'k:','linewidth',2);
xlabel('time(s)');ylabel('Position tracking for link 2');
legend('ideal position for link 2','position tracking for link 2');

figure(2);
subplot(211);
plot(t,x(:,3),'r',t,x(:,6),'k:','linewidth',2);
xlabel('time(s)');ylabel('Speed tracking for link 1');
legend('ideal speed for link 1','speed tracking for link 1');
subplot(212);
plot(t,x(:,4),'r',t,x(:,8),'k:','linewidth',2);
xlabel('time(s)');ylabel('Speed tracking for link 2');
legend('ideal speed for link 2','speed tracking for link 2');

figure(3);
subplot(211);
plot(t,tol(:,1),'r','linewidth',2);
xlabel('time(s)');ylabel('Control input of link 1');
subplot(212);
plot(t,tol(:,1),'r','linewidth',2);
xlabel('time(s)');ylabel('Control input of link 2');

figure(4);
subplot(211);
plot(t,f(:,1),'r',t,f(:,2),'k:','linewidth',2);
xlabel('time(s)');ylabel('f1 and fn1');
legend('Practical uncertainties of link 1','Estimation uncertainties of link 1');
subplot(212);
plot(t,f(:,3),'r',t,f(:,4),'k:','linewidth',2);
xlabel('time(s)');ylabel('f2 and fn2');
legend('Practical uncertainties of link 2','Estimation uncertainties of link 2');
```

6.2.4.1 节的程序

1. 仿真主程序：chap6_3sim.mdl

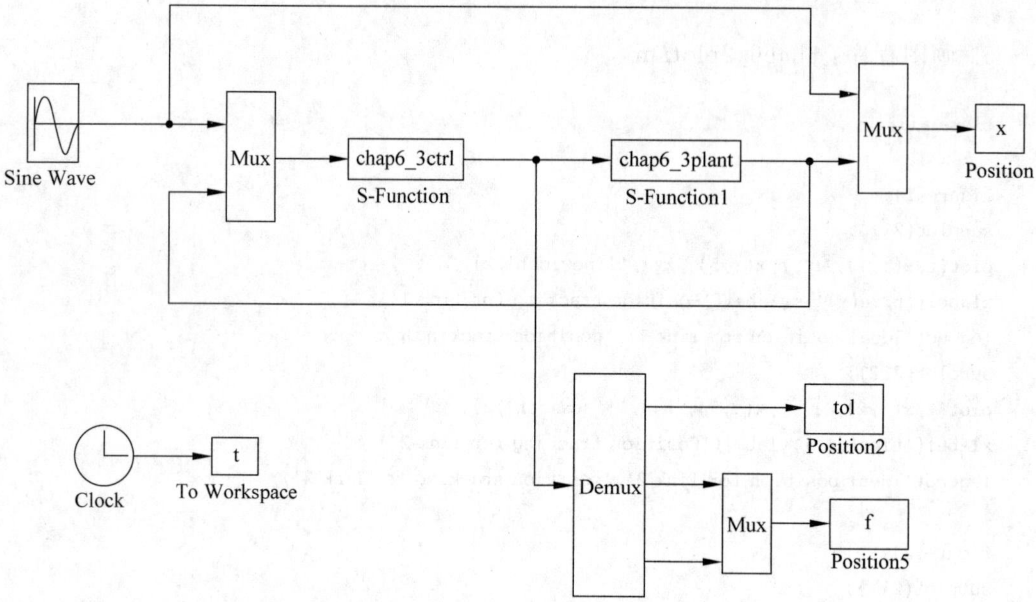

2. 控制律和自适应律设计程序：chap6_3ctrl.m

```
function [sys,x0,str,ts] = spacemodel(t,x,u,flag)
switch flag,
case 0,
    [sys,x0,str,ts] = mdlInitializeSizes;
case 1,
    sys = mdlDerivatives(t,x,u);
case 3,
    sys = mdlOutputs(t,x,u);
case {2,4,9}
    sys = [];
otherwise
    error(['Unhandled flag = ',num2str(flag)]);
end

function [sys,x0,str,ts] = mdlInitializeSizes
global node c b Fai
node = 7;
c = [ -1.5 -1 -0.5 0 0.5 1 1.5;
    -1.5 -1 -0.5 0 0.5 1 1.5];
b = 10;
Fai = 15;

sizes = simsizes;
sizes.NumContStates    = node;
sizes.NumDiscStates    = 0;
```

```
sizes.NumOutputs      = 3;
sizes.NumInputs       = 3;
sizes.DirFeedthrough  = 1;
sizes.NumSampleTimes  = 0;
sys = simsizes(sizes);
x0 = zeros(1,node);
str = [];
ts = [];
function sys = mdlDerivatives(t,x,u)
global node c b Fai
qd = u(1);
dqd = cos(t);
ddqd = - sin(t);

q = u(2);
dq = u(3);

e = qd - q;
de = dqd - dq;
r = de + Fai * e;

z = [e;de];
for j = 1:1:node
    h(j) = exp( - norm(z - c(:,j))^2/(b * b));
end

Gama = 100;
for i = 1:1:node
sys(i) = Gama * h(i) * r;
end
function sys = mdlOutputs(t,x,u)
global node c b Fai
qd = u(1);
dqd = cos(t);
ddqd = - sin(t);

q = u(2);
dq = u(3);

e = qd - q;
de = dqd - dq;
r = de + Fai * e;

dqr = dqd + Fai * e;
ddqr = ddqd + Fai * de;

z = [e;de];
w = [x(1:node)]';

for j = 1:1:node
    h(j) = exp( - norm(z - c(:,j))^2/(b * b));
```

```
end

fn = w * h';
Kv = 110;

epN = 0.20;bd = 0.1;
v = - (epN + bd) * sign(r);
tol = fn + Kv * r - v;

F = 15 * dq + 0.3 * sign(dq);
M = 10;
f = M * ddqr + F;

fn_norm = norm(fn);
sys(1) = tol;
sys(2) = f;
sys(3) = fn;
```

3. 被控对象程序：chap6_3plant. m

```
function [sys,x0,str,ts] = s_function(t,x,u,flag)
switch flag,
case 0,
    [sys,x0,str,ts] = mdlInitializeSizes;
case 1,
    sys = mdlDerivatives(t,x,u);
case 3,
    sys = mdlOutputs(t,x,u);
case {2, 4, 9}
    sys = [];
otherwise
    error(['Unhandled flag = ',num2str(flag)]);
end
function [sys,x0,str,ts] = mdlInitializeSizes
sizes = simsizes;
sizes.NumContStates   = 2;
sizes.NumDiscStates   = 0;
sizes.NumOutputs      = 2;
sizes.NumInputs       = 3;
sizes.DirFeedthrough  = 0;
sizes.NumSampleTimes  = 0;
sys = simsizes(sizes);
x0 = [0.1;0];
str = [];
ts = [];
function sys = mdlDerivatives(t,x,u)
M = 10;
F = 15 * x(2) + 0.30 * sign(x(2));

tol = u(1);
```

```
sys(1) = x(2);
sys(2) = 1/M * (tol - F);
function sys = mdlOutputs(t,x,u)
sys(1) = x(1);
sys(2) = x(2);
```

4. 画图程序：chap6_3plot. m

```
close all;

figure(1);
subplot(211);
plot(t,x(:,1),'r',t,x(:,2),'k:','linewidth',2);
xlabel('time(s)');ylabel('Position tracking');
legend('ideal position','position tracking');
subplot(212);
plot(t,cos(t),'r',t,x(:,3),'k:','linewidth',2);
xlabel('time(s)');ylabel('Speed tracking');
legend('ideal speed','speed tracking');

figure(2);
plot(t,f(:,1),'r',t,f(:,2),'b','linewidth',2);
xlabel('time(s)');ylabel('f and fn');
legend('Practical uncertainties','Estimation uncertainties');
```

6.2.4.2 节的程序

1. 仿真主程序：chap6_4sim. mdl

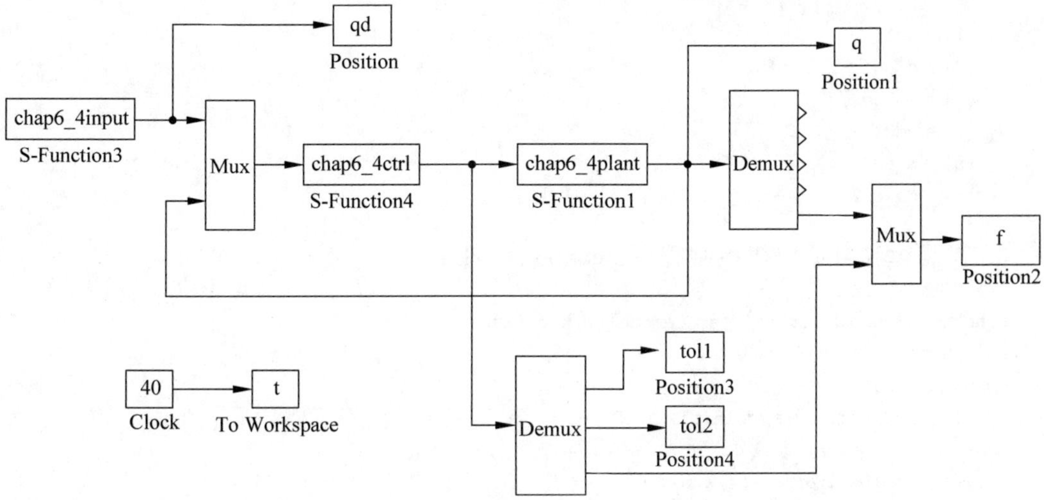

2. 理想跟踪指令产生程序：chap6_4input. m

```
function [sys,x0,str,ts] = spacemodel(t,x,u,flag)
switch flag,
case 0,
```

```
    [sys,x0,str,ts] = mdlInitializeSizes;
case 1,
    sys = mdlDerivatives(t,x,u);
case 3,
    sys = mdlOutputs(t,x,u);
case {2,4,9}
    sys = [];
otherwise
    error(['Unhandled flag = ',num2str(flag)]);
end
function [sys,x0,str,ts] = mdlInitializeSizes
sizes = simsizes;
sizes.NumContStates   = 0;
sizes.NumDiscStates   = 0;
sizes.NumOutputs      = 6;
sizes.NumInputs       = 0;
sizes.DirFeedthrough  = 0;
sizes.NumSampleTimes  = 1;
sys = simsizes(sizes);
x0 = [];
str = [];
ts = [0 0];
function sys = mdlOutputs(t,x,u)
qd1 = 0.1 * sin(t);
d_qd1 = 0.1 * cos(t);
dd_qd1 = - 0.1 * sin(t);
qd2 = 0.1 * sin(t);
d_qd2 = 0.1 * cos(t);
dd_qd2 = - 0.1 * sin(t);

sys(1) = qd1;
sys(2) = d_qd1;
sys(3) = dd_qd1;
sys(4) = qd2;
sys(5) = d_qd2;
sys(6) = dd_qd2;
```

3. 控制律和自适应律控制程序：chap6_4ctrl.m

```
function [sys,x0,str,ts] = spacemodel(t,x,u,flag)
switch flag,
case 0,
    [sys,x0,str,ts] = mdlInitializeSizes;
case 1,
    sys = mdlDerivatives(t,x,u);
case 3,
    sys = mdlOutputs(t,x,u);
case {2,4,9}
    sys = [];
otherwise
    error(['Unhandled flag = ',num2str(flag)]);
```

```
end

function [sys,x0,str,ts] = mdlInitializeSizes
global node c b Fai
node = 7;
c = [ - 1.5  - 1  - 0.5 0 0.5 1 1.5;
     - 1.5  - 1  - 0.5 0 0.5 1 1.5];
b = 10;
Fai = 5 * eye(2);

sizes = simsizes;
sizes.NumContStates   = 2 * node;
sizes.NumDiscStates   = 0;
sizes.NumOutputs      = 3;
sizes.NumInputs       = 11;
sizes.DirFeedthrough  = 1;
sizes.NumSampleTimes  = 0;
sys = simsizes(sizes);
x0 = zeros(1,2 * node);
str = [];
ts = [];
function sys = mdlDerivatives(t,x,u)
global node c b Fai
qd1 = u(1);
d_qd1 = u(2);
dd_qd1 = u(3);
qd2 = u(4);
d_qd2 = u(5);
dd_qd2 = u(6);

q1 = u(7);
d_q1 = u(8);
q2 = u(9);
d_q2 = u(10);

q = [q1;q2];

e1 = qd1 - q1;
e2 = qd2 - q2;
de1 = d_qd1 - d_q1;
de2 = d_qd2 - d_q2;
e = [e1;e2];
de = [de1;de2];
r = de + Fai * e;

qd = [qd1;qd2];
dqd = [d_qd1;d_qd2];
dqr = dqd + Fai * e;
ddqd = [dd_qd1;dd_qd2];
ddqr = ddqd + Fai * de;
```

```
z1 = [e(1);de(1)];
z2 = [e(2);de(2)];
for j = 1:1:node
    h1(j) = exp( - norm(z1 - c(:,j))^2/(b * b));
    h2(j) = exp( - norm(z2 - c(:,j))^2/(b * b));
end

F = 15 * eye(node);
for i = 1:1:node
    sys(i) = 15 * h1(i) * r(1);
    sys(i + node) = 15 * h2(i) * r(2);
end
function sys = mdlOutputs(t,x,u)
global node c b Fai
qd1 = u(1);
d_qd1 = u(2);
dd_qd1 = u(3);
qd2 = u(4);
d_qd2 = u(5);
dd_qd2 = u(6);

q1 = u(7);
d_q1 = u(8);
q2 = u(9);
d_q2 = u(10);

q = [q1;q2];

e1 = qd1 - q1;
e2 = qd2 - q2;
de1 = d_qd1 - d_q1;
de2 = d_qd2 - d_q2;
e = [e1;e2];
de = [de1;de2];
r = de + Fai * e;

qd = [qd1;qd2];
dqd = [d_qd1;d_qd2];
dqr = dqd + Fai * e;
ddqd = [dd_qd1;dd_qd2];
ddqr = ddqd + Fai * de;

W_f1 = [x(1:node)]';
W_f2 = [x(node + 1:node * 2)]';

z1 = [e(1);de(1)];
z2 = [e(2);de(2)];
for j = 1:1:node
    h1(j) = exp( - norm(z1 - c(:,j))^2/(b * b));
    h2(j) = exp( - norm(z2 - c(:,j))^2/(b * b));
end
```

```
fn = [W_f1 * h1';
    W_f2 * h2'];
Kv = 20 * eye(2);

epN = 0.20;bd = 0.1;
v = - (epN + bd) * sign(r);
tol = fn + Kv * r - v;

fn_norm = norm(fn);
sys(1) = tol(1);
sys(2) = tol(2);
sys(3) = fn_norm;
```

4. 被控对象程序：chap6_4plant.m

```
function [sys,x0,str,ts] = s_function(t,x,u,flag)

switch flag,
case 0,
    [sys,x0,str,ts] = mdlInitializeSizes;
case 1,
    sys = mdlDerivatives(t,x,u);
case 3,
    sys = mdlOutputs(t,x,u);
case {2, 4, 9}
    sys = [];
otherwise
    error(['Unhandled flag = ',num2str(flag)]);
end
function [sys,x0,str,ts] = mdlInitializeSizes
global p g
sizes = simsizes;
sizes.NumContStates   = 4;
sizes.NumDiscStates   = 0;
sizes.NumOutputs      = 5;
sizes.NumInputs       = 3;
sizes.DirFeedthrough  = 0;
sizes.NumSampleTimes  = 0;
sys = simsizes(sizes);
x0 = [0.09 0  -0.09 0];
str = [];
ts = [];

p = [2.9 0.76 0.87 3.04 0.87];
g = 9.8;
function sys = mdlDerivatives(t,x,u)
global p g

D = [p(1) + p(2) + 2 * p(3) * cos(x(3)) p(2) + p(3) * cos(x(3));
    p(2) + p(3) * cos(x(3)) p(2)];
```

```
C = [ - p(3) * x(4) * sin(x(3)) - p(3) * (x(2) + x(4)) * sin(x(3));
     p(3) * x(2) * sin(x(3)) 0];
G = [p(4) * g * cos(x(1)) + p(5) * g * cos(x(1) + x(3));
    p(5) * g * cos(x(1) + x(3))];
dq = [x(2);x(4)];
F = 0.2 * sign(dq);
told = [0.1 * sin(t);0.1 * sin(t)];

tol = u(1:2);

S = inv(D) * (tol - C * dq - G - F - told);

sys(1) = x(2);
sys(2) = S(1);
sys(3) = x(4);
sys(4) = S(2);
function sys = mdlOutputs(t,x,u)
global p g
D = [p(1) + p(2) + 2 * p(3) * cos(x(3)) p(2) + p(3) * cos(x(3));
    p(2) + p(3) * cos(x(3)) p(2)];
C = [ - p(3) * x(4) * sin(x(3)) - p(3) * (x(2) + x(4)) * sin(x(3));
     p(3) * x(2) * sin(x(3)) 0];
G = [p(4) * g * cos(x(1)) + p(5) * g * cos(x(1) + x(3));
    p(5) * g * cos(x(1) + x(3))];
dq = [x(2);x(4)];
F = 0.2 * sign(dq);
told = [0.1 * sin(t);0.1 * sin(t)];

qd1 = sin(t);
d_qd1 = cos(t);
dd_qd1 = - sin(t);
qd2 = sin(t);
d_qd2 = cos(t);
dd_qd2 = - sin(t);
qd1 = 0.1 * sin(t);
d_qd1 = 0.1 * cos(t);
dd_qd1 = - 0.1 * sin(t);
qd2 = 0.1 * sin(t);
d_qd2 = 0.1 * cos(t);
dd_qd2 = - 0.1 * sin(t);

q1 = x(1);
d_q1 = dq(1);
q2 = x(3);
d_q2 = dq(2);
q = [q1;q2];
e1 = qd1 - q1;
e2 = qd2 - q2;
de1 = d_qd1 - d_q1;
de2 = d_qd2 - d_q2;
e = [e1;e2];
```

```
de = [de1;de2];
Fai = 5 * eye(2);
dqd = [d_qd1;d_qd2];
dqr = dqd + Fai * e;
ddqd = [dd_qd1;dd_qd2];
ddqr = ddqd + Fai * de;
f = D * ddqr + C * dqr + G + F;
f_norm = norm(f);

sys(1) = x(1);
sys(2) = x(2);
sys(3) = x(3);
sys(4) = x(4);
sys(5) = f_norm;
```

5. 画图程序：chap6_4plot. m

```
close all;

figure(1);
subplot(211);
plot(t,qd(:,1),'r',t,q(:,1),'k:','linewidth',2);
xlabel('time(s)');ylabel('Position tracking for link 1');
legend('ideal position for link 1','position tracking for link 1');
subplot(212);
plot(t,qd(:,4),'r',t,q(:,3),'k:','linewidth',2);
xlabel('time(s)');ylabel('Position tracking for link 2');
legend('ideal position for link 2','position tracking for link 2');

figure(2);
subplot(211);
plot(t,qd(:,2),'r',t,q(:,2),'k:','linewidth',2);
xlabel('time(s)');ylabel('Speed tracking for link 1');
legend('ideal speed for link 1','speed tracking for link 1');
subplot(212);
plot(t,qd(:,5),'r',t,q(:,4),'k:','linewidth',2);
xlabel('time(s)');ylabel('Speed tracking for link 2');
legend('ideal speed for link 2','speed tracking for link 2');

figure(3);
subplot(211);
plot(t,tol1(:,1),'k','linewidth',2);
xlabel('time(s)');ylabel('control input of link 1');
subplot(212);
plot(t,tol2(:,1),'k','linewidth',2);
xlabel('time(s)');ylabel('control input of link 2');

figure(4);
plot(t,f(:,1),'r',t,f(:,2),'k:','linewidth',2);
xlabel('time(s)');ylabel('f and fn');
legend('ideal fx','estimation of fx');
```

6.3.3.1 节的程序

1. 仿真主程序：chap6_5sim.mdl

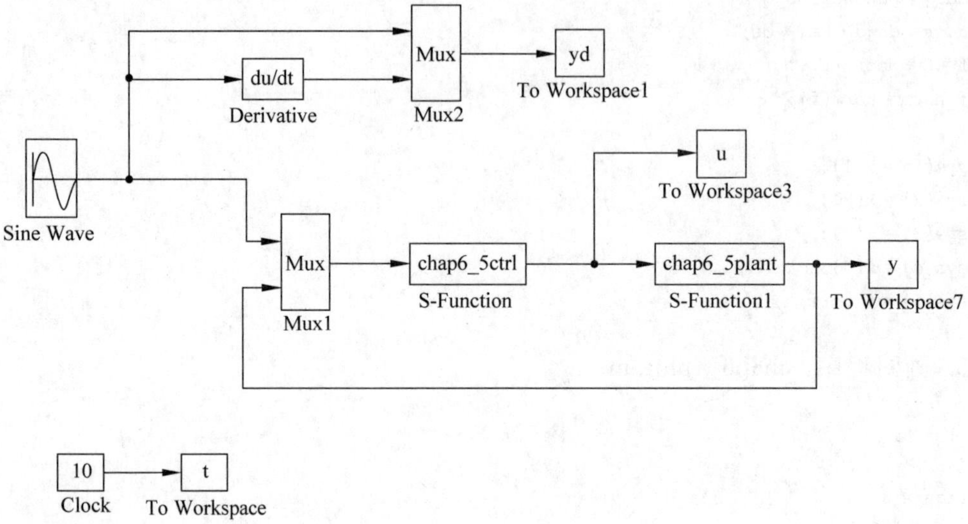

2. 控制律和自适应律设计程序：chap6_5ctrl.m

```
function [sys,x0,str,ts] = Robust_RBF(t,x,u,flag)
switch flag,
case 0,
    [sys,x0,str,ts] = mdlInitializeSizes;
case 1,
    sys = mdlDerivatives(t,x,u);
case 3,
    sys = mdlOutputs(t,x,u);
case {2,4,9}
    sys = [];
otherwise
    error(['Unhandled flag = ',num2str(flag)]);
end
function [sys,x0,str,ts] = mdlInitializeSizes
global c b alfa
c = [ -1  -0.5 0 0.5 1;
     -1  -0.5 0 0.5 1];
b = 50 * ones(5,1);
alfa = 200;

sizes = simsizes;
sizes.NumContStates   = 5;
sizes.NumDiscStates   = 0;
sizes.NumOutputs      = 2;
sizes.NumInputs       = 4;
```

```
sizes.DirFeedthrough  = 1;
sizes.NumSampleTimes  = 0;
sys = simsizes(sizes);
x0 = [zeros(5,1)];
str = [];
ts = [];
function sys = mdlDerivatives(t,x,u)
global c b alfa
qd = u(1);
dqd = cos(t);
ddqd = - sin(t);

q = u(2);dq = u(3);

e = q - qd;
de = dq - dqd;
x2 = de + alfa * e;

xi = [e;de];
h = zeros(5,1);
for j = 1:1:5
    h(j) = exp( - norm(xi - c(:,j))^2/(2 * b(j) * b(j)));
end
 % Adaptive Law
xite = 1000;
S = - xite * x2 * h';
for i = 1:1:5
    sys(i) = S(i);
end
function sys = mdlOutputs(t,x,u)
global c b alfa

qd = u(1);
dqd = cos(t);
ddqd = - sin(t);

q = u(2);dq = u(3);

e = q - qd;
de = dq - dqd;

M = 1.0;
w = M * alfa * de;
Gama = 0.10;

xi = [e;de];
h = zeros(5,1);
for j = 1:1:5
```

```
    h(j) = exp( - norm(xi - c(:,j))^2/(2 * b(j) * b(j)));
end
Wf = [x(1) x(2) x(3) x(4) x(5)]';

x2 = de + alfa * e;

S = 2;
if S == 1           % Without RBF compensation
    ut = - w - 0.5 * 1/Gama ^ 2 * x2 - 0.5 * x2;
elseif S == 2       % With RBF compensation
    ut = - w + Wf' * h - 0.5 * 1/Gama ^ 2 * x2 - 0.5 * x2;
end

T = ut + M * ddqd;

NN = Wf' * h;

sys(1) = T;
sys(2) = NN;
```

3. 被控对象程序：chap6_5plant.m

```
function [sys,x0,str,ts] = plant(t,x,u,flag)
switch flag,
case 0,
    [sys,x0,str,ts] = mdlInitializeSizes;
case 1,
    sys = mdlDerivatives(t,x,u);
case 3,
    sys = mdlOutputs(t,x,u);
case {2, 4, 9}
    sys = [];
otherwise
    error(['Unhandled flag = ',num2str(flag)]);
end
function [sys,x0,str,ts] = mdlInitializeSizes
sizes = simsizes;
sizes.NumContStates   = 2;
sizes.NumDiscStates   = 0;
sizes.NumOutputs      = 3;
sizes.NumInputs       = 2;
sizes.DirFeedthrough  = 0;
sizes.NumSampleTimes  = 0;
sys = simsizes(sizes);
x0 = [0.10 0];
str = [];
ts = [];
function sys = mdlDerivatives(t,x,u)
J = 1.0;
```

```
d = 150 * sign(x(2)) + 10 * x(2);
T = u(1);

sys(1) = x(2);
sys(2) = 1/J * (T - d);
function sys = mdlOutputs(t,x,u)
d = 150 * sign(x(2)) + 10 * x(2);

sys(1) = x(1);
sys(2) = x(2);
sys(3) = d;
```

4. 画图程序：chap6_5plot. m

```
close all;

figure(1);
subplot(211);
plot(t,yd(:,1),'r',t,y(:,1),'k:','linewidth',2);
xlabel('time(s)');ylabel('position signal');
legend('ideal position signal','position tracking');
subplot(212);
plot(t,yd(:,2),'r',t,y(:,2),'k:','linewidth',2);
xlabel('time(s)');ylabel('Speed tracking');
legend('ideal speed signal','speed tracking');

figure(2);
subplot(211);
plot(t,yd(:,1) - y(:,1),'k','linewidth',2);
xlabel('time(s)');ylabel('position signal error');
legend('position tracking error');
subplot(212);
plot(t,yd(:,2) - y(:,2),'k','linewidth',2);
xlabel('time(s)');ylabel('Speed tracking error');
legend('speed tracking error');

figure(3);
plot(t,y(:,3),'r',t,u(:,2),'k:','linewidth',2);
xlabel('time(s)');ylabel('F and Estimated F');
legend('Practical Friction','Estimated Friction');
```

6.3.3.2 节的程序

1. 仿真主程序：chap6_6sim. mdl

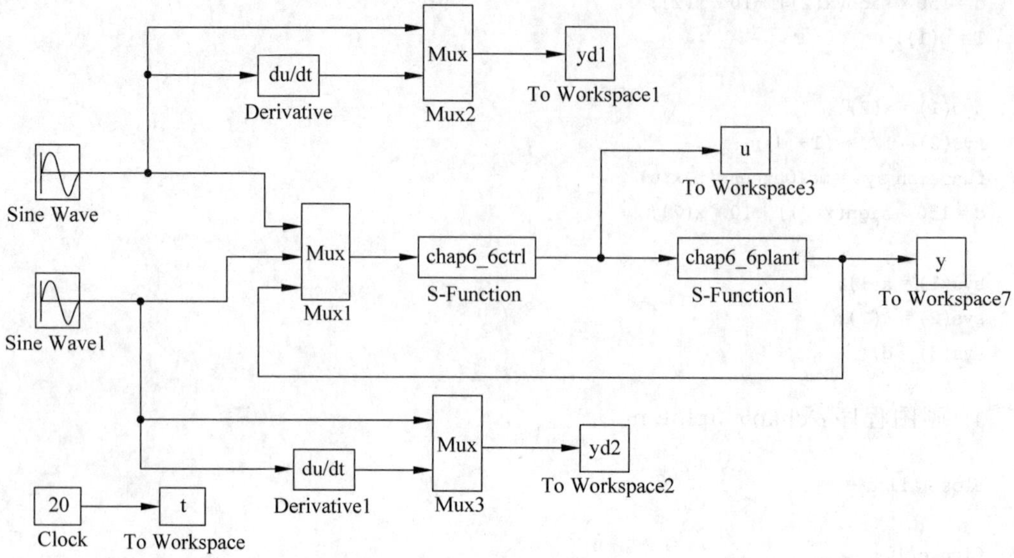

2. 控制律和自适应律程序：chap6_6ctrl.m

```
function [sys,x0,str,ts] = Robust_RBF(t,x,u,flag)
switch flag,
case 0,
    [sys,x0,str,ts] = mdlInitializeSizes;
case 1,
    sys = mdlDerivatives(t,x,u);
case 3,
    sys = mdlOutputs(t,x,u);
case {2,4,9}
    sys = [];
otherwise
    error(['Unhandled flag = ',num2str(flag)]);
end
function [sys,x0,str,ts] = mdlInitializeSizes
global c b alfa
c = 0.5 * [ -3 -2 -1 0 1 2 3;
         -3 -2 -1 0 1 2 3;
         -3 -2 -1 0 1 2 3;
         -3 -2 -1 0 1 2 3];
b = 10 * ones(7,1);
alfa = 20;

sizes = simsizes;
sizes.NumContStates    = 14;
sizes.NumDiscStates    = 0;
sizes.NumOutputs       = 4;
sizes.NumInputs        = 8;
sizes.DirFeedthrough   = 1;
sizes.NumSampleTimes   = 0;
sys = simsizes(sizes);
```

```
x0 = [zeros(14,1)];
str = [];
ts = [];
function sys = mdlDerivatives(t,x,u)
global c b alfa

qd1 = u(1);qd2 = u(2);
dqd1 = cos(t);dqd2 = cos(t);
dqd = [dqd1 dqd2]';
ddqd1 = - sin(t);ddqd2 = - sin(t);
ddqd = [ddqd1 ddqd2]';

q1 = u(3);dq1 = u(4);
q2 = u(5);dq2 = u(6);

e1 = q1 - qd1;
e2 = q2 - qd2;
e = [e1 e2]';
de1 = dq1 - dqd1;
de2 = dq2 - dqd2;
de = [de1 de2]';
x2 = de + alfa * e;

xi = [e1;e2;de1;de2];
%xi = [q1;dq1;q2;dq2];
h = zeros(7,1);
for j = 1:1:7
    h(j) = exp( - norm(xi - c(:,j))^2/(2 * b(j) * b(j)));
end

% Adaptive Law
xite = 1500;
S = - xite * x2 * h';
for i = 1:1:7
    sys(i) = S(1,i);
    sys(i + 7) = S(2,i);
end
function sys = mdlOutputs(t,x,u)
global c b alfa

qd1 = u(1);qd2 = u(2);
dqd1 = cos(t);dqd2 = cos(t);
dqd = [dqd1 dqd2]';
ddqd1 = - sin(t);ddqd2 = - sin(t);
ddqd = [ddqd1 ddqd2]';

q1 = u(3);dq1 = u(4);
q2 = u(5);dq2 = u(6);

e1 = q1 - qd1;
e2 = q2 - qd2;
```

```
e = [e1 e2]';
de1 = dq1 - dqd1;
de2 = dq2 - dqd2;
de = [de1 de2]';

r1 = 1;r2 = 0.8;
m1 = 1;m2 = 1.5;

M11 = (m1 + m2) * r1 ^2 + m2 * r2 ^2 + 2 * m2 * r1 * r2 * cos(x(3));
M22 = m2 * r2 ^2;
M21 = m2 * r2 ^2 + m2 * r1 * r2 * cos(x(3));
M12 = M21;
M = [M11 M12;M21 M22];

V12 = m2 * r1 * sin(x(3));
V = [ - V12 * x(4)  - V12 * (x(2) + x(4));V12 * x(1) 0];
g1 = (m1 + m2) * r1 * cos(x(3)) + m2 * r2 * cos(x(1) + x(3));
g2 = m2 * r2 * cos(x(1) + x(3));
G = [g1;g2];

w = M * alfa * de + V * alfa * e;
Gama = 0.050;

xi = [e1;e2;de1;de2];
 % xi = [q1;dq1;q2;dq2];
h = zeros(7,1);
for j = 1:1:5
    h(j) = exp( - norm(xi - c(:,j))^2/(2 * b(j) * b(j)));
end
Wf = [x(1) x(2) x(3) x(4) x(5) x(6) x(7);
    x(8) x(9) x(10) x(11) x(12) x(13) x(14)]';

S = 2;
if S == 1                    % Without RBF compensation
    ut = - e - w - 0.5 * 1/Gama ^2 * (de + alfa * e);
elseif S == 2                % Without RBF compensation
    x2 = de + alfa * e;
    ut = - w + Wf' * h - 0.5 * 1/Gama ^2 * x2 - 0.5 * x2;
end
T = ut + M * ddqd + V * dqd + G;

NN = Wf' * h;

sys(1) = T(1);
sys(2) = T(2);
sys(3) = NN(1);
sys(4) = NN(2);
```

3. 被控对象程序：chap6_6plant.m

```
function [sys,x0,str,ts] = plant(t,x,u,flag)
```

```
switch flag,
case 0,
    [sys,x0,str,ts] = mdlInitializeSizes;
case 1,
    sys = mdlDerivatives(t,x,u);
case 3,
    sys = mdlOutputs(t,x,u);
case {2, 4, 9}
    sys = [];
otherwise
    error(['Unhandled flag = ',num2str(flag)]);
end
function [sys,x0,str,ts] = mdlInitializeSizes
sizes = simsizes;
sizes.NumContStates    = 4;
sizes.NumDiscStates    = 0;
sizes.NumOutputs       = 6;
sizes.NumInputs        = 4;
sizes.DirFeedthrough   = 0;
sizes.NumSampleTimes   = 0;
sys = simsizes(sizes);
x0 = [0 0 0 0];
str = [];
ts = [];
function sys = mdlDerivatives(t,x,u)
r1 = 1;r2 = 0.8;
m1 = 1;m2 = 1.5;

M11 = (m1 + m2) * r1 ^ 2 + m2 * r2 ^ 2 + 2 * m2 * r1 * r2 * cos(x(3));
M22 = m2 * r2 ^ 2;
M21 = m2 * r2 ^ 2 + m2 * r1 * r2 * cos(x(3));
M12 = M21;
M = [M11 M12;M21 M22];

V12 = m2 * r1 * sin(x(3));
V = [ - V12 * x(4)  - V12 * (x(2) + x(4));V12 * x(1) 0];

g1 = (m1 + m2) * r1 * cos(x(3)) + m2 * r2 * cos(x(1) + x(3));
g2 = m2 * r2 * cos(x(1) + x(3));
G = [g1;g2];

D = [10 * x(2) + 30 * sign(x(2)) 10 * x(4) + 30 * sign(x(4))]';

T = [u(1) u(2)]';
S = inv(M) * (T - V * [x(2);x(4)] - G - D);

sys(1) = x(2);
sys(2) = S(1);
sys(3) = x(4);
sys(4) = S(2);
function sys = mdlOutputs(t,x,u)
```

```
D = [10 * x(2) + 30 * sign(x(2)) 10 * x(4) + 30 * sign(x(4))]';
sys(1) = x(1);
sys(2) = x(2);
sys(3) = x(3);
sys(4) = x(4);
sys(5) = D(1);
sys(6) = D(2);
```

4. 画图程序：chap6_6plot.m

```
close all;

figure(1);
subplot(211);
plot(t,yd1(:,1),'r',t,y(:,1),'k:','linewidth',2);
xlabel('time(s)');ylabel('Position tracking of link 1');
legend('ideal position for link 1','position tracking for link 1');
subplot(212);
plot(t,yd2(:,1),'r',t,y(:,3),'k:','linewidth',2);
xlabel('time(s)');ylabel('Position tracking of link 2');
legend('ideal position for link 2','position tracking for link 2');

figure(2);
subplot(211);
plot(t,yd1(:,2),'r',t,y(:,2),'k:','linewidth',2);
xlabel('time(s)');ylabel('Speed tracking of link 2');
legend('ideal speed for link 1','speed tracking for link 1');
subplot(212);
plot(t,yd2(:,2),'r',t,y(:,4),'k:','linewidth',2);
xlabel('time(s)');ylabel('Speed tracking of link 2');
legend('ideal speed for link 2','speed tracking for link 2');

figure(3);
subplot(211);
plot(t,y(:,5),'r',t,u(:,3),'k:','linewidth',2);
xlabel('time(s)');ylabel('d1');
legend('ideal delta_f for link 1','estimation of delta_f for link1');
subplot(212);
plot(t,y(:,6),'r',t,u(:,4),'k:','linewidth',2);
xlabel('time(s)');ylabel('d2');
legend('ideal delta_f for link 2','estimation of delta_f for link2');
```

参考文献

[1] Miller T W, Hewes R P, Galnz F H, Kraft L G. Real time dynamic control of an industrial manipulator using a neural network based learning controller[J]. IEEE Trans Robot Autom, 1990, 6(1): 1-9.

[2] Kuperstein M, Wang J. Neural controller for adaptive movements with unforeseen payloads[J].

IEEE Trans Neural Netw,1990,1(1): 137-142.
[3] Khosla P K, Kanade T. Real-time implementation and evaluation of computed-torque scheme[J]. IEEE Trans Robot Autom,1989,5(2): 245-253.
[4] Leahy M B Jr. Model-ba sed control of industrial manipulators: an experimental analysis[J]. J Robot Syst,1990,7(5): 741-758.
[5] Zomaya A Y, Nabhan T M. Centralized and decentralized neuro-adaptive robot controllers[J]. Neural Netw,1993,6(2): 223-244.
[6] Feng G. A compensating scheme for robot tracking based on neural networks[J]. Robot Auton Syst, 1995,15(3): 199-206.
[7] Lewis F L, Liu K, Yesildirek A. Neural net robot controller with guaranteed tracking performance[J]. IEEE Trans Neural Netw,1995,6(3): 703-715.
[8] Schaft A J V. L_2 gain analysis of nonlinear systems and nonlinear state feedback H_∞ control[J]. IEEE Trans Autom Control,1992,37(6): 770-784.
[9] Wang Y, Sun W, Xiang Y, Miao S. Neural network-based robust tracking control for robots[J]. Int J Intel Autom Soft Comput,2009,15(2): 211-222.
[10] 刘金琨.智能控制[M].3版.北京:电子工业出版社,2013.
[11] 刘金琨.机器人控制系统的设计与MATLAB仿真[M].北京:清华大学出版社,2008.

第7章 基于局部逼近的自适应RBF控制

在文献[1-4]中，葛树志教授提出了GL矩阵，并将其用于自适应神经网络的闭环控制稳定性分析中，极大方便了理论的推导，本章在文献[1]著作的基础上，探讨基于RBF神经网络局部逼近的自适应控制仿真方法。

7.1 基于名义模型的机械臂鲁棒控制

7.1.1 系统描述

取被控对象为n关节机械臂，其动力学方程为

$$\boldsymbol{M}(\boldsymbol{q})\ddot{\boldsymbol{q}}+\boldsymbol{C}(\boldsymbol{q},\dot{\boldsymbol{q}})\dot{\boldsymbol{q}}+\boldsymbol{G}(\boldsymbol{q})=\boldsymbol{\tau}-\boldsymbol{\tau}_{\mathrm{d}} \tag{7.1}$$

其中，$\boldsymbol{M}(\boldsymbol{q})$为$n\times n$阶的正定惯性矩阵；$\boldsymbol{C}(\boldsymbol{q},\dot{\boldsymbol{q}})$为$n\times n$阶离心和哥氏力项；$\boldsymbol{G}(\boldsymbol{q})$为$n\times 1$阶重力项；$\boldsymbol{q}$为关节变量的向量；$\boldsymbol{\tau}$为作用在关节的力矩；$\boldsymbol{\tau}_{\mathrm{d}}$为外界扰动。

在实际工程中，$\boldsymbol{M}(\boldsymbol{q})$、$\boldsymbol{C}(\boldsymbol{q},\dot{\boldsymbol{q}})$和$\boldsymbol{G}(\boldsymbol{q})$常常是未知的，可以用如下表达式表示：

$$\boldsymbol{M}(\boldsymbol{q})=\boldsymbol{M}_0(\boldsymbol{q})+\boldsymbol{E}_{\mathrm{M}}$$

$$\boldsymbol{C}(\boldsymbol{q},\dot{\boldsymbol{q}})=\boldsymbol{C}_0(\boldsymbol{q},\dot{\boldsymbol{q}})+\boldsymbol{E}_{\mathrm{C}}$$

$$\boldsymbol{G}(\boldsymbol{q})=\boldsymbol{G}_0(\boldsymbol{q})+\boldsymbol{E}_{\mathrm{G}}$$

其中，$\boldsymbol{E}_{\mathrm{M}}$、$\boldsymbol{E}_{\mathrm{C}}$和$\boldsymbol{E}_{\mathrm{G}}$分别为$\boldsymbol{M}(\boldsymbol{q})$、$\boldsymbol{C}(\boldsymbol{q},\dot{\boldsymbol{q}})$和$\boldsymbol{G}(\boldsymbol{q})$建模误差。

7.1.2 控制器设计

定义跟踪误差为

$$\boldsymbol{e}(t)=\boldsymbol{q}_{\mathrm{d}}(t)-\boldsymbol{q}(t)$$

其中，$\boldsymbol{q}_{\mathrm{d}}(t)$为理想的跟踪指令；$\boldsymbol{q}(t)$为实际位置。

定义滑模函数为

$$\boldsymbol{r}=\dot{\boldsymbol{e}}+\boldsymbol{\Lambda}\boldsymbol{e} \tag{7.2}$$

其中，$\boldsymbol{\Lambda}>0$。

定义$\dot{\boldsymbol{q}}_{\mathrm{r}}=\boldsymbol{r}(t)+\dot{\boldsymbol{q}}(t)$，则$\ddot{\boldsymbol{q}}_{\mathrm{r}}=\dot{\boldsymbol{r}}(t)+\ddot{\boldsymbol{q}}(t)$，$\dot{\boldsymbol{q}}_{\mathrm{r}}=\dot{\boldsymbol{q}}_{\mathrm{d}}+\boldsymbol{\Lambda}\boldsymbol{e}$和$\ddot{\boldsymbol{q}}_{\mathrm{r}}=\ddot{\boldsymbol{q}}_{\mathrm{d}}+\boldsymbol{\Lambda}\dot{\boldsymbol{e}}$。由式(7.1)，可得

$$
\begin{aligned}
\boldsymbol{\tau} &= \boldsymbol{M}(\boldsymbol{q})\ddot{\boldsymbol{q}} + \boldsymbol{C}(\boldsymbol{q},\dot{\boldsymbol{q}})\dot{\boldsymbol{q}} + \boldsymbol{G}(\boldsymbol{q}) + \boldsymbol{\tau}_{\mathrm{d}} \\
&= \boldsymbol{M}(\boldsymbol{q})(\ddot{\boldsymbol{q}}_{\mathrm{r}} - \dot{\boldsymbol{r}}) + \boldsymbol{C}(\boldsymbol{q},\dot{\boldsymbol{q}})(\dot{\boldsymbol{q}}_{\mathrm{r}} - \boldsymbol{r}) + \boldsymbol{G}(\boldsymbol{q}) + \boldsymbol{\tau}_{\mathrm{d}} \\
&= \boldsymbol{M}(\boldsymbol{q})\ddot{\boldsymbol{q}}_{\mathrm{r}} + \boldsymbol{C}(\boldsymbol{q},\dot{\boldsymbol{q}})\dot{\boldsymbol{q}}_{\mathrm{r}} + \boldsymbol{G}(\boldsymbol{q}) - \boldsymbol{M}(\boldsymbol{q})\dot{\boldsymbol{r}} - \boldsymbol{C}(\boldsymbol{q},\dot{\boldsymbol{q}})\boldsymbol{r} + \boldsymbol{\tau}_{\mathrm{d}} \\
&= \boldsymbol{M}_0(\boldsymbol{q})\ddot{\boldsymbol{q}}_{\mathrm{r}} + \boldsymbol{C}_0(\boldsymbol{q},\dot{\boldsymbol{q}})\dot{\boldsymbol{q}}_{\mathrm{r}} + \boldsymbol{G}_0(\boldsymbol{q}) + \boldsymbol{E}' - \boldsymbol{M}(\boldsymbol{q})\dot{\boldsymbol{r}} - \boldsymbol{C}(\boldsymbol{q},\dot{\boldsymbol{q}})\boldsymbol{r} + \boldsymbol{\tau}_{\mathrm{d}}
\end{aligned} \tag{7.3}
$$

其中,$\boldsymbol{E}'=\boldsymbol{E}_{\mathrm{M}}\ddot{\boldsymbol{q}}_{\mathrm{r}}+\boldsymbol{E}_{\mathrm{C}}\dot{\boldsymbol{q}}_{\mathrm{r}}+\boldsymbol{E}_{\mathrm{G}}$。

针对上述系统,根据文献[1],设计控制器如下:

$$
\boldsymbol{\tau} = \boldsymbol{\tau}_{\mathrm{m}} + \boldsymbol{K}_{\mathrm{p}}\boldsymbol{r} + \boldsymbol{K}_{\mathrm{i}}\int \boldsymbol{r}\mathrm{d}t + \boldsymbol{\tau}_{\mathrm{r}} \tag{7.4}
$$

其中,$\boldsymbol{K}_{\mathrm{p}}>0$;$\boldsymbol{K}_{\mathrm{i}}>0$;$\boldsymbol{\tau}_{\mathrm{m}}$ 为基于名义模型的控制项;$\boldsymbol{\tau}_{\mathrm{r}}$ 为鲁棒项,且

$$
\boldsymbol{\tau}_{\mathrm{m}} = \boldsymbol{M}_0(q)\ddot{\boldsymbol{q}}_{\mathrm{r}} + \boldsymbol{C}_0(\boldsymbol{q},\dot{\boldsymbol{q}})\dot{\boldsymbol{q}}_{\mathrm{r}} + \boldsymbol{G}_0(\boldsymbol{q}) \tag{7.5}
$$

$$
\boldsymbol{\tau}_{\mathrm{r}} = \boldsymbol{K}_{\mathrm{r}}\operatorname{sgn}(\boldsymbol{r}) \tag{7.6}
$$

其中,$\boldsymbol{K}_{\mathrm{r}}=\operatorname{diag}[k_{rii}]$;$k_{rii}\geqslant|\boldsymbol{E}_i|$,$i=1,\cdots,n$;$\boldsymbol{E}=\boldsymbol{E}'+\boldsymbol{\tau}_{\mathrm{d}}$。

综合式(7.3)~式(7.6),可得

$$
\begin{aligned}
&\boldsymbol{M}_0(q)\ddot{\boldsymbol{q}}_{\mathrm{r}} + \boldsymbol{C}_0(\boldsymbol{q},\dot{\boldsymbol{q}})\dot{\boldsymbol{q}}_{\mathrm{r}} + \boldsymbol{G}_0(\boldsymbol{q}) - \boldsymbol{M}(\boldsymbol{q})\dot{\boldsymbol{r}} - \boldsymbol{C}(\boldsymbol{q},\dot{\boldsymbol{q}})\boldsymbol{r} + \boldsymbol{E}' + \boldsymbol{\tau}_{\mathrm{r}} \\
&= \boldsymbol{M}_0(\boldsymbol{q})\ddot{\boldsymbol{q}}_{\mathrm{r}} + \boldsymbol{C}_0(\boldsymbol{q},\dot{\boldsymbol{q}})\dot{\boldsymbol{q}}_{\mathrm{r}} + \boldsymbol{G}_0(q) + \boldsymbol{K}_{\mathrm{p}}\boldsymbol{r} + \boldsymbol{K}_{\mathrm{i}}\int_0^t \boldsymbol{r}\mathrm{d}t + \boldsymbol{K}_{\mathrm{r}}\operatorname{sgn}(\boldsymbol{r})
\end{aligned}
$$

则

$$
\boldsymbol{M}(\boldsymbol{q})\dot{\boldsymbol{r}} + \boldsymbol{C}(\boldsymbol{q},\dot{\boldsymbol{q}})\boldsymbol{r} + \boldsymbol{K}_{\mathrm{i}}\int_0^t \boldsymbol{r}\mathrm{d}t = -\boldsymbol{K}_{\mathrm{p}}\boldsymbol{r} - \boldsymbol{K}_{\mathrm{r}}\operatorname{sgn}(\boldsymbol{r}) + \boldsymbol{E} \tag{7.7}
$$

7.1.3 稳定性分析

设计积分型 Lyapunov 函数为

$$
V = \frac{1}{2}\boldsymbol{r}^{\mathrm{T}}\boldsymbol{M}\boldsymbol{r} + \frac{1}{2}\left(\int_0^t \boldsymbol{r}\mathrm{d}\tau\right)^{\mathrm{T}}\boldsymbol{K}_{\mathrm{i}}\left(\int_0^t \boldsymbol{r}\mathrm{d}\tau\right) \tag{7.8}
$$

对 Lyapunov 函数求导,可得

$$
\dot{V} = \boldsymbol{r}^{\mathrm{T}}\left[\boldsymbol{M}\dot{\boldsymbol{r}} + \frac{1}{2}\dot{\boldsymbol{M}}\boldsymbol{r} + \boldsymbol{K}_{\mathrm{i}}\int_0^t \boldsymbol{r}\mathrm{d}\tau\right]
$$

考虑到机械臂的动态方程满足斜对称这一特性,即 $\boldsymbol{r}^{\mathrm{T}}(\dot{\boldsymbol{M}}-2\boldsymbol{C})\boldsymbol{r}=0$,进一步整理可得

$$
\dot{V} = \boldsymbol{r}^{\mathrm{T}}\left[\boldsymbol{M}\dot{\boldsymbol{r}} + \boldsymbol{C}\boldsymbol{r} + \boldsymbol{K}_{\mathrm{i}}\int_0^t \boldsymbol{r}\mathrm{d}\tau\right]
$$

将式(7.7)代入式(7.8)中,整理可得

$$
\begin{aligned}
\dot{V} &= -\boldsymbol{r}^{\mathrm{T}}\boldsymbol{K}_{\mathrm{p}}\boldsymbol{r} - \boldsymbol{r}^{\mathrm{T}}\boldsymbol{K}_{\mathrm{r}}\operatorname{sgn}(\boldsymbol{r}) + \boldsymbol{r}^{\mathrm{T}}\boldsymbol{E} \\
&= -\boldsymbol{r}^{\mathrm{T}}\boldsymbol{K}_{\mathrm{p}}\boldsymbol{r} - \sum_{i=1}^{n}\boldsymbol{K}_{rii}\,|\,\boldsymbol{r}\,|_i + \boldsymbol{r}^{\mathrm{T}}\boldsymbol{E}
\end{aligned}
$$

考虑 $k_{rii}\geqslant|E_i|$,则

$$
\dot{V} \leqslant -\boldsymbol{r}^{\mathrm{T}}\boldsymbol{K}_{\mathrm{p}}\boldsymbol{r} \leqslant 0
$$

由于$V\geqslant 0$,$\dot{V}\leqslant 0$,从而$\boldsymbol{r}$有界。当$\dot{V}\equiv 0$时,$\boldsymbol{r}=0$,根据LaSalle不变性原理,闭环系统为渐进稳定,当$t\to\infty$时,$\boldsymbol{r}\to 0$,从而$\boldsymbol{e}\to 0$,$\dot{\boldsymbol{e}}\to 0$。

7.1.4 仿真实例

双力臂机械手动力学模型为

$$\boldsymbol{M}(\boldsymbol{q})\ddot{\boldsymbol{q}}+\boldsymbol{C}(\boldsymbol{q},\dot{\boldsymbol{q}})\dot{\boldsymbol{q}}+\boldsymbol{G}(\boldsymbol{q})=\boldsymbol{\tau}-\boldsymbol{\tau}_{\mathrm{d}}$$

其中

$$\boldsymbol{M}(\boldsymbol{q})=\begin{bmatrix} p_1+p_2+2p_3\cos q_2 & p_2+p_3\cos q_2 \\ p_2+p_3\cos q_2 & p_2 \end{bmatrix}$$

$$\boldsymbol{C}(\boldsymbol{q},\dot{\boldsymbol{q}})=\begin{bmatrix} -p_3\dot{q}_2\sin q_2 & -p_3(\dot{q}_1+\dot{q}_2)\sin q_2 \\ p_3\dot{q}_1\sin q_2 & 0 \end{bmatrix}$$

$$\boldsymbol{G}(\boldsymbol{q})=\begin{bmatrix} p_4 g\cos q_1+p_5 g\cos(q_1+q_2) \\ p_5 g\cos(q_1+q_2) \end{bmatrix},$$

$$\boldsymbol{\tau}_{\mathrm{d}}=20\mathrm{sgn}(\dot{\boldsymbol{q}})$$

取$\boldsymbol{p}=[2.90\quad 0.76\quad 0.87\quad 3.04\quad 0.87]^{\mathrm{T}}$,被控对象初始值为$\boldsymbol{q}_0=[0.09\quad -0.09]^{\mathrm{T}}$,$\dot{\boldsymbol{q}}_0=[0.0\quad 0.0]^{\mathrm{T}}$,令$\boldsymbol{M}_0=0.8\boldsymbol{M}$,$\boldsymbol{C}_0=0.8\boldsymbol{C}$,$\boldsymbol{G}_0=0.8\boldsymbol{G}$。

位置指令为$q_{\mathrm{d1}}=0.5\sin(\pi t)$,$q_{\mathrm{d2}}=\sin(\pi t)$。在仿真中,控制律采用式(7.4)、式(7.5)和式(7.6),控制参数为$\boldsymbol{K}_{\mathrm{p}}=\begin{bmatrix}100 & 0\\ 0 & 100\end{bmatrix}$,$\boldsymbol{K}_{\mathrm{i}}=\begin{bmatrix}100 & 0\\ 0 & 100\end{bmatrix}$,$\boldsymbol{K}_{\mathrm{r}}=\begin{bmatrix}15 & 0\\ 0 & 15\end{bmatrix}$,$\boldsymbol{\Lambda}=\begin{bmatrix}5.0 & 0\\ 0 & 5.0\end{bmatrix}$。仿真结果如图7.1和图7.2所示。

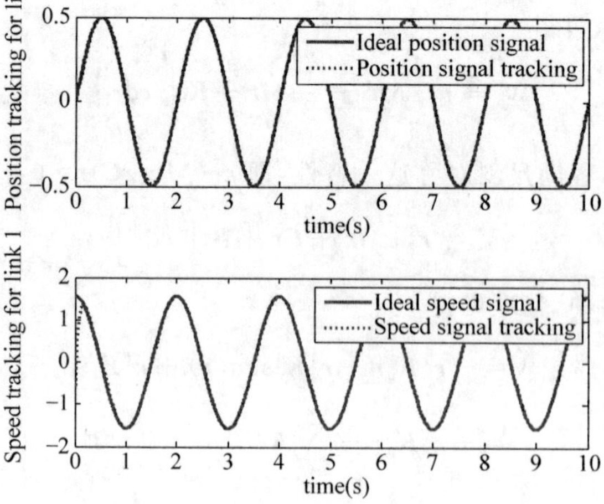

图7.1　关节1的位置和速度跟踪效果图

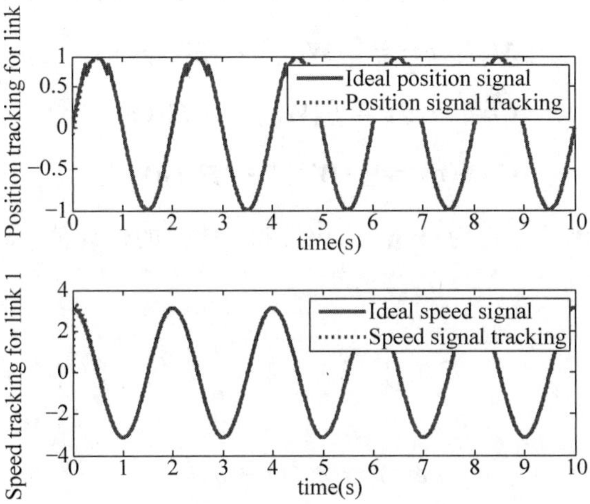

图 7.2　关节 2 的位置和速度跟踪效果图

仿真主程序为 chap7_1sim. mdl，详见附录。

7.2　基于局部模型逼近的自适应 RBF 机械手控制

7.2.1　问题描述

控制对象为 n 关节机械臂，其动力学方程为

$$\boldsymbol{M}(\boldsymbol{q})\ddot{\boldsymbol{q}}+\boldsymbol{C}(\boldsymbol{q},\dot{\boldsymbol{q}})\dot{\boldsymbol{q}}+\boldsymbol{G}(\boldsymbol{q})=\boldsymbol{\tau} \tag{7.9}$$

其中，$\boldsymbol{M}(\boldsymbol{q})$为 $n\times n$ 阶的正定惯性矩阵；$\boldsymbol{C}(\boldsymbol{q},\dot{\boldsymbol{q}})$为 $n\times n$ 阶离心和哥氏力项；$\boldsymbol{G}(\boldsymbol{q})$为 $n\times 1$ 阶重力项；$\boldsymbol{q}$ 为关节变量的向量；$\boldsymbol{\tau}$ 为作用在关节的力矩；$\boldsymbol{\tau}_{\mathrm{d}}$ 为外界扰动。

在实际工程中 $\boldsymbol{M}(\boldsymbol{q})$、$\boldsymbol{C}(\boldsymbol{q},\dot{\boldsymbol{q}})$和 $\boldsymbol{G}(\boldsymbol{q})$常常是未知的，可采用三个 RBF 神经网络分别逼近 $\boldsymbol{M}(\boldsymbol{q})$、$\boldsymbol{C}(\boldsymbol{q},\dot{\boldsymbol{q}})$和 $\boldsymbol{G}(\boldsymbol{q})$。记 RBF 神经网络的输出分别为 $\boldsymbol{M}_{\mathrm{SNN}}(\boldsymbol{q})$、$\boldsymbol{C}_{\mathrm{DNN}}(\boldsymbol{q},\dot{\boldsymbol{q}})$和 $\boldsymbol{G}_{\mathrm{SNN}}(\boldsymbol{q})$，即

$$\boldsymbol{M}(\boldsymbol{q})=\boldsymbol{M}_{\mathrm{SNN}}(\boldsymbol{q})+\boldsymbol{E}_{\mathrm{M}} \tag{7.10}$$

$$\boldsymbol{C}(\boldsymbol{q},\dot{\boldsymbol{q}})=\boldsymbol{C}_{\mathrm{DNN}}(\boldsymbol{q},\dot{\boldsymbol{q}})+\boldsymbol{E}_{\mathrm{C}} \tag{7.11}$$

$$\boldsymbol{G}(\boldsymbol{q})=\boldsymbol{G}_{\mathrm{SNN}}(\boldsymbol{q})+\boldsymbol{E}_{\mathrm{G}} \tag{7.12}$$

其中，$\boldsymbol{E}_{\mathrm{M}}$、$\boldsymbol{E}_{\mathrm{C}}$ 和 $\boldsymbol{E}_{\mathrm{G}}$ 分别为 $\boldsymbol{M}(\boldsymbol{q})$、$\boldsymbol{C}(\boldsymbol{q},\dot{\boldsymbol{q}})$和 $\boldsymbol{G}(\boldsymbol{q})$逼近误差。

将式(7.10)～式(7.12)代入式(7.9)，整理可得

$$\begin{aligned}
&\boldsymbol{M}(\boldsymbol{q})\ddot{\boldsymbol{q}}_{\mathrm{r}}+\boldsymbol{C}(\boldsymbol{q},\dot{\boldsymbol{q}})\dot{\boldsymbol{q}}_{\mathrm{r}}+\boldsymbol{G}(\boldsymbol{q})\\
&=\boldsymbol{M}_{\mathrm{SNN}}(\boldsymbol{q})\ddot{\boldsymbol{q}}_{\mathrm{r}}+\boldsymbol{C}_{\mathrm{DNN}}(\boldsymbol{q},\dot{\boldsymbol{q}})\dot{\boldsymbol{q}}_{\mathrm{r}}+\boldsymbol{G}(\boldsymbol{q})+\boldsymbol{E}\\
&=[\{\boldsymbol{W}_{\mathrm{M}}\}^{\mathrm{T}}\bullet\{\boldsymbol{\Xi}_{M}(\boldsymbol{q})\}]\ddot{\boldsymbol{q}}_{\mathrm{r}}+[\{\boldsymbol{W}_{\mathrm{C}}\}^{\mathrm{T}}\bullet\{\boldsymbol{\Xi}_{\mathrm{C}}(\boldsymbol{z})\}]\dot{\boldsymbol{q}}_{\mathrm{r}}+\\
&\quad[\{\boldsymbol{W}_{\mathrm{G}}\}^{\mathrm{T}}\bullet\{\boldsymbol{\Xi}_{G}(\boldsymbol{q})\}]+\boldsymbol{E}
\end{aligned} \tag{7.13}$$

其中，$\boldsymbol{W}_{\mathrm{M}}$、$\boldsymbol{W}_{\mathrm{C}}$ 和 $\boldsymbol{W}_{\mathrm{G}}$ 为 RBF 的理想权值；$\boldsymbol{\Xi}_{\mathrm{M}}$、$\boldsymbol{\Xi}_{\mathrm{C}}$ 和 $\boldsymbol{\Xi}_{\mathrm{G}}$ 为隐含层的输出；$\boldsymbol{E}=\boldsymbol{E}_{\mathrm{M}}\ddot{\boldsymbol{q}}_{\mathrm{r}}+\boldsymbol{E}_{\mathrm{C}}\dot{\boldsymbol{q}}_{\mathrm{r}}+\boldsymbol{E}_{\mathrm{G}}$。

$\boldsymbol{M}_{\mathrm{SNN}}(\boldsymbol{q})$、$\boldsymbol{C}_{\mathrm{DNN}}(\boldsymbol{q},\dot{\boldsymbol{q}})$和$\boldsymbol{G}_{\mathrm{SNN}}(\boldsymbol{q})$的估计用RBF神经网络表示为

$$\hat{\boldsymbol{M}}_{\mathrm{SNN}}(\boldsymbol{q}) = [\{\hat{\boldsymbol{W}}_{\mathrm{M}}\}^{\mathrm{T}} \cdot \{\boldsymbol{\Xi}_{\mathrm{M}}(\boldsymbol{q})\}] \tag{7.14}$$

$$\hat{\boldsymbol{C}}_{\mathrm{DNN}}(\boldsymbol{q},\dot{\boldsymbol{q}}) = [\{\hat{\boldsymbol{W}}_{\mathrm{C}}\}^{\mathrm{T}} \cdot \{\boldsymbol{\Xi}_{\mathrm{C}}(\boldsymbol{z})\}] \tag{7.15}$$

$$\hat{\boldsymbol{G}}_{\mathrm{SNN}}(\boldsymbol{q}) = [\{\hat{\boldsymbol{W}}_{\mathrm{G}}\}^{\mathrm{T}} \cdot \{\boldsymbol{\Xi}_{\mathrm{G}}(\boldsymbol{q})\}] \tag{7.16}$$

其中,$\{\hat{\boldsymbol{W}}_{\mathrm{M}}\}$、$\{\hat{\boldsymbol{W}}_{\mathrm{C}}\}$和$\{\hat{\boldsymbol{W}}_{\mathrm{G}}\}$分别为$\{\boldsymbol{W}_{\mathrm{M}}\}$、$\{\boldsymbol{W}_{\mathrm{C}}\}$和$\{\boldsymbol{W}_{\mathrm{G}}\}$的估计值;$\boldsymbol{z}=[\boldsymbol{q}^{\mathrm{T}} \quad \dot{\boldsymbol{q}}^{\mathrm{T}}]^{\mathrm{T}}$。

7.2.2 控制器设计

定义

$$\boldsymbol{e}(t) = \boldsymbol{q}_{\mathrm{d}}(t) - \boldsymbol{q}(t) \tag{7.17}$$

$$\dot{\boldsymbol{q}}_{\mathrm{r}} = \boldsymbol{r}(t) + \dot{\boldsymbol{q}}(t) \tag{7.18}$$

$$\ddot{\boldsymbol{q}}_{\mathrm{r}} = \dot{\boldsymbol{r}}(t) + \ddot{\boldsymbol{q}}(t) \tag{7.19}$$

其中,$\boldsymbol{q}_{\mathrm{d}}(t)$为理想指令;$\boldsymbol{q}(t)$为实际角度。

定义

$$\boldsymbol{r} = \dot{\boldsymbol{e}} + \boldsymbol{\Lambda}\boldsymbol{e} \tag{7.20}$$

则可得$\dot{\boldsymbol{q}}_{\mathrm{r}}=\dot{\boldsymbol{q}}_{\mathrm{d}}+\boldsymbol{\Lambda}\boldsymbol{e}$ 和$\ddot{\boldsymbol{q}}_{\mathrm{r}}=\ddot{\boldsymbol{q}}_{\mathrm{d}}+\boldsymbol{\Lambda}\dot{\boldsymbol{e}}$,$\boldsymbol{\Lambda}>0$。

将式(7.18)和式(7.19) 代入式(7.9)中,整理可得

$$\begin{aligned}\boldsymbol{\tau} &= \boldsymbol{M}(\boldsymbol{q})\ddot{\boldsymbol{q}} + \boldsymbol{C}(\boldsymbol{q},\dot{\boldsymbol{q}})\dot{\boldsymbol{q}} + \boldsymbol{G}(\boldsymbol{q}) \\ &= \boldsymbol{M}(\boldsymbol{q})\ddot{\boldsymbol{q}}_{\mathrm{r}} + \boldsymbol{C}(\boldsymbol{q},\dot{\boldsymbol{q}})\dot{\boldsymbol{q}}_{\mathrm{r}} + \boldsymbol{G}(\boldsymbol{q}) - \boldsymbol{M}(\boldsymbol{q})\dot{\boldsymbol{r}} - \boldsymbol{C}(\boldsymbol{q},\dot{\boldsymbol{q}})\boldsymbol{r} \\ &= [\{\boldsymbol{W}_{\mathrm{M}}\}^{\mathrm{T}} \cdot \{\boldsymbol{\Xi}_{\mathrm{M}}(\boldsymbol{q})\}]\ddot{\boldsymbol{q}}_{\mathrm{r}} + [\{\boldsymbol{W}_{\mathrm{C}}\}^{\mathrm{T}} \cdot \{\boldsymbol{\Xi}_{\mathrm{C}}(\boldsymbol{z})\}]\dot{\boldsymbol{q}}_{\mathrm{r}} + \\ &\quad [\{\boldsymbol{W}_{\mathrm{G}}\}^{\mathrm{T}} \cdot \{\boldsymbol{\Xi}_{\mathrm{G}}(\boldsymbol{q})\}] - \boldsymbol{M}(\boldsymbol{q})\dot{\boldsymbol{r}} - \boldsymbol{C}(\boldsymbol{q},\dot{\boldsymbol{q}})\boldsymbol{r} + \boldsymbol{E}\end{aligned} \tag{7.21}$$

针对n关节机械臂系统,设计控制器为

$$\begin{aligned}\boldsymbol{\tau} &= \boldsymbol{\tau}_{\mathrm{m}} + \boldsymbol{K}_{\mathrm{p}}\boldsymbol{r} + \boldsymbol{K}_{\mathrm{i}}\int\boldsymbol{r}\mathrm{d}t + \boldsymbol{\tau}_{\mathrm{r}} \\ &= \hat{\boldsymbol{M}}_{\mathrm{SNN}}(\boldsymbol{q})\ddot{\boldsymbol{q}}_{\mathrm{r}} + \hat{\boldsymbol{C}}_{\mathrm{DNN}}(\boldsymbol{q},\dot{\boldsymbol{q}})\dot{\boldsymbol{q}}_{\mathrm{r}} + \hat{\boldsymbol{G}}_{\mathrm{SNN}}(\boldsymbol{q}) + \boldsymbol{K}_{\mathrm{p}}\boldsymbol{r} + \boldsymbol{K}_{\mathrm{i}}\int\boldsymbol{r}\mathrm{d}t + \boldsymbol{\tau}_{\mathrm{r}} \\ &= [\{\hat{\boldsymbol{W}}_{\mathrm{M}}\}^{\mathrm{T}} \cdot \{\boldsymbol{\Xi}_{\mathrm{M}}(\boldsymbol{q})\}]\ddot{\boldsymbol{q}}_{\mathrm{r}} + [\{\hat{\boldsymbol{W}}_{\mathrm{C}}\}^{\mathrm{T}} \cdot \{\boldsymbol{\Xi}_{\mathrm{C}}(\boldsymbol{z})\}]\dot{\boldsymbol{q}}_{\mathrm{r}} + \\ &\quad [\{\hat{\boldsymbol{W}}_{\mathrm{G}}\}^{\mathrm{T}} \cdot \{\boldsymbol{\Xi}_{\mathrm{G}}(\boldsymbol{q})\}] + \boldsymbol{K}_{\mathrm{p}}\boldsymbol{r} + \boldsymbol{K}_{\mathrm{i}}\int\boldsymbol{r}\mathrm{d}t + \boldsymbol{\tau}_{\mathrm{r}}\end{aligned} \tag{7.22}$$

其中,$\boldsymbol{K}_{\mathrm{p}}>0$;$\boldsymbol{K}_{\mathrm{i}}>0$。

设计名义模型控制律为

$$\boldsymbol{\tau}_{\mathrm{m}} = \hat{\boldsymbol{M}}_{\mathrm{SNN}}(\boldsymbol{q})\ddot{\boldsymbol{q}}_{\mathrm{r}} + \hat{\boldsymbol{C}}_{\mathrm{DNN}}(\boldsymbol{q},\dot{\boldsymbol{q}})\dot{\boldsymbol{q}}_{\mathrm{r}} + \hat{\boldsymbol{G}}_{\mathrm{SNN}}(\boldsymbol{q}) \tag{7.23}$$

设计鲁棒项为

$$\boldsymbol{\tau}_{\mathrm{r}} = \boldsymbol{K}_{\mathrm{r}}\mathrm{sgn}(\boldsymbol{r}) \tag{7.24}$$

其中,$\boldsymbol{K}_{\mathrm{r}}=\mathrm{diag}[k_{rii}]$;$k_{rii}\geqslant|E_i|$。

由式(7.21)和式(7.22),可得

$$\begin{aligned}&\boldsymbol{M}(\boldsymbol{q})\dot{\boldsymbol{r}}+\boldsymbol{C}(\boldsymbol{q},\dot{\boldsymbol{q}})\boldsymbol{r}+\boldsymbol{K}_{\mathrm{p}}\boldsymbol{r}+\boldsymbol{K}_{\mathrm{I}}\int_0^t\boldsymbol{r}\mathrm{d}t+\boldsymbol{\tau}_{\mathrm{r}}\\&=[\{\widetilde{\boldsymbol{W}}_{\mathrm{M}}\}^{\mathrm{T}}\cdot\{\boldsymbol{\Xi}_{\mathrm{M}}(\boldsymbol{q})\}]\ddot{\boldsymbol{q}}_{\mathrm{r}}+[\{\widetilde{\boldsymbol{W}}_{\mathrm{C}}\}^{\mathrm{T}}\cdot\{\boldsymbol{\Xi}_{\mathrm{C}}(\boldsymbol{z})\}]\dot{\boldsymbol{q}}_{\mathrm{r}}+\\&\quad[\{\widetilde{\boldsymbol{W}}_{\mathrm{G}}\}^{\mathrm{T}}\cdot\{\boldsymbol{\Xi}_{\mathrm{G}}(\boldsymbol{q})\}]+\boldsymbol{E}\end{aligned}\tag{7.25}$$

其中，$\widetilde{\boldsymbol{W}}_{\mathrm{M}}=\boldsymbol{W}_{\mathrm{M}}-\hat{\boldsymbol{W}}_{\mathrm{M}}$；$\widetilde{\boldsymbol{W}}_{\mathrm{C}}=\boldsymbol{W}_{\mathrm{C}}-\hat{\boldsymbol{W}}_{\mathrm{C}}$；$\widetilde{\boldsymbol{W}}_{\mathrm{G}}=\boldsymbol{W}_{\mathrm{G}}-\hat{\boldsymbol{W}}_{\mathrm{G}}$。

式(7.25)可写为

$$\begin{aligned}&\boldsymbol{M}(\boldsymbol{q})\dot{\boldsymbol{r}}+\boldsymbol{C}(\boldsymbol{q},\dot{\boldsymbol{q}})\boldsymbol{r}+\boldsymbol{K}_{\mathrm{I}}\int_0^t\boldsymbol{r}\mathrm{d}t\\&=-\boldsymbol{K}_{\mathrm{p}}\boldsymbol{r}-\boldsymbol{K}_{\mathrm{r}}\mathrm{sgn}(\boldsymbol{r})+[\{\widetilde{\boldsymbol{W}}_{\mathrm{M}}\}^{\mathrm{T}}\cdot\{\boldsymbol{\Xi}_{\mathrm{M}}(\boldsymbol{q})\}]\ddot{\boldsymbol{q}}_{\mathrm{r}}+\\&\quad[\{\widetilde{\boldsymbol{W}}_{\mathrm{C}}\}^{\mathrm{T}}\cdot\{\boldsymbol{\Xi}_{\mathrm{C}}(\boldsymbol{z})\}]\dot{\boldsymbol{q}}_{\mathrm{r}}+[\{\widetilde{\boldsymbol{W}}_{\mathrm{G}}\}^{\mathrm{T}}\cdot\{\boldsymbol{\Xi}_{\mathrm{G}}(\boldsymbol{q})\}]+\boldsymbol{E}\end{aligned}\tag{7.26}$$

设计自适应律为[1]

$$\dot{\hat{\boldsymbol{W}}}_{\mathrm{M}k}=\boldsymbol{\Gamma}_{\mathrm{M}k}\cdot\{\boldsymbol{\xi}_{\mathrm{M}k}(\boldsymbol{q})\}\ddot{\boldsymbol{q}}_{\mathrm{r}}\boldsymbol{r}_k\tag{7.27}$$

$$\dot{\hat{\boldsymbol{W}}}_{\mathrm{C}k}=\boldsymbol{\Gamma}_{\mathrm{C}k}\cdot\{\boldsymbol{\xi}_{\mathrm{C}k}(\boldsymbol{z})\}\dot{\boldsymbol{q}}_{\mathrm{r}}\boldsymbol{r}_k\tag{7.28}$$

$$\dot{\hat{\boldsymbol{W}}}_{\mathrm{G}k}=\boldsymbol{\Gamma}_{\mathrm{G}k}\cdot\{\boldsymbol{\xi}_{\mathrm{G}k}(\boldsymbol{q})\}\boldsymbol{r}_k\tag{7.29}$$

其中，$k=1,2,\cdots,n$。

7.2.3 稳定性分析

针对所设计的控制律(7.22)，文献[1]提出了一种积分型 Lyapunov 函数[1]

$$\begin{aligned}V=&\frac{1}{2}\boldsymbol{r}^{\mathrm{T}}\boldsymbol{M}\boldsymbol{r}+\frac{1}{2}\left(\int_0^t\boldsymbol{r}\mathrm{d}\tau\right)^{\mathrm{T}}\boldsymbol{K}_{\mathrm{I}}\left(\int_0^t\boldsymbol{r}\mathrm{d}\tau\right)+\frac{1}{2}\sum_{k=1}^n\widetilde{\boldsymbol{W}}_{\mathrm{M}k}^{\mathrm{T}}\boldsymbol{\Gamma}_{\mathrm{M}k}^{-1}\widetilde{\boldsymbol{W}}_{\mathrm{M}k}+\\&\frac{1}{2}\sum_{k=1}^n\widetilde{\boldsymbol{W}}_{\mathrm{C}k}^{\mathrm{T}}\boldsymbol{\Gamma}_{\mathrm{C}k}^{-1}\widetilde{\boldsymbol{W}}_{\mathrm{C}k}+\frac{1}{2}\sum_{k=1}^n\widetilde{\boldsymbol{W}}_{\mathrm{G}k}^{\mathrm{T}}\boldsymbol{\Gamma}_{\mathrm{G}k}^{-1}\widetilde{\boldsymbol{W}}_{\mathrm{G}k}\end{aligned}\tag{7.30}$$

其中，$\boldsymbol{\Gamma}_{\mathrm{M}k}$、$\boldsymbol{\Gamma}_{\mathrm{C}k}$和$\boldsymbol{\Gamma}_{\mathrm{G}k}$是正定对称常矩阵。

对上式求导，可得

$$\dot{V}=\boldsymbol{r}^{\mathrm{T}}\left[\boldsymbol{M}\dot{\boldsymbol{r}}+\frac{1}{2}\dot{\boldsymbol{M}}\boldsymbol{r}+\boldsymbol{K}_{\mathrm{I}}\int_0^t\boldsymbol{r}\mathrm{d}\tau\right]+\sum_{k=1}^n\widetilde{\boldsymbol{W}}_{\mathrm{M}k}^{\mathrm{T}}\boldsymbol{\Gamma}_{\mathrm{M}k}^{-1}\dot{\widetilde{\boldsymbol{W}}}_{\mathrm{M}k}+\sum_{k=1}^n\widetilde{\boldsymbol{W}}_{\mathrm{C}k}^{\mathrm{T}}\boldsymbol{\Gamma}_{\mathrm{C}k}^{-1}\dot{\widetilde{\boldsymbol{W}}}_{\mathrm{C}k}+\sum_{k=1}^n\widetilde{\boldsymbol{W}}_{\mathrm{G}k}^{\mathrm{T}}\boldsymbol{\Gamma}_{\mathrm{G}k}^{-1}\dot{\widetilde{\boldsymbol{W}}}_{\mathrm{G}k}$$

考虑机械臂动态方程的斜对称特性，$\boldsymbol{r}^{\mathrm{T}}(\dot{\boldsymbol{M}}-2\boldsymbol{C})\boldsymbol{r}=0$，整理可得

$$\dot{V}=\boldsymbol{r}^{\mathrm{T}}[\boldsymbol{M}\dot{\boldsymbol{r}}+\boldsymbol{C}\boldsymbol{r}+\boldsymbol{K}_{\mathrm{I}}\int_0^t\boldsymbol{r}\mathrm{d}\tau]+\sum_{k=1}^n\widetilde{\boldsymbol{W}}_{\mathrm{M}k}^{\mathrm{T}}\boldsymbol{\Gamma}_{\mathrm{M}k}^{-1}\dot{\widetilde{\boldsymbol{W}}}_{\mathrm{M}k}+\sum_{k=1}^n\widetilde{\boldsymbol{W}}_{\mathrm{C}k}^{\mathrm{T}}\boldsymbol{\Gamma}_{\mathrm{C}k}^{-1}\dot{\widetilde{\boldsymbol{W}}}_{\mathrm{C}k}+\sum_{k=1}^n\widetilde{\boldsymbol{W}}_{\mathrm{G}k}^{\mathrm{T}}\boldsymbol{\Gamma}_{\mathrm{G}k}^{-1}\dot{\widetilde{\boldsymbol{W}}}_{\mathrm{G}k}$$

将式(7.26)代入上式，整理可得

$$\begin{aligned}\dot{V}=&-\boldsymbol{r}^{\mathrm{T}}\boldsymbol{K}_{\mathrm{p}}\boldsymbol{r}-\boldsymbol{r}^{\mathrm{T}}\boldsymbol{K}_{\mathrm{r}}\mathrm{sgn}(\boldsymbol{r})+\boldsymbol{r}^{\mathrm{T}}[\{\widetilde{\boldsymbol{W}}_{\mathrm{M}}\}^{\mathrm{T}}\cdot\{\boldsymbol{\Xi}_{\mathrm{M}}\}]\ddot{\boldsymbol{q}}_{\mathrm{r}}+\\&\boldsymbol{r}^{\mathrm{T}}[\{\widetilde{\boldsymbol{W}}_{\mathrm{C}}\}^{\mathrm{T}}\cdot\{\boldsymbol{\Xi}_{\mathrm{C}}\}]\dot{\boldsymbol{q}}_{\mathrm{r}}+\boldsymbol{r}^{\mathrm{T}}[\{\widetilde{\boldsymbol{W}}_{\mathrm{G}}\}^{\mathrm{T}}\cdot\{\boldsymbol{\Xi}_{\mathrm{G}}\}]+\boldsymbol{r}^{\mathrm{T}}\boldsymbol{E}+\\&\sum_{k=1}^n\widetilde{\boldsymbol{W}}_{\mathrm{M}k}^{\mathrm{T}}\boldsymbol{\Gamma}_{\mathrm{M}k}^{-1}\dot{\widetilde{\boldsymbol{W}}}_{\mathrm{M}k}+\sum_{k=1}^n\widetilde{\boldsymbol{W}}_{\mathrm{C}k}^{\mathrm{T}}\boldsymbol{\Gamma}_{\mathrm{C}k}^{-1}\dot{\widetilde{\boldsymbol{W}}}_{\mathrm{C}k}+\sum_{k=1}^n\widetilde{\boldsymbol{W}}_{\mathrm{G}k}^{\mathrm{T}}\boldsymbol{\Gamma}_{\mathrm{G}k}^{-1}\dot{\widetilde{\boldsymbol{W}}}_{\mathrm{G}k}\end{aligned}$$

由于

$$\boldsymbol{r}^{\mathrm{T}}[\{\widetilde{\boldsymbol{W}}_{\mathrm{M}}\}^{\mathrm{T}}\cdot\{\boldsymbol{\Xi}_{\mathrm{M}}\}]\ddot{\boldsymbol{q}}_{\mathrm{r}}=[\boldsymbol{r}_1\quad \boldsymbol{r}_2\quad \cdots\quad \boldsymbol{r}_n]\begin{bmatrix}\{\widetilde{\boldsymbol{W}}_{\mathrm{M1}}\}^{\mathrm{T}}\cdot\{\boldsymbol{\xi}_{\mathrm{M1}}\}\ddot{\boldsymbol{q}}_{\mathrm{r}}\\ \{\widetilde{\boldsymbol{W}}_{\mathrm{M2}}\}^{\mathrm{T}}\cdot\{\boldsymbol{\xi}_{\mathrm{M2}}\}\ddot{\boldsymbol{q}}_{\mathrm{r}}\\ \vdots\\ \{\widetilde{\boldsymbol{W}}_{\mathrm{M}n}\}^{\mathrm{T}}\cdot\{\boldsymbol{\xi}_{\mathrm{M}n}\}\ddot{\boldsymbol{q}}_{\mathrm{r}}\end{bmatrix}=\sum_{k=1}^{n}\{\widetilde{\boldsymbol{W}}_{\mathrm{M}k}\}^{\mathrm{T}}\cdot\{\boldsymbol{\xi}_{\mathrm{M}k}\}\ddot{\boldsymbol{q}}_{\mathrm{r}}\boldsymbol{r}_k$$

同理

$$\boldsymbol{r}^{\mathrm{T}}[\{\widetilde{\boldsymbol{W}}_{\mathrm{C}}\}^{\mathrm{T}}\cdot\{\boldsymbol{\Xi}_{\mathrm{C}}\}]\ddot{\boldsymbol{q}}_{\mathrm{r}}=\sum_{k=1}^{n}\{\widetilde{\boldsymbol{W}}_{\mathrm{C}k}\}^{\mathrm{T}}\cdot\{\boldsymbol{\xi}_{\mathrm{C}k}\}\ddot{\boldsymbol{q}}_{\mathrm{r}}\boldsymbol{r}_k$$

$$\boldsymbol{r}^{\mathrm{T}}[\{\widetilde{\boldsymbol{W}}_{\mathrm{G}}\}^{\mathrm{T}}\cdot\{\boldsymbol{\Xi}_{\mathrm{G}}\}]=\sum_{k=1}^{n}\widetilde{\boldsymbol{W}}_{\mathrm{G}k}^{\mathrm{T}}\cdot\boldsymbol{\xi}_{\mathrm{C}k}\boldsymbol{r}_k$$

则

$$\begin{aligned}\dot{V}=&-\boldsymbol{r}^{\mathrm{T}}\boldsymbol{K}_{\mathrm{p}}\boldsymbol{r}+\boldsymbol{r}^{\mathrm{T}}\boldsymbol{E}-\boldsymbol{r}^{\mathrm{T}}\boldsymbol{K}_{\mathrm{r}}\mathrm{sgn}(\boldsymbol{r})+\sum_{k=1}^{n}\{\widetilde{\boldsymbol{W}}_{\mathrm{D}k}\}^{\mathrm{T}}\cdot\{\boldsymbol{\xi}_{\mathrm{D}k}\}\ddot{\boldsymbol{q}}_{\mathrm{r}}\boldsymbol{r}_k+\\ &\sum_{k=1}^{n}\{\widetilde{\boldsymbol{W}}_{\mathrm{C}k}\}\cdot\{\boldsymbol{\xi}_{\mathrm{C}k}\}\dot{\boldsymbol{q}}_{\mathrm{r}}\boldsymbol{r}_k+\sum_{k=1}^{n}\widetilde{\boldsymbol{W}}_{\mathrm{G}k}\cdot\boldsymbol{\xi}_{\mathrm{G}k}\boldsymbol{r}_k+\\ &\sum_{k=1}^{n}\widetilde{\boldsymbol{W}}_{\mathrm{D}k}^{\mathrm{T}}\boldsymbol{\Gamma}_{\mathrm{D}k}^{-1}\dot{\widetilde{\boldsymbol{W}}}_{\mathrm{D}k}+\sum_{k=1}^{n}\widetilde{\boldsymbol{W}}_{\mathrm{C}k}^{\mathrm{T}}\boldsymbol{\Gamma}_{\mathrm{C}k}^{-1}\dot{\widetilde{\boldsymbol{W}}}_{\mathrm{C}k}+\sum_{k=1}^{n}\widetilde{\boldsymbol{W}}_{\mathrm{G}k}^{\mathrm{T}}\boldsymbol{\Gamma}_{\mathrm{G}k}^{-1}\dot{\widetilde{\boldsymbol{W}}}_{\mathrm{G}k}\end{aligned}$$

由于

$$\dot{\widetilde{\boldsymbol{W}}}_{\mathrm{M}k}=-\dot{\hat{\boldsymbol{W}}}_{\mathrm{M}k},\quad \dot{\widetilde{\boldsymbol{W}}}_{\mathrm{C}k}=-\dot{\hat{\boldsymbol{W}}}_{\mathrm{C}k},\quad \dot{\widetilde{\boldsymbol{W}}}_{\mathrm{G}k}=-\dot{\hat{\boldsymbol{W}}}_{\mathrm{G}k}$$

将自适应律式(7.27)至式(7.29)代入上式,并结合 $k_{\mathrm{r}ii}\geqslant|E_i|$,整理可得

$$\dot{V}=-\boldsymbol{r}^{\mathrm{T}}\boldsymbol{K}_{\mathrm{p}}\boldsymbol{r}+\boldsymbol{r}^{\mathrm{T}}\boldsymbol{E}-\boldsymbol{r}^{\mathrm{T}}\boldsymbol{K}_{\mathrm{r}}\mathrm{sgn}(\boldsymbol{r})\leqslant-\boldsymbol{r}^{\mathrm{T}}\boldsymbol{K}_{\mathrm{p}}\boldsymbol{r}\leqslant 0$$

由于 $V\geqslant 0$,$\dot{V}\leqslant 0$,从而 $\boldsymbol{r}$ 和 $\widetilde{\boldsymbol{W}}_{\mathrm{M}k}$、$\widetilde{\boldsymbol{W}}_{\mathrm{C}k}$、$\widetilde{\boldsymbol{W}}_{\mathrm{G}k}$ 有界。当 $\dot{V}\equiv 0$ 时,$\boldsymbol{r}=0$,根据 LaSalle 不变性原理,闭环系统为渐进稳定,当 $t\rightarrow\infty$ 时,$\boldsymbol{r}\rightarrow 0$,从而 $\boldsymbol{e}\rightarrow 0$,$\dot{\boldsymbol{e}}\rightarrow 0$。

7.2.4 仿真实例

7.2.4.1 实例(1)

考虑如下简单的系统:

$$M(q)\ddot{q}+C(q,\dot{q})\dot{q}+G(q)=\tau$$

其中,$M=0.1+0.06\sin q$;$C=3\dot{q}+3\cos\dot{q}$;$G=mgl\cos q$;$m=0.02$;$l=0.05$;$g=9.8$。

系统的初始状态为 $q(0)=0.15$,$\dot{q}(0)=0$,理想跟踪指令为 $q_{\mathrm{d}}=\sin t$。

选取神经网络的结构为 2-7-1,神经网络的输入 $\boldsymbol{z}=[q\quad \dot{q}]$。高斯函数的参数取 $\boldsymbol{c}_i=[-1.5\quad -1.0\quad -0.5\quad 0\quad 0.5\quad 1.0\quad 1.5]$ 和 $b_i=20$。每个节点的初值权值都设为 0。采用控制律式(7.22)~式(7.24)和自适应律式(7.27)~式(7.29)。控制参数取 $K_{\mathrm{r}}=0.10$,$K_{\mathrm{p}}=15$,$K_{\mathrm{i}}=15$,$\Lambda=5.0$,自适应律的增益分别取 $\boldsymbol{\Gamma}_{\mathrm{M}k}=100$,$\boldsymbol{\Gamma}_{\mathrm{C}k}=100$ 和 $\boldsymbol{\Gamma}_{\mathrm{G}k}=100$,仿真结果如图 7.3~图 7.5 所示。

仿真主程序为 chap7_2sim.mdl,详见附录。

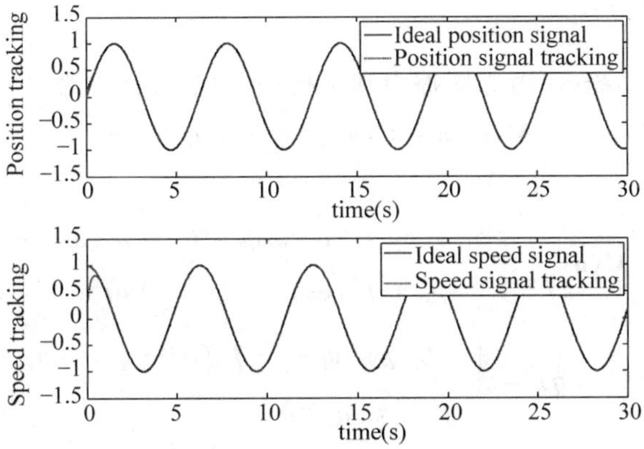

图 7.3 位置和速度跟踪

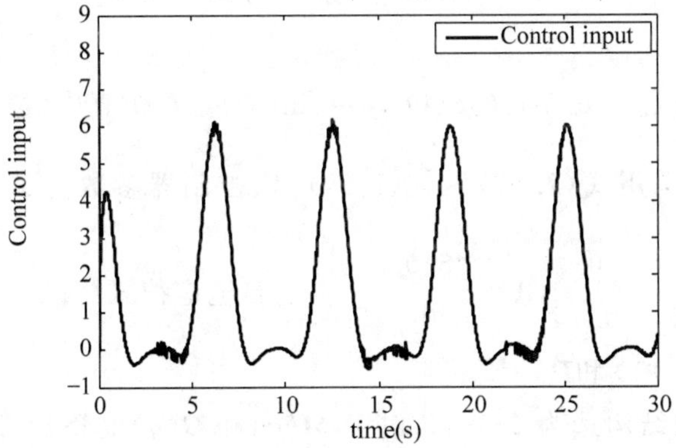

图 7.4 控制输入

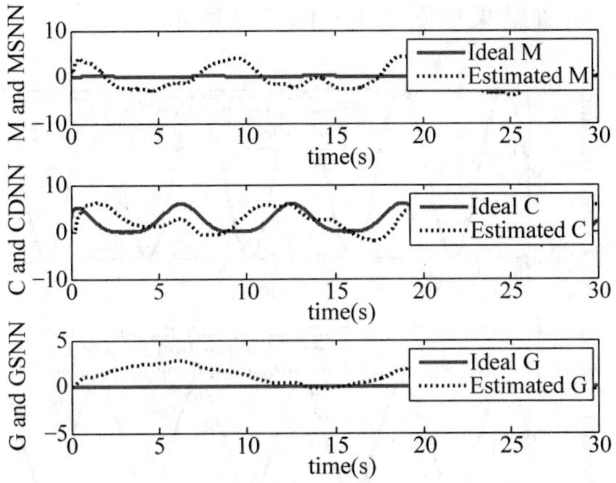

图 7.5 $\boldsymbol{M}(\boldsymbol{q})$、$\boldsymbol{C}(\boldsymbol{q},\dot{\boldsymbol{q}})$和$\boldsymbol{G}(\boldsymbol{q})$的逼近

7.2.4.2 实例(2)

选双关节机械臂系统(不考虑摩擦力和干扰)动力学方程[1]为

$$\boldsymbol{M}(\boldsymbol{q})\ddot{\boldsymbol{q}}+\boldsymbol{C}(\boldsymbol{q},\dot{\boldsymbol{q}})\dot{\boldsymbol{q}}+\boldsymbol{G}(\boldsymbol{q})=\boldsymbol{\tau}$$

其中

$$\boldsymbol{M}(\boldsymbol{q})=\begin{bmatrix}p_1+p_2+2p_3\cos q_2 & p_2+p_3\cos q_2\\ p_2+p_3\cos q_2 & p_2\end{bmatrix}$$

$$\boldsymbol{C}(\boldsymbol{q},\dot{\boldsymbol{q}})=\begin{bmatrix}-p_3\dot{q}_2\sin q_2 & -p_3(\dot{q}_1+\dot{q}_2)\sin q_2\\ p_3\dot{q}_1\sin q_2 & 0\end{bmatrix}$$

$$\boldsymbol{G}(\boldsymbol{q})=\begin{bmatrix}p_4 g\cos q_1+p_5 g\cos(q_1+q_2)\\ p_5 g\cos(q_1+q_2)\end{bmatrix}$$

取 $\boldsymbol{p}=[2.90\quad 0.76\quad 0.87\quad 3.04\quad 0.87]^{\mathrm{T}}$,系统的初始状态为 $\boldsymbol{q}_0=[0.09\quad -0.09]^{\mathrm{T}}$ 和 $\dot{\boldsymbol{q}}_0=[0.0\quad 0.0]^{\mathrm{T}}$。

理想跟踪指令为 $q_{\mathrm{d1}}=0.5\sin(\pi t)$ 和 $q_{\mathrm{d2}}=\sin(\pi t)$。在仿真中,控制律采用式(7.22)~式(7.24),自适应律采用式(7.27)~式(7.29)。取控制器参数为 $\boldsymbol{K}_{\mathrm{p}}=\begin{bmatrix}100 & 0\\ 0 & 100\end{bmatrix}$,$\boldsymbol{K}_{\mathrm{i}}=\begin{bmatrix}100 & 0\\ 0 & 100\end{bmatrix}$,$\boldsymbol{K}_{\mathrm{r}}=\begin{bmatrix}0.1 & 0\\ 0 & 0.1\end{bmatrix}$,$\boldsymbol{\Lambda}=\begin{bmatrix}5.0 & 0\\ 0 & 5.0\end{bmatrix}$。自适应律式(7.27)~式(7.29)的增益矩阵分别取$\boldsymbol{\Gamma}_{\mathrm{M}k}=5$,$\boldsymbol{\Gamma}_{\mathrm{C}k}=10$ 和$\boldsymbol{\Gamma}_{\mathrm{G}k}=5$。

RBF 神经网络的结构选为 2-5-1。对于 $\boldsymbol{M}(\boldsymbol{q})$和 $\boldsymbol{G}(\boldsymbol{q})$的逼近,RBF 网络输入取 $\boldsymbol{z}=[q_1\quad q_2]$,对于 $\boldsymbol{C}(\boldsymbol{q},\dot{\boldsymbol{q}})$的逼近,RBF 网络输入取 $\boldsymbol{z}=[q_1\quad q_2\quad \dot{q}_1\quad \dot{q}_2]$。

高斯函数的参数取 $\boldsymbol{c}_i=[-1.5\quad -1.0\quad -0.5\quad 0\quad 0.5\quad 1.0\quad 1.5]$和 $b_i=10$。神经网络的初始权值设为 0,仿真结果如图 7.6~图 7.9 所示。

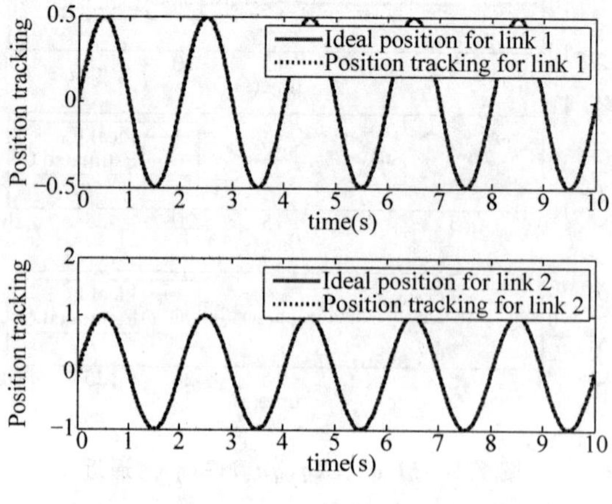

图 7.6 关节 1 和关节 2 的位置跟踪

仿真主程序为 chap7_3sim.mdl,详见附录。

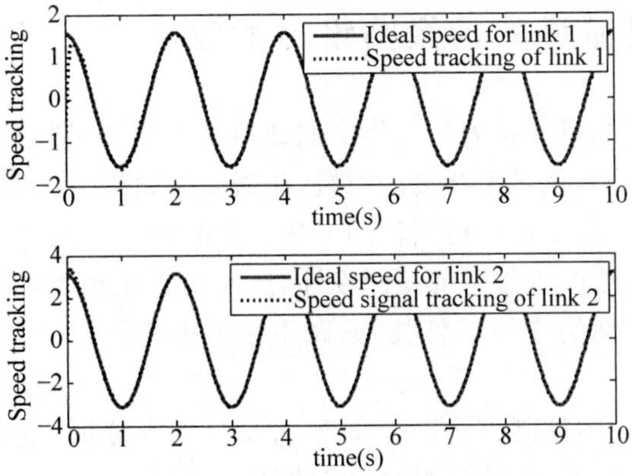

图 7.7 关节 1 和关节 2 的速度跟踪

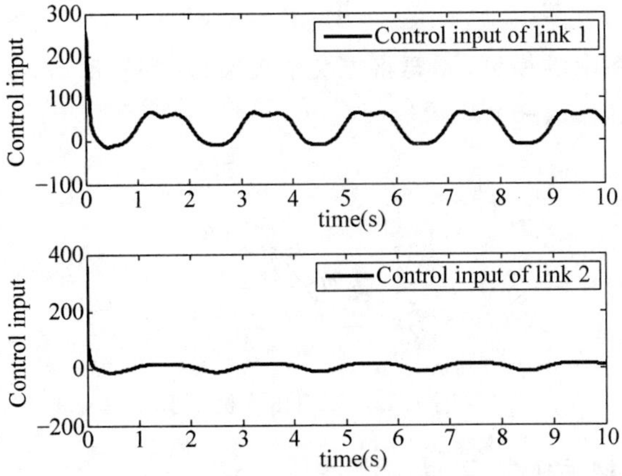

图 7.8 关节 1 和关节 2 的控制输入

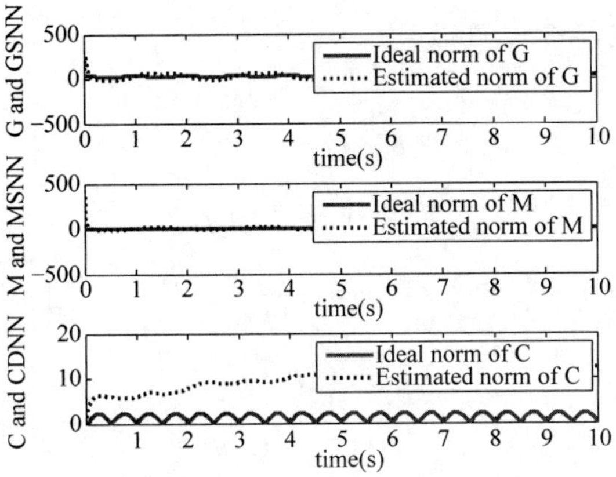

图 7.9 $\boldsymbol{M}(\boldsymbol{q})$、$\boldsymbol{C}(\boldsymbol{q},\dot{\boldsymbol{q}})$和 $\boldsymbol{G}(\boldsymbol{q})$的逼近

7.3 工作空间机械手的神经网络自适应控制

自适应神经网络控制可以扩展到工作空间或所谓的笛卡儿空间[3,4]。为使机械手的应用范围更广,不仅需要控制机械手终端的位置,还需要控制终端作用在物体上的力。通过在工作空间中设计控制律,就很容易得到作用在物体上的力。文献[5]介绍了基于雅可比逆矩阵设计了工作空间中自适应机械臂的控制设计,然而雅克比矩阵的逆不仅求解不仅复杂并且耗时较长。采用神经网络在线建模技术,既不需要逆矩阵的计算,又不需要耗时的训练过程。

本节通过对文献[4]的控制方法进行介绍,并给出仿真分析。这里采用 RBF 神经网络,可保证自适应控制是一致稳定的,且跟踪误差渐进趋于 0。

7.3.1 关节角位置与工作空间直角坐标的转换

为了表示工作空间中的模型,需要将二关节关节位置坐标(q_1,q_2)转为工作空间中的关节末端节点笛卡儿坐标(x_1,x_2)。

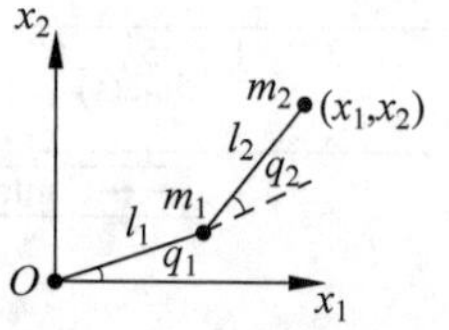

图 7.10 二自由度机械手

对图 7.10 中的机械手建模,可得

$$x_1 = l_1\cos q_1 + l_2\cos(q_1+q_2) \tag{7.31}$$

$$x_2 = l_1\sin q_1 + l_2\sin(q_1+q_2) \tag{7.32}$$

综合式(7.31)和式(7.32),可得

$$x_1^2 + x_2^2 = l_1^2 + l_2^2 + 2l_1l_2\cos q_2$$

则

$$q_2 = \arccos\left(\frac{x_1^2+x_2^2-l_1^2-l_2^2}{2l_1l_2}\right) \tag{7.33}$$

参考文献[6],令 $p_1=\arctan\dfrac{x_2}{x_1}$和 $p_2=\arccos\dfrac{x_1^2+x_2^2+l_1^2-l_2^2}{2l_1\sqrt{x_1^2+x_2^2}}$,可得

$$q_1 = \begin{cases} p_1 - p_2, & q_2 > 0 \\ p_1 + p_2, & q_2 \leqslant 0 \end{cases} \tag{7.34}$$

7.3.2 机械手的神经网络建模

取被控对象为刚性 n 关节机械手,其动态特性为

$$\boldsymbol{M}(\boldsymbol{q})\ddot{\boldsymbol{q}}+\boldsymbol{C}(\boldsymbol{q},\dot{\boldsymbol{q}})\dot{\boldsymbol{q}}+\boldsymbol{G}(\boldsymbol{q})=\boldsymbol{\tau} \tag{7.35}$$

其中，$\boldsymbol{M}(\boldsymbol{q})$为 $n\times n$ 阶转动惯量矩阵；$\boldsymbol{C}(\boldsymbol{q},\dot{\boldsymbol{q}})$为 $n\times n$ 阶哥氏力和离心力向量；$\boldsymbol{G}(\boldsymbol{q})$为 $n\times 1$ 阶重力向量；$\boldsymbol{q}\in\boldsymbol{R}^n$ 是表示关节变量的向量；$\boldsymbol{\tau}\in\boldsymbol{R}^n$ 是执行机构施加的关节扭矩向量。

假定机械手的工作性质与末端执行器的空间位置有关，因此，需要在工作空间中直接设计控制算法。用 $\boldsymbol{x}\in\boldsymbol{R}^n$ 表示末端执行器在工作空间中的位置和方位，则机械手在工作空间的动态特性可表示为[7]

$$\boldsymbol{M}_x(\boldsymbol{q})\ddot{\boldsymbol{x}}+\boldsymbol{C}_x(\boldsymbol{q},\dot{\boldsymbol{q}})\dot{\boldsymbol{x}}+\boldsymbol{G}_x(\boldsymbol{q})=\boldsymbol{F}_x \tag{7.36}$$

其中，$\boldsymbol{M}_x(\boldsymbol{q})=\boldsymbol{J}^{-\mathrm{T}}(\boldsymbol{q})\boldsymbol{M}(\boldsymbol{q})\boldsymbol{J}^{-1}(\boldsymbol{q})$；$\boldsymbol{C}_x(\boldsymbol{q},\dot{\boldsymbol{q}})=\boldsymbol{J}^{-\mathrm{T}}(\boldsymbol{q})(\boldsymbol{C}(\boldsymbol{q},\dot{\boldsymbol{q}})-\boldsymbol{D}(\boldsymbol{q})\boldsymbol{J}^{-1}(\boldsymbol{q})\dot{\boldsymbol{J}}(\boldsymbol{q}))\boldsymbol{J}^{-1}(\boldsymbol{q})$；$\boldsymbol{G}_x(\boldsymbol{q})=\boldsymbol{J}^{-\mathrm{T}}(\boldsymbol{q})\boldsymbol{G}(\boldsymbol{q})$；$\boldsymbol{F}_x=\boldsymbol{J}^{-\mathrm{T}}(\boldsymbol{q})\boldsymbol{\tau}$；$\boldsymbol{J}(\boldsymbol{q})\in\boldsymbol{R}^{n\times n}$是由系统结构决定的雅可比矩阵，假定它在有界的工作空间 Ω 中是非奇异的。

机械手动态方程具有下面特性：

特性 1 惯性矩阵 $\boldsymbol{M}_x(\boldsymbol{q})$对称正定；

特性 2 如果 $\boldsymbol{C}_x(\boldsymbol{q},\dot{\boldsymbol{q}})$是通过 Christoffel 符号规则定义的，矩阵$\dot{\boldsymbol{M}}_x(\boldsymbol{q})-2\boldsymbol{C}_x(\boldsymbol{q},\dot{\boldsymbol{q}})$是斜对称的。

由于 $\boldsymbol{M}_x(\boldsymbol{q})$和 $\boldsymbol{G}_x(\boldsymbol{q})$仅仅是 $\boldsymbol{q}$ 的函数，因此，可采用静态神经网络对它们进行建模。

$$m_{xkj}(\boldsymbol{q})=\sum_l\theta_{kjl}\xi_{kjl}(\boldsymbol{q})+\varepsilon_{mkj}(\boldsymbol{q})=\theta_{kj}^{\mathrm{T}}\boldsymbol{\xi}_{kj}(\boldsymbol{q})+\varepsilon_{mkj}(\boldsymbol{q})$$

$$g_{xk}(\boldsymbol{q})=\sum_l\beta_{kl}\eta_{kl}(\boldsymbol{q})+\varepsilon_{gk}(\boldsymbol{q})=\boldsymbol{\beta}_k^{\mathrm{T}}\boldsymbol{\eta}_k(\boldsymbol{q})+\varepsilon_{gk}(\boldsymbol{q})$$

其中，$\theta_{kjl},\beta_{kl}\in\boldsymbol{R}$ 为神经网络的权值；$\xi_{kjl}(\boldsymbol{q}),\eta_{kl}(\boldsymbol{q})\in\boldsymbol{R}$ 为输入为向量 $\boldsymbol{q}$ 的径向基函数；$\varepsilon_{mkj}(\boldsymbol{q}),\varepsilon_{gk}(\boldsymbol{q})\in\boldsymbol{R}$ 分别是 $m_{xkj}(\boldsymbol{q})$和 $g_{xk}(\boldsymbol{q})$的建模误差，并假定它们是有界的。

对于 $\boldsymbol{C}(\boldsymbol{q},\dot{\boldsymbol{q}})$，用输入为 $\boldsymbol{q}$ 和$\dot{\boldsymbol{q}}$ 的动态神经网络进行建模，$\boldsymbol{C}_{xkj}(\boldsymbol{q},\dot{\boldsymbol{q}})$的神经网络模型为

$$c_{xkj}(\boldsymbol{q},\dot{\boldsymbol{q}})=\sum_l\alpha_{kjl}\xi_{kjl}(\boldsymbol{z})+\varepsilon_{ckj}(\boldsymbol{z})=\boldsymbol{\alpha}_{kj}^{\mathrm{T}}\boldsymbol{\xi}_{kj}(\boldsymbol{z})+\varepsilon_{ckj}(\boldsymbol{z})$$

其中，$\boldsymbol{z}=[\boldsymbol{q}^{\mathrm{T}}\ \dot{\boldsymbol{q}}^{\mathrm{T}}]^{\mathrm{T}}\in\boldsymbol{R}^{2n}$；$\alpha_{kjl}\in\boldsymbol{R}$ 是权值；$\xi_{kjl}(\boldsymbol{z})\in\boldsymbol{R}$ 是输入为向量 $\boldsymbol{z}$ 的径向基函数；$\varepsilon_{ckj}(\boldsymbol{z})$是元素 $c_{xkj}(\boldsymbol{q},\dot{\boldsymbol{q}})$的建模误差，并假定它也是有界的。

采用神经网络建模，则机械手在工作空间中的动态方程可写为[4]

$$\boldsymbol{M}_x(\boldsymbol{q})\ddot{\boldsymbol{x}}+\boldsymbol{C}_x(\boldsymbol{q},\dot{\boldsymbol{q}})\dot{\boldsymbol{x}}+\boldsymbol{G}_x(\boldsymbol{q})=\boldsymbol{F}_x \tag{7.37}$$

其中

$$m_{xkj}(\boldsymbol{q})=\boldsymbol{\theta}_{kj}^{\mathrm{T}}\boldsymbol{\xi}_{kj}(\boldsymbol{q})+\varepsilon_{dkj}(\boldsymbol{q})$$
$$c_{xkj}(\boldsymbol{q},\dot{\boldsymbol{q}})=\boldsymbol{\alpha}_{kj}^{\mathrm{T}}\boldsymbol{\xi}_{kj}(\boldsymbol{z})+\varepsilon_{ckj}(\boldsymbol{z})$$
$$g_{xk}(\boldsymbol{q})=\boldsymbol{\beta}_k^{\mathrm{T}}\boldsymbol{\eta}_k(\boldsymbol{q})+\varepsilon_{gk}(\boldsymbol{q})$$

采用 GL 矩阵及其乘法操作[3]，$\boldsymbol{M}_x(\boldsymbol{q})$可写为

$$\boldsymbol{M}_x(\boldsymbol{q})=[\{\boldsymbol{\Theta}\}^{\mathrm{T}}\bullet\{\boldsymbol{\Xi}(\boldsymbol{q})\}]+\boldsymbol{E}_{\mathrm{M}}(\boldsymbol{q}) \tag{7.38}$$

其中，$\{\boldsymbol{\Theta}\}$和$\{\boldsymbol{\Xi}(\boldsymbol{q})\}$是 GL 矩阵，其元素分别为 θ_{kj} 和 $\xi_{kj}(\boldsymbol{q})$；$\boldsymbol{E}_{\mathrm{M}}(\boldsymbol{q})\in\boldsymbol{R}^{n\times n}$是元素为建模误差 $\varepsilon_{mkj}(\boldsymbol{q})$的矩阵。

同样，对 $\boldsymbol{C}(\boldsymbol{q},\dot{\boldsymbol{q}})$和 $\boldsymbol{G}_x(\boldsymbol{q})$，有

$$\boldsymbol{C}_x(\boldsymbol{q},\dot{\boldsymbol{q}})=[\{\boldsymbol{A}\}^{\mathrm{T}}\bullet\{\boldsymbol{Z}(\boldsymbol{z})\}]+\boldsymbol{E}_{\mathrm{C}}(\boldsymbol{z}) \tag{7.39}$$

$$\boldsymbol{G}_x(\boldsymbol{q})=[\{\boldsymbol{B}\}^{\mathrm{T}}\bullet\{\boldsymbol{H}(\boldsymbol{q})\}]+\boldsymbol{E}_{\mathrm{G}}(\boldsymbol{q}) \tag{7.40}$$

其中,$\{\boldsymbol{A}\}$、$\{\boldsymbol{Z}(\boldsymbol{z})\}$、$\{\boldsymbol{B}\}$和$\{\boldsymbol{H}(\boldsymbol{q})\}$为 GL 矩阵和 GL 向量,其元素分别为 α_{kj}、$\xi_{kj}(\boldsymbol{z})$、β_k 和 $\eta_k(\boldsymbol{q})$; $\boldsymbol{E}_{\mathrm{C}}(\boldsymbol{z})\in\boldsymbol{R}^{n\times n}$和$\boldsymbol{E}_{\mathrm{G}}(\boldsymbol{q})\in\boldsymbol{R}^n$ 是元素,分别为建模误差 $\varepsilon_{ckj}(\boldsymbol{z})$和 $\varepsilon_{gk}(\boldsymbol{q})$的矩阵。

7.3.3 控制器的设计

设 $\boldsymbol{x}_{\mathrm{d}}(t)$是在工作空间中的理想轨迹,则$\dot{\boldsymbol{x}}_{\mathrm{d}}(t)$和$\ddot{\boldsymbol{x}}_{\mathrm{d}}(t)$分别是理想的速度和加速度。定义

$$\boldsymbol{e}(t)=\boldsymbol{x}_{\mathrm{d}}(t)-\boldsymbol{x}(t)$$

$$\dot{\boldsymbol{x}}_{\mathrm{r}}(t)=\dot{\boldsymbol{x}}_{\mathrm{d}}(t)+\boldsymbol{\Lambda}\boldsymbol{e}(t)$$

$$\boldsymbol{r}(t)=\dot{\boldsymbol{x}}_{\mathrm{r}}(t)-\dot{\boldsymbol{x}}(t)=\dot{\boldsymbol{e}}(t)+\boldsymbol{\Lambda}\boldsymbol{e}(t)$$

其中,$\boldsymbol{\Lambda}$ 是一个正定矩阵。

采用$(\hat{\cdot})$代表$(\cdot)$的估计值,定义$(\tilde{\cdot})=(\cdot)-(\hat{\cdot})$,则$\{\hat{\boldsymbol{\Theta}}\}$,$\{\hat{\boldsymbol{A}}\}$和$\{\hat{\boldsymbol{B}}\}$分别代表式$\{\boldsymbol{\Theta}\}$,$\{\boldsymbol{A}\}$和$\{\boldsymbol{B}\}$的估计值。

设计控制器设计为[4]

$$\boldsymbol{F}_x=[\{\hat{\boldsymbol{\Theta}}\}^{\mathrm{T}}\cdot\{\boldsymbol{\Xi}(\boldsymbol{q})\}]\ddot{\boldsymbol{x}}_{\mathrm{r}}+[\{\hat{\boldsymbol{A}}\}^{\mathrm{T}}\cdot\{\boldsymbol{Z}(\boldsymbol{z})\}]\dot{\boldsymbol{x}}_{\mathrm{r}}+[\{\hat{\boldsymbol{B}}\}^{\mathrm{T}}\cdot\{\boldsymbol{H}(\boldsymbol{q})\}]+\boldsymbol{K}\boldsymbol{r}+k_{\mathrm{s}}\mathrm{sgn}(\boldsymbol{r}) \tag{7.41}$$

其中,$\boldsymbol{K}\in R^{n\times n}>0$; $k_{\mathrm{s}}>\|\boldsymbol{E}\|$; $\boldsymbol{E}=\boldsymbol{E}_{\mathrm{M}}(\boldsymbol{q})\ddot{\boldsymbol{x}}_{\mathrm{r}}+\boldsymbol{E}_{\mathrm{C}}(\boldsymbol{z})\dot{\boldsymbol{x}}_{\mathrm{r}}+\boldsymbol{E}_{\mathrm{G}}(\boldsymbol{q})$。

控制器前三项是基于模型的控制,K_{r} 项相当于比例微分(PD)控制,控制律的最后一项为抑制神经网络建模误差的鲁棒项。

由控制器的表达式可知,很显然控制器不需要雅克比逆矩阵的求解。在实际控制中,输入可以通过$\boldsymbol{\tau}=\boldsymbol{J}^{\mathrm{T}}(\boldsymbol{q})\boldsymbol{F}_x$ 求得。

将式(7.38)、式(7.39)和式(7.40)代入式 (7.37),可得

$$\{[\{\boldsymbol{\theta}\}^{\mathrm{T}}\cdot\{\boldsymbol{\Xi}(\boldsymbol{q})\}]+\boldsymbol{E}_{\mathrm{M}}(\boldsymbol{q})\}\ddot{\boldsymbol{x}}+\{[\{\boldsymbol{A}\}^{\mathrm{T}}\cdot\{\boldsymbol{Z}(\boldsymbol{z})\}]+\boldsymbol{E}_{\mathrm{C}}(\boldsymbol{z})\}\dot{\boldsymbol{x}}+$$
$$[\{\boldsymbol{B}\}^{\mathrm{T}}\cdot\{\boldsymbol{H}(\boldsymbol{q})\}]+\boldsymbol{E}_{\mathrm{G}}(\boldsymbol{q})=\boldsymbol{F}_x$$

将控制律式(7.41)代入上式,整理可得

$$\begin{aligned}&\{[\{\boldsymbol{\theta}\}^{\mathrm{T}}\cdot\{\boldsymbol{\Xi}(\boldsymbol{q})\}]+\boldsymbol{E}_{\mathrm{M}}(\boldsymbol{q})\}\ddot{\boldsymbol{x}}+\{[\{\boldsymbol{A}\}^{\mathrm{T}}\cdot\{\boldsymbol{Z}(\boldsymbol{z})\}]+\\&\boldsymbol{E}_{\mathrm{C}}(\boldsymbol{z})\}\dot{\boldsymbol{x}}+[\{\boldsymbol{B}\}^{\mathrm{T}}\cdot\{\boldsymbol{H}(\boldsymbol{q})\}]+\boldsymbol{E}_{\mathrm{G}}(\boldsymbol{q})\\=&[\{\hat{\boldsymbol{\theta}}\}^{\mathrm{T}}\cdot\{\boldsymbol{\Xi}(\boldsymbol{q})\}]\ddot{\boldsymbol{x}}_{\mathrm{r}}+[\{\hat{\boldsymbol{A}}\}^{\mathrm{T}}\cdot\{\boldsymbol{Z}(\boldsymbol{z})\}]\dot{\boldsymbol{x}}_{\mathrm{r}}+\\&[\{\hat{\boldsymbol{B}}\}^{\mathrm{T}}\cdot\{\boldsymbol{H}(\boldsymbol{q})\}]+\boldsymbol{K}\boldsymbol{r}+k_{\mathrm{s}}\mathrm{sgn}(\boldsymbol{r})\end{aligned}$$

将$\dot{\boldsymbol{x}}=\dot{\boldsymbol{x}}_{\mathrm{r}}-\boldsymbol{r}$ 和$\ddot{\boldsymbol{x}}=\ddot{\boldsymbol{x}}_{\mathrm{r}}-\dot{\boldsymbol{r}}$ 代入上式,可得

$$\begin{aligned}&\{[\{\boldsymbol{\theta}\}^{\mathrm{T}}\cdot\{\boldsymbol{\Xi}(\boldsymbol{q})\}]+\boldsymbol{E}_{\mathrm{M}}(\boldsymbol{q})\}(\ddot{\boldsymbol{x}}_{\mathrm{r}}-\dot{\boldsymbol{r}})+\{[\{\boldsymbol{A}\}^{\mathrm{T}}\cdot\{\boldsymbol{Z}(\boldsymbol{z})\}]+\\&\boldsymbol{E}_{\mathrm{C}}(\boldsymbol{z})\}(\dot{\boldsymbol{x}}_{\mathrm{r}}-\boldsymbol{r})+[\{\boldsymbol{B}\}^{\mathrm{T}}\cdot\{\boldsymbol{H}(\boldsymbol{q})\}]+\boldsymbol{E}_{\mathrm{G}}(\boldsymbol{q})\\=&[\{\hat{\boldsymbol{\theta}}\}^{\mathrm{T}}\cdot\{\boldsymbol{\Xi}(\boldsymbol{q})\}]\ddot{\boldsymbol{x}}_{\mathrm{r}}+[\{\hat{\boldsymbol{A}}\}^{\mathrm{T}}\cdot\{\boldsymbol{Z}(\boldsymbol{z})\}]\dot{\boldsymbol{x}}_{\mathrm{r}}+\\&[\{\hat{\boldsymbol{B}}\}^{\mathrm{T}}\cdot\{\boldsymbol{H}(\boldsymbol{q})\}]+\boldsymbol{K}\boldsymbol{r}+k_{\mathrm{s}}\mathrm{sgn}(\boldsymbol{r})\end{aligned}$$

对上式进行化简,可得

$$\begin{aligned}&\{[\{\boldsymbol{\theta}\}^{\mathrm{T}}\cdot\{\boldsymbol{\Xi}(\boldsymbol{q})\}]+\boldsymbol{E}_{\mathrm{M}}(\boldsymbol{q})\}\dot{\boldsymbol{r}}+\{[\{\boldsymbol{A}\}^{\mathrm{T}}\cdot\{\boldsymbol{Z}(\boldsymbol{z})\}]+\boldsymbol{E}_{\mathrm{C}}(\boldsymbol{z})\}\boldsymbol{r}+\boldsymbol{K}\boldsymbol{r}+k_{\mathrm{s}}\mathrm{sgn}(\boldsymbol{r})\\=&[\{\tilde{\boldsymbol{\theta}}\}^{\mathrm{T}}\cdot\{\boldsymbol{\Xi}(\boldsymbol{q})\}]\ddot{\boldsymbol{x}}_{\mathrm{r}}+[\{\tilde{\boldsymbol{A}}\}^{\mathrm{T}}\cdot\{\boldsymbol{Z}(\boldsymbol{z})\}]\dot{\boldsymbol{x}}_{\mathrm{r}}+[\{\tilde{\boldsymbol{B}}\}^{\mathrm{T}}\cdot\{\boldsymbol{H}(\boldsymbol{q})\}]+\boldsymbol{E}\end{aligned}$$

将式(7.38)和式(7.39)代入上式，可得

$$\boldsymbol{M}_x(\boldsymbol{q})\dot{\boldsymbol{r}}+\boldsymbol{C}_x(\boldsymbol{q},\dot{\boldsymbol{q}})\boldsymbol{r}+\boldsymbol{K}\boldsymbol{r}+k_{\mathrm{s}}\operatorname{sgn}(\boldsymbol{r})$$
$$=[\{\widetilde{\boldsymbol{\theta}}\}^{\mathrm{T}}\cdot\{\boldsymbol{\Xi}(\boldsymbol{q})\}]\ddot{x}_{\mathrm{r}}+[\{\widetilde{\boldsymbol{A}}\}^{\mathrm{T}}\cdot\{\boldsymbol{Z}(\boldsymbol{z})\}]\dot{\boldsymbol{x}}_{\mathrm{r}}+[\{\widetilde{\boldsymbol{B}}\}^{\mathrm{T}}\cdot\{\boldsymbol{H}(\boldsymbol{q})\}]+\boldsymbol{E} \tag{7.42}$$

闭环系统式(7.42)的稳定性由下面定理给出。

定理[4]：对闭环系统式(7.42)，如果 $\boldsymbol{K}>0,k_{\mathrm{s}}>\|\boldsymbol{E}\|$，且自适应律设计为

$$\begin{aligned}\dot{\hat{\boldsymbol{\theta}}}_k&=\boldsymbol{\Gamma}_k\cdot\{\boldsymbol{\xi}_k(\boldsymbol{q})\}\ddot{x}_{\mathrm{r}}r_k\\ \dot{\hat{\boldsymbol{\alpha}}}_k&=\boldsymbol{Q}_k\cdot\{\boldsymbol{\xi}_k(\boldsymbol{z})\}\dot{x}_{\mathrm{r}}r_k\\ \dot{\hat{\boldsymbol{\beta}}}_k&=\boldsymbol{N}_k\boldsymbol{\eta}_k(\boldsymbol{q})r_k\end{aligned} \tag{7.43}$$

其中，$\boldsymbol{\Gamma}_k=\boldsymbol{\Gamma}_k^{\mathrm{T}}>0$；$\boldsymbol{Q}_k=\boldsymbol{Q}_k^{\mathrm{T}}>0$；$\boldsymbol{N}_k=\boldsymbol{N}_k^{\mathrm{T}}>0$ 且$\hat{\boldsymbol{\theta}}_k$ 和$\hat{\boldsymbol{\alpha}}_k$ 是元素分别为 $\hat{\theta}_{kj}$ 和$\hat{a}_{kj}$ 的向量，则$\hat{\boldsymbol{\theta}}_k$，$\hat{\boldsymbol{\alpha}}_k$，$\hat{\boldsymbol{\beta}}_k\in L_\infty$，$\boldsymbol{e}\in L_2^n\cap L_\infty^n$，$\boldsymbol{e}$ 是连续的，且当 $t\to\infty$时，$\boldsymbol{e}\to 0$ 和$\dot{\boldsymbol{e}}\to 0$。

证明：考虑如下 Lyapunov 函数

$$V=\frac{1}{2}\boldsymbol{r}^{\mathrm{T}}\boldsymbol{M}_x(\boldsymbol{q})\boldsymbol{r}+\frac{1}{2}\sum_{k=1}^{n}\widetilde{\boldsymbol{\theta}}_k^{\mathrm{T}}\boldsymbol{\Gamma}_k^{-1}\widetilde{\boldsymbol{\theta}}_k+\frac{1}{2}\sum_{k=1}^{n}\widetilde{\boldsymbol{\alpha}}_k^{\mathrm{T}}\boldsymbol{Q}_k^{-1}\widetilde{\boldsymbol{\alpha}}_k+\frac{1}{2}\sum_{k=1}^{n}\widetilde{\boldsymbol{\beta}}_k^{\mathrm{T}}\boldsymbol{N}_k^{-1}\widetilde{\boldsymbol{\beta}}_k$$

其中，$\boldsymbol{\Gamma}_k$、$\boldsymbol{Q}_k$、$\boldsymbol{N}_k$ 为正定对称矩阵。对 $\boldsymbol{V}$ 求导可得

$$\dot{V}=\boldsymbol{r}^{\mathrm{T}}\boldsymbol{M}_x\dot{\boldsymbol{r}}+\frac{1}{2}\boldsymbol{r}^{\mathrm{T}}\dot{\boldsymbol{M}}_x\boldsymbol{r}+\sum_{k=1}^{n}\widetilde{\boldsymbol{\theta}}_k^{\mathrm{T}}\boldsymbol{\Gamma}_k^{-1}\dot{\widetilde{\boldsymbol{\theta}}}_k+\sum_{k=1}^{n}\widetilde{\boldsymbol{\alpha}}_k^{\mathrm{T}}\boldsymbol{Q}_k^{-1}\dot{\widetilde{\boldsymbol{\alpha}}}_k+\sum_{k=1}^{n}\widetilde{\boldsymbol{\beta}}_k^{\mathrm{T}}\boldsymbol{N}_k^{-1}\dot{\widetilde{\boldsymbol{\beta}}}_k$$

由于矩阵$\dot{\boldsymbol{M}}_x(\boldsymbol{q})-2\boldsymbol{C}_x(\boldsymbol{q},\dot{\boldsymbol{q}})$是斜对称的，则 $\boldsymbol{r}^{\mathrm{T}}(\dot{\boldsymbol{M}}_x-2\boldsymbol{C}_x)\boldsymbol{r}=0$，代入上式可得

$$\dot{V}=\boldsymbol{r}^{\mathrm{T}}(\boldsymbol{M}_x\dot{\boldsymbol{r}}+\boldsymbol{C}_x\boldsymbol{r})-\sum_{k=1}^{n}\widetilde{\boldsymbol{\theta}}_k^{\mathrm{T}}\boldsymbol{\Gamma}_k^{-1}\dot{\hat{\boldsymbol{\theta}}}_k-\sum_{k=1}^{n}\widetilde{\boldsymbol{\alpha}}_k^{\mathrm{T}}\boldsymbol{Q}_k^{-1}\dot{\hat{\boldsymbol{\alpha}}}_k-\sum_{k=1}^{n}\widetilde{\boldsymbol{\beta}}_k^{\mathrm{T}}\boldsymbol{N}_k^{-1}\dot{\hat{\boldsymbol{\beta}}}_k$$

将式(7.42)代入上式，可得

$$\begin{aligned}\dot{V}=&-\boldsymbol{r}^{\mathrm{T}}\boldsymbol{K}\boldsymbol{r}-k_{\mathrm{s}}\boldsymbol{r}^{\mathrm{T}}\operatorname{sgn}(\boldsymbol{r})+\sum_{k=1}^{n}\{\widetilde{\boldsymbol{\theta}}_k\}^{\mathrm{T}}\cdot\{\boldsymbol{\xi}_k(\boldsymbol{q})\}\ddot{x}_{\mathrm{r}}r_k+\sum_{k=1}^{n}\widetilde{\boldsymbol{\alpha}}_k^{\mathrm{T}}\cdot\{\boldsymbol{\xi}_k(\boldsymbol{z})\}\dot{\boldsymbol{x}}_{\mathrm{r}}\boldsymbol{r}_k+\\&\sum_{k=1}^{n}\widetilde{\boldsymbol{\beta}}_k^{\mathrm{T}}\boldsymbol{\eta}_k(\boldsymbol{q})\boldsymbol{r}_k+\boldsymbol{r}^{\mathrm{T}}\boldsymbol{E}-\sum_{k=1}^{n}\widetilde{\boldsymbol{\theta}}_k^{\mathrm{T}}\boldsymbol{\Gamma}_k^{-1}\dot{\hat{\boldsymbol{\theta}}}_k-\sum_{k=1}^{n}\widetilde{\boldsymbol{\alpha}}_k^{\mathrm{T}}\boldsymbol{Q}_k^{-1}\dot{\hat{\boldsymbol{\alpha}}}_k-\sum_{k=1}^{n}\widetilde{\boldsymbol{\beta}}_k^{\mathrm{T}}\boldsymbol{N}_k^{-1}\dot{\hat{\boldsymbol{\beta}}}_k\end{aligned} \tag{7.44}$$

并将自适应律式(7.43)代入式(7.44)中，并结合不等式 $k_{\mathrm{s}}>\|\boldsymbol{E}\|$，可得

$$\dot{V}=-\boldsymbol{r}^{\mathrm{T}}\boldsymbol{K}\boldsymbol{r}-k_{\mathrm{s}}\boldsymbol{r}^{\mathrm{T}}\operatorname{sgn}(\boldsymbol{r})+\boldsymbol{r}^{\mathrm{T}}\boldsymbol{E}\leqslant 0$$

收敛性分析：

由于 $V\geqslant 0,\dot{V}\leqslant 0$，从而 $\boldsymbol{r}$ 和$\widetilde{\boldsymbol{\theta}}_k$、$\widetilde{\boldsymbol{\alpha}}_k$、$\widetilde{\boldsymbol{\beta}}_k$ 有界。当$\dot{V}\equiv 0$ 时，$\boldsymbol{r}=0$，根据 LaSalle 不变性原理，闭环系统为渐进稳定，当 $t\to\infty$时，$\boldsymbol{r}\to 0$，从而 $\boldsymbol{e}\to 0$，$\dot{\boldsymbol{e}}\to 0$。由于采用了自适应律进行抵消，无法保证 $\widetilde{\theta}_k$、$\widetilde{\alpha}_k$、$\widetilde{\beta}_k$ 收敛于零，因此无法实现$\hat{M}_x(q)$，$\hat{C}_x(q,\dot{q})$和$\hat{G}_x(q)$收敛。

7.3.4 仿真实例

考虑平面两关节机械手，机器人的动力学方程[4]为

$$\boldsymbol{M}(\boldsymbol{q})\ddot{q}+\boldsymbol{C}(\boldsymbol{q},\dot{\boldsymbol{q}})\dot{q}+\boldsymbol{G}(\boldsymbol{q})=\boldsymbol{\tau}$$

其中，$\boldsymbol{M}(\boldsymbol{q})=\begin{bmatrix}m_1+m_2+2m_3\cos q_2 & m_2+m_3\cos q_2\\ m_2+m_3\cos q_2 & m_2\end{bmatrix}$，$\boldsymbol{C}(\boldsymbol{q},\dot{\boldsymbol{q}})=\begin{bmatrix}-m_3\dot{q}_2\sin q_2 & -m_3(\dot{q}_1+\dot{q}_2)\sin q_2\\ m_3\dot{q}_1\sin q_2 & 0.0\end{bmatrix}$，

$G(q)=\begin{bmatrix} m_4 g\cos q_1+m_5 g\cos(q_1+q_2) \\ m_5 g\cos(q_1+q_2) \end{bmatrix}$，$m_i$ 值由式 $M_m = P + p_l L$ 给出，其中 $M_m=[m_1\quad m_2\quad m_3\quad m_4\quad m_5]^T$，$P=[p_1\quad p_2\quad p_3\quad p_4\quad p_5]^T$ 和 $L=[l_1^2\quad l_2^2\quad l_1 l_2\quad l_1\quad l_2]^T$，$p_l$ 为负载，l_1 和 l_2 分别为关节 1 和关节 2 的长度，p 是机器人自身的参数向量。

机械力臂实际参数为 $P=[1.66\quad 0.42\quad 0.63\quad 3.75\quad 1.25]^T\text{kg}\cdot\text{m}^2$，$l_1=l_2=1\text{m}$。为了测试控制器对载荷扰动的抑制能力，在 $t=4.0$ 时载荷 p_l 值为 0～0.5kg。

在笛卡儿空间(Cartesian Space)中的理想跟踪轨迹取 $x_{d1}(t)=1.0+0.2\cos(\pi t)$，$x_{d2}(t)=1.0+0.2\sin(\pi t)$，该轨迹为一个半径为 0.2m，圆心在 $(x_1,x_2)=(1.0,1.0)\text{m}$ 的圆。初始条件时，机械力臂末端执行器在圆的中心，即 $x(0)=[1.0\quad 1.0]\text{m}$，$\dot{x}(0)=[0.0\quad 0.0]\text{m/s}$。

由于跟踪轨迹为工作空间中的直角坐标，而不是关节空间中的角位置，应按式(7.33)和式(7.34)将二关节关节角位置转为工作空间中的关节末端笛卡儿坐标。雅可比 Jacobian 阵 $J(q)$ 为

$$J(q)=\begin{bmatrix} -l_1\sin(q_1)-l_2\sin(q_1+q_2) & -l_2\sin(q_1+q_2) \\ l_1\cos(q_1)+l_2\cos(q_1+q_2) & l_2\cos(q_1+q_2) \end{bmatrix}$$

则

$$\dot{J}(q)=\begin{bmatrix} -l_1\cos(q_1)-l_2\cos(q_1+q_2) & -l_2\cos(q_1+q_2) \\ -l_1\sin(q_1)-l_2\sin(q_1+q_2) & -l_2\sin(q_1+q_2) \end{bmatrix}\dot{q}_1 + \begin{bmatrix} -l_2\cos(q_1+q_2) & -l_2\cos(q_1+q_2) \\ -l_2\sin(q_1+q_2) & -l_2\sin(q_1+q_2) \end{bmatrix}\dot{q}_2$$

针对 $M_x(q)$ 和 $G_x(q)$ 的每一个元素的逼近，RBF 神经网络的输入都为 q，设计隐含层节点数为 7。对 $C_x(q,\dot{q})$ 的每一个元素的逼近，RBF 神经网络的输入为 $(q,\dot{q})$，设计隐含层节点数为 7。

所有高斯函数的参数都取为 $c_i=[-1.5\quad -1.0\quad -0.5\quad 0\quad 0.5\quad 1.0\quad 1.5]$ 和 $b_i=10$，设置神经网络的初值为 0。控制律采用式(7.41)，自适应律采用式(7.43)。控制器的增益选为 $K=\begin{bmatrix} 30 & 0 \\ 0 & 30 \end{bmatrix}$，$k_s=0.5$。由引理 2，可取 $\Lambda=\begin{bmatrix} 15 & 0 \\ 0 & 15 \end{bmatrix}$。自适应律式(7.43)参数取为 $\Gamma_k=\text{diag}\{2.0\}$，$Q_k=\text{diag}\{0.10\}$ 和 $N_k=\text{diag}\{5.0\}$。仿真结果如图 7.11～图 7.15 所示。

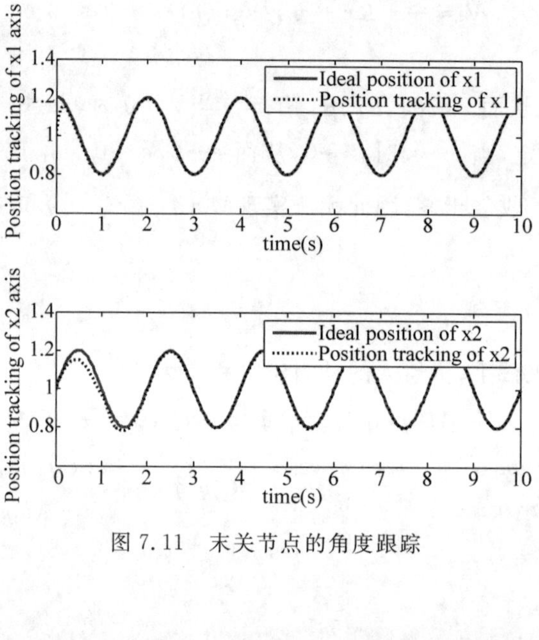

图 7.11　末关节点的角度跟踪

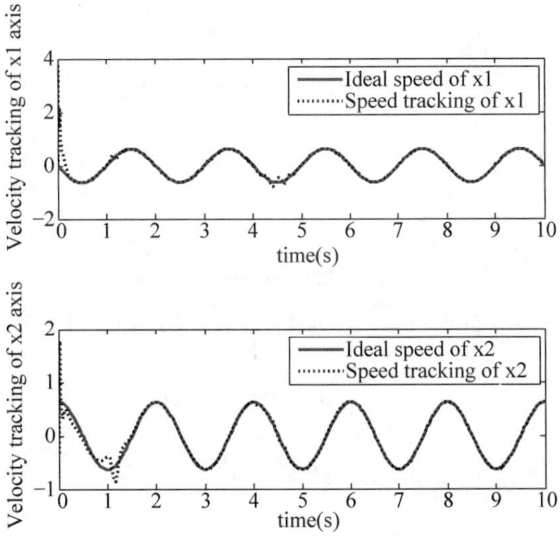

图 7.12　末关节点的角速度跟踪

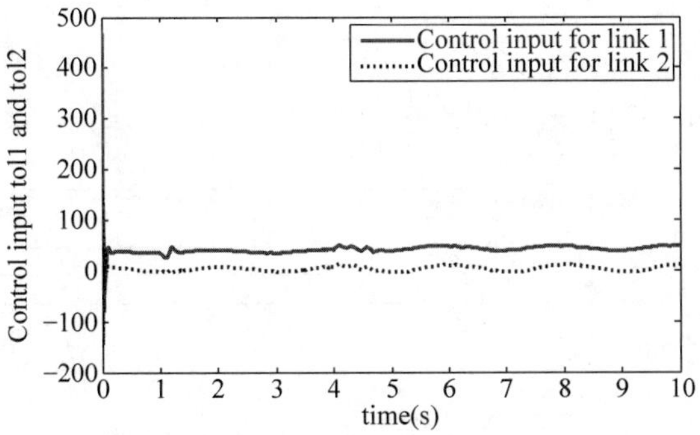

图 7.13　关节 1 和关节 2 的控制输入

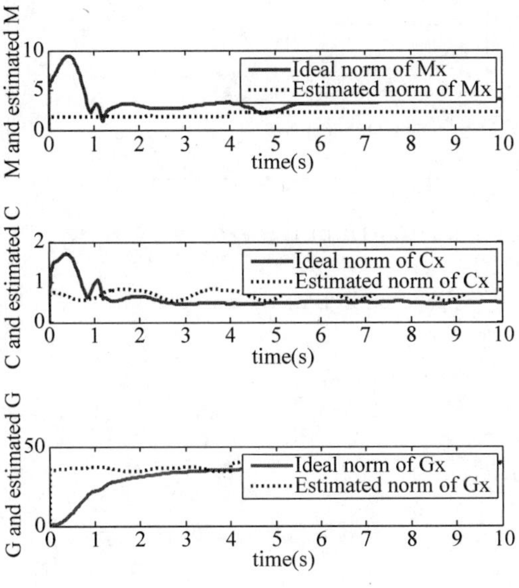

图 7.14　$\|\boldsymbol{M}_x(\boldsymbol{q})\|$、$\|\boldsymbol{C}_x(\boldsymbol{q},\dot{\boldsymbol{q}})\|$ 和 $\|\boldsymbol{G}_x(\boldsymbol{q})\|$ 的逼近

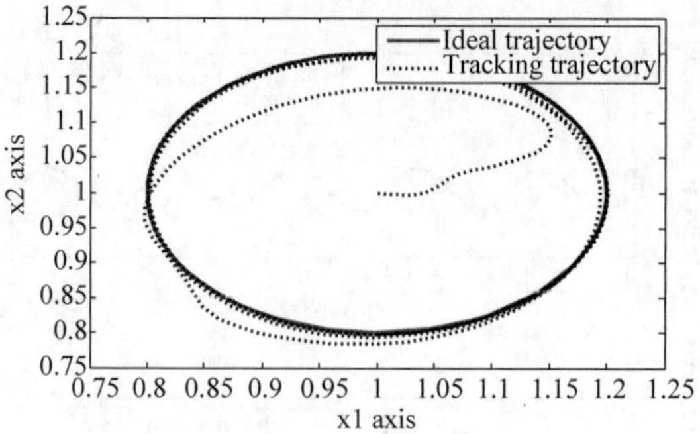

图 7.15　末关节的跟踪轨迹

仿真主程序为 chap7_4sim. mdl，详见附录。

附录　仿真程序

7.1.4 节的程序

1. 仿真主程序：chap7_1sim. mdl

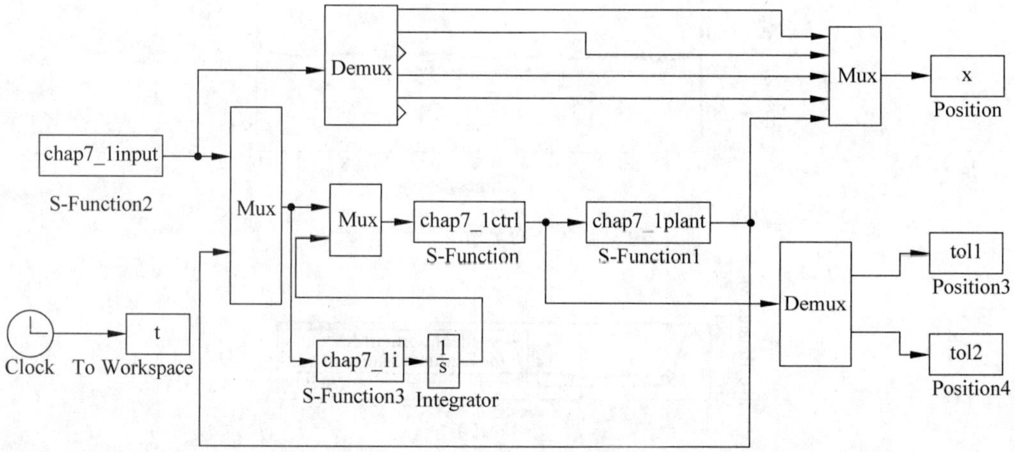

2. 跟踪指令产生程序：chap7_1input. m

```
function [sys,x0,str,ts] = spacemodel(t,x,u,flag)
switch flag,
case 0,
    [sys,x0,str,ts] = mdlInitializeSizes;
case 1,
    sys = mdlDerivatives(t,x,u);
case 3,
    sys = mdlOutputs(t,x,u);
case {2,4,9}
    sys = [];
otherwise
```

```
    error(['Unhandled flag = ',num2str(flag)]);
end
function [sys,x0,str,ts] = mdlInitializeSizes
sizes = simsizes;
sizes.NumContStates  = 0;
sizes.NumDiscStates  = 0;
sizes.NumOutputs     = 6;
sizes.NumInputs      = 0;
sizes.DirFeedthrough = 0;
sizes.NumSampleTimes = 1;
sys = simsizes(sizes);
x0  = [];
str = [];
ts  = [0 0];
function sys = mdlOutputs(t,x,u)
qd1 = 0.5 * sin(pi * t);
d_qd1 = 0.5 * pi * cos(pi * t);
dd_qd1 = - 0.5 * pi * pi * sin(pi * t);
qd2 = sin(pi * t);
d_qd2 = pi * cos(pi * t);
dd_qd2 = - pi * pi * sin(pi * t);

sys(1) = qd1;
sys(2) = d_qd1;
sys(3) = dd_qd1;
sys(4) = qd2;
sys(5) = d_qd2;
sys(6) = dd_qd2;
```

3. 控制律程序：chap7_1ctrl.m

```
function [sys,x0,str,ts] = spacemodel(t,x,u,flag)
switch flag,
case 0,
    [sys,x0,str,ts] = mdlInitializeSizes;
case 3,
    sys = mdlOutputs(t,x,u);
case {1,2,4,9}
    sys = [];
otherwise
    error(['Unhandled flag = ',num2str(flag)]);
end
function [sys,x0,str,ts] = mdlInitializeSizes
sizes = simsizes;
sizes.NumContStates  = 0;
sizes.NumDiscStates  = 0;
sizes.NumOutputs     = 2;
sizes.NumInputs      = 12;
sizes.DirFeedthrough = 1;
sizes.NumSampleTimes = 0;
sys = simsizes(sizes);
```

```
x0  = [];
str = [];
ts  = [];
function sys = mdlOutputs(t,x,u)
qd1 = u(1);
dqd1 = u(2);
ddqd1 = u(3);
qd2 = u(4);
dqd2 = u(5);
ddqd2 = u(6);

q1 = u(7);
dq1 = u(8);
q2 = u(9);
dq2 = u(10);
dq = [dq1;dq2];

e1 = qd1 - q1;
e2 = qd2 - q2;
de1 = dqd1 - dq1;
de2 = dqd2 - dq2;
e = [e1;e2];
de = [de1;de2];
Fai = 5 * eye(2);
r = de + Fai * e;

dqd = [dqd1;dqd2];
dqr = dqd + Fai * e;
ddqd = [ddqd1;ddqd2];
ddqr = ddqd + Fai * de;

p = [2.9 0.76 0.87 3.04 0.87];
g = 9.8;
M = [p(1) + p(2) + 2 * p(3) * cos(q2) p(2) + p(3) * cos(q2);
   p(2) + p(3) * cos(q2) p(2)];
C = [ - p(3) * dq2 * sin(q2)  - p(3) * (dq1 + dq2) * sin(q2);
    p(3) * dq1 * sin(q2)  0];
G = [p(4) * g * cos(q1) + p(5) * g * cos(q1 + q2);
   p(5) * g * cos(q1 + q2)];
M0 = 0.8 * M;
C0 = 0.8 * C;
G0 = 0.8 * G;
tolm = M0 * ddqr + C0 * dqr + G0;

EM = 0.2 * M;EC = 0.2 * C;EG = 0.2 * G;
E1 = EM * ddqr + EC * dqr + EG;
told = 20 * sign(dq);
E = E1 + told;

Kr = 15 * eye(2);   % Krii >= Ei
tolr = Kr * sign(r);
```

```
Kp = 100 * eye(2);
Ki = 100 * eye(2);

I = [u(11);u(12)];
tol = tolm + Kp * r + Ki * I + tolr;

sys(1) = tol(1);
sys(2) = tol(2);
```

4. 积分控制程序：chap7_1i.m

```
function [sys,x0,str,ts] = spacemodel(t,x,u,flag)
switch flag,
case 0,
    [sys,x0,str,ts] = mdlInitializeSizes;
case 3,
    sys = mdlOutputs(t,x,u);
case {2,4,9}
    sys = [];
otherwise
    error(['Unhandled flag = ',num2str(flag)]);
end
function [sys,x0,str,ts] = mdlInitializeSizes
sizes = simsizes;
sizes.NumContStates  = 0;
sizes.NumDiscStates  = 0;
sizes.NumOutputs     = 2;
sizes.NumInputs      = 10;
sizes.DirFeedthrough = 1;
sizes.NumSampleTimes = 0;
sys = simsizes(sizes);
x0  = [];
str = [];
ts  = [];
function sys = mdlOutputs(t,x,u)
qd1 = u(1);
dqd1 = u(2);
ddqd1 = u(3);
qd2 = u(4);
dqd2 = u(5);
ddqd2 = u(6);

q1 = u(7);
dq1 = u(8);
q2 = u(9);
dq2 = u(10);
q = [q1;q2];

e1 = qd1 - q1;
e2 = qd2 - q2;
de1 = dqd1 - dq1;
de2 = dqd2 - dq2;
```

```
e = [e1;e2];
de = [de1;de2];
Fai = 5 * eye(2);
r = de + Fai * e;

sys(1:2) = r;
```

5. 控制对象程序:chap7_1plant.m

```
function [sys,x0,str,ts] = s_function(t,x,u,flag)
switch flag,
case 0,
    [sys,x0,str,ts] = mdlInitializeSizes;
case 1,
    sys = mdlDerivatives(t,x,u);
case 3,
    sys = mdlOutputs(t,x,u);
case {2, 4, 9}
    sys = [];
otherwise
    error(['Unhandled flag = ',num2str(flag)]);
end
function [sys,x0,str,ts] = mdlInitializeSizes
sizes = simsizes;
sizes.NumContStates  = 4;
sizes.NumDiscStates  = 0;
sizes.NumOutputs     = 4;
sizes.NumInputs      = 2;
sizes.DirFeedthrough = 0;
sizes.NumSampleTimes = 0;
sys = simsizes(sizes);
x0 = [0.09 0 -0.09 0];
str = [];
ts = [];
function sys = mdlDerivatives(t,x,u)
p = [2.9 0.76 0.87 3.04 0.87];
g = 9.8;

M = [p(1) + p(2) + 2 * p(3) * cos(x(3)) p(2) + p(3) * cos(x(3));
    p(2) + p(3) * cos(x(3)) p(2)];
C = [ - p(3) * x(4) * sin(x(3)) - p(3) * (x(2) + x(4)) * sin(x(3));
     p(3) * x(2) * sin(x(3))  0];
G = [p(4) * g * cos(x(1)) + p(5) * g * cos(x(1) + x(3));
    p(5) * g * cos(x(1) + x(3))];

M0 = 0.8 * M;
C0 = 0.8 * C;
G0 = 0.8 * G;

tol = u(1:2);
q = [x(1);x(3)];
```

```
dq = [x(2);x(4)];
told = 20 * sign(dq);

ddq = inv(M0) * (tol - C0 * dq - G0 - told);

sys(1) = x(2);
sys(2) = ddq(1);
sys(3) = x(4);
sys(4) = ddq(2);
function sys = mdlOutputs(t,x,u)
sys(1) = x(1);
sys(2) = x(2);
sys(3) = x(3);
sys(4) = x(4);
```

6. 画图程序:chap7_1plot.m

```
close all;

figure(1);
subplot(211);
plot(t,x(:,1),'r',t,x(:,5),'b:','linewidth',2);
xlabel('time(s)');ylabel('position tracking for link 1');
legend('Ideal position signal','Position signal tracking');
subplot(212);
plot(t,x(:,2),'r',t,x(:,6),'b:','linewidth',2);
xlabel('time(s)');ylabel('speed tracking for link 1');
legend('Ideal speed signal','Speed signal tracking');

figure(2);
subplot(211);
plot(t,x(:,3),'r',t,x(:,7),'b:','linewidth',2);
xlabel('time(s)');ylabel('position tracking for link 1');
legend('Ideal position signal','Position signal tracking');
subplot(212);
plot(t,x(:,4),'r',t,x(:,8),'b:','linewidth',2);
xlabel('time(s)');ylabel('speed tracking for link 1');
legend('Ideal speed signal','Speed signal tracking');

figure(3);
subplot(211);
plot(t,tol1(:,1),'r','linewidth',2);
xlabel('time(s)');ylabel('control input of link 1');
subplot(212);
plot(t,tol2(:,1),'r','linewidth',2);
xlabel('time(s)');ylabel('control input of link 2');
```

7.2.4.1 节的程序

1. 仿真主程序：chap7_2sim.mdl

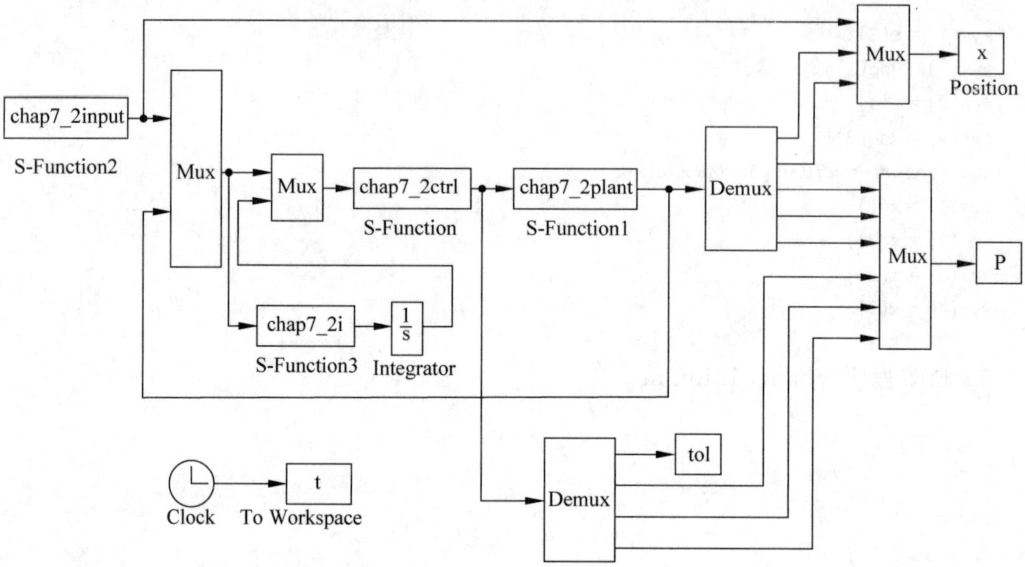

2. 跟踪指令产生程序：chap7_2input.m

```
function [sys,x0,str,ts] = spacemodel(t,x,u,flag)

switch flag,
case 0,
    [sys,x0,str,ts] = mdlInitializeSizes;
case 1,
    sys = mdlDerivatives(t,x,u);
case 3,
    sys = mdlOutputs(t,x,u);
case {2,4,9}
    sys = [];
otherwise
    error(['Unhandled flag = ',num2str(flag)]);
end
function [sys,x0,str,ts] = mdlInitializeSizes
sizes = simsizes;
sizes.NumContStates  = 0;
sizes.NumDiscStates  = 0;
sizes.NumOutputs     = 3;
sizes.NumInputs      = 0;
sizes.DirFeedthrough = 0;
sizes.NumSampleTimes = 1;
sys = simsizes(sizes);
x0  = [];
```

```
str = [];
ts  = [0 0];
function sys = mdlOutputs(t,x,u)
qd = sin(t);
dqd = cos(t);
ddqd = - sin(t);

sys(1) = qd;
sys(2) = dqd;
sys(3) = ddqd;
```

3. 控制律程序：chap7_2ctrl.m

```
function [sys,x0,str,ts] = spacemodel(t,x,u,flag)

switch flag,
case 0,
    [sys,x0,str,ts] = mdlInitializeSizes;
case 1,
    sys = mdlDerivatives(t,x,u);
case 3,
    sys = mdlOutputs(t,x,u);
case {2,4,9}
    sys = [];
otherwise
    error(['Unhandled flag = ',num2str(flag)]);
end

function [sys,x0,str,ts] = mdlInitializeSizes
global node c_M c_C c_G b Fai
node = 7;
c_M = [ - 1.5  - 1  - 0.5 0 0.5 1 1.5];
c_G = [ - 1.5  - 1  - 0.5 0 0.5 1 1.5];
c_C = [ - 1.5  - 1  - 0.5 0 0.5 1 1.5;
        - 1.5  - 1  - 0.5 0 0.5 1 1.5];
b = 20;

Fai = 5;

sizes = simsizes;
sizes.NumContStates   = 3 * node;
sizes.NumDiscStates   = 0;
sizes.NumOutputs      = 4;
sizes.NumInputs       = 9;
sizes.DirFeedthrough  = 1;
sizes.NumSampleTimes  = 0;
sys = simsizes(sizes);
x0  = zeros(1,3 * node);
str = [];
ts  = [];
```

```
function sys = mdlDerivatives(t,x,u)
global node c_M c_C c_G b Fai
qd = u(1);
dqd = u(2);
ddqd = u(3);

q = u(4);
dq = u(5);

for j = 1:1:node
    h_M(j) = exp( - norm(q - c_M(:,j))^2/(b * b));
end
for j = 1:1:node
    h_G(j) = exp( - norm(q - c_G(:,j))^2/(b * b));
end

z = [q;dq];
for j = 1:1:node
    h_C(j) = exp( - norm(z - c_C(:,j))^2/(b * b));
end
e = qd - q;
de = dqd - dq;
r = de + Fai * e;
dqr = dqd + Fai * e;
ddqr = ddqd + Fai * de;

T_M = 100;
for i = 1:1:node
    sys(i) = T_M * h_M(i) * ddqr * r;
end
T_C = 100;
for i = 1:1:node
    sys(2 * node + i) = T_C * h_C(i) * dqr * r;
end
T_G = 100;
for i = 1:1:node
    sys(node + 1) = T_G * h_G(i) * r;
end

function sys = mdlOutputs(t,x,u)
global node c_M c_C c_G b Fai
qd = u(1);
dqd = u(2);
ddqd = u(3);

q = u(4);
dq = u(5);

for j = 1:1:node
    h_M(j) = exp( - norm(q - c_M(:,j))^2/(b * b));
end
```

```
for j = 1:1:node
    h_G(j) = exp( - norm(q - c_G(:,j))^2/(b * b));
end

z = [q;dq];
for j = 1:1:node
    h_C(j) = exp( - norm(z - c_C(:,j))^2/(b * b));
end

W_M = x(1:node)';
MSNN = W_M * h_M';
W_C = x(2 * node + 1:3 * node)';
CDNN = W_C * h_C';
W_G = x(node + 1:2 * node)';
GSNN = W_G * h_G';

e = qd - q;
de = dqd - dq;

r = de + Fai * e;

dqr = dqd + Fai * e;
ddqr = ddqd + Fai * de;

tolm = MSNN * ddqr + CDNN * dqr + GSNN;

Kr = 0.10;
tolr = Kr * sign(r);

Kp = 15;
Ki = 15;

I = u(9);
tol = tolm + Kp * r + Ki * I + tolr;

sys(1) = tol(1);
sys(2) = MSNN;
sys(3) = CDNN;
sys(4) = GSNN;
```

4. 积分控制程序：chap7_2i.m

```
function [sys,x0,str,ts] = spacemodel(t,x,u,flag)
switch flag,
case 0,
    [sys,x0,str,ts] = mdlInitializeSizes;
case 3,
    sys = mdlOutputs(t,x,u);
case {2,4,9}
    sys = [];
```

```
otherwise
    error(['Unhandled flag = ',num2str(flag)]);
end
function [sys,x0,str,ts] = mdlInitializeSizes
sizes = simsizes;
sizes.NumContStates  = 0;
sizes.NumDiscStates  = 0;
sizes.NumOutputs     = 1;
sizes.NumInputs      = 8;
sizes.DirFeedthrough = 1;
sizes.NumSampleTimes = 0;
sys = simsizes(sizes);
x0  = [];
str = [];
ts  = [];
function sys = mdlOutputs(t,x,u)
qd = u(1);
dqd = u(2);
ddqd = u(3);

q = u(4);
dq = u(5);

e = qd - q;
de = dqd - dq;
Fai = 5;
r = de + Fai * e;

sys(1) = r;
```

5. 控制对象程序：chap7_2plant.m

```
function [sys,x0,str,ts] = spacemodel(t,x,u,flag)
switch flag,
case 0,
    [sys,x0,str,ts] = mdlInitializeSizes;
case 1,
    sys = mdlDerivatives(t,x,u);
case 3,
    sys = mdlOutputs(t,x,u);
case {2,4,9}
    sys = [];
otherwise
    error(['Unhandled flag = ',num2str(flag)]);
end
function [sys,x0,str,ts] = mdlInitializeSizes
sizes = simsizes;
sizes.NumContStates  = 2;
sizes.NumDiscStates  = 0;
sizes.NumOutputs     = 5;
```

```
sizes.NumInputs       = 4;
sizes.DirFeedthrough  = 0;
sizes.NumSampleTimes  = 1;
sys  = simsizes(sizes);
x0   = [0.15;0];
str = [];
ts   = [0 0];
function sys = mdlDerivatives(t,x,u)
tol = u(1);
M = 0.1 + 0.06 * sin(x(1));
C = 3 * x(2) + 3 * cos(x(1));

m = 0.020;g = 9.8;l = 0.05;
G = m * g * l * cos(x(1));

sys(1) = x(2);
sys(2) = 1/M * ( - C * x(2) - G + tol);
function sys = mdlOutputs(t,x,u)       % PID book: page 416
M = 0.1 + 0.06 * sin(x(1));
C = 3 * x(2) + 3 * cos(x(1));

m = 0.020;g = 9.8;l = 0.05;
G = m * g * l * cos(x(1));

sys(1) = x(1);
sys(2) = x(2);
sys(3) = M;
sys(4) = C;
sys(5) = G;
```

6. 画图程序:chap7_2plot.m

```
close all;

figure(1);
subplot(211);
plot(t,x(:,1),'r',t,x(:,4),'k:','linewidth',2);
xlabel('time(s)');ylabel('position tracking');
legend('Ideal position signal','Position signal tracking');
subplot(212);
plot(t,x(:,2),'r',t,x(:,5),'k:','linewidth',2);
xlabel('time(s)');ylabel('Speed tracking');
legend('Ideal speed signal','Speed signal tracking');

figure(2);
plot(t,tol(:,1),'k','linewidth',2);
xlabel('time(s)');ylabel('Control input');
legend('Control input');
```

```
figure(3);
subplot(311);
plot(t,P(:,1),'r',t,P(:,4),'k:','linewidth',2);
xlabel('time(s)');ylabel('M and MSNN');
legend('Ideal M','Estimated M');
subplot(312);
plot(t,P(:,2),'r',t,P(:,5),'k:','linewidth',2);
xlabel('time(s)');ylabel('C and CDNN');
legend('Ideal C','Estimated C');
subplot(313);
plot(t,P(:,3),'r',t,P(:,6),'k:','linewidth',2);
xlabel('time(s)');ylabel('G and GSNN');
legend('Ideal G','Estimated G');
```

7.2.4.2 节仿真程序

1. 仿真主程序：chap7_3sim.mdl

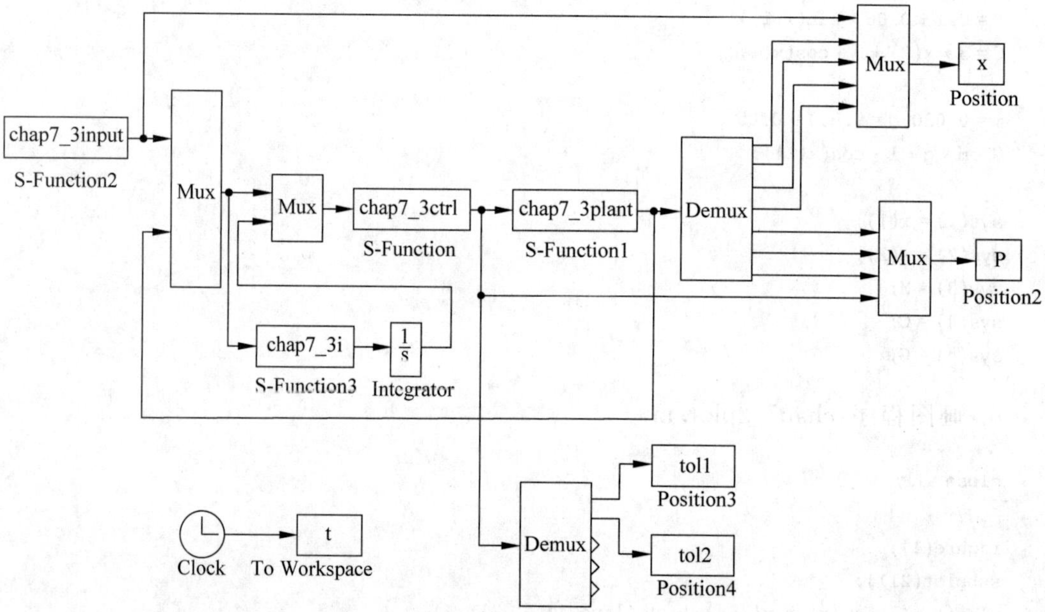

2. 跟踪指令产生程序：chap7_3input.m

```
function [sys,x0,str,ts] = spacemodel(t,x,u,flag)

switch flag,
case 0,
    [sys,x0,str,ts] = mdlInitializeSizes;
case 1,
    sys = mdlDerivatives(t,x,u);
case 3,
    sys = mdlOutputs(t,x,u);
case {2,4,9}
    sys = [];
```

```
otherwise
    error(['Unhandled flag = ',num2str(flag)]);
end

function [sys,x0,str,ts] = mdlInitializeSizes
sizes = simsizes;
sizes.NumContStates  = 0;
sizes.NumDiscStates  = 0;
sizes.NumOutputs     = 6;
sizes.NumInputs      = 0;
sizes.DirFeedthrough = 0;
sizes.NumSampleTimes = 1;
sys = simsizes(sizes);
x0  = [];
str = [];
ts  = [0 0];

function sys = mdlOutputs(t,x,u)
S = 2;
if S == 1
    qd0 = [0;0];
    qdtf = [1;2];
    td = 1;
    if t<1
        qd1 = qd0(1) + ( - 2 * t.^3/td^3 + 3 * t.^2/td^2) * (qdtf(1) - qd0(1));
        qd2 = qd0(2) + ( - 2 * t.^3/td^3 + 3 * t.^2/td^2) * (qdtf(2) - qd0(2));
        d_qd1 = ( - 6 * t.^2/td^3 + 6 * t./td^2) * (qdtf(1) - qd0(1));
        d_qd2 = ( - 6 * t.^2/td^3 + 6 * t./td^2) * (qdtf(2) - qd0(2));
        dd_qd1 = ( - 12 * t/td^3 + 6/td^2) * (qdtf(1) - qd0(1));
        dd_qd2 = ( - 12 * t/td^3 + 6/td^2) * (qdtf(2) - qd0(2));
    else
    qd1 = qdtf(1);
    qd2 = qdtf(2);

    d_qd1 = 0;
    d_qd2 = 0;

    dd_qd1 = 0;
    dd_qd2 = 0;
    end
elseif S == 2
    qd1 = 0.5 * sin(pi * t);
    d_qd1 = 0.5 * pi * cos(pi * t);
    dd_qd1 = - 0.5 * pi * pi * sin(pi * t);

    qd2 = sin(pi * t);
    d_qd2 = pi * cos(pi * t);
    dd_qd2 = - pi * pi * sin(pi * t);
end
sys(1) = qd1;
sys(2) = d_qd1;
sys(3) = dd_qd1;
sys(4) = qd2;
sys(5) = d_qd2;
```

```
sys(6) = dd_qd2;
```

3. 控制律程序：chap7_3ctrl. m

```
function [sys,x0,str,ts] = spacemodel(t,x,u,flag)

switch flag,
case 0,
    [sys,x0,str,ts] = mdlInitializeSizes;
case 1,
    sys = mdlDerivatives(t,x,u);
case 3,
    sys = mdlOutputs(t,x,u);
case {2,4,9}
    sys = [];
otherwise
    error(['Unhandled flag = ',num2str(flag)]);
end
function [sys,x0,str,ts] = mdlInitializeSizes
global node c_M c_C c_G b
node = 5;
c_M = [ -1 -0.5 0 0.5 1;
        -1 -0.5 0 0.5 1];
c_G = [ -1 -0.5 0 0.5 1;
        -1 -0.5 0 0.5 1];
c_C = [ -1 -0.5 0 0.5 1;
        -1 -0.5 0 0.5 1;
        -1 -0.5 0 0.5 1;
        -1 -0.5 0 0.5 1];
b = 10;
sizes = simsizes;
sizes.NumContStates   = 10 * node;
sizes.NumDiscStates   = 0;
sizes.NumOutputs      = 5;
sizes.NumInputs       = 15;
sizes.DirFeedthrough  = 1;
sizes.NumSampleTimes  = 0;
sys = simsizes(sizes);
x0 = zeros(1,10 * node);
str = [];
ts  = [];
function sys = mdlDerivatives(t,x,u)
global node c_M c_C c_G b
qd1 = u(1);
d_qd1 = u(2);
dd_qd1 = u(3);
qd2 = u(4);
d_qd2 = u(5);
dd_qd2 = u(6);
```

```
q1 = u(7);
d_q1 = u(8);
q2 = u(9);
d_q2 = u(10);

q = [q1;q2];
for j = 1:1:node
    h_M11(j) = exp( - norm(q - c_M(:,j))^2/(b * b));
    h_M12(j) = exp( - norm(q - c_M(:,j))^2/(b * b));
    h_M21(j) = exp( - norm(q - c_M(:,j))^2/(b * b));
    h_M22(j) = exp( - norm(q - c_M(:,j))^2/(b * b));
end

for j = 1:1:node
    h_G1(j) = exp( - norm(q - c_G(:,j))^2/(b * b));
    h_G2(j) = exp( - norm(q - c_G(:,j))^2/(b * b));
end

z = [q1;q2;d_q1;d_q2];
for j = 1:1:node
    h_C11(j) = exp( - norm(z - c_C(:,j))^2/(b * b));
    h_C12(j) = exp( - norm(z - c_C(:,j))^2/(b * b));
    h_C21(j) = exp( - norm(z - c_C(:,j))^2/(b * b));
    h_C22(j) = exp( - norm(z - c_C(:,j))^2/(b * b));
end

W_M11 = [x(1:node)]';
W_M12 = [x(node + 1:node * 2)]';
W_M21 = [x(node * 2 + 1:node * 3)]';
W_M22 = [x(node * 3 + 1:node * 4)]';

T_M11 = 5 * eye(node);
T_M12 = 5 * eye(node);
T_M21 = 5 * eye(node);
T_M22 = 5 * eye(node);

e1 = qd1 - q1;
e2 = qd2 - q2;
de1 = d_qd1 - d_q1;
de2 = d_qd2 - d_q2;
e = [e1;e2];
de = [de1;de2];
Fai = 5 * eye(2);
r = de + Fai * e;

dqd = [d_qd1;d_qd2];
dqr = dqd + Fai * e;
```

```
ddqd = [dd_qd1;dd_qd2];
ddqr = ddqd + Fai * de;

for i = 1:1:node
    sys(i) = T_M11(i,i) * h_M11(i) * ddqr(1) * r(1);
    sys(i + node) = T_M12(i,i) * h_M12(i) * ddqr(2) * r(1);
    sys(i + node * 2) = T_M21(i,i) * h_M21(i) * ddqr(1) * r(2);
    sys(i + node * 3) = T_M22(i,i) * h_M22(i) * ddqr(2) * r(2);
end

W_G1 = [x(node * 4 + 1:node * 5)]';
W_G2 = [x(node * 5 + 1:node * 6)]';
T_G1 = 10 * eye(node);
T_G2 = 10 * eye(node);
for i = 1:1:node
    sys(i + node * 4) = T_G1(i,i) * h_G1(i) * r(1);
    sys(i + node * 5) = T_G2(i,i) * h_G2(i) * r(2);
end

W_C11 = [x(node * 6 + 1:node * 7)]';
W_C12 = [x(node * 7 + 1:node * 8)]';
W_C21 = [x(node * 8 + 1:node * 9)]';
W_C22 = [x(node * 9 + 1:node * 10)]';

T_C11 = 10 * eye(node);
T_C12 = 10 * eye(node);
T_C21 = 10 * eye(node);
T_C22 = 10 * eye(node);

for i = 1:1:node
    sys(i + node * 6) = T_C11(i,i) * h_C11(i) * dqr(1) * r(1);
    sys(i + node * 7) = T_C12(i,i) * h_C12(i) * ddqr(2) * r(1);
    sys(i + node * 8) = T_C21(i,i) * h_C21(i) * dqr(1) * r(2);
    sys(i + node * 9) = T_C22(i,i) * h_C22(i) * ddqr(2) * r(2);
end

function sys = mdlOutputs(t,x,u)
global node c_M c_C c_G b
qd1 = u(1);
d_qd1 = u(2);
dd_qd1 = u(3);
qd2 = u(4);
d_qd2 = u(5);
dd_qd2 = u(6);

q1 = u(7);
d_q1 = u(8);
q2 = u(9);
```

```
d_q2 = u(10);

q = [q1;q2];
for j = 1:1:node
    h_M11(j) = exp( - norm(q - c_M(:,j))^2/(b * b));
    h_M12(j) = exp( - norm(q - c_M(:,j))^2/(b * b));
    h_M21(j) = exp( - norm(q - c_M(:,j))^2/(b * b));
    h_M22(j) = exp( - norm(q - c_M(:,j))^2/(b * b));
end

for j = 1:1:node
    h_G1(j) = exp( - norm(q - c_G(:,j))^2/(b * b));
    h_G2(j) = exp( - norm(q - c_G(:,j))^2/(b * b));
end

z = [q1;q2;d_q1;d_q2];
for j = 1:1:node
    h_C11(j) = exp( - norm(z - c_C(:,j))^2/(b * b));
    h_C12(j) = exp( - norm(z - c_C(:,j))^2/(b * b));
    h_C21(j) = exp( - norm(z - c_C(:,j))^2/(b * b));
    h_C22(j) = exp( - norm(z - c_C(:,j))^2/(b * b));
end

W_M11 = [x(1:node)]';
W_M12 = [x(node + 1:node * 2)]';
W_M21 = [x(node * 2 + 1:node * 3)]';
W_M22 = [x(node * 3 + 1:node * 4)]';

MSNN = [W_M11 * h_M11' W_M12 * h_M12';
      W_M21 * h_M21' W_M22 * h_M22'];
Mm = norm(MSNN);

W_G1 = [x(node * 4 + 1:node * 5)]';
W_G2 = [x(node * 5 + 1:node * 6)]';

GSNN = [W_G1 * h_G1';
      W_G2 * h_G2'];
Gm = norm(GSNN);

W_C11 = [x(node * 6 + 1:node * 7)]';
W_C12 = [x(node * 7 + 1:node * 8)]';
W_C21 = [x(node * 8 + 1:node * 9)]';
W_C22 = [x(node * 9 + 1:node * 10)]';
CDNN = [W_C11 * h_C11' W_C12 * h_C12';
      W_C21 * h_C21' W_C22 * h_C22'];
Cm = norm(CDNN);

e1 = qd1 - q1;
```

```
e2 = qd2 - q2;
de1 = d_qd1 - d_q1;
de2 = d_qd2 - d_q2;
e = [e1;e2];
de = [de1;de2];
Fai = 5 * eye(2);
r = de + Fai * e;

dqd = [d_qd1;d_qd2];
dqr = dqd + Fai * e;
ddqd = [dd_qd1;dd_qd2];
ddqr = ddqd + Fai * de;

tolm = MSNN * ddqr + CDNN * dqr + GSNN;

Kr = 0.10;
tolr = Kr * sign(r);

Kp = 100 * eye(2);
Ki = 100 * eye(2);

I = [u(14);u(15)];
tol = tolm + Kp * r + Ki * I + tolr;

sys(1) = tol(1);
sys(2) = tol(2);
sys(3) = Gm;
sys(4) = Mm;
sys(5) = Cm;
```

4. 积分控制程序：chap7_3i.m

```
function [sys,x0,str,ts] = spacemodel(t,x,u,flag)
switch flag,
case 0,
    [sys,x0,str,ts] = mdlInitializeSizes;
case 3,
    sys = mdlOutputs(t,x,u);
case {2,4,9}
    sys = [];
otherwise
    error(['Unhandled flag = ',num2str(flag)]);
end
function [sys,x0,str,ts] = mdlInitializeSizes
sizes = simsizes;
sizes.NumContStates   = 0;
sizes.NumDiscStates   = 0;
sizes.NumOutputs      = 2;
sizes.NumInputs       = 13;
```

```
sizes.DirFeedthrough = 1;
sizes.NumSampleTimes = 0;
sys = simsizes(sizes);
x0  = [];
str = [];
ts  = [];
function sys = mdlOutputs(t,x,u)
qd1 = u(1);
d_qd1 = u(2);
dd_qd1 = u(3);
qd2 = u(4);
d_qd2 = u(5);
dd_qd2 = u(6);

q1 = u(7);
d_q1 = u(8);
q2 = u(9);
d_q2 = u(10);
q = [q1;q2];

e1 = qd1 - q1;
e2 = qd2 - q2;
de1 = d_qd1 - d_q1;
de2 = d_qd2 - d_q2;
e = [e1;e2];
de = [de1;de2];
Hur = 5 * eye(2);
r = de + Hur * e;

sys(1:2) = r;
```

5. 控制对象程序：chap7_3plant.m

```
function [sys,x0,str,ts] = s_function(t,x,u,flag)
switch flag,
case 0,
    [sys,x0,str,ts] = mdlInitializeSizes;
case 1,
    sys = mdlDerivatives(t,x,u);
case 3,
    sys = mdlOutputs(t,x,u);
case {2, 4, 9}
    sys = [];
otherwise
    error(['Unhandled flag = ',num2str(flag)]);
end
function [sys,x0,str,ts] = mdlInitializeSizes
global p g
sizes = simsizes;
```

```
sizes.NumContStates   = 4;
sizes.NumDiscStates   = 0;
sizes.NumOutputs      = 7;
sizes.NumInputs       = 5;
sizes.DirFeedthrough  = 0;
sizes.NumSampleTimes  = 0;

sys = simsizes(sizes);
x0 = [0.09 0 -0.09 0];
str = [];
ts = [];

p = [2.9 0.76 0.87 3.04 0.87];
g = 9.8;
function sys = mdlDerivatives(t,x,u)
global p g

M = [p(1) + p(2) + 2 * p(3) * cos(x(3)) p(2) + p(3) * cos(x(3));
   p(2) + p(3) * cos(x(3)) p(2)];
C = [ - p(3) * x(4) * sin(x(3))  - p(3) * (x(2) + x(4)) * sin(x(3));
     p(3) * x(2) * sin(x(3))   0];
G = [p(4) * g * cos(x(1)) + p(5) * g * cos(x(1) + x(3));
   p(5) * g * cos(x(1) + x(3))];

tol = u(1:2);
dq = [x(2);x(4)];

S = inv(M) * (tol - C * dq - G);

sys(1) = x(2);
sys(2) = S(1);
sys(3) = x(4);
sys(4) = S(2);
function sys = mdlOutputs(t,x,u)
global p g
M = [p(1) + p(2) + 2 * p(3) * cos(x(3)) p(2) + p(3) * cos(x(3));
   p(2) + p(3) * cos(x(3)) p(2)];
C = [ - p(3) * x(4) * sin(x(3))  - p(3) * (x(2) + x(4)) * sin(x(3));
     p(3) * x(2) * sin(x(3))   0];
G = [p(4) * g * cos(x(1)) + p(5) * g * cos(x(1) + x(3));
   p(5) * g * cos(x(1) + x(3))];
Gm = norm(G);
Cm = norm(C);
Mm = norm(M);

sys(1) = x(1);
sys(2) = x(2);
sys(3) = x(3);
sys(4) = x(4);
sys(5) = Gm;
sys(6) = Mm;
```

```
sys(7) = Cm;
```

6. 画图程序：chap7_3plot.m

```
close all;

figure(1);
subplot(211);
plot(t,x(:,1),'r',t,x(:,7),'k:','linewidth',2);
xlabel('time(s)');ylabel('Position tracking');
legend('Ideal position for link 1','Position tracking for link 1');
subplot(212);
plot(t,x(:,4),'r',t,x(:,9),'k:','linewidth',2);
xlabel('time(s)');ylabel('Position tracking');
legend('Ideal position for link 2','Position tracking for link 2');
figure(2);
subplot(211);
plot(t,x(:,2),'r',t,x(:,8),'k:','linewidth',2);
xlabel('time(s)');ylabel('Speed tracking');
legend('Ideal speed for link 1','Speed tracking of link 1');
subplot(212);
plot(t,x(:,5),'r',t,x(:,10),'k:','linewidth',2);
xlabel('time(s)');ylabel('Speed tracking');
legend('Ideal speed for link 2','Speed signal tracking of link2');

figure(3);
subplot(211);
plot(t,tol1(:,1),'k','linewidth',2);
xlabel('time(s)');ylabel('Control input');
legend('Control input of link 1');
subplot(212);
plot(t,tol2(:,1),'k','linewidth',2);
xlabel('time(s)');ylabel('Control input');
legend('Control input of link 2');

figure(4);
subplot(311);
plot(t,P(:,1),'r',t,P(:,4),'k:','linewidth',2);
xlabel('time(s)');ylabel('G and GSNN');
legend('Ideal nrom of G','Estimated norm of G');
subplot(312);
plot(t,P(:,2),'r',t,P(:,5),'k:','linewidth',2);
xlabel('time(s)');ylabel('M and MSNN');
legend('Ideal norm of M','Estimated norm of M');
subplot(313);
plot(t,P(:,3),'r',t,P(:,6),'k:','linewidth',2);
xlabel('time(s)');ylabel('C and CDNN');
legend('Ideal norm of C','Estimated norm of C');
```

7.3.4 节的程序

1. 仿真主程序：chap7_4sim.mdl

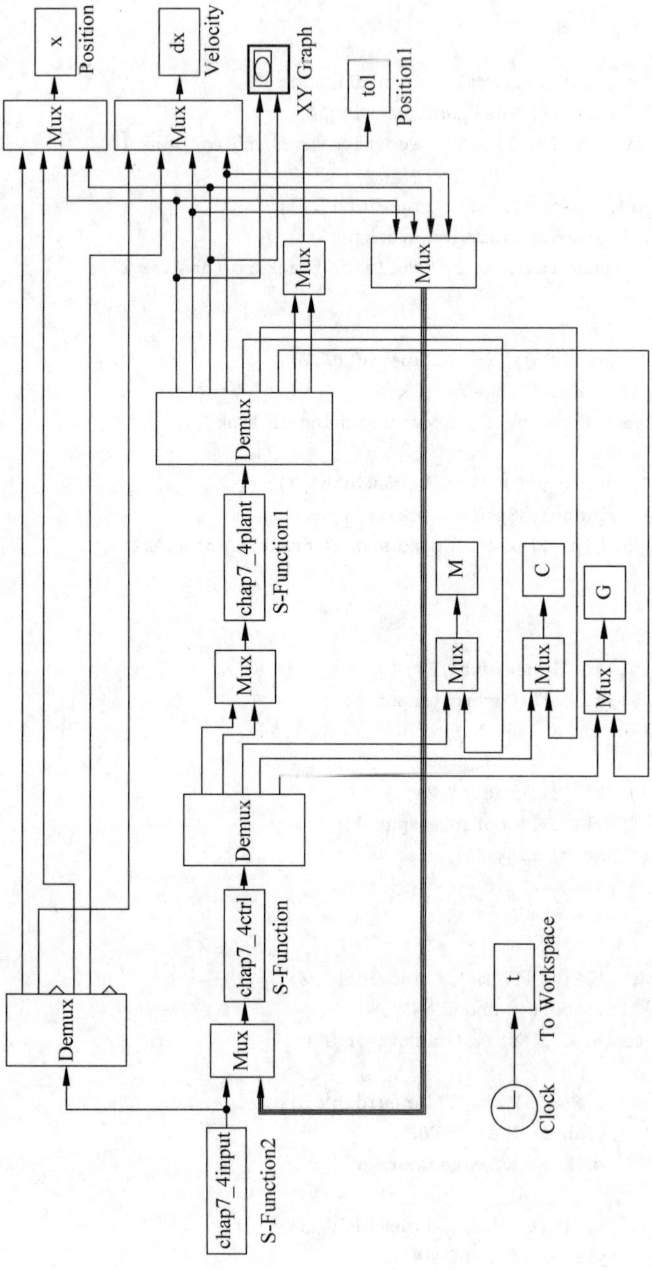
x
Position
dx
Velocity
XY Graph
tol
Position1
Mux
Demux
chap7_4plant
S-Function1
chap7_4ctrl
S-Function
chap7_4input
S-Function2
M
C
G
t
To Workspace
Clock

2. 跟踪指令产生程序：chap7_4input.m

```
function [sys,x0,str,ts] = spacemodel(t,x,u,flag)
switch flag,
case 0,
    [sys,x0,str,ts] = mdlInitializeSizes;
case 1,
    sys = mdlDerivatives(t,x,u);
case 3,
    sys = mdlOutputs(t,x,u);
case {2,4,9}
    sys = [];
otherwise
    error(['Unhandled flag = ',num2str(flag)]);
end
function [sys,x0,str,ts] = mdlInitializeSizes
sizes = simsizes;
sizes.NumContStates  = 0;
sizes.NumDiscStates  = 0;
sizes.NumOutputs     = 6;
sizes.NumInputs      = 0;
sizes.DirFeedthrough = 1;
sizes.NumSampleTimes = 1;
sys = simsizes(sizes);
x0  = [];
str = [];
ts  = [0 0];
function sys = mdlOutputs(t,x,u)
xd1 = 1 + 0.2 * cos(pi * t);
d_xd1 = - 0.2 * pi * sin(pi * t);
dd_xd1 = - 0.2 * pi * pi * cos(pi * t);
xd2 = 1 + 0.2 * sin(pi * t);
d_xd2 = 0.2 * pi * cos(pi * t);
dd_xd2 = - 0.2 * pi * pi * sin(pi * t);
sys(1) = xd1;
sys(2) = d_xd1;
sys(3) = dd_xd1;
sys(4) = xd2;
sys(5) = d_xd2;
sys(6) = dd_xd2;
```

3. 控制律设计程序：chap7_4ctrl.m

```
function [sys,x0,str,ts] = spacemodel(t,x,u,flag)
switch flag,
case 0,
    [sys,x0,str,ts] = mdlInitializeSizes;
case 1,
    sys = mdlDerivatives(t,x,u);
case 3,
```

```
    sys = mdlOutputs(t,x,u);
case {2,4,9}
    sys = [];
otherwise
    error(['Unhandled flag = ',num2str(flag)]);
end
function [sys,x0,str,ts] = mdlInitializeSizes
global node c_M c_C c_G b ce
node = 7;
c_M = zeros(2,node);
c_G = zeros(2,node);
c_C = zeros(4,node);

c_M = [0.25 0.5 0.75 1 1.25 1.5 1.75;
     0.25 0.5 0.75 1 1.25 1.5 1.75];
c_G = [0.25 0.5 0.75 1 1.25 1.5 1.75;
     0.25 0.5 0.75 1 1.25 1.5 1.75];
c_C = [0.25 0.5 0.75 1 1.25 1.5 1.75;
     0.25 0.5 0.75 1 1.25 1.5 1.75;
     -1.5  -1 -0.5 0 0.5  1.0 1.50;
     -1.5  -1 -0.5 0 0.5  1.0 1.50];
b = 10;
ce = 15.0;
sizes = simsizes;
sizes.NumContStates  = 10*node;
sizes.NumDiscStates  = 0;
sizes.NumOutputs     = 5;
sizes.NumInputs      = 10;
sizes.DirFeedthrough = 1;
sizes.NumSampleTimes = 0;
sys = simsizes(sizes);
x0  = zeros(1,10*node);
str = [];
ts  = [];
function sys = mdlDerivatives(t,x,u)
global node c_M c_C c_G b ce
xd1 = u(1);
d_xd1 = u(2);
dd_xd1 = u(3);
xd2 = u(4);
d_xd2 = u(5);
dd_xd2 = u(6);

x1 = u(7);
d_x1 = u(8);
x2 = u(9);
d_x2 = u(10);

xx = [x1;x2];
for j = 1:1:node
    h_M11(j) = exp(-norm(xx-c_M(:,j))^2/(b*b));
```

```
        h_M12(j) = exp( - norm(xx - c_M(:,j))^2/(b * b));
        h_M21(j) = exp( - norm(xx - c_M(:,j))^2/(b * b));
        h_M22(j) = exp( - norm(xx - c_M(:,j))^2/(b * b));
end

for j = 1:1:node
        h_G1(j) = exp( - norm(xx - c_G(:,j))^2/(b * b));
        h_G2(j) = exp( - norm(xx - c_G(:,j))^2/(b * b));
end

z = [x1;x2;d_x1;d_x2];
for j = 1:1:node
        h_C11(j) = exp( - norm(z - c_C(:,j))^2/(b * b));
        h_C12(j) = exp( - norm(z - c_C(:,j))^2/(b * b));
        h_C21(j) = exp( - norm(z - c_C(:,j))^2/(b * b));
        h_C22(j) = exp( - norm(z - c_C(:,j))^2/(b * b));
end

W_M11 = [x(1:node)]';
W_M12 = [x(node + 1:node * 2)]';
W_M21 = [x(node * 2 + 1:node * 3)]';
W_M22 = [x(node * 3 + 1:node * 4)]';

e1 = xd1 - x1;
e2 = xd2 - x2;
de1 = d_xd1 - d_x1;
de2 = d_xd2 - d_x2;
e = [e1;e2];
de = [de1;de2];
Hur = ce * eye(2);
r = de + Hur * e;

dxd = [d_xd1;d_xd2];
dxr = dxd + Hur * e;
ddxd = [dd_xd1;dd_xd2];
ddxr = ddxd + Hur * de;

T_M11 = 2 * eye(node);
T_M12 = 2 * eye(node);
T_M21 = 2 * eye(node);
T_M22 = 2 * eye(node);
for i = 1:1:node
        sys(i) = T_M11(i,i) * h_M11(i) * ddxr(1) * r(1);
        sys(i + node) = T_M12(i,i) * h_M12(i) * ddxr(2) * r(1);
        sys(i + node * 2) = T_M21(i,i) * h_M21(i) * ddxr(1) * r(2);
        sys(i + node * 3) = T_M22(i,i) * h_M22(i) * ddxr(2) * r(2);
end

W_G1 = [x(node * 4 + 1:node * 5)]';
W_G2 = [x(node * 5 + 1:node * 6)]';
T_G1 = 5 * eye(node);
```

```
T_G2 = 5 * eye(node);
for i = 1:1:node
    sys(i + node * 4) = T_G1(i,i) * h_G1(i) * r(1);
    sys(i + node * 5) = T_G2(i,i) * h_G2(i) * r(2);
end

W_C11 = [x(node * 6 + 1:node * 7)]';
W_C12 = [x(node * 7 + 1:node * 8)]';
W_C21 = [x(node * 8 + 1:node * 9)]';
W_C22 = [x(node * 9 + 1:node * 10)]';

T_C11 = 0.5 * eye(node);
T_C12 = 0.5 * eye(node);
T_C21 = 0.5 * eye(node);
T_C22 = 0.5 * eye(node);

for i = 1:1:node
    sys(i + node * 6) = T_C11(i,i) * h_C11(i) * dxr(1) * r(1);
    sys(i + node * 7) = T_C12(i,i) * h_C12(i) * ddxr(2) * r(1);
    sys(i + node * 8) = T_C21(i,i) * h_C21(i) * dxr(1) * r(2);
    sys(i + node * 9) = T_C22(i,i) * h_C22(i) * ddxr(2) * r(2);
end

function sys = mdlOutputs(t,x,u)
global node c_M c_C c_G b ce
xd1 = u(1);
d_xd1 = u(2);
dd_xd1 = u(3);
xd2 = u(4);
d_xd2 = u(5);
dd_xd2 = u(6);

x1 = u(7);
d_x1 = u(8);
x2 = u(9);
d_x2 = u(10);

xx = [x1;x2];
for j = 1:1:node
    h_M11(j) = exp( - norm(xx - c_M(:,j))^2/(b * b));
    h_M12(j) = exp( - norm(xx - c_M(:,j))^2/(b * b));
    h_M21(j) = exp( - norm(xx - c_M(:,j))^2/(b * b));
    h_M22(j) = exp( - norm(xx - c_M(:,j))^2/(b * b));
end

for j = 1:1:node
    h_G1(j) = exp( - norm(xx - c_G(:,j))^2/(b * b));
    h_G2(j) = exp( - norm(xx - c_G(:,j))^2/(b * b));
end

z = [x1;x2;d_x1;d_x2];
```

```
for j = 1:1:node
    h_C11(j) = exp( - norm(z - c_C(:,j))^2/(b * b));
    h_C12(j) = exp( - norm(z - c_C(:,j))^2/(b * b));
    h_C21(j) = exp( - norm(z - c_C(:,j))^2/(b * b));
    h_C22(j) = exp( - norm(z - c_C(:,j))^2/(b * b));
end

W_M11 = [x(1:node)]';
W_M12 = [x(node + 1:node * 2)]';
W_M21 = [x(node * 2 + 1:node * 3)]';
W_M22 = [x(node * 3 + 1:node * 4)]';

MSNN_g = [W_M11 * h_M11' W_M12 * h_M12';
          W_M21 * h_M21' W_M22 * h_M22'];
norm_Mp = norm(MSNN_g);

W_G1 = [x(node * 4 + 1:node * 5)]';
W_G2 = [x(node * 5 + 1:node * 6)]';

GSNN_g = [W_G1 * h_G1';
          W_G2 * h_G2'];
norm_Gp = norm(GSNN_g);

W_C11 = [x(node * 6 + 1:node * 7)]';
W_C12 = [x(node * 7 + 1:node * 8)]';
W_C21 = [x(node * 8 + 1:node * 9)]';
W_C22 = [x(node * 9 + 1:node * 10)]';

CDNN_g = [W_C11 * h_C11' W_C12 * h_C12';
          W_C21 * h_C21' W_C22 * h_C22'];
norm_Cp = norm(CDNN_g);

e1 = xd1 - x1;
e2 = xd2 - x2;
de1 = d_xd1 - d_x1;
de2 = d_xd2 - d_x2;
e = [e1;e2];
de = [de1;de2];
Hur = ce * eye(2);
r = de + Hur * e;

dxd = [d_xd1;d_xd2];
dxr = dxd + Hur * e;
ddxd = [dd_xd1;dd_xd2];
ddxr = ddxd + Hur * de;

Ks = 0.5;
K = 30 * eye(2);
Fx = MSNN_g * ddxr + CDNN_g * dxr + GSNN_g + K * r + Ks * sign(r);

sys(1) = Fx(1);
```

```
sys(2) = Fx(2);
sys(3) = norm_Mp;
sys(4) = norm_Cp;
sys(5) = norm_Gp;
```

4. 控制对象程序：chap7_4plant.m

```
function [sys,x0,str,ts] = s_function(t,x,u,flag)
switch flag,
case 0,
    [sys,x0,str,ts] = mdlInitializeSizes;
case 1,
    sys = mdlDerivatives(t,x,u);
case 3,
    sys = mdlOutputs(t,x,u);
case {2, 4, 9}
    sys = [];
otherwise
    error(['Unhandled flag = ',num2str(flag)]);
end
function [sys,x0,str,ts] = mdlInitializeSizes
global J Mx Cx Gx l1 l2
l1 = 1;l2 = 1;
sizes = simsizes;
sizes.NumContStates  = 4;
sizes.NumDiscStates  = 0;
sizes.NumOutputs     = 9;
sizes.NumInputs      = 2;
sizes.DirFeedthrough = 1;
sizes.NumSampleTimes = 0;
sys = simsizes(sizes);
x0 = [1 0 1 0];
str = [];
ts = [];
J = 0;Mx = 0;Cx = 0;Gx = 0;
function sys = mdlDerivatives(t,x,u)
global J Mx Cx Gx l1 l2

P = [1.66 0.42 0.63 3.75 1.25];
g = 9.8;
L = [l1^2 l2^2 l1 * l2 l1 l2];
if t<4.0        % Simulate time - varying load
    pl = 0;
else
    pl = 0.5;
end
Mm = P + pl * L;
Q = (x(1)^2 + x(3)^2 - l1^2 - l2^2)/(2 * l1 * l2);
q2 = acos(Q);
dq2 = - 1/sqrt(1 - Q^2);
```

```
A = x(3)/x(1);
p1 = atan(A);
d_p1 = 1/(1 + A^2);

B = sqrt(x(1)^2 + x(3)^2 + l1^2 - l2^2)/(2 * l1 * sqrt(x(1)^2 + x(3)^2));
p2 = acos(B);
d_p2 = - 1/sqrt(1 - B^2);

if q2 > 0
    q1 = p1 - p2;
    dq1 = d_p1 - d_p2;
else
    q1 = p1 + p2;
    dq1 = d_p1 + d_p2;
end
J = [ - sin(q1) - sin(q1 + q2)  - sin(q1 + q2);
    cos(q1) + cos(q1 + q2) cos(q1 + q2)];
d_J = [ - dq1 * cos(q1) - (dq1 + dq2) * cos(q1 + q2) - (dq1 + dq2) * cos(q1 + q2); - dq1 * sin(q1) -
      (dq1 + dq2) * sin(q1 + q2) - (dq1 + dq2) * sin(q1 + q2)];
m1 = Mm(1);m2 = Mm(2);m3 = Mm(3);m4 = Mm(4);m5 = Mm(5);

M = [m1 + m2 + 2 * m3 * cos(q2)m2 + m3 * cos(q2);
   m2 + m3 * cos(q2)m2];
C = [ - m3 * dq2 * sin(q2) - m3 * (dq1 + dq2) * sin(q2);
   m3 * dq1 * sin(q2)   0];
G = [m4 * g * cos(q1) + m5 * g * cos(q1 + q2);
   m5 * g * cos(q1 + q2)];

Mx = (inv(J))' * M * inv(J);
Cx = (inv(J))' * (C - M * inv(J) * d_J) * inv(J);
Gx = (inv(J))' * G;

Fx = u(1:2);
dx = [x(2);x(4)];

ddx = inv(Mx) * (Fx - Cx * dx - Gx);    % ddx

sys(1) = x(2);
sys(2) = ddx(1);
sys(3) = x(4);
sys(4) = ddx(2);
function sys = mdlOutputs(t,x,u)
global J Mx Cx Gx l1 l2
norm_M = norm(Mx);
norm_C = norm(Cx);
norm_G = norm(Gx);
Fx = u(1:2);

sys(1) = x(1);
sys(2) = x(2);
sys(3) = x(3);
```

```
sys(4) = x(4);
sys(5) = norm_M;
sys(6) = norm_C;
sys(7) = norm_G;
sys(8:9) = J' * Fx;   % Practical control input
```

5. 画图程序：chap7_4plot.m

```
close all;

figure(1);
subplot(211);
plot(t,x(:,1),'r',t,x(:,3),'k:','linewidth',2);
xlabel('time(s)');ylabel('position tracking of x1 axis');
legend('Ideal position of x1','Position tracking of x1');
subplot(212);
plot(t,x(:,2),'r',t,x(:,4),'k:','linewidth',2);
xlabel('time(s)');ylabel('position tracking of x2 axis');
legend('Ideal position of x2','Position tracking of x2');

figure(2);
subplot(211);
plot(t,dx(:,1),'r',t,dx(:,3),'k:','linewidth',2);
xlabel('time(s)');ylabel('velocity tracking of x1 axis');
legend('Ideal speed of x1','Speed tracking of x1');
subplot(212);
plot(t,dx(:,2),'r',t,dx(:,4),'k:','linewidth',2);
xlabel('time(s)');ylabel('velocity tracking of x2 axis');
legend('Ideal speed of x2','Speed tracking of x2');

figurc(3);
plot(t,tol(:,1),'r',t,tol(:,2),'k:','linewidth',2);
xlabel('time(s)');ylabel('Conrol input tol1 and tol2');
legend('Control input for link 1','Control input for link 2');

figure(4);
subplot(311);
plot(t,M(:,1),'r',t,M(:,2),'k:','linewidth',2);
xlabel('time(s)');ylabel('M and estimated M');
legend('Ideal norm of Msx','Estimated norm of Mx');
subplot(312);
plot(t,C(:,1),'r',t,C(:,2),'k:','linewidth',2);
xlabel('time(s)');ylabel('C and estimated C');
legend('Ideal norm of Cx','Estimated norm of Cx');
subplot(313);
plot(t,G(:,1),'r',t,G(:,2),'k:','linewidth',2);
xlabel('time(s)');ylabel('G and estimated G');
legend('Ideal norm of Gx','Estimated norm of Gx');

figure(5);
plot(x(:,1),x(:,2),'r','linewidth',2);
```

```
xlabel('x1 axis');ylabel('x2 axis');
hold on;
plot(x(:,3),x(:,4),'k:','linewidth',2);
xlabel('x1 axis');ylabel('x2 axis');
legend('Ideal trajectory','Tracking trajectory');
```

参考文献

[1] Ge S S, Lee T H, Harris C J. Adaptive neural network control of robotic manipulators[M]. London: World Scientific,1998.

[2] Ge S S, Hang C C, Lee T H, Zhang T. Stable adaptive neural network control[M]. Boston: Kluwer,2001.

[3] Ge S S, Hang C C. Direct adaptive neural network control of robots[J]. Int J Syst Sci,1996,27(6): 533-542.

[4] Ge S S, Hang C C, Woon L C. Adaptive neural network control of robot manipulators in task space[J]. IEEE Trans Ind Electron,1997,44(6):746-752.

[5] Slotine J J, Li W. On the adaptive control of robot manipulators[J]. Int J Robot Res,1987,6(3): 49-59.

[6] Shen T L. Robot robust control foundation[M]. Beijing: Tsinghua University Press,2004.

[7] Lewis F L, Abdallah C T, Dawson D M. Control of robot manipulators[M]. New York: Maxwell Macmillan,1993.

第8章 基于RBF网络的动态面自适应控制

反步法在实现不确定非线性系统(特别是当干扰或不确定性不满足匹配条件时)鲁棒控制或自适应控制方面有着明显的优越性。但是由于反步法本身对虚拟控制求导过程中引起的项数膨胀及由项数膨胀引起的问题没有很好的解决办法，在高阶系统中这一缺点尤为突出。

动态面控制(Dynamic Surface Control)方法通过引入一阶低通滤波器消除了传统反演控制存在的"微分爆炸"现象[1]。利用一阶积分滤波器来计算虚拟控制的导数，可消除微分项的膨胀，使控制器和参数设计简单。针对反步法和动态面控制方法的分析与仿真在文献[2]中已有描述，本章介绍基于 RBF 神经网络的动态面控制方法。

8.1 简单动态面控制的设计与分析

8.1.1 系统描述

假设被控对象为

$$\begin{cases}\dot{x}_1 = x_2\\ \dot{x}_2 = f(x,t) + b(x,t)u\end{cases} \tag{8.1}$$

其中，$b(x,t)\neq 0$。

8.1.2 动态面控制器的设计

基本的动态面的控制方法设计步骤如下。

(1) 定义位置误差：

$$z_1 = x_1 - x_{1d} \tag{8.2}$$

其中，x_{1d}为指令信号，则$\dot{z}_1=\dot{x}_1-\dot{x}_{1d}$。

定义 Lyapunov 函数

$$V_1 = \frac{1}{2}z_1^2$$

则

$$\dot{V}_1 = z_1\dot{z}_1 = z_1(x_2 - \dot{x}_{1d})$$

定义虚拟控制项 α_1，并令

$$z_2 = x_2 - \alpha_1 \tag{8.3}$$

为了使 $z_2 \to 0$ 时，$x_2 \to \dot{x}_{1d}$，设计 $\alpha_1 = -c_1 z_1 + \dot{x}_{1d}$，则

$$\begin{aligned}\dot{V}_1 &= z_1(z_2 + \alpha_1 - \dot{x}_{1d}) = z_1(z_2 - c_1 z_1 + \dot{x}_{1d} - \dot{x}_{1d}) \\ &= z_1(z_2 - c_1 z_1) = -c_1 z_1^2 + z_1 z_2\end{aligned}$$

需要说明的是，在反演设计中，导致求 $\dot{\alpha}_1$ 时出现微分爆炸。通过采用低通滤波器求 $\dot{\alpha}_1$ 可克服这一缺点。

取 α_1 为 $\bar{x}_2$ 的低通滤波器 $\dfrac{1}{\tau s+1}$ 的输出，定义 $\bar{x}_2 = -c_1 z_1 + \dot{x}_{1d}$，并满足

$$\begin{cases}\tau\dot{\alpha}_1 + \alpha_1 = \bar{x}_2 \\ \alpha_1(0) = \bar{x}_2(0)\end{cases} \tag{8.4}$$

由式(8.4)可得 $\dot{\alpha}_1 = \dfrac{\bar{x}_2 - \alpha_1}{\tau}$，所产生的滤波误差为 $y_2 = \alpha_1 - \bar{x}_2$。

(2) 考虑到位置跟踪、虚拟控制和滤波误差，定义 Lyapunov 函数：

$$V = \frac{1}{2}z_1^2 + \frac{1}{2}z_2^2 + \frac{1}{2}y_2^2 \tag{8.5}$$

由于 $\dot{z}_2 = \dot{x}_2 - \dot{\alpha}_1 = f(x,t) + b(x,t)u - \dot{\alpha}_1$，$\dot{y}_2 = \dfrac{\bar{x}_2 - \alpha_1}{\tau} - \dot{\bar{x}}_2 = \dfrac{-y_2}{\tau} + c_1\dot{z}_1 - \ddot{x}_{1d}$，则

$$\begin{aligned}\dot{V} &= z_1(z_2 + y_2 + \bar{x}_2 - \dot{x}_{1d}) + z_2[f(x,t) + b(x,t)u - \dot{\alpha}_1] + y_2\left(\frac{-y_2}{\tau} + c_1\dot{z}_1 - \ddot{x}_{1d}\right) \\ &= z_1(z_2 + y_2 + \bar{x}_2 - \dot{x}_{1d}) + z_2[f(x,t) + b(x,t)u - \dot{\alpha}_1] + y_2\left(\frac{-y_2}{\tau} + B_2\right)\end{aligned}$$

其中，$B_2 = c_1\dot{z}_1 - \ddot{x}_{1d}$。

由于

$$\begin{aligned}B_2 &= c_1(x_2 - \dot{x}_{1d}) - \ddot{x}_{1d} = c_1(z_2 + \alpha_1 - \dot{x}_{1d}) - \ddot{x}_{1d} \\ &= c_1(z_2 + y_2 + \bar{x}_2 - \dot{x}_{1d}) - \ddot{x}_{1d} = c_1(z_2 + y_2 - c_1 z_1) - \ddot{x}_{1d}\end{aligned}$$

上式说明 B_2 为 z_1、z_2、y_2 和 $\ddot{x}_{1d}$ 的函数。

设计控制器为

$$u = \frac{1}{b(x,t)}[-f(x,t) + \dot{\alpha}_1 - c_2 z_2] \tag{8.6}$$

其中，c_2 为大于零的正常数。

8.1.3 动态面控制器的分析

取 $V(0) \leqslant p$，$p > 0$，则闭环系统所有信号有界，收敛。

证明：当 $V = p$ 时，$V = \dfrac{1}{2}z_1^2 + \dfrac{1}{2}z_2^2 + \dfrac{1}{2}y_2^2 = p$，$B_2$ 有界，记为 M_2，则 $\dfrac{B_2^2}{M_2^2} - 1 \leqslant 0$。

则

$$\dot{V} = z_1(z_2 + y_2) - c_1 z_1^2 - c_2 z_2^2 + y_2\left(\frac{-y_2}{\tau} + B_2\right)$$

$$\leqslant |z_1||z_2| + |z_1||y_2| - c_1 z_1^2 - c_2 z_2^2 - \frac{1}{\tau}y_2^2 + |y_2||B_2|$$

$$\leqslant \frac{1}{2}(z_1^2 + z_2^2) + \frac{1}{2}(z_1^2 + y_2^2) - c_1 z_1^2 - c_2 z_2^2 - \frac{1}{\tau}y_2^2 + \frac{1}{2}y_2^2 B_2^2 + \frac{1}{2}$$

$$= (1 - c_1)z_1^2 + \left(\frac{1}{2} - c_2\right)z_2^2 + \left(\frac{1}{2}B_2^2 + \frac{1}{2} - \frac{1}{\tau}\right)y_2^2 + \frac{1}{2}$$

取

$$c_1 \geqslant 1 + r,\quad r > 0,\quad c_2 \geqslant \frac{1}{2} + r,\quad \frac{1}{\tau} \geqslant \frac{1}{2}M_2 + \frac{1}{2} + r \tag{8.7}$$

则

$$\begin{aligned}\dot{V} &\leqslant -rz_1^2 - rz_2^2 + \left(\frac{1}{2}B_2^2 - \frac{M_2^2}{2} - r\right)y_2^2 + \frac{1}{2} \\ &= -2rV + \left(\frac{M_2^2}{2M_2^2}B_2^2 - \frac{M_2^2}{2}\right)y_2^2 + \frac{1}{2} \\ &= -2rV + \left(\frac{B_2^2}{M_2^2} - 1\right)\frac{M_2^2 y_2^2}{2} + \frac{1}{2}\end{aligned} \tag{8.8}$$

取 $r \geqslant \frac{1}{4p}$,则

$$\dot{V} \leqslant -2\,\frac{1}{4p}p + \frac{1}{2} = 0$$

上式说明 V 也在紧集之内,即如果 $V(0) \leqslant p$,则 $V(t) \leqslant p$。证明完毕。

另外,通过上述推理可进行如下收敛性分析:

由式(8.8)可知

$$\dot{V} \leqslant -2rV + \frac{1}{2}$$

解得

$$V \leqslant \frac{1}{4r} + \left(V(0) - \frac{1}{4r}\right)e^{-2rt}$$

当 $t \to \infty$ 时,$V \to \frac{1}{4r}$,进而如果取 $r \to +\infty$,$V \to 0$,$x_1 \to x_{1d}$,$x_2 \to \dot{x}_{1d}$。

进一步可知,由于 $\frac{1}{\tau} \geqslant \frac{1}{2}M_2 + \frac{1}{2} + r$,如果取 $\tau \to 0$,则可取 $r \to +\infty$。这是低通滤波器 $\frac{1}{\tau s + 1}$ 的设计依据。

8.1.4 仿真实例

被控对象取

$$\begin{cases}\dot{x}_1 = x_2 \\ \dot{x}_2 = -25x_2 + 133u\end{cases}$$

其中,x_1 和 x_2 分别为位置和速度;u 为控制输入。

在仿真中,位置指令为 $x_{1d} = \sin t$,系统初始状态为[1,0]。

由于 $z_1(0) = x_1(0) - x_{1d} = 1.0 - 0 = 1.0$,根据 $\alpha_1(0) = \bar{x}_2(0)$,取 α_1 的初值为 $\alpha_1(0) = -c_1 z_1(0) +$

$\dot{x}_{1d}(0)=-2.5\times1.0+1.0=-1.5$，$z_2(0)=x_2(0)-\alpha_1(0)=1.5$，$y_2(0)=\alpha_1(0)-\bar{x}_2(0)=0$，$V(0)=\frac{1}{2}(z_1(0)^2+z_2(0)^2+y_2(0)^2)=1.625$，则可取 $p=2.0$，从而按 $r\geqslant\frac{1}{4p}$ 可取 $r=1.0$。

采用控制律式(8.6)，按式(8.7)，取 $\tau=0.01$，$c_1=1.5+r=2.5$，$c_2=1.0+r=2.0$。仿真结果如图 8.1～图 8.3 所示。

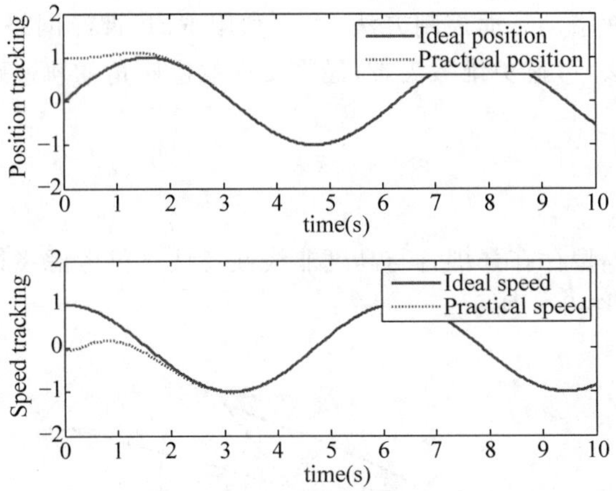

图 8.1 位置和速度跟踪

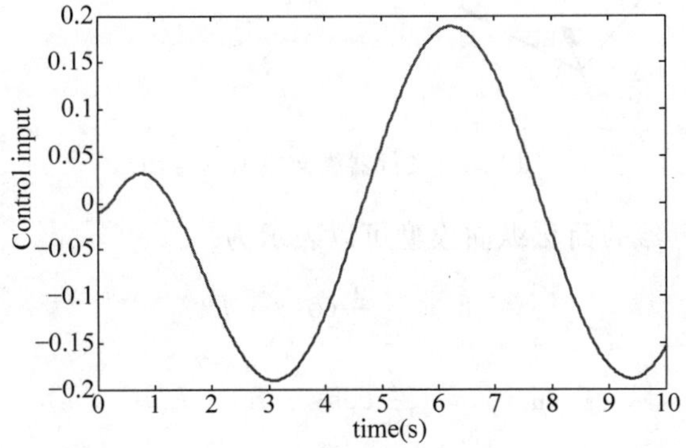

图 8.2 控制输入

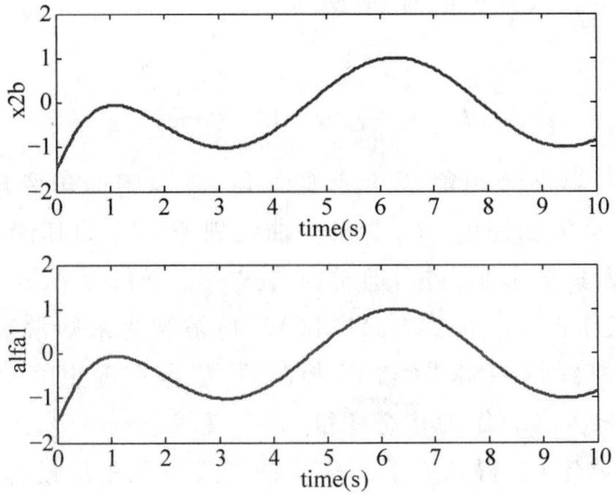

图 8.3 $\bar{x}_2$ 和 α_1

仿真主程序为 chap8_1sim. mdl。

8.2 飞行器航迹角自适应神经网络动态面控制

本节以不确定飞行器纵向模型为对象，转化为带模型不确定性的严格反馈系统，设计一种简化的自适应神经网络动态面控制方法[3,4]。利用 RBF 神经网络逼近模型不确定部分，并采用动态面控制方法，可避免维数灾难，最终实现航迹倾角的轨迹跟踪。

8.2.1 系统描述

飞行器的动力学模型存在强耦合与高度非线性特性。仅考虑飞行器在俯仰平面上的运动，飞行器纵向模型如图 8.4 所示。

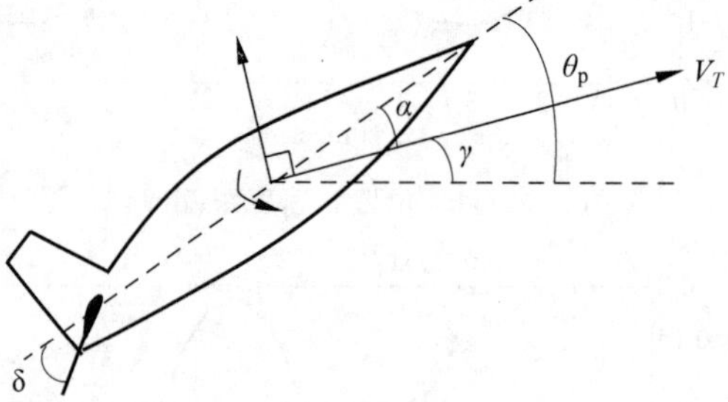

图 8.4　飞行器纵向模型示意图

根据文献[5]，飞行器的简化纵向模型可以表示为

$$
\begin{aligned}
&\dot{\gamma} - \bar{L}_\alpha \alpha - \frac{g}{V_T}\cos\gamma + \bar{L}_o \\
&\dot{\alpha} = q + \frac{g}{V_T}\cos\gamma - \bar{L}_o - \bar{L}_\alpha \alpha \\
&\dot{\theta}_p = q \\
&\dot{q} = M_o + M_\delta \delta
\end{aligned}
\tag{8.9}
$$

且有

$$
\bar{L}_o = \frac{L_o}{mV_T}, \quad \bar{L}_\alpha = \frac{L_\alpha}{mV_T}
$$

式中，γ、α、θ_p 分别为飞行器航迹倾角、攻角和俯仰角；q 为俯仰角变化率；V_T 为航速；m 和 g 分别为飞行器质量和重力加速度；L_α 为升力曲线斜率；L_o 为其他对升力的影响因素；M_δ 为控制俯仰力矩；M_o 为其他来源力矩，通常由公式 $M_o = M_\alpha \alpha + M_q q$ 近似；δ 为舵面偏角，作为控制输入。在某一工作点，L_o、L_α、M_α、M_δ 和 M_q 可被视为未知常量[6]。

假设航速 V_T 通过某线性控制器(如 PI 控制器)稳定在理想值的一个很小邻域内，可以被视为一个常量。选取(γ,α,q)作为状态变量，并定义状态 $x_1 = \gamma$、$x_2 = \alpha$、$x_3 = q$ 以及控制输入 $u = \delta$，考虑模型的不确定性，得到如下严格反馈形式下三角形模型：

$$
\begin{aligned}
\dot{x}_1 &= a_1 x_2 + f_1(x_1) + \Delta_1(x,t) \\
\dot{x}_2 &= x_3 + f_2(x_1,x_2) + \Delta_2(x,t) \\
\dot{x}_3 &= f_3(x_2,x_3) + a_3 u + \Delta_3(x,t)
\end{aligned} \tag{8.10}
$$

其中

$$
\begin{aligned}
f_1(x_1) &= -\frac{g}{V_T}\cos x_1 + \bar{L}_o \\
f_2(x_1,x_2) &= \frac{g}{V_T}\cos x_1 - \bar{L}_o - \bar{L}_\alpha x_2 \\
f_3(x_2,x_3) &= M_\alpha x_2 + M_q x_3 \\
a_1 &= \bar{L}_\alpha > 0, \quad a_3 = M_\delta > 0
\end{aligned}
$$

式中,$\Delta_i(x,t)$,$i=1,2,3$ 为不确定部分,且 $|\Delta_i(x,t)| \leqslant \rho_i$,$\rho_i$ 为正实数。

控制目标为设计自适应神经网络动态面控制,使得系统航迹倾角 x_1 跟踪理想轨迹 $x_{1\mathrm{d}}$。

假设 1 所有状态变量均可得到用于反馈;

假设 2 未知参数上下界已知,即对于 $i=1,3$,存在已知正数 a_{im}、a_{iM} 使得 $a_{im} \leqslant a_i \leqslant a_{iM}$,$f_1(x_1)$,$f_2(x_1,x_2)$和 $f_3(x_2,x_3)$为未知连续函数;

假设 3 理想轨迹 $x_{1\mathrm{d}}$有界,其一阶、二阶导数存在并且对于正实数 χ 满足 $x_{1\mathrm{d}}^2 + \dot{x}_{1\mathrm{d}}^2 + \ddot{x}_{1\mathrm{d}}^2 \leqslant \chi$。

RBF 神经网络能够有效地逼近任意连续非线性函数。一个 n 输入单输出且中间层有 N 个神经元的 RBF 神经网络可以表示为 $y=\boldsymbol{\theta}^{\mathrm{T}}\boldsymbol{\xi}(\boldsymbol{x})$,其中 $\boldsymbol{x}\in\boldsymbol{R}^n$ 是网络的输入向量,$y\in\boldsymbol{R}$ 是网络的输出,$\boldsymbol{\theta}\in\boldsymbol{R}^N$ 为可调权向量,$\boldsymbol{\xi}(\boldsymbol{x})\in\boldsymbol{R}^N$ 是非线性向量函数且$\boldsymbol{\xi}(\boldsymbol{x})=[\beta_1(\boldsymbol{x}),\cdots,\beta_N(\boldsymbol{x})]^{\mathrm{T}}$,$\beta_i(\boldsymbol{x})$,$i=1,\cdots,N$ 是高斯基函数,且有如下形式

$$
\beta_i(\boldsymbol{x}) = \exp\left(-\frac{\|\boldsymbol{x}-\boldsymbol{d}_i\|^2}{2b^2}\right) \tag{8.11}
$$

式中,$\boldsymbol{d}_i\in\boldsymbol{R}^n$,$i=1,\cdots,N$ 为第 i 个高斯基函数的中心;$b>0$ 为高斯基函数的宽度。

$$
f(\boldsymbol{x}) = \boldsymbol{\theta}^{*\mathrm{T}}\boldsymbol{\xi}(\boldsymbol{x}) + \sigma^*, \quad \boldsymbol{x}\in\Omega \tag{8.12}
$$

式中,σ^* 为逼近误差且满足$|\sigma^*| \leqslant \sigma_M$。

由于$\boldsymbol{\theta}^*$ 未知,故需要设计自适应律在线估计,假定$\boldsymbol{\theta}^*$ 有界并且存在已知正数 θ_M 使得 $\|\theta^*\| \leqslant \theta_M$。

8.2.2 自适应神经网络动态面控制设计

利用 RBF 神经网络克服模型不确定性,并减轻计算量。仿照反演控制的递进式设计方法,控制律设计过程分为 3 步。

(1) 定义第一个误差面:

$$
S_1 = x_1 - x_{1\mathrm{d}} \tag{8.13}
$$

对上式求导,得

$$
\begin{aligned}
\dot{S}_1 &= a_1 x_2 + f_1(x_1) + \Delta_1 - \dot{x}_{1\mathrm{d}} \\
&= a_1\left(x_2 + \frac{f_1(x_1)}{a_1} + \frac{1}{a_1}(\Delta_1 - \dot{x}_{1\mathrm{d}})\right)
\end{aligned} \tag{8.14}
$$

由于 a_1 和 $f_1(x_1)$为未知,采用第一个 RBF 网络逼近函数 $f_1(x_1)/a_1$

$$\frac{f_1(x_1)}{a_1}=\boldsymbol{\theta}_1^{*\mathrm{T}}\boldsymbol{\xi}_1(x_1)+\sigma_1^* \tag{8.15}$$

其中,$\boldsymbol{\theta}_1^*$ 为理想权值,$\|\boldsymbol{\theta}_1^*\|\leqslant\theta_M$;$\sigma_1^*$ 为逼近误差,$|\sigma_1^*|\leqslant\sigma_M$。

定义

$$\boldsymbol{\theta}_1^{\mathrm{T}}=\begin{bmatrix}\theta_1^{*\mathrm{T}} & \dfrac{1}{a_1}\end{bmatrix},\quad \boldsymbol{\varphi}_1=\begin{bmatrix}\xi_1(x_1)\\ \dfrac{\rho_1^2S_1}{2\varepsilon}-\dot{x}_{1\mathrm{d}}+c_1S_1\end{bmatrix} \tag{8.16}$$

其中,c_1 为正实数;ε 为任意小的正实数;$(\rho_1^2S_1)/(2\varepsilon)$为克服不确定部分 Δ_1 的非线性阻尼项。

设计虚拟控制为

$$\bar{x}_2=-\hat{\boldsymbol{\theta}}_1^{\mathrm{T}}\boldsymbol{\varphi}_1 \tag{8.17}$$

其中,$\hat{\boldsymbol{\theta}}_1$ 为权值$\boldsymbol{\theta}_1$ 的估计。

设计第一个 RBF 网络权值自适应律为

$$\dot{\hat{\theta}}_1=\boldsymbol{\Gamma}_1\boldsymbol{\varphi}_1S_1-\boldsymbol{\Gamma}_1\eta_1\hat{\boldsymbol{\theta}}_1 \tag{8.18}$$

其中,η_1为正实数;$\boldsymbol{\Gamma}_1=\boldsymbol{\Gamma}_1^{\mathrm{T}}>0$。

将$\bar{x}_2$ 输入到时间常数为 τ_2 的低通滤波器,得到新的状态变量 $x_{2\mathrm{d}}$

$$\tau_2\dot{x}_{2\mathrm{d}}+x_{2\mathrm{d}}=\bar{x}_2,\quad x_{2\mathrm{d}}(0)=\bar{x}_2(0) \tag{8.19}$$

(2) 定义第二个误差面:

$$S_2=x_2-x_{2\mathrm{d}} \tag{8.20}$$

求导得

$$\dot{S}_2=x_3+f_2(x_1,x_2)+\Delta_2-\dot{x}_{2\mathrm{d}} \tag{8.21}$$

由于函数 $f_2(x_1,x_2)$未知,采用第二个 RBF 网络对其进行逼近

$$f_2(x_1,x_2)=\boldsymbol{\theta}_2^{*\mathrm{T}}\boldsymbol{\xi}_2(x_1,x_2)+\sigma_2^* \tag{8.22}$$

其中,$\boldsymbol{\theta}_2^*$ 为理想权值,$\|\boldsymbol{\theta}_2^*\|\leqslant\theta_M$;$\sigma_2^*$ 为逼近误差,$|\sigma_2^*|\leqslant\sigma_M$。

定义

$$\boldsymbol{\theta}_2^{\mathrm{T}}=\boldsymbol{\theta}_2^{*\mathrm{T}},\quad \boldsymbol{\varphi}_2=\boldsymbol{\xi}_2(x_1,x_2) \tag{8.23}$$

设计虚拟控制为

$$\bar{x}_3=-\hat{\boldsymbol{\theta}}_2^{\mathrm{T}}\boldsymbol{\varphi}_2-\frac{\rho_2^2S_2}{2\varepsilon}+\dot{x}_{2\mathrm{d}}-c_2S_2 \tag{8.24}$$

其中,$\hat{\boldsymbol{\theta}}_2$ 为权值$\boldsymbol{\theta}_2$ 的估计;c_2 为正实数;ε 为任意小的正实数;$(\rho_2^2S_2)/(2\varepsilon)$为克服不确定部分 Δ_2 的非线性阻尼项。

设计第二个 RBF 网络权值自适应律为

$$\dot{\hat{\boldsymbol{\theta}}}_2=\boldsymbol{\Gamma}_2\boldsymbol{\varphi}_2S_2-\boldsymbol{\Gamma}_2\eta_2\hat{\boldsymbol{\theta}}_2 \tag{8.25}$$

其中,η_2 为正实数;$\boldsymbol{\Gamma}_2=\boldsymbol{\Gamma}_2^{\mathrm{T}}>0$。

将$\bar{x}_3$ 输入到时间常数为 τ_3的低通滤波器,得到新的状态变量 $x_{3\mathrm{d}}$:

$$\tau_3\dot{x}_{3\mathrm{d}}+x_{3\mathrm{d}}=\bar{x}_3,\quad x_{3\mathrm{d}}(0)=\bar{x}_3(0) \tag{8.26}$$

(3) 定义第三个误差面：

$$S_3 = x_3 - x_{3\mathrm{d}} \tag{8.27}$$

求导，得

$$\begin{aligned}\dot{S}_3 &= f_3(x_2, x_3) + a_3 u + \Delta_3 - \dot{x}_{3\mathrm{d}} \\ &= a_3\left[\frac{f_3(x_2, x_3)}{a_3} + u + \frac{1}{a_3}(\Delta_3 - \dot{x}_{3\mathrm{d}})\right]\end{aligned} \tag{8.28}$$

由于 a_3 和函数 $f_3(x_2,x_3)$ 未知，采用第三个 RBF 网络对 $\frac{f_3(x_2,x_3)}{a_3}$ 进行逼近

$$\frac{f_3(x_2,x_3)}{a_3} = \boldsymbol{\theta}_3^{*\mathrm{T}} \boldsymbol{\xi}_3(x_2,x_3) + \sigma_3^* \tag{8.29}$$

其中，$\boldsymbol{\theta}_3^*$ 为理想权值，$\|\boldsymbol{\theta}_3^*\| \leqslant \theta_M$；$\sigma_3^*$ 为逼近误差，$|\sigma_3^*| \leqslant \sigma_M$。

定义

$$\boldsymbol{\theta}_3^{\mathrm{T}} = \begin{bmatrix}\theta_3^{*\mathrm{T}} & \frac{1}{a_3}\end{bmatrix}, \quad \boldsymbol{\varphi}_3 = \begin{bmatrix}\xi_3(x_2,x_3) \\ \frac{\rho_3^2 S_3}{2\varepsilon} - \dot{x}_{3\mathrm{d}} + c_3 S_3\end{bmatrix} \tag{8.30}$$

其中，c_3 为正实数；ε 为任意小的正实数；$(\rho_3^2 S_3)/(2\varepsilon)$ 为克服不确定部分 Δ_3 的非线性阻尼项。

设计控制律为

$$u = -\hat{\boldsymbol{\theta}}_3^{\mathrm{T}} \boldsymbol{\varphi}_3 \tag{8.31}$$

其中，$\hat{\boldsymbol{\theta}}_3$ 为权值 $\boldsymbol{\theta}_3$ 的估计。

设计第三个 RBF 网络权值自适应律为

$$\dot{\hat{\boldsymbol{\theta}}}_3 = \boldsymbol{\Gamma}_3 \boldsymbol{\varphi}_3 S_3 - \boldsymbol{\Gamma}_3 \eta_3 \hat{\boldsymbol{\theta}}_3 \tag{8.32}$$

其中，η_3 为正实数；$\boldsymbol{\Gamma}_3 = \boldsymbol{\Gamma}_3^{\mathrm{T}} > 0$。

可见，由于采用了神经网络逼近 $\frac{1}{a_1}$ 和 $\frac{1}{a_3}$，避免了奇异。

8.2.3 稳定性分析

定义滤波误差为

$$y_i = x_{id} - \bar{x}_i, \quad i = 2,3 \tag{8.33}$$

由式 (8.19)、式(8.26)和式(8.33)可得

$$\dot{x}_{id} = -\frac{y_i}{\tau_i}, \quad i = 2,3 \tag{8.34}$$

定义权值估计误差为

$$\tilde{\theta}_i = \hat{\theta}_i - \theta_i, \quad i = 1,2,3 \tag{8.35}$$

则各个误差面的导数为

$$\begin{aligned}\dot{S}_1 &= a_1\left[S_2 + y_2 + \bar{x}_2 + \boldsymbol{\theta}_1^{*\mathrm{T}} \boldsymbol{\xi}_1(x_1) + \sigma_1^* + \frac{1}{a_1}(\Delta_1 - \dot{x}_{1\mathrm{d}})\right] \\ &= a_1\left[S_2 + y_2 - \hat{\boldsymbol{\theta}}_1^{\mathrm{T}} \boldsymbol{\varphi}_1 + \boldsymbol{\theta}_1^{\mathrm{T}} \boldsymbol{\varphi}_1 + \sigma_1^* + \frac{1}{a_1}\left(\Delta_1 - \frac{\rho_1^2 S_1}{2\varepsilon} - c_1 S_1\right)\right]\end{aligned}$$

$$= a_1(S_2 + y_2 - \tilde{\boldsymbol{\theta}}_1^{\mathrm{T}} \boldsymbol{\varphi}_1 + \sigma_1^*) + \left(\Delta_1 - \frac{\rho_1^2 S_1}{2\varepsilon} - c_1 S_1\right) \tag{8.36}$$

$$\begin{aligned}\dot{S}_2 &= S_3 + y_3 + \bar{x}_3 + \boldsymbol{\theta}_2^{*\mathrm{T}} \boldsymbol{\xi}_2(x_1, x_2) + \sigma_2^* + \Delta_2 - \dot{x}_{2\mathrm{d}} \\ &= S_3 + y_3 - \hat{\boldsymbol{\theta}}_2^{\mathrm{T}} \boldsymbol{\varphi}_2 + \boldsymbol{\theta}_2^{\mathrm{T}} \boldsymbol{\varphi}_2 + \sigma_2^* + \Delta_2 - \frac{\rho_2^2 S_2}{2\varepsilon} - c_2 S_2 \\ &= S_3 + y_3 - \tilde{\boldsymbol{\theta}}_2^{\mathrm{T}} \boldsymbol{\varphi}_2 + \sigma_2^* + \left(\Delta_2 - \frac{\rho_2^2 S_2}{2\varepsilon} - c_2 S_2\right)\end{aligned} \tag{8.37}$$

$$\begin{aligned}\dot{S}_3 &= a_3\left[\boldsymbol{\theta}_3^{*\mathrm{T}} \boldsymbol{\xi}_3(x_2, x_3) + \sigma_3^* + u + \frac{1}{a_3}(\Delta_3 - \dot{x}_{3\mathrm{d}})\right] \\ &= a_3\left[-\hat{\boldsymbol{\theta}}_3^{\mathrm{T}} \boldsymbol{\varphi}_3 + \boldsymbol{\theta}_3^{\mathrm{T}} \boldsymbol{\varphi}_3 + \sigma_3^* + \frac{1}{a_3}\left(\Delta_3 - \frac{\rho_3^2 S_3}{2\varepsilon} - c_3 S_3\right)\right] \\ &= a_3(-\tilde{\boldsymbol{\theta}}_3^{\mathrm{T}} \boldsymbol{\varphi}_3 + \sigma_3^*) + \left(\Delta_3 - \frac{\rho_3^2 S_3}{2\varepsilon} - c_3 S_3\right)\end{aligned} \tag{8.38}$$

滤波误差导数为

$$\dot{y}_2 = \dot{x}_{2\mathrm{d}} - \dot{\bar{x}}_2 = -\frac{y_2}{\tau_2} + \dot{\hat{\boldsymbol{\theta}}}_1^{\mathrm{T}} \boldsymbol{\varphi}_1 + \hat{\boldsymbol{\theta}}_1^{\mathrm{T}} \dot{\boldsymbol{\varphi}}_1 \tag{8.39}$$

$$\dot{y}_3 = \dot{x}_{3\mathrm{d}} - \dot{\bar{x}}_3 = -\frac{y_3}{\tau_3} + \dot{\hat{\boldsymbol{\theta}}}_2^{\mathrm{T}} \boldsymbol{\varphi}_2 + \hat{\boldsymbol{\theta}}_2^{\mathrm{T}} \dot{\boldsymbol{\varphi}}_2 + \frac{\rho_2^2 \dot{S}_2}{2\varepsilon} - \ddot{x}_{2\mathrm{d}} + c_2 \dot{S}_2 \tag{8.40}$$

由式(8.18)、式 (8.25)、式(8.34)～式(8.37)、式(8.39)及式 (8.40)，存在非负连续函数 B_2、B_3[7]，且有

$$\left|\dot{y}_2 + \frac{y_2}{\tau_2}\right| \leqslant B_2(S_1, S_2, y_2, \tilde{\boldsymbol{\theta}}_1, x_{1\mathrm{d}}, \dot{x}_{1\mathrm{d}}, \ddot{x}_{1\mathrm{d}}) \tag{8.41}$$

$$\left|\dot{y}_3 + \frac{y_3}{\tau_3}\right| \leqslant B_3(S_1, S_2, S_3, y_2, y_3, \tilde{\boldsymbol{\theta}}_1, \tilde{\boldsymbol{\theta}}_2, x_{1\mathrm{d}}, \dot{x}_{1\mathrm{d}}, \ddot{x}_{1\mathrm{d}}) \tag{8.42}$$

则

$$y_i \dot{y}_i \leqslant -\frac{y_i^2}{\tau_i} + B_i |y_i|, \quad i = 2,3 \tag{8.43}$$

取 Lyapunov 函数为

$$V = V_1 + V_2 + V_3 \tag{8.44}$$

其中

$$V_1 = \frac{1}{2}(S_1^2 + S_2^2 + S_3^2)$$

$$V_2 = \frac{1}{2}(y_2^2 + y_3^2)$$

$$V_3 = \frac{1}{2}(a_1 \tilde{\boldsymbol{\theta}}_1^{\mathrm{T}} \boldsymbol{\Gamma}_1^{-1} \tilde{\boldsymbol{\theta}}_1 + \tilde{\boldsymbol{\theta}}_2^{\mathrm{T}} \boldsymbol{\Gamma}_2^{-1} \tilde{\boldsymbol{\theta}}_2 + a_3 \tilde{\boldsymbol{\theta}}_3^{\mathrm{T}} \boldsymbol{\Gamma}_3^{-1} \tilde{\boldsymbol{\theta}}_3)$$

定理 8.1 考虑由对象式(8.10)与实际控制器式(8.31)组成的闭环系统。如果满足假设 1～3 并且初始条件满足 $V(0) \leqslant p$，其中 p 为任意正常数，则存在调节参数 c_i、η_i、Γ_i，$i=1,2,3$，$\tau_i(i=2,3)$，使得闭环系统所有信号半全局一致有界，系统跟踪误差可收敛到任意小残集内。

证明 分别对 V_1、V_2 和 V_3 求导，得

$$\dot{V}_1 = S_1\left[a_1(S_2 + y_2 - \tilde{\boldsymbol{\theta}}_1^{\mathrm{T}}\boldsymbol{\varphi}_1 + \sigma_1^*) + \left(\Delta_1 - \frac{\rho_1^2 S_1}{2\varepsilon} - c_1 S_1\right)\right]$$
$$+ S_2\left[S_3 + y_3 - \tilde{\boldsymbol{\theta}}_2^{\mathrm{T}}\boldsymbol{\varphi}_2 + \sigma_2^* + \left(\Delta_2 - \frac{\rho_2^2 S_2}{2\varepsilon} - c_2 S_2\right)\right]$$
$$+ S_3\left[a_3(-\tilde{\boldsymbol{\theta}}_3^{\mathrm{T}}\boldsymbol{\varphi}_3 + \sigma_3^*) + \left(\Delta_3 - \frac{\rho_3^2 S_3}{2\varepsilon} - c_3 S_3\right)\right] \tag{8.45}$$

$$\dot{V}_2 \leqslant -\frac{y_2^2}{\tau_2} + B_2|y_2| - \frac{y_3^2}{\tau_3} + B_3|y_3| \tag{8.46}$$

$$\dot{V}_3 = a_1\tilde{\boldsymbol{\theta}}_1^{\mathrm{T}}\boldsymbol{\varphi}_1 S_1 - a_1\tilde{\boldsymbol{\theta}}_1^{\mathrm{T}}\eta_1\hat{\boldsymbol{\theta}}_1 + \tilde{\boldsymbol{\theta}}_2^{\mathrm{T}}\boldsymbol{\varphi}_2 S_2$$
$$- \tilde{\boldsymbol{\theta}}_2^{\mathrm{T}}\eta_2\hat{\boldsymbol{\theta}}_2 + a_3\tilde{\boldsymbol{\theta}}_3^{\mathrm{T}}\boldsymbol{\varphi}_3 S_3 - a_3\tilde{\boldsymbol{\theta}}_3^{\mathrm{T}}\eta_3\hat{\boldsymbol{\theta}}_3 \tag{8.47}$$

在 $V\leqslant p$ 成立时，可考虑紧集

$$\Omega_1 := \{(x_{1\mathrm{d}}, \dot{x}_{1\mathrm{d}}, \ddot{x}_{1\mathrm{d}}) : x_{1\mathrm{d}}^2 + \dot{x}_{1\mathrm{d}}^2 + \ddot{x}_{1\mathrm{d}}^2 \leqslant \chi\}$$
$$\Omega_2 := \left\{\sum_{i=1}^{3} S_i^2 + \sum_{i=2}^{3} y_i^2 + a_1\boldsymbol{\Gamma}_1^{-1}\tilde{\boldsymbol{\phi}}_1^2 + a_3\boldsymbol{\Gamma}_3^{-1}\tilde{\boldsymbol{\phi}}_3^2 \leqslant 2p\right\}$$

于是此时 $\Omega_1\times\Omega_2$ 也是紧集。由此可知，在 $V\leqslant p$ 成立的时刻，B_i，$i=2,3$ 在 $\Omega_1\times\Omega_2$ 上有最大值，记为 M_i。

由于

$$\frac{\rho_i^2 S_i^2}{2\varepsilon} + \frac{\varepsilon}{2} \geqslant \rho_i|S_i| \geqslant \Delta_i S_i, \quad i = 1,2,3 \tag{8.48}$$

则由式(8.45)～式(8.47)可得

$$\dot{V} \leqslant a_1|S_1||S_2| + a_1|S_1||y_2| + |S_2||S_3|$$
$$+ |S_2||y_3| - \sum_{i=1}^{3} c_i S_i^2 + a_1|S_1||\sigma_1^*| + |S_2||\sigma_2^*|$$
$$+ a_3|S_3||\sigma_3^*| + \sum_{i=2}^{3}\left(-\frac{y_i^2}{\tau_i} + B_i|y_i|\right)$$
$$- a_1\tilde{\boldsymbol{\theta}}_1^{\mathrm{T}}\eta_1\hat{\boldsymbol{\theta}}_1 - \tilde{\boldsymbol{\theta}}_2^{\mathrm{T}}\eta_2\hat{\boldsymbol{\theta}}_2 - a_3\tilde{\boldsymbol{\theta}}_3^{\mathrm{T}}\eta_3\hat{\boldsymbol{\theta}}_3 + \frac{3}{2}\varepsilon \tag{8.49}$$

利用 Young 不等式及下式

$$2\tilde{\boldsymbol{\theta}}_i^{\mathrm{T}}\hat{\boldsymbol{\theta}}_i \geqslant \|\tilde{\boldsymbol{\theta}}_i\|^2 - \|\boldsymbol{\theta}_i\|^2, \quad i = 1,2,3 \tag{8.50}$$

有

$$\dot{V} \leqslant \frac{a_1}{2}(S_1^2 + S_2^2) + \frac{a_1}{2}(S_1^2 + y_2^2) + \frac{1}{2}(S_2^2 + S_3^2) + \frac{1}{2}(S_2^2 + y_3^2)$$
$$- \sum_{i=1}^{3} c_i S_i^2 + \frac{a_1}{2}(S_1^2 + \sigma_1^{*2}) + \frac{1}{2}(S_2^2 + \sigma_2^{*2}) + \frac{a_3}{2}(S_3^2 + \sigma_3^{*2})$$
$$+ \sum_{i=2}^{3}\left(-\frac{y_i^2}{\tau_i} + \frac{B_i^2 y_i^2}{2\varepsilon} + \frac{\varepsilon}{2}\right) - \frac{a_1\eta_1}{2}(\|\tilde{\theta}_1\|^2 - \|\theta_1\|^2)$$
$$- \frac{\eta_2}{2}(\|\tilde{\theta}_2\|^2 - \|\theta_2\|^2) - \frac{a_3\eta_3}{2}(\|\tilde{\theta}_3\|^2 - \|\theta_3\|^2) + \frac{3}{2}\varepsilon \tag{8.51}$$

则

$$\begin{aligned}\dot{V} \leqslant & \left(\frac{3a_1}{2}-c_1\right)S_1^2+\left(\frac{3}{2}+\frac{a_1}{2}-c_2\right)S_2^2+\left(\frac{a_3}{2}+\frac{1}{2}-c_3\right)S_3^2 \\ & +\left(\frac{a_1}{2}+\frac{B_2^2}{2\varepsilon}-\frac{1}{\tau_2}\right)y_2^2+\left(\frac{1}{2}+\frac{B_3^2}{2\varepsilon}-\frac{1}{\tau_3}\right)y_3^2 \\ & -\frac{a_1\eta_1}{2\lambda_{\max}(\boldsymbol{\Gamma}_1^{-1})}\tilde{\boldsymbol{\theta}}_1^{\mathrm{T}}\boldsymbol{\Gamma}_1^{-1}\tilde{\boldsymbol{\theta}}_1-\frac{\eta_2}{2\lambda_{\max}(\boldsymbol{\Gamma}_2^{-1})}\tilde{\boldsymbol{\theta}}_2^{\mathrm{T}}\boldsymbol{\Gamma}_2^{-1}\tilde{\boldsymbol{\theta}}_2 \\ & -\frac{a_3\eta_3}{2\lambda_{\max}(\boldsymbol{\Gamma}_3^{-1})}\tilde{\boldsymbol{\theta}}_3^{\mathrm{T}}\boldsymbol{\Gamma}_3^{-1}\tilde{\boldsymbol{\theta}}_3+\frac{a_1}{2}\sigma_1^{*2}+\frac{1}{2}\sigma_2^{*2}+\frac{a_3}{2}\sigma_3^{*2}+\frac{a_1\eta_1}{2}\|\boldsymbol{\theta}_1\|^2 \\ & +\frac{\eta_2}{2}\|\boldsymbol{\theta}_2\|^2+\frac{a_3\eta_3}{2}\|\boldsymbol{\theta}_3\|^2+\frac{5}{2}\varepsilon\end{aligned} \tag{8.52}$$

其中,$\lambda_{\max}(\boldsymbol{\Gamma}_i^{-1})$为$\boldsymbol{\Gamma}_i^{-1}$的最大特征值。

按如下条件设计参数:

$$\begin{gathered}c_1 \geqslant \frac{3a_{1M}}{2}+r,\quad c_2 \geqslant \frac{3}{2}+\frac{a_{1M}}{2}+r,\quad c_3 \geqslant \frac{a_{3M}}{2}+\frac{1}{2}+r \\ \frac{1}{\tau_2} \geqslant \frac{a_{1M}}{2}+\frac{M_2^2}{2\varepsilon}+r,\quad \frac{1}{\tau_3} \geqslant \frac{1}{2}+\frac{M_3^2}{2\varepsilon}+r \\ \eta_1 \geqslant 2r\lambda_{\max}(\boldsymbol{\Gamma}_1^{-1}),\quad \eta_2 \geqslant 2r\lambda_{\max}(\boldsymbol{\Gamma}_2^{-1}),\quad \eta_3 \geqslant 2r\lambda_{\max}(\boldsymbol{\Gamma}_3^{-1})\end{gathered} \tag{8.53}$$

其中,r为待设计正数。

考虑假设2及$|\sigma_i^*| \leqslant \sigma_M$, $\|\theta_i^*\| \leqslant \theta_M$, $i=1,2,3$,有

$$\begin{aligned}\dot{V} \leqslant & -2rV+\frac{5}{2}\varepsilon+\left(\frac{a_{1M}}{2}+\frac{1}{2}+\frac{a_{3M}}{2}\right)\sigma_M^2 \\ & +\left(\frac{a_{1M}\eta_1}{2}+\frac{\eta_2}{2}+\frac{a_{3M}\eta_3}{2}\right)\theta_M^2+\sum_{i=2}^{3}\left(\frac{M_i^2}{2\varepsilon}\frac{B_i^2}{M_i^2}-\frac{M_i^2}{2\varepsilon}\right)y_i^2\end{aligned}$$

则有

$$\dot{V} \leqslant -2rV+Q+\sum_{i=2}^{3}\left(\frac{B_i^2}{M_i^2}-1\right)\frac{M_i^2 y_i^2}{2\varepsilon} \tag{8.54}$$

其中,$Q=\frac{5}{2}\varepsilon+\left(\frac{a_{1M}}{2}+\frac{1}{2}+\frac{a_{3M}}{2}\right)\sigma_M^2+\left(\frac{a_{1M}\eta_1}{2}+\frac{\eta_2}{2}+\frac{a_{3M}\eta_3}{2}\right)\theta_M^2$。

选取r使得$r \geqslant Q/(2p)$成立。注意到,尽管Q与η_1、η_3有关,而η_1、η_3又与r有关,但r的存在可通过减小$\boldsymbol{\Gamma}_1^{-1}$、$\boldsymbol{\Gamma}_3^{-1}$得以保证。在$V \leqslant p$成立时,$B_i \leqslant M_i$成立,所以当$V=p$时,$\dot{V} \leqslant -2rp+Q \leqslant 0$。由此可知$V \leqslant p$是一个不变集,即如果$V(0) \leqslant p$,则对所有$t>0$均有$V(t) \leqslant p$。由于定理8.1有前提条件$V(0) \leqslant p$,可推出

$$\dot{V} \leqslant -2rV+Q \tag{8.55}$$

解该不等式,得

$$V \leqslant \frac{Q}{2r}+\left(V(0)-\frac{Q}{2r}\right)\mathrm{e}^{-2rt} \tag{8.56}$$

由式(8.55)可见，当 $V=\frac{Q}{2r}$ 时，$\dot{V}=0$，则 $t\to\infty$ 时，$V\to\frac{Q}{2r}$。

显然，闭环系统中的所有误差信号在下面的紧集内半全局一致有界

$$\Theta=\left\{(S_1,S_2,S_3,y_2,y_3,\tilde{\theta}_1,\tilde{\theta}_2,\tilde{\theta}_3):V\leqslant\frac{Q}{2r}\right\},\quad t\to\infty \tag{8.57}$$

8.2.4 仿真实例

仿真中，设定理想轨迹 $x_{1d}=5\sin t$，根据文献[1]，取 $\Delta_1=0.01\sin(2t)$，$\Delta_2=0.1\cos(2t)$，$\Delta_3=0.05\sin(t)\cos(2t)$，未知物理参数选取如下：$\bar{L}_o=-0.1$、$\bar{L}_\alpha=1$、$M_\alpha=0.1$、$M_q=-0.02$、$M_\delta=1$，设定稳定航速为 $V_T=200\text{m/s}$，g 取 9.8m/s^2。模型的初始状态取 $\boldsymbol{x}(0)=[1\quad 0\quad 0]^{\mathrm{T}}$。

需要逼近的两个参数值为 $a_1=\bar{L}_\alpha=1$，$a_3=M_\delta=1$，需要逼近的三个函数分别为 $f_1(x_1)/a_1$，$f_2(x_1,x_2)$ 和 $f_3(x_2,x_3)/a_3$。

用于逼近的第一个 RBF 网络结构取 1-7-1，网络输入为 x_1，网络权值均初始化为 0，根据网络输入 x_1 的范围，高斯基函数的中心均匀分布在[−3，3]范围内，即 $\boldsymbol{d}_1=[-3\quad -2\quad -1\quad 0\quad 1\quad 2\quad 3]$，宽度取 10，网络权值的自适应律中，取 $\rho_1=0.01$。

用于逼近的第二个 RBF 网络结构取 2-9-1，网络输入为 x_1，x_2，网络权值均初始化为 0，根据网络输入 x_1，x_2 的范围，高斯基函数的中心均匀分布在[−9，9]范围内，即 $\boldsymbol{d}_2=\begin{bmatrix}-9 & -7 & -5 & -3 & 0 & 3 & 5 & 7 & 9\\ -9 & -7 & -5 & -3 & 0 & 3 & 5 & 7 & 9\end{bmatrix}$，宽度取 10。

用于逼近的第三个 RBF 网络结构取 2-9-1，网络输入为 x_2，x_3，网络权值均初始化为 0，根据网络输入 x_2，x_3 的范围，高斯基函数的中心均匀分布在[−9，9]范围内，即 $\boldsymbol{d}_3=\begin{bmatrix}-9 & -7 & -5 & -3 & 0 & 3 & 5 & 7 & 9\\ -9 & -7 & -5 & -3 & 0 & 3 & 5 & 7 & 9\end{bmatrix}$，宽度取 10。

由于网络权值均初始化为 0，$\bar{x}_2(0)=-\hat{\theta}_1^{\mathrm{T}}(0)\varphi_1=0$，故根据式(8.9)和式(8.11)，可得 $x_{2d}(0)=\bar{x}_2(0)=0$。由于 $S_2(0)=x_2(0)-x_{2d}(0)=0$，$\dot{x}_{2d}(0)=\frac{\bar{x}_2(0)-x_{2d}(0)}{\tau_2}=0$，则 $\bar{x}_3(0)=-\hat{\theta}_2^{\mathrm{T}}(0)\varphi_2-\frac{\rho_2^2S_2(0)}{2\varepsilon}+\dot{x}_{2d}(0)-c_2S_2(0)=\dot{x}_{2d}(0)=0$，故根据式(8.16)和式(8.18)，可得 $x_{3d}(0)=\bar{x}_3(0)=0$。

由已知可得 $\rho_1=0.01$，$\rho_2=0.1$，$\rho_3=0.05$，$a_{1M}=a_{3M}=1$。取 $\varepsilon=0.01$，根据式 $r\geqslant Q/(2p)$，不妨取 $r=0.01$，根据式(8.33)和式(8.34)，取 $M_1=M_2=1.0$，则满足式(8.45)的控制参数可选取如下：$c_1=1.51$，$c_2=2.01$，$c_3=1.01$，$\eta_1=0.04$，$\eta_2=0.002$，$\eta_3=0.004$，$\boldsymbol{\Gamma}_1=\mathrm{diag}\{0.5\}$，$\boldsymbol{\Gamma}_2=\mathrm{diag}\{10\}$，$\boldsymbol{\Gamma}_3=\mathrm{diag}\{5\}$，$\tau_2=\tau_3=0.0198$，仿真程序见 chap8_2int.m。

采用控制律式(8.31)和自适应律式(8.18)、式(8.25)和式(8.32)，仿真结果如图 8.5～图 8.11 所示。

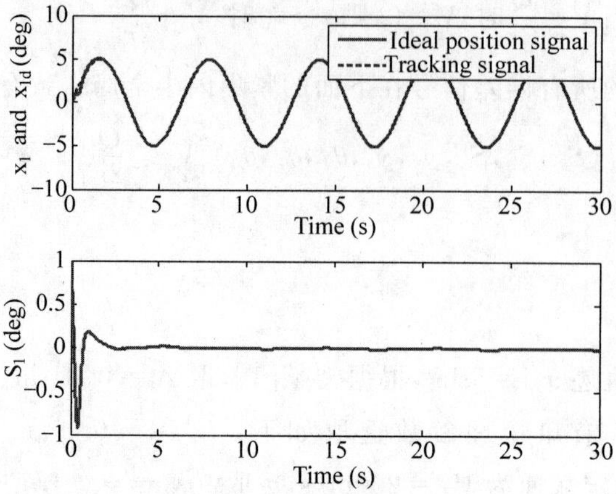

图 8.5　飞行器航迹倾角跟踪

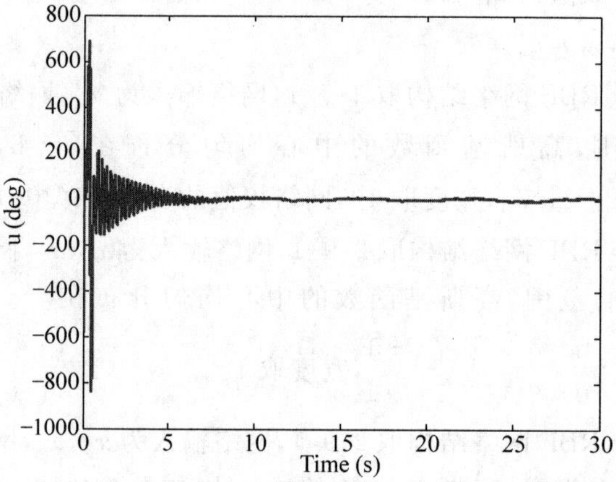

图 8.6　控制输入信号

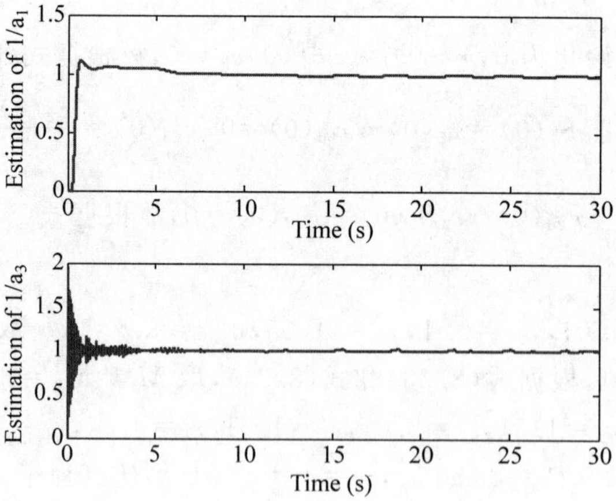

图 8.7　参数 $1/a_1$ 及 $1/a_3$ 的估计

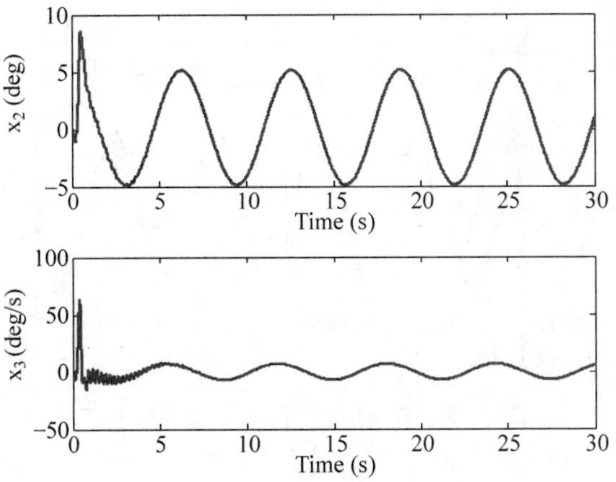

图 8.8 攻角和俯仰角变化率

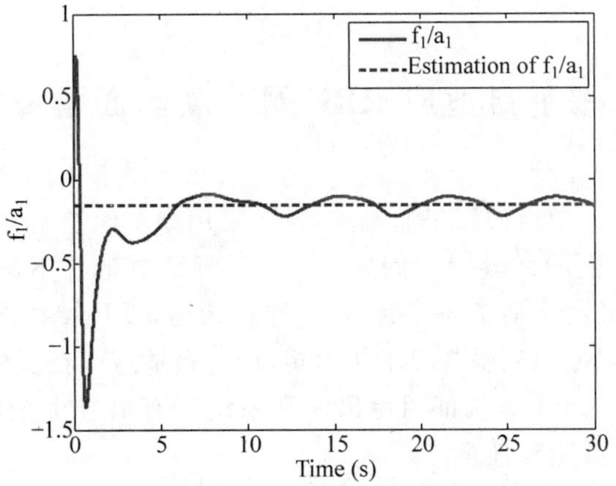

图 8.9 $f_1(x_1)/a_1$ 的神经网络逼近

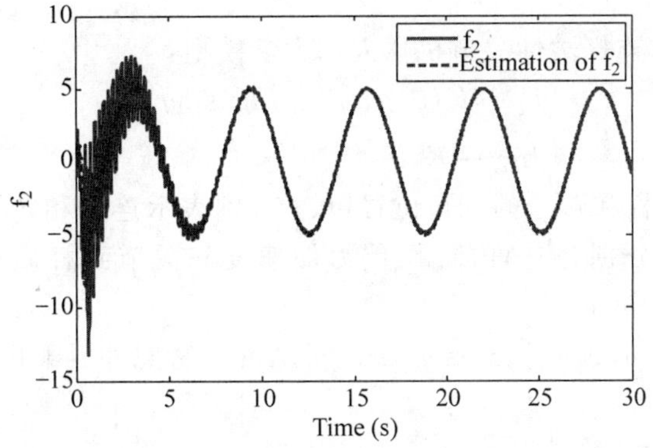

图 8.10 $f_2(x_1, x_2)$的神经网络逼近

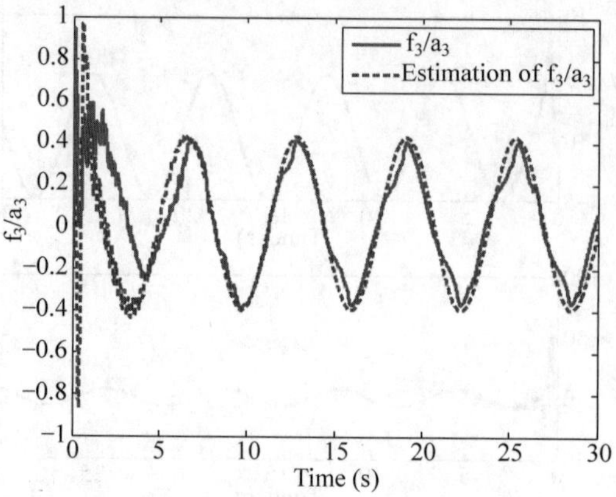

图 8.11　$f_3(x_2,x_3)/a_3$ 的神经网络逼近

仿真主程序为 chap8_2sim. mdl。

8.3　柔性关节机械手自适应 RBF 网络动态面鲁棒控制

柔性关节机械手动力学模型属于非匹配系统，采用动态面控制方法可实现有效的控制，并可克服反演控制中产生的微分爆炸问题[8-10]。本节针对带有不确定性的柔性关节机械手，设计一种自适应神经网络动态面控制方法，通过构造 RBF 神经网络去逼近系统模型的未知函数，利用非线性阻尼项克服外界干扰力矩，设计自适应律在线估计神经网络权值及模型未知参数。通过 Lyapunov 方法证明得出闭环系统所有信号半全局一致有界，跟踪误差可以通过调节控制器参数达到任意小。

8.3.1　问题描述

考虑一种典型的单连杆柔性关节机器人动力学模型：

$$\begin{cases} I\ddot{q}+K(q-q_m)+Mgl\sin q=0 \\ J\ddot{q}_m-K(q-q_m)=u \end{cases} \tag{8.58}$$

其中，q、q_m 分别表示连杆和转子的转角位置，I、J 分别表示连杆和转子的转动惯量，K 代表关节刚度系数，M、g、l 分别为连杆质量、重力加速度和关节到杆质心距离，u 是电机转矩输入。

选取状态变量 $x_1=q,x_2=\dot{q},x_3=q_m,x_4=\dot{q}_m$，并且考虑外界干扰力矩，则式(1)可写成

$$\begin{cases} \dot{x}_1=x_2 \\ \dot{x}_2=a_1x_3+f_1(x_1)+\Delta_1(t) \\ \dot{x}_3=x_4 \\ \dot{x}_4=a_2u+f_2(x_1,x_3)+\Delta_2(t) \end{cases} \tag{8.59}$$

其中，$a_1=\dfrac{K}{I}$；$a_2=\dfrac{1}{J}$；$f_1(x_1)=-\dfrac{Mgl}{I}\sin x_1-\dfrac{K}{I}x_1$；$f_2(x_1,x_3)=\dfrac{K}{J}(x_1-x_3)$；$\Delta_1(t)$、

$\Delta_2(t)$为外界干扰力矩，且对于正数 δ_1、δ_2 满足 $|\Delta_1(t)| \leqslant \delta_1$，$|\Delta_2(t)| \leqslant \delta_2$。

假设 1 理想角度 x_{1d}有界，其一阶、二阶导数存在并对正数 ξ 满足 $x_{1d}^2 + \dot{x}_{1d}^2 + \ddot{x}_{1d}^2 \leqslant \xi$；系统物理参数未知，即 a_1、a_2未知，但 a_1、a_2 上下界已知，即存在已知正数 a_{im}、a_{iM}，$i=1,2$，使得 $a_{im} \leqslant a_i \leqslant a_{iM}$，$f_1(x_1)$、$f_2(x_1, x_3)$为具体形式未知的函数。

控制目标为设计控制律，使连杆转角 q 跟踪理想轨迹$x_{1d} = \sin t$。

RBF 神经网络能够有效地逼近任意连续非线性函数，采用 RBF 网络逼近 $f_1(x_1)$、$f_2(x_1, x_3)$，存在理想权向量 $\theta^* \in R^N$，使得神经网络 $\theta^{*\mathrm{T}} h(x)$可足够逼近给定函数 f 并且逼近误差绝对值不大于 σ_M，即

$$f(\boldsymbol{x}) = \boldsymbol{\theta}^{*\mathrm{T}} \boldsymbol{h}(\boldsymbol{x}) + \varepsilon^*$$

其中，ε^* 为逼近误差且满足 $|\varepsilon^*| \leqslant \varepsilon_M$；$\boldsymbol{h}(\boldsymbol{x}) \in R^N$ 为高斯基函数，且有

$$\boldsymbol{h}_i(\boldsymbol{x}) = \exp\left(-\frac{\|\boldsymbol{x} - \boldsymbol{d}_i\|^2}{2b^2}\right)$$

式中，$\boldsymbol{d}_i \in \boldsymbol{R}^n$，$i=1,\cdots,N$ 为第 i 个高斯基函数的中心，$b>0$ 为高斯基函数的宽度。

由于 θ^* 未知，故需要设计自适应律。显然，θ^* 各元素有界，可假设存在已知正数 θ_M 使得 $\|\theta^*\| \leqslant \theta_M$。

8.3.2 自适应 RBF 网络动态面控制器设计

仿照反演控制的“递进式”设计方法，控制器的设计分为 4 步。

(1) 定义第一个误差：

$$S_1 = x_1 - x_{1d}$$

求导，得

$$\dot{S}_1 = x_2 - \dot{x}_{1d}$$

取虚拟控制为

$$\bar{x}_2 = -c_1 S_1 + \dot{x}_{1d}$$

其中，c_1为正数。

将$\bar{x}_2$ 输入时间常数为 τ_2的一阶低通滤波器，得到新的状态变量 x_{2d}：

$$\tau_2 \dot{x}_{2d} + x_{2d} = \bar{x}_2, \quad x_{2d}(0) = \bar{x}_2(0) \tag{8.60}$$

(2) 定义第二个误差：

$$S_2 = x_2 - x_{2d}$$

求导得

$$\dot{S}_2 = a_1\left[x_3 + \frac{1}{a_1} f_1(x_1) + \frac{1}{a_1}(\Delta_1 - \dot{x}_{2d})\right]$$

由于 a_1 和 $f_1(x_1)$未知，构造第一个 RBF 神经网络逼近未知函数 $1/a_1 \cdot f_1(x_1)$：

$$\frac{1}{a_1} f_1(x_1) = \boldsymbol{\theta}_1^{*\mathrm{T}} \boldsymbol{h}_1(x_1) + \varepsilon_1^*$$

其中，$|\varepsilon_1^*| \leqslant \varepsilon_M$；$\|\boldsymbol{\theta}_1^*\| \leqslant \theta_M$。

定义向量

$$\boldsymbol{\theta}_1^{\mathrm{T}} = \begin{bmatrix} \boldsymbol{\theta}_1^{*\mathrm{T}} & \dfrac{1}{a_1} \end{bmatrix}, \quad \boldsymbol{\varphi}_1 = \begin{bmatrix} \boldsymbol{h}_1(x_1) \\ \dfrac{\delta_1^2 S_2}{2\varepsilon} - \dot{x}_{2\mathrm{d}} + c_2 S_2 \end{bmatrix}$$

其中,c_2 为正数;ε 是任意小正数;$(\delta_1^2 S_2)/(2\varepsilon)$为非线性阻尼项,用于克服 $\Delta_1(t)$。

取虚拟控制$\bar{x}_3$ 为

$$\bar{x}_3 = -\hat{\boldsymbol{\theta}}_1^{\mathrm{T}} \boldsymbol{\varphi}_1$$

其中,$\hat{\boldsymbol{\theta}}_1$ 是$\boldsymbol{\theta}_1$ 的估计。

设计自适应律为

$$\dot{\hat{\boldsymbol{\theta}}}_1 = \boldsymbol{\Gamma}_1 \boldsymbol{\varphi}_1 S_2 - \boldsymbol{\Gamma}_1 \eta_1 \hat{\boldsymbol{\theta}}_1 \tag{8.61}$$

其中,$\boldsymbol{\Gamma}_1$ 为正定对称阵;η_1 为正实数。

将$\bar{x}_3$ 输入时间常数为 τ_3 的一阶低通滤波器,得到新的状态变量 $x_{3\mathrm{d}}$:

$$\tau_3 \dot{x}_{3\mathrm{d}} + x_{3\mathrm{d}} = \bar{x}_3, \quad x_{3\mathrm{d}}(0) = \bar{x}_3(0) \tag{8.62}$$

(3) 定义第三个误差:

$$S_3 = x_3 - x_{3\mathrm{d}}$$

求导得

$$\dot{S}_3 = x_4 - \dot{x}_{3\mathrm{d}}$$

取虚拟控制$\bar{x}_4$ 为

$$\bar{x}_4 = -c_3 S_3 + \dot{x}_{3\mathrm{d}}$$

其中,c_3 为正数;将$\bar{x}_4$ 输入时间常数为 τ_4 的一阶低通滤波器,得到新的状态变量 $x_{4\mathrm{d}}$:

$$\tau_4 \dot{x}_{4\mathrm{d}} + x_{4\mathrm{d}} = \bar{x}_4, \quad x_{4\mathrm{d}}(0) = \bar{x}_4(0) \tag{8.63}$$

(4) 定义第四个误差:

$$S_4 = x_4 - x_{4\mathrm{d}}$$

求导得

$$\dot{S}_4 = a_2\left(u + \frac{1}{a_2} f_2(x_1, x_3) + \frac{1}{a_2}(\Delta_2 - \dot{x}_{4\mathrm{d}})\right)$$

由于 a_2 和 $f_2(x_1,x_3)$未知,构造第二个 RBF 网络逼近未知函数 $1/a_2 \cdot f_2(x_1,x_3)$:

$$\frac{1}{a_2} f_2(x_1, x_3) = \boldsymbol{\theta}_2^{*\mathrm{T}} \boldsymbol{h}_2(x_1, x_3) + \varepsilon_2^*$$

其中,$|\varepsilon_2^*| \leqslant \varepsilon_M$;$\|\boldsymbol{\theta}_2^*\| \leqslant \theta_M$。

定义向量

$$\boldsymbol{\theta}_2^{\mathrm{T}} = \begin{bmatrix} \boldsymbol{\theta}_2^{*\mathrm{T}} & \dfrac{1}{a_2} \end{bmatrix}, \quad \boldsymbol{\varphi}_2 = \begin{bmatrix} \boldsymbol{h}_2(x_1, x_3) \\ \dfrac{\delta_2^2 S_4}{2\varepsilon} - \dot{x}_{4\mathrm{d}} + c_4 S_4 \end{bmatrix}$$

其中,c_4 为正数;ε 是任意小正数;$(\delta_2^2 S_4)/(2\varepsilon)$为非线性阻尼项,用于克服外界干扰 $\Delta_2(t)$。

设计实际的控制律为

$$u = -\hat{\boldsymbol{\theta}}_2^{\mathrm{T}} \boldsymbol{\varphi}_2 \tag{8.64}$$

其中,$\hat{\theta}_2$ 是 θ_2 的估计。

设计自适应律为

$$\dot{\hat{\boldsymbol{\theta}}}_2 = \boldsymbol{\Gamma}_2 \varphi_2 S_4 - \boldsymbol{\Gamma}_2 \eta_2 \hat{\boldsymbol{\theta}}_2 \tag{8.65}$$

其中，$\boldsymbol{\Gamma}_2$ 为正定对称阵；η_2 为正设计参数。

8.3.3 闭环系统稳定性分析

定义虚拟控制项误差为

$$y_i = x_{id} - \bar{x}_i, \quad i = 2,3,4 \tag{8.66}$$

由式(8.60)、式(8.62)、式(8.63)、式(8.66)可得

$$\dot{x}_{id} = -\frac{y_i}{\tau_i}, \quad i = 2,3,4 \tag{8.67}$$

定义

$$\tilde{\boldsymbol{\theta}}_i = \hat{\boldsymbol{\theta}}_i - \boldsymbol{\theta}_i, \quad i = 1,2 \tag{8.68}$$

对各项误差求导得

$$\dot{S}_1 = S_2 + y_2 + \bar{x}_2 - \dot{x}_{1d} = S_2 + y_2 - c_1 S_1 \tag{8.69}$$

$$\begin{aligned}
\dot{S}_2 &= a_1\left[S_3 + y_3 + \bar{x}_3 + \boldsymbol{\theta}_1^{*\mathrm{T}} \boldsymbol{h}_1(x_1) + \varepsilon_1^* + \frac{1}{a_1}(\Delta_1 - \dot{x}_{2d})\right] \\
&= a_1\left[S_3 + y_3 - \hat{\boldsymbol{\theta}}_1^{\mathrm{T}} \boldsymbol{\varphi}_1 + \theta_1^{\mathrm{T}} \varphi_1 + \varepsilon_1^* + \frac{1}{a_1}\left(\Delta_1 - \frac{\delta_1^2 S_2}{2\varepsilon} - c_2 S_2\right)\right] \\
&= a_1(S_3 + y_3 - \tilde{\boldsymbol{\theta}}_1^{\mathrm{T}} \boldsymbol{\varphi}_1 + \varepsilon_1^*) + \left(\Delta_1 - \frac{\delta_1^2 S_2}{2\varepsilon} - c_2 S_2\right)
\end{aligned} \tag{8.70}$$

其中，$\boldsymbol{\theta}_1^{\mathrm{T}} \boldsymbol{\varphi}_1 = \begin{bmatrix} \boldsymbol{\theta}_1^{*\mathrm{T}} & \frac{1}{a_1} \end{bmatrix} \begin{bmatrix} \boldsymbol{h}_1 \\ \frac{\delta_1^2 S_2}{2\varepsilon} - \dot{x}_{2d} + c_2 S_2 \end{bmatrix} = \boldsymbol{\theta}_1^{*\mathrm{T}} \boldsymbol{h}_1 + \frac{1}{a_1}\left(\frac{\delta_1^2 S_2}{2\varepsilon} - \dot{x}_{2d} + c_2 S_2\right)$，即 $\boldsymbol{\theta}_1^{*\mathrm{T}} \boldsymbol{h}_1 = \boldsymbol{\theta}_1^{\mathrm{T}} \boldsymbol{\varphi}_1 + \frac{1}{a_1}\left(-\frac{\delta_1^2 S_2}{2\varepsilon} + \dot{x}_{2d} - c_2 S_2\right)$。

$$\dot{S}_3 = S_4 + y_4 + \bar{x}_4 - \dot{x}_{3d} = S_4 + y_4 - c_3 S_3 \tag{8.71}$$

$$\begin{aligned}
\dot{S}_4 &= a_2\left[u + \boldsymbol{\theta}_2^{*\mathrm{T}} \boldsymbol{h}_2(x_1, x_3) + \varepsilon_2^* + \frac{1}{a_2}(\Delta_2 - \dot{x}_{4d})\right] \\
&= a_2\left[-\hat{\boldsymbol{\theta}}_2^{\mathrm{T}} \boldsymbol{\varphi}_2 + \boldsymbol{\theta}_2^{\mathrm{T}} \boldsymbol{\varphi}_2 + \varepsilon_2^* + \frac{1}{a_2}\left(\Delta_2 - \frac{\delta_2^2 S_4}{2\varepsilon} - c_4 S_4\right)\right] \\
&= a_2(-\tilde{\boldsymbol{\theta}}_2^{\mathrm{T}} \boldsymbol{\varphi}_2 + \varepsilon_2^*) + \left(\Delta_2 - \frac{\delta_2^2 S_4}{2\varepsilon} - c_4 S_4\right)
\end{aligned} \tag{8.72}$$

其中，$\boldsymbol{\theta}_2^{\mathrm{T}} \boldsymbol{\varphi}_2 = \begin{bmatrix} \boldsymbol{\theta}_2^{*\mathrm{T}} & \frac{1}{a_2} \end{bmatrix} \begin{bmatrix} h_2 \\ \frac{\delta_2^2 S_4}{2\varepsilon} - \dot{x}_{4d} + c_4 S_4 \end{bmatrix} = \boldsymbol{\theta}_2^{*\mathrm{T}} \boldsymbol{h}_2 + \frac{1}{a_2}\left(\frac{\delta_2^2 S_4}{2\varepsilon} - \dot{x}_{4d} + c_4 S_4\right)$，即 $\boldsymbol{\theta}_2^{*\mathrm{T}} \boldsymbol{h}_2 = \boldsymbol{\theta}_2^{\mathrm{T}} \boldsymbol{\varphi}_2 + \frac{1}{a_2}\left(-\frac{\delta_2^2 S_4}{2\varepsilon} + \dot{x}_{4d} - c_4 S_4\right)$。

对各虚拟控制项的误差求导，得

$$\dot{y}_2 = \dot{x}_{2d} - \dot{\bar{x}}_2 = -\frac{y_2}{\tau_2} + c_1 \dot{S}_1 - \ddot{x}_{1d} \tag{8.73}$$

$$\dot{y}_3 = \dot{x}_{3d} - \dot{\bar{x}}_3 = -\frac{y_3}{\tau_3} + \dot{\hat{\theta}}_1^{\mathrm{T}} \varphi_1 + \hat{\theta}_1^{\mathrm{T}} \dot{\varphi}_1 \tag{8.74}$$

$$\dot{y}_4 = \dot{x}_{4d} - \dot{\bar{x}}_4 = -\frac{y_4}{\tau_4} + c_3 \dot{S}_3 - \ddot{x}_{3d} \tag{8.75}$$

由式(8.60)、式(8.61)、式(8.66)～式(8.70)、式(8.72)～式(8.75)可知,存在上界函数 $B_i, i=2,3,4$[7],使得

$$\dot{y}_2 \leqslant -\frac{y_2}{\tau_2} + B_2(S_1, S_2, y_2, \ddot{x}_{1d})$$

$$\dot{y}_3 \leqslant -\frac{y_3}{\tau_3} + B_3(S_1, S_2, S_3, y_2, y_3, \tilde{\boldsymbol{\theta}}_1, x_{1d}, \dot{x}_{1d}, \ddot{x}_{1d})$$

$$\dot{y}_4 \leqslant -\frac{y_4}{\tau_4} + B_4(S_1, \cdots, S_4, y_2, y_3, y_4, \tilde{\boldsymbol{\theta}}_1, x_{1d}, \dot{x}_{1d}, \ddot{x}_{1d})$$

考虑如下紧集:

$$\Omega_1 := \{(x_{1d}, \dot{x}_{1d}, \ddot{x}_{1d}) : x_{1d}^2 + \dot{x}_{1d}^2 + \ddot{x}_{1d}^2 \leqslant \xi\}$$

$$\Omega_2 := \left\{ \sum_{i=1}^{4} S_i^2 + \sum_{i=2}^{4} y_i^2 + a_1 \tilde{\boldsymbol{\theta}}_1^{\mathrm{T}} \boldsymbol{\Gamma}_1^{-1} \tilde{\boldsymbol{\theta}}_1 + a_2 \tilde{\boldsymbol{\theta}}_2^{\mathrm{T}} \boldsymbol{\Gamma}_2^{-1} \tilde{\boldsymbol{\theta}}_2 \leqslant 2p \right\}$$

其中,p 是任意正数。注意到,$\Omega_1 \times \Omega_2$ 也是紧集,并且 $|B_i|, i=2,3,4$ 在 $\Omega_1 \times \Omega_2$ 上有最大值,记为 M_i。

考虑 Lyapunov 函数:

$$V = V_1 + V_2 + V_3 \tag{8.76}$$

其中

$$V_1 = \frac{1}{2} \sum_{i=1}^{4} S_i^2, \quad V_2 = \frac{1}{2} \sum_{i=2}^{4} y_i^2$$

$$V_3 = \frac{1}{2} a_1 \tilde{\boldsymbol{\theta}}_1^{\mathrm{T}} \boldsymbol{\Gamma}_1^{-1} \tilde{\boldsymbol{\theta}}_1 + \frac{1}{2} a_2 \tilde{\boldsymbol{\theta}}_2^{\mathrm{T}} \boldsymbol{\Gamma}_2^{-1} \tilde{\boldsymbol{\theta}}_2$$

定理 8.2 考虑由对象式(8.59)与实际控制器式(8.64)组成的闭环系统。如果满足假设1并且初始条件满足 $V(0) \leqslant p$,则存在调节参数 $c_i (i=1, \cdots, 4)$、$\tau_i (i=2,3,4)$、ε、η_1、η_2、$\boldsymbol{\Gamma}_1$ 和 $\boldsymbol{\Gamma}_2$,使得闭环系统所有信号半全局一致有界,系统跟踪误差可以收敛到任意小残集内。

证明 对 V_1、V_2、V_3 分别求导

$$\begin{aligned}\dot{V}_1 = {} & S_1(S_2 + y_2 - c_1 S_1) + S_2 \Big[a_1 (S_3 + y_3 - \tilde{\theta}_1^{\mathrm{T}} \varphi_1 + \varepsilon_1^*) \\ & + \Big(\Delta_1 - \frac{\delta_1^2 S_2}{2\varepsilon} - c_2 S_2 \Big) \Big] + S_3(S_4 + y_4 - c_3 S_3) \\ & + S_4 \Big[a_2(-\tilde{\theta}_2^{\mathrm{T}} \varphi_2 + \varepsilon_2^*) + \Big(\Delta_2 - \frac{\delta_2^2 S_4}{2\varepsilon} - c_4 S_4 \Big) \Big]\end{aligned}$$

$$\dot{V}_2 \leqslant \sum_{i=2}^{4} y_i \left(-\frac{y_i}{\tau_i} + B_i \right)$$

$$\dot{V}_3 = a_1 \tilde{\boldsymbol{\theta}}_1^{\mathrm{T}} \boldsymbol{\varphi}_1 S_2 - a_1 \tilde{\boldsymbol{\theta}}_1^{\mathrm{T}} \eta_1 \hat{\boldsymbol{\theta}}_1 + a_2 \tilde{\boldsymbol{\theta}}_2^{\mathrm{T}} \boldsymbol{\varphi}_2 S_4 - a_2 \tilde{\boldsymbol{\theta}}_2^{\mathrm{T}} \eta_2 \hat{\boldsymbol{\theta}}_2$$

注意,不等式 $(\delta_1^2 S_2^2)/(2\varepsilon) + \varepsilon/2 \geqslant |\delta_1||S_2| \geqslant \Delta_1 S_2$ 和 $(\delta_2^2 S_4^2)/(2\varepsilon) + \varepsilon/2 \geqslant |\delta_2||S_4| \geqslant \Delta_2 S_4$,则由上面的三个式子可得

$$\dot V \leqslant |S_1||S_2| + |S_1||y_2| + a_1|S_2||S_3| + a_1|S_2||y_3| + |S_3||S_4| + |S_3||y_4| - \sum_{i=1}^{4} c_i S_i^2 + a_1|S_2||\varepsilon_1^*| + a_2|S_4||\varepsilon_2^*| + \varepsilon + \sum_{i=2}^{4}\left(-\frac{y_i^2}{\tau_i} + |B_i||y_i|\right) - a_1\tilde{\boldsymbol\theta}_1^{\mathrm T}\eta_1\hat{\boldsymbol\theta}_1 - a_2\tilde{\boldsymbol\theta}_2^{\mathrm T}\eta_2\hat{\boldsymbol\theta}_2$$

由 Young 不等式以及不等式 $2\tilde{\boldsymbol\theta}^{\mathrm T}\hat{\boldsymbol\theta} \geqslant \|\tilde{\boldsymbol\theta}\|^2 - \|\boldsymbol\theta\|^2$，可得

$$\dot V \leqslant \frac12(S_1^2+S_2^2) + \frac12(S_1^2+y_2^2) + \frac{a_1}{2}(S_2^2+S_3^2) + \frac{a_1}{2}(S_2^2+y_3^2) + \frac12(S_3^2+S_4^2) + \frac12(S_3^2+y_4^2) - \sum_{i=1}^{4} c_i S_i^2 + \frac{a_1}{2}(S_2^2+\varepsilon_1^{*2}) + \frac{a_2}{2}(S_4^2+\varepsilon_2^{*2}) + \varepsilon + \sum_{i=2}^{4}\left(-\frac{y_i^2}{\tau_i} + \frac{B_i^2 y_i^2}{2\varepsilon} + \frac{\varepsilon}{2}\right) - \frac{\eta_1 a_1}{2}(\|\tilde{\boldsymbol\theta}_1\|^2 - \|\boldsymbol\theta_1\|^2) - \frac{\eta_2 a_2}{2}(\|\tilde{\boldsymbol\theta}_2\|^2 - \|\boldsymbol\theta_2\|^2)$$

整理得

$$\dot V \leqslant (1-c_1)S_1^2 + \left[\left(\frac12 + \frac{3a_1}{2} - c_2\right)S_2^2 + \left(1 + \frac{a_1}{2} - c_3\right)\right]S_3^2 + \left(\frac12 + \frac{a_2}{2} - c_4\right)S_4^2 + \left(\frac12 + \frac{B_2^2}{2\varepsilon} - \frac{1}{\tau_2}\right)y_2^2 + \left(\frac{a_1}{2} + \frac{B_3^2}{2\varepsilon} - \frac{1}{\tau_3}\right)y_3^2 + \left(\frac12 + \frac{B_4^2}{2\varepsilon} - \frac{1}{\tau_4}\right)y_4^2 - \frac{\eta_1 a_1}{2\lambda_{\max}(\boldsymbol\Gamma_1^{-1})}\tilde{\boldsymbol\theta}_1^{\mathrm T}\boldsymbol\Gamma_1^{-1}\tilde{\boldsymbol\theta}_1 - \frac{\eta_2 a_2}{2\lambda_{\max}(\boldsymbol\Gamma_2^{-1})}\tilde{\boldsymbol\theta}_2^{\mathrm T}\boldsymbol\Gamma_2^{-1}\tilde{\boldsymbol\theta}_2 + \frac52\varepsilon + \frac{\eta_1 a_1}{2}\|\boldsymbol\theta_1\|^2 + \frac{\eta_2 a_2}{2}\|\boldsymbol\theta_2\|^2 + \frac{a_1}{2}\varepsilon_1^{*2} + \frac{a_2}{2}\varepsilon_2^{*2}$$

其中，$\lambda_{\max}(\cdot)$表示·的最大特征值。

取 $0<\eta_0\leqslant 1.0$，$\eta_1 \geqslant 2r\lambda_{\max}(\boldsymbol\Gamma_1^{-1})\eta_0$，$\eta_2 \geqslant 2r\lambda_{\max}(\boldsymbol\Gamma_2^{-1})\eta_0$，则有

$$-\frac{\eta_1 a_1}{2\lambda_{\max}(\boldsymbol\Gamma_1^{-1})}\tilde{\boldsymbol\theta}_1^{\mathrm T}\boldsymbol\Gamma_1^{-1}\tilde{\boldsymbol\theta}_1 - \frac{\eta_2 a_2}{2\lambda_{\max}(\boldsymbol\Gamma_2^{-1})}\tilde{\boldsymbol\theta}_2^{\mathrm T}\boldsymbol\Gamma_2^{-1}\tilde{\boldsymbol\theta}_2 \leqslant -2rV_3\eta_0$$

控制参数选取如下：

$$\begin{gathered} c_1 \geqslant 1 + r,\ c_2 \geqslant \frac12 + \frac{3a_{1M}}{2} + r, \\ c_3 \geqslant 1 + \frac{a_{1M}}{2} + r,\ c_4 \geqslant \frac12 + \frac{a_{2M}}{2} + r \\ \frac{1}{\tau_2} \geqslant \frac12 + \frac{M_2^2}{2\varepsilon} + r,\ \frac{1}{\tau_3} \geqslant \frac{a_{1M}}{2} + \frac{M_3^2}{2\varepsilon} + r,\ \frac{1}{\tau_4} \geqslant \frac12 + \frac{M_4^2}{2\varepsilon} + r \\ \eta_1 \geqslant 2r\lambda_{\max}(\Gamma_1^{-1})\eta_0,\ \eta_2 \geqslant 2r\lambda_{\max}(\Gamma_2^{-1})\eta_0 \end{gathered} \tag{8.77}$$

其中，r 为待设计正数。

则

$$\dot{V} \leqslant -2r(V_1+V_2+\eta_0 V_3)+\frac{5}{2}\varepsilon+\frac{\eta_1 a_1}{2}\|\theta_1\|^2+$$

$$\frac{\eta_2 a_2}{2}\|\theta_2\|^2+\frac{a_1}{2}\varepsilon_1^{*2}+\frac{a_2}{2}\varepsilon_2^{*2}+\sum_{i=2}^{4}\left(\frac{M_i^2}{2\varepsilon}\frac{B_i^2}{M_i^2}-\frac{M_i^2}{2\varepsilon}\right)y_i^2$$

由假设 1 以及 $|\varepsilon_i^*| \leqslant \varepsilon_M$，$\|\theta_i^*\| \leqslant \theta_M$，$i=1,2$ 可知，$\frac{5}{2}\varepsilon+\frac{\eta_1 a_1}{2}\|\theta_1\|^2+\frac{\eta_2 a_2}{2}\|\theta_2\|^2+\frac{a_1}{2}\varepsilon_1^{*2}+\frac{a_2}{2}\varepsilon_2^{*2}$ 有最大值，记为 Q。选取 $r \geqslant Q/(2p)$。因此

$$\dot{V} \leqslant -2r\eta_0 V+Q+\sum_{i=2}^{4}\left(\frac{B_i^2}{M_i^2}-1\right)\frac{M_i^2 y_i^2}{2\varepsilon}$$

由于当 $V=p$ 时，$|B_i| \leqslant M_i$ 成立，所以当 $V=p$ 时，$\dot{V} \leqslant -2rp+Q \leqslant 0$。由此可知 $V \leqslant p$ 是一个不变集，即如果 $V(0) \leqslant p$，则对所有 $t>0$ 均有 $V(t) \leqslant p$。由于 $V(0) \leqslant p$，则可得

$$\dot{V} \leqslant -2r\eta_0 V+Q$$

解上面不等式得

$$V \leqslant \frac{Q}{2r\eta_0}+\left(V(0)-\frac{Q}{2r\eta_0}\right)\mathrm{e}^{-2r\eta_0 t}$$

显然，闭环系统所有信号半全局有界，当 $V=\frac{Q}{2r\eta_0}$ 时，$\dot{V}=0$，则 $t \to \infty$ 时，$V \to \frac{Q}{2r\eta_0}$。

8.3.4 仿真验证

仿真中，控制目标为设计控制律，使连杆转角 q 跟踪理想轨迹 $x_{1\mathrm{d}}=\sin t$。假设干扰力矩为 $\Delta_1=0.1\sin(2t)$ 和 $\Delta_2=0.1\cos(2t)$。系统物理参数选取为：$I=J=1\mathrm{kg}\cdot\mathrm{m}^2$，$Mgl=5\mathrm{N}\cdot\mathrm{m}$，$K=40\mathrm{N}\cdot\mathrm{m/rad}$，这些参数在仿真中只用于对象的构建。

因此，$\delta_1=0.1$，$\delta_2=0.1$，$1/a_1$，$1/a_2$ 的真实值分别为 1/40 和 1，取对象的初始状态为 $\boldsymbol{x}(0)=[0.1\ 0\ 0\ 0]^{\mathrm{T}}$。

根据 $\bar{x}_2$、$\bar{x}_3$ 和 $\bar{x}_4$ 的定义，采用程序 chap8_3int.m，可得到三个滤波器式(8.3)、式(8.5)和式(8.6)的初始值。由于 $\bar{x}_2(0)=-c_1 S_1(0)+\dot{x}_{1\mathrm{d}}(0)$，则 $x_{2\mathrm{d}}(0)=\bar{x}_2(0)=-c_1(x_1(0)-x_{1\mathrm{d}}(0))+\dot{x}_{1\mathrm{d}}(0)=-5(0.1-0)+1=0.5$。由于网络权值均初始化为 0，$\bar{x}_3(0)=-\hat{\theta}_1^{\mathrm{T}}(0)\varphi_1=0$，故根据式(8.5)，可得 $x_{3\mathrm{d}}(0)=\bar{x}_3(0)=0$。由于 $\bar{x}_4(0)=-c_3 S_3(0)+\dot{x}_{3\mathrm{d}}(0)=-c_3(x_3(0)-x_{3\mathrm{d}}(0))+\dot{x}_{3\mathrm{d}}(0)=0$，其中 $\dot{x}_{3\mathrm{d}}(0)=(\bar{x}_3(0)-x_{3\mathrm{d}}(0))/\tau_3=0$，则 $x_{4\mathrm{d}}(0)=\bar{x}_4(0)=0$。

根据 V 的表达式，可得 $V(0)=V_1(0)+V_2(0)+V_3(0)$，由于 RBF 网络逼近的两个函数 $1/a_1\cdot f_1(x_1)$ 和 $1/a_2\cdot f_2(x_1,x_3)$ 的初始值为零，故可认为理想 RBF 网络的初始权值为零，而用于逼近的 RBF 网络权值均初始化为 0，故可取 $V_3(0)=0$。从而可确定 $V(0)=0.13$，按

$p\geqslant V(0)$设计 $p=0.23$，按式 $r\geqslant Q/(2p)$设计 r，由于 $Q=\frac{5}{2}\varepsilon+\frac{\eta_1 a_1}{2}\|\theta_1\|^2+\frac{\eta_2 a_2}{2}\|\theta_2\|^2+\frac{a_1}{2}\varepsilon_1^{*2}+\frac{a_2}{2}\varepsilon_2^{*2}$，故可以设计很小的 η_1、η_2，使 Q 尽量小。

仿真中发现，自适应律式(8.61)和式(8.65)中，需要采用很小的 η_1 和 η_2，否则影响仿真效果。为此，必须设计很小的 η_0。

选取 r 使得 $r\geqslant Q/(2p)$成立。注意到，尽管 Q 与 η_1、η_2 有关，而 η_1、η_2 又与 r 有关，但 r 的存在性可通过减小 Γ_1^{-1}、Γ_2^{-1}得以保证。不妨取 $Q=1.0$，则需要 $r\geqslant Q/(2p)=2.1739$，取 $r=4$。控制器参数和滤波器参数按式(8.20)设计，取 $\varepsilon=0.01$，则可得 $c_1=5, c_2=65, c_3=25, c_4=5$。取 $M_2=M_3=M_4=1.0$，则可设计 $\tau_2=\tau_3=\tau_4=0.01$。取$\boldsymbol{\Gamma}_1=\mathrm{diag}[3,3,3,3,3,3,3,0.001]$，$\boldsymbol{\Gamma}_2=\mathrm{diag}[10,10,10,10,10,10,10,0.4]$。按式(8.20)设计，取 $\eta_0=0.000001$，则 $\eta_1=0.008$，$\eta_2=0.00002$。见附录程序 chap8_3int.m。

需要逼近的两个参数值为 $1/a_1=0.025$，$1/a_2=1$，需要逼近的两个函数分别为 $1/a_1\cdot f_1(x_1)$和 $1/a_2\cdot f_2(x_1,x_3)$。

用于逼近的第一个 RBF 网络结构取 1-7-1，网络输入为 x_1，网络权值均初始化为 0，根据网络输入 x_1 的范围，高斯基函数的中心均匀分布在[−3,3]范围内，即 $\boldsymbol{d}_1=[-3\quad -2\quad -1\quad 0\quad 1\quad 2\quad 3]$，宽度取 1.0。

用于逼近的第二个 RBF 网络结构取 2-7-1，网络输入为 x_1、x_3，网络权值均初始化为 0，根据网络输入 x_1、x_3 的范围，高斯基函数的中心均匀分布在[−1.5,1.5]范围内，即 $\boldsymbol{d}_2=\frac{1}{2}\begin{bmatrix}-3 & -2 & -1 & 0 & 1 & 2 & 3\\ -3 & -2 & -1 & 0 & 1 & 2 & 3\end{bmatrix}$，宽度取 1.0。

采用控制律式(8.64)、自适应律式(8.61)和式(8.65)，仿真结果如图 8.12～图 8.15 所示。

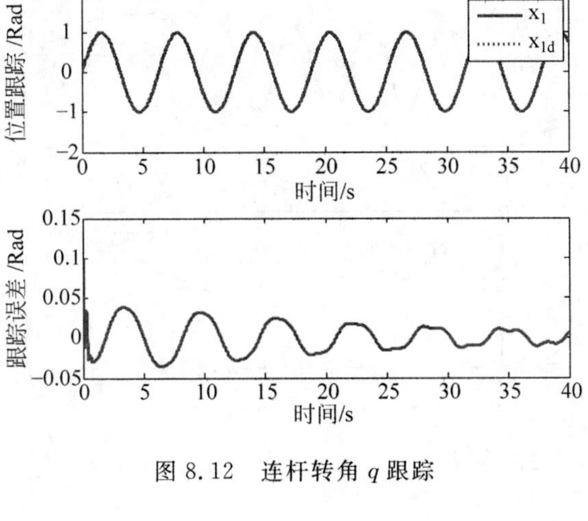

图 8.12 连杆转角 q 跟踪

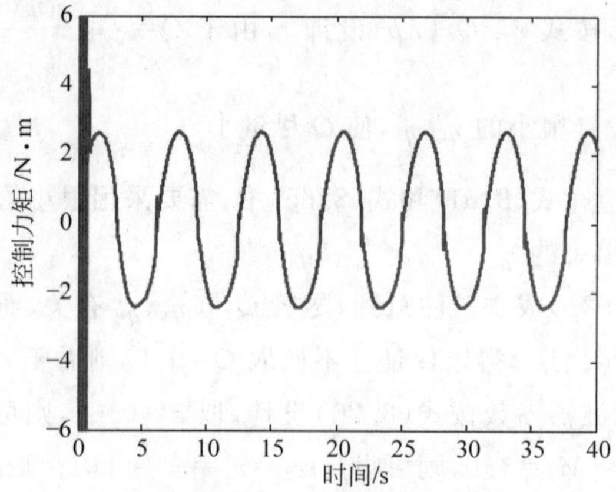

图 8.13　控制输入

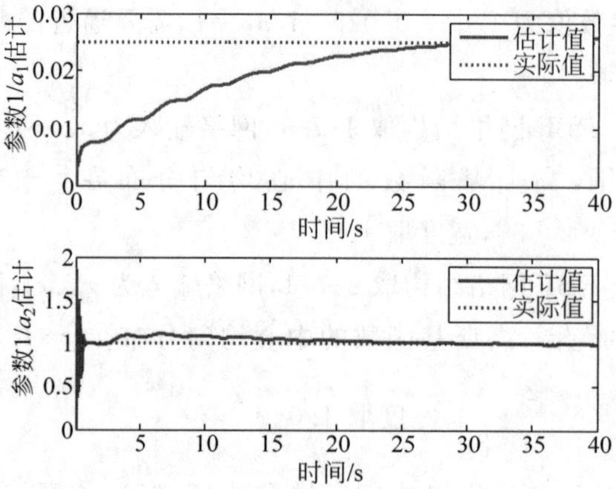

图 8.14　参数 $1/a_1$ 与 $1/a_2$ 的估计

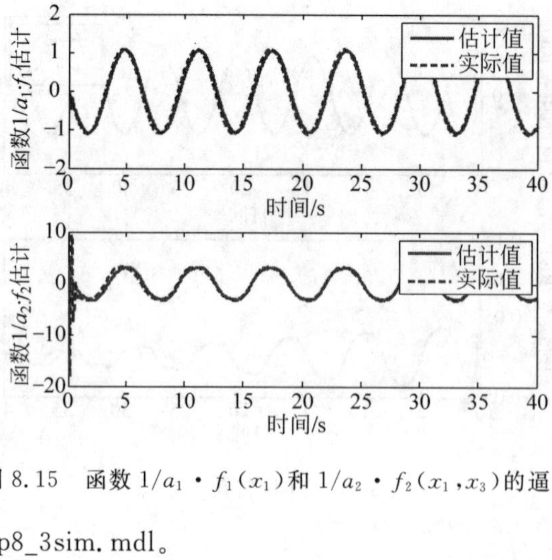

图 8.15　函数 $1/a_1 \cdot f_1(x_1)$ 和 $1/a_2 \cdot f_2(x_1, x_3)$ 的逼近

仿真主程序为 chap8_3sim.mdl。

附录 仿真程序

8.1 节的程序

仿真程序：动态面控制程序有 7 个。

1. Simulink 主程序：chap8_1sim. mdl

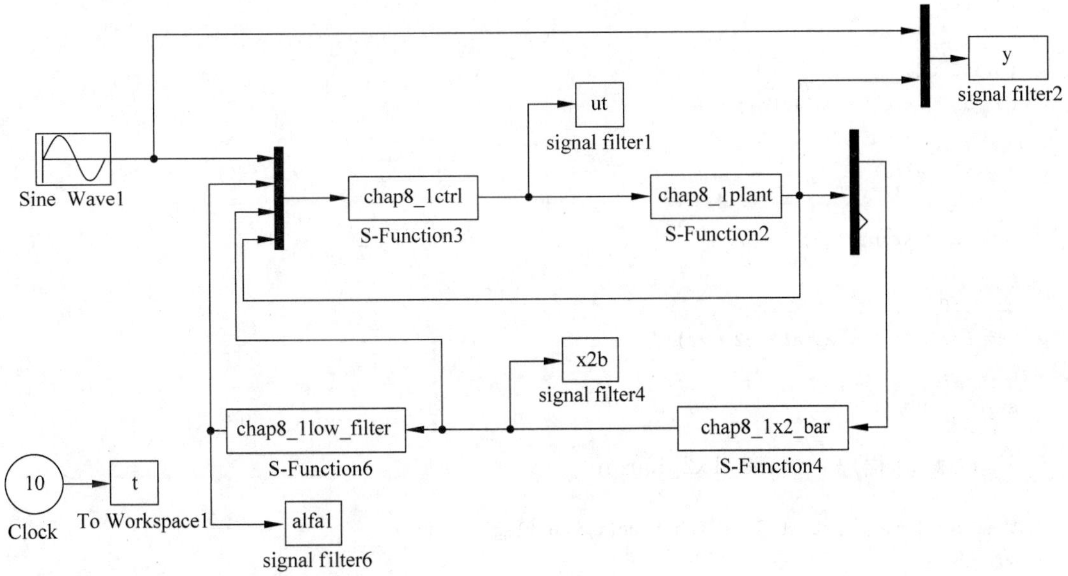

2. 控制器子程序 chap8_1ctrl. m

```
function [sys,x0,str,ts] = s_function(t,x,u,flag)
switch flag,
case 0,
    [sys,x0,str,ts] = mdlInitializeSizes;
case 3,
    sys = mdlOutputs(t,x,u);
case {1,2, 4, 9}
    sys = [];
otherwise
    error(['Unhandled flag = ',num2str(flag)]);
end
function [sys,x0,str,ts] = mdlInitializeSizes
sizes = simsizes;
sizes.NumContStates  = 0;
sizes.NumDiscStates  = 0;
sizes.NumOutputs     = 1;
sizes.NumInputs      = 5;
sizes.DirFeedthrough = 1;
sizes.NumSampleTimes = 1;
sys = simsizes(sizes);
```

```
x0 = [];
str = [];
ts = [ - 1 0];
function sys = mdlOutputs(t,x,u)
x1d = sin(t);
alfa1 = u(2);
x2b = u(3);
x1 = u(4);
x2 = u(5);

tol = 0.01;
dalfa1 = (x2b - alfa1)/tol;

z2 = x2 - alfa1;

f = - 25 * x2;b = 133;
r = 1.0;
c2 = 1.0 + r;
ut = 1/b * ( - f + dalfa1 - c2 * z2);

sys(1) = ut;
```

3. $\bar{x}_2$ 计算程序：chap8_1x2_bar.m

```
function [sys,x0,str,ts] = s_function(t,x,u,flag)
switch flag,
case 0,
    [sys,x0,str,ts] = mdlInitializeSizes;
case 3,
    sys = mdlOutputs(t,x,u);
case {1,2, 4, 9}
    sys = [];
otherwise
    error(['Unhandled flag = ',num2str(flag)]);
end
function [sys,x0,str,ts] = mdlInitializeSizes
sizes = simsizes;
sizes.NumContStates  = 0;
sizes.NumDiscStates  = 0;
sizes.NumOutputs     = 1;
sizes.NumInputs      =1;
sizes.DirFeedthrough = 1;
sizes.NumSampleTimes = 1;
sys = simsizes(sizes);
x0 = [];
str = [];
ts = [ - 1 0];
function sys = mdlOutputs(t,x,u)
x1 = u(1);
```

```
x1d = sin(t);
dx1d = cos(t);

z1 = x1 - x1d;
r = 1.0;
c1 = 1.5 + r;
x2b = - c1 * z1 + dx1d;

sys(1) = x2b;
```

4. 初始值设定程序：chap8_1int. m

```
clear all;
close all;
x10 = 1;x20 = 0;

c1 = 2.5;c2 = 2.0;

x1d0 = 0;dx1d0 = 1;ddx1d0 = 0;    % x1d = sint
%%%%%%%%%%%%%%%%%%%%%%%%%%%%%%%%%%%%%%%%%%%%
z10 = x10 - x1d0;
x2_bar0 = - c1 * z10 + dx1d0;
alfa10 = x2_bar0;
z20 = x20 - alfa10;
%%%%%%%%%%%%%%%%%%%%%%%%%%%%%%%%%%%%%%%%%%%%
y20 = alfa10 - x2_bar0;
V0 = 0.5 * (z10^2 + z20^2) + 0.5 * y20^2
p = 2.0;                  % p >= V0
1/(4 * p) + 0.10
r = 1.0;                  % r >= 1/(4 * p) + 0.10

1 + r                     % c1 >= 1 + r
1/2 + r                   % c2 >= 1/2 + r
```

5. 滤波器程序：chap8_1low_filter. m

```
function [sys,x0,str,ts] = s_function(t,x,u,flag)
switch flag,
case 0,
    [sys,x0,str,ts] = mdlInitializeSizes;
case 1,
    sys = mdlDerivatives(t,x,u);
case 3,
    sys = mdlOutputs(t,x,u);
case {2, 4, 9}
    sys = [];
otherwise
```

```
    error(['Unhandled flag = ',num2str(flag)]);
end
function [sys,x0,str,ts] = mdlInitializeSizes
sizes = simsizes;
sizes.NumContStates  = 1;
sizes.NumDiscStates  = 0;
sizes.NumOutputs     = 1;
sizes.NumInputs      = 1;
sizes.DirFeedthrough = 1;
sizes.NumSampleTimes = 1;
sys = simsizes(sizes);
x0 = [-1.5];
str = [];
ts = [-1 0];
function sys = mdlDerivatives(t,x,u)
tol = 0.01;
x2b = u(1);

sys(1) = 1/tol*(x2b-x(1));
function sys = mdlOutputs(t,x,u)
sys(1) = x(1);   % alfa1
```

6. 被控对象子程序：chap8_1plant.m

```
function [sys,x0,str,ts] = s_function(t,x,u,flag)
switch flag,
case 0,
    [sys,x0,str,ts] = mdlInitializeSizes;
case 1,
    sys = mdlDerivatives(t,x,u);
case 3,
    sys = mdlOutputs(t,x,u);
case {2, 4, 9}
    sys = [];
otherwise
    error(['Unhandled flag = ',num2str(flag)]);
end
function [sys,x0,str,ts] = mdlInitializeSizes
sizes = simsizes;
sizes.NumContStates  = 2;
sizes.NumDiscStates  = 0;
sizes.NumOutputs     = 2;
sizes.NumInputs      = 1;
sizes.DirFeedthrough = 1;
sizes.NumSampleTimes = 1;
sys = simsizes(sizes);
```

```
x0 = [1 0];    % Important
str = [];
ts = [ - 1 0];
function sys = mdlDerivatives(t,x,u)
ut = u(1);
f = - 25 * x(2);
b = 133;
sys(1) = x(2);
sys(2) = f + b * ut;
function sys = mdlOutputs(t,x,u)
sys(1) = x(1);
sys(2) = x(2);
```

7. 作图程序：chap8_1plot.m

```
close all;

figure(1);
subplot(211);
plot(t,y(:,1),'r',t,y(:,2),'b:','linewidth',2);
xlabel('time(s)');ylabel('position tracking');
legend('ideal position','practical position');
subplot(212);
plot(t,cos(t),'r',t,y(:,3),'b:','linewidth',2);
xlabel('time(s)');ylabel('speed tracking');
legend('ideal speed','practical speed');

figure(2);
plot(t,ut(:,1),'r','linewidth',2);
xlabel('time(s)');ylabel('Control input');

figure(3);
subplot(211);
plot(t,x2b(:,1),'r','linewidth',2);
xlabel('time(s)');ylabel('x2b');
subplot(212);
plot(t,alfa1(:,1),'b','linewidth',2);
xlabel('time(s)');ylabel('alfa1');
```

8.2 节的程序

1. 主程序：chap8_2sim

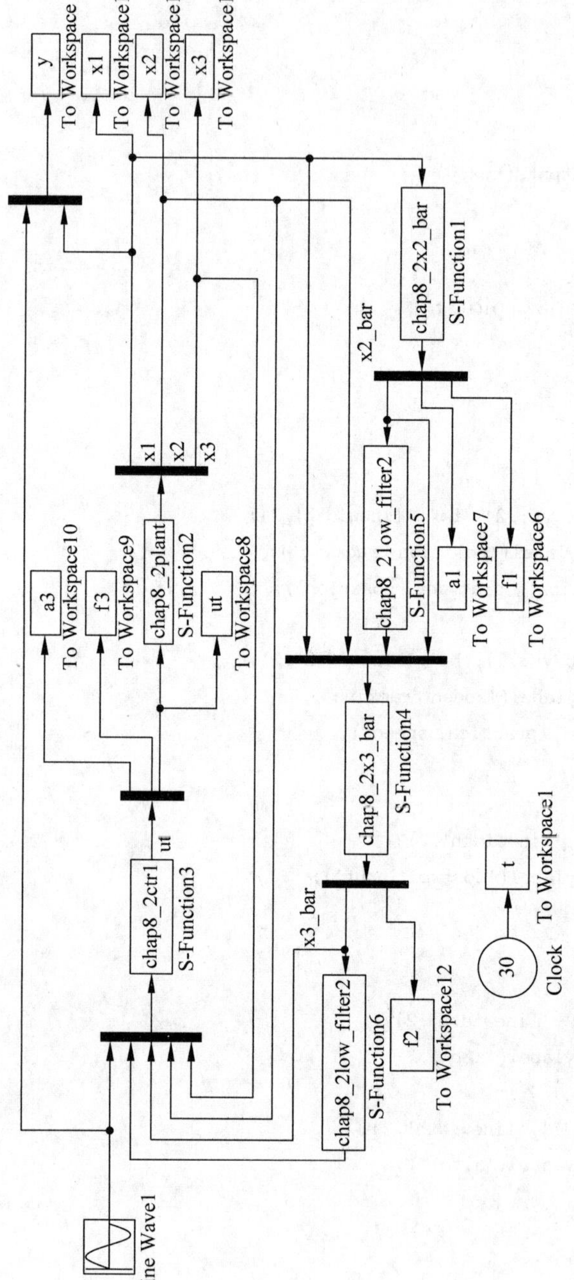
y
To Workspace
x1
To Workspace13
x2
To Workspace11
x3
To Workspace14
chap8_2x2_bar
S-Function1
x2_bar
chap8_2low_filter2
S-Function5
a1
To Workspace7
f1
To Workspace6
x1
x2
x3
a3
To Workspace10
f3
To Workspace9
chap8_2plant
S-Function2
ut
To Workspace8
chap8_2x3_bar
S-Function4
ut
chap8_2ctrl1
S-Function3
x3_bar
t
To Workspace1
30
Clock
chap8_2low_filter2
S-Function6
f2
To Workspace12
Sine Wave1

2. 控制器程序：chap8_2ctrl.m

```
function [sys,x0,str,ts] = s_function(t,x,u,flag)
switch flag,
case 0,
    [sys,x0,str,ts] = mdlInitializeSizes;
case 1,
    sys = mdlDerivatives(t,x,u);
case 3,
    sys = mdlOutputs(t,x,u);
case {2, 4, 9}
    sys = [];
otherwise
    error(['Unhandled flag = ',num2str(flag)]);
end
function [sys,x0,str,ts] = mdlInitializeSizes
global hidden3 c3 b3;
sizes = simsizes;
sizes.NumContStates  = 10;
sizes.NumDiscStates  = 0;
sizes.NumOutputs     = 3;
sizes.NumInputs      = 5;
sizes.DirFeedthrough = 1;
sizes.NumSampleTimes = 1;
sys = simsizes(sizes);

x0 = 0 * (1:10);
str = [];
ts = [-1 0];
hidden3 = 9;b3 = 10;c3 = 1.01;
function sys = mdlDerivatives(t,x,u)
global hidden3 c3 b3;
x1d = u(1);
x3d = u(2);
x3_bar = u(3);
x2 = u(4);
x3 = u(5);

rou3 = 0.05;epc = 0.01;

tol3 = 0.01;
S3 = x3 - x3d;
dx3d = (x3_bar - x3d)/tol3;

xx = [x2;x3];

d3 = [-9 -7 -5 -3 0 3 5 7 9;
      -9 -7 -5 -3 0 3 5 7 9];

for i = 1:hidden3
```

```
    kesi3(i) = exp( - ((norm(xx - d3(:,i)))^2)/(2 * b3 ^2));
end
fai3 = [kesi3,rou3 ^2 * S3/(2 * epc) - dx3d + c3 * S3]';
eta3 = 0.001;

gama3 = 20 * eye(10);

dth3 = gama3 * S3 * fai3 - gama3 * eta3 * x;
for i = 1:hidden3 + 1
    sys(i) = dth3(i);
end

function sys = mdlOutputs(t,x,u)
global hidden3 c3 b3;
x1d = u(1);
x3d = u(2);
x3_bar = u(3);
x2 = u(4);
x3 = u(5);

rou3 = 0.05;epc = 0.01;

tol3 = 0.0198;
S3 = x3 - x3d;
dx3d = (x3_bar - x3d)/tol3;

xx = [x2;x3];
d3 = [ -9  -7  -5  -3 0 3 5 7 9;
       -9  -7  -5  -3 0 3 5 7 9];

for i = 1:hidden3
    kesi3(i) = exp( - ((norm(xx - d3(:,i)))^2)/(2 * b3 ^2));
end
fai3 = [kesi3,rou3 ^2 * S3/(2 * epc) - dx3d + c3 * S3]';

th3 = x;
th3_w = x(1:9);

sys(1) = x(10);                  % 1/a3
sys(2) = th3_w' * kesi3';        % to approximate 1/a3 * f3
sys(3) = - th3' * fai3;          % u
```

3. 虚拟控制$\bar{x}_2$程序：chap8_2x2_bar.m

```
function [sys,x0,str,ts] = s_function(t,x,u,flag)
switch flag,
case 0,
    [sys,x0,str,ts] = mdlInitializeSizes;
case 1,
    sys = mdlDerivatives(t,x,u);
case 3,
```

```
    sys = mdlOutputs(t,x,u);
case {2, 4, 9}
    sys = [];
otherwise
    error(['Unhandled flag = ',num2str(flag)]);
end
function [sys,x0,str,ts] = mdlInitializeSizes
global hidden1 c1 b1;
sizes = simsizes;
sizes.NumContStates   = 8;
sizes.NumDiscStates   = 0;
sizes.NumOutputs      = 3;
sizes.NumInputs       = 1;
sizes.DirFeedthrough  = 1;
sizes.NumSampleTimes  = 1;
sys = simsizes(sizes);
x0 = 0 * (1:8);
str = [];
ts = [ - 1 0];
hidden1 = 7;b1 = 10;c1 = 1.51;
function sys = mdlDerivatives(t,x,u)
global hidden1 c1 b1;
x1 = u(1);
x1d = 5 * sin(t);
dx1d = 5 * cos(t);
S1 = x1 - x1d;

rou1 = 0.01;epc = 0.01;

d1 = [ - 3  - 2  - 1 0 1 2 3];

for i = 1:hidden1
    kexi1(i) = exp( - ((x1 - d1(i))^2)/(2 * b1 ^2));
end
fai1 = [kexi1,rou1 ^2 * S1/(2 * epc) - dx1d + c1 * S1]';

eta1 = 0.04;
gama1 = 0.5 * eye(8);

dth1 = gama1 * fai1 * S1 - gama1 * eta1 * x;
for i = 1:hidden1 + 1
    sys(i) = dth1(i);
end

function sys = mdlOutputs(t,x,u)
global hidden1 c1 b1;
x1 = u(1);
x1d = 5 * sin(t);
dx1d = 5 * cos(t);
S1 = x1 - x1d;
```

```
rou1 = 0.01;epc = 0.01;

d1 = [ - 3  - 2  - 1 0 1 2 3];

for i = 1:hidden1
    kexi1(i) = exp( - ((x1 - d1(i))^2)/(2 * b1 ^2));
end
fai1 = [kexi1,rou1 ^2 * S1/(2 * epc) - dx1d + c1 * S1]';

th1 = x;
th1_w = x(1:7);             % weight value

sys(1) = - th1' * fai1;     % x2_bar
sys(2) = x(8);              % 1/a1
sys(3) = th1_w' * kexi1';   % to approximate 1/a1 * f1
```

4. 虚拟控制$\bar{x}_3$程序：chap8_2x3_bar.m

```
function [sys,x0,str,ts] = s_function(t,x,u,flag)
switch flag,
case 0,
    [sys,x0,str,ts] = mdlInitializeSizes;
case 1,
    sys = mdlDerivatives(t,x,u);
case 3,
    sys = mdlOutputs(t,x,u);
case {2, 4, 9}
    sys = [];
otherwise
    error(['Unhandled flag = ',num2str(flag)]);
end
function [sys,x0,str,ts] = mdlInitializeSizes
global hidden2 c2 b2;
sizes = simsizes;
sizes.NumContStates   = 9;
sizes.NumDiscStates   = 0;
sizes.NumOutputs      = 2;
sizes.NumInputs       = 4;
sizes.DirFeedthrough  = 1;
sizes.NumSampleTimes  = 1;
sys = simsizes(sizes);

x0 = 0 * (1:9);
str = [];
ts = [ - 1 0];
hidden2 = 9;b2 = 10;c2 = 2.01;
function sys = mdlDerivatives(t,x,u)
global hidden2 c2 b2;
x1 = u(1);
x2 = u(2);
x2d = u(3);
```

```
x2_bar = u(4);

S2 = x2 - x2d;
tol2 = 0.01;
dx2d = (x2_bar - x2d)/tol2;

xx = [x1;x2];

d2 = [ -9  -7  -5  -3 0 3 5 7 9;
       -9  -7  -5  -3 0 3 5 7 9];

for i = 1:hidden2
    kexi2(i) = exp( - ((norm(xx - d2(:,i)))^2)/(2 * b2^2));
end
fai2 = kexi2';

eta2 = 0.002;
gama2 = 30 * eye(9);

dth2 = gama2 * fai2 * S2 - gama2 * eta2 * x;
for i = 1:hidden2
    sys(i) = dth2(i);
end

function sys = mdlOutputs(t,x,u)
global hidden2 c2 b2;
x1 = u(1);
x2 = u(2);
x2d = u(3);
x2_bar = u(4);

rou2 = 0.1;epc = 0.01;

S2 = x2 - x2d;
tol2 = 0.0198;
dx2d = (x2_bar - x2d)/tol2;

xx = [x1;x2];
d2 = [ -9  -7  -5  -3 0 3 5 7 9;
       -9  -7  -5  -3 0 3 5 7 9];

for i = 1:hidden2
    kesi2(i) = exp( - ((norm(xx - d2(:,i)))^2)/(2 * b2^2));
end
fai2 = kesi2';

th2 = x;

sys(1) = - th2' * fai2 - rou2^2 * S2/(2 * epc) + dx2d - c2 * S2;  % x3_bar
sys(2) = th2' * fai2;                                             % f2
```

5. 第一个滤波器程序：chap8_2low_filter1.m

```
function [sys,x0,str,ts] = s_function(t,x,u,flag)
switch flag,
case 0,
    [sys,x0,str,ts] = mdlInitializeSizes;
case 1,
    sys = mdlDerivatives(t,x,u);
case 3,
    sys = mdlOutputs(t,x,u);
case {2, 4, 9}
    sys = [];
otherwise
    error(['Unhandled flag = ',num2str(flag)]);
end
function [sys,x0,str,ts] = mdlInitializeSizes
sizes = simsizes;
sizes.NumContStates   = 1;
sizes.NumDiscStates   = 0;
sizes.NumOutputs      = 1;
sizes.NumInputs       =1;
sizes.DirFeedthrough  = 1;
sizes.NumSampleTimes  = 1;
sys = simsizes(sizes);
x2b0 = 0;
x0 = [x2b0];
str = [];
ts = [-1 0];
function sys = mdlDerivatives(t,x,u)
tol2 = 0.0198;
x2_bar = u(1);

sys(1) = 1/tol2 * (x2_bar - x(1));
function sys = mdlOutputs(t,x,u)
sys(1) = x(1);      % x2d
```

6. 第二个滤波器程序：chap8_2low_filter2.m

```
function [sys,x0,str,ts] = s_function(t,x,u,flag)
switch flag,
case 0,
    [sys,x0,str,ts] = mdlInitializeSizes;
case 1,
    sys = mdlDerivatives(t,x,u);
case 3,
    sys = mdlOutputs(t,x,u);
case {2, 4, 9}
    sys = [];
otherwise
```

```
    error(['Unhandled flag = ',num2str(flag)]);
end
function [sys,x0,str,ts] = mdlInitializeSizes
sizes = simsizes;
sizes.NumContStates   = 1;
sizes.NumDiscStates   = 0;
sizes.NumOutputs      = 1;
sizes.NumInputs       = 1;
sizes.DirFeedthrough  = 1;
sizes.NumSampleTimes  = 1;
sys = simsizes(sizes);
x3b0 = 0;
x0 = [x3b0];
str = [];
ts = [-1 0];
function sys = mdlDerivatives(t,x,u)
tol3 = 0.0198;
x3_bar = u(1);

sys(1) = 1/tol3 * (x3_bar - x(1));
function sys = mdlOutputs(t,x,u)
sys(1) = x(1);      % x3d
```

7. 被控对象程序：chap8_2plant.m

```
function [sys,x0,str,ts] = spacemodel(t,x,u,flag)
switch flag,
case 0,
    [sys,x0,str,ts] = mdlInitializeSizes;
case 1,
    sys = mdlDerivatives(t,x,u);
case 3,
    sys = mdlOutputs(t,x,u);
case {2,4,9}
    sys = [];
otherwise
    error(['Unhandled flag = ',num2str(flag)]);
end
function [sys,x0,str,ts] = mdlInitializeSizes
sizes = simsizes;
sizes.NumContStates   = 3;
sizes.NumDiscStates   = 0;
sizes.NumOutputs      = 3;
sizes.NumInputs       = 1;
sizes.DirFeedthrough  = 0;
sizes.NumSampleTimes  = 1;
sys = simsizes(sizes);
x0 = [1;0;0];
str = [];
ts = [0 0];
function sys = mdlDerivatives(t,x,u)
```

```
Vt = 200;g = 9.8;Lop = - 0.1;Lap = 1;Ma = 0.1;Mq = - 0.02;Md = 1;
Del1 = 0.01 * sin(2 * t);
Del2 = 0.1 * cos(2 * t);
Del3 = 0.05 * sin(t) * cos(2 * t);

ut = u(1);
sys(1) = - g/Vt * cos(pi * x(1)/180) + Lop + Lap * x(2) + Del1;
sys(2) = g/Vt * cos(pi * x(1)/180) - Lop - Lap * x(2) + x(3) + Del2;
sys(3) = Ma * x(2) + Mq * x(3) + Md * ut + Del3;
%角状态变量均以 degree 为单位,cos()函数中化为弧度计算
function sys = mdlOutputs(t,x,u)
sys(1) = x(1);
sys(2) = x(2);
sys(3) = x(3);
```

8. 作图程序:chap8_2plot.m

```
close all;

figure(1);
subplot(211);
plot(t,y(:,2),'r',t,y(:,1),'b--','linewidth',2);
xlabel('time (sec)');ylabel('{\itx}_1 and {\itx}_1_{\itd} (deg)');
axis([0 30 -10 10])
legend('ideal position signal', 'tracking signal');
subplot(212);
plot(t,y(:,2) - y(:,1),'r','linewidth',2);
xlabel('Time (sec)');ylabel('{\itS}_1 (deg)');

figure(2);
plot(t,ut(:,1),'r','linewidth',2);
xlabel('Time (sec)');ylabel('{\itu} (deg)');

figure(3);
subplot(211);
plot(t,a1(:,1),'r','linewidth',2);
xlabel('Time (sec)');ylabel('Estimation of 1/{\ita}_1');
axis([0 30 0 1.5])
subplot(212);
plot(t,a3(:,1),'r','linewidth',2);
xlabel('Time (sec)');ylabel('Estimation of 1/{\ita}_3');

figure(4);
subplot(211);
plot(t,x2(:,1),'r','linewidth',2);
xlabel('Time (sec)');ylabel('{\itx}_2 (deg)');
subplot(212);
plot(t,x3(:,1),'r','linewidth',2);
xlabel('Time (sec)');ylabel('{\itx}_3 (deg/s)');

figure(5);
```

```
plot(t,f1(:,1),'r',t,-9.8/200*cos(x1(:,1)*pi/180)-0.1,'b--','linewidth',2);
xlabel('Time (sec)');ylabel('f_1/a_1');
legend('f_1/a_1', 'estimation of f_1/a_1');

figure(6);
plot(t,f2(:,1),'r',t,9.8/200*cos(x1(:,1)*pi/180)+0.1-x2(:,1),'b--','linewidth',2);
xlabel('Time (sec)');ylabel('f_2');
legend('f_2', 'estimation of f_2');

figure(7);
plot(t,f3(:,1),'r',t,0.1*x2(:,1)-0.02*x3(:,1),'b--','linewidth',2);
xlabel('Time (sec)');ylabel('f_3/a_3');
legend('f_3/a_3', 'estimation of f_3/a_3');
```

8.3 节的程序

1. 初始化及控制参数设计程序：chap8_3int.m

```
clear all;
close all;

x10=0.1;x20=0;x30=0;x40=0;

x1d0=0;
dx1d0=1;

c1=5;
S10=x10-x1d0;

x2_bar0=-c1*S10+dx1d0                          %x2_bar
%%%%%%%%%%%%%%%%%%%%%%%%%%%%%%%%%%%%%%%%%%%%

x2d0=x2_bar0;                                  %x2d(0)=x2_bar(0)

S20=x20-x2d0;

x3_bar0=0                                      %x3_bar
%%%%%%%%%%%%%%%%%%%%%%%%%%%%%%%%%%%%%%%%%%%%
x3d0=x3_bar0;  %x3d(0)=x3_bar(0)

tol3=0.01;
dx3d0=(x3_bar0-x3d0)/tol3;

S30=x30-x3d0;
c3=25;
x4_bar0=dx3d0-c3*S30                           %x4_bar
%%%%%%%%%%%%%%%%%%%%%%%%%%%%%%%%%%%%%%%%%%%%%%%%%%%%%%%%%%%%%%%%%%%%%%%%%%%%%
%%%%^
x4d0=x4_bar0;
S40=x40-x4d0;
```

```
y20 = x2d0 - x2_bar0;
y30 = x3d0 - x3_bar0;
y40 = x4d0 - x4_bar0;
V0 = 0.5 * (S10 ^2 + S20 ^2 + S30 ^2 + S40 ^2) + 0.5 * (y20 ^2 + y30 ^2 + y40 ^2);
p = V0 + 0.10;                                  % p >= V0

display('r is larger than');                    % r >= Q/(2 * p);
Q = 1;
Q/(2 * p)

r = 4                                           % c1 = 1 + r

a1M = 40;
a2M = 1;

c1 = 1 + r                                      % c1 >= 1 + r
c2 = 1/2 + 3/2 * a1M + r + 0.5                  % c2 >= 1/2++3/2 * a1M + r

c3 = 1 + 1/2 * a1M + r                          % c3 >= 1 + 1/2 * a1M + r
c4 = 0.5 + 1/2 * a2M + r                        % c4 >= 0.5 + 1/2 * a2M + r

gama1 = diag([3,3,3,3,3,3,3,0.001]);
gama2 = diag([10,10,10,10,10,10,10,0.4]);

xite0 = 0.000001;

xite1 = 2 * r * max(eig(inv(gama1))) * xite0
xite2 = 2 * r * max(eig(inv(gama2))) * xite0

M2 = 1;M3 = 1;M4 = 1;
epc = 0.01;

temp2 = 1/2 + M2 ^2/(2 * epc) + r;
1/temp2                                         % tol2 <= 1/temp2
tol2 = 0.01

temp3 = a1M/2 + M3 ^2/(2 * epc) + r;
1/temp3  % tol3 <= 1/temp3
tol3 = 0.01

temp4 = 1/2 + M4 ^2/(2 * epc) + r;
1/temp4                                         % tol4 <= 1/temp4
tol4 = 0.01
```

2. 控制主程序

主程序：chap8_3sim.mdl

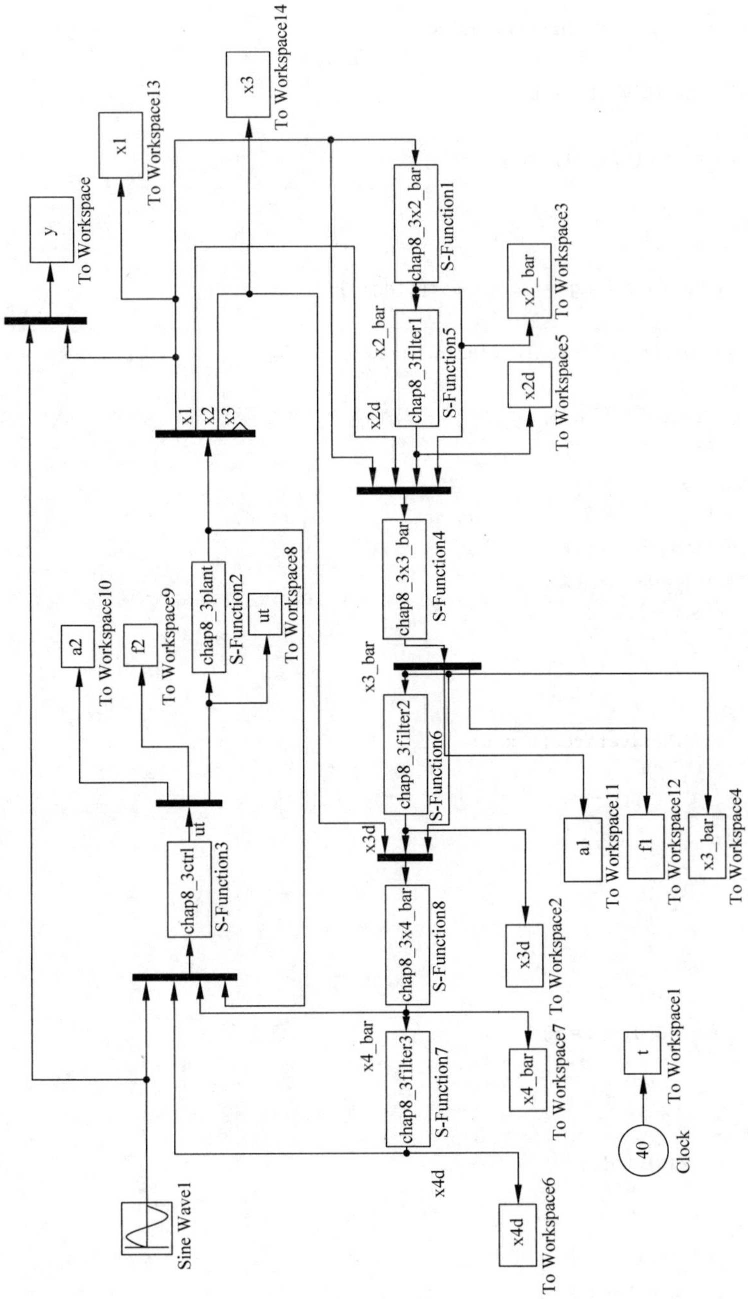
Sine Wave1
chap8_3ctrl
S-Function3
ut
chap8_3plant
S-Function2
ut
To Workspace8
a2
To Workspace10
f2
To Workspace9
x1
x2
x3
y
To Workspace
x1
To Workspace13
x3
To Workspace14
chap8_3x2_bar
S-Function1
x2_bar
chap8_3filter1
S-Function5
x2_bar
To Workspace3
x2d
x2d
To Workspace5
chap8_3x3_bar
S-Function4
x3_bar
chap8_3filter2
S-Function6
a1
To Workspace11
f1
To Workspace12
x3_bar
To Workspace4
x3d
x3d
To Workspace2
chap8_3x4_bar
S-Function8
x4_bar
chap8_3filter3
S-Function7
x4_bar
To Workspace7
x4d
x4d
To Workspace6
40
Clock
t
To Workspace1

3. 控制器程序：chap8_3ctrl.m

```
function [sys,x0,str,ts] = s_function(t,x,u,flag)
switch flag,
case 0,
    [sys,x0,str,ts] = mdlInitializeSizes;
case 1,
    sys = mdlDerivatives(t,x,u);
case 3,
    sys = mdlOutputs(t,x,u);
case {2, 4, 9}
    sys = [];
otherwise
    error(['Unhandled flag = ',num2str(flag)]);
end
function [sys,x0,str,ts] = mdlInitializeSizes
sizes = simsizes;
sizes.NumContStates   = 8;
sizes.NumDiscStates   = 0;
sizes.NumOutputs      = 3;
sizes.NumInputs       = 7;
sizes.DirFeedthrough  = 1;
sizes.NumSampleTimes  = 1;
sys = simsizes(sizes);
x0 = 0 * (1:8);
str = [];
ts = [-1 0];
function sys = mdlDerivatives(t,x,u)
x1d = u(1);
x4d = u(2);
x4_bar = u(3);
x1 = u(4);
x2 = u(5);
x3 = u(6);
x4 = u(7);

delta2 = 0.1;epc = 0.01;c4 = 5;

tol4 = 0.01;
S4 = x4 - x4d;
dx4d = (x4_bar - x4d)/tol4;

xx = [x1;x3];
hidden2 = 7;
d2 = 0.5 * [-3 -2 -1 0 1 2 3;
           -3 -2 -1 0 1 2 3];

b2 = 1;
for i = 1:hidden2
    h2(i) = exp(-((norm(xx - d2(:,i)))^2)/(2 * b2^2));
```

```
end
fai2 = [h2,delta2^2*S4/(2*epc) - dx4d + c4*S4]';

gama2 = diag([10,10,10,10,10,10,10,0.4]);

xite2 = 0.00002;

dth2 = gama2*S4*fai2 - gama2*xite2*x;
for i = 1:hidden2 + 1
    sys(i) = dth2(i);
end

function sys = mdlOutputs(t,x,u)
x1d = u(1);
x4d = u(2);
x4_bar = u(3);
x1 = u(4);
x2 = u(5);
x3 = u(6);
x4 = u(7);

delta2 = 0.1;epc = 0.01;c4 = 5;

tol4 = 0.01;
S4 = x4 - x4d;
dx4d = (x4_bar - x4d)/tol4;

xx = [x1;x3];
hidden2 = 7;
d2 = 0.5*[-3 -2 -1 0 1 2 3;
          -3 -2 -1 0 1 2 3];

b2 = 1;
for i = 1:hidden2
    h2(i) = exp(-((norm(xx - d2(:,i)))^2)/(2*b2^2));
end
fai2 = [h2,delta2^2*S4/(2*epc) - dx4d + c4*S4]';

th2 = [x(1) x(2) x(3) x(4) x(5) x(6) x(7) x(8)];
th2_w = [x(1) x(2) x(3) x(4) x(5) x(6) x(7)];

ut = -th2*fai2;              %Control law

sys(1) = x(8);               %a2
sys(2) = th2_w*h2';          %f2(x1,x3)
sys(3) = ut;
```

4. 虚拟控制$\bar{x}_2$程序：chap8_3x2_bar.m

```
function [sys,x0,str,ts] = s_function(t,x,u,flag)
switch flag,
```

```
case 0,
    [sys,x0,str,ts] = mdlInitializeSizes;
case 3,
    sys = mdlOutputs(t,x,u);
case {1,2,4,9}
    sys = [];
otherwise
    error(['Unhandled flag = ',num2str(flag)]);
end
function [sys,x0,str,ts] = mdlInitializeSizes
sizes = simsizes;
sizes.NumContStates   = 0;
sizes.NumDiscStates   = 0;
sizes.NumOutputs      = 1;
sizes.NumInputs       = 1;
sizes.DirFeedthrough  = 1;
sizes.NumSampleTimes  = 1;
sys = simsizes(sizes);
x0 = [];
str = [];
ts = [-1 0];
function sys = mdlOutputs(t,x,u)
x1 = u(1);
x1d = sin(t);
dx1d = cos(t);

c1 = 5;
S1 = x1 - x1d;

x2_bar = - c1 * S1 + dx1d;

sys(1) = x2_bar;
```

5. 虚拟控制$\bar{x}_3$ 程序：chap8_3x3_bar.m

```
function [sys,x0,str,ts] = s_function(t,x,u,flag)
switch flag,
case 0,
    [sys,x0,str,ts] = mdlInitializeSizes;
case 1,
    sys = mdlDerivatives(t,x,u);
case 3,
    sys = mdlOutputs(t,x,u);
case {2, 4, 9}
    sys = [];
otherwise
    error(['Unhandled flag = ',num2str(flag)]);
end
function [sys,x0,str,ts] = mdlInitializeSizes
sizes = simsizes;
```

```
sizes.NumContStates    = 8;
sizes.NumDiscStates    = 0;
sizes.NumOutputs       = 3;
sizes.NumInputs        = 4;
sizes.DirFeedthrough   = 1;
sizes.NumSampleTimes   = 1;
sys = simsizes(sizes);
x0 = 0 * (1:8);
str = [];
ts = [-1 0];
function sys = mdlDerivatives(t,x,u)
x1 = u(1);
x2 = u(2);
x2d = u(3);
x2_bar = u(4);

delta1 = 0.1;epc = 0.01;c2 = 65;

S2 = x2 - x2d;
tol2 = 0.0138;
dx2d = (x2_bar - x2d)/tol2;

hidden1 = 7;
d1 = [-3 -2 -1 0 1 2 3];
b1 = 1;
for i = 1:hidden1
    h1(i) = exp(-((x1 - d1(i))^2)/(2 * b1^2));
end
fai1 = [h1,delta1^2 * S2/(2 * epc) - dx2d + c2 * S2]';

gama1 = diag([3,3,3,3,3,3,3,0.001]);

xite1 = 0.008;

dth1 = gama1 * fai1 * S2 - gama1 * xite1 * x;
for i = 1:hidden1 + 1
    sys(i) = dth1(i);
end
function sys = mdlOutputs(t,x,u)
x1 = u(1);
x2 = u(2);
x2d = u(3);
x2_bar = u(4);

delta1 = 0.1;epc = 0.01;c2 = 65;

S2 = x2 - x2d;
tol2 = 0.01;
dx2d = (x2_bar - x2d)/tol2;

hidden1 = 7;
```

```
d1 = [ - 3  - 2  - 1 0 1 2 3];
b1 = 1;
for i = 1:hidden1
    h1(i) = exp( - ((x1 - d1(i))^2)/(2 * b1 ^2));
end
fai1 = [h1,delta1 ^2 * S2/(2 * epc) - dx2d + c2 * S2]';

th1 = [x(1) x(2) x(3) x(4) x(5) x(6) x(7) x(8)];
th1_w = [x(1) x(2) x(3) x(4) x(5) x(6) x(7)];

sys(1) = - th1 * fai1;          % x3_bar
sys(2) = x(8);                  % a1
sys(3) = th1_w * h1';           % f1
```

6. 虚拟控制$\bar{x}_4$程序：chap8_3x4_bar. m

```
function [sys,x0,str,ts] = s_function(t,x,u,flag)
switch flag,
case 0,
    [sys,x0,str,ts] = mdlInitializeSizes;
case 3,
    sys = mdlOutputs(t,x,u);
case {1,2,4,9}
    sys = [];
otherwise
    error(['Unhandled flag = ',num2str(flag)]);
end
function [sys,x0,str,ts] = mdlInitializeSizes
sizes = simsizes;
sizes.NumContStates   = 0;
sizes.NumDiscStates   = 0;
sizes.NumOutputs      = 1;
sizes.NumInputs       = 3;
sizes.DirFeedthrough  = 1;
sizes.NumSampleTimes  = 1;
sys = simsizes(sizes);
x0 = [];
str = [];
ts = [ - 1 0];
function sys = mdlOutputs(t,x,u)
x3 = u(1);
x3d = u(2);
x3_bar = u(3);
tol3 = 0.01;
dx3d = (x3_bar - x3d)/tol3;

s3 = x3 - x3d;
c3 = 25;
x4_bar = dx3d - c3 * s3;
```

```
sys(1) = x4_bar;
```

7. 第一个滤波器程序：chap8_3filter1.m

```
function [sys,x0,str,ts] = s_function(t,x,u,flag)
switch flag,
case 0,
    [sys,x0,str,ts] = mdlInitializeSizes;
case 1,
    sys = mdlDerivatives(t,x,u);
case 3,
    sys = mdlOutputs(t,x,u);
case {2, 4, 9}
    sys = [];
otherwise
    error(['Unhandled flag = ',num2str(flag)]);
end
function [sys,x0,str,ts] = mdlInitializeSizes
sizes = simsizes;
sizes.NumContStates   = 1;
sizes.NumDiscStates   = 0;
sizes.NumOutputs      = 1;
sizes.NumInputs       = 1;
sizes.DirFeedthrough  = 1;
sizes.NumSampleTimes  = 1;
sys = simsizes(sizes);
x2b0 = 0.5;
x0 = [x2b0];
str = [];
ts = [-1 0];
function sys = mdlDerivatives(t,x,u)
tol2 = 0.01;
x2_bar = u(1);

sys(1) = 1/tol2 * (x2_bar - x(1));
function sys = mdlOutputs(t,x,u)
sys(1) = x(1); % x2d
```

8. 第二个滤波器程序：chap8_3filter2.m

```
function [sys,x0,str,ts] = s_function(t,x,u,flag)
switch flag,
case 0,
    [sys,x0,str,ts] = mdlInitializeSizes;
case 1,
    sys = mdlDerivatives(t,x,u);
case 3,
    sys = mdlOutputs(t,x,u);
case {2, 4, 9}
```

```
    sys = [];
otherwise
    error(['Unhandled flag = ',num2str(flag)]);
end
function [sys,x0,str,ts] = mdlInitializeSizes
sizes = simsizes;
sizes.NumContStates   = 1;
sizes.NumDiscStates   = 0;
sizes.NumOutputs      = 1;
sizes.NumInputs       =1;
sizes.DirFeedthrough  = 1;
sizes.NumSampleTimes  = 1;
sys = simsizes(sizes);
x3b0 = 0;
x0 = [x3b0];
str = [];
ts = [-1 0];
function sys = mdlDerivatives(t,x,u)
tol3 = 0.01;
x3_bar = u(1);

sys(1) = 1/tol3 * (x3_bar - x(1));
function sys = mdlOutputs(t,x,u)
sys(1) = x(1); % x3d
```

9. 第三个滤波器程序：chap8_3filter3.m

```
function [sys,x0,str,ts] = s_function(t,x,u,flag)
switch flag,
case 0,
    [sys,x0,str,ts] = mdlInitializeSizes;
case 1,
    sys = mdlDerivatives(t,x,u);
case 3,
    sys = mdlOutputs(t,x,u);
case {2, 4, 9}
    sys = [];
otherwise
    error(['Unhandled flag = ',num2str(flag)]);
end
function [sys,x0,str,ts] = mdlInitializeSizes
sizes = simsizes;
sizes.NumContStates   = 1;
sizes.NumDiscStates   = 0;
sizes.NumOutputs      = 1;
sizes.NumInputs       =1;
sizes.DirFeedthrough  = 1;
sizes.NumSampleTimes  = 1;
sys = simsizes(sizes);
x4b0 = 0;
```

```
x0 = [x4b0];
str = [];
ts = [ - 1 0];
function sys = mdlDerivatives(t,x,u)
tol4 =  0.01;
x4_bar = u(1);

sys(1) = 1/tol4 * (x4_bar - x(1));
function sys = mdlOutputs(t,x,u)
sys(1) = x(1);  % x2d
```

10. 被控对象程序：chap8_3plant.m

```
function [sys,x0,str,ts] = spacemodel(t,x,u,flag)
switch flag,
case 0,
    [sys,x0,str,ts] = mdlInitializeSizes;
case 1,
    sys = mdlDerivatives(t,x,u);
case 3,
    sys = mdlOutputs(t,x,u);
case {2,4,9}
    sys = [];
otherwise
    error(['Unhandled flag = ',num2str(flag)]);
end
function [sys,x0,str,ts] = mdlInitializeSizes
sizes = simsizes;
sizes.NumContStates   = 4;
sizes.NumDiscStates   = 0;
sizes.NumOutputs      = 4;
sizes.NumInputs       = 1;
sizes.DirFeedthrough  = 0;
sizes.NumSampleTimes  = 1;
sys = simsizes(sizes);
x0 = [0.1;0;0;0];
str = [];
ts = [0 0];
function sys = mdlDerivatives(t,x,u)
I = 1.0;J = 1.0;Mgl = 5.0;K = 40;

d1 = 0.1 * sin(2 * t);
d2 = 0.1 * cos(2 * t);

ut = u(1);
sys(1) = x(2);
sys(2) = - (1/I) * (Mgl * sin(x(1)) + K * (x(1) - x(3))) + d1;
sys(3) = x(4);
sys(4) = (1/J) * (ut - K * (x(3) - x(1))) + d2;
function sys = mdlOutputs(t,x,u)
```

```
sys(1) = x(1);
sys(2) = x(2);
sys(3) = x(3);
sys(4) = x(4);
```

11. 作图程序：chap8_3plot.m

```
close all;
abc = t * 0. + 1;
figure(1);
subplot(211);
plot(t,y(:,2),'b',t,y(:,1),'r:','linewidth',2);
xlabel('时间/sec');ylabel('位置跟踪 /Rad');
legend('x_1','x_1_d');
subplot(212);
plot(t,y(:,2) - y(:,1),'r','linewidth',2);
xlabel('时间/sec');ylabel('跟踪误差 /Rad');

%%%%%%%%%%%%%%%%%%%
figure(2);
plot(t,ut(:,1),'r','linewidth',2);
xlabel('时间/sec');ylabel('控制力矩 /N.m');
%%%%%%%%%%%%%%%%
figure(3);
subplot(211);
plot(t,a1(:,1),'r',t,0.025 * abc,':','linewidth',2);
xlabel('时间/sec');ylabel('参数 1/a_1 估计');
legend('估计值','实际值');
subplot(212);
plot(t,a2(:,1),'r',t,abc,':','linewidth',2);
xlabel('时间/sec');ylabel('参数 1/a_2 估计');
legend('估计值','实际值');
figure(4);
subplot(211);
plot(t,f1(:,1),'r',t, - 1/8 * sin(x1(:,1)) - x1(:,1),'-- ','linewidth',2);
xlabel('时间/sec');ylabel('函数 1/a_1·f_1 估计');
legend('估计值','实际值');
subplot(212);
plot(t,f2(:,1),'r',t, - 40 * (x3(:,1) - x1(:,1)),'-- ','linewidth',2);
xlabel('时间/sec');ylabel('函数 1/a_2·f_2 估计');
legend('估计值','实际值');
```

参考文献

[1] Swaroop D, Gerdes J C, F Yip P P, et al. Dynamic surface control of nonlinear systems[C]. Proceedings of the American Control Conference,1997:3028-3034.

[2] 刘金琨. 机器人控制系统的设计与MATLAB仿真[M]. 北京：清华大学出版社,2008.

[3] Guo Yi, Jinkun Liu. neural network based adaptive dynamic surface control for flight path angle[C]. The 51th IEEE Conference on Decision and Control, Maui, Hawaii, USA, 2012: 5374-5379.

[4] 郭一,刘金琨.飞行器航迹倾角的自适应动态面控制[J].北京航空航天大学学报,2013, 39(2): 275-279.

[5] Sharma M, Ward D G. Flight-path angle control via neuro-adaptive backstepping[J]. AIAA-02-3520, 2002.

[6] Farrell J, Polycarpou M, Sharma M. Adaptive backstepping with magnitude, rate and bandwidth constraints: aircraft longitude control[C], Proceedings of the 2003 American Control Conference, Denver, Colorado, 2003: 3898-3904.

[7] 刘金琨.滑模变结构控制 MATLAB 仿真[M].2 版.北京:清华大学出版社,2012.

[8] Yoo S J, Park J B, Choi Y H. Output feedback dynamic surface control of flexible-joint robots [J]. International Journal of Control, Automation, and Systems, 2008, 6(2):223-233.

[9] 郭一,刘金琨.带执行器饱和的柔性关节机器人位置反馈动态面控制[J].智能系统学报,2013, 8(1): 1-6.

[10] 刘金琨,郭一.一类纯反馈力学系统的自适应模糊动态面控制[J].控制与决策,2013,28(10): 1591-1595.

第9章 数字RBF神经网络控制

9.1 自适应 Runge-Kutta-Merson 法

9.1.1 引言

在实际工程中，往往采用数字计算机实现控制算法，此时往往采用零阶保持器，在采样间隙 T_s 内保持系统的输入为常数，即当 $nT_s \leqslant t \leqslant (n+1)T_s$ 时，$u(t)=u(nT_s)$。很显然，在求解系统的动态响应数值解时，控制输入在采样间隙内应保持为常数，只需要在固定的采用时刻 T_s 进行更新。

下面讨论在离散时刻 $0, T_s, 2T_s, \cdots, nT_s$，下式的数值解

$$\dot{x}(t) = f(x(t)), \quad \forall\ x(0) = x_0 \tag{9.1}$$

可通过离散算法求取 $x_1, x_2, x_3, \cdots$ 来逼近 $x_1(t_1), x_2(t_2), x_3(t_3), \cdots$。

求解微分方程的数值解时，可采用 Runge-Kutta 法，最典型的是四阶求解方法，该方法首先确定式(9.1)中方程的初值，在 $t=t_0+(n+2)T$ 时，通过 $t=t_0+nT$ 时 x 值更新如下：

$$x_{n+1} = x_n + \frac{1}{6}(k_1 + 2k_2 + 2k_3 + k_4) \tag{9.2}$$

其中

$$k_1 = Tf(t_n, x_n)$$

$$k_2 = Tf\left(t_n + \frac{1}{2}T, x_n + \frac{1}{2}k_1\right)$$

$$k_3 = Tf\left(t_n + \frac{1}{2}T, x_n + \frac{1}{2}k_2\right)$$

$$k_4 = Tf(t_n + T, x_n + k_3)$$

其中，T 为离散步长。

从上式可以看出，四阶 Runge-Kutta 法步骤简便，每一步求解时都需要知道方程的四阶导数。

为了更有效地求解微分方程，可以采用 Runge-Kutta 改进算法，即 Runge-Kutta-Merson(RKM)算法，具体方法为将固定步长变成自适应步长[1,2]，即将求解步长根据某个准则进行变化。

RKM 方法的具体求解公式如下：

$$x_{n+1}=x_n+\frac{1}{6}(k_1+4k_4+k_5) \tag{9.3}$$

其中

$$k_1=Tf(t_n,x_n)$$

$$k_2=Tf\left(t_n+\frac{1}{3}T,x_n+\frac{1}{3}k_1\right)$$

$$k_3=Tf\left(t_n+\frac{1}{3}T,x_n+\frac{1}{6}k_1+\frac{1}{6}k_2\right)$$

$$k_4=Tf\left(t_n+\frac{1}{2}T,x_n+\frac{1}{8}k_1+\frac{3}{8}k_3\right)$$

$$k_5=Tf\left(t_n+T,x_n+\frac{1}{2}k_1-\frac{3}{2}k_3+2k_4\right)$$

数字控制算法流程图如图 9.1 所示。

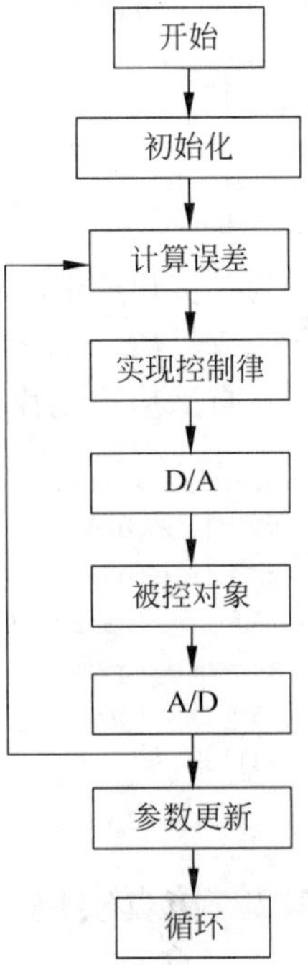

图 9.1 数字控制算法框图

9.1.2 仿真实例

取 $f(x(t))=10\sin t\cdot x$，微分方程为 $\dot{x}=10\sin t\cdot x$，以采样时间为 $T_s=0.001$ 进行离散化。采用 RKM 法求解该微分方程，结果如图 9.2 所示。

RKM 法求解该微分方程的仿真程序为 chap9_1.m，详见附录。

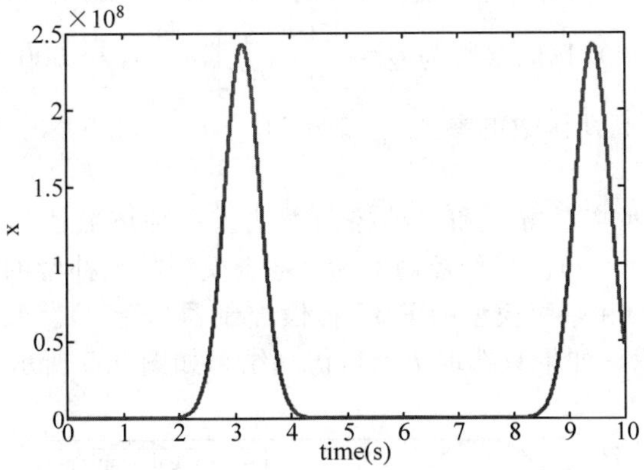

图 9.2 RKM 求解的离散 x

9.2 SISO 系统的数字自适应控制

9.2.1 引言

考虑 6.1 节中的被控对象。对于例 1，针对如下简单伺服系统：

$$M\ddot{q}=\tau+d(\dot{q}) \tag{9.4}$$

其中，$M=10$；d 为摩擦力，$d=-15\dot{q}-30\text{sgn}(\dot{q})$。

取 $x_1=q, x_2=\dot{q}$，将式(9.4)化为状态方程：

$$\dot{x}_1 = x_2$$
$$\dot{x}_2 = \frac{1}{M}(\tau + d) \tag{9.5}$$

其中，$d=-15x_2-30\mathrm{sgn}(x_2)$。

为了实现数字控制，采用式(9.3)中的 RKM 法离散化神经网络自适应控制律式(6.14)，即 $\dot{\hat{\boldsymbol{w}}}=\gamma \boldsymbol{h}\boldsymbol{x}^{\mathrm{T}}\boldsymbol{P}\boldsymbol{B}+k_1\gamma\|x\|\hat{\boldsymbol{w}}$。

在自适应控制律中，考虑式(6.14)中不存在 t_n，离散系统的表达式为

```
w(i,1) = w_1(i,1) + 1/6 * (k1 + 4 * k4 + k5);
k1 = ts * (gama * h(i) * xi' * P * B + k1 * gama * norm(xi) * w_1(i,1));
k2 = ts * (gama * h(i) * xi' * P * B + k1 * gama * norm(xi) * (w_1(i,1) + 1/3 * k1));
k3 = ts * (gama * h(i) * xi' * P * B + k1 * gama * norm(xi) * (w_1(i,1) + 1/6 * k1 + 1/6 * k2));
k4 = ts * (gama * h(i) * xi' * P * B + k1 * gama * norm(xi) * (w_1(i,1) + 1/8 * k1 + 3/8 * k3));
k5 = ts * (gama * h(i) * xi' * P * B + k1 * gama * norm(xi) * (w_1(i,1) + 1/2 * k1 - 3/2 * k3 + 2 *
k4));
```

9.2.2 仿真实例

针对连续系统式(9.4)，采用 Runge-Kutta 法(Matlab 函数为"ode45")，以采样周期 $T=0.001$ 进行离散化。

期望的轨迹为 $q_{\mathrm{d}}=\sin t$，系统的初值设为 $[0 \quad 0]^{\mathrm{T}}$。在仿真中，控制律采用式(6.9)，自适应变化律采用式(6.14)，选取参数为 $\boldsymbol{Q}=\begin{bmatrix}50 & 0\\ 0 & 50\end{bmatrix}$，$\alpha=3$，$\gamma=500$，$k_1=0.001$。

RBF 神经网络中，高斯函数的参数 $\boldsymbol{c}_i$ 和 b_i 为 $[-1 \quad -0.5 \quad 0 \quad 0.5 \quad 1]$ 和 1.5，初始权值设为 0。

在仿真中，采用两种离散方法和三种控制方法。一种离散法为差分法($S=1$)，另一种为 RKM 法(仿真中取 $S=2$)。三种控制器为：基于模型的无补偿的控制器($F=1$)，基于精确补偿的控制器($F=2$)和基于模型的 RBF 补偿控制器($F=3$)。取 $S=2$，$F=3$，仿真结果如图 9.3 和图 9.4 所示。如果只选取 $F=1$，仿真结果如图 9.5 所示。

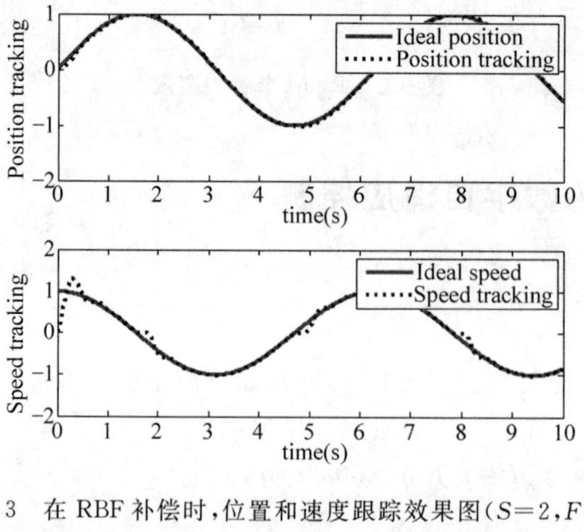

图 9.3 在 RBF 补偿时，位置和速度跟踪效果图($S=2$，$F=3$)

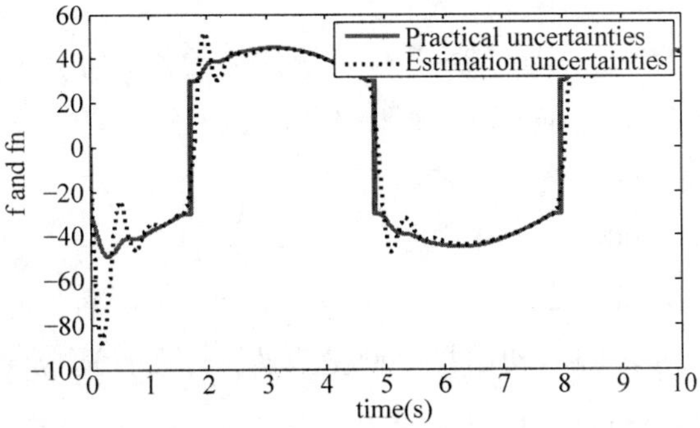

图 9.4 RBF 神经网络对 $f(x)$的逼近效果($S=2$, $F=3$)

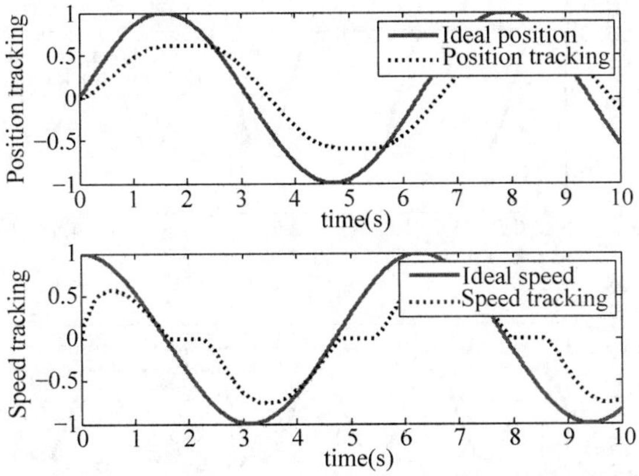

图 9.5 无补偿情况下位置和速度的跟踪效果图($F=1$)

仿真程序为 chap9_2.m,详见附录。

9.3 两关节机械手的数字自适应 RBF 控制

9.3.1 引言

考虑 7.2 节中的被控对象,两关节机械臂的动态方程为

$$\boldsymbol{M}(\boldsymbol{q})\ddot{\boldsymbol{q}}+\boldsymbol{C}(\boldsymbol{q},\dot{\boldsymbol{q}})\dot{\boldsymbol{q}}+\boldsymbol{G}(\boldsymbol{q})=\boldsymbol{\tau} \tag{9.6}$$

令 $\boldsymbol{x}_1=\boldsymbol{q}$,$\boldsymbol{x}_2=\dot{\boldsymbol{q}}$,将动态方程转化为如下状态方程:

$$\begin{aligned}\dot{\boldsymbol{x}}_1&=\boldsymbol{x}_2\\ \dot{\boldsymbol{x}}_2&=\boldsymbol{M}^{-1}(\boldsymbol{x}_1)[\boldsymbol{\tau}-\boldsymbol{C}(\boldsymbol{x}_1,\boldsymbol{x}_2)\boldsymbol{x}_2-\boldsymbol{G}(\boldsymbol{x}_1)]\end{aligned} \tag{9.7}$$

只采用差分法离散自适应控制律式(7.27)~式(7.29)。

9.3.2 仿真实例

针对式(9.7)的连续系统,采用 Runge-Kutta 法(MATLAB 函数为"ode45"),取采样周

期 $T=0.001$ 进行离散化。

期望跟踪轨迹为 $\boldsymbol{q}_{\mathrm{d1}}=\boldsymbol{q}_{\mathrm{d2}}=\sin(2\pi kT)$，系统的初始值为 $\boldsymbol{q}_0=[0 \quad 0]^{\mathrm{T}}$，$\dot{\boldsymbol{q}}_0=[0 \quad 0]^{\mathrm{T}}$。仿真中，控制律取式(7.22)，自适应律取式(7.27)至式(7.29)。选取参数为 $\boldsymbol{K}_{\mathrm{p}}=\begin{bmatrix}100 & 0\\ 0 & 100\end{bmatrix}$，$\boldsymbol{K}_{\mathrm{i}}=\begin{bmatrix}100 & 0\\ 0 & 100\end{bmatrix}$，$\boldsymbol{K}_{\mathrm{r}}=\begin{bmatrix}0.10 & 0\\ 0 & 0.10\end{bmatrix}$，$\boldsymbol{\Lambda}=\begin{bmatrix}5 & 0\\ 0 & 5\end{bmatrix}$。

RBF 神经网络的结构选为 2-5-1，隐层的节点为 5。高斯函数的参数 $\boldsymbol{c}_i$ 和 b_i 分别设为 $[-1 \quad -0.5 \quad 0 \quad 0.5 \quad 1]$ 和 10，初始权值向量设为 0。在自适应律式(7.27)至式(7.29)中，取 $\boldsymbol{\Gamma}_{\mathrm{M}k}(i,i)=5.0$，$\boldsymbol{\Gamma}_{\mathrm{C}k}(i,i)=10$，$\boldsymbol{\Gamma}_{\mathrm{G}k}(i,i)=5.0$，$i=1,2,3,4,5$。仿真结果如图 9.6～图 9.8 所示。

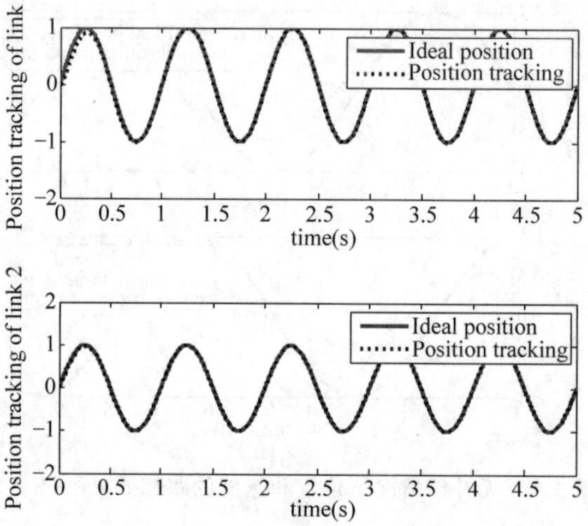

图 9.6 在 RBF 补偿情况下，位置跟踪效果图

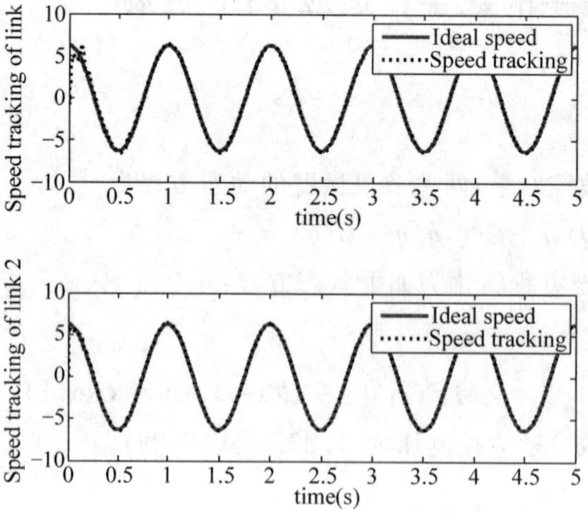

图 9.7 在 RBF 补偿情况下，速度跟踪效果图

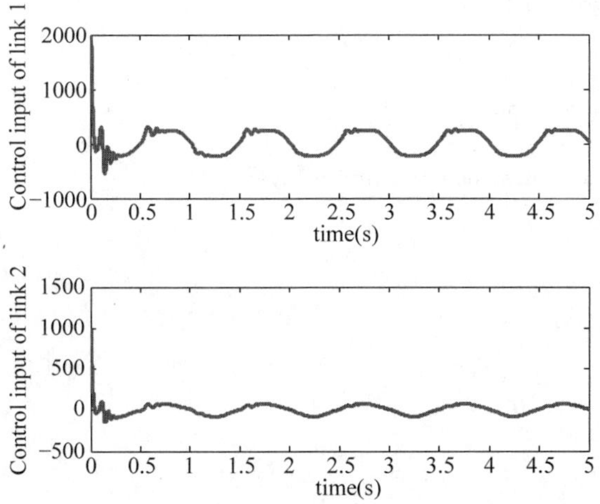

图 9.8 控制输入

仿真程序为 chap9_3. m，详见附录。

附录 仿真程序

9.1.2 节的程序：chap9_1. m

```
clear all;
close all;
ts = 0.001;          % Sampling time

x_1 = 0.5;

for k = 1:1:10000    % dx = 10 * sint * x
    t(k) = k * ts;
    k1 = ts * 10 * sin(t(k)) * x_1;
    k2 = ts * 10 * sin(t(k)) * (x_1 + 1/3 * k1);
    k3 = ts * 10 * sin(t(k)) * (x_1 + 1/6 * k1 + 1/6 * k2);
    k4 = ts * 10 * sin(t(k)) * (x_1 + 1/8 * k1 + 3/8 * k3);
    k5 = ts * 10 * sin(t(k)) * (x_1 + 1/2 * k1 - 3/2 * k3 + 2 * k4);
    x(k) = x_1 + 1/6 * (k1 + 4 * k4 + k5);

    x_1 = x(k);
end
figure(1);
plot(t,x,'r','linewidth',2);
xlabel('time(s)');ylabel('x');
```

9.2.2 节的程序

1. 主程序：chap9_2. m

```
%Discrete RBF control for Motor
clear all;
close all;
ts = 0.001;   %Sampling time

node = 5;   %Number of neural nets in hidden layer
gama = 100;

c = 0.5 * [ -2 -1 0 1 2;
           -2 -1 0 1 2];
b = 1.5 * ones(5,1);
h = zeros(node,1);

alfa = 3;
kp = alfa^2;
kv = 2 * alfa;
q_1 = 0;dq_1 = 0;tol_1 = 0;

xk = [0 0];
w_1 = 0.1 * ones(node,1);

A = [0   1;
   -kp  -kv];
B = [0;1];
Q = [50 0;
    0 50];
P = lyap(A',Q);
eig(P);
k1 = 0.001;
for k = 1:1:10000
time(k) = k * ts;

qd(k) = sin(k * ts);
dqd(k) = cos(k * ts);
ddqd(k) = - sin(k * ts);

tSpan = [0 ts];
para = tol_1;                  %D/A
[t,xx] = ode45('chap9_2plant',tSpan,xk,[],para);    %Plant
xk = xx(length(xx),:);    %A/D

q(k) = xk(1);
%dq(k) = xk(2);
dq(k) = (q(k) - q_1)/ts;
ddq(k) = (dq(k) - dq_1)/ts;

e(k) = q(k) - qd(k);
de(k) = dq(k) - dqd(k);

xi = [e(k);de(k)];
for i = 1:1:node
```

```
    S = 2;
    if S == 1

w(i,1) = w_1(i,1) + ts * (gama * h(i) * xi' * P * B + k1 * gama * norm(xi) * w_1(i,1));
% Adaptive law
    elseif S == 2
        k1 = ts * (gama * h(i) * xi' * P * B + k1 * gama * norm(xi) * w_1(i,1));
        k2 = ts * (gama * h(i) * xi' * P * B + k1 * gama * norm(xi) * (w_1(i,1) + 1/3 * k1));

k3 = ts * (gama * h(i) * xi' * P * B + k1 * gama * norm(xi) * (w_1(i,1) + 1/6 * k1 + 1/6 * k2));
k4 = ts * (gama * h(i) * xi' * P * B + k1 * gama * norm(xi) * (w_1(i,1) + 1/8 * k1 + 3/8 * k3));
k5 = ts * (gama * h(i) * xi' * P * B + k1 * gama * norm(xi) * (w_1(i,1) + 1/2 * k1 - 3/2 * k3 +
2 * k4));
        w(i,1) = w_1(i,1) + 1/6 * (k1 + 4 * k4 + k5);
    end
end
h = zeros(5,1);
for j = 1:1:5
    h(j) = exp( - norm(xi - c(:,j))^2/(2 * b(j) * b(j)));
end
fn(k) = w' * h;
M = 10;

tol1(k) = M * (ddqd(k) - kv * de(k) - kp * e(k));

d(k) = - 15 * dq(k) - 30 * sign(dq(k));
f(k) = d(k);

F = 3;
if F == 1                    % No compensation
    fn(k) = 0;
    tol(k) = tol1(k);
elseif F == 2                % Modified computed torque controller
    fn(k) = 0;
    tol2(k) = - f(k);
    tol(k) = tol1(k) + tol2(k);
elseif F == 3                % RBF compensated controller
    tol2(k) = - fn(k);
    tol(k) = tol1(k) + 1 * tol2(k);
end
q_1 = q(k);
dq_1 = dq(k);
w_1 = w;
tol_1 = tol(k);
end
figure(1);
subplot(211);
plot(time,qd,'r',time,q,'k:','linewidth',2);
xlabel('time(s)');ylabel('Position tracking');
legend('ideal position','position tracking');
subplot(212);
```

```
plot(time,dqd,'r',time,dq,'k:','linewidth',2);
xlabel('time(s)');ylabel('Speed tracking');
legend('ideal speed','speed tracking');

figure(2);
plot(time,tol,'r','linewidth',2);
xlabel('time(s)'),ylabel('Control input of single link');
if F==2|F==3
    figure(3);
    plot(time,f,'r',time,fn,'k:','linewidth',2);
    xlabel('time(s)'),ylabel('f and fn');
    legend('Practical uncertainties','Estimation uncertainties');
end
```

2. 控制对象程序：chap9_2plant.m

```
function dx=Plant(t,x,flag,para)
dx=zeros(2,1);

tol=para;

M=10;
d=-15*x(2)-30*sign(x(2));

dx(1)=x(2);
dx(2)=1/M*(tol+d);
```

9.3.2 节的程序

1. 主程序：chap9_3.m

```
%Discrete RBF control for two-link manipulators
clear all;
close all;

T=0.001;   %Sampling time
xk=[0 0 0 0];

tol1_1=0;
tol2_1=0;
ei=0;

node=5;
c_M=[-1 -0.5 0 0.5 1;
     -1 -0.5 0 0.5 1];
c_C=[-1 -0.5 0 0.5 1;
     -1 -0.5 0 0.5 1;
     -1 -0.5 0 0.5 1;
     -1 -0.5 0 0.5 1];
c_G=[-1 -0.5 0 0.5 1;
```

```
    -1 -0.5 0 0.5 1];
b = 10;

W_M11_1 = zeros(node,1);W_M12_1 = zeros(node,1);
W_M21_1 = zeros(node,1);W_M22_1 = zeros(node,1);

W_C11_1 = zeros(node,1);W_C12_1 = zeros(node,1);
W_C21_1 = zeros(node,1);W_C22_1 = zeros(node,1);

W_G1_1 = zeros(node,1);W_G2_1 = zeros(node,1);

Hur = [5 0;0 5];
for k = 1:1:5000
if mod(k,200) == 1
   k
end
time(k)  =  k * T;

qd1(k) = sin(2 * pi * k * T);
qd2(k) = sin(2 * pi * k * T);
dqd1(k) = 2 * pi * cos(2 * pi * k * T);
dqd2(k) = 2 * pi * cos(2 * pi * k * T);
ddqd1(k) = - (2 * pi)^2 * sin(2 * pi * k * T);
ddqd2(k) = - (2 * pi)^2 * sin(2 * pi * k * T);

para = [tol1_1 tol2_1];                          % D/A
tSpan = [0 T];

[t,xx] = ode45('chap9_3plant',tSpan,xk,[],para); % A/D speed
xk  =  xx(length(xx),:);                         % A/D position
q1(k) = xk(1);
dq1(k) = xk(2);
q2(k) = xk(3);
dq2(k) = xk(4);

q = [q1(k);q2(k)];
z = [q1(k);q2(k);dq1(k);dq2(k)];

e1(k) = qd1(k) - q1(k);
de1(k) = dqd1(k) - dq1(k);
e2(k) = qd2(k) - q2(k);
de2(k) = dqd2(k) - dq2(k);

e = [e1(k);e2(k)];
de = [de1(k);de2(k)];

r = de + Hur * e;
dqd = [dqd1(k);dqd2(k)];
dqr = dqd + Hur * e;
ddqd = [ddqd1(k);ddqd2(k)];
ddqr = ddqd + Hur * de;
```

```
for j = 1:1:node
    h_M11(j) = exp( - norm(q - c_M(:,j))^2/(b^2));
    h_M21(j) = exp( - norm(q - c_M(:,j))^2/(b^2));
    h_M12(j) = exp( - norm(q - c_M(:,j))^2/(b^2));
    h_M22(j) = exp( - norm(q - c_M(:,j))^2/(b^2));
end
for j = 1:1:node
    h_C11(j) = exp( - norm(z - c_C(:,j))^2/(b^2));
    h_C21(j) = exp( - norm(z - c_C(:,j))^2/(b^2));
    h_C12(j) = exp( - norm(z - c_C(:,j))^2/(b^2));
    h_C22(j) = exp( - norm(z - c_C(:,j))^2/(b^2));
end
for j = 1:1:node
    h_G1(j) = exp( - norm(q - c_G(:,j))^2/(b^2));
    h_G2(j) = exp( - norm(q - c_G(:,j))^2/(b^2));
end

T_M11 = 5 * eye(node);
T_M21 = 5 * eye(node);
T_M12 = 5 * eye(node);
T_M22 = 5 * eye(node);
T_C11 = 10 * eye(node);
T_C21 = 10 * eye(node);
T_C12 = 10 * eye(node);
T_C22 = 10 * eye(node);
T_G1 = 5 * eye(node);
T_G2 = 5 * eye(node);

for i = 1:1:node
    W_M11(i,1) = W_M11_1(i,1) + T * T_M11(i,i) * h_M11(i) * ddqr(1) * r(1);
    W_M21(i,1) = W_M21_1(i,1) + T * T_M21(i,i) * h_M21(i) * ddqr(1) * r(2);
    W_M12(i,1) = W_M12_1(i,1) + T * T_M12(i,i) * h_M12(i) * ddqr(2) * r(1);
    W_M22(i,1) = W_M22_1(i,1) + T * T_M22(i,i) * h_M22(i) * ddqr(2) * r(2);

    W_C11(i,1) = W_C11_1(i,1) + T * T_C11(i,i) * h_C11(i) * dqr(1) * r(1);
    W_C21(i,1) = W_C21_1(i,1) + T * T_C21(i,i) * h_C21(i) * dqr(1) * r(2);
    W_C12(i,1) = W_C12_1(i,1) + T * T_C12(i,i) * h_C12(i) * ddqr(2) * r(1);
    W_C22(i,1) = W_C22_1(i,1) + T * T_C22(i,i) * h_C22(i) * ddqr(2) * r(2);

    W_G1 = W_G1_1 + T * T_G1(i,i) * h_G1(i) * r(1);
    W_G2 = W_G2_1 + T * T_G2(i,i) * h_G2(i) * r(2);
end
MSNN_g = [W_M11' * h_M11' W_M12' * h_M12';
          W_M21' * h_M21' W_M22' * h_M22'];
GSNN_g = [W_G1' * h_G1';
          W_G2' * h_G2'];
CDNN_g = [W_C11' * h_C11' W_C12' * h_C12';
          W_C21' * h_C21' W_C22' * h_C22'];

tol_m = MSNN_g * ddqr + CDNN_g * dqr + GSNN_g;
```

```
Kp = [20 0;0 20];
Ki = [20 0;0 20];
Kr = [1.5 0;0 1.5];

Kp = [100 0;0 100];
Ki = [100 0;0 100];
Kr = [0.1 0;0 0.1];

ei = ei + e * T;
tol = tol_m + Kp * r + Kr * sign(r) + Ki * ei;
tol1(k) = tol(1);
tol2(k) = tol(2);

W_M11_1 = W_M11;
W_M21_1 = W_M21;
W_M12_1 = W_M12;
W_M22_1 = W_M22;
W_C11_1 = W_C11;
W_C21_1 = W_C21;
W_C12_1 = W_C12;
W_C22_1 = W_C22;
W_G1_1 = W_G1;
W_G2_1 = W_G2;

tol1_1 = tol1(k);
tol2_1 = tol2(k);
end
figure(1);
subplot(211);
plot(time,qd1,'r',time,q1,'k:','linewidth',2);
xlabel('time(s)'),ylabel('Position tracking of link 1');
legend('ideal position','position tracking');
subplot(212);
plot(time,qd2,'r',time,q2,'k:','linewidth',2);
xlabel('time(s)'),ylabel('Position tracking of link 2');
legend('ideal position','position tracking');
figure(2);
subplot(211);
plot(time,dqd1,'r',time,dq1,'k:','linewidth',2);
xlabel('time(s)'),ylabel('Speed tracking of link 1');
legend('ideal speed','speed tracking');
subplot(212);
plot(time,dqd2,'r',time,dq2,'k:','linewidth',2);
xlabel('time(s)'),ylabel('Speed tracking of link 2');
legend('ideal speed','speed tracking');
figure(3);
subplot(211);
plot(time,tol1,'r','linewidth',2);
xlabel('time(s)'),ylabel('Control input of link 1');
subplot(212);
plot(time,tol2,'r','linewidth',2);
```

```
xlabel('time(s)'),ylabel('Control input of link 2');
```

2. 控制对象程序：chap9_3plant. m

```
function dx = Plant(t,x,flag,para)
%%%%%%%%%%%%%% x(1) = q1; x(2) = dq1; x(3) = q2; x(4) = dq2; %%%%%%%%%%%%
dx = zeros(4,1);

p = [2.9 0.76 0.87 3.04 0.87];
g = 9.8;

M0 = [p(1) + p(2) + 2 * p(3) * cos(x(3)) p(2) + p(3) * cos(x(3));
    p(2) + p(3) * cos(x(3)) p(2)];
C0 = [ - p(3) * x(4) * sin(x(3)) - p(3) * (x(2) + x(4)) * sin(x(3));
     p(3) * x(2) * sin(x(3))   0];
G0 = [p(4) * g * cos(x(1)) + p(5) * g * cos(x(1) + x(3));
    p(5) * g * cos(x(1) + x(3))];

tol = para(1:2);
dq = [x(2);x(4)];

ddq = inv(M0) * (tol' - C0 * dq - G0);
%%%%%%% dx(1) = dq1; dx(2) = ddq1; dx(3) = dq2; dx(4) = ddq2; %%%%%%%%%%%%%
dx(1) = x(2);
dx(2) = ddq(1);
dx(3) = x(4);
dx(4) = ddq(2);
```

参考文献

[1] Hoffman J D. Numerical methods for engineers and scientists. New York: McGraw-Hill,1992.

[2] Quinney D. An introduction to the numerical solution of differential equations. New York: Wiley,1985.

第10章 离散神经网络控制

10.1 引言

离散时间控制系统设计在实际工程中具有重要意义。设计离散数字控制器有两种方法：一种方法是首先基于连续系统设计连续控制器，然后再将其离散化；另一种方法是基于离散系统直接设计离散控制器。本章讨论第二种离散控制方法，即非线性离散系统的神经网络控制方法。

在离散系统的 Lyapunov 稳定性分析中，容易含有系统状态和神经网络权值的耦合平方项，使离散控制设计比连续系统控制律设计复杂。

目前针对离散系统的神经网络控制律设计的研究成果已有很多文献[1-15]发表。例如，文献[14]针对二阶离散非线性系统设计了直接自适应神经网络控制器。文献[15]设计了无须离线训练的神经网络自适应控制器，解决了一类多输入多输出离散非线性系统的控制问题。

本章主要介绍两种典型的离散 RBF 神经网络控制器的设计、分析和仿真方法。

10.2 一类离散非线性系统的直接 RBF 控制

文献[2-13,16]提出了几种基于 RBF 网络的离散非线性系统控制器设计方法。本节在文献[16]基础上，探讨一种基于 RBF 网络直接控制器的离散设计和仿真分析方法。

10.2.1 系统描述

考虑如下非线性离散模型：

$$y(k+1)=f[y(k),u(k)] \tag{10.1}$$

假设如下：

(1) 未知非线性函数 $f(\cdot)$ 连续可微；

(2) 隐含层的节点个数为 l；

(3) $g_1 \geqslant \left|\dfrac{\partial f}{\partial u}\right| > \varepsilon > 0$，其中 ε 和 g_1 都是正常数。

假设 $y_{\mathrm{m}}(k+1)$是系统在 $k+1$ 时刻的期望输出，在理想情况下，不考虑外界干扰，可证明如果控制输入 $u^*(k)$满足

$$f[y(k),u^*(k)]-y_{\mathrm{m}}(k+1)=0 \tag{10.2}$$

则系统的跟踪误差收敛到 0。

定义跟踪误差为 $e(k)=y(k)-y_{\mathrm{m}}(k)$，则

$$e(k+1)=f[y(k),u(k)]-y_{\mathrm{m}}(k+1)$$

10.2.2 控制算法设计和稳定性分析

针对系统式 (10.1)，文献[12,16]实现了直接 RBF 神经网络自适应离散控制，图 10.1 为直接 RBF 神经网络自适应控制系统框图。

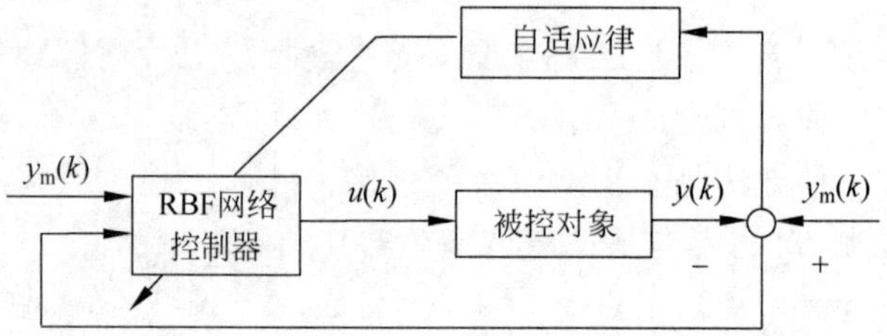

图 10.1　直接 RBF 网络控制系统

设理想的控制输入为 u^*，且

$$u^*(k)=u^*(z)=\boldsymbol{w}^{*\mathrm{T}}\boldsymbol{h}(z)+\varepsilon_{\mathrm{u}}(z) \tag{10.3}$$

在紧集 Ω_z 内，理想神经网络权值 w^* 和逼近误差是有界的，即

$$\|\boldsymbol{w}*\|\leqslant w_{\mathrm{m}},\quad |\varepsilon_{\mathrm{u}}(z)|\leqslant\varepsilon_{l} \tag{10.4}$$

其中，w_{m} 和 ε_l 是正常数。

定义$\hat{w}(k)$为实际神经网络权值，利用 RBF 神经网络直接设计控制律为

$$u(k)=\hat{\boldsymbol{w}}^{\mathrm{T}}(k)\boldsymbol{h}(z) \tag{10.5}$$

其中，$\boldsymbol{h}(z)$为高斯函数的输出；$u(k)$为 RBF 神经网络的输入。

根据式 (10.3)，可得

$$\begin{aligned}u(k)-u^*(k)&=\hat{\boldsymbol{w}}^{\mathrm{T}}(k)\boldsymbol{h}(z)-[\boldsymbol{w}^{*\mathrm{T}}\boldsymbol{h}(z)+\varepsilon_{\mathrm{u}}(z)]\\&=\tilde{\boldsymbol{w}}^{\mathrm{T}}(k)\boldsymbol{h}(z)-\varepsilon_{\mathrm{u}}(z)\end{aligned} \tag{10.6}$$

其中，$\tilde{\boldsymbol{w}}(k)=\hat{\boldsymbol{w}}(k)-\boldsymbol{w}^*$ 是权值逼近误差。

根据文献[12,16]，采用如下算法实现权值的更新：

$$\hat{\boldsymbol{w}}(k+1)=\hat{\boldsymbol{w}}(k)-\gamma[\boldsymbol{h}(z)e(k+1)+\sigma\hat{\boldsymbol{w}}(k)] \tag{10.7}$$

其中，$\gamma>0$ 是正数且 $\sigma>0$。

将式(10.6)两边同时减去 $\boldsymbol{w}^*$，整理可得

$$\tilde{\boldsymbol{w}}(k+1)=\tilde{\boldsymbol{w}}(k)-\gamma[\boldsymbol{h}(z)e(k+1)+\sigma\hat{\boldsymbol{w}}(k)] \tag{10.8}$$

中值定理　如果函数 $f(x)$在闭区间$[a,b]$上是连续的且在开区间(a,b)上是可微的，则在开区间(a,b)上存在一点 c 满足

$$f(b)=f(a)+(b-a)f'(c)\mid_{c\in(a,b)} \tag{10.9}$$

利用中值定理，令 $a=u^*(k)$，$b=u(k)=u^*(k)+\tilde{\boldsymbol{w}}^{\mathrm{T}}(k)\boldsymbol{h}(z)-\varepsilon_{\mathrm{u}}(z)$，$c=\zeta$，结合式 (10.2)和式(10.6)，得

$$\begin{aligned}f[y(k),u(k)] &= f[y(k),u^*(k)+\tilde{\boldsymbol{w}}^{\mathrm{T}}(k)\boldsymbol{h}(z)-\varepsilon_{\mathrm{u}}(z)]\\ &= f[y(k),u^*(k)]+[\tilde{\boldsymbol{w}}^{\mathrm{T}}(k)\boldsymbol{h}(z)-\varepsilon_{\mathrm{u}}(z)]f_{\mathrm{u}}\\ &= y_{\mathrm{m}}(k+1)+[\tilde{\boldsymbol{w}}^{\mathrm{T}}(k)\boldsymbol{h}(z)-\varepsilon_{\mathrm{u}}(z)]f_{\mathrm{u}}\end{aligned}$$

其中，$f_{\mathrm{u}}=\left.\dfrac{\partial f}{\partial u}\right|_{u=\zeta}$；$\zeta\in[u^*(k),u(k)]$。

可得

$$e(k+1)=f[y(k),u(k)]-y_{\mathrm{m}}(k+1)=[\tilde{\boldsymbol{w}}^{\mathrm{T}}(k)\boldsymbol{h}(z)-\varepsilon_{\mathrm{u}}(z)]f_{\mathrm{u}}$$

和

$$\tilde{\boldsymbol{w}}^{\mathrm{T}}(k)\boldsymbol{h}(z)=\frac{e(k+1)}{f_{\mathrm{u}}}+\varepsilon_{\mathrm{u}}(z) \tag{10.10}$$

针对上述闭环系统，文献[16]中给出了如下稳定性分析。

首先定义 Lyapunov 函数

$$J(k)=\frac{1}{g_1}e^2(k)+\frac{1}{\gamma}\tilde{\boldsymbol{w}}(k)^{\mathrm{T}}\tilde{\boldsymbol{w}}(k) \tag{10.11}$$

可得

$$\begin{aligned}\Delta J(k) &= J(k+1)-J(k)\\ &= \frac{1}{g_1}[e^2(k+1)-e^2(k)]+\frac{1}{\gamma}\tilde{\boldsymbol{w}}(k+1)^{\mathrm{T}}\tilde{\boldsymbol{w}}(k+1)-\frac{1}{\gamma}\tilde{\boldsymbol{w}}(k)^{\mathrm{T}}\tilde{\boldsymbol{w}}(k)\\ &= \frac{1}{g_1}[e^2(k+1)-e^2(k)]+\frac{1}{\gamma}\{\tilde{\boldsymbol{w}}(k)-\gamma[\boldsymbol{h}(z)e(k+1)+\sigma\hat{\boldsymbol{w}}(k)]\}^{\mathrm{T}}\times\\ &\quad \{\tilde{\boldsymbol{w}}(k)-\gamma[\boldsymbol{h}(z)e(k+1)+\sigma\hat{\boldsymbol{w}}(k)]\}-\frac{1}{\gamma}\tilde{\boldsymbol{w}}(k)^{\mathrm{T}}\tilde{\boldsymbol{w}}(k)\\ &= \frac{1}{g_1}[e^2(k+1)-e^2(k)]-2\tilde{\boldsymbol{w}}(k)^{\mathrm{T}}\boldsymbol{h}(z)e(k+1)-\\ &\quad 2\sigma\tilde{\boldsymbol{w}}(k)^{\mathrm{T}}\hat{\boldsymbol{w}}(k)+\gamma\boldsymbol{h}^{\mathrm{T}}(z)\boldsymbol{h}(z)e^2(k+1)+\\ &\quad 2\gamma\sigma\hat{\boldsymbol{w}}^{\mathrm{T}}(k)\boldsymbol{h}(z)e(k+1)+\gamma\sigma^2\hat{\boldsymbol{w}}(k)^{\mathrm{T}}\hat{\boldsymbol{w}}(k)\end{aligned}$$

由于

$$|\boldsymbol{h}_i(z)|\leqslant 1,\ \|\boldsymbol{h}(z)\|\leqslant\sqrt{l}\leqslant l,\boldsymbol{h}^{\mathrm{T}}(z)\boldsymbol{h}(z)=\|\boldsymbol{h}(z)\|^2\leqslant l,\ i=1,2,\cdots,l$$

$$\begin{aligned}2\sigma\tilde{\boldsymbol{w}}(k)^{\mathrm{T}}\hat{\boldsymbol{w}}(k) &= \sigma\tilde{\boldsymbol{w}}(k)^{\mathrm{T}}[\tilde{\boldsymbol{w}}(k)+\boldsymbol{w}^*]+\sigma[\hat{\boldsymbol{w}}(k)-w^*]^{\mathrm{T}}\hat{\boldsymbol{w}}(k)\\ &= \sigma[\|\tilde{\boldsymbol{w}}(k)\|^2+\|\hat{\boldsymbol{w}}(k)\|^2+\tilde{\boldsymbol{w}}(k)^{\mathrm{T}}\boldsymbol{w}^*-\boldsymbol{w}^*\hat{\boldsymbol{w}}(k)]\\ &= \sigma[\|\tilde{\boldsymbol{w}}(k)\|^2+\|\hat{\boldsymbol{w}}(k)\|^2-\|\boldsymbol{w}^*\|^2]\\ &\gamma\boldsymbol{h}^{\mathrm{T}}(z)\boldsymbol{h}(z)e^2(k+1)\leqslant\gamma le^2(k+1)\\ &2\gamma\sigma\hat{\boldsymbol{w}}^{\mathrm{T}}(k)\boldsymbol{h}(z)e(k+1)\leqslant\gamma\sigma l[\|\hat{\boldsymbol{w}}(k)\|^2+e^2(k+1)]\\ &\gamma\sigma^2\hat{\boldsymbol{w}}^{\mathrm{T}}(k)\hat{\boldsymbol{w}}(k)=\gamma\sigma^2\|\hat{\boldsymbol{w}}(k)\|^2\end{aligned}$$

整理上式，可得

$$\begin{aligned}\Delta J(k) &\leqslant \frac{1}{g_1}[e^2(k+1)-e^2(k)]-\\ &\quad 2\left[\frac{e(k+1)}{f_{\mathrm{u}}}+\varepsilon_{\mathrm{u}}(z)\right]e(k+1)-\sigma[\|\tilde{\boldsymbol{w}}(k)\|^2+\|\hat{\boldsymbol{w}}(k)\|^2-\|\boldsymbol{w}^*\|^2]+\\ &\quad \gamma le^2(k+1)+\gamma\sigma l[\|\hat{\boldsymbol{w}}(k)\|^2+e^2(k+1)]+\gamma\sigma^2\|\hat{\boldsymbol{w}}(k)\|^2\\ &= \left[\frac{1}{g_1}-\frac{2}{f_{\mathrm{u}}}+\gamma(1+\sigma)l\right]e^2(k+1)-\frac{1}{g_1}e^2(k)-2\varepsilon_{\mathrm{u}}(z)e(k+1)\end{aligned}$$

$$-\sigma\|\tilde{w}(k)\|^2+\sigma\|w^*\|^2+\sigma(-1+\gamma l+\gamma\sigma)\|\hat{w}(k)\|^2$$

考虑式(10.3)，由 $0<\varepsilon<f_u\leqslant g_1$，可推导出

$$\frac{1}{g_1}-\frac{2}{f_u}\leqslant\frac{1}{g_1}-\frac{2}{g_1}=-\frac{1}{g_1}<0$$

$$-2\varepsilon_u(z)e(k+1)\leqslant k_0\varepsilon_l^2+\frac{1}{k_0}e^2(k+1)$$

其中，k_0 是正数。

进一步整理，可得

$$\begin{aligned}\Delta J(k)\leqslant&\left[-\frac{1}{g_1}+\gamma(1+\sigma)l+\frac{1}{k_0}\right]e^2(k+1)+\sigma(\gamma l+\gamma\sigma-1)\|\hat{w}(k)\|^2-\\&\frac{1}{g_1}e^2(k)-\sigma\|\tilde{w}(k)\|^2+\sigma w_m^2+k_0\varepsilon_l^2\\=&-\left[\frac{1}{g_1}-(1+\sigma)l\gamma-\frac{1}{k_0}\right]e^2(k+1)+\\&\sigma[(l+\sigma)\gamma-1]\|\hat{w}(k)\|^2-\frac{1}{g_1}[e^2(k)-\beta]-\sigma\|\tilde{w}(k)\|^2\end{aligned}$$

其中，β 是正数，表达式为

$$\beta=g_1(\sigma w_m^2+k_0\varepsilon_l^2) \tag{10.12}$$

根据上面的分析，正常数 k_0、λ 和 σ 的选取需要满足以下不等式：$\frac{1}{g_1}-\frac{1}{k_0}\geqslant0$，$\frac{1}{g_1}-(1+\sigma)l\gamma-\frac{1}{k_0}\geqslant0$，$(l+\sigma)\gamma-1\leqslant0$，即

$$0<g_1\leqslant k_0 \tag{10.13}$$

$$0<(1+\sigma)l\gamma\leqslant\frac{1}{g_1}-\frac{1}{k_0} \tag{10.14}$$

$$0<(l+\sigma)\gamma\leqslant1 \tag{10.15}$$

则当 $e^2(k)\geqslant\beta$ 时，可得 $\Delta J(k)\leqslant0$。

由于

$$J(k)=J(0)+\sum_{j=0}^{k}\Delta J(i)<\infty$$

表明对于所有的 $k\geqslant0$，$J(k)$是有界的。

定义紧集 $\Omega_e=\{e|e^2\leqslant\beta\}$，如果跟踪误差 $e(k)$不在紧集 Ω_e 内，$e(k)$将收敛于 Ω_e。

10.2.3 仿真实例

10.2.3.1 实例(1)：线性离散系统的控制

考虑线性离散时间模型为

$$\begin{aligned}x_1(k+1)&=x_2(k)\\x_2(k+1)&=u(k)\\y(k)&=x_1(k)\end{aligned}$$

模型描述如下

$$y(k+1)=f[y(k),u(k)]$$

仿真中，取 $M=1$ 时为针对线性模型控制的程序。由于 $g_1 \geqslant \frac{\partial f}{\partial u}=1$，不妨取 $g_1=5$，由式 (10.13)，可取 $k_0=10$。

由式(10.14)可得 $0<(1+\sigma)l\gamma\leqslant\frac{1}{5}-\frac{1}{10}=\frac{1}{10}=0.10$。由式(10.15)得 $0<(l+\sigma)\gamma\leqslant1$，取 $l=9$，则参数选取条件变为：$0<9(1+\sigma)\gamma\leqslant0.10$ 和 $0<(9+\sigma)\gamma\leqslant1$。为了满足式(10.14)和式(10.15)，取 $\gamma=0.01$，$\sigma=0.001$。

RBF 神经网络的结构选为 2-9-1，控制输入为 $\boldsymbol{z}(k)=[x_1(k)\quad x_2(k)]^{\mathrm{T}}$，高斯函数参数 $\boldsymbol{c}_i$ 和 b_i 分别为$[-2\quad -1.5\quad -1.0\quad -0.5\quad 0\quad 0.5\quad 1.0\quad 1.5\quad 2]$和 2.0，神经网络的初始权值取(0,1)之间的随机数。模型的初始值为$[0\quad 0]$，理想跟踪信号为 $y_{\mathrm{m}}(k)=\sin\left(\frac{\pi}{1000}k\right)$，仿真结果如图 10.2～图 10.4 所示。

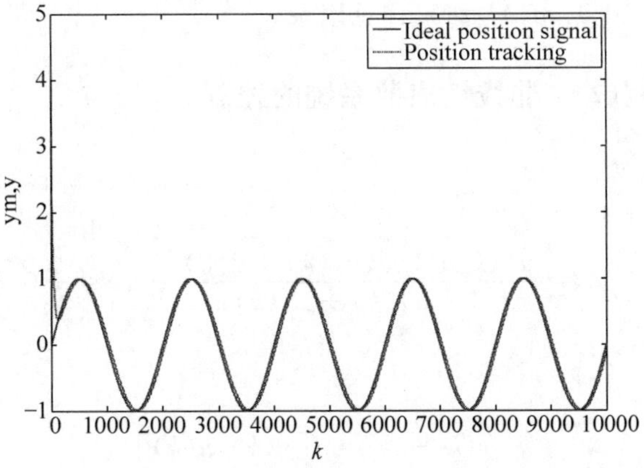

图 10.2　位置跟踪($M=1$)

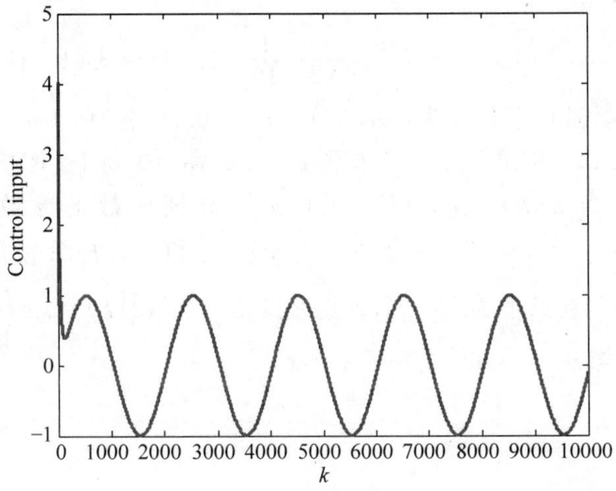

图 10.3　控制输入($M=1$)

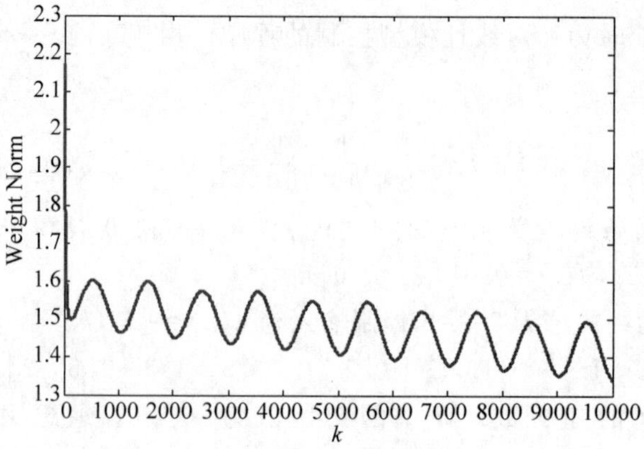

图 10.4 权值变化过程($M=1$)

仿真程序为 chap10_1.m($M=1$),详见附录。

10.2.3.2 实例(2):非线性离散系统的控制

离散非线性系统为

$$x_1(k+1) = x_2(k)$$

$$x_2(k+1) = \frac{x_1(k)x_2(k)(x_1(k)+2.5)}{1+x_1^2(k)+x_2^2(k)} + u(k) + 0.1u^3(k)$$

$$y(k) = x_1(k)$$

模型可描述如下:

$$y(k+1) = f[y(k),u(k)]$$

仿真中,取 $M=2$,针对非线性系统的控制。由于 $g_1 \geqslant \frac{\partial f}{\partial u} = 1+0.3u^2(k)$,取 $g_1=5$,由式(10.13),可取 $k_0=10$。

由式(10.14)可得 $0<(1+\sigma)l\gamma \leqslant \frac{1}{5}-\frac{1}{10}=\frac{1}{10}=0.10$,由式(10.15)得 $0<(l+\sigma)\gamma \leqslant 1$。如果选取 $l=9$,则参数选取条件变为:$0<9(1+\sigma)\gamma \leqslant 0.10$ 和 $0<(9+\sigma)\gamma \leqslant 1$。

为了满足式(10.14) 和式(10.15),选取 $\gamma=0.01$,$\sigma=0.001$。RBF 神经网络的结构选为 2-9-1,控制输入为 $\boldsymbol{z}(k)=[x_1(k)\quad x_2(k)]^{\mathrm{T}}$,高斯函数的参数 $\boldsymbol{c}_i$ 和 b_i 分别选为 $[-2\quad -1.5\quad -1.0\quad -0.5\quad 0\quad 0.5\quad 1.0\quad 1.5\quad 2]$ 和 2.0,神经网络的初始权值取(0,1)之间的随机数。模型的初始值为 $[0\quad 0]$,理想跟踪信号为 $y_m(k)=\sin\left(\frac{\pi}{1000}k\right)$,仿真结果如图 10.5~图 10.7 所示。

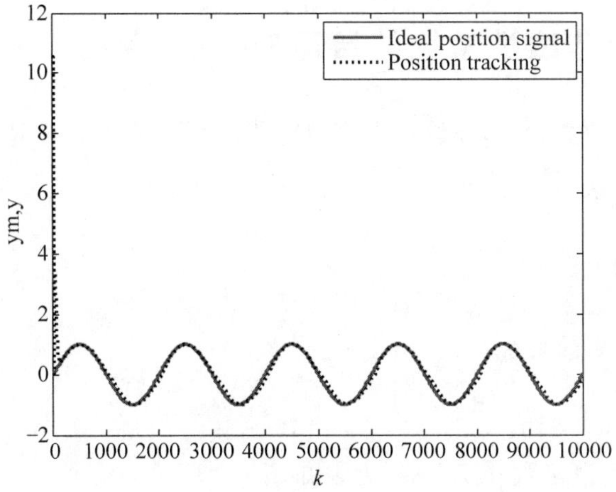

图 10.5 位置跟踪($M=2$)

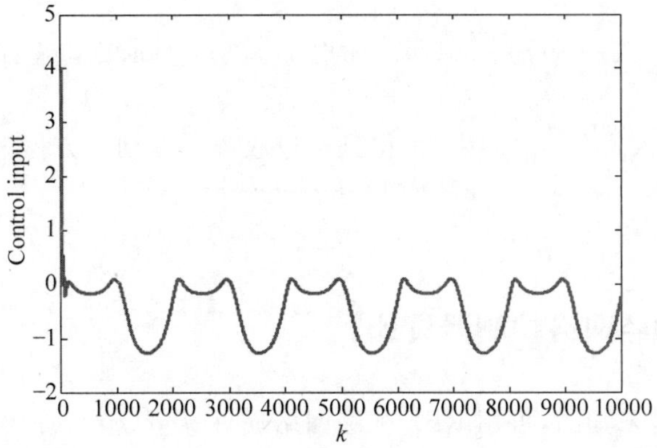

图 10.6 控制输入($M=2$)

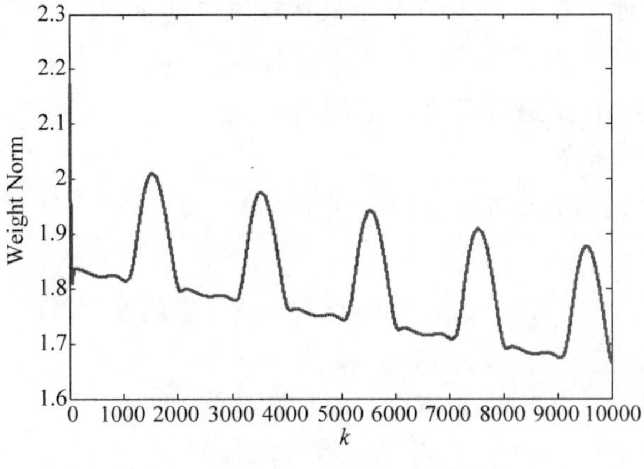

图 10.7 权值变化曲线($M=2$)

仿真程序为 chap10_1.m ($M=2$),详见附录。

10.3 一类离散非线性系统的自适应 RBF 控制

本节在文献[17]的基础上，探讨一类离散非线性系统的自适应 RBF 网络控制方法和仿真分析方法。

10.3.1 系统描述

考虑如下非线性离散系统：

$$y(k+1)=f[x(k)]+u(k) \tag{10.16}$$

其中，$x(k)=[y(k),y(k-1),\cdots,y(k-n+1)]^{\mathrm{T}}$ 为状态向量；$u(k)$ 为控制输入；$y(k)$ 为系统输出，假设非线性光滑函数 $f:R^n\rightarrow R$ 为未知。

10.3.2 经典控制器设计

定义跟踪误差为 $e(k)=y(k)-y_{\mathrm{d}}(k)$。如果 $f(x(k))$ 已知，则可设计反馈线性化控制律为

$$u(k)=y_{\mathrm{d}}(k+1)-f[x(k)]-c_1e(k) \tag{10.17}$$

将式 (10.17)代入式 (10.16)中，可得到渐进收敛误差动态方程为

$$e(k+1)+c_1e(k)=0 \tag{10.18}$$

其中，$|c_1|<1$。

10.3.3 自适应神经网络控制器设计

如果 $f(x(k))$ 是未知的，可用 RBF 神经网络逼近 $f[x(k)]$。神经网络的输出为

$$\hat{f}(\boldsymbol{x}(k))=\hat{\boldsymbol{w}}(k)^{\mathrm{T}}\boldsymbol{h}[\boldsymbol{x}(k)] \tag{10.19}$$

其中，$\hat{\boldsymbol{w}}(k)$ 为神经网络输出权值向量和 $\boldsymbol{h}(\boldsymbol{x}(k))$ 为高斯基函数。

对于任意非零逼近误差 ε_f，则存在某个最优权值向量 $\boldsymbol{w}^*$，使

$$f(\boldsymbol{x})=\hat{f}(\boldsymbol{x},\boldsymbol{w}^*)-\Delta_f(\boldsymbol{x}) \tag{10.20}$$

其中，$\Delta_f(\boldsymbol{x})$ 为最优神经网络逼近误差，$|\Delta_f(\boldsymbol{x})|<\varepsilon_f$。

则神经网络逼近误差为

$$\begin{aligned}\tilde{f}(\boldsymbol{x}(k))&=f[\boldsymbol{x}(k)]-\hat{f}[\boldsymbol{x}(k)]\\&=\hat{f}(\boldsymbol{x},\boldsymbol{w}^*)-\Delta_f[\boldsymbol{x}(k)]-\hat{\boldsymbol{w}}(k)^{\mathrm{T}}\boldsymbol{h}[\boldsymbol{x}(k)]\\&=-\tilde{\boldsymbol{w}}(k)^{\mathrm{T}}\boldsymbol{h}[\boldsymbol{x}(k)]-\Delta_f[\boldsymbol{x}(k)]\end{aligned} \tag{10.21}$$

其中，$\tilde{\boldsymbol{w}}(k)=\hat{\boldsymbol{w}}(k)-\boldsymbol{w}^*$。

采用神经网络逼近未知函数，根据式(10.17)，控制律设计为

$$u(k)=y_{\mathrm{d}}(k+1)-\hat{f}(\boldsymbol{x}(k))-c_1e(k) \tag{10.22}$$

图 10.8 为基于神经网络逼近的自适应控制系统框图。

将式(10.22)代入式(10.16)，可得

$$e(k+1)=\tilde{f}[\boldsymbol{x}(k)]-c_1e(k)$$

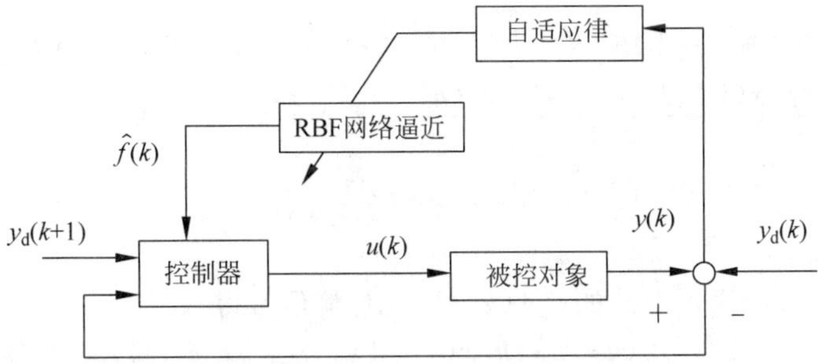

图 10.8　基于神经网络逼近的自适应控制

则

$$e(k)+c_1e(k-1)=\tilde{f}[\boldsymbol{x}(k-1)] \tag{10.23}$$

式(10.23)的另一种表达方式为

$$e(k)=\Gamma^{-1}(z^{-1})\tilde{f}[\boldsymbol{x}(k-1)] \tag{10.24}$$

其中，$\Gamma(z^{-1})=1+c_1z^{-1}$；$z^{-1}$为离散时间延时因子。

定义一个新的误差函数为[17]

$$e_1(k)=\beta[e(k)-\Gamma^{-1}(z^{-1})v(k)] \tag{10.25}$$

其中，$\beta>0$。

将式(10.24)代入式(10.25)，可得

$$\begin{aligned}e_1(k)&=\beta\Gamma^{-1}(z^{-1})\{\tilde{f}[\boldsymbol{x}(k-1)]-v(k)\}\\&=\beta\frac{1}{1+c_1z^{-1}}\{\tilde{f}[\boldsymbol{x}(k-1)]-v(k)\}\end{aligned}$$

整理可得

$$e_1(k-1)=\frac{\beta\{\tilde{f}[\boldsymbol{x}(k-1)]-v(k)\}-e_1(k)}{c_1} \tag{10.26}$$

根据文献[17]，设计自适应控制律为

$$\Delta\hat{\boldsymbol{w}}(k)=\begin{cases}\dfrac{\beta}{\gamma c_1^2}\boldsymbol{h}[\boldsymbol{x}(k-1)]e_1(k), & |e_1(k)|>\varepsilon_f/G\\0, & |e_1(k)|\leqslant\varepsilon_f/G\end{cases} \tag{10.27}$$

其中，$\Delta\hat{\boldsymbol{w}}(k)=\hat{\boldsymbol{w}}(k)-\hat{\boldsymbol{w}}(k-1)$；$\gamma$ 和 G 是严格的正常数。

10.3.4　稳定性分析

针对上面的离散闭环系统，文献[17]给出了稳定性分析。定义离散时间 Lyapunov 函数为

$$V(k)=e_1^2(k)+\gamma\tilde{\boldsymbol{w}}^{\mathrm{T}}(k)\tilde{\boldsymbol{w}}(k) \tag{10.28}$$

$V(k)$的一阶差分为

$$\begin{aligned}\Delta V(k)&=V(k)-V(k-1)\\&=e_1^2(k)-e_1^2(k-1)+\gamma[\tilde{\boldsymbol{w}}^{\mathrm{T}}(k)+\tilde{\boldsymbol{w}}^{\mathrm{T}}(k-1)][\tilde{\boldsymbol{w}}(k)-\tilde{\boldsymbol{w}}(k-1)]\end{aligned}$$

根据文献[14]，稳定性分析分为以下三步进行。

首先，将式(10.26)的 $e_1(k-1)$代入上式，可得

$$\Delta V(k)=e_1^2(k)-\frac{e_1^2(k)+\beta^2\{\tilde{f}[\boldsymbol{x}(k-1)]-v(k)\}^2-2\beta\{\tilde{f}[\boldsymbol{x}(k-1)]-v(k)\}e_1(k)}{c_1^2}$$

$$+\gamma\{[\hat{\boldsymbol{w}}(k)-\boldsymbol{w}^*]^{\mathrm{T}}+[\hat{\boldsymbol{w}}(k-1)-\boldsymbol{w}^*]^{\mathrm{T}}\}\{[\hat{\boldsymbol{w}}(k)-\boldsymbol{w}^*]-[\hat{\boldsymbol{w}}(k-1)-\boldsymbol{w}^*]\}$$

$$=-V_1+\frac{2\beta\{\tilde{f}[\boldsymbol{x}(k-1)]-v(k)\}e_1(k)}{c_1^2}+\gamma[\Delta\hat{\boldsymbol{w}}^{\mathrm{T}}(k)+2\tilde{\boldsymbol{w}}^{\mathrm{T}}(k-1)]\Delta\hat{\boldsymbol{w}}(k)$$

其中,$V_1=\frac{e_1^2(k)(1-c_1^2)}{c_1^2}+\frac{\beta^2\{\tilde{f}[\boldsymbol{x}(k-1)]-v(k)\}^2}{c_1^2}\geqslant 0$。

其次,将式(10.21)代入上式的$\tilde{f}[\boldsymbol{x}(k-1)]$中,整理可得

$$\Delta V(k)=-V_1+\frac{2\beta\{-\tilde{\boldsymbol{w}}(k-1)^{\mathrm{T}}\boldsymbol{h}[\boldsymbol{x}(k-1)]-\Delta_f[\boldsymbol{x}(k-1)]-v(k)\}e_1(k)}{c_1^2}+$$

$$\gamma\Delta\hat{\boldsymbol{w}}^{\mathrm{T}}(k)\Delta\hat{\boldsymbol{w}}(k)+2\gamma\tilde{\boldsymbol{w}}^{\mathrm{T}}(k-1)\Delta\hat{\boldsymbol{w}}(k)$$

$$=-V_1+2\tilde{\boldsymbol{w}}^{\mathrm{T}}(k-1)\left\{\gamma\Delta\hat{\boldsymbol{w}}(k)-\frac{\beta}{c_1^2}\boldsymbol{h}[\boldsymbol{x}(k-1)]e_1(k)\right\}-$$

$$\frac{2\beta}{c_1^2}\{\Delta_f[\boldsymbol{x}(k-1)]+v(k)\}e_1(k)+\gamma\Delta\hat{\boldsymbol{w}}^{\mathrm{T}}(k)\Delta\hat{\boldsymbol{w}}(k)$$

最后,将自适应律式(10.27)代入上式,可得

$$\Delta V(k)=\begin{cases}-V_1-\dfrac{2\beta}{c_1^2}\{\Delta_f[\boldsymbol{x}(k-1)]+v(k)\}e_1(k)+\\ \left(\dfrac{\beta}{\sqrt{\gamma}c_1^2}\right)^2\boldsymbol{h}^{\mathrm{T}}[\boldsymbol{x}(k-1)]\boldsymbol{h}[\boldsymbol{x}(k-1)]e_1^2(k), & |e_1(k)|>\varepsilon_f/G\\ -V_1-\dfrac{2\beta}{c_1^2}\{\tilde{\boldsymbol{w}}^{\mathrm{T}}(k-1)\boldsymbol{h}[\boldsymbol{x}(k-1)]+v(k)+\\ \Delta_f[\boldsymbol{x}(k-1)]e_1(k)\}, & |e_1(k)|\leqslant\varepsilon_f/G\end{cases}\tag{10.29}$$

辅助控制信号 $v(k)$的设计应保证 $e_1(k)\to 0$,从而 $e(k)\to 0$。设计辅助控制信号为[14]

$$v(k)=v_1(k)+v_2(k)\tag{10.30}$$

其中,$v_1(k)=\frac{\beta}{2\gamma c_1^2}\boldsymbol{h}^{\mathrm{T}}[\boldsymbol{x}(k-1)]\boldsymbol{h}[\boldsymbol{x}(k-1)]e_1(k)$和 $v_2(k)=Ge_1(k)$。

如果$|e_1(k)|>\varepsilon_f/G$,将式(10.30)代入式 (10.29),整理可得

$$\Delta V(k)=-V_1-\frac{2\beta}{c_1^2}\{\Delta_f[\boldsymbol{x}(k-1)]+Ge_1(k)\}e_1(k)$$

$$\leqslant-\frac{2\beta}{c_1^2}\{\Delta_f[\boldsymbol{x}(k-1)]+Ge_1(k)\}e_1(k)$$

由 $|\Delta_f(\boldsymbol{x})|<\varepsilon_f$, $|e_1(k)|>\varepsilon_f/G$, 则 $|e_1(k)|>\frac{|\Delta_f[\boldsymbol{x}(k-1)]|}{G}$, $e_1^2(k)>-\frac{\Delta_f[\boldsymbol{x}(k-1)]e_1(k)}{G}$,因此$\{\Delta_f[\boldsymbol{x}(k-1)]+Ge_1(k)\}e_1(k)>0$,从而可得 $\Delta V(k)<0$。

如果$|e_1(k)|\leqslant\varepsilon_f/G$,则可保证跟踪性能,且 $\Delta V(k)$可以任意小。

仿真说明如下:

(1) 由式(10.25)可得 $e_1(k)=\beta\left[e(k)-\frac{1}{1+c_1z^{-1}}v(k)\right]$,则 $e_1(k)(1+c_1z^{-1})=\beta[e(k)(1+c_1z^{-1})-v(k)]$,因此

$$e_1(k)=-c_1e_1(k-1)+\beta[e(k)+c_1e(k-1)-v(k)]\tag{10.31}$$

(2) 通过 Lyapunov 稳定性分析,如果 $k\to\infty$,$e_1(k)\to 0$,由式(10.30),可得 $v(k)\to 0$,再

由式 (10.31)，很显然 $e(k)+c_1e(k-1)\to 0$，考虑到 $|c_1|<1$，可得 $e(k)\to 0$。

(3) $v(k)$是一个虚拟变量，由式(10.30)，令 $v_1'(k)=\frac{\beta}{2\gamma c_1^2}\boldsymbol{h}^{\mathrm{T}}[\boldsymbol{x}(k-1)]\boldsymbol{h}[\boldsymbol{x}(k-1)]$，可得 $v(k)=[v_1'(k)+G]e_1(k)$，将 $v(k)$代入式(10.31)中，可得 $e_1(k)=-c_1e_1(k-1)+\beta\{e(k)+c_1e(k-1)-[v_1'(k)+G]e_1(k)\}$，进一步整理得

$$e_1(k)=\frac{-c_1e_1(k-1)+\beta[e(k)+c_1e(k-1)]}{1+\beta[v'_1(k)+G]} \tag{10.32}$$

10.3.5 仿真实例

10.3.5.1 实例(1)：线性离散系统

考虑如下线性离散系统：

$$y(k)=0.5y(k-1)+u(k-1)$$

其中，$f[x(k-1)]=0.5y(k-1)$。

采用RBF神经网络逼近 $f[\boldsymbol{x}(k-1)]$，RBF神经网络结构为1-9-1，由 $f[\boldsymbol{x}(k-1)]$的表达式可知，网络输入可取 $y(k-1)$，高斯函数的参数 $\boldsymbol{c}_i$ 和 b_i 分别选为 $[-1\quad -0.5\quad 0\quad 0.5\quad 1]$ 和15($i=1,j=1,2,\cdots,5$)，神经网络的初始权值取 (0,1)之间的随机数，控制对象的初始值为0，理想跟踪信号为 $y_{\mathrm{d}}(k)=\sin 2\pi t$。$e_1(k)$由式(10.32)计算可得，控制律采用式(10.22)，自适应律采用式(10.27)。控制参数取 $c_1=-0.01$，$\beta=0.001$，$\gamma=0.001$，$G=50000$，$\varepsilon_f=0.003$。仿真结果如图10.9～图10.11所示。

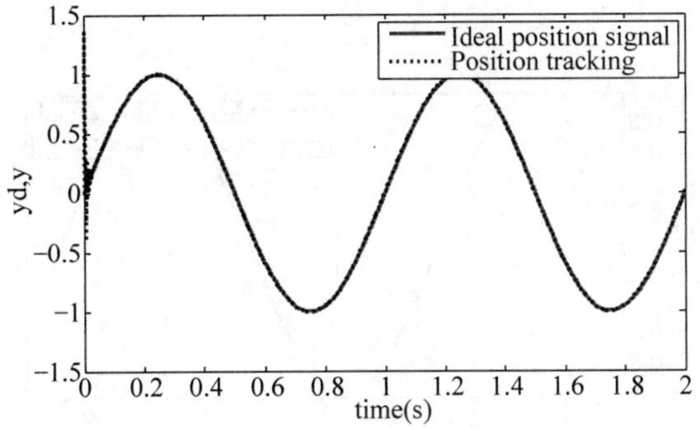

图10.9 位置跟踪

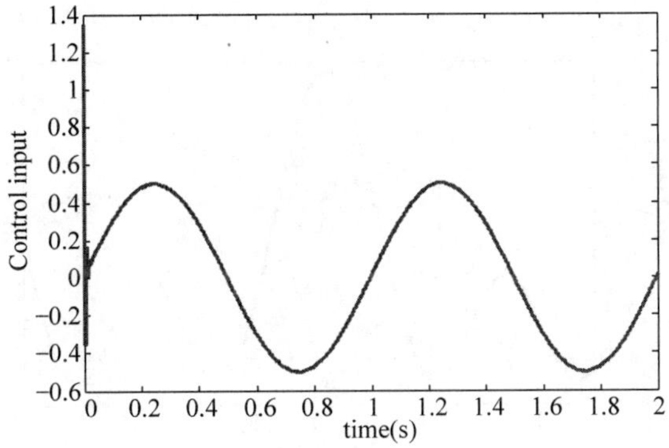

图10.10 控制输入

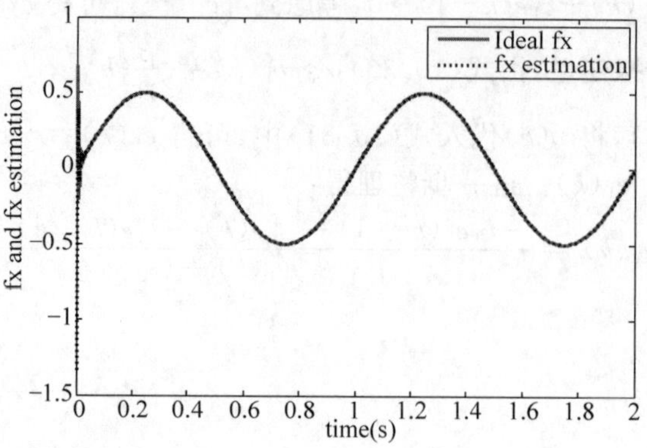

图 10.11　$f[x(k-1)]$及其逼近

仿真主程序为 chap10_2.m,详见附录。

10.3.5.2　实例(2):非线性离散系统

离散非线性系统为

$$y(k)=\frac{0.5y(k-1)[1-y(k-1)]}{1+\exp[-0.25y(k-1)]}+u(k-1)$$

其中,$f[x(k-1)]=\dfrac{0.5y(k-1)[1-y(k-1)]}{1+\exp[-0.25y(k-1)]}$。

假设 $f[x(k-1)]$为已知,控制律采用式(10.17),取 $c_1=-0.01$,仿真结果如图 10.12 和图 10.13 所示。

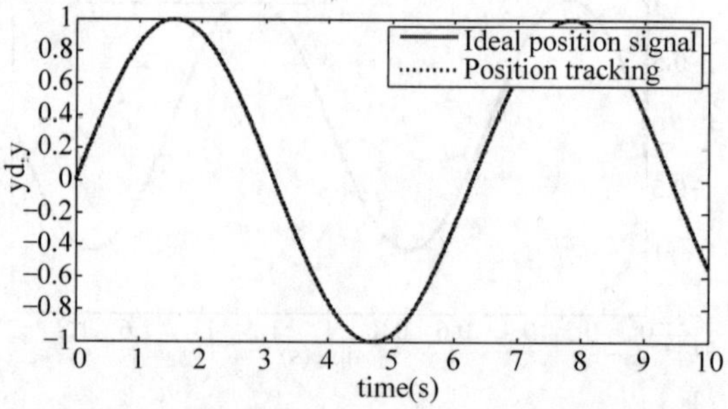

图 10.12　$f[x(k-1)]$已知时的位置跟踪

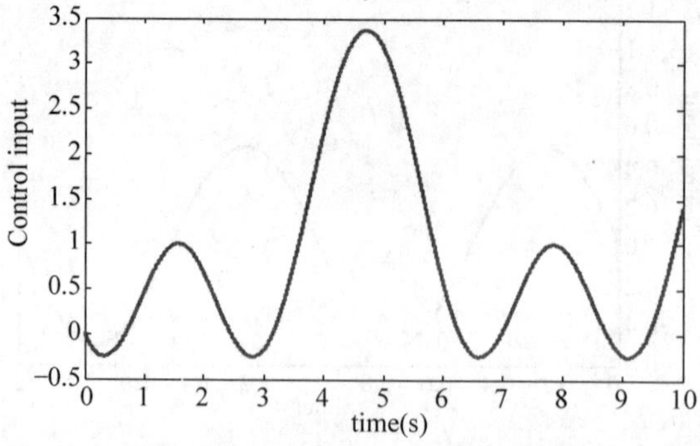

图 10.13　$f[x(k-1)]$已知时的控制输入

假设 $f[x(k-1)]$为未知，并用 RBF 神经网络对其进行逼近，RBF 神经网络的结构为 1-9-1，由 $f[x(k-1)]$的表达式可知，网络输入可取 $y(k-1)$，高斯函数的参数 $\boldsymbol{c}_i$ 和 b_i 分别选为[−2 −1.5 −1.0 −0.5 0 0.5 1.0 1.5 2]和 15($i=1,j=1,2,\cdots,9$)，神经网络的初始权值取 (0,1)之间的随机数。控制对象的初始值为 0，理想跟踪信号为 $y_d(k)=\sin t$。$e_1(k)$由式(10.32)计算可得，控制律采用式(10.22)，自适应律采用式(10.27)，控制参数取 $c_1=-0.01,\beta=0.001,\gamma=0.001,G=50000,\varepsilon_f=0.003$。仿真结果如图 10.14～图 10.16 所示。

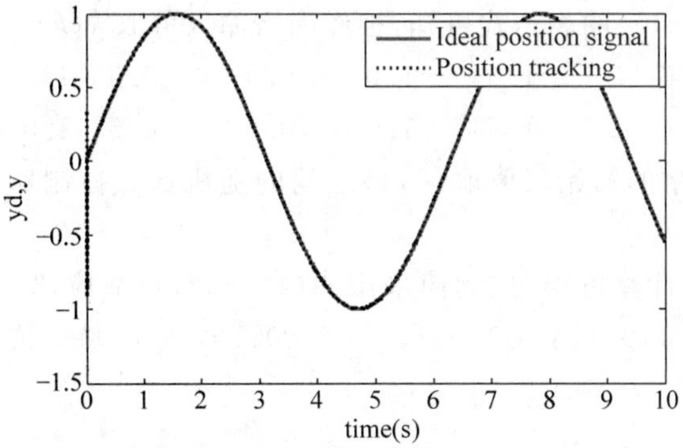

图 10.14 $f[x(k-1)]$未知时的位置跟踪

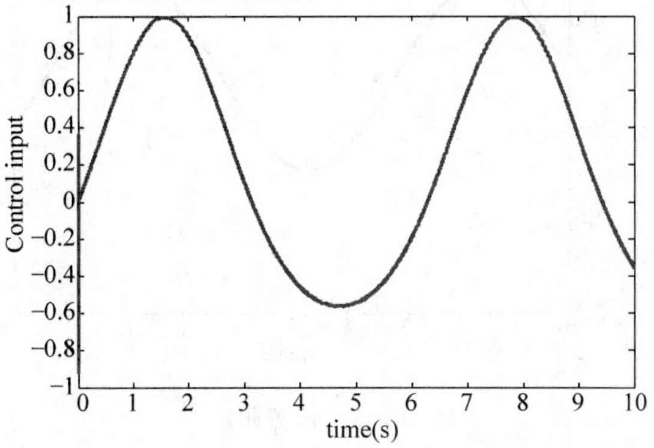

图 10.15 $f[x(k-1)]$未知时的控制输入

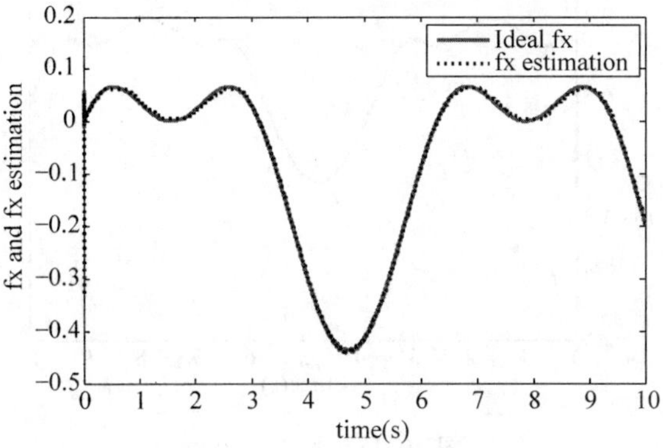

图 10.16 $f[x(k-1)]$ 及其逼近

仿真主程序为 chap10_3.m 和 chap10_4.m，详见附录。

10.3.5.3 实例(3)：非线性离散系统

非线性离散时间系统为

$$y(k)=f[x(k-1)]+u(k-1)$$

其中，$f[x(k-1)]=\dfrac{1.5y(k-1)y(k-2)}{1+y^2(k-1)+y^2(k-2)}+0.35\sin[y(k-1)+y(k-2)]$。

假设 $f[x(k-1)]$为未知函数，采用 RBF 神经网络对其进行逼近。RBF 神经网络的结构为 2-9-1，由 $f[x(k-1)]$的表达式可知，神经网络输入可取 $y(k-1)$和 $y(k-2)$。高斯函数的参数 $\boldsymbol{c}_i$ 和 b_i 取为$\begin{bmatrix}-2 & -1.5 & -1.0 & -0.5 & 0 & 0.5 & 1.0 & 1.5 & 2\\ -2 & -1.5 & -1.0 & -0.5 & 0 & 0.5 & 1.0 & 1.5 & 2\end{bmatrix}$和 15($i=1$, $j=1,2,\cdots,9$)，神经网络的初始权值取(0,1)之间的随机数。控制对象的初始值为 0，理想跟踪信号为 $y_{\mathrm{d}}(k)=\sin t$。

$e_1(k)$由式(10.32)计算可得，控制律采用式(10.22)，自适应律采用式(10.27)，控制参数取 $c_1=-0.01$，$\beta=0.001$，$\gamma=0.001$，$G=50000$，$\varepsilon_f=0.003$，仿真结果如图 10.17～图 10.19 所示。

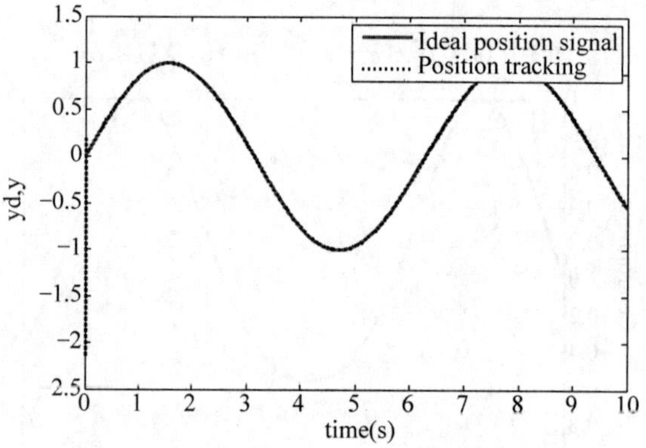

图 10.17 位置跟踪

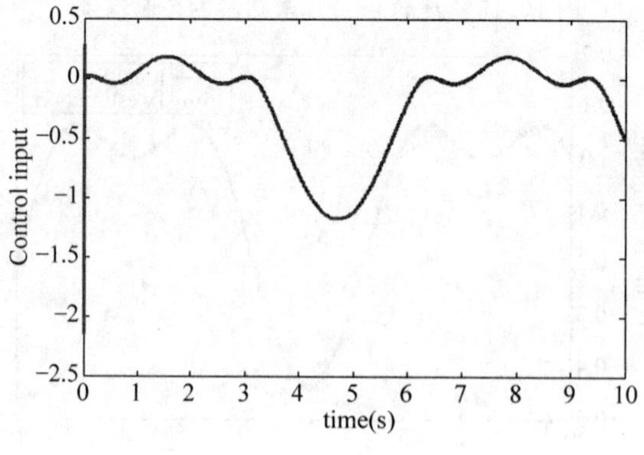

图 10.18 控制输入

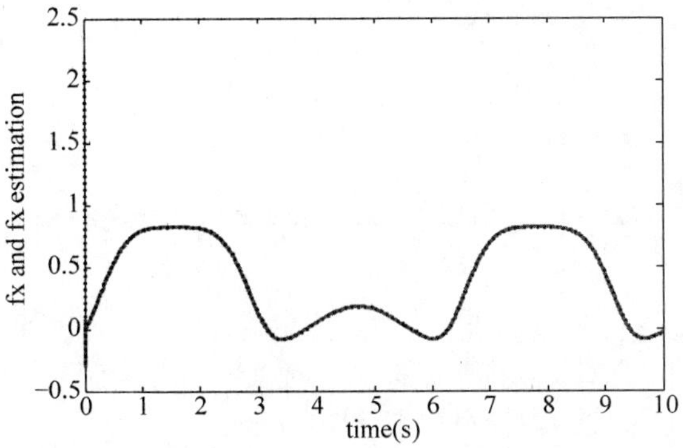

图 10.19　$f[x(k-1)]$ 及其逼近

仿真主程序为 chap10_5.m，详见附录。

附录　仿真程序

10.2.3 节的程序：chap10_1.m

```
%Discrete neural controller
clear all;
close all;
L = 9;       %Hidden neural nets

c = [-2 -1.5 -1 -0.5 0 0.5 1 1.5 2;
     -2 -1.5 -1 -0.5 0 0.5 1 1.5 2];
b = 2;
w = rand(L,1);
w_1 = w;

u_1 = 0;
x1_1 = 0;x1_2 = 0;
x2_1 = 0;
z = [0,0]';

Gama = 0.01;rou = 0.001;


L * (1 + rou) * Gama        %<= 1/g1 - 1/k0
(L + rou) * Gama            %<= 1.0

for k = 1:1:10000
time(k) = k;
ym(k) = sin(pi/1000 * k);

y(k) = x1_1;               %tol = 1
e(k) = y(k) - ym(k);

M = 2;
```

```
if M == 1                % Linear model
x1(k) = x2_1;
x2(k) = u_1;
elseif M == 2            % Nonlinear model
x1(k) = x2_1;
x2(k) = (x1(k) * x2_1 * (x1(k) + 2.5))/(1 + x1(k)^2 + x2_1^2) + u_1 + 0.1 * u_1^3;
end

z(1) = x1(k);z(2) = x2(k);
for j = 1:1:L
    h(j) = exp( - norm(z - c(:,j))^2/(2 * b^2));
end
w = w_1 - Gama * (h' * e(k) + rou * w_1);
wn(k) = norm(w);

u(k) = w' * h';

 %u(k) = 0.20 * (ym(k) - x1(k));    % P control
x1_2 = x1_1;
x1_1 = x1(k);

x2_1 = x2(k);

w_1 = w;
u_1 = u(k);
end
figure(1);
plot(time,ym,'r',time,x1,'k:','linewidth',2);
xlabel('k');ylabel('ym,y');
legend('Ideal position signal','Position tracking');
figure(2);
plot(time,u,'r','linewidth',2);
xlabel('k');ylabel('Control input');
figure(3);
plot(time,wn,'r','linewidth',2);
xlabel('k');ylabel('Weight Norm');
```

10.3.5.1 节的程序：chap10_2.m

```
 %Discrete RBF controller
clear all;
close all;
ts = 0.001;

c1 = - 0.01;
beta = 0.001;
epcf = 0.003;
gama = 0.001;
G = 50000;
```

```
b = 15;
c = [ - 1  - 0.5 0 0.5 1];
w = rands(5,1);
w_1 = w;

u_1 = 0;
y_1 = 0;
e1_1 = 0;
e_1 = 0;
fx_1 = 0;
for k = 1:1:2000
time(k) = k * ts;

yd(k) = sin(2 * pi * k * ts);
yd1(k) = sin(2 * pi * (k + 1) * ts);
%Nonlinear plant
fx(k) = 0.5 * y_1;
y(k) = fx_1 + u_1;

e(k) = y(k) - yd(k);

x(1) = y_1;
for j = 1:1:5
    h(j) = exp( - norm(x - c(:,j))^2/(2 * b^2));
end
v1_bar(k) = beta/(2 * gama * c1^2) * h * h';

e1(k) = ( - c1 * e1_1 + beta * (e(k) + c1 * e_1))/(1 + beta * (v1_bar(k) + G));

if abs(e1(k))> epcf/G
  w = w_1 + beta/(gama * c1^2) * h' * e1(k);
elseif abs(e1(k))< = epcf/G
  w = w_1;
end
fnn(k) = w' * h';

u(k) = yd1(k) - fnn(k) - c1 * e(k);
%u(k) = yd1(k) - fx(k) - c1 * e(k);   %With precise fx

fx_1 = fx(k);
y_1 = y(k);

w_1 = w;
u_1 = u(k);
e1_1 = e1(k);
e_1 = e(k);
end
figure(1);
plot(time,yd,'r',time,y,'k:','linewidth',2);
xlabel('time(s)');ylabel('yd,y');
legend('Ideal position signal','Position tracking');
```

```
figure(2);
plot(time,u,'r','linewidth',2);
xlabel('time(s)');ylabel('Control input');
figure(3);
plot(time,fx,'r',time,fnn,'k:','linewidth',2);
xlabel('time(s)');ylabel('fx and fx estimation');
legend('Ideal fx','fx estimation');
```

10.3.5.2 节的程序

1. f[x(k−1)]已知时的仿真程序：chap10_3.m

```
%Discrete controller
clear all;
close all;
ts = 0.001;

c1 = - 0.01;
u_1 = 0;y_1 = 0;
fx_1 = 0;
for k = 1:1:20000
time(k) = k * ts;

yd(k) = sin(k * ts);
yd1 = sin((k + 1) * ts);
%Nonlinear plant
fx(k) = 0.5 * y_1 * (1 - y_1)/(1 + exp( - 0.25 * y_1));
y(k) = fx_1 + u_1;

e(k) = y(k) - yd(k);

u(k) = yd1 - fx(k) - c1 * e(k);

y_1 = y(k);
u_1 = u(k);
fx_1 = fx(k);
end
figure(1);
plot(time,yd,'r',time,y,'k:','linewidth',2);
xlabel('time(s)');ylabel('yd,y');
legend('Ideal position signal','Position tracking');
figure(2);
plot(time,u,'r','linewidth',2);
xlabel('time(s)');ylabel('Control input');
```

2. f[x(k−1)]未知时的仿真程序：chap10_4.m

```
%Discrete RBF controller
clear all;
close all;
```

```
ts = 0.001;

c1 = -0.01;
beta = 0.001;
epcf = 0.003;
gama = 0.001;
G = 50000;

b = 15;
c = [-2 -1.5 -1 -0.5 0 0.5 1 1.5 2];
w = rands(9,1);
w_1 = w;

u_1 = 0;
y_1 = 0;
e1_1 = 0;
e_1 = 0;
fx_1 = 0;
for k = 1:1:10000
time(k) = k * ts;

yd(k) = sin(k * ts);
yd1(k) = sin((k+1) * ts);
%Nonlinear plant
fx(k) = 0.5 * y_1 * (1 - y_1)/(1 + exp(-0.25 * y_1));
y(k) = fx_1 + u_1;

e(k) = y(k) - yd(k);

x(1) = y_1;
for j = 1:1:9
    h(j) = exp(-norm(x - c(:,j))^2/(2 * b^2));
end
v1_bar(k) = beta/(2 * gama * c1^2) * h * h';

e1(k) = (-c1 * e1_1 + beta * (e(k) + c1 * e_1))/(1 + beta * (v1_bar(k) + G));

if abs(e1(k))> epcf/G
   w = w_1 + beta/(gama * c1^2) * h' * e1(k);
elseif abs(e1(k))<= epcf/G
   w = w_1;
end
fnn(k) = w' * h';

u(k) = yd1(k) - fnn(k) - c1 * e(k);
%u(k) = yd1(k) - fx(k) - c1 * e(k);   %With precise fx

fx_1 = fx(k);
y_1 = y(k);

w_1 = w;
```

```
u_1 = u(k);
e1_1 = e1(k);
e_1 = e(k);
end
figure(1);
plot(time,yd,'r',time,y,'k:','linewidth',2);
xlabel('time(s)');ylabel('yd,y');
legend('Ideal position signal','Position tracking');
figure(2);
plot(time,u,'r','linewidth',2);
xlabel('time(s)');ylabel('Control input');
figure(3);
plot(time,fx,'r',time,fnn,'k:','linewidth',2);
xlabel('time(s)');ylabel('fx and fx estimation');
```

10.3.5.3 节的程序：chap10_5.m

```
%Discrete RBF controller
clear all;
close all;
ts = 0.001;

c1 = -0.01;
beta = 0.001;
epcf = 0.003;
gama = 0.001;
G = 50000;

b = 15;
c = [-2 -1.5 -1 -0.5 0 0.5 1 1.5 2;
     -2 -1.5 -1 -0.5 0 0.5 1 1.5 2];
w = rands(9,1);
w_1 = w;

u_1 = 0;y_1 = 0;y_2 = 0;
e1_1 = 0;e_1 = 0;
x = [0 0]';
fx_1 = 0;
for k = 1:1:10000
time(k) = k*ts;

yd(k) = sin(k*ts);
yd1(k) = sin((k+1)*ts);
%Linear model
fx(k) = 1.5*y_1*y_2/(1+y_1^2+y_2^2)+0.35*sin(y_1+y_2);
y(k) = fx_1+u_1;

e(k) = y(k)-yd(k);

x(1) = y_1;x(2) = y_2;
```

```
for j = 1:1:9
    h(j) = exp( - norm(x - c(:,j))^2/(2 * b^2));
end

v1_bar(k) = beta/(2 * gama * c1^2) * h * h';
e1(k) = ( - c1 * e1_1 + beta * (e(k) + c1 * e_1))/(1 + beta * (v1_bar(k) + G));
if abs(e1(k))> epcf/G
    w = w_1 + beta/(gama * c1^2) * h' * e1(k);
elseif abs(e1(k))< = epcf/G
    w = w_1;
end
fnn(k) = w' * h';

u(k) = yd1(k) - fnn(k) - c1 * e(k);
 % u(k) = yd1(k) - fx(k) - c1 * e(k);  % With precise fx
 % u(k) = 0.10 * (x1d(k) - x1(k));     % P control

fx_1 = fx(k);
y_2 = y_1;
y_1 = y(k);
w_1 = w;
u_1 = u(k);
e1_1 = e1(k);
e_1 = e(k);
end
figure(1);
plot(time,yd,'r',time,y,'k:','linewidth',2);
xlabel('time(s)');ylabel('yd,y');
legend('Ideal position signal','Position tracking');
figure(2);
plot(time,u,'r','linewidth',2);
xlabel('time(s)');ylabel('Control input');
figure(3);
plot(time,fx,'r',time,fnn,'k:','linewidth',2);
xlabel('time(s)');ylabel('fx and fx estimation');
```

参考文献

[1] Jagannathan S, Lewis F L. Discrete-time neural net controller with guaranteed performance[C]. //Proceedings of the American control conference, 1994: 3334-3339.

[2] Ge S S, Li G Y, Lee T H. Adaptive N N control for a class of strict-feedback discrete-time nonlinear systems[J]. Automatica, 2003, 39(5): 807-819.

[3] Yang C, Li Y, Ge S S, Lee T H. Adaptive control of a class of discrete-time MIMO nonlinear systems with uncertain couplings[J]. Int J Control, 2010, 83(10): 2120-2133.

[4] Ge S S, Yang C, Dai S, Jiao Z, Lee T H. Robust adaptive control of a class of nonlinear strict-feedback discrete-time systems with exact output tracking[J]. Automatica, 2009, 45(11): 2537-2545.

[5] Yang C, Ge S S, Lee T H. Output feedback adaptive control of a class of nonlinear discrete-time systems with unknown control directions[J]. Automatica, 2009, 45(1): 270-276.

[6] Yang C, Ge S S, Xiang C, Chai T, Lee T H. Output feedback N N Control for two classes of discrete-time systems with unknown control directions in a unified approach[J]. IEEE Trans Neural Netw, 2008, 19(11): 1873-1886.

[7] Ge S S, Yang C, Lee T H. Adaptive robust control of a class of nonlinear strict-feedback discrete-time systems with unknown control directions[J]. Syst Control Lett, 2008, 57: 888-895.

[8] Ge S S, Yang C, Lee T H. Adaptive predictive control using neural network for a class of pure-feedback systems in discrete time[J]. IEEE Trans Neural Netw, 2008, 19(9): 1599-1614.

[9] Zhang J, Ge S S, Lee T H. Output feedback control of a class of discrete MIMO nonlinear systems with triangular form inputs[J]. IEEE Trans Neural Netw, 2005, 16(6): 1491-1503.

[10] Ge S S, Zhang J, Lee T H. State feedback N N control of a class of discrete MIMO nonlinear systems with disturbances[J]. IEEE Trans Syst, Man Cybern (Part B) Cybern, 2004, 34(4): 1630-1645.

[11] Ge S S, Li Y, Zhang J, Lee T H. Direct adaptive control for a class of MIMO nonlinear systems using neural networks[J]. IEEE Trans Autom Control, 2004, 49(11): 2001-2006.

[12] Ge S S, Zhang J, Lee T H. Adaptive M N N control for a class of non-affine NARMAX systems with disturbances[J]. Syst Control Lett, 2004, 53: 1-12.

[13] Ge S S, Lee T H, Li G Y, Zhang J. Adaptive N N control for a class of discrete-time nonlinear systems[J]. Int J Control, 2003, 76(4): 334-354.

[14] Lee S. Neural network based adaptive control and its applications to aerial vehicles[D]. School of Aerospace Engineering, Georgia Institute of Technology, Atlanta, GA, 2001.

[15] Shin D H, Kim Y. Nonlinear discrete-time reconfigurable flight control law using neural networks[J]. IEEE Trans Control Syst Technol, 2006, 14(3): 408-422.

[16] Zhang J, Ge S S, Lee T H. Direct RBF neural network control of a class of discrete-time non-affine nonlinear systems. In: Proceedings of the American control conference, 2002: 424-429.

[17] Fabri S G, Kadirkamanathan V. Functional adaptive control: an intelligent systems approach. New York: Springer, 2001.

第11章 自适应RBF观测器设计及滑模控制

11.1 自适应 RBF 观测器设计

利用神经网络观测器，可以实现无须建模信息的位置反馈控制器。文献[1-4]介绍了基于神经网络观测器和控制器的设计方法。文献[1]为针对一类单输入单输出（SISO）非线性系统设计了动态递归神经网络自适应观测器，其中神经网络的权值是在线调整的，且观测器设计无须模型信息。本节采用 RBF 网络代替动态递归神经网络，实现模型信息的自适应估计，更加简单快速。

11.1.1 系统描述

考虑一个二阶 SISO 非线性系统：

$$\begin{cases}\dot{\boldsymbol{x}} = \boldsymbol{A}\boldsymbol{x} + \boldsymbol{b}[f(\boldsymbol{x}) + g(\boldsymbol{x})u + d(t)] \\ y = \boldsymbol{C}^{\mathrm{T}}\boldsymbol{x}\end{cases} \tag{11.1}$$

其中，$\boldsymbol{x}=[x_1 \quad x_2]^{\mathrm{T}}$；$\boldsymbol{A}=\begin{bmatrix}0 & 1\\0 & 0\end{bmatrix}$；$\boldsymbol{b}=[0 \quad 1]^{\mathrm{T}}$；$\boldsymbol{C}=[1 \quad 0]^{\mathrm{T}}$；$y\in\boldsymbol{R}$；$u\in\boldsymbol{R}$；$d(t)$为外界干扰，且$|d(t)|\leqslant b_{\mathrm{d}}$；$f(\boldsymbol{x})$和 $g(\boldsymbol{x})$为未知非线性函数。

11.1.2 自适应 RBF 观测器设计

参考文献[1]，针对式(11.1)可设计如下观测器：

$$\begin{cases}\dot{\hat{\boldsymbol{x}}} = \boldsymbol{A}\hat{\boldsymbol{x}} + \boldsymbol{b}[\hat{f}(\hat{\boldsymbol{x}}) + \hat{g}(\hat{\boldsymbol{x}})u - v(t)] + \boldsymbol{K}(y - \boldsymbol{C}^{\mathrm{T}}\hat{\boldsymbol{x}}) \\ \hat{y} = \boldsymbol{C}^{\mathrm{T}}\hat{\boldsymbol{x}}\end{cases} \tag{11.2}$$

其中，$\hat{\boldsymbol{x}}$为 $\boldsymbol{x}$ 的估计值；$\boldsymbol{K}$ 为观测器的增益，$\boldsymbol{K}=[k_1 \quad k_2]^{\mathrm{T}}$；$\hat{f}(\hat{\boldsymbol{x}})$和$\hat{g}(\hat{\boldsymbol{x}})$为未知非线性函数 $f(\boldsymbol{x})$和 $g(\boldsymbol{x})$的估计；$v(t)$为鲁棒项。

在观测器式(11.2)中，$f(\boldsymbol{x})$和 $g(\boldsymbol{x})$均采用神经网络进行估计。未知连续非线性函数可采用理想权值 $\boldsymbol{W}^*$ 和足够数量的基函数 $\boldsymbol{h}(\boldsymbol{x})$组成的神经网络表示。即

$$\begin{cases} f(\boldsymbol{x}) = \boldsymbol{W}_1^{*\mathrm{T}}\boldsymbol{h}_1(\boldsymbol{x}) + \varepsilon_1(\boldsymbol{x}), & |\varepsilon_1(\boldsymbol{x})| \leqslant \varepsilon_{1,\mathrm{N}} \\ g(\boldsymbol{x}) = \boldsymbol{W}_2^{*\mathrm{T}}\boldsymbol{h}_2(\boldsymbol{x}) + \varepsilon_2(\boldsymbol{x}), & |\varepsilon_2(\boldsymbol{x})| \leqslant \varepsilon_{2,\mathrm{N}} \end{cases} \tag{11.3}$$

其中，$\varepsilon_1(\boldsymbol{x})$和$\varepsilon_2(\boldsymbol{x})$是神经网络逼近误差。

假设理想权值$\boldsymbol{W}_1^*$和$\boldsymbol{W}_2^*$是有界的，即

$$\|\boldsymbol{W}^*\|_{i,\mathrm{F}} \leqslant \boldsymbol{W}_{i,\mathrm{M}}, \quad i = 1,2 \tag{11.4}$$

采用神经网络逼近$f(\boldsymbol{x})$和$g(\boldsymbol{x})$，表示为

$$\hat{f}(\hat{\boldsymbol{x}}) = \hat{\boldsymbol{W}}_1^{\mathrm{T}}\boldsymbol{h}_1(\hat{\boldsymbol{x}}), \quad \hat{g}(\hat{\boldsymbol{x}}) = \hat{\boldsymbol{W}}_2^{\mathrm{T}}\boldsymbol{h}_2(\hat{\boldsymbol{x}}) \tag{11.5}$$

其中，$\hat{\boldsymbol{W}}_1$和$\hat{\boldsymbol{W}}_2$是估计权值，定义估计误差为$\widetilde{\boldsymbol{W}}_i = \boldsymbol{W}_i^* - \hat{\boldsymbol{W}}_i (i=1,2)$。

下面的定理给出了自适应神经网络观测器的稳定性分析。

定理[1] 假设控制输入$u(t)$有界，$|u(t)| \leqslant u_{\mathrm{d}}$，则可设计如下的神经网络观测器：

$$\begin{cases} \dot{\hat{\boldsymbol{x}}} = \boldsymbol{A}\hat{\boldsymbol{x}} + \boldsymbol{b}[\hat{\boldsymbol{W}}_1^{\mathrm{T}}\hat{\boldsymbol{h}}_1 + \hat{\boldsymbol{W}}_2^{\mathrm{T}}\hat{\boldsymbol{h}}_2 u - v_1 - v_2] + \boldsymbol{K}(y - \boldsymbol{C}\hat{\boldsymbol{x}}) \\ \hat{y} = \boldsymbol{C}^{\mathrm{T}}\hat{\boldsymbol{x}} \end{cases} \tag{11.6}$$

其中，鲁棒项由下式给出

$$v_i(t) = -D_i \frac{\tilde{y}}{|\tilde{y}|}, \quad i = 1,2 \tag{11.7}$$

其中，$D_1 \geqslant \beta_1\sigma_{\mathrm{M}}$；$D_2 \geqslant \beta_2\sigma_{\mathrm{M}}u_{\mathrm{d}}$；$\sigma_{\mathrm{M}} = \sigma_{\max}[L^{-1}(s)]$；$\sigma_{\max}[\cdot]$为最大奇异值；$L^{-1}(s)$是极点稳定的传递函数，且$L(s)$的选取要保证$H(s)L(s)$是严格正实。

设计神经网络自适应律为

$$\begin{cases} \dot{\hat{\boldsymbol{W}}}_1 = \boldsymbol{F}_1\hat{\boldsymbol{h}}_1\tilde{y} - \kappa_1\boldsymbol{F}_1|\tilde{y}|\hat{\boldsymbol{W}}_1 \\ \dot{\hat{\boldsymbol{W}}}_2 = \boldsymbol{F}_2\hat{\boldsymbol{h}}_2\tilde{y}u - \kappa_2\boldsymbol{F}_2|\tilde{y}|\hat{\boldsymbol{W}}_2 \end{cases} \tag{11.8}$$

其中，$\boldsymbol{F}_i = \boldsymbol{F}_i^{\mathrm{T}} > 0$；$\kappa_i > 0, i=1,2$。

所以状态估计误差$\tilde{\boldsymbol{x}}(t)$和神经网络权值估计误差$\widetilde{\boldsymbol{W}}_1(t)$和$\widetilde{\boldsymbol{W}}_2(t)$是 UUB。

定理的证明已经在文献[1]给出，这里不再赘述，仅介绍$\tilde{\boldsymbol{x}}$的收敛分析。

将$\tilde{\boldsymbol{x}}$的收敛证明分为以下两步完成。

1) 求解$\tilde{\boldsymbol{x}}$

整理式(11.6)为

$$\dot{\tilde{\boldsymbol{x}}} = (\boldsymbol{A} - \boldsymbol{K}\boldsymbol{C}^{\mathrm{T}})\tilde{\boldsymbol{x}} + \boldsymbol{b}\tilde{u} \tag{11.9}$$

其中，$\tilde{u} = \widetilde{\boldsymbol{W}}_1^{\mathrm{T}}\hat{\boldsymbol{h}}_1 + w_1 + \varepsilon_1 + [\widetilde{\boldsymbol{W}}_2^{\mathrm{T}}\hat{\boldsymbol{h}}_2 + w_2 + \varepsilon_2]u + d + v_1 + v_2$。

不考虑$\tilde{u}$的时候，$\dot{\tilde{\boldsymbol{x}}} = (\boldsymbol{A} - \boldsymbol{K}\boldsymbol{C}^{\mathrm{T}})\tilde{\boldsymbol{x}}$的解为

$$\tilde{\boldsymbol{x}}(t) = \tilde{\boldsymbol{x}}(0)\mathrm{e}^{\int_0^t(\boldsymbol{A}-\boldsymbol{K}\boldsymbol{C}^{\mathrm{T}})\mathrm{d}t}$$

进一步可得式(11.9)的解为

$$\tilde{\boldsymbol{x}}(t) = \tilde{\boldsymbol{x}}(0)\mathrm{e}^{\int_0^t(\boldsymbol{A}-\boldsymbol{K}\boldsymbol{C}^{\mathrm{T}})\mathrm{d}t} + \mathrm{e}^{\int_0^t(\boldsymbol{A}-\boldsymbol{K}\boldsymbol{C}^{\mathrm{T}})\mathrm{d}t}\int_0^t b\tilde{u}(\tau)\mathrm{e}^{-\int_0^\tau(\boldsymbol{A}-\boldsymbol{K}\boldsymbol{C}^{\mathrm{T}})\mathrm{d}\tau}\mathrm{d}\tau$$

取$\boldsymbol{\Phi}(t,0) = \mathrm{e}^{\int_0^t(\boldsymbol{A}-\boldsymbol{K}\boldsymbol{C}^{\mathrm{T}})\mathrm{d}t}$，$\boldsymbol{\Phi}(t,\tau) = \mathrm{e}^{\int_0^t(\boldsymbol{A}-\boldsymbol{K}\boldsymbol{C}^{\mathrm{T}})\mathrm{d}t - \int_0^\tau(\boldsymbol{A}-\boldsymbol{K}\boldsymbol{C}^{\mathrm{T}})\mathrm{d}\tau}$，则上述方程可改写为

$$\tilde{\boldsymbol{x}}(t) = \boldsymbol{\Phi}(t,0)\tilde{\boldsymbol{x}}(0) + \int_0^t \boldsymbol{\Phi}(t,\tau)b\tilde{u}(\tau)\mathrm{d}\tau \tag{11.10}$$

由于

$$\mathrm{e}^{\int_0^t (\boldsymbol{A}-\boldsymbol{K}\boldsymbol{C}^{\mathrm{T}})\mathrm{d}t - \int_0^\tau (\boldsymbol{A}-\boldsymbol{K}\boldsymbol{C}^{\mathrm{T}})\mathrm{d}\tau} = \mathrm{e}^{(\boldsymbol{A}-\boldsymbol{K}\boldsymbol{C}^{\mathrm{T}})} = \mathrm{e}^{\boldsymbol{A}(t-\tau)} \times \mathrm{e}^{-\boldsymbol{K}\boldsymbol{C}^{\mathrm{T}}(t-\tau)} = m_0 \mathrm{e}^{-\alpha(t-\tau)}$$

其中，$m_0=\mathrm{e}^{A(t-\tau)}$；$\alpha=\boldsymbol{K}\boldsymbol{C}^{\mathrm{T}}$。

所以$\boldsymbol{\Phi}(t,\tau)=m_0\mathrm{e}^{-\alpha(t-\tau)}$。$\boldsymbol{\Phi}(t,\tau)$是以$m_0\mathrm{e}^{-\alpha(t-\tau)}$为上界的，其中$m_0$和$\alpha$是正常数。

2) $\tilde{\boldsymbol{x}}$的收敛性分析

由文献[1]中的引理2和式(11.9)可得

$$\|\tilde{\boldsymbol{x}}(t)\| \leqslant k_1 + k_2 \|\tilde{\boldsymbol{u}}\|_2^\alpha, \quad t \geqslant 0 \tag{11.11}$$

其中，$\|\tilde{\boldsymbol{u}}\|_2^\alpha = \|\tilde{\boldsymbol{W}}_1^{\mathrm{T}}\hat{\boldsymbol{h}}_1 + w_1 + \varepsilon_1 + [\tilde{\boldsymbol{W}}_2^{\mathrm{T}}\hat{\boldsymbol{h}}_2 + w_2 + \varepsilon_2]u + d + v_1 + v_2\|_2^\alpha$。

定义$c=w_1+\varepsilon_1+[w_2+\varepsilon_2]u+d+v_1+v_2$，则

$$\|\tilde{\boldsymbol{u}}\|_2^\alpha = \|\tilde{\boldsymbol{W}}_1^{\mathrm{T}}\hat{\boldsymbol{h}}_1 + \tilde{\boldsymbol{W}}_2^{\mathrm{T}}\hat{\boldsymbol{h}}_2 u + c\|_2^\alpha \leqslant \|\tilde{\boldsymbol{W}}_1^{\mathrm{T}}\hat{\boldsymbol{h}}_1\|_2^\alpha + \|\tilde{\boldsymbol{W}}_2^{\mathrm{T}}\hat{\boldsymbol{h}}_2 u\|_2^\alpha + c_4'$$

其中，$\|c\|_2^\alpha \leqslant c_4'$。

由于$\|\boldsymbol{A}\boldsymbol{x}\|_2 \leqslant \|\boldsymbol{A}\|_{\mathrm{F}}\|\boldsymbol{x}\|_2$和$\|\boldsymbol{x}\|_2^\alpha = \sqrt{\int_0^t \mathrm{e}^{-\alpha(t-\tau)}\boldsymbol{x}^{\mathrm{T}}(\tau)\boldsymbol{x}(\tau)\mathrm{d}\tau}$，则

$$\begin{aligned}
\|\tilde{\boldsymbol{W}}_1^{\mathrm{T}}\hat{\boldsymbol{h}}_1\|_2^\alpha &\leqslant \|\tilde{\boldsymbol{W}}_1^{\mathrm{T}}\|_{\mathrm{F}}^\alpha \|\hat{\boldsymbol{h}}_1\|_2^\alpha = \|\tilde{\boldsymbol{W}}_1^{\mathrm{T}}\|_{\mathrm{F}}^\alpha \sqrt{\int_0^t \mathrm{e}^{-\alpha(t-\tau)}\hat{\boldsymbol{h}}_1\hat{\boldsymbol{h}}_1^{\mathrm{T}}\mathrm{d}\tau} \\
&= \|\tilde{\boldsymbol{W}}_1^{\mathrm{T}}\|_{\mathrm{F}}^\alpha \|\hat{\boldsymbol{h}}_1\| \sqrt{\int_0^t \mathrm{e}^{-\alpha(t-\tau)}\mathrm{d}\tau} \\
&= \|\tilde{\boldsymbol{W}}_1^{\mathrm{T}}\|_{\mathrm{F}}^\alpha \|\hat{\boldsymbol{h}}_1\| \frac{1}{\sqrt{\alpha}} \sqrt{\int_0^t \mathrm{e}^{-\alpha(t-\tau)}\mathrm{d}[-\alpha(t-\tau)]} \\
&= \|\tilde{\boldsymbol{W}}_1^{\mathrm{T}}\|_{\mathrm{F}}^\alpha \|\hat{\boldsymbol{h}}_1\| \frac{1}{\sqrt{\alpha}} \sqrt{1-\mathrm{e}^{-\alpha t}} \leqslant \|\tilde{\boldsymbol{W}}_1^{\mathrm{T}}\|_{\mathrm{F}}^\alpha \frac{1}{\sqrt{\alpha}} c_5'
\end{aligned}$$

类似地可得

$$\|\tilde{\boldsymbol{W}}_2^{\mathrm{T}}\hat{\boldsymbol{h}}_2 u\|_2^\alpha \leqslant \|\tilde{\boldsymbol{W}}_2^{\mathrm{T}}\|_{\mathrm{F}}^\alpha \frac{1}{\sqrt{\alpha}} c_6'$$

其中，$c_5'=\|\hat{\boldsymbol{h}}_1\|\sqrt{1-\mathrm{e}^{-\alpha t}}$；$c_6'=\|\hat{\boldsymbol{h}}_2\|\sqrt{1-\mathrm{e}^{-\alpha t}}u_{\mathrm{d}}$。则

$$\|\tilde{\boldsymbol{u}}\|_2^\alpha \leqslant \|\tilde{\boldsymbol{W}}_1^{\mathrm{T}}\|_{\mathrm{F}}^\alpha \frac{1}{\sqrt{\alpha}} c_5' + \|\tilde{\boldsymbol{W}}_2^{\mathrm{T}}\|_{\mathrm{F}}^\alpha \frac{1}{\sqrt{\alpha}} c_6' + c_4' \tag{11.12}$$

将式(11.12)代入式(11.11)中，可得

$$\begin{aligned}
\|\tilde{\boldsymbol{x}}(t)\| &\leqslant k_1 + k_2\left(\|\tilde{\boldsymbol{W}}_1^{\mathrm{T}}\|_{\mathrm{F}}^\alpha \frac{1}{\sqrt{\alpha}} c_5' + \|\tilde{\boldsymbol{W}}_2^{\mathrm{T}}\|_{\mathrm{F}}^\alpha \frac{1}{\sqrt{\alpha}} c_6' + c_4'\right) \\
&= c_3 + \left(c_4 + c_5\|\tilde{\boldsymbol{W}}_1\|_{\mathrm{F}}^\alpha + c_6\|\tilde{\boldsymbol{W}}_2\|_{\mathrm{F}}^\alpha\right)\frac{1}{\sqrt{\alpha}}
\end{aligned}$$

其中，$c_3=k_1$；$c_4=k_2c_4'$；$c_5=k_2c_5'$；$c_6=k_2c_6'$；c_4、c_5和c_6是正常数。

由文献[1]中的引理2可知，c_3指数衰减到零。

11.1.3 仿真实例

针对如下的SISO系统：

$$\begin{cases}\dot{\boldsymbol{x}} = \boldsymbol{A}\boldsymbol{x} + \boldsymbol{b}[f(\boldsymbol{x}) + g(\boldsymbol{x})u + d(t)] \\ y = \boldsymbol{C}^{\mathrm{T}}\boldsymbol{x}\end{cases} \tag{11.13}$$

其中，$\boldsymbol{x}=[x_1 \quad x_2]^{\mathrm{T}}$；$\boldsymbol{A}=\begin{bmatrix}0 & 1\\ 0 & 0\end{bmatrix}$；$\boldsymbol{b}=[0 \quad 1]^{\mathrm{T}}$；$\boldsymbol{C}=[1 \quad 0]^{\mathrm{T}}$；$d(t)=0$。

11.1.3.1 实例(1)

采用文献[1]中的模型，单关节机械手方程为

$$M\ddot{q}+\frac{1}{2}mgl\sin q=u, \quad y=q$$

其中，q 是关节的角度；u 是控制输入；M 是转动惯量；g 是重力加速度；m 和 l 是单关节机械手的质量和关节的长度。

令 $x_1=q, x_2=\dot{q}$，可得到状态方程为

$$\begin{bmatrix}\dot{x}_1\\ \dot{x}_2\end{bmatrix}=\begin{bmatrix}0 & 1\\ 0 & 0\end{bmatrix}\begin{bmatrix}x_1\\ x_2\end{bmatrix}+\begin{bmatrix}0\\ 1\end{bmatrix}\left(-\frac{1}{2}\frac{mgl\sin x_1}{M}+\frac{1}{M}u\right)$$

$$y=x_1$$

由式(11.13)可得 $f(\boldsymbol{x})=-\frac{1}{2}\frac{mgl\sin x_1}{M}$ 和 $g(x)=\frac{1}{M}$。

RBF 的输入向量为$[\hat{x}_1 \quad \hat{x}_2]^{\mathrm{T}}$，采用神经网络的结构为 2-7-1。考虑实际中 x_1 和 x_2 的范围，高斯函数参数选取如下：

$\boldsymbol{c}_1=\frac{1}{3}[-3 \quad -2 \quad -1 \quad 0 \quad 1 \quad 2 \quad 3]$，$\boldsymbol{c}_2=\frac{2}{3}[-3 \quad -2 \quad -1 \quad 0 \quad 1 \quad 2 \quad 3]$，$b_j=5.0, j=1,\cdots,7$。

仿真中，选取单关节机械手参数为 $m=1, l=1, M=0.5, g=9.8\mathrm{m/s^2}$。取 $L^{-1}(s)=\frac{1}{s+3}$，$\boldsymbol{K}=[400 \ 800]$，$\boldsymbol{F}_1=\mathrm{diag}[5\times10^5]$，$\boldsymbol{F}_2=\mathrm{diag}[5\times10^4]$，$\kappa_1=\kappa_2=0.001$，$D=0.8$，$\boldsymbol{x}(0)=[0 \quad 0.5]^{\mathrm{T}}$，$\hat{\boldsymbol{x}}(0)=[0.1 \ 0]^{\mathrm{T}}$，$u(t)=\sin(2t)+\cos(20t)$。采用式(11.6)和式(11.7)所设计的神经网络观测器，神经网络初始权值取 0，仿真结果如图 11.1 和图 11.2 所示。

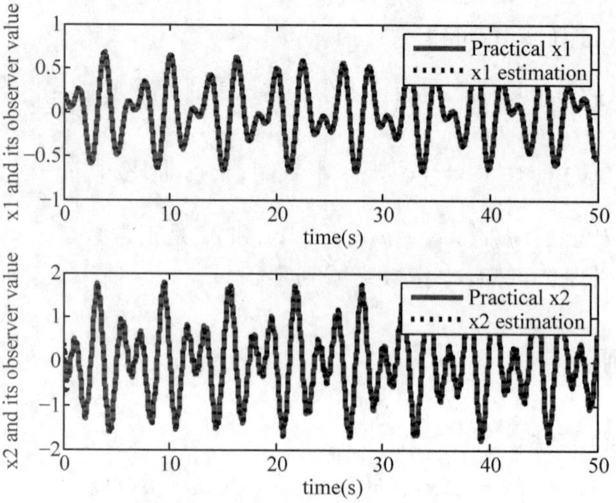

图 11.1 x_1 和 x_2 的状态估计

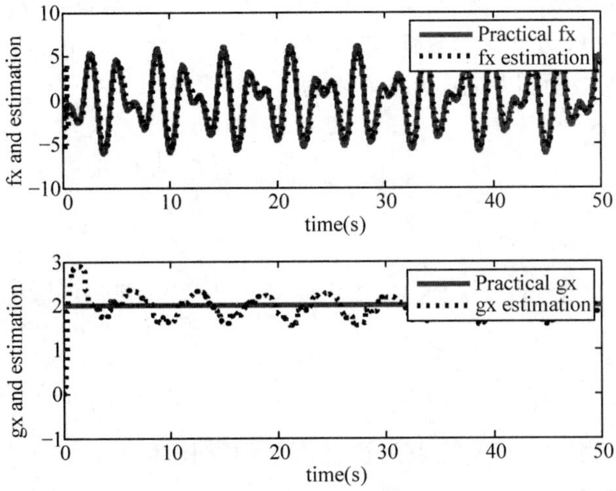

图 11.2 函数 $f(\boldsymbol{x})$ 和 $g(\boldsymbol{x})$的逼近

仿真中需要注意的问题：如果要保证 $H(s)$为严格正实，$s=\sigma+\mathrm{j}\omega$，则需要满足以下三个条件：

(1) s 是实数，$H(s)$也是实数；

(2) $H(s)$在右半平面没有极点；

(3) 对于任意实数 ω，$H(\mathrm{j}\omega)$的实数部分是正的，即$\mathrm{Re}[H(\mathrm{j}\omega)]\geqslant 0$。

仿真中，由式(11.7)中 $H(s)$表达式，可得 $H(s)=\boldsymbol{C}^{\mathrm{T}}[s\boldsymbol{I}-(\boldsymbol{A}-\boldsymbol{K}\boldsymbol{C}^{\mathrm{T}})]^{-1}\boldsymbol{b}=\frac{1}{s^2+400s+800}$。显然，当 s 是实数时，$H(s)$也是实数；$H(s)$的极点为-397.99 和-2.010，都在左半平面；但是$\mathrm{Re}[H(\mathrm{j}\omega)]=\frac{2400-403\omega^2}{(2400-403\omega^2)^2+(2000\omega-\omega^3)^2}$可能是负数，因此 $H(s)$不是严格正实。

采用文献[1]中引理的稳定性分析方法，通过选取 $L(s)$使$H(s)L(s)$为严格正实。取 $L^{-1}(s)=\frac{1}{s+3}$，则 $\mathrm{sys}(s)=H(s)L(s)=\frac{s+3}{s^2+400s+800}$，$\mathrm{sys}(s)$ 的极点都在左半平面。$\mathrm{sys}(\mathrm{j}\omega)$的实部为 $\mathrm{Re}[\mathrm{sys}(\mathrm{j}\omega)]=\frac{397\omega^2+2400}{(800-\omega^2)^2+400^2}$，很显然是正数，则 $H(s)L(s)$是严格正实。

另外，为了求解自适应式(11.8)，由$\bar{\hat{\boldsymbol{h}}}=L^{-1}(s)\hat{\boldsymbol{h}}$，则$\bar{\hat{\boldsymbol{h}}}=\frac{1}{s+3}\hat{\boldsymbol{h}}$，即$\dot{\bar{\hat{\boldsymbol{h}}}}=\hat{\boldsymbol{h}}-3\bar{\hat{\boldsymbol{h}}}$，该式可作为自适应控制律，并结合式(11.8)实现网络权值的调整。

实例(1)的仿真程序为 chap11_1.m 和 chap11_2sim.mdl，详见附录。

11.1.3.2 实例(2)

考虑单级倒立摆，动力学方程为

$$\dot{x}_1=x_2$$

$$\dot{x}_2=\frac{g\sin x_1-mlx_2^2\cos x_1\sin x_1/(m_c+m)}{l[4/3-m\cos^2 x_1/(m_c+m)]}+\frac{\cos x_1/(m_c+m)}{l[4/3-m\cos^2 x_1/(m_c+m)]}u$$

其中，x_1 和 x_2 分别表示角度和速度信号；$g=9.8\mathrm{m/s^2}$；小车质量为 $m_c=1\mathrm{kg}$；摆的质量为 $m=0.1\mathrm{kg}$；摆长为 $l=0.5\mathrm{m}$；u 为控制输入。

根据上述动力学方程可以得到状态方程为

$$\begin{bmatrix}\dot{x}_1\\ \dot{x}_2\end{bmatrix}=\begin{bmatrix}0 & 1\\ 0 & 0\end{bmatrix}\begin{bmatrix}x_1\\ x_2\end{bmatrix}+\begin{bmatrix}0\\ 1\end{bmatrix}[f(\boldsymbol{x})+g(\boldsymbol{x})u]$$

$$y=x_1$$

由式(11.13)可得 $f(\boldsymbol{x})=\dfrac{g\sin x_1-mlx_2^2\cos x_1\sin x_1/(m_c+m)}{l[4/3-m\cos^2x_1/(m_c+m)]}$ 和 $g(\boldsymbol{x})=\dfrac{\cos x_1/(m_c+m)}{l[4/3-m\cos^2x_1/(m_c+m)]}$。

RBF 的输入向量为$[\hat{x}_1\quad \hat{x}_2]^{\mathrm{T}}$，采用神经网络的结构为 2-7-1 。考虑实际中 x_1 和 x_2 范围，高斯函数参数选取如下：

$\boldsymbol{c}_1=\dfrac{6}{3}[-3\quad -2\quad -1\quad 0\quad 1\quad 2\quad 3]$，$\boldsymbol{c}_2=\dfrac{8}{3}[-3\quad -2\quad -1\quad 0\quad 1\quad 2\quad 3]$，$b_j=5.0$，$j=1,\cdots,7$。

仿真中，取 $L^{-1}(s)=\dfrac{1}{s+0.5}$，$\boldsymbol{K}=[1000\ 1000]$，$\boldsymbol{F}_1=\mathrm{diag}[15\times10^4]$，$\boldsymbol{F}_2=\mathrm{diag}[15\times10^4]$，$\kappa_1=\kappa_2=0.001$，$D=1.5$，$\boldsymbol{x}(0)=[-\pi/60\quad 0]^{\mathrm{T}}$，$\hat{\boldsymbol{x}}(0)=[0\ 0]^{\mathrm{T}}$，$u(t)=0.01\sin(2t)+0.01\cos(20t)$。由于 $H(s)L(s)$严格正实，采用式(11.6)和式(11.7)，取神经网络权值初值为 0，仿真结果如图 11.3 和图 11.4 所示。

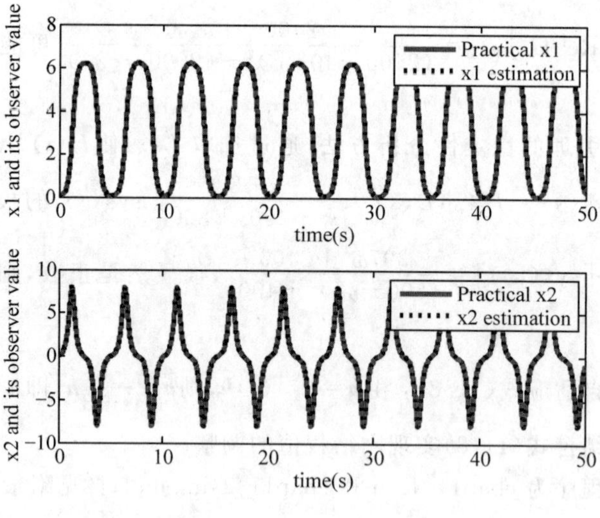

图 11.3 x_1 和 x_2 的状态估计

可见，逼近函数$\hat{g}(\cdot)$并不收敛于 $g(\cdot)$，这是由于输入信号并不是持续激励的，且除了真实的 $g(\cdot)$值，还存在许多组满足收敛条件的$\hat{g}(\cdot)$，具体分析详见 1.5 节。

实例(2)的仿真主程序为 chap11_3sim.mdl，详见附录。

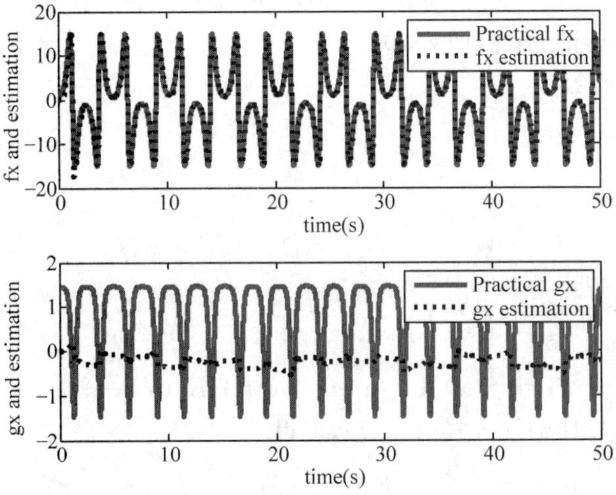

图 11.4　函数 $f(\boldsymbol{x})$和 $g(\boldsymbol{x})$的逼近

11.2　基于 RBF 自适应观测器的滑模控制

采用 11.1 节中的神经网络观测器，可实现速度信息和模型信息未知情况下的自适应控制。图 11.5 为基于 RBF 观测器的神经网络控制系统结构。

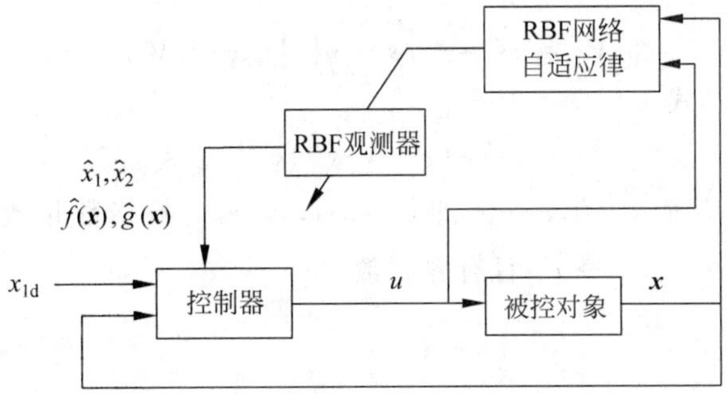

图 11.5　基于 RBF 观测器的控制系统

11.2.1　滑模控制器设计

针对二阶非线性 SISO 系统：

$$\begin{cases}\dot{\boldsymbol{x}} = \boldsymbol{A}\boldsymbol{x} + \boldsymbol{b}[f(\boldsymbol{x}) + g(\boldsymbol{x})u + d(t)] \\ y = \boldsymbol{C}^{\mathrm{T}}\boldsymbol{x}\end{cases} \tag{11.14}$$

其中，$\boldsymbol{x}=[x_1 \quad x_2]^{\mathrm{T}}$；$\boldsymbol{A}=\begin{bmatrix}0 & 1\\ 0 & 0\end{bmatrix}$；$\boldsymbol{b}=[0 \quad 1]^{\mathrm{T}}$；$\boldsymbol{C}=[1 \quad 0]^{\mathrm{T}}$；$d(t)=0$。

跟踪误差及其导数为 $e=\hat{x}_1-x_{1d}$和$\dot{e}=\hat{x}_2-\dot{x}_{1d}$，其中 x_{1d}是理想跟踪信号。

首先，设计滑模函数为

$$s(t) = ce(t) + \dot{e}(t) \tag{11.15}$$

其中,c 必须满足 Hurwitz 条件,即 $c>0$。

设计 Lyapunov 函数为

$$V_c = \frac{1}{2}s^2 \tag{11.16}$$

对式(11.15)求导,可得

$$\dot{s}(t) = c(\dot{\hat{x}}_1 - \dot{x}_{1d}) + (\dot{\hat{x}}_2 - \ddot{x}_{1d}) \tag{11.17}$$

由观测器式(11.6),可得

$$\dot{\hat{x}}_1 = \hat{x}_2 + K_1(x_1 - \hat{x}_1) \tag{11.18a}$$

$$\dot{\hat{x}}_2 = \hat{f}(\boldsymbol{x}) + \hat{g}(\boldsymbol{x})u - v(t) + K_2(x_1 - \hat{x}_1) \tag{11.18b}$$

将式(11.18a)和式(11.18b)代入式(11.17),可得

$$\begin{aligned}\dot{s}(t) =& c\{[\hat{x}_2 + K_1(x_1 - \hat{x}_1)] - \dot{x}_{1d}\} + \hat{f}(\boldsymbol{x}) \\ &+ \hat{g}(\boldsymbol{x})u - v(t) + K_2(x_1 - \hat{x}_1) - \ddot{x}_{1d}\end{aligned}$$

为了保证 $\dot{V}_c = s\dot{s} \leqslant 0$,设计滑模控制律为

$$u = \frac{1}{\hat{g}(x)}\{-c[\hat{x}_2 + K_1(x_1 - \hat{x}_1) - \dot{x}_{1d}] - \hat{f} + v(t) - K_2(x_1 - \hat{x}_1) + \ddot{x}_{1d} - ks - \eta\,\mathrm{sgn}(s)\} \tag{11.19}$$

其中,$k>0$;$\eta>0$。

则

$$\dot{V}_c = s\dot{s} = -ks - \eta|s| \leqslant -2kV_c$$

从而得到指数收敛的形式

$$V_c(t) = V_c(0)\mathrm{e}^{-kt} \tag{11.20}$$

当 $t\to\infty$ 时,$s\to 0$,从而 $e\to 0$,$\dot{e}\to 0$,即 $\hat{x}_1\to x_{1d}$,$\hat{x}_2\to \dot{x}_{1d}$ 且指数收敛。由于 $\hat{x}_1\to x_1$,$\hat{x}_2\to x_2$ 为有界收敛,则 $x_1\to x_{1d}$,$x_2\to\dot{x}_{1d}$ 且有界收敛。

11.2.2 仿真实例

采用文献[1]中的模型,单关节机械手动力学方程为

$$M\ddot{q} + \frac{1}{2}mgl\sin q = u, \quad y = q$$

其中,q 是角度;u 是控制输入;M 是转动惯量;g 是重力加速度;m 和 l 是单关节机械手质量和关节长度。

令 $x_1 = q$,$x_2 = \dot{q}$,可得状态方程为

$$\begin{bmatrix}\dot{x}_1\\ \dot{x}_2\end{bmatrix} = \begin{bmatrix}0 & 1\\ 0 & 0\end{bmatrix}\begin{bmatrix}x_1\\ x_2\end{bmatrix} + \begin{bmatrix}0\\ 1\end{bmatrix}\left(-\frac{1}{2}\frac{mgl\sin x_1}{M} + \frac{1}{M}u\right)$$

$$y = x_1$$

由式(11.13)可得 $f(\boldsymbol{x}) = -\dfrac{1}{2}\dfrac{mgl\sin x_1}{M}$,$g(\boldsymbol{x}) = \dfrac{1}{M}$。

RBF 的输入向量为$[\hat{x}_1 \quad \hat{x}_2]^{\mathrm{T}}$，神经网络结构为 2-7-1。网络设计中，需要考虑 x_1 和 x_2 值的范围，取 $\boldsymbol{c}_1=\frac{1}{3}[-3 \quad -2 \quad -1 \quad 0 \quad 1 \quad 2 \quad 3]$，$\boldsymbol{c}_2=\frac{2}{3}[-3 \quad -2 \quad -1 \quad 0 \quad 1 \quad 2 \quad 3]$ 和 $b_j=5.0$，$j=1,\cdots,7$，神经网络的初始权值设为 0。

仿真中，选取单关节机械手参数 $m=1, l=1, M=0.5, g=9.8$。采用式(11.18a)和式(11.18b)中的自适应观测器，取 $L^{-1}(s)=\frac{1}{s+0.5}$，$\boldsymbol{K}=[400 \ 800]$，$\boldsymbol{F}_1=\mathrm{diag}[500]$，$\boldsymbol{F}_2=\mathrm{diag}[0.5]$，$\kappa_1=\kappa_2=0.001$，$D=0.8$，$\boldsymbol{x}(0)=[0.2 \ 0]^{\mathrm{T}}$，$\hat{\boldsymbol{x}}(0)=[0.1 \ 0]^{\mathrm{T}}$。

取理想位置信号为 $x_{\mathrm{d}}(t)=\sin(t)$，控制律为式(11.19)，取 $c=20$，$\eta=0.10$，仿真结果如图 11.6～图 11.9 所示。

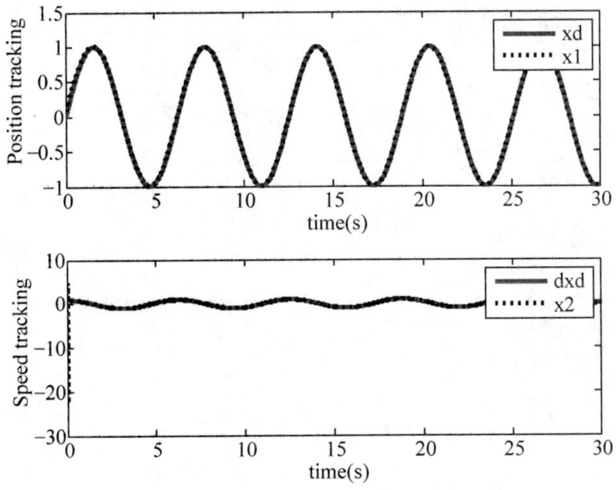

图 11.6　位置和速度跟踪

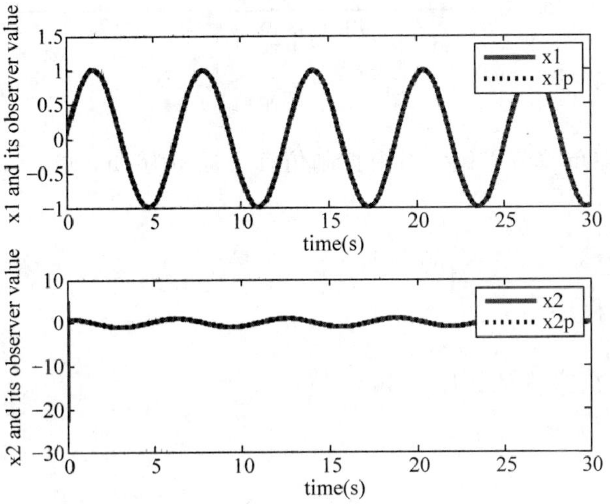

图 11.7　x_1 和 x_2 的状态估计

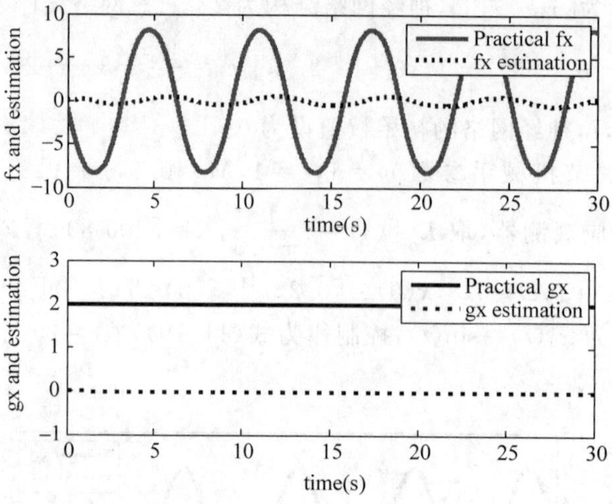

图 11.8 函数 $f(\boldsymbol{x})$和 $g(\boldsymbol{x})$的逼近

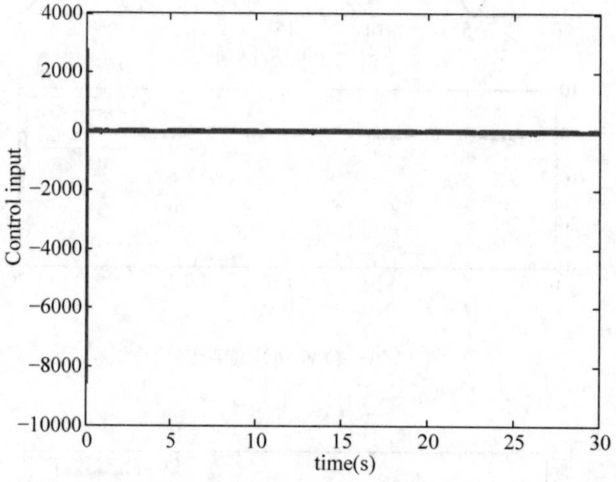

图 11.9 控制输入

基于 RBF 观测器单关节机械手滑模控制仿真主程序为 chap11_4sim.mdl，详见附录。

附录 仿真程序

11.1.3.1 节的程序

1. $H(s)$的严格正实测试程序：chap11_1.m

```
% System Analysis
clear all;
close all;

A = [0 1;0 0];
K1 = 400;K2 = 800;
```

```
K = [K1 K2]';
b = [0 1]';
C = [1 0]';

 % For dot(x) = Ax + Bu, y = Cx,  see > help ss2tf
A = A - K * C';
B = b;C = C';D = 0;
[num,den] = ss2tf(A,B,C,D);

H = tf(num,den)   % Plant
pole(H)
L = tf(1,[1 3])   % Low filter
sys = series(H,inv(L))   % Series with Low filter
```

2. 主程序：chap11_2sim.mdl

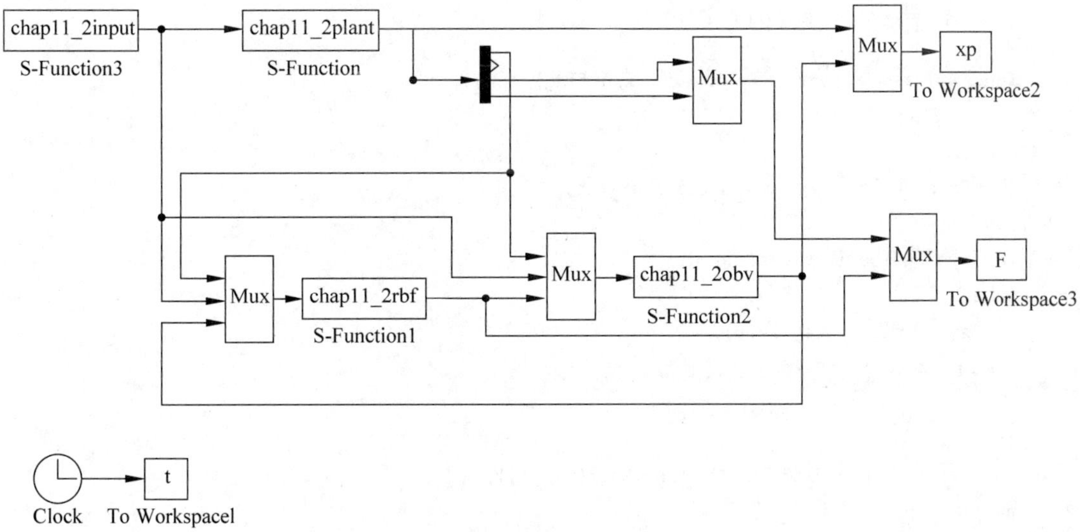

3. 输入程序：chap11_2input.m

```
function [sys,x0,str,ts] = obser(t,x,u,flag)
switch flag,
case 0,
    [sys,x0,str,ts] = mdlInitializeSizes;
case 1,
    sys = mdlDerivatives(t,x,u);
case 3,
    sys = mdlOutputs(t,x,u);
case {2, 4, 9}
    sys = [];
otherwise
    error(['Unhandled flag = ',num2str(flag)]);
```

```
end
function [sys,x0,str,ts] = mdlInitializeSizes
sizes = simsizes;
sizes.NumContStates  = 0;
sizes.NumDiscStates  = 0;
sizes.NumOutputs     = 1;
sizes.NumInputs      = 0;
sizes.DirFeedthrough = 0;
sizes.NumSampleTimes = 0;
sys = simsizes(sizes);
x0 = [];
str = [];
ts = [];
function sys = mdlOutputs(t,x,u)
sys(1) = sin(2 * t) + cos(20 * t);
```

4. 观测器程序：chap11_2obv.m

```
function [sys,x0,str,ts] = obser(t,x,u,flag)
switch flag,
case 0,
    [sys,x0,str,ts] = mdlInitializeSizes;
case 1,
    sys = mdlDerivatives(t,x,u);
case 3,
    sys = mdlOutputs(t,x,u);
case {1,2,4,9}
    sys = [];
otherwise
    error(['Unhandled flag = ',num2str(flag)]);
end
function [sys,x0,str,ts] = mdlInitializeSizes
sizes = simsizes;
sizes.NumContStates  = 2;
sizes.NumDiscStates  = 0;
sizes.NumOutputs     = 2;
sizes.NumInputs      = 4;
sizes.DirFeedthrough = 0;
sizes.NumSampleTimes = 0;
sys = simsizes(sizes);
x0 = [0 0];
str = [];
ts = [];
function sys = mdlDerivatives(t,x,u)
K1 = 400;K2 = 800;
y = u(1);
```

```
ut = u(2);
fxp = u(3);
gxp = u(4);

A = [0 1;0 0];
b = [0 1]';
C = [1 0];
K = [K1 K2]';

ye = y - x(1);
D = 1.50;
v = - D * sign(ye);

dx = A * x + b * (fxp + gxp * ut - v) + K * (y - C * x);
sys(1) = dx(1);
sys(2) = dx(2);
function sys = mdlOutputs(t,x,u)
sys(1)  =  x(1);
sys(2)  =  x(2);
```

5. RBF 逼近程序：chap11_2rbf.m

```
function [sys,x0,str,ts] = obser(t,x,u,flag)
switch flag,
case 0,
    [sys,x0,str,ts] = mdlInitializeSizes;
case 1,
    sys = mdlDerivatives(t,x,u);
case 3,
    sys = mdlOutputs(t,x,u);
case {1,2,4,9}
    sys = [];
otherwise
    error(['Unhandled flag = ',num2str(flag)]);
end
function [sys,x0,str,ts] = mdlInitializeSizes
global c b
sizes = simsizes;
sizes.NumContStates   = 21;
sizes.NumDiscStates   = 0;
sizes.NumOutputs      = 2;
sizes.NumInputs       = 4;
sizes.DirFeedthrough  = 1;
sizes.NumSampleTimes  = 0;
sys = simsizes(sizes);
x0 = zeros(1,21);
```

```
str = [];
ts = [];
c1 = 1/3 * [ - 3  - 2  - 1 0 1 2 3];
c2 = 2/3 * [ - 3  - 2  - 1 0 1 2 3];
c = [c1;c2];
b = 5;
function sys = mdlDerivatives(t,x,u)
global c b
y = u(1);
ut = u(2);
x1p = u(3);
x2p = u(4);
xp = [x1p x2p]';
yp = x1p;
ye = y - yp;

h = zeros(7,1);
for j = 1:1:7
    h(j) = exp( - norm(xp - c(:,j))^2/(2 * b^2));
end
h_bar = x(15:1:21);

F1 = 500000 * eye(7);
F2 = 50000 * eye(7);

k1 = 0.001;k2 = 0.001;
W1 = [x(1) x(2) x(3) x(4) x(5) x(6) x(7)];
W2 = [x(8) x(9) x(10) x(11) x(12) x(13) x(14)];

dW1 = F1 * h_bar * ye - k1 * F1 * abs(ye) * W1';
dW2 = F2 * h_bar * ye * ut - k2 * F2 * abs(ye) * W2';
for i = 1:1:7
    sys(i) = dW1(i);
    sys(i + 7) = dW2(i);
end
for i = 15:1:21
    sys(i) = h(i - 14) - 3 * x(i);
end

function sys = mdlOutputs(t,x,u)
global c b
W1 = [x(1) x(2) x(3) x(4) x(5) x(6) x(7)];
W2 = [x(8) x(9) x(10) x(11) x(12) x(13) x(14)];
h_bar = x(15:1:21);
```

```
fxp = W1 * h_bar;
gxp = W2 * h_bar;

sys(1) = fxp;
sys(2) = gxp;
```

6. 模型程序：chap11_2plant.m

```
function [sys,x0,str,ts] = obser(t,x,u,flag)
switch flag,
case 0,
    [sys,x0,str,ts] = mdlInitializeSizes;
case 1,
    sys = mdlDerivatives(t,x,u);
case 3,
    sys = mdlOutputs(t,x,u);
case {2, 4, 9}
    sys = [];
otherwise
    error(['Unhandled flag = ',num2str(flag)]);
end
function [sys,x0,str,ts] = mdlInitializeSizes
sizes = simsizes;
sizes.NumContStates  = 2;
sizes.NumDiscStates  = 0;
sizes.NumOutputs     = 4;
sizes.NumInputs      = 1;
sizes.DirFeedthrough = 0;
sizes.NumSampleTimes = 0;
sys = simsizes(sizes);
x0 = [0.2 0];
str = [];
ts = [];
function sys = mdlDerivatives(t,x,u)
m = 1;l = 1;M = 0.5;g = 9.8;
fx = - 0.5 * m * g * l * sin(x(1))/M;
gx = 1/M;

sys(1) = x(2);
sys(2) = fx + gx * u;
function sys = mdlOutputs(t,x,u)
m = 1;l = 1;M = 0.5;g = 9.8;
fx = - 0.5 * m * g * l * sin(x(1))/M;
gx = 1/M;
```

```
y = x(1);
sys(1) = y;
sys(2) = x(2);
sys(3) = fx;
sys(4) = gx;
```

7. 画图程序：chap11_2plot.m

```
close all;

figure(1);
subplot(211);
plot(t,xp(:,1),'r',t,xp(:,5),'k:','linewidth',2);
xlabel('time(s)');ylabel('x1 and its observer value');
legend('Practical x1','x1 estimation');
subplot(212);
plot(t,xp(:,2),'r',t,xp(:,6),'k:','linewidth',2);
xlabel('time(s)');ylabel('x2 and its observer value');
legend('Practical x2','x2 estimation');

figure(2);
subplot(211);
plot(t,F(:,1),'r',t,F(:,3),'k:','linewidth',2);
xlabel('time(s)');ylabel('fx and estimation');
legend('Practical fx','fx estimation');
subplot(212);
plot(t,F(:,2),'r',t,F(:,4),'k:','linewidth',2);
xlabel('time(s)');ylabel('gx and estimation');
legend('Practical gx','gx estimation');
```

11.1.3.2 节的程序

Main Simulink program: chap11_3sim.mdl
Input program: chap11_3input.m
Observer program: chap11_3obv.m
RBF Approximation program: chap11_3rbf.m
Plant program: chap11_3plant.m
Plot program: chap11_3plot.m

11.2.2 节的程序

1. 主程序：chap11_4sim.mdl

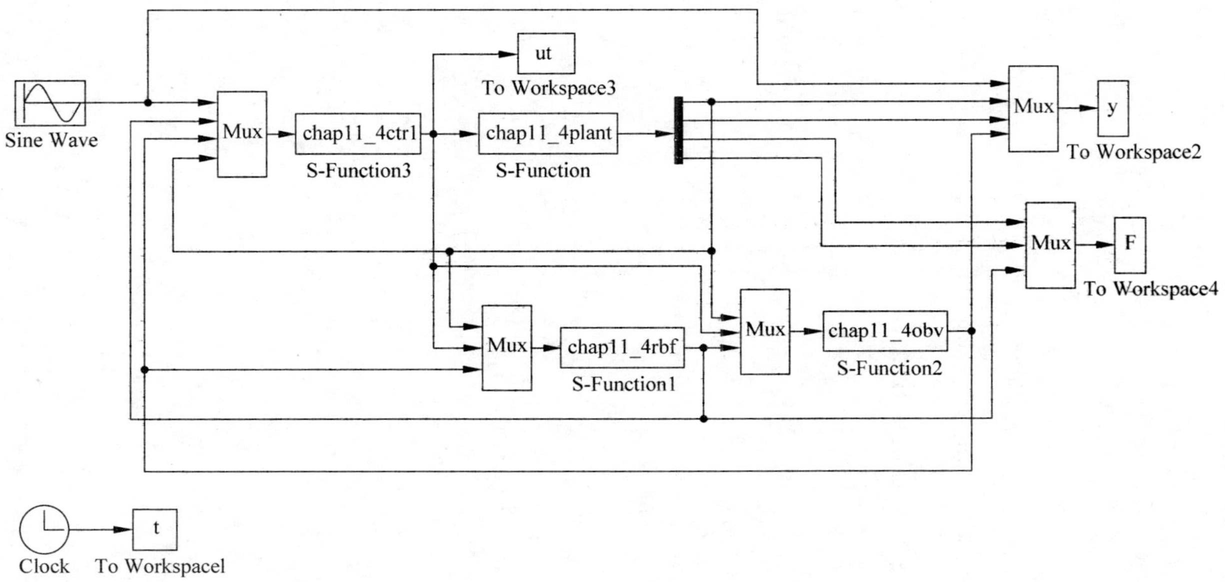
Sine Wave
Mux
chap11_4ctrl
S-Function3
ut
To Workspace3
chap11_4plant
S-Function
Mux
y
To Workspace2
Mux
F
To Workspace4
Mux
chap11_4rbf
S-Function1
Mux
chap11_4obv
S-Function2
Clock
t
To Workspacel

2. 观测器程序：chap11_4obv.m

```
function [sys,x0,str,ts] = obser(t,x,u,flag)
switch flag,
case 0,
    [sys,x0,str,ts] = mdlInitializeSizes;
case 1,
    sys = mdlDerivatives(t,x,u);
case 3,
    sys = mdlOutputs(t,x,u);
case {1,2,4,9}
    sys = [];
otherwise
    error(['Unhandled flag = ',num2str(flag)]);
end
function [sys,x0,str,ts] = mdlInitializeSizes
sizes = simsizes;
sizes.NumContStates  = 2;
sizes.NumDiscStates  = 0;
sizes.NumOutputs     = 2;
sizes.NumInputs      = 4;
sizes.DirFeedthrough = 0;
sizes.NumSampleTimes = 0;
sys = simsizes(sizes);
x0 = [0.1 0];
str = [];
ts = [];
function sys = mdlDerivatives(t,x,u)
K1 = 400;K2 = 800;
y = u(1);
ut = u(2);
fxp = u(3);
gxp = u(4);

A = [0 1;0 0];
b = [0 1]';
C = [1 0];
K = [K1 K2]';

ye = y - x(1);
D = 0.8;
v = - D * sign(ye);

dx = A * x + b * (fxp + gxp * ut - v) + K * (y - C * x);
sys(1) = dx(1);
sys(2) = dx(2);
function sys = mdlOutputs(t,x,u)
sys(1) = x(1);
sys(2) = x(2);
```

3. RBF 网络逼近程序：chap11_4rbf. m

```
function [sys,x0,str,ts] = obser(t,x,u,flag)
switch flag,
case 0,
    [sys,x0,str,ts] = mdlInitializeSizes;
case 1,
    sys = mdlDerivatives(t,x,u);
case 3,
    sys = mdlOutputs(t,x,u);
case {1,2,4,9}
    sys = [];
otherwise
    error(['Unhandled flag = ',num2str(flag)]);
end
function [sys,x0,str,ts] = mdlInitializeSizes
global c b
sizes = simsizes;
sizes.NumContStates  = 21;
sizes.NumDiscStates  = 0;
sizes.NumOutputs     = 2;
sizes.NumInputs      = 4;
sizes.DirFeedthrough = 1;
sizes.NumSampleTimes = 0;
sys = simsizes(sizes);
x0 = zeros(1,21);
str = [];
ts = [];
c1 = 1/3 * [ -3 -2 -1 0 1 2 3];
c2 = 1/3 * [ -3 -2 -1 0 1 2 3];
c = [c1;c2];
b = 5;
function sys = mdlDerivatives(t,x,u)
global c b
y = u(1);
ut = u(2);
x1p = u(3);
x2p = u(4);
xp = [x1p x2p]';
yp = x1p;
ye = y - yp;

h = zeros(7,1);
for j = 1:1:7
    h(j) = exp( - norm(xp - c(:,j))^2/(2 * b^2));
end
h_bar = x(15:1:21);

F1 = 500 * eye(7);
F2 = 0.50 * eye(7);
```

```
k1 = 0.01;k2 = 0.01;
W1 = [x(1) x(2) x(3) x(4) x(5) x(6) x(7)];
W2 = [x(8) x(9) x(10) x(11) x(12) x(13) x(14)];

dW1 = F1 * h_bar * ye - k1 * F1 * abs(ye) * W1';
dW2 = F2 * h_bar * ye * ut - k2 * F2 * abs(ye) * W2';
for i = 1:1:7
    sys(i) = dW1(i);
    sys(i + 7) = dW2(i);
end
for i = 15:1:21
    sys(i) = h(i - 14) - 0.5 * x(i);
end

function sys = mdlOutputs(t,x,u)
global c b
W1 = [x(1) x(2) x(3) x(4) x(5) x(6) x(7)];
W2 = [x(8) x(9) x(10) x(11) x(12) x(13) x(14)];
h_bar = x(15:1:21);

fxp = W1 * h_bar;
gxp = W2 * h_bar;

sys(1) = fxp;
sys(2) = gxp;
```

4. 控制对象程序：chap11_4plant.m

```
function [sys,x0,str,ts] = obser(t,x,u,flag)
switch flag,
case 0,
    [sys,x0,str,ts] = mdlInitializeSizes;
case 1,
    sys = mdlDerivatives(t,x,u);
case 3,
    sys = mdlOutputs(t,x,u);
case {2, 4, 9}
    sys = [];
otherwise
    error(['Unhandled flag = ',num2str(flag)]);
end
function [sys,x0,str,ts] = mdlInitializeSizes
sizes = simsizes;
sizes.NumContStates   = 2;
sizes.NumDiscStates   = 0;
sizes.NumOutputs      = 4;
sizes.NumInputs       = 1;
sizes.DirFeedthrough  = 0;
sizes.NumSampleTimes  = 0;
sys = simsizes(sizes);
x0 = [0.2 0];
```

```
str = [];
ts = [];
function sys = mdlDerivatives(t,x,u)
m = 1;l = 1;M = 0.5;g = 9.8;
fx = - 0.5 * m * g * l * sin(x(1))/M;
gx = 1/M;

sys(1) = x(2);
sys(2) = fx + gx * u;
function sys = mdlOutputs(t,x,u)
m = 1;l = 1;M = 0.5;g = 9.8;
fx = - 0.5 * m * g * l * sin(x(1))/M;
gx = 1/M;

y = x(1);
sys(1) = y;
sys(2) = x(2);
sys(3) = fx;
sys(4) = gx;
```

5. 画图程序：chap11_4plot.m

```
close all;

figure(1);
subplot(211);
plot(t,y(:,1),'r',t,y(:,2),'k:','linewidth',2);
xlabel('time(s)');ylabel('Position tracking');
legend('xd','x1');
subplot(212);
plot(t,cos(t),'r',t,y(:,3),'k:','linewidth',2);
xlabel('time(s)');ylabel('Speed tracking');
legend('dxd','x2');

figure(2);
subplot(211);
plot(t,y(:,2),'r',t,y(:,4),'k:','linewidth',2);
xlabel('time(s)');ylabel('x1 and its observer value');
legend('x1','x1p');
subplot(212);
plot(t,y(:,3),'r',t,y(:,5),'k:','linewidth',2);
xlabel('time(s)');ylabel('x2 and its observer value');
legend('x2','x2p');

figure(3);
subplot(211);
plot(t,F(:,1),'r',t,F(:,3),'k:','linewidth',2);
xlabel('time(s)');ylabel('fx and estimation');
legend('Practical fx','fx estimation');
subplot(212);
plot(t,F(:,2),'r',t,F(:,4),'k:','linewidth',2);
```

```
xlabel('time(s)');ylabel('gx and estimation');
legend('Practical gx','gx estimation');

figure(4);
plot(t,ut,'r','linewidth',2);
xlabel('time(s)');ylabel('Control input');
```

参考文献

[1] Young H K, Lewis F L, Chaouki T A. A dynamic recurrent neural network based adaptive observer for a class of nonlinear systems[J]. Automatica,1997,33(8):1539-1543.

[2] Huang S N, Tan K K, Lee T H. Further result on a dynamic recurrent neural network based adaptive observer for a class of nonlinear systems[J]. Automatica,2005,41:2161-2162.

[3] Young H K, Lewis F L. Neural network output feedback control of robot manipulators[J]. IEEE Trans Robot Automat,1999,15(2):301-309.

[4] Abdollahi F, Talebi H A, Patel R V. A stable neural network-based observer with application to flexible-joint manipulators[J]. IEEE Trans Neural Netw,2006,17(1):118-129.

第12章 基于RBF神经网络的反演自适应控制

反演(Backstepping)设计方法的基本思想是将复杂的非线性系统分解成不超过系统阶数的子系统,然后为每个子系统分别设计李雅普诺夫(Lyapunov)函数和中间虚拟控制量,一直"后退"到整个系统,直到完成整个控制律的设计。

反演设计方法,又称反步法、回推法或后推法,通常与李雅普诺夫型自适应律结合使用,综合考虑控制律和自适应律,使整个闭环系统满足期望的动静态性能指标。

反演控制的设计方法实际上是一种逐步递推的设计方法,反演控制设计方法中引进的虚拟控制本质上是一种静态补偿思想,前面子系统必须通过后面子系统的虚拟控制才能达到稳定的目的,因此该方法要求系统结构必须是所谓严格参数反馈系统或可经过变换转化为该种类型的非线性系统。反演控制设计方法在设计不确定性系统(特别是当干扰或不确定性不满足匹配条件时)的鲁棒控制器或自适应控制器方面已经显示出优越性。

12.1 一种二阶非线性系统的反演控制

12.1.1 基本原理

假设被控对象为

$$\begin{cases} \dot{x}_1 = x_1 + x_2 \\ \dot{x}_2 = f(x,t) + g(x,t)u \end{cases} \tag{12.1}$$

其中,$g(x,t) \neq 0$。

控制目标是使系统的输出 x_1 可以很好地跟踪系统的期望轨迹 z_d,并且所有的信号有界。

定义角度误差 $z_1 = x_1 - z_d$,其中 z_d 为指令信号,则

$$\dot{z}_1 = \dot{x}_1 - \dot{z}_d = x_1 + x_2 - \dot{z}_d$$

基本的反演控制方法设计步骤如下。

第一步:定义 Lyapunov 函数。

$$V_1 = \frac{1}{2} z_1^2 \tag{12.2}$$

则

$$\dot{V}_1 = z_1\dot{z}_1 = z_1(x_1 + x_2 - \dot{z}_d)$$

取 $x_2 = -x_1 - c_1 z_1 + \dot{z}_d + z_2$，其中 $c_1 > 0$，z_2 为虚拟控制量，即 $z_2 = x_1 + x_2 + c_1 z_1 - \dot{z}_d$。
则

$$\dot{V}_1 = -c_1 z_1^2 + z_1 z_2$$

如果 $z_2 = 0$，则$\dot{V}_1 \leqslant 0$。为此，需要进行下一步设计。

第二步：定义 Lyapunov 函数。

$$V_2 = V_1 + \frac{1}{2}z_2^2 \tag{12.3}$$

由于$\dot{z}_2 = \dot{x}_1 + f(x,t) + g(x,t)u + c_1\dot{z}_1 - \ddot{z}_d$，则

$$\dot{V}_2 = \dot{V}_1 + z_2\dot{z}_2 = -c_1 z_1^2 + z_1 z_2 + z_2[x_1 + x_2 + f(x,t) + g(x,t)u + c_1\dot{z}_1 - \ddot{z}_d]$$

为使$\dot{V}_2 \leqslant 0$，设计控制器为

$$u = \frac{1}{g(x,t)}[-x_1 - x_2 - f(x,t) - c_1\dot{z}_1 + \ddot{z}_d - c_2 z_2 - z_1] \tag{12.4}$$

其中，$c_2 > 0$。
则

$$\dot{V}_2 = -c_1 z_1^2 - c_2 z_2^2 \leqslant 0$$

即$\dot{V}_2 = -\eta V_2$，亦即$\frac{1}{V_2}\mathrm{d}V_2 = -\eta\mathrm{d}t$，积分得$\int_0^t \frac{1}{V_2}\mathrm{d}V_2 = -\int_0^t \eta\mathrm{d}t$，则

$$\ln V_2 \Big|_0^t = -\eta t$$

其中，$\eta = 2\max(c_1, c_2)$。

从而得到指数收敛的形式

$$V_2(t) = V_2(0)\mathrm{e}^{-\eta t} \tag{12.5}$$

由于 $V_2 = \frac{1}{2}z_1^2 + \frac{1}{2}z_2^2$，则 z_1 和 z_2 指数收敛，且当 $t\to\infty$ 时，$z_1\to 0$ 和 $z_2\to 0$。又由于 $z_2 = x_1 + x_2 + c_1 z_1 - \dot{z}_d$，则 $x_1 + x_2 \to \dot{z}_d$，从而 x_2 有界。

可见，采用反演控制方法，可实现指数收敛，而动态面控制方法由于采用了滤波器，存在滤波误差，无法达到指数收敛。

12.1.2 仿真实例

被控对象采用式(12.1)，取 $f(x,t) = -25x_1x_2$，$g(x,t) = 133$。位置指令为 $x_d(t) = \sin t$，采用控制律式(12.4)，$c_1 = c_2 = 35$，系统初始状态为[0.5,0]。仿真结果如图 12.1 和图 12.2 所示。

本实例的仿真程序有 4 个，分别是 chap12_1sim.mdl、chap12_1ctrl.m、chap12_1plant.m 和 chap12_1plot.m，程序清单详见本章附录。

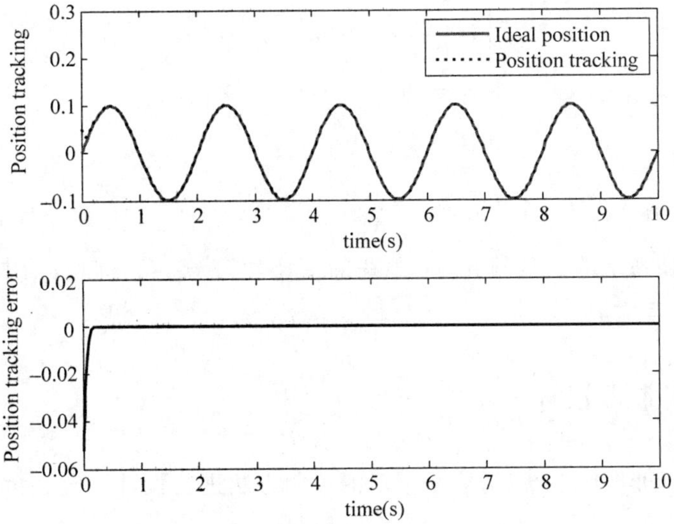

图 12.1　x_1 跟踪及跟踪误差

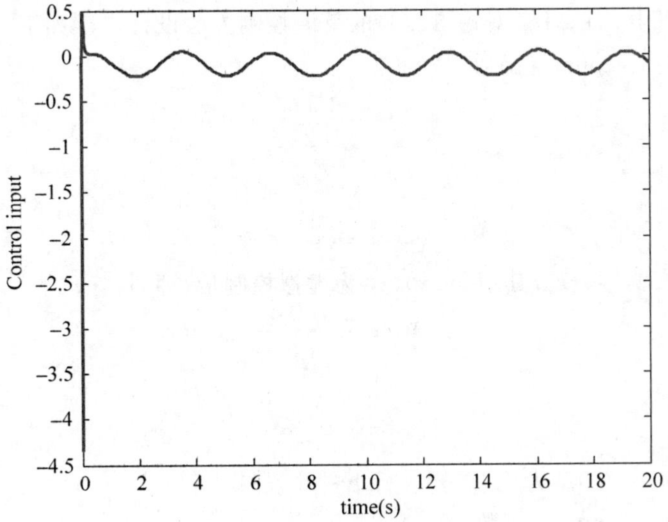

图 12.2　控制输入

12.2　一种三阶非线性系统的反演控制

12.2.1　系统描述

被控对象可写为

$$\begin{cases}\dot{x}_1 = x_2 \\ \dot{x}_2 = a_1 x_2 + a_2(x) + a_3 x_3 \\ \dot{x}_3 = b_1 x_3 + b_2 x_2 + \dfrac{1}{L}u \\ y = x_1\end{cases} \tag{12.6}$$

其中，$a_1 = -\dfrac{B}{M_t}$；$a_2 = \dfrac{N}{M_t}f(x_1, x_2)$；$a_3 = \dfrac{K_t}{M_t}$；$b_1 = -\dfrac{R}{L}$；$b_2 = -\dfrac{K_b}{L}$；$b_3 = \dfrac{1}{L}$。

控制目标是使系统的角度输出 x_1 跟踪的期望轨迹 z_d，角速度 x_2 跟踪期望速度轨迹 $\dot{z}_d$，并且所有的信号有界。

12.2.2 反演控制器设计

上述模型属于非匹配系统，适合采用反演控制方法进行设计。定义角度误差 $z_1 = x_1 - z_d$，则

$$\dot{z}_1 = \dot{x}_1 - \dot{z}_d = x_2 - \dot{z}_d$$

反演控制的设计过程是通过逐步构造中间量完成的，最后的虚拟控制量是施加于系统实际控制量的一部分。针对模型式(12.6)的反演控制方法设计步骤如下。

第一步：定义 Lyapunov 函数。

$$V_1 = \frac{1}{2}z_1^2$$

则

$$\dot{V}_1 = z_1\dot{z}_1 = z_1(x_2 - \dot{z}_d)$$

取 $x_2 = -c_1 z_1 + \dot{z}_d + z_2$，其中 $c_1 > 0$，z_2 为虚拟控制量，即

$$z_2 = x_2 + c_1 z_1 - \dot{z}_d \tag{12.7}$$

则

$$\dot{V}_1 = -c_1 z_1^2 + z_1 z_2$$

如果 $z_2 = 0$，则 $\dot{V}_1 \leqslant 0$。为此，需要进行下一步设计。

第二步：定义 Lyapunov 函数。

$$V_2 = V_1 + \frac{1}{2}z_2^2$$

由于 $\dot{z}_2 = a_1 x_2 + a_2(x) + a_3 x_3 + c_1\dot{z}_1 - \ddot{z}_d$，则

$$\dot{V}_2 = \dot{V}_1 + z_2\dot{z}_2 = -c_1 z_1^2 + z_1 z_2 + z_2[a_1 x_2 + a_2(x) + a_3 x_3 + c_1\dot{z}_1 - \ddot{z}_d]$$

取 $a_3 x_3 = -a_1 x_2 - a_2(x) - c_1\dot{z}_1 + \ddot{z}_d - c_2 z_2 - z_1 + z_3$，其中 $c_2 > 0$，z_3 为虚拟控制量，即

$$z_3 = a_3 x_3 + a_1 x_2 + a_2(x) + c_1\dot{z}_1 - \ddot{z}_d + c_2 z_2 + z_1 \tag{12.8}$$

则

$$\dot{V}_2 = \dot{V}_1 + z_2\dot{z}_2 = -c_1 z_1^2 - c_2 z_2^2 + z_2 z_3$$

如果 $z_3 = 0$，则 $\dot{V}_2 \leqslant 0$。为此，需要进行下一步设计。

第三步：定义 Lyapunov 函数。

$$V_3 = V_2 + \frac{1}{2}z_3^2$$

由于$\dot{z}_3 = a_3\dot{x}_3 + a_1\dot{x}_2 + \dot{a}_2(x) + c_1\ddot{z}_1 - \dddot{z}_d + c_2\dot{z}_2 + \dot{z}_1$，则

$$\begin{aligned}\dot{V}_3 &= \dot{V}_2 + z_3\dot{z}_3 = -c_1z_1^2 - c_2z_2^2 + z_2z_3 \\ &\quad + z_3\left[a_3\left(b_1x_3 + b_2x_2 + \frac{1}{L}u\right) + a_1\dot{x}_2 + \dot{a}_2(x) + c_1\ddot{z}_1 - \dddot{z}_d + c_2\dot{z}_2 + \dot{z}_1\right]\end{aligned}$$

令 $T = a_3\left(b_1x_3 + b_2x_2 + \frac{1}{L}u\right)$，则

$$\dot{V}_3 = -c_1z_1^2 - c_2z_2^2 + z_2z_3 + z_3[T + a_1\dot{x}_2 + \dot{a}_2(x) + c_1\ddot{z}_1 - \dddot{z}_d + c_2\dot{z}_2 + \dot{z}_1]$$

为使$\dot{V}_3 \leqslant 0$，设计控制器为

$$T = -a_1\dot{x}_2 - \dot{a}_2(x) - c_1\ddot{z}_1 + \dddot{z}_d - c_2\dot{z}_2 - \dot{z}_1 - z_2 - c_3z_3 \tag{12.9}$$

其中，$c_3 > 0$。

则实际的控制律为

$$u = L\left(\frac{1}{a_3}T - b_1x_3 - b_2x_2\right) \tag{12.10}$$

则

$$\dot{V}_3 = -c_1z_1^2 - c_2z_2^2 - c_3z_3^2 \leqslant 0$$

即

$$\dot{V}_3 \leqslant -\eta V_3$$

其中，$\eta = 2\min(c_1, c_2, c_3)$。

引理 12.1[1]：针对 $V:[0,\infty) \in \boldsymbol{R}$，不等式方程$\dot{V} \leqslant -\alpha V + f$，$\forall t \geqslant t_0 \geqslant 0$ 的解为

$$V(t) \leqslant \mathrm{e}^{-\alpha(t-t_0)}V(t_0) + \int_{t_0}^{t}\mathrm{e}^{-\alpha(t-\tau)}f(\tau)\mathrm{d}\tau$$

其中，α 为任意常数。

采用引理 12.1，针对不等式方程$\dot{V}_3 \leqslant -\eta V_3$，有 $\alpha = \eta$，$f = 0$，解为

$$V_3(t) \leqslant \mathrm{e}^{-\eta(t-t_0)}V_3(t_0)$$

可见，V_3 指数收敛至零，收敛速度取决于 η。

由于 $V_3 = \frac{1}{2}z_1^2 + \frac{1}{2}z_2^2 + \frac{1}{2}z_3^2$，则 z_1、z_2 和 z_3 指数收敛，且当 $t \to \infty$ 时，$z_1 \to 0$，$z_2 \to 0$，$z_3 \to 0$，从而 $x_1 \to z_d$，$x_2 \to \dot{z}_d$。

又由于 $z_2 = x_2 + c_1z_1 - \dot{z}_d$，$z_3 = a_3x_3 + a_1x_2 + a_2(x) + c_1\dot{z}_1 - \ddot{z}_d + c_2z_2 + z_1$，$\dot{z}_1 = x_2 - \dot{z}_d$，则 x_3 有界。

12.2.3 仿真实例

针对被控对象式(12.6)，取期望轨迹 $z_d = \sin(t)$，非线性函数为 $f(x) = x_1^2 + x_2^2$。单机械臂的参数为 $B = 0.015$，$L = 0.0008$，$D = 0.05$，$R = 0.075$，$m = 0.01$，$J = 0.05$，$l = 0.6$，

$K_b=0.085, M=0.05, K_t=1, g=9.8$。

系统的初始状态为$\boldsymbol{x}(0)=[0.5,0,0]^{\mathrm{T}}$,控制器参数取$c_1=100, c_2=c_3=10$,控制律采用虚拟控制式(12.7)和虚拟控制式(12.8)及实际控制律式(12.10),仿真结果如图12.3和图12.4所示。

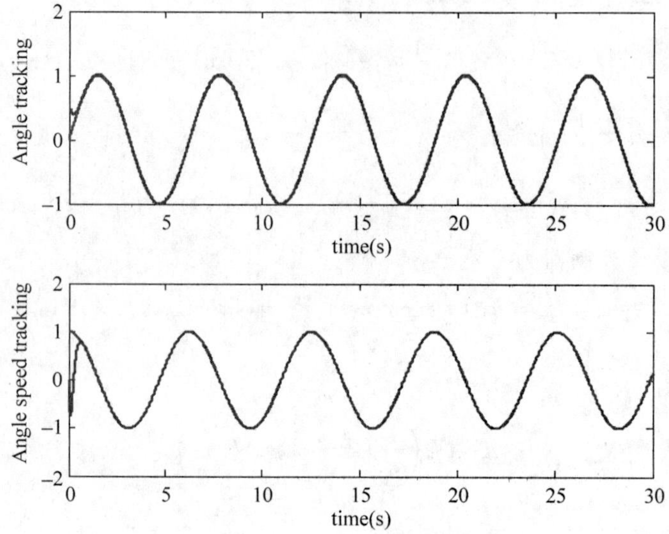

图12.3 角度和角速度跟踪

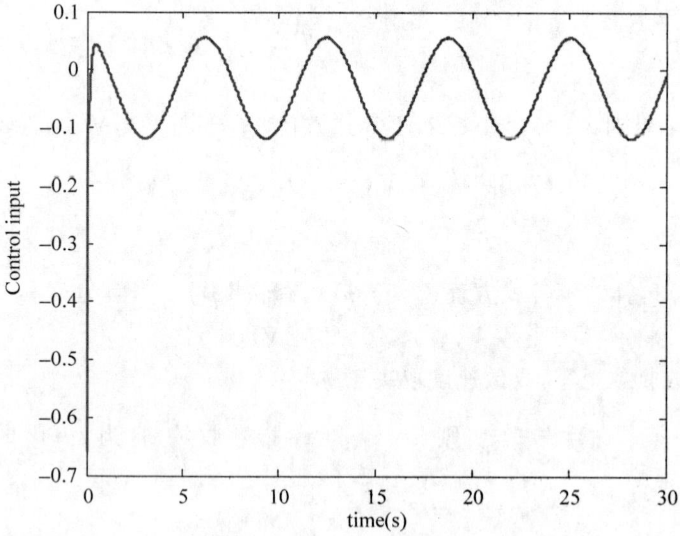

图12.4 控制输入信号

仿真程序为chap12_2sim・mdl、chap12_2ctrl.m、chap12_2plant.m和chap12_2plot.m,程序清单详见本章附录。

12.3 基于RBF网络的二阶非线性系统反演控制

12.3.1 基本原理

假设被控对象为

$$\begin{cases}\dot{x}_1 = x_1 + x_2 \\ \dot{x}_2 = f(x,t) + g(x,t)u\end{cases} \tag{12.11}$$

其中，$g(x,t)\neq 0$ 且已知。

控制目标是使输出 x_1 跟踪期望轨迹 x_d，并且所有的信号有界。

定义角度误差 $z_1=x_1-x_d$，其中 x_d 为指令信号，则

$$\dot{z}_1 = \dot{x}_1 - \dot{x}_d = x_1 + x_2 - \dot{x}_d$$

基本的反演控制方法设计步骤如下。

第一步：定义 Lyapunov 函数。

$$V_1 = \frac{1}{2}z_1^2 \tag{12.12}$$

则

$$\dot{V}_1 = z_1\dot{z}_1 = z_1(x_1 + x_2 - \dot{x}_d)$$

取 $x_2=-x_1-c_1z_1+\dot{x}_d+z_2$，其中 $c_1>0$，z_2 为虚拟控制量，即 $z_2=x_1+x_2+c_1z_1-\dot{x}_d$。则

$$\dot{V}_1 = -c_1z_1^2 + z_1z_2$$

如果 $z_2=0$，则$\dot{V}_1\leqslant 0$。为此，需要进行下一步设计。

第二步：定义 Lyapunov 函数。

$$V_2 = V_1 + \frac{1}{2}z_2^2 \tag{12.13}$$

由于$\dot{z}_2=\dot{x}_1+f(x,t)+g(x,t)u+c_1\dot{z}_1-\ddot{x}_d$，则

$$\begin{aligned}\dot{V}_2 &= \dot{V}_1 + z_2\dot{z}_2 \\ &= -c_1z_1^2 + z_1z_2 + z_2[x_1 + x_2 + f(x,t) + g(x,t)u + c_1\dot{z}_1 - \ddot{x}_d]\end{aligned} \tag{12.14}$$

为使$\dot{V}_2\leqslant 0$，设计控制器为

$$u = \frac{1}{g(x,t)}[-x_1 - x_2 - f(x,t) - c_1\dot{z}_1 + \ddot{x}_d - c_2z_2 - z_1] \tag{12.15}$$

其中，$c_2>0$。

则

$$\dot{V}_2 = -c_1z_1^2 - c_2z_2^2 \leqslant -\lambda V_2 \leqslant 0$$

其中，$\lambda=\min\{c_1,c_2\}$。

由上式可得 $V_2(t)\leqslant \mathrm{e}^{-\lambda t}V_2(0)$，如果 $t\to\infty$，则 $z_1\to 0$ 且 $z_2\to 0$ 且指数收敛，从而 $x_1\to x_d$ 且指数收敛，x_2 有界。

假设模型中 $f(x,t)$未知,需要采用神经网络逼近方法。

12.3.2 RBF网络原理

由于RBF网络具有万能逼近特性[2],采用RBF神经网络逼近 $f(x)$,网络算法为

$$h_j = \exp\left(\frac{\| \boldsymbol{x} - \boldsymbol{c}_j \|^2}{2b_j^2}\right)$$

$$f = \boldsymbol{W}^{*\mathrm{T}}\boldsymbol{h}(x) + \varepsilon$$

其中,x 为网络的输入;j 为网络隐含层第 j 个节点;$\boldsymbol{h}=[h_j]^{\mathrm{T}}$ 为网络的高斯基函数输出;$\boldsymbol{W}^*$ 为网络的理想权值;ε 为网络的逼近误差,$\varepsilon \leqslant \varepsilon_{\mathrm{N}}$。

网络输入取 $\boldsymbol{x}=[x_1 \quad x_2]^{\mathrm{T}}$,则网络输出为

$$\hat{f}(x) = \hat{\boldsymbol{W}}^{\mathrm{T}}\boldsymbol{h}(x)$$

取$\tilde{\boldsymbol{W}}=\hat{\boldsymbol{W}}-\boldsymbol{W}^*$,则 $f(x)-\hat{f}(x)=\boldsymbol{W}^{*\mathrm{T}}\boldsymbol{h}(x)+\varepsilon-\hat{\boldsymbol{W}}^{\mathrm{T}}\boldsymbol{h}(x)=-\tilde{\boldsymbol{W}}^{\mathrm{T}}\boldsymbol{h}(\boldsymbol{x})+\varepsilon$。

12.3.3 控制算法设计与分析

采用RBF网络逼近 $f(x)$,根据式(12.15),此时的控制律为

$$u = \frac{1}{g(x,t)}[-x_1 - x_2 - \hat{f}(x,t) - c_1\dot{z}_1 + \ddot{x}_{\mathrm{d}} - c_2 z_2 - z_1 - \eta \operatorname{sgn}(z_2)] \tag{12.16}$$

其中,$\eta>0$。

则根据12.3.1节的分析,设计Lyapunov函数如下

$$V = \frac{1}{2}z_1^2 + \frac{1}{2}z_2^2 + \frac{1}{2\gamma}\tilde{\boldsymbol{W}}^{\mathrm{T}}\tilde{\boldsymbol{W}} \tag{12.17}$$

其中,$\gamma>0$。

$$\begin{aligned}\dot{V} &= -c_1 z_1^2 + z_1 z_2 + z_2[x_1 + x_2 + f(x,t) + g(x,t)u + c_1\dot{z}_1 - \ddot{x}_{\mathrm{d}}] + \frac{1}{\gamma}\tilde{\boldsymbol{W}}^{\mathrm{T}}\dot{\hat{\boldsymbol{W}}} \\ &= -c_1 z_1^2 + z_1 z_2 + z_2[f(x,t) - \hat{f}(x,t) - \eta\operatorname{sgn}(z_2)] + \frac{1}{\gamma}\tilde{\boldsymbol{W}}^{\mathrm{T}}\dot{\hat{\boldsymbol{W}}} \\ &= -c_1 z_1^2 - c_2 z_2^2 + z_2[-\tilde{\boldsymbol{W}}^{\mathrm{T}}\boldsymbol{h}(\boldsymbol{x}) + \varepsilon - \eta\operatorname{sgn}(z_2)] + \frac{1}{\gamma}\tilde{\boldsymbol{W}}^{\mathrm{T}}\dot{\hat{\boldsymbol{W}}} \\ &= -c_1 z_1^2 - c_2 z_2^2 + \tilde{\boldsymbol{W}}^{\mathrm{T}}\left[-z_2\boldsymbol{h}(\boldsymbol{x}) + \frac{1}{\gamma}\dot{\hat{\boldsymbol{W}}}\right] + z_2\varepsilon - \eta|z_2|\end{aligned}$$

取自适应律为

$$\dot{\hat{\boldsymbol{W}}} = \gamma z_2 \boldsymbol{h}(\boldsymbol{x}) \tag{12.18}$$

取 $\eta \geqslant \varepsilon_{\mathrm{N}}$,则

$$\dot{V} = -c_1 z_1^2 - c_2 z_2^2 + z_2\varepsilon - \eta|z_2| \leqslant -c_1 z_1^2 - c_2 z_2^2 \leqslant 0$$

由于 $V\geqslant 0$,则$\dot{V}\leqslant 0$,从而 z_1、z_2 和$\tilde{\boldsymbol{W}}$有界。由于当且仅当 $z_1=z_2=0$ 时,$\dot{V}=0$,即当$\dot{V}\equiv 0$ 时,$z_1=z_2=0$,根据LaSalle不变性原理,闭环系统为渐进稳定,即当 $t\to\infty$时,$z_1\to 0$ 且 $z_2\to 0$,从而 $x_1\to x_{\mathrm{d}}$。

12.3.4 仿真实例

被控对象采用式(12.11),取 $f(x,t)=-25x_1x_2$, $g(x,t)=133$,系统初始状态为[0.5,0]。位置指令为 $x_d(t)=\sin t$,采用控制律式(12.16)和自适应律式(12.18),取 $c_1=c_2=100$, $\eta=0.10$, $\gamma=0.50$。

根据网络输入 x_1 和 x_2 的实际范围来设计高斯基函数的参数,参数 c_i 和 b_i 取值分别为[−2 −1 0 1 2]和5.0,网络权值中各个元素的初始值取0.10。仿真结果如图12.5~图12.7所示。

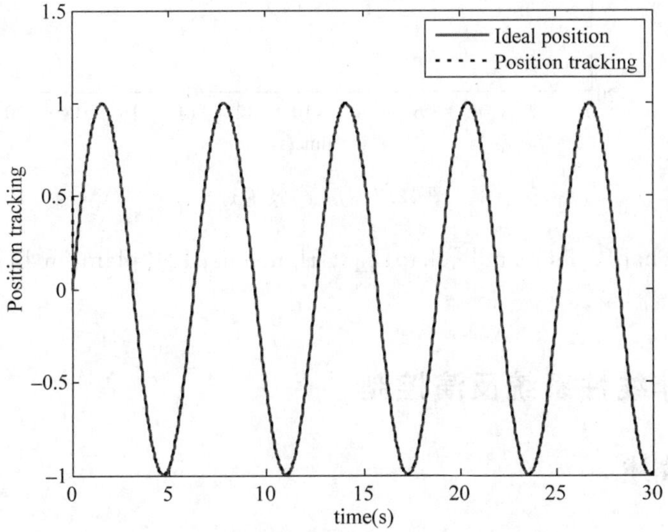

图 12.5 位置跟踪

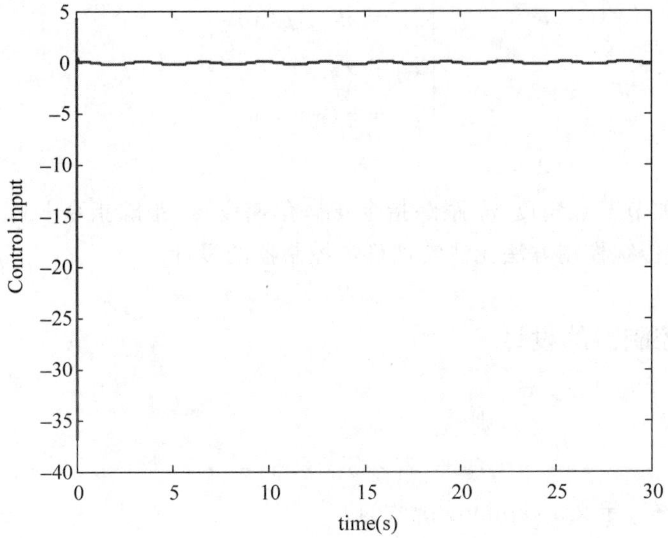

图 12.6 控制输入

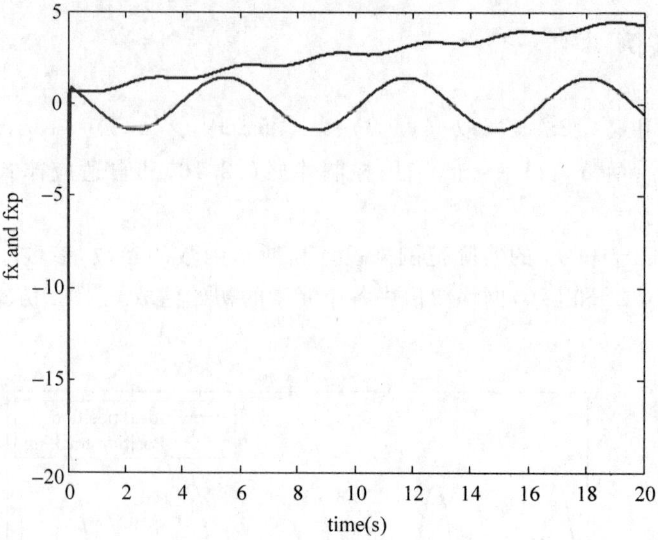

图 12.7 $f(x)$及逼近

仿真程序为 chap12_3sim.mdl、chap12_3ctrl.m、chap12_3plant.m 和 chap12_3plot.m，程序清单详见本章附录。

12.4 高阶非线性系统反演控制

12.4.1 系统描述

考虑如下状态方程

$$\begin{cases}\dot{x}_1 = x_2\\ \dot{x}_2 = x_3 + g(x)\\ \dot{x}_3 = x_4\\ \dot{x}_4 = f(x) + mu\end{cases} \tag{12.19}$$

其中，$\boldsymbol{x}=[x_1 \quad x_2 \quad x_3 \quad x_4]^{\mathrm{T}}$。

控制问题为关节节点角度 x_1 跟踪指令 $x_{1\mathrm{d}}$，角速度 x_2 跟踪指令$\dot{x}_{1\mathrm{d}}$。由于被控对象为非匹配系统，采用传统控制方法无法实现稳定控制器的设计。

12.4.2 反演控制器的设计

第一步：定义 $e_1=x_1-x_{1\mathrm{d}}$，则

$$\dot{e}_1 = \dot{x}_1 - \dot{x}_{1\mathrm{d}} = x_2 - \dot{x}_{1\mathrm{d}}$$

为了实现 $e_1\to0$，定义 Lyapunov 函数为

$$V_1 = \frac{1}{2}e_1^2 \tag{12.20}$$

则

$$\dot{V}_1 = e_1\dot{e}_1 = e_1(x_2 - \dot{x}_{1d})$$

第二步：为了实现$\dot{V}_1\leqslant 0$，取 $x_2\rightarrow\dot{x}_{1d}-k_1e_1$，设计虚拟控制项为

$$x_{2d} = \dot{x}_{1d} - k_1e_1 \tag{12.21}$$

并取

$$e_2 = x_2 - x_{2d}$$

则$\dot{e}_2=\dot{x}_2-\dot{x}_{2d}=x_3+g(x)-\dot{x}_{2d}$，且

$$\begin{aligned}\dot{V}_1 &= e_1(x_2-\dot{x}_{1d}) = e_1(x_{2d}+e_2-\dot{x}_{1d}) = e_1(\dot{x}_{1d}-k_1e_1+e_2-\dot{x}_{1d})\\ &= -k_1e_1^2+e_1e_2\end{aligned}$$

为了实现 $e_2\rightarrow 0$，$e_1\rightarrow 0$，设计 Lyapunov 函数。

$$V_2 = V_1 + \frac{1}{2}e_2^2 = \frac{1}{2}(e_1^2+e_2^2) \tag{12.22}$$

则

$$\dot{V}_2 = -k_1e_1^2+e_1e_2+e_2[x_3+g(x)-\dot{x}_{2d}]$$

第三步：为了实现$\dot{V}_2\leqslant 0$，取 $e_1+x_3+g(x)-\dot{x}_{2d}\rightarrow -k_2e_2$，$k_2>0$，即 $x_3\rightarrow\dot{x}_{2d}-g(x)-k_2e_2-e_1$，设计虚拟控制项为

$$x_{3d} = \dot{x}_{2d} - g(x) - k_2e_2 - e_1 \tag{12.23}$$

并取误差项

$$e_3 = x_3 - x_{3d}$$

则$\dot{e}_3=\dot{x}_3-\dot{x}_{3d}=x_4-\dot{x}_{3d}$。

为了实现 $e_3\rightarrow 0$，$e_2\rightarrow 0$，$e_1\rightarrow 0$，设计 Lyapunov 函数为

$$V_3 = V_2 + \frac{1}{2}e_3^2 = \frac{1}{2}(e_1^2+e_2^2+e_3^2) \tag{12.24}$$

则

$$\begin{aligned}\dot{V}_3 &= -k_1e_1^2+e_1e_2+e_2[x_3+g(x)-\dot{x}_{2d}]+e_3\dot{e}_3\\ &= -k_1e_1^2+e_1e_2+e_2[e_3+x_{3d}+g(x)-\dot{x}_{2d}]+e_3\dot{e}_3\\ &= -k_1e_1^2-k_2e_2^2+e_2e_3+e_3(x_4-\dot{x}_{3d})\\ &= -k_1e_1^2-k_2e_2^2+e_3(e_2+x_4-\dot{x}_{3d})\end{aligned}$$

第四步：为了实现$\dot{V}_3\leqslant 0$，取 $e_2+x_4-\dot{x}_{3d}\rightarrow -k_3e_3$，$k_3>0$，即 $x_4\rightarrow\dot{x}_{3d}-k_3e_3-e_2$，取虚拟项

$$x_{4d} = \dot{x}_{3d} - k_3e_3 - e_2 \tag{12.25}$$

取误差项

$$e_4 = x_4 - x_{4d}$$

则

$$\begin{aligned}e_3(e_2+x_4-\dot{x}_{3d}) &= e_3(e_2+x_{4d}+e_4-\dot{x}_{3d})\\ &= e_3(e_2+\dot{x}_{3d}-k_3e_3-e_2+e_4-\dot{x}_{3d}) = e_3e_4-k_3e_3^2\end{aligned}$$

从而

$$\dot{V}_3 = -k_1e_1^2 - k_2e_2^2 + e_3e_4 - k_3e_3^2$$

则$\dot{e}_4=\dot{x}_4-\dot{x}_{4\mathrm{d}}=f(x)+mu-\dot{x}_{4\mathrm{d}}$。

为了实现 $e_4\to 0, e_1\to 0, e_2\to 0, e_3\to 0$，设计 Lyapunov 函数为

$$V_4 = V_3 + \frac{1}{2}e_4^2 = \frac{1}{2}(e_1^2+e_2^2+e_3^2+e_4^2) \tag{12.26}$$

则

$$\begin{aligned}\dot{V}_4 &= -k_1e_1^2 - k_2e_2^2 + e_3e_4 - k_3e_3^2 + e_4[f(x)+mu-\dot{x}_{4\mathrm{d}}] \\ &= -k_1e_1^2 - k_2e_2^2 - k_3e_3^2 + e_4[e_3+f(x)+mu-\dot{x}_{4\mathrm{d}}]\end{aligned}$$

为了实现$\dot{V}_4\leqslant 0$，设计控制律为

$$u = \frac{1}{m}[-f(x)+\dot{x}_{4\mathrm{d}}-k_4e_4-e_3] \tag{12.27}$$

其中，$k_4>0$。

则

$$\dot{V}_4 = -k_1e_1^2 - k_2e_2^2 - k_3e_3^2 - k_4e_4^2 \leqslant -\eta V_4 \leqslant 0$$

其中，$\eta=\min\{k_1,k_2,k_3,k_4\}$。

$$V_4(t) \leqslant \mathrm{e}^{-\eta t}V_4(0) \tag{12.28}$$

可见，闭环系统稳定，且指数收敛，当 $t\to\infty$ 时，$e_i\to 0$，从而 $x_1\to x_{1\mathrm{d}}$，$x_2\to \dot{x}_{1\mathrm{d}}$ 且指数收敛。

由上述分析可见，控制律需要 $g(x)$ 和 $f(x)$ 及 m 为已知。由于

$$\dot{x}_{4\mathrm{d}} = \ddot{x}_{3\mathrm{d}} - k_3\dot{e}_3 - \dot{e}_2 = [\dddot{x}_{2\mathrm{d}} - \ddot{g}(x) - k_2\ddot{e}_2 - \ddot{e}_1] - k_3\dot{e}_3 - \dot{e}_2$$

其中

$$\dot{x}_{2\mathrm{d}} = \ddot{x}_{1\mathrm{d}} - k_1\dot{e}_1, \quad \ddot{x}_{2\mathrm{d}} = \dddot{x}_{1\mathrm{d}} - k_1\ddot{e}_1, \quad \dddot{x}_{2\mathrm{d}} = \ddddot{x}_{1\mathrm{d}} - k_1\dddot{e}_1$$

可见，针对高阶系统的反演控制中，要求模型信息已知，为解决这一问题，可采用神经网络逼近的方法。

12.5 基于 RBF 网络的高阶非线性系统自适应反演控制

12.5.1 系统描述

考虑高阶非线性系统

$$\begin{cases}\dot{x}_1 = x_2 \\ \dot{x}_2 = x_3 + g(x) \\ \dot{x}_3 = x_4 \\ \dot{x}_4 = f(x) + mu\end{cases} \tag{12.29}$$

其中，$\boldsymbol{x}=[x_1 \quad x_2 \quad x_3 \quad x_4]^{\mathrm{T}}$。

假设 $g(x)$ 已知，$f(x)$ 和 m 未知，采用神经网络逼近 $f(x)$，采用参数自适应估计 m。控

制目标为 $t\to\infty$,闭环系统稳定,$x_1\to x_{1d}$,$\dot{x}_1\to\dot{x}_{1d}$。

12.5.2 反演控制律设计

第一步:定义 $e_1=x_1-x_{1d}$,则

$$\dot{e}_1=\dot{x}_1-\dot{x}_{1d}=x_2-\dot{x}_{1d}$$

为了实现 $e_1\to 0$,定义 Lyapunov 函数为

$$V_1=\frac{1}{2}e_1^2 \tag{12.30}$$

则

$$\dot{V}_1=e_1\dot{e}_1=e_1(x_2-\dot{x}_{1d})$$

第二步:为了实现$\dot{V}_1\leqslant 0$,取 $x_2-\dot{x}_{1d}\to -k_1e_1$,$k_1>0$,即 $x_2\to\dot{x}_{1d}-k_1e_1$,取虚拟控制项

$$x_{2d}=\dot{x}_{1d}-k_1e_1 \tag{12.31}$$

为了实现 $x_2\to x_{2d}$,取误差项

$$e_2=x_2-x_{2d}$$

则$\dot{e}_2=\dot{x}_2-\dot{x}_{2d}=x_3+g(x)-\dot{x}_{2d}$,且

$$\dot{V}_1=e_1(x_{2d}+e_2-\dot{x}_{1d})=e_1(\dot{x}_{1d}-k_1e_1+e_2-\dot{x}_{1d})=-k_1e_1^2+e_1e_2$$

为了实现 $e_2\to 0$,$e_1\to 0$,设计 Lyapunov 函数

$$V_2=V_1+\frac{1}{2}e_2^2=\frac{1}{2}(e_1^2+e_2^2) \tag{12.32}$$

则

$$\dot{V}_2=-k_1e_1^2+e_1e_2+e_2[x_3+g(x)-\dot{x}_{2d}]=-k_1e_1^2+e_2[e_1+x_3+g(x)-\dot{x}_{2d}]$$

第三步:为了实现$\dot{V}_2\leqslant 0$,取 $e_1+x_3+g(x)-\dot{x}_{2d}\to -k_2e_2$,$k_2>0$,即 $x_3\to\dot{x}_{2d}-g(x)-k_2e_2-e_1$,设计虚拟控制项

$$x_{3d}=\dot{x}_{2d}-g(x)-k_2e_2-e_1 \tag{12.33}$$

其中,$\eta>0$。

为了实现 $x_3\to x_{3d}$,取误差项

$$e_3=x_3-x_{3d}$$

则$\dot{e}_3=\dot{x}_3-\dot{x}_{3d}=x_4-\dot{x}_{3d}$,且

$$\begin{aligned}\dot{V}_2&=-k_1e_1^2+e_1e_2+e_2[x_{3d}+e_3+g(x)-\dot{x}_{2d}]\\&=-k_1e_1^2+e_1e_2+e_2(\dot{x}_{2d}-k_2e_2-e_1+e_3-\dot{x}_{2d})\\&=-k_1e_1^2-k_2e_2^2+e_2e_3\end{aligned}$$

为了实现 $e_1\to 0$,$e_2\to 0$,$e_3\to 0$,设计 Lyapunov 函数

$$V_3=V_2+\frac{1}{2}e_3^2=\frac{1}{2}(e_1^2+e_2^2+e_3^2) \tag{12.34}$$

则

$$\dot{V}_3=-k_1e_1^2-k_2e_2^2+e_2e_3+e_3(x_4-\dot{x}_{3d})$$

$$=-k_1e_1^2-k_2e_2^2+e_3(e_2+x_4-\dot{x}_{3d})$$

第四步：为了实现$\dot{V}_3\leqslant 0$，取$e_2+x_4-\dot{x}_{3d}\to -k_3e_3$，$k_3>0$，即$x_4\to \dot{x}_{3d}-k_3e_3-e_2$，设计虚拟控制项

$$x_{4d}=\dot{x}_{3d}-k_3e_3-e_2 \tag{12.35}$$

为了实现$x_4\to x_{4d}$，取误差项

$$e_4=x_4-x_{4d}$$

则

$$\dot{e}_4=\dot{x}_4-\dot{x}_{4d}=f+mu-\dot{x}_{4d}$$

为了实现$e_4\to 0$，$e_1\to 0$ ，$e_2\to 0$，$e_3\to 0$，设计 Lyapunov 函数

$$V_4=V_3+\frac{1}{2}e_4^2=\frac{1}{2}(e_1^2+e_2^2+e_3^2+e_4^2) \tag{12.36}$$

则

$$\begin{aligned}\dot{V}_4&=-k_1e_1^2-k_2e_2^2+e_3(e_2+e_4+x_{4d}-\dot{x}_{3d})+e_4[f+(m-\hat{m})u+\hat{m}u-\dot{x}_{4d}]\\&=-k_1e_1^2-k_2e_2^2-k_3e_3^2+e_3e_4+e_4[f+(m-\hat{m})u+\hat{m}u-\dot{x}_{4d}]\end{aligned}$$

设计控制律为

$$u=\frac{1}{\hat{m}}(-\hat{f}+\dot{x}_{4d}-k_4e_4-e_3-\eta\mathrm{sgn}e_4) \tag{12.37}$$

其中，$\eta>0$。

则

$$\dot{V}_4=-k_1e_1^2-k_2e_2^2-k_3e_3^2-k_4e_4^2+e_4(m-\hat{m})u+e_4(f-\hat{f})-\eta|e_4| \tag{12.38}$$

可见，如果$m\to\hat{m}$，$f\to\hat{f}$，则$\dot{V}_4\leqslant 0$。

12.5.3 自适应律的设计

由于 RBF 网络具有万能逼近特性[2]，采用 RBF 神经网络逼近$f(x)$，网络算法为

$$h_j=\exp\left(\frac{\|\boldsymbol{x}-\boldsymbol{c}_j\|^2}{2b_j^2}\right)$$

$$f=\boldsymbol{W}^{*\mathrm{T}}\boldsymbol{h}(\boldsymbol{x})+\varepsilon$$

其中，$\boldsymbol{x}$为网络的输入；j为网络隐含层第j个节点；$\boldsymbol{h}=[h_j]^{\mathrm{T}}$为网络的高斯基函数输出；$\boldsymbol{W}^*$为网络的理想权值；$\varepsilon$为网络的逼近误差，$\varepsilon\leqslant\varepsilon_N$。

定义

$$\hat{f}=\hat{\boldsymbol{W}}^{\mathrm{T}}\boldsymbol{h} \tag{12.39}$$

其中，$\hat{\boldsymbol{W}}$为权值的估计。

取$\tilde{\boldsymbol{W}}=\hat{\boldsymbol{W}}-\boldsymbol{W}^*$，则

$$f(x)-\hat{f}(x)=\boldsymbol{W}^{*\mathrm{T}}\boldsymbol{h}(\boldsymbol{x})+\varepsilon-\hat{\boldsymbol{W}}^{\mathrm{T}}\boldsymbol{h}(\boldsymbol{x})=-\tilde{\boldsymbol{W}}^{\mathrm{T}}\boldsymbol{h}(\boldsymbol{x})+\varepsilon$$

则

$$\dot{V}_4=-k_1e_1^2-k_2e_2^2-k_3e_3^2-k_4e_4^2+e_4\tilde{m}u+e_4[-\tilde{\boldsymbol{W}}^{\mathrm{T}}\boldsymbol{h}(\boldsymbol{x})+\varepsilon]-\eta|e_4|$$
$$=-k_1e_1^2-k_2e_2^2-k_3e_3^2-k_4e_4^2+e_4\tilde{m}u-\tilde{\boldsymbol{W}}^{\mathrm{T}}\boldsymbol{h}(\boldsymbol{x})e_4+\varepsilon e_4-\eta|e_4|$$

其中，$\eta\geqslant\varepsilon_N$。

设计 Lyapunov 函数为

$$V=V_4+\frac{1}{2\gamma_1}\tilde{m}^2+\frac{1}{2\gamma_2}\tilde{\boldsymbol{W}}^{\mathrm{T}}\tilde{\boldsymbol{W}} \tag{12.40}$$

其中，$\gamma_1>0$，$\gamma_2>0$；$\tilde{m}=m-\hat{m}$。

则

$$\dot{V}=\dot{V}_4-\frac{1}{\gamma_1}\tilde{m}\dot{\hat{m}}+\frac{1}{\gamma_2}\tilde{\boldsymbol{W}}^{\mathrm{T}}\dot{\hat{\boldsymbol{W}}}$$
$$=-k_1e_1^2-k_2e_2^2-k_3e_3^2-k_4e_4^2+e_4\tilde{m}u-\frac{1}{\gamma_1}\tilde{m}\dot{\hat{m}}-\tilde{\boldsymbol{W}}^{\mathrm{T}}\boldsymbol{h}(\boldsymbol{x})e_4+\frac{1}{\gamma_2}\tilde{\boldsymbol{W}}^{\mathrm{T}}\dot{\hat{\boldsymbol{W}}}+\varepsilon e_4-\eta|e_4|$$
$$=-k_1e_1^2-k_2e_2^2-k_3e_3^2-k_4e_4^2+\tilde{m}\left(e_4u-\frac{1}{\gamma_1}\dot{\hat{m}}\right)+\tilde{\boldsymbol{W}}^{\mathrm{T}}\left[\frac{1}{\gamma_2}\dot{\hat{\boldsymbol{W}}}-\boldsymbol{h}(\boldsymbol{x})e_4\right]+\varepsilon e_4-\eta|e_4|$$

取参数自适应律为

$$\dot{\hat{m}}=\gamma_1e_4u \tag{12.41}$$

为了防止$\hat{m}$过大而造成控制输入信号$u(t)$过大，并避免$\hat{m}$为零造成控制律式(12.37)奇异，需要通过自适应律的设计使$\hat{m}$的变化在$[m_{\min}\quad m_{\max}]$范围内，可采用一种映射自适应算法[3]，对式(12.41)进行以下修正：

$$\dot{\hat{m}}=\mathrm{Proj}_{\hat{m}}(\gamma_1e_4u)$$
$$\mathrm{Proj}_{\hat{m}}(\cdot)=\begin{cases}0, & \hat{m}\geqslant m_{\max}\text{ 且 }\cdot>0\\ 0, & \hat{m}\leqslant m_{\min}\text{ 且 }\cdot<0\\ \cdot, & \text{其他}\end{cases} \tag{12.42}$$

即当$\hat{m}$超过最大值时，如果有继续增大的趋势，即$\dot{\hat{m}}>0$，则取$\hat{m}$值不变，即$\dot{\hat{m}}=0$；当$\hat{m}$超过最小值时，如果有继续减小的趋势，即$\dot{\hat{m}}<0$，则取$\hat{m}$值不变，即$\dot{\hat{m}}=0$。

取神经网络自适应律为

$$\dot{\hat{\boldsymbol{W}}}=\gamma_2\boldsymbol{h}(x)e_4 \tag{12.43}$$

由于$\eta\geqslant\varepsilon_N$，则存在$\eta_0>0$，使$\varepsilon e_4-\eta|e_4|=-\eta_0|e_4|$成立，则

$$\dot{V}=-k_1e_1^2-k_2e_2^2-k_3e_3^2-k_4e_4^2-\eta_0|e_4|\leqslant0$$

由于$V\geqslant0$，则$\dot{V}\leqslant0$，从而e_1、e_2、e_3、e_4、$\tilde{m}$和$\tilde{\boldsymbol{W}}$都有界。由于当且仅当$e_i=0(i=1,2,3,4)$时，$\dot{V}=0$，即当$\dot{V}\equiv0$时，$e_i=0$，根据 LaSalle 不变性原理，闭环系统为渐进稳定，即当$t\to\infty$，$e_i\to0$，从而$x_2\to x_{2\mathrm{d}}$，由于$x_{2\mathrm{d}}=\dot{x}_{1\mathrm{d}}-k_1e_1$，则$x_1\to x_{1\mathrm{d}}$，$\dot{x}_1\to\dot{x}_{1\mathrm{d}}$。

12.5.4 仿真实例

被控对象采用式(12.29)，取$g(x)=-x_1$，$f(x)=K(x_1-x_3)/J$，$m=1/J$，$M=0.20$，$L=0.02$，$I=1.35\times10^{-3}$，$K=7.47$，$J=2.16\times10^{-1}$。

理想角度为$x_{1\mathrm{d}}=\sin t$，初始状态为$\boldsymbol{x}(0)=[0\quad0\quad0\quad0]$，控制律采用式(12.39)，取

$k_1=k_2=k_3=k_4=10, \eta=1.5$。

采用RBF网络逼近函数 f,网络结构为2-5-1,网络输入取 $\boldsymbol{x}_i=[x_1 \quad x_3]$,根据网络输入值的变化范围,高斯基函数参数$c_i$ 取$[-1 \quad -0.5 \quad 0 \quad 0.5 \quad 1]$,$b_i$ 取1.0,网络初始值取0.10。神经网络自适应律采用式(12.43),取 $\gamma_2=0.20$。

在参数自适应律式(12.42)中,由于 $m=1/J=4.6296$,取 $m_{\min}=2, m_{\max}=6$。$\hat{m}$初值的选择很重要,如果$\hat{m}(0)$取值过小,会导致 u 初值过大,从而造成$\dot{\hat{m}}$值过大,导致$\hat{m}$的剧烈变动,造成$\hat{m}$有可能接近于零,导致控制输入剧烈变化,且易产生奇异。同理,如果$\hat{m}(0)$值取得过大,会导致 u 过小,从而造成$\dot{\hat{m}}$值过小,导致控制律失效。因此,仿真中取$\hat{m}$初值尽量大些,取$\hat{m}(0)=5$,为了保证$\dot{\hat{m}}$值不过大,取较大的 γ_1,取 $\gamma_1=100$。仿真结果如图12.8～图12.10所示。

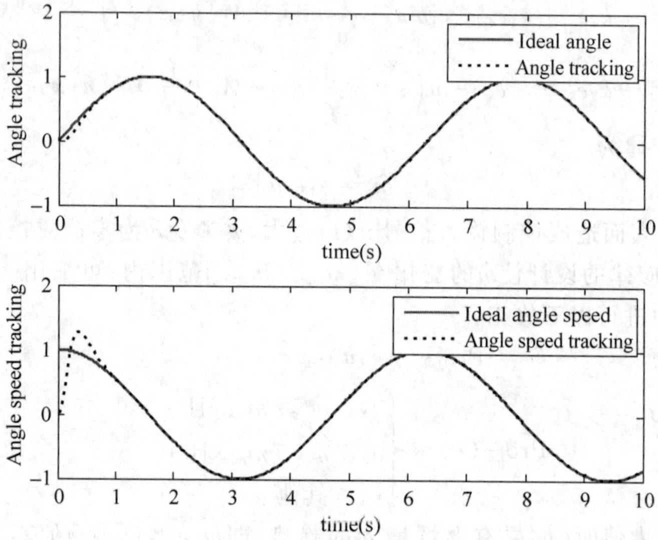

图 12.8　角度和角速度跟踪

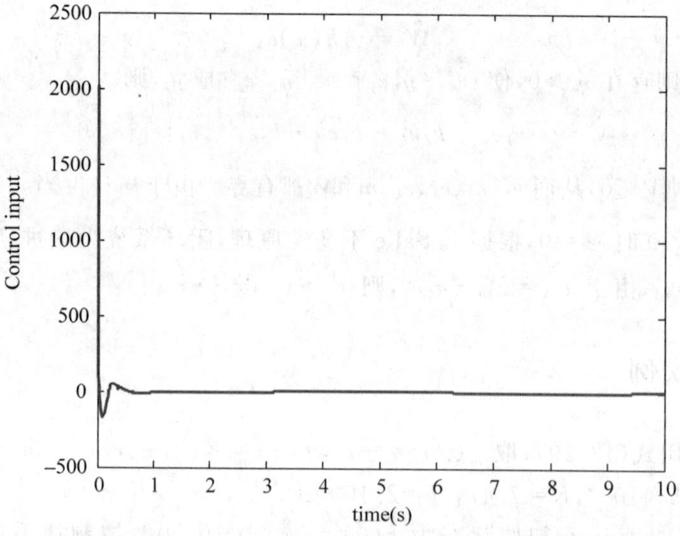

图 12.9　控制输入

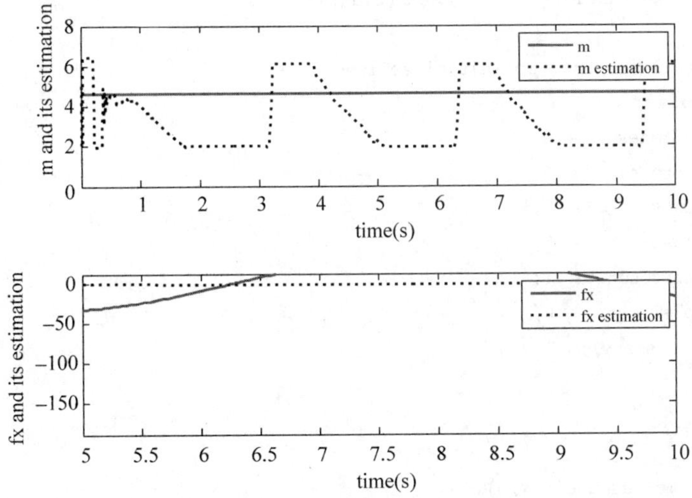

图 12.10　m 和 $f(x)$ 的自适应逼近

仿真程序为 chap12_4sim.mdl、chap12_4ctrl.m、chap12_4plant.m 和 chap12_4plot.m，程序清单可参阅附录。

附录　仿真程序

12.1.2 节的程序

1. Simulink 主程序：chap12_1sim.mdl

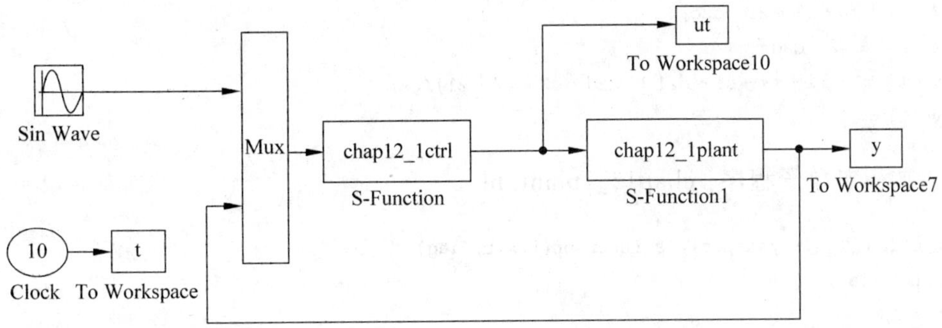

2. 控制器子程序：chap12_1ctrl.m

```
function [sys,x0,str,ts] = spacemodel(t,x,u,flag)
switch flag,
case 0,
    [sys,x0,str,ts] = mdlInitializeSizes;
case 3,
    sys = mdlOutputs(t,x,u);
case {2,4,9}
    sys = [];
otherwise
```

```
    error(['Unhandled flag = ',num2str(flag)]);
end
function [sys,x0,str,ts] = mdlInitializeSizes
sizes = simsizes;
sizes.NumContStates   = 0;
sizes.NumDiscStates   = 0;
sizes.NumOutputs      = 1;
sizes.NumInputs       = 5;
sizes.DirFeedthrough  = 1;
sizes.NumSampleTimes  = 0;
sys = simsizes(sizes);
x0 = [];
str = [];
ts = [];
function sys = mdlOutputs(t,x,u)
zd = u(1);
dzd = cos(t);
ddzd = - sin(t);

x1 = u(2);
x2 = u(3);
fx = u(4);
gx = u(5);
c1 = 35;c2 = 35;

z1 = x1 - zd;
z2 = x1 + x2 + c1 * z1 - dzd;
dz1 = x1 + x2 - dzd;
ut = ( - x1 - x2 - fx - c1 * dz1 + ddzd - c2 * z2 - z1)/gx;
sys(1) = ut;
```

3. 被控对象子程序：chap12_1plant.m

```
function [sys,x0,str,ts] = s_function(t,x,u,flag)
switch flag,
case 0,
    [sys,x0,str,ts] = mdlInitializeSizes;
case 1,
    sys = mdlDerivatives(t,x,u);
case 3,
    sys = mdlOutputs(t,x,u);
case {2, 4, 9 }
    sys = [];
otherwise
    error(['Unhandled flag = ',num2str(flag)]);
end
function [sys,x0,str,ts] = mdlInitializeSizes
```

```
sizes = simsizes;
sizes.NumContStates    = 2;
sizes.NumDiscStates    = 0;
sizes.NumOutputs       = 4;
sizes.NumInputs        = 1;
sizes.DirFeedthrough   = 0;
sizes.NumSampleTimes   = 0;
sys = simsizes(sizes);
x0 = [0.5 0];
str = [];
ts = [];
function sys = mdlDerivatives(t,x,u)
fx = -25 * x(1) * x(2);
gx = 133;
ut = u(1);
sys(1) = x(1) + x(2);
sys(2) = fx + gx * ut;
function sys = mdlOutputs(t,x,u)
fx = -25 * x(1) * x(2);
gx = 133;
sys(1) = x(1);
sys(2) = x(2);
sys(3) = fx;
sys(4) = gx;
```

4. 作图程序：chap12_1plot.m

```
close all;

figure(1);
subplot(211);
plot(t,sin(t),'r',t,y(:,1),'k:','linewidth',2);
xlabel('time(s)');ylabel('Position tracking');
legend('ideal position','position tracking');
subplot(212);
plot(t,sin(t)-y(:,1),'k','linewidth',2);
xlabel('time(s)');ylabel('Position tracking error');

figure(2);
plot(t,ut(:,1),'r','linewidth',2);
xlabel('time(s)');ylabel('Control input');
```

12.2.3 节的程序

1. Simulink 主程序：chap12_2sim.mdl

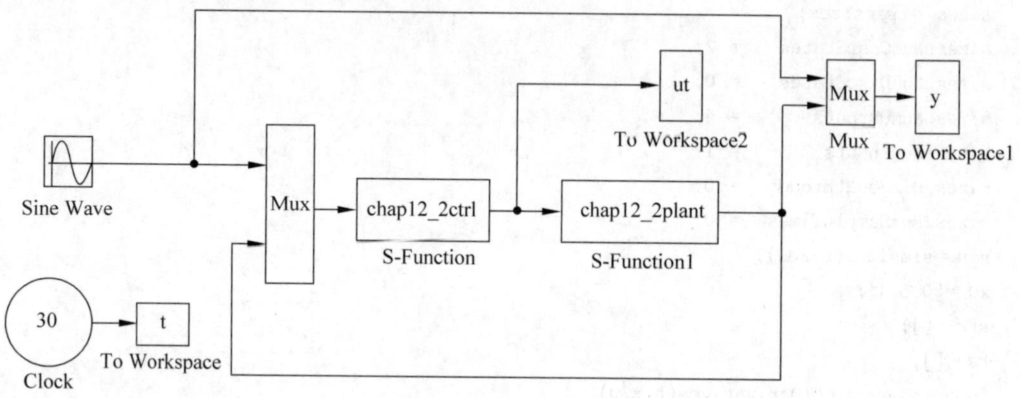

2. 控制器 S 函数：chap12_2ctrl.m

```
function [sys,x0,str,ts] = spacemodel(t,x,u,flag)
switch flag,
case 0,
    [sys,x0,str,ts] = mdlInitializeSizes;
case 3,
    sys = mdlOutputs(t,x,u);
case {1,2,4,9}
    sys = [];
otherwise
    error(['Unhandled flag = ',num2str(flag)]);
end

function [sys,x0,str,ts] = mdlInitializeSizes
sizes = simsizes;
sizes.NumContStates   = 0;
sizes.NumDiscStates   = 0;
sizes.NumOutputs      = 1;
sizes.NumInputs       = 4;
sizes.DirFeedthrough  = 1;
sizes.NumSampleTimes  = 0;
sys = simsizes(sizes);
x0 = [];
str = [];
ts = [];
function sys = mdlOutputs(t,x,u)
B = 0.015;L = 0.0008;D = 0.05;R = 0.075;m = 0.01;J = 0.05;
l = 0.6;Kb = 0.085;M = 0.05;Kt = 1;g = 9.8;
Mt = J + 1/3 * m * l ^2 + 1/10 * M * l ^2 * D;
N = m * g * l + M * g * l;

zd = u(1);dzd = cos(t);ddzd = - sin(t);
x1 = u(2);
x2 = u(3);
x3 = u(4);
fx = x1 ^2 + x2 ^2;
```

```
z1 = x1 - zd;
c1 = 100;c2 = 10;c3 = 10;

a1 = - B/Mt;a2 = N/Mt * fx;a3 = Kt/Mt;
b1 = - R/L;b2 = - Kb/L;b3 = 1/L;

dx2 = a1 * x2 + a2 + a3 * x3;
dfx = 2 * x1 * x2 + 2 * x2 * dx2;

da2 = N/Mt * dfx;
dz1 = x2 - dzd;
ddz1 = dx2 - ddzd;
z2 = x2 + c1 * z1 - dzd;
dz2 = dx2 + c1 * dz1 - ddzd;
z3 = a3 * x3 + a1 * x2 + a2 + c1 * dz1 - ddzd + c2 * z2 + z1;

T = - a1 * dx2 - da2 - c1 * ddz1 + ddzd - c2 * dz2 - dz1 - z2 - c3 * z3;
ut = L * (1/a3 * T - b1 * x3 - b2 * x2);

sys(1) = ut;
```

3.被控对象S函数:chap12_2plant.m

```
function [sys,x0,str,ts] = s_function(t,x,u,flag)
switch flag,
case 0,
    [sys,x0,str,ts] = mdlInitializeSizes;
case 1,
    sys = mdlDerivatives(t,x,u);
case 3,
    sys = mdlOutputs(t,x,u);
case {2, 4, 9 }
    sys = [];
otherwise
    error(['Unhandled flag = ',num2str(flag)]);
end
function [sys,x0,str,ts] = mdlInitializeSizes
sizes = simsizes;
sizes.NumContStates   = 3;
sizes.NumDiscStates   = 0;
sizes.NumOutputs      = 3;
sizes.NumInputs       = 1;
sizes.DirFeedthrough  = 1;
sizes.NumSampleTimes  = 0;
sys = simsizes(sizes);
x0 = [0.5 0 0];
str = [];
ts = [];
function sys = mdlDerivatives(t,x,u)
```

```
B = 0.015;L = 0.0008;D = 0.05;R = 0.075;m = 0.01;J = 0.05;
l = 0.6;Kb = 0.085;M = 0.05;Kt = 1;g = 9.8;
Mt = J + 1/3 * m * l^2 + 1/10 * M * l^2 * D;
N = m * g * l + M * g * l;

ut = u(1);
fx = x(1)^2 + x(2)^2 + x(3)^2;

sys(1) = x(2);
sys(2) = - B/Mt * x(2) + N/Mt * fx + Kt/Mt * x(3);
sys(3) = - R/L * x(3) - Kb/L * x(2) + 1/L * ut;
function sys = mdlOutputs(t,x,u)
sys(1) = x(1);
sys(2) = x(2);
sys(3) = x(3);
```

4. 作图程序:chap12_2plot.m

```
close all;

figure(1);
subplot(211);
plot(t,y(:,1),'r',t,y(:,2),'b','linewidth',2);
xlabel('time(s)');ylabel('Angle tracking');
subplot(212);
plot(t,cos(t),'r',t,y(:,3),'b','linewidth',2);
xlabel('time(s)');ylabel('Angle speed tracking');

figure(2);
plot(t,ut,'r','linewidth',2);
xlabel('time(s)');ylabel('Control input');
```

12.3.4 节的程序

1. Simulink 主程序:chap12_3sim.mdl

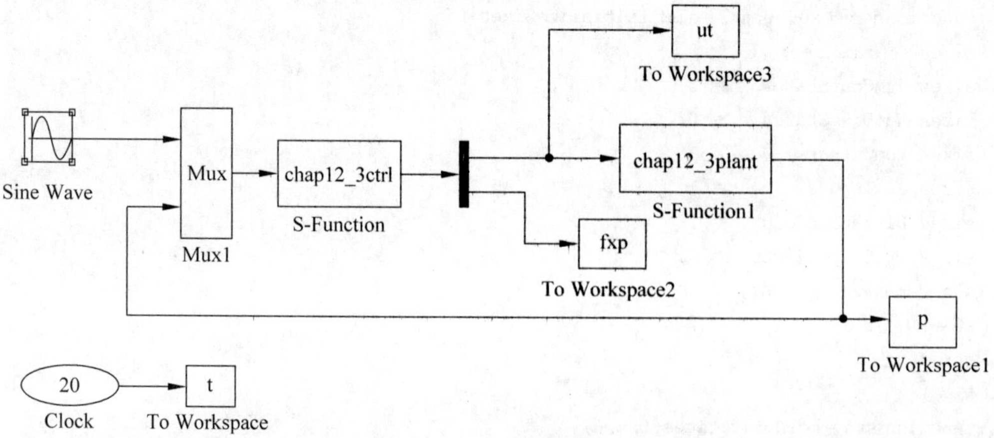

2. 控制器 S 函数:chap12_3ctrl.m

```
function [sys,x0,str,ts] = s_function(t,x,u,flag)
switch flag,
case 0,
    [sys,x0,str,ts] = mdlInitializeSizes;
case 1,
    sys = mdlDerivatives(t,x,u);
case 3,
    sys = mdlOutputs(t,x,u);
case {2,4,9}
    sys = [];
otherwise
    error(['Unhandled flag = ',num2str(flag)]);
end
function [sys,x0,str,ts] = mdlInitializeSizes
global c b c1 c2 node
node = 5;
sizes = simsizes;
sizes.NumContStates    = node;
sizes.NumDiscStates    = 0;
sizes.NumOutputs       = 2;
sizes.NumInputs        = 4;
sizes.DirFeedthrough   = 1;
sizes.NumSampleTimes   = 0;
sys = simsizes(sizes);
x0 = [0.1 * ones(node,1)];
str = [];
ts = [];
c = [-2 -1 0 1 2;
    -2 -1 0 1 2];
b = 5;
c1 = 100;c2 = 100;
function sys = mdlDerivatives(t,x,u)
global c b c1 c2 node
xd = u(1);
dxd = cos(t);
ddxd = - sin(t);

x1 = u(2);x2 = u(3);
xi = [x1 x2]';
for j = 1:1:node
    h(j) = exp( - norm(xi - c(:,j))^2/(2 * b^2));
end

z1 = x1 - xd;
z2 = x1 + x2 + c1 * z1 - dxd;

gama = 0.50;
sys = gama * z2 * h;        % f estimation
```

```
function sys = mdlOutputs(t,x,u)
global c b c1 c2 node
xd = u(1);
dxd = cos(t);
ddxd = - sin(t);

x1 = u(2);x2 = u(3);
xi = [x1 x2]';
for j = 1:1:node
    h(j) = exp( - norm(xi - c(:,j))^2/(2 * b^2));
end

w_fp = [x(1:node)]';
fp = w_fp * h';

z1 = x1 - xd;
dz1 = x1 + x2 - dxd;
z2 = x1 + x2 + c1 * z1 - dxd;

gx = 133;
xite = 0.10;
ut = 1/gx * ( - x1 - x2 - fp - c1 * dz1 + ddxd - c2 * z2 - z1 - xite * sign(z2));

sys(1) = ut;
sys(2) = fp;
```

3. 被控对象 S 函数:chap12_3plant.m

```
function [sys,x0,str,ts] = s_function(t,x,u,flag)
switch flag,
case 0,
    [sys,x0,str,ts] = mdlInitializeSizes;
case 1,
    sys = mdlDerivatives(t,x,u);
case 3,
    sys = mdlOutputs(t,x,u);
case {2, 4, 9 }
    sys = [];
otherwise
    error(['Unhandled flag = ',num2str(flag)]);
end
function [sys,x0,str,ts] = mdlInitializeSizes
sizes = simsizes;
sizes.NumContStates    = 2;
sizes.NumDiscStates    = 0;
sizes.NumOutputs       = 3;
sizes.NumInputs        = 1;
sizes.DirFeedthrough   = 0;
sizes.NumSampleTimes   = 0;
sys = simsizes(sizes);
x0 = [0.50 0];
str = [];
```

```
ts = [];
function sys = mdlDerivatives(t,x,u)
ut = u(1);
fx = - 25 * x(1) * x(2);
gx = 133;

sys(1) = x(1) + x(2);
sys(2) = fx + gx * ut;
function sys = mdlOutputs(t,x,u)
fx = - 25 * x(1) * x(2);
sys(1) = x(1);
sys(2) = x(2);
sys(3) = fx;
```

4. 作图程序:chap12_3plot.m

```
close all;

figure(1);
plot(t,sin(t),'r',t,p(:,1),'k:','linewidth',2);
xlabel('time(s)');ylabel('Position tracking');
legend('Ideal position','Position tracking');

figure(2);
plot(t,ut(:,1),'r','linewidth',2);
xlabel('time(s)');ylabel('Control input');

figure(3);
fx = p(:,2);
plot(t,fx,'r',t,fxp,'b','linewidth',2);
xlabel('time(s)');ylabel('fx and fxp');
```

12.5.4 节的程序

1. Simulink 主程序:chap12_4sim.mdl

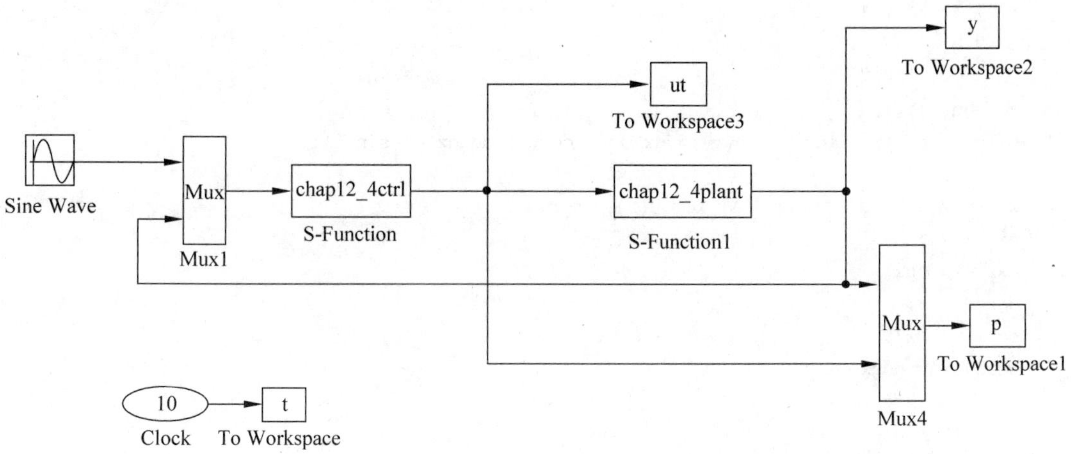

2. 控制律和自适应律 S 函数程序：chap12_4ctrl.m

```
function [sys,x0,str,ts] = function_s(t,x,u,flag)
switch flag,
case 0,
    [sys,x0,str,ts] = mdlInitializeSizes;
case 1,
    sys = mdlDerivatives(t,x,u);
case 3,
    sys = mdlOutputs(t,x,u);
case {2,4,9}
    sys = [];
otherwise
    error(['Unhandled flag = ',num2str(flag)]);
end
function [sys,x0,str,ts] = mdlInitializeSizes
global cij bj k1 k2 k3 k4
sizes = simsizes;
sizes.NumContStates   = 6;
sizes.NumDiscStates   = 0;
sizes.NumOutputs      = 3;
sizes.NumInputs       = 7;
sizes.DirFeedthrough  = 1;
sizes.NumSampleTimes  = 0;
sys = simsizes(sizes);
x0 = [0 0 0 0 0 5];
str = [];
ts = [];
cij = [-1 -0.5 0 0.5 1;
      -1 -0.5 0 0.5 1];
bj = 1.0;
k1 = 10;k2 = 10;k3 = 10;k4 = 10;
function sys = mdlDerivatives(t,x,u)
global cij bj k1 k2 k3 k4
M = 0.2;L = 0.02;I = 1.35 * 0.001;
K = 7.47;J = 2.16 * 0.1;
g = 9.8;m = 1/J;

x1d = u(1);
dx1d = cos(t);ddx1d = -sin(t);dddx1d = -cos(t);ddddx1d = sin(t);

x1 = u(2);x2 = u(3);x3 = u(4);x4 = u(5);
gx = -x1;
dx2 = x3 + gx;
dgx = -x2;
ddgx = -dx2;
ddx2 = x4 + ddgx;

e1 = x1 - x1d;
de1 = x2 - dx1d;
```

```
dde1 = dx2 - ddx1d;

x2d = dx1d - k1 * e1;
e2 = x2 - x2d;
dx2d = ddx1d - k1 * (x2 - dx1d);
ddx2d = dddx1d - k1 * (dx2 - ddx1d);
de2 = dx2 - dx2d;
dde2 = ddx2 - ddx2d;

x3d = dx2d - gx - k2 * e2 - e1;
dx3d = ddx2d - dgx - k2 * de2 - de1;
dddx2d = ddddx1d - k1 * (ddx2 - dddx1d);
ddx3d = dddx2d - ddgx - k2 * dde2 - dde1;
e3 = x3 - x3d;

x4d = dx3d - k3 * e3 - e2;
e4 = x4 - x4d;
de3 = x4 - dx3d;
dx4d = ddx3d - k3 * de3 - de2;

xi = [x1 x3]';
for j = 1:1:5
    h(j) = exp( - norm(xi - cij(:,j))^2/(2 * bj^2));
end
W = [x(1:5)]';
fn = W * h';

xite = 1.5;
mp = x(6);
ut = (1/mp) * ( - fn + dx4d - k4 * e4 - e3 - xite * sign(e4));

gama2 = 0.20;
for i = 1:1:5
    sys(i) = gama2 * h(i) * e4;
end

gama1 = 100;
m_min = 2;m_max = 6;      % m = 4.6296
alaw = gama1 * e4 * ut;   % Adaptive law
if mp >= m_max&alaw > 0
    sys(6) = 0;
elseif mp <= m_min&alaw < 0
    sys(6) = 0;
else
    sys(6) = alaw;
end
function sys = mdlOutputs(t,x,u)
global cij bj k1 k2 k3 k4
M = 0.2;L = 0.02;I = 1.35 * 0.001;
K = 7.47;J = 2.16 * 0.1;
g = 9.8;m = 1/J;
```

```
x1d = u(1);
dx1d = cos(t);ddx1d = - sin(t);dddx1d = - cos(t);ddddx1d = sin(t);

x1 = u(2);x2 = u(3);x3 = u(4);x4 = u(5);
gx = - x1;
dx2 = x3 + gx;
dgx = - x2;
ddgx = - dx2;
ddx2 = x4 + ddgx;

e1 = x1 - x1d;
de1 = x2 - dx1d;
dde1 = dx2 - ddx1d;

x2d = dx1d - k1 * e1;
e2 = x2 - x2d;
dx2d = ddx1d - k1 * (x2 - dx1d);
ddx2d = dddx1d - k1 * (dx2 - ddx1d);
de2 = dx2 - dx2d;
dde2 = ddx2 - ddx2d;

x3d = dx2d - gx - k2 * e2 - e1;
dx3d = ddx2d - dgx - k2 * de2 - de1;
dddx2d = ddddx1d - k1 * (ddx2 - dddx1d);
ddx3d = dddx2d - ddgx - k2 * dde2 - dde1;
e3 = x3 - x3d;

x4d = dx3d - k3 * e3 - e2;
e4 = x4 - x4d;
de3 = x4 - dx3d;
dx4d = ddx3d - k3 * de3 - de2;
e4 = x4 - x4d;

xi = [x1 x3]';
for j = 1:1:5
    h(j) = exp( - norm(xi - cij(:,j))^2/(2 * bj^2));
end
W = [x(1:5)]';
fn = W * h';

xite = 1.5;
mp = x(6);
ut = (1/mp) * ( - fn + dx4d - k4 * e4 - e3 - xite * sign(e4));

sys(1) = ut;
sys(2) = mp;
sys(3) = fn;
```

3. 被控对象 S 函数程序 :chap12_4plant. m

```
function [sys,x0,str,ts] = MIMO_Tong_plant(t,x,u,flag)
switch flag,
case 0,
    [sys,x0,str,ts] = mdlInitializeSizes;
case 1,
    sys = mdlDerivatives(t,x,u);
case 3,
    sys = mdlOutputs(t,x,u);
case {2, 4, 9 }
    sys = [];
otherwise
    error(['Unhandled flag = ',num2str(flag)]);
end
function [sys,x0,str,ts] = mdlInitializeSizes
sizes = simsizes;
sizes.NumContStates   = 4;
sizes.NumDiscStates   = 0;
sizes.NumOutputs      = 6;
sizes.NumInputs       = 3;
sizes.DirFeedthrough  = 0;
sizes.NumSampleTimes  = 0;
sys = simsizes(sizes);
x0 = [0 0 0 0];
str = [];
ts = [];
function sys = mdlDerivatives(t,x,u)
M = 0.2;L = 0.02;I = 1.35 * 0.001;
K = 7.47;
J = 2.16 * 0.1;
g = 9.8;m = 1/J;

gx = - x(1);
fx = (K/J) * (x(1) - x(3));
m = 1/J;
ut = u(1);
sys(1) = x(2);
sys(2) = x(3) + gx;
sys(3) = x(4);
sys(4) = fx + m * ut;
function sys = mdlOutputs(t,x,u)
M = 0.2;L = 0.02;I = 1.35 * 0.001;
K = 7.47;
J = 2.16 * 0.1;
g = 9.8;m = 1/J;

fx = (K/J) * (x(1) - x(3));
m = 1/J;
```

```
sys(1) = x(1);
sys(2) = x(2);
sys(3) = x(3);
sys(4) = x(4);
sys(5) = m;
sys(6) = fx;
```

4. 作图程序：chap12_4plot.m

```
close all;

figure(1);
subplot(211);
plot(t,sin(t),'r',t,y(:,1),'k:','linewidth',2);
xlabel('time(s)');ylabel('Angle tracking');
legend('Ideal angle','Angle tracking');
subplot(212);
plot(t,cos(t),'r',t,y(:,2),'k:','linewidth',2);
xlabel('time(s)');ylabel('Angle speed tracking');
legend('Ideal angle speed','Angle speed tracking');

figure(2);
plot(t,ut(:,1),'r','linewidth',2);
xlabel('time(s)');ylabel('Control input');

figure(3);
subplot(211);
plot(t,p(:,5),'r',t,p(:,8),'k:','linewidth',2);
xlabel('time(s)');ylabel('m and its estimation');
legend('m','m estimation');
subplot(212);
plot(t,p(:,6),'r',t,p(:,9),'k:','linewidth',2);
xlabel('time(s)');ylabel('fx and its estimation');
legend('fx','fx estimation');
```

参考文献

[1] Ioannou P A, Sun Jing. Robust adaptive control[M]. PTR Prentice-Hall, 1996: 75-76.

[2] Park J, Sandberg I W. Universal approximation using radial basis function networks[J]. Neural Computation, 1991, 3(2): 246-257.

[3] Xu L, Yao B. Adaptive robust control of mechanical systems with non-linear dynamic friction compensation[J]. International Journal of Control, 2008, 81(2): 167-176.

第13章 基于RBF神经网络的自适应容错控制

控制系统中的各个部分，执行器、传感器和被控对象等，都有可能发生故障。在实际系统中，由于执行器工作繁复，所以执行器是控制系统中最容易发生故障的部分。一般执行器的故障包括卡死故障、部分/完全失效故障、饱和故障、浮动故障。

对于非线性系统执行器故障的容错控制问题已经有很多有效的方法，其中，自适应补偿控制是一种行之有效的方法[1-3]。执行器故障自适应补偿控制是根据系统执行器的冗余情况，设计自适应补偿控制律，利用有效的执行器，达到跟踪参考模型运动的控制目的，同时保持较好的动态和稳态性能。在容错控制过程中，控制律随系统故障发生而变动，且可以自适应重组。

本章通过一个简单的实例，针对执行器部分失效的控制问题，介绍基于 RBF 网络的自适应主动容错控制设计与分析方法。

13.1 SISO 系统执行器自适应容错控制

13.1.1 控制问题描述

考虑如下 SISO 系统

$$\begin{cases}\dot{x}_1 = x_2 \\ \dot{x}_2 = bu + f(x)\end{cases} \tag{13.1}$$

其中，$\boldsymbol{u}$ 为控制输入；x_1 和 x_2 分别为位置和速度信号；$\boldsymbol{x}=[x_1 \quad x_2]$；$b$ 为常数且符号已知。

针对 SISO 系统，由于只有一个执行器，故控制输入 u 不能恒为 0，取

$$u = \sigma u_c \tag{13.2}$$

其中，$0<\sigma<1$。

取位置指令为 x_d，跟踪误差为 $e=x_1-x_d$，则 $\dot{e}=x_2-\dot{x}_d$。控制任务为：在执行器出现故障时，通过设计控制律，实现 $t\to\infty$ 时，$e\to 0$，$\dot{e}\to 0$。

13.1.2 控制律的设计与分析

设计滑模函数为

$$s = ce + \dot{e}$$

其中，$c>0$。

则

$$\dot{s} = c\dot{e} + \ddot{e} = c\dot{e} + \dot{x}_2 - \ddot{x}_{\rm d} = c\dot{e} + b\sigma u_{\rm c} + f(x) - \ddot{x}_{\rm d} = c\dot{e} + \theta u_{\rm c} + f(x) - \ddot{x}_{\rm d}$$

其中，$\theta = b\sigma$。

取 $p=\dfrac{1}{\theta}$，设计 Lyapunov 函数为

$$V = \frac{1}{2}s^2 + \frac{|\theta|}{2\gamma}\tilde{p}^2$$

其中，$\tilde{p}=\hat{p}-p$；$\gamma>0$。

则

$$\dot{V} = s\dot{s} + \frac{|\theta|}{\gamma}\tilde{p}\dot{\hat{p}} = s[c\dot{e} + \theta u_{\rm c} + f(x) - \ddot{x}_{\rm d}] + \frac{|\theta|}{\gamma}\tilde{p}\dot{\hat{p}}$$

取

$$\alpha = ks + c\dot{e} + f(x) - \ddot{x}_{\rm d},\quad k>0 \tag{13.3}$$

则

$$\dot{V} = s(\alpha - ks + \theta u_{\rm c}) + \frac{|\theta|}{\gamma}\tilde{p}\dot{\hat{p}}$$

设计控制律和自适应律为

$$u_{\rm c} = -\hat{p}\alpha \tag{13.4}$$

$$\dot{\hat{p}} = \gamma s\alpha\,\mathrm{sgn}b \tag{13.5}$$

其中，$\mathrm{sgn}b=\mathrm{sgn}\theta$。

则

$$\begin{aligned}\dot{V} &= s(\alpha - ks - \theta\hat{p}\alpha) + \frac{|\theta|}{\gamma}\tilde{p}\gamma s\alpha\,\mathrm{sgn}\theta = s(\alpha - ks - \theta\hat{p}\alpha) + \theta s\alpha\tilde{p}\\ &= s(\alpha - ks - \theta\hat{p}\alpha + \theta\alpha\tilde{p}) = s(\alpha - ks - \theta\alpha p) = -ks^2 \leqslant 0\end{aligned}$$

由于 $V\geqslant 0$，$\dot{V}\leqslant 0$，则 V 有界。

由 $\dot{V}=-ks^2$，可得

$$\int_0^t \dot{V}\mathrm{d}t = -k\int_0^t s^2\mathrm{d}t$$

即

$$V(\infty) - V(0) = -k\int_0^\infty s^2\mathrm{d}t$$

当 $t\to\infty$ 时，由于 $V(\infty)$ 有界，则 $\int_0^\infty s^2\mathrm{d}t$ 有界，则根据文献[4]中的引理 3.2.5，当 $t\to\infty$ 时，$s\to 0$，从而 $e\to 0$，$\dot{e}\to 0$。

13.1.3 仿真实例

被控对象采用式(13.1)，取 $b=0.10$，取位置指令为 $x_{\rm d}=\sin t$，对象的初始状态为

$[0.5,0]$，取 $c=15$，采用控制律式(13.4)和式(13.5)，$k=5$，$\gamma=10$。当仿真时间 $t=5$ 时，取 $\sigma=0.50$，仿真结果如图 13.1 和图 13.2 所示。

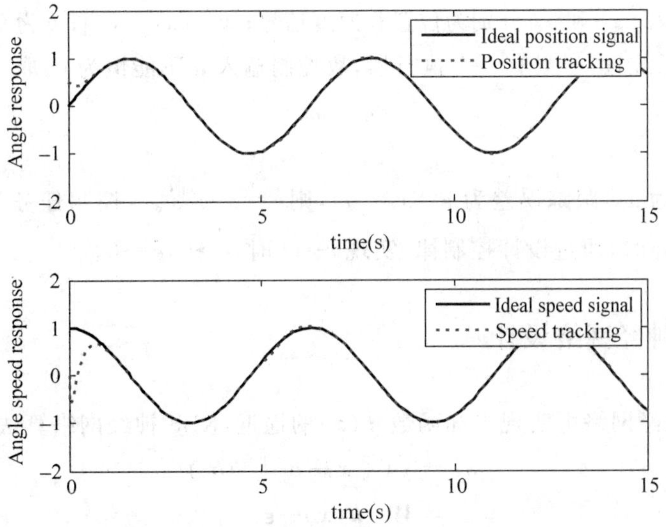

图 13.1 位置和速度跟踪

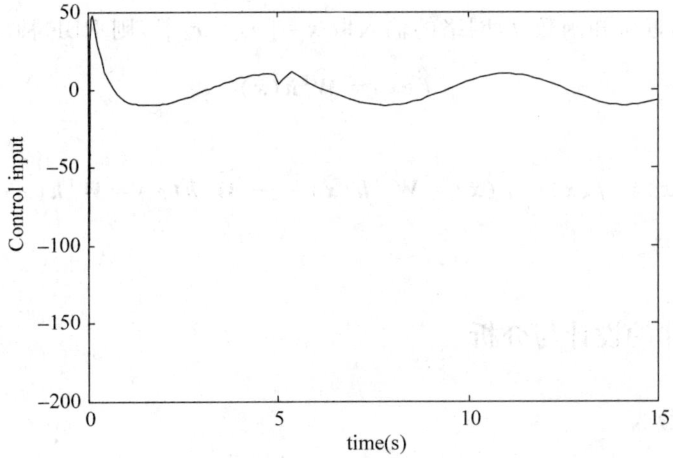

图 13.2 控制输入

仿真程序为 chap13_1sim. mdl、chap13_1ctrl. m、chap13_1plant. m 和 chap13_plot. m，程序清单可参阅本章附录。

13.2 基于 RBF 网络的自适应容错控制

13.2.1 控制问题描述

考虑如下 SISO 系统

$$\begin{cases}\dot{x}_1 = x_2 \\ \dot{x}_2 = bu + f(\boldsymbol{x})\end{cases} \tag{13.6}$$

其中,u 为控制输入；x_1 和 x_2 分别为位置和速度信号；$\boldsymbol{x}=[x_1 \quad x_2]$；$b$ 为常数且符号已知。

针对 SISO 系统,由于只有一个执行器,故控制输入 u 不能恒为 0,取

$$u = \sigma u_c \tag{13.7}$$

其中,$0<\sigma<1$。

取位置指令为 x_d,跟踪误差为 $e=x_1-x_d$,则 $\dot{e}=x_2-\dot{x}_d$。控制任务为：$f(\boldsymbol{x})$ 为未知,在执行器出现故障时,通过设计控制律,实现 $t\to\infty$ 时,$e\to 0$,$\dot{e}\to 0$。

13.2.2 RBF 神经网络设计

采用 RBF 神经网络可实现未知函数 $f(\boldsymbol{x})$ 的逼近,RBF 神经网络算法为

$$h_j = g(\|\boldsymbol{x}-\boldsymbol{c}_{ij}\|^2/b_j^2)$$

$$f = \boldsymbol{W}^{*\mathrm{T}}\boldsymbol{h}(\boldsymbol{x})+\varepsilon$$

其中,$\boldsymbol{x}$ 为网络的输入；i 为网络的输入个数；j 为网络隐含层第 j 个节点；$\boldsymbol{h}=[h_1,h_2,\cdots,h_n]^{\mathrm{T}}$ 为高斯函数的输出；$\boldsymbol{W}^*$ 为网络的理想权值；ε 为网络的逼近误差,$|\varepsilon|\leqslant\varepsilon_N$。

采用 RBF 逼近未知函数 f,网络的输入取 $\boldsymbol{x}=[x_1 \quad x_2]^{\mathrm{T}}$,则 RBF 神经网络的输出为

$$\hat{f}(\boldsymbol{x})=\hat{\boldsymbol{W}}^{\mathrm{T}}\boldsymbol{h}(\boldsymbol{x}) \tag{13.8}$$

则

$$\tilde{f}(\boldsymbol{x})=f(\boldsymbol{x})-\hat{f}(\boldsymbol{x})=\boldsymbol{W}^{*\mathrm{T}}\boldsymbol{h}(\boldsymbol{x})+\varepsilon-\hat{\boldsymbol{W}}^{\mathrm{T}}\boldsymbol{h}(x)=\tilde{\boldsymbol{W}}^{\mathrm{T}}\boldsymbol{h}(\boldsymbol{x})+\varepsilon$$

并定义 $\tilde{\boldsymbol{W}}=\boldsymbol{W}^*-\hat{\boldsymbol{W}}$。

13.2.3 控制律的设计与分析

设计滑模函数为

$$s = ce + \dot{e}$$

其中,$c>0$。

则

$$\dot{s} = c\dot{e}+\ddot{e} = c\dot{e}+\dot{x}_2-\ddot{x}_d = c\dot{e}+b\sigma u_c+f(\boldsymbol{x})-\ddot{x}_d = c\dot{e}+\theta u_c+f(\boldsymbol{x})-\ddot{x}_d$$

其中,$\theta=b\sigma$。

取 $p=\dfrac{1}{\theta}$,设计 Lyapunov 函数为

$$V = \frac{1}{2}s^2+\frac{|\theta|}{2\gamma}\tilde{p}^2+\frac{1}{2\gamma}\tilde{\boldsymbol{W}}^{\mathrm{T}}\tilde{\boldsymbol{W}}$$

其中,$\tilde{p}=\hat{p}-p$；$\gamma>0$。

则

$$\dot{V}=s\dot{s}+\frac{|\theta|}{\gamma}\tilde{p}\dot{\tilde{p}}-\frac{1}{\gamma}\widetilde{W}^{\mathrm{T}}\dot{\hat{W}}=s[c\dot{e}+\theta u_{\mathrm{c}}+f(\boldsymbol{x})-\ddot{x}_{\mathrm{d}}]+\frac{|\theta|}{\gamma}\tilde{p}\dot{\hat{p}}-\frac{1}{\gamma}\widetilde{W}^{\mathrm{T}}\dot{\hat{W}}$$

取

$$\alpha=ks+c\dot{e}+\hat{f}(\boldsymbol{x})-\ddot{x}_{\mathrm{d}}-\eta\operatorname{sgn}s,k>0,\eta\geqslant\varepsilon_{\mathrm{N}}\tag{13.9}$$

则

$$\begin{aligned}\dot{V}&=s[\alpha-ks+\theta u_{\mathrm{c}}+\tilde{f}(\boldsymbol{x})]+\frac{|\theta|}{\gamma}\tilde{p}\dot{\hat{p}}-\frac{1}{\gamma}\widetilde{W}^{\mathrm{T}}\dot{\hat{W}}\\&=s[\alpha-ks+\theta u_{\mathrm{c}}+\widetilde{W}^{\mathrm{T}}\boldsymbol{h}(\boldsymbol{x})+\varepsilon]+\frac{|\theta|}{\gamma}\tilde{p}\dot{\hat{p}}-\frac{1}{\gamma}\widetilde{W}^{\mathrm{T}}\dot{\hat{W}}\\&=s(\alpha-ks+\theta u_{\mathrm{c}}+\varepsilon)+\frac{|\theta|}{\gamma}\tilde{p}\dot{\hat{p}}+\widetilde{W}^{\mathrm{T}}\left[s\boldsymbol{h}(\boldsymbol{x})-\frac{1}{\gamma}\dot{\hat{W}}\right]\end{aligned}$$

设计控制律和自适应律为

$$u_{\mathrm{c}}=-\hat{p}\alpha\tag{13.10}$$

$$\dot{\hat{W}}=\gamma s\boldsymbol{h}(\boldsymbol{x}),\quad \dot{\hat{p}}=\gamma s\alpha\operatorname{sgn}b\tag{13.11}$$

其中，$\operatorname{sgn}b=\operatorname{sgn}\theta$。

则

$$\begin{aligned}\dot{V}&=s(\alpha-ks-\theta\hat{p}\alpha+\varepsilon)+\frac{|\theta|}{\gamma}\tilde{p}\gamma s\alpha\operatorname{sgn}\theta\\&=s(\alpha-ks-\theta\hat{p}\alpha+\theta\alpha\tilde{p}+\varepsilon)=s(\alpha-ks-\theta\alpha p+\varepsilon)\\&=-ks^2+s\varepsilon-\eta|s|\leqslant-ks^2\leqslant 0\end{aligned}$$

由于 $V\geqslant 0,\dot{V}\leqslant 0$，则 V 有界，从而$\widetilde{W}$和$\tilde{p}$有界。

由$\dot{V}\leqslant -ks^2$，可得

$$\int_0^t\dot{V}\mathrm{d}t\leqslant-k\int_0^t s^2\mathrm{d}t$$

即

$$V(\infty)-V(0)\leqslant-k\int_0^\infty s^2\mathrm{d}t$$

当 $t\to\infty$时，由于 $V(\infty)$有界，则 $\int_0^\infty s^2\mathrm{d}t$ 有界，则根据文献[4]中的引理 3.2.5，当 $t\to\infty$时，$s\to 0$，从而 $e\to 0,\dot{e}\to 0$。

13.2.4 仿真实例

被控对象采用式(13.8)，取 $f(\boldsymbol{x})=10x_1x_2$，$b=0.10$，取位置指令为 $x_{\mathrm{d}}=\sin t$，对象的初始状态为[0.5,0]，取 $c_1=10$，采用控制律式(13.7)、式(13.10)和自适应律式(13.11)，$k=5$，$\gamma=10$，$\eta=0.10$。根据网络输入 x_1 和 x_2 的实际范围来设计高斯基函数的参数，参数c_i 和 b_i 取值分别为[−2 −1 0 1 2]和 3.0。网络权值中各个元素的初始值取 0.10，取 $\hat{p}(0)=1.0$。当仿真时间 $t=5$ 时，取 $\sigma=0.20$，仿真结果如图 13.3 和图 13.4 所示。

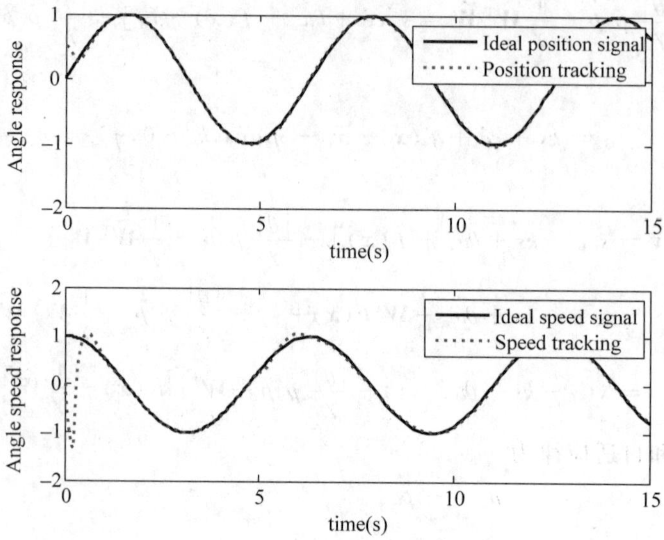

图 13.3　位置和速度跟踪

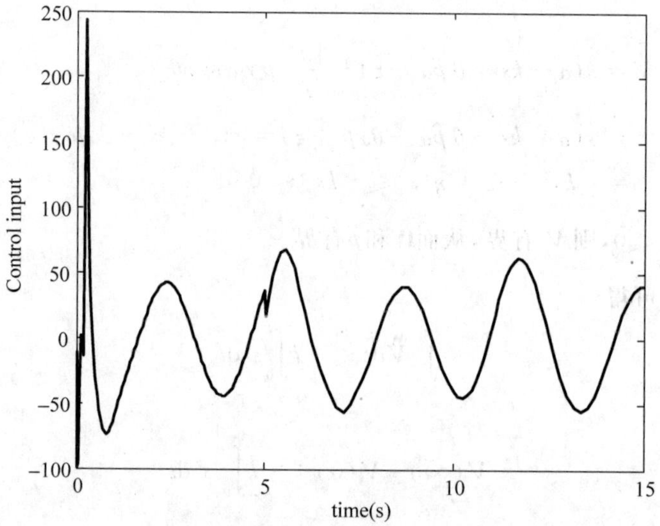

图 13.4　控制输入

仿真程序为 chap13_2sim. mdl、chap13_2ctrl. m、chap13_2plant. m 和 chap13_2plot. m，程序清单详见附录。

附录　仿真程序

13.1.3 节的程序

1. Simulink 主程序：chap13_1sim. mdl

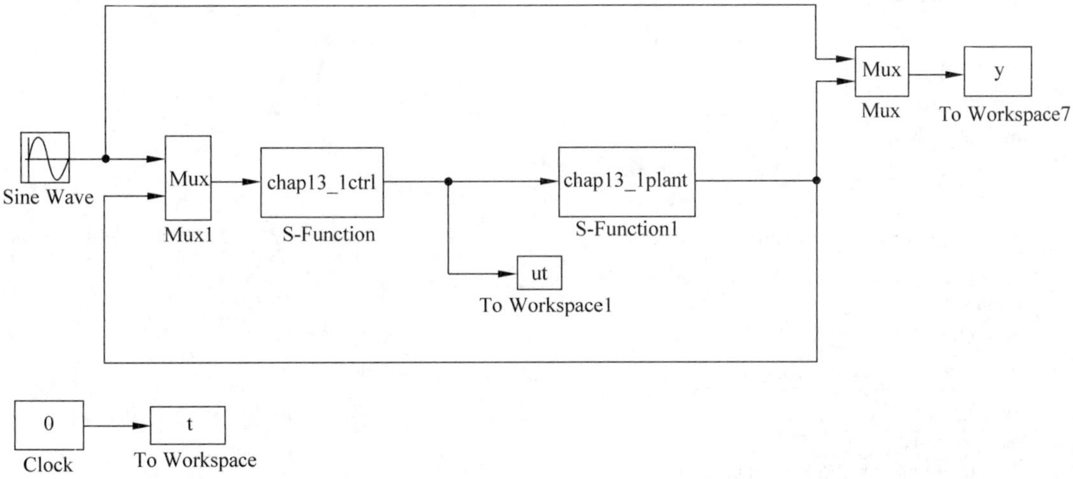

2. 控制器 S 函数：chap13_1ctrl. m

```
function [sys,x0,str,ts] = s_function(t,x,u,flag)
switch flag,
case 0,
    [sys,x0,str,ts] = mdlInitializeSizes;
case 1,
    sys = mdlDerivatives(t,x,u);
case 3,
    sys = mdlOutputs(t,x,u);
case {2, 4, 9 }
    sys = [];
otherwise
    error(['Unhandled flag = ',num2str(flag)]);
end
function [sys,x0,str,ts] = mdlInitializeSizes
sizes = simsizes;
sizes.NumContStates   = 1;
sizes.NumDiscStates   = 0;
sizes.NumOutputs      = 1;
sizes.NumInputs       = 3;
sizes.DirFeedthrough  = 1;
sizes.NumSampleTimes  = 0;
sys = simsizes(sizes);
x0 = [1.0];
str = [];
ts = [];
function sys = mdlDerivatives(t,x,u)
xd = u(1);
dxd = cos(t);
ddxd = - sin(t);

x1 = u(2);
```

```
x2 = u(3);

c = 15.0;
e = x1 - xd;
de = x2 - dxd;
s = c * e + de;
k = 5;
alfa = k * s + c * de - ddxd;

gama = 10;
sgn_th = 1.0;
dp = gama * s * alfa * sgn_th;

sys(1) = dp;
function sys = mdlOutputs(t,x,u)
xd = u(1);
dxd = cos(t);
ddxd = - sin(t);

x1 = u(2);
x2 = u(3);

c = 15.0;
e = x1 - xd;
de = x2 - dxd;
s = c * e + de;
p_estimation = x(1);

k = 5;
alfa = k * s + c * de - ddxd;
uc = - p_estimation * alfa;

if t >= 5.0
    rou = 0.20;
else
    rou = 1.0;
end
ut = rou * uc;
sys(1) = ut;
```

3. 被控对象S函数:chap13_1plant.m

```
function [sys,x0,str,ts] = s_function(t,x,u,flag)
switch flag,
case 0,
    [sys,x0,str,ts] = mdlInitializeSizes;
case 1,
    sys = mdlDerivatives(t,x,u);
case 3,
```

```
    sys = mdlOutputs(t,x,u);
case {2, 4, 9 }
    sys = [];
otherwise
    error(['Unhandled flag = ',num2str(flag)]);
end
function [sys,x0,str,ts] = mdlInitializeSizes
sizes = simsizes;
sizes.NumContStates   = 2;
sizes.NumDiscStates   = 0;
sizes.NumOutputs      = 2;
sizes.NumInputs       = 1;
sizes.DirFeedthrough  = 0;
sizes.NumSampleTimes  = 0;
sys = simsizes(sizes);
x0 = [0.5 0];
str = [];
ts = [];
function sys = mdlDerivatives(t,x,u)
J = 10;
ut = u(1);
sys(1) = x(2);
sys(2) = 1/J * ut;
function sys = mdlOutputs(t,x,u)
sys(1) = x(1);
sys(2) = x(2);
```

4. 作图程序:chap13_1plot.m

```
close all;

figure(1);
subplot(211);
plot(t,y(:,1),'k',t,y(:,2),'r:','linewidth',2);
legend('Ideal position signal','Position tracking');
xlabel('time(s)');ylabel('Angle response');
subplot(212);
plot(t,cos(t),'k',t,y(:,3),'r:','linewidth',2);
legend('Ideal speed signal','Speed tracking');
xlabel('time(s)');ylabel('Angle speed response');

figure(2);
plot(t,ut(:,1),'k','linewidth',0.01);
xlabel('time(s)');ylabel('Control input');
```

13.2.4 节的程序

1. Simulink 主程序: chap13_2sim.mdl

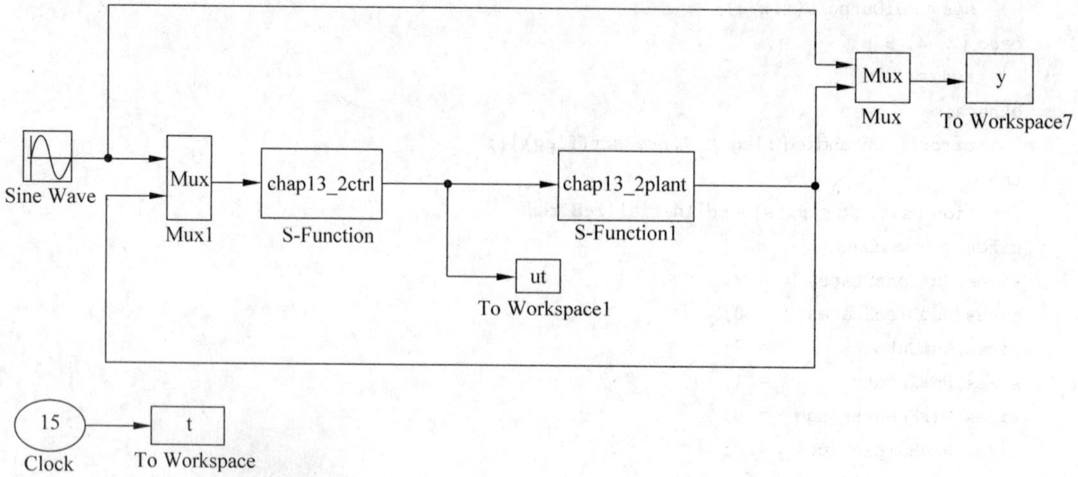

2. 控制器 S 函数：chap13_2ctrl. m

```
function [sys,x0,str,ts] = s_function(t,x,u,flag)
switch flag,
case 0,
    [sys,x0,str,ts] = mdlInitializeSizes;
case 1,
    sys = mdlDerivatives(t,x,u);
case 3,
    sys = mdlOutputs(t,x,u);
case {2, 4, 9 }
    sys = [];
otherwise
    error(['Unhandled flag = ',num2str(flag)]);
end
function [sys,x0,str,ts] = mdlInitializeSizes
global bj cij
cij = 0.5 * [ -2 -1 0 1 2;
        -2 -1 0 1 2];
bj = 3.0;

sizes = simsizes;
sizes.NumContStates    = 6;
sizes.NumDiscStates    = 0;
sizes.NumOutputs       = 1;
sizes.NumInputs        = 3;
sizes.DirFeedthrough   = 1;
sizes.NumSampleTimes   = 0;
sys = simsizes(sizes);
x0  = [0.1 0.1 0.1 0.1 0.1 1.0];
str = [];
ts = [];
function sys = mdlDerivatives(t,x,u)
global bj cij
```

```
xd = u(1);
dxd = cos(t);
ddxd = - sin(t);

x1 = u(2);
x2 = u(3);

c = 10;
e = x1 - xd;
de = x2 - dxd;
s = c * e + de;

W = [x(1) x(2) x(3) x(4) x(5)];
xi = [x1;x2];

h = zeros(5,1);
for j = 1:1:5
    h(j) = exp( - norm(xi - cij(:,j))^2/(2 * bj^2));
end
fn = W * h;

k = 5;xite = 0.10;
alfa = k * s + c * de + fn - ddxd - xite * sign(s);

gama = 10;
sgn_th = 1.0;
dp = gama * s * alfa * sgn_th;
xi = [x1;x2];

h = zeros(5,1);
for j = 1:1:5
    h(j) = exp( - norm(xi - cij(:,j))^2/(2 * bj^2));
end

for j = 1:1:5
    sys(j) = gama * s * h(j);
end
sys(6) = dp;
function sys = mdlOutputs(t,x,u)
global bj cij
xd = u(1);
dxd = cos(t);
ddxd = - sin(t);

x1 = u(2);
x2 = u(3);

c = 10;
e = x1 - xd;
de = x2 - dxd;
s = c * e + de;
```

```
p_estimation = x(6);

W = [x(1) x(2) x(3) x(4) x(5)];
xi = [x1;x2];

h = zeros(5,1);
for j = 1:1:5
    h(j) = exp( - norm(xi - cij(:,j))^2/(2 * bj ^2));
end
fn = W * h;

k = 5;
xite = 0.10;
alfa = k * s + c * de + fn - ddxd - xite * sign(s);

uc = - p_estimation * alfa;

if t >= 5.0
    rou = 0.20;
else
    rou = 1.0;
end
ut = rou * uc;
sys(1) = ut;
```

3. 被控对象 S 函数:chap13_2plant. m

```
function [sys,x0,str,ts] = s_function(t,x,u,flag)
switch flag,
case 0,
    [sys,x0,str,ts] = mdlInitializeSizes;
case 1,
    sys = mdlDerivatives(t,x,u);
case 3,
    sys = mdlOutputs(t,x,u);
case {2, 4, 9 }
    sys = [];
otherwise
    error(['Unhandled flag = ',num2str(flag)]);
end
function [sys,x0,str,ts] = mdlInitializeSizes
sizes = simsizes;
sizes.NumContStates   = 2;
sizes.NumDiscStates   = 0;
sizes.NumOutputs      = 2;
sizes.NumInputs       = 1;
sizes.DirFeedthrough  = 0;
sizes.NumSampleTimes  = 0;
sys = simsizes(sizes);
x0 = [0.5 0];
str = [];
```

```
ts = [];
function sys = mdlDerivatives(t,x,u)
J = 10;
ut = u(1);
fx = 10 * x(1) * x(2);
sys(1) = x(2);
sys(2) = 1/J * ut + fx;
function sys = mdlOutputs(t,x,u)
sys(1) = x(1);
sys(2) = x(2);
```

4. 作图程序:chap13_2plot.m

```
close all;

figure(1);
subplot(211);
plot(t,y(:,1),'k',t,y(:,2),'r:','linewidth',2);
legend('Ideal position signal','Position tracking');
xlabel('time(s)');ylabel('Angle response');
subplot(212);
plot(t,cos(t),'k',t,y(:,3),'r:','linewidth',2);
legend('Ideal speed signal','Speed tracking');
xlabel('time(s)');ylabel('Angle speed response');

figure(2);
plot(t,ut(:,1),'k','linewidth',2);
xlabel('time(s)');ylabel('Control input');
```

参考文献

[1] Tang X D, Tao G, Joshi S M. Adaptive actuator failure compensation for parametric strict feedback systems and an aircraft application[J]. Automatica, 2003, 39: 1975-1982.

[2] Wang W, Wen C Y. Adaptive actuator failure compensation control of uncertain nonlinear systems with guaranteed transient performance[J]. Automatica, 2010, 46: 2082-2091.

[3] Wang C L, Wen C Y, Lin Y. Adaptive actuator failure compensation for a class of nonlinear systems with unknown control direction[J]. IEEE Transactions on Automatic Control, 2017, 62(1): 385-392.

[4] Ioannou P A, Sun Jing, Robust adaptive control[M]. PTR Prentice-Hall, 1996: 75-76.

第14章 基于RBF神经网络的自适应量化控制

网络控制是控制理论的发展热点，在网络控制中，信道容量约束会产生量化等一系列问题，经量化后的系统应在通信速率尽可能小的情况下，仍能保持系统稳定并满足可接受的控制精度。采用量化控制方法，通过将控制与通信相结合，可以解决运用信息技术进行信号传输的控制问题。

14.1 执行器自适应量化控制

14.1.1 系统描述

考虑如下模型

$$\begin{cases}\dot{x}_1 = x_2 \\ \dot{x}_2 = Q(u)\end{cases} \tag{14.1}$$

其中，$Q(u)$为控制输入 u 的量化值。

对数量化器为[1,2]

$$Q(u) = k\ \mathrm{round}\left(\frac{u}{k}\right) \tag{14.2}$$

其中，k 为量化水平。

x_1 的指令为 $x_d = \sin t$，则误差及其导数为 $e = x_1 - \sin t$，$\dot{e} = x_2 - \cos t$。控制目标为位置及速度跟踪，即当 $t\to\infty$时，$e\to 0$，$\dot{e}\to 0$。

14.1.2 量化控制器设计与分析

令 $Q(u) = q_1(t)u + q_2(t)$[3]，取

$$q_1(t) = \begin{cases}\dfrac{Q(u(t))}{u(t)}, & |u(t)| \geqslant a \\ 1, & |u(t)| < a\end{cases} \tag{14.3}$$

$$q_2(t) = \begin{cases}0, & |u(t)| \geqslant a \\ Q(u(t)) - u(t), & |u(t)| < a\end{cases} \tag{14.4}$$

由于量化过程符号不变，则根据式(14.3)可知 $q_1(t) > 0$。由上式可见，$|u(t)| < a$ 时，$Q(u)$有界，$q_1(t) = 1$，则 $q_2(t)$有界，可取 $|q_2(t)| \leqslant \bar{q}_2$。

取滑模函数为

$$s = ce + \dot{e}$$

其中，$c>0$。

则

$$\dot{s} = c\dot{e} + \ddot{e} = Q(u) - \ddot{x}_{\mathrm{d}} + c\dot{e} = q_1 u + q_2 - \ddot{x}_{\mathrm{d}} + c\dot{e}$$

$$s\dot{s} = s(q_1 u + q_2 - \ddot{x}_{\mathrm{d}} + c\dot{e}) = sq_1 u + sq_2 + s(c\dot{e} - \ddot{x}_{\mathrm{d}})$$

$$\leqslant sq_1 u + \frac{1}{2}s^2 + \frac{1}{2}\bar{q}_2^2 + s(c\dot{e} - \ddot{x}_{\mathrm{d}}) = s\left(-ls + ls + \frac{1}{2}s + c\dot{e} - \ddot{x}_{\mathrm{d}}\right) + sq_1 u + \frac{1}{2}\bar{q}_2^2$$

取 $\bar{u} = ls + \frac{1}{2}s + c\dot{e} - \ddot{x}_{\mathrm{d}}$，$l>0$，则

$$s\dot{s} \leqslant -ls^2 + s\bar{u} + sq_1 u + \frac{1}{2}\bar{q}_2^2$$

由上式可见，直接设计控制律 u 时，需要 q_1，由于求 $Q(u)$ 时，又需要 u，为了避免两者耦合，设计不依赖于量化信息 $Q(u)$ 的控制律，需要假设 $q_1(t)$ 未知，为此要对 $q_1(t)$ 进行估计。

针对量化控制律 $Q(u)=q_1(t)u+q_2(t)$，控制器的增益为 $q_1(t)$，由于 $q_1(t)$ 为时变未知，需要进行自适应估计。采用对其下界进行估计的方法，为了防止估计值为零产生奇异问题，取时变增益 $\mu=\frac{1}{q_{1\min}}$，其中 $q_{1\min}$ 为 $q_1(t)$ 的下界，设计如下 Lyapunov 函数为

$$V = \frac{1}{2}s^2 + \frac{1}{2\gamma\mu}\tilde{\mu}^2 \tag{14.5}$$

其中，$\gamma>0$；$\tilde{\mu}=\hat{\mu}-\mu$，由 $q_1(t)>0$，可知 $\mu>0$。

则

$$\dot{V} = s\dot{s} + \frac{1}{\gamma\mu}\tilde{\mu}\dot{\hat{\mu}} \leqslant -ls^2 + s\bar{u} + sq_1 u + \frac{1}{2}\bar{q}_2^2 + \frac{1}{\gamma\mu}\tilde{\mu}\dot{\hat{\mu}}$$

设计控制律和自适应律为

$$u = -\frac{s\hat{\mu}^2\bar{u}^2}{|s\hat{\mu}\bar{u}| + \rho} \tag{14.6}$$

$$\dot{\hat{\mu}} = \gamma s\bar{u} - \gamma\sigma\hat{\mu} \tag{14.7}$$

其中，$\rho>0$；$\sigma>0$。

则

$$\dot{V} \leqslant -ls^2 + s\bar{u} - q_1\frac{s^2\hat{\mu}^2\bar{u}^2}{|s\hat{\mu}\bar{u}| + \rho} + \frac{1}{2}\bar{q}_2^2 + \frac{1}{\gamma\mu}\tilde{\mu}(\gamma s\bar{u} - \gamma\sigma\hat{\mu})$$

由于 $|a| - \frac{a^2}{\rho+|a|} = \frac{\rho|a|}{\rho+|a|} < \rho$，则 $-\frac{a^2}{\rho+|a|} < \rho - |a| \leqslant \rho \pm a$。取 $a=s\hat{\mu}\bar{u}$，则

$$-\frac{(s\hat{\mu}\bar{u})^2}{\rho+|s\hat{\mu}\bar{u}|} \leqslant \rho - s\hat{\mu}\bar{u}$$

考虑到 $q_1 \geqslant q_{1\min} = \frac{1}{\mu} > 0$，则

$$-q_1\frac{s^2\hat{\mu}^2\bar{u}^2}{|s\hat{\mu}\bar{u}| + \rho} \leqslant \frac{1}{\mu}(\rho - s\hat{\mu}\bar{u})$$

$$\dot{V}\leqslant -ls^2+s\bar{u}+\frac{1}{\mu}(\rho-s\hat{\mu}\,\bar{u})+\frac{1}{2}\,\bar{q}_2^2+\frac{1}{\mu}\tilde{\mu}s\,\bar{u}-\frac{1}{\mu}\tilde{\mu}\sigma\hat{\mu}$$
$$=-ls^2+s\bar{u}+\frac{1}{2}\,\bar{q}_2^2+\frac{1}{\mu}\rho-\frac{1}{\mu}(\hat{\mu}s\bar{u}-\tilde{\mu}s\,\bar{u})-\frac{1}{\mu}\tilde{\mu}\sigma\hat{\mu}$$
$$=-ls^2+\frac{1}{2}\,\bar{q}_2^2+\frac{1}{\mu}\rho-\frac{1}{\mu}\tilde{\mu}\sigma\hat{\mu}$$

由于

$$-\tilde{\mu}\hat{\mu}=-\tilde{\mu}(\tilde{\mu}+\mu)=-\tilde{\mu}^2-\tilde{\mu}\mu\leqslant-\tilde{\mu}^2+\frac{1}{2}\tilde{\mu}^2+\frac{1}{2}\mu^2=-\frac{1}{2}\tilde{\mu}^2+\frac{1}{2}\mu^2$$

则$-\frac{1}{\mu}\tilde{\mu}\sigma\hat{\mu}=-\frac{\sigma}{2\mu}\tilde{\mu}^2+\frac{\sigma}{2}\mu$,从而

$$\dot{V}\leqslant-ls^2+\frac{1}{2}\,\bar{q}_2^2+\frac{1}{\mu}\rho-\frac{1}{2\mu}\sigma\tilde{\mu}^2+\frac{1}{2}\sigma\mu\leqslant-ls^2-\frac{1}{2\mu}\sigma\tilde{\mu}^2+d\leqslant-cV+d$$

其中,$d=\frac{1}{2}\bar{q}_2^2+\frac{1}{\mu}\rho+\frac{1}{2}\sigma\mu$; $c=\min\{2l,\gamma\sigma\}$。

求解不等式$\dot{V}\leqslant-cV+d$,可得

$$0\leqslant V(t)\leqslant\left(V(0)-\frac{d}{c}\right)\mathrm{e}^{-ct}+\frac{d}{c}$$

取极限可得

$$\lim_{t\to+\infty}V(t)\leqslant\frac{d}{c}\tag{14.8}$$

当取 c 足够大时,即 $c\gg d$ 时,可实现当 $t\to\infty$时,$V(t)\to0$,$s\to0$,$e\to0$,$\dot{e}\to0$。

14.1.3 仿真实例

被控对象采用式(14.1),位置指令为 $x_{\mathrm{d}}=\sin t$,采用控制器式(14.2)、式(14.6)和自适应律式(14.7),取 $c=15$,$l=15$,$\rho=0.02$,$\sigma=0.20$,$\gamma=2.0$,采用量化器式(14.2)实现控制输入的量化。仿真结果如图 14.1 和图 14.2 所示。

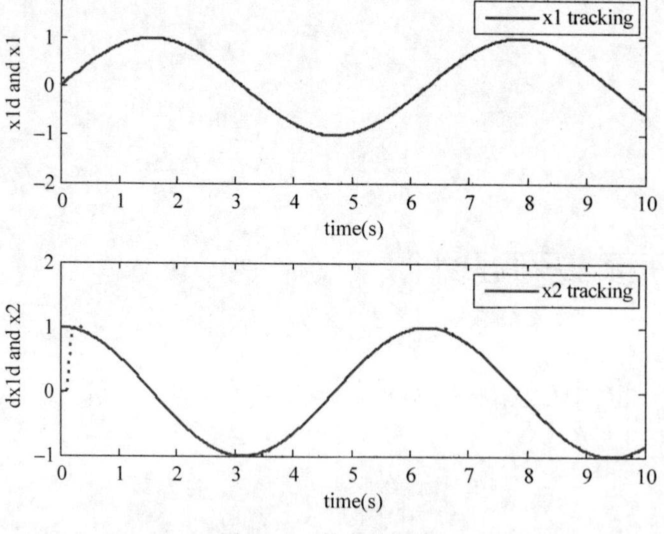

图 14.1 状态的跟踪

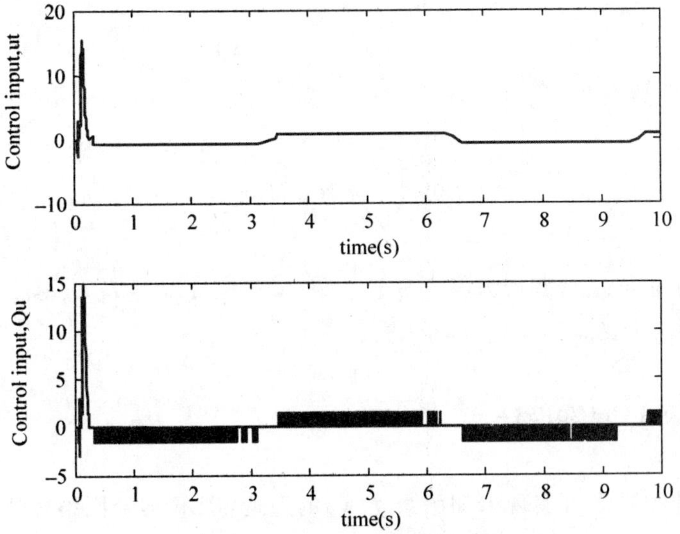

图 14.2 控制输入及量化输入变化

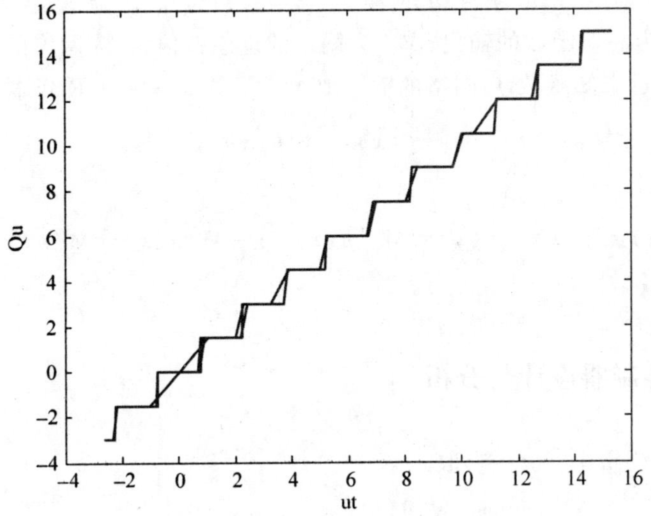

图 14.3 控制输入和量化输入之间关系

仿真程序为 chap14_1sim.mdl、chap14_1ctrl.m、chap14_1plant.m 和 chap14_1plot.m，程序清单可参阅本章附录。

14.2 基于 RBF 神经网络的执行器自适应量化控制

14.2.1 系统描述

考虑如下模型

$$\begin{cases}\dot{x}_1 = x_2 \\ \dot{x}_2 = Q(u) + f(\boldsymbol{x})\end{cases} \tag{14.9}$$

其中,$Q(u)$为控制输入 u 的量化值;$\boldsymbol{x}=[x_1 \quad x_2]^{\mathrm{T}}$。

对数量化器为[1,2]

$$Q(u) = k\ \mathrm{round}\left(\frac{u}{k}\right) \tag{14.10}$$

其中,k 为量化水平。

x_1 的指令为 $x_{\mathrm{d}}=\sin t$,则误差及其导数为 $e=x_1-\sin t$,$\dot{e}=x_2-\cos t$。控制目标为位置及速度跟踪,即当 $t\to\infty$时,$e\to 0$,$\dot{e}\to 0$。

14.2.2 RBF 神经网络设计

采用 RBF 神经网络可实现未知函数 $f(\boldsymbol{x})$的逼近,RBF 神经网络算法为

$$h_j = g(\| \boldsymbol{x} - \boldsymbol{c}_{ij} \|^2 / b_j^2)$$

$$f = \boldsymbol{W}^{*\mathrm{T}}\boldsymbol{h}(\boldsymbol{x}) + \varepsilon$$

其中,$\boldsymbol{x}$ 为网络的输入;i 为网络的输入个数;j 为网络隐含层第 j 个节点;$\boldsymbol{h}=[h_1,h_2,\cdots,h_n]^{\mathrm{T}}$ 为高斯函数的输出;$\boldsymbol{W}^*$ 为网络的理想权值;ε 为网络的逼近误差,$\varepsilon\leqslant\varepsilon_{\mathrm{N}}$。

采用 RBF 逼近未知函数 f,网络的输入取 $\boldsymbol{x}=[x_1 \quad x_2]^{\mathrm{T}}$,则 RBF 神经网络的输出为

$$\hat{f}(\boldsymbol{x}) = \hat{\boldsymbol{W}}^{\mathrm{T}}\boldsymbol{h}(\boldsymbol{x}) \tag{14.11}$$

则

$$\tilde{f}(\boldsymbol{x}) = f(\boldsymbol{x}) - \hat{f}(\boldsymbol{x}) = \boldsymbol{W}^{*\mathrm{T}}\boldsymbol{h}(\boldsymbol{x}) + \varepsilon - \hat{\boldsymbol{W}}^{\mathrm{T}}\boldsymbol{h}(\boldsymbol{x}) = \tilde{\boldsymbol{W}}^{\mathrm{T}}h(\boldsymbol{x}) + \varepsilon$$

并定义$\tilde{\boldsymbol{W}}=\boldsymbol{W}^*-\hat{\boldsymbol{W}}$。

14.2.3 量化控制器设计与分析

令 $Q(u)=q_1(t)u+q_2(t)$[3],取

$$q_1(t) = \begin{cases}\dfrac{Q[u(t)]}{u(t)}, & |u(t)| \geqslant a \\ 1, & |u(t)| < a\end{cases} \tag{14.12}$$

$$q_2(t) = \begin{cases}0, & |u(t)| \geqslant a \\ Q[u(t)] - u(t), & |u(t)| < a\end{cases} \tag{14.13}$$

其中,$|q_2(t)|\leqslant\bar{q}_2$。

取滑模函数为

$$s = ce + \dot{e}$$

其中,$c>0$。

则

$$\dot{s} = c\dot{e} + \ddot{e} = Q(u) + f(\boldsymbol{x}) - \ddot{x}_{\mathrm{d}} + c\dot{e} = q_1 u + q_2 + f(\boldsymbol{x}) - \ddot{x}_{\mathrm{d}} + c\dot{e}$$

$$\begin{aligned} s\dot{s} &= s[q_1 u + q_2 + f(\boldsymbol{x}) - \ddot{x}_{\mathrm{d}} + c\dot{e}] = sq_1 u + sq_2 + sf(\boldsymbol{x}) + s(c\dot{e} - \ddot{x}_{\mathrm{d}}) \\ &\leqslant sq_1 u + \frac{1}{2}s^2 + \frac{1}{2}\bar{q}_2^2 + sf(\boldsymbol{x}) + s(c\dot{e} - \ddot{x}_{\mathrm{d}}) \\ &= s\left[-ls - \eta\mathrm{sgn}s + ls + \eta\mathrm{sgn}s + \frac{1}{2}s + f(\boldsymbol{x}) + c\dot{e} - \ddot{x}_{\mathrm{d}}\right] + sq_1 u + \frac{1}{2}\bar{q}_2^2 \end{aligned}$$

取

$$\bar{u} = ls + \eta\mathrm{sgn}s + \frac{1}{2}s + \hat{f}(\boldsymbol{x}) + c\dot{e} - \ddot{x}_{\mathrm{d}} \tag{14.14}$$

其中，$l>0$；$\eta \geqslant \varepsilon_{\mathrm{N}} + \eta_{\mathrm{d}}$；$\eta_{\mathrm{d}}>0$。

则

$$\begin{aligned} s\dot{s} &\leqslant -ls^2 - \eta|s| + s\bar{u} + s\tilde{f}(\boldsymbol{x}) + sq_1 u + \frac{1}{2}\bar{q}_2^2 \\ &= -ls^2 - \eta|s| + s\bar{u} + s[\tilde{\boldsymbol{W}}^{\mathrm{T}}\boldsymbol{h}(\boldsymbol{x}) + \varepsilon] + sq_1 u + \frac{1}{2}\bar{q}_2^2 \\ &\leqslant -ls^2 - \eta_{\mathrm{d}}|s| + s\bar{u} + s\tilde{\boldsymbol{W}}^{\mathrm{T}}\boldsymbol{h}(\boldsymbol{x}) + sq_1 u + \frac{1}{2}\bar{q}_2^2 \end{aligned}$$

取时变增益 $\mu = \frac{1}{q_{1\min}}$，其中 $q_{1\min}$ 为 $q_1(t)$ 的下界，设计如下 Lyapunov 函数为

$$V = \frac{1}{2}s^2 + \frac{1}{2\gamma_2\mu}\tilde{\mu}^2 + \frac{1}{2\gamma_1}\tilde{\boldsymbol{W}}^{\mathrm{T}}\tilde{\boldsymbol{W}} \tag{14.15}$$

其中，$\gamma_1>0$；$\gamma_2>0$；$\tilde{\mu} = \hat{\mu} - \mu$，由 $q_1(t)>0$，可知 $\mu>0$。

则

$$\begin{aligned} \dot{V} &= s\dot{s} + \frac{1}{\gamma_2\mu}\tilde{\mu}\dot{\hat{\mu}} - \frac{1}{\gamma_1}\tilde{\boldsymbol{W}}^{\mathrm{T}}\dot{\hat{\boldsymbol{W}}} \\ &\leqslant -ls^2 - \eta_{\mathrm{d}}|s| + s\bar{u} + s\tilde{\boldsymbol{W}}^{\mathrm{T}}\boldsymbol{h}(\boldsymbol{x}) + sq_1 u + \frac{1}{2}\bar{q}_2^2 + \frac{1}{\gamma_2\mu}\tilde{\mu}\dot{\hat{\mu}} - \frac{1}{\gamma_1}\tilde{\boldsymbol{W}}^{\mathrm{T}}\dot{\hat{\boldsymbol{W}}} \\ &= -ls^2 - \eta_{\mathrm{d}}|s| + s\bar{u} + sq_1 u + \frac{1}{2}\bar{q}_2^2 + \frac{1}{\gamma_2\mu}\tilde{\mu}\dot{\hat{\mu}} + \tilde{\boldsymbol{W}}^{\mathrm{T}}\left[s\boldsymbol{h}(\boldsymbol{x}) - \frac{1}{\gamma_1}\dot{\hat{\boldsymbol{W}}}\right] \end{aligned}$$

设计控制律和自适应律公式为

$$u = -\frac{s\hat{\mu}^2\bar{u}^2}{|s\hat{\mu}\bar{u}| + \rho} \tag{14.16}$$

$$\dot{\hat{\mu}} = \gamma_2 s\bar{u} - \gamma_2\sigma\hat{\mu} \tag{14.17}$$

$$\dot{\hat{\boldsymbol{W}}} = \gamma_1 s\boldsymbol{h}(\boldsymbol{x}) \tag{14.18}$$

其中，$\gamma_1>0$；$\gamma_2>0$；$\rho>0$；$\sigma>0$。

则

$$\dot{V} \leqslant -ls^2 - \eta_{\mathrm{d}}|s| + s\bar{u} - q_1\frac{s^2\hat{\mu}^2\bar{u}^2}{|s\hat{\mu}\bar{u}| + \rho} + \frac{1}{2}\bar{q}_2^2 + \frac{1}{\gamma_2\mu}\tilde{\mu}(\gamma_2 s\bar{u} - \gamma_2\sigma\hat{\mu})$$

由于$|a|-\frac{a^2}{\rho+|a|}=\frac{\rho|a|}{\rho+|a|}<\rho$,则$-\frac{a^2}{\rho+|a|}<\rho-|a|\leqslant\rho\pm a$,取$a=s\hat{\mu}\bar{u}$,则

$$-\frac{(s\hat{\mu}\bar{u})^2}{\rho+|s\hat{\mu}\bar{u}|}\leqslant\rho-s\hat{\mu}\bar{u}$$

考虑到$q_1\geqslant q_{1\min}=\frac{1}{\mu}>0$,$-\eta|s|+\varepsilon s\leqslant 0$,则

$$-q_1\frac{s^2\hat{\mu}^2\bar{u}^2}{|s\hat{\mu}\bar{u}|+\rho}\leqslant\frac{1}{\mu}(\rho-s\hat{\mu}\bar{u})$$

$$\begin{aligned}\dot{V}&\leqslant-ls^2-\eta_{\mathrm{d}}|s|+s\bar{u}+\frac{1}{\mu}(\rho-s\hat{\mu}\bar{u})+\frac{1}{2}\bar{q}_2^2+\frac{1}{\mu}\tilde{\mu}s\bar{u}-\frac{1}{\mu}\tilde{\mu}\sigma\hat{\mu}\\&=-ls^2-\eta_{\mathrm{d}}|s|+s\bar{u}+\frac{1}{2}\bar{q}_2^2+\frac{1}{\mu}\rho-\frac{1}{\mu}(\hat{\mu}s\bar{u}-\tilde{\mu}s\bar{u})-\frac{1}{\mu}\tilde{\mu}\sigma\hat{\mu}\\&=-ls^2-\eta_{\mathrm{d}}|s|+\frac{1}{2}\bar{q}_2^2+\frac{1}{\mu}\rho-\frac{1}{\mu}\tilde{\mu}\sigma\hat{\mu}\end{aligned}$$

由于

$$-\tilde{\mu}\hat{\mu}=-\tilde{\mu}(\tilde{\mu}+\mu)=-\tilde{\mu}^2-\tilde{\mu}\mu\leqslant-\tilde{\mu}^2+\frac{1}{2}\tilde{\mu}^2+\frac{1}{2}\mu^2=-\frac{1}{2}\tilde{\mu}^2+\frac{1}{2}\mu^2$$

则$-\frac{1}{\mu}\tilde{\mu}\sigma\hat{\mu}=-\frac{\sigma}{2\mu}\tilde{\mu}^2+\frac{\sigma}{2}\mu$,从而

$$\begin{aligned}\dot{V}&\leqslant-ls^2-\eta_{\mathrm{d}}|s|+\frac{1}{2}\bar{q}_2^2+\frac{1}{\mu}\rho-\frac{1}{2\mu}\sigma\tilde{\mu}^2+\frac{1}{2}\sigma\mu\\&\leqslant-ls^2-\frac{1}{2\mu}\sigma\tilde{\mu}^2-\eta_{\mathrm{d}}|s|+d\leqslant-\eta_{\mathrm{d}}|s|+d\end{aligned}$$

其中,$d=\frac{1}{2}\bar{q}_2^2+\frac{1}{\mu}\rho+\frac{1}{2}\sigma\mu$。

可得满足$\dot{V}\leqslant 0$的收敛结果为

$$\lim_{t\to+\infty}|s|\leqslant\frac{d}{\eta_{\mathrm{d}}}\tag{14.19}$$

当取η_{d}足够大时,即$\eta_{\mathrm{d}}\gg d$时,可实现当$t\to\infty$时,$s\to 0$,$e\to 0$,$\dot{e}\to 0$。

14.2.4 仿真实例

被控对象采用式(14.9),取$f(\boldsymbol{x})=100x_1x_2$,位置指令为$x_{\mathrm{d}}=\sin t$,采用控制器式(14.14)和式(14.16),采用自适应律式(14.17)和式(14.18),取$c=30$,$l=30$,$\rho=0.02$,$\sigma=0.20$,$\gamma_1=3.0$,$\gamma_2=2.0$,$\eta=2.0$,采用量化器式(14.10)实现控制输入的量化,$k=0.50$。根据网络输入x_1和x_2的实际范围来设计高斯基函数的参数,参数c_i和b_j取值分别为$[-1\quad -0.5\quad 0\quad 0.5\quad 1]$和1.0。网络权值中各个元素的初始值取0.10,取$\hat{\mu}(0)=1.0$。仿真结果如图14.4~图14.6所示。

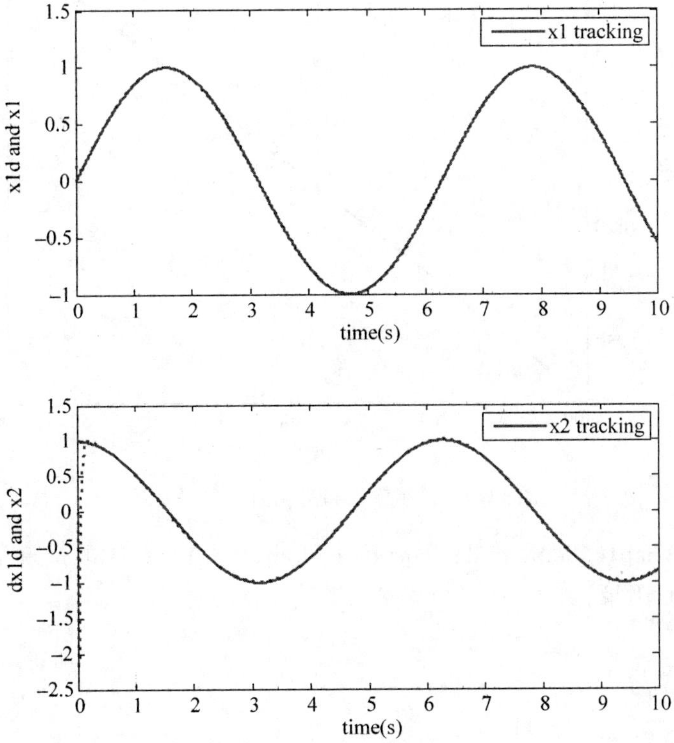

图 14.4　状态的跟踪

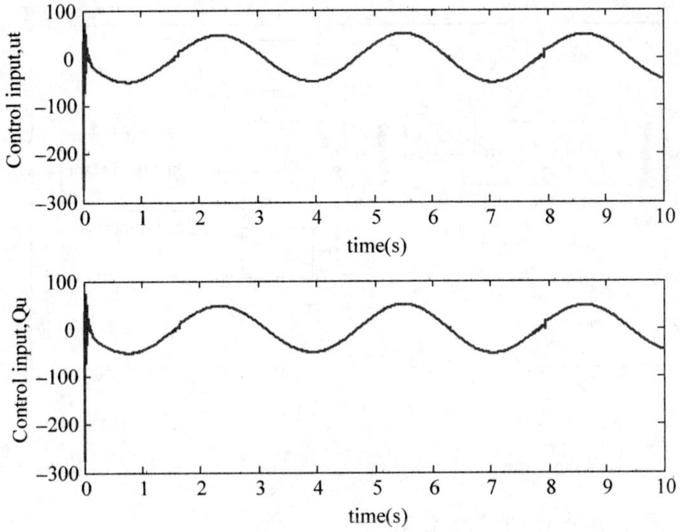

图 14.5　控制输入及量化输入变化

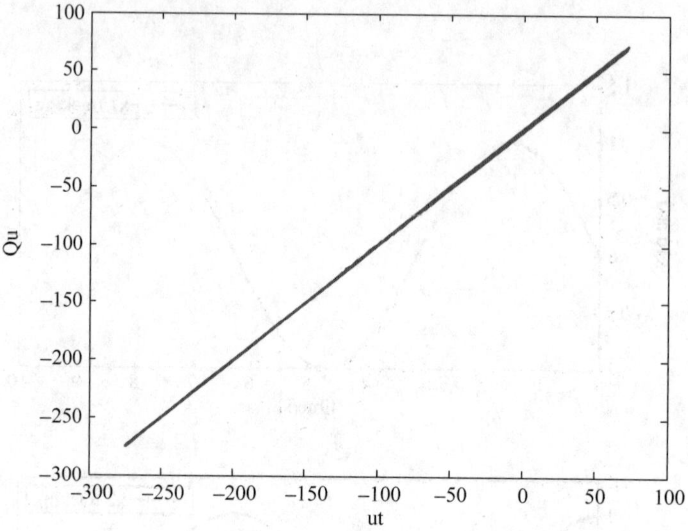

图 14.6　控制输入和量化输入之间关系

仿真程序为 chap14_2sim. mdl、chap14_2ctrl. m、chap14_2plant. m 和 chap14_2plot. m，程序清单详见本章附录。

附录　仿真程序

14.1.3 节的程序

1. Simulink 主程序：chap14_1sim. mdl

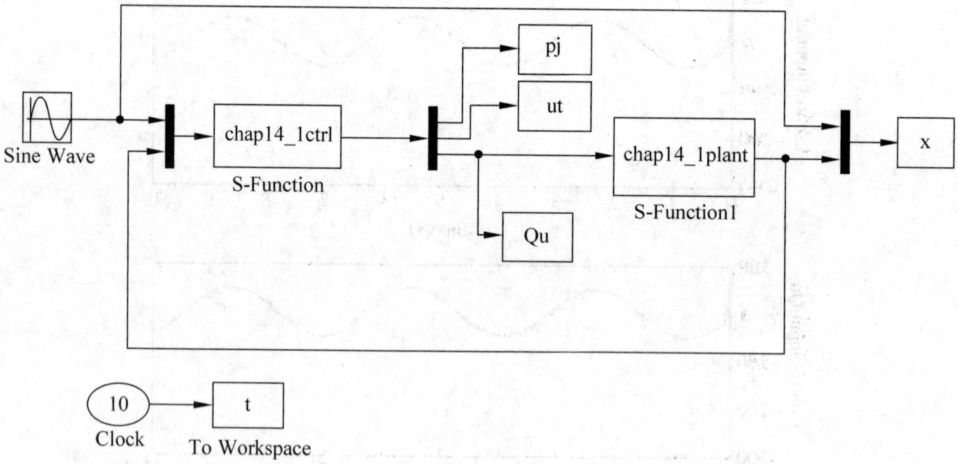

2. 控制器 S 函数：chap14_1ctrl. m

```
function [sys,x0,str,ts] = model(t,x,u,flag)
switch flag,
case 0,
    [sys,x0,str,ts] = mdlInitializeSizes;
```

```
case 1,
    sys = mdlDerivatives(t,x,u);
case 3,
    sys = mdlOutputs(t,x,u);
case {1,2,4,9}
    sys = [];
otherwise
    error(['Unhandled flag = ',num2str(flag)]);
end
function [sys,x0,str,ts] = mdlInitializeSizes
global c l
sizes = simsizes;
sizes.NumContStates   = 1;
sizes.NumDiscStates   = 0;
sizes.NumOutputs      = 3;
sizes.NumInputs       = 3;
sizes.DirFeedthrough  = 1;
sizes.NumSampleTimes  = 0;
sys = simsizes(sizes);
x0 = [0];
str = [];
ts = [];
c = 15;l = 15;
function sys = mdlDerivatives(t,x,u)
global c l
xd = u(1);
dxd = cos(t);ddxd = - sin(t);

x1 = u(2);x2 = u(3);
e = x1 - xd;
de = x2 - dxd;
s = c * e + de;

gama = 2;
sigma = 0.20;

u_bar = l * s + c * de - ddxd + 0.5 * s;

dmiu = gama * s * u_bar - gama * sigma * x(1);
sys(1) = dmiu;
function sys = mdlOutputs(t,x,u)
global c l
xd = u(1);
dxd = cos(t);ddxd = - sin(t);

x1 = u(2);x2 = u(3);
e = x1 - xd;
de = x2 - dxd;
s = c * e + de;

u_bar = l * s + c * de - ddxd + 0.5 * s;
```

```
rho = 0.020;
ut = - s * x(1)^2 * u_bar ^2/(abs(s * x(1) * u_bar) + rho);

k = 0.5;
Qu = k * round(ut/k);

sys(2) = ut;
sys(3) = Qu;
```

3. 被控对象 S 函数:chap14_1plant.m

```
function [sys,x0,str,ts] = s_function(t,x,u,flag)
switch flag,
case 0,
    [sys,x0,str,ts] = mdlInitializeSizes;
case 1,
    sys = mdlDerivatives(t,x,u);
case 3,
    sys = mdlOutputs(t,x,u);
case {2, 4, 9 }
    sys  =  [];
otherwise
    error(['Unhandled flag  =  ',num2str(flag)]);
end
function [sys,x0,str,ts] = mdlInitializeSizes
sizes  =  simsizes;
sizes.NumContStates    =  2;
sizes.NumDiscStates    =  0;
sizes.NumOutputs       =  2;
sizes.NumInputs        =  1;
sizes.DirFeedthrough   =  0;
sizes.NumSampleTimes   =  0;
sys = simsizes(sizes);
x0 = [0.150 0];
str = [];
ts = [];
function sys = mdlDerivatives(t,x,u)
Qu = u(1);
sys(1) = x(2);
sys(2) = Qu;
function sys = mdlOutputs(t,x,u)
sys(1) = x(1);
sys(2) = x(2);
```

4. 作图程序:chap14_1plot.m

```
close all;
figure(1);
subplot(211);
plot(t,x(:,1),'r',t,x(:,2),':','linewidth',2);
xlabel('time(s)');ylabel('x1d and x1');
```

```
legend('x1 tracking');
subplot(212);
plot(t,cos(t),'r',t,x(:,3),':','linewidth',2);
xlabel('time(s)');ylabel('dx1d and x2');
legend('x2 tracking');

figure(2);
subplot(211);
plot(t,ut(:,1),'r','linewidth',2);
xlabel('time(s)');ylabel('Control input,ut');
subplot(212);
plot(t,Qu(:,1),'r','linewidth',2);
xlabel('time(s)');ylabel('Control input,Qu');

figure(3);
plot(ut(:,1),Qu(:,1),'r','linewidth',2);
xlabel('ut');ylabel('Qu');
```

14.2.3 节的程序

1. Simulink 主程序：chap14_2sim.mdl

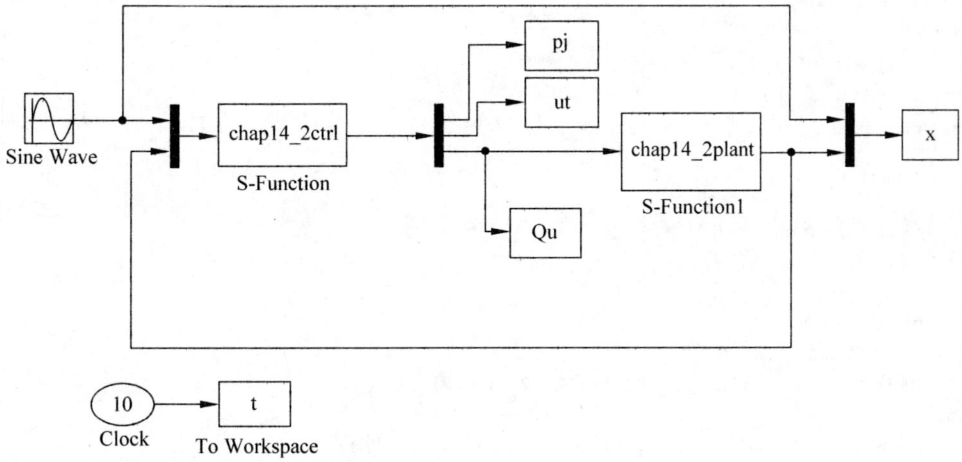

2. 控制器 S 函数：chap14_2ctrl.m

```
function [sys,x0,str,ts] = model(t,x,u,flag)
switch flag,
case 0,
    [sys,x0,str,ts] = mdlInitializeSizes;
case 1,
    sys = mdlDerivatives(t,x,u);
case 3,
    sys = mdlOutputs(t,x,u);
case {1,2,4,9}
    sys = [];
otherwise
```

```
    error(['Unhandled flag = ',num2str(flag)]);
end
function [sys,x0,str,ts] = mdlInitializeSizes
global c l bj cij
cij = 0.5 * [ - 2 - 1 0 1 2;
         - 2 - 1 0 1 2];
bj = 1.0;
c = 30;l = 30;
sizes = simsizes;
sizes.NumContStates   = 6;
sizes.NumDiscStates   = 0;
sizes.NumOutputs      = 3;
sizes.NumInputs       = 3;
sizes.DirFeedthrough  = 1;
sizes.NumSampleTimes  = 0;
sys = simsizes(sizes);
x0 = [0.1 0.1 0.1 0.1 0.1 1.0];
str = [];
ts = [];
function sys = mdlDerivatives(t,x,u)
global c l bj cij
xd = u(1);
dxd = cos(t);ddxd = - sin(t);

x1 = u(2);x2 = u(3);
e = x1 - xd;
de = x2 - dxd;
s = c * e + de;

W = [x(1) x(2) x(3) x(4) x(5)];
xi = [x1;x2];

h = zeros(5,1);
for j = 1:1:5
    h(j) = exp( - norm(xi - cij(:,j))^2/(2 * bj ^2));
end
fn = W * h;

gama1 = 3;gama2 = 2;sigma = 0.20;
xite = 2.0;
u_bar = l * s + xite * sign(s) + 0.5 * s + fn + c * de - ddxd;

dmiu = gama2 * s * u_bar - gama2 * sigma * x(6);
for j = 1:1:5
    sys(j) = gama1 * s * h(j);
end
sys(6) = dmiu;
function sys = mdlOutputs(t,x,u)
global c l bj cij
xd = u(1);
dxd = cos(t);ddxd = - sin(t);
```

```
x1 = u(2);x2 = u(3);
e = x1 - xd;
de = x2 - dxd;
s = c * e + de;

W = [x(1) x(2) x(3) x(4) x(5)];
xi = [x1;x2];

h = zeros(5,1);
for j = 1:1:5
    h(j) = exp( - norm(xi - cij(:,j))^2/(2 * bj^2));
end
fn = W * h;

xite = 0.50;
u_bar = l * s + xite * sign(s) + 0.5 * s + fn + c * de - ddxd;

rho = 0.020;
miup = x(6);
ut = - s * miup^2 * u_bar^2/(abs(s * miup * u_bar) + rho);

k = 0.5;
Qu = k * round(ut/k);

sys(2) = ut;
sys(3) = Qu;
```

3. 被控对象 S 函数:chap14_2plant.m

```
function [sys,x0,str,ts] = s_function(t,x,u,flag)
switch flag,
case 0,
    [sys,x0,str,ts] = mdlInitializeSizes;
case 1,
    sys = mdlDerivatives(t,x,u);
case 3,
    sys = mdlOutputs(t,x,u);
case {2, 4, 9 }
    sys = [];
otherwise
    error(['Unhandled flag = ',num2str(flag)]);
end
function [sys,x0,str,ts] = mdlInitializeSizes
sizes = simsizes;
sizes.NumContStates   = 2;
sizes.NumDiscStates   = 0;
sizes.NumOutputs      = 2;
sizes.NumInputs       = 1;
sizes.DirFeedthrough  = 0;
sizes.NumSampleTimes  = 0;
```

```
sys = simsizes(sizes);
x0 = [0.15 0];
str = [];
ts = [];
function sys = mdlDerivatives(t,x,u)
Qu = u(1);
fx = 100 * x(1) * x(2);
sys(1) = x(2);
sys(2) = Qu + fx;
function sys = mdlOutputs(t,x,u)
sys(1) = x(1);
sys(2) = x(2);
```

4. 作图程序:chap14_2plot.m

```
close all;
figure(1);
subplot(211);
plot(t,x(:,1),'r',t,x(:,2),':','linewidth',2);
xlabel('time(s)');ylabel('x1d and x1');
legend('x1 tracking');
subplot(212);
plot(t,cos(t),'r',t,x(:,3),':','linewidth',2);
xlabel('time(s)');ylabel('dx1d and x2');
legend('x2 tracking');

figure(2);
subplot(211);
plot(t,ut(:,1),'r','linewidth',2);
xlabel('time(s)');ylabel('Control input,ut');
subplot(212);
plot(t,Qu(:,1),'r','linewidth',2);
xlabel('time(s)');ylabel('Control input,Qu');

figure(3);
plot(ut(:,1),Qu(:,1),'r','linewidth',2);
xlabel('ut');ylabel('Qu');
```

参考文献

[1] 郑柏超,郝立颖.滑模变结构控制-量化反馈控制方法[M].北京:科学出版社,2016.

[2] Zheng Bochao and Yang Guanghong. Quantized output feedback stabilization of uncertain systems with input nonlinearities via sliding mode control[J]. Int. J. Robust Nonlinear Control, 2014, 24: 228-246.

[3] Wang Chenliang, Wen Changyun, Lin Yan, Wang Wei. Decentralized adaptive tracking control for a class of interconnected nonlinear systems with input quantization[J]. Automatica, 2017, 81: 359-368.

第15章 基于RBF神经网络的控制输出受限控制

受限系统的控制问题一直是控制理论界和工程应用中备受关注的领域之一。实际控制系统中，为保证系统的安全性，通常会对系统输出值的上下界做出严格限制，或要求系统输出超调量在一定范围内，超调量过大往往意味着系统处于不理想的运行状态，某些情况下会对该系统本身产生不可预知的影响。

15.1 输出受限引理

引理 15.1[1] 针对误差系统

$$\dot{\boldsymbol{z}} = \boldsymbol{f}(t,\boldsymbol{z}) \tag{15.1}$$

其中，$\boldsymbol{z}=[z_1 \quad z_2]^{\mathrm{T}}$。

存在连续可微并正定的函数 V_1 和 V_2，$k_b>0$，位置输出为 x_1，定义位置误差 $z_1=x_1-y_d$，满足

(1) 当 $z_1\rightarrow -k_b$ 或 $z_1\rightarrow k_b$ 时，有 $V_1(z_1)\rightarrow\infty$；

(2) $\gamma_1(\|z_2\|)\leqslant V_2(z_2)\leqslant\gamma_2(\|z_2\|)$，$\gamma_1$ 和 γ_2 为 K_∞ 类函数。

假设 $|z_1(0)|<k_b$，取 $V(z)=V_1(z_1)+V_2(z_2)$，如果满足

$$\dot{V} = \frac{\partial V}{\partial \boldsymbol{x}} f \leqslant 0$$

则 $|z_1(t)|<k_b$，$\forall t\in[0,\infty)$。

考虑如下对称 Barrier Lyapunov 函数

$$V = \frac{1}{2}\log\frac{k_b^2}{k_b^2 - z_1^2} \tag{15.2}$$

其中，$\log(\cdot)$为自然对数。

可见，该 Lyapunov 函数满足 $V(0)=0$，$V(x)>0\ (x\neq 0)$ 的 Lyapunov 设计原理。

取 $z_1(0)=0.5$，由 $|z_1(0)|<k_b$，可取 $k_b=0.51$，对称 Barrier Lyapunov 函数的输入输出结果如图 15.1 所示。

仿真程序为 chap15_1.m，程序清单详见附录。

引理 15.2[2] 针对误差系统

$$\dot{\boldsymbol{z}} = \boldsymbol{f}(t,\boldsymbol{z}) \tag{15.3}$$

其中，$\boldsymbol{z}=[z_1 \quad z_2]^{\mathrm{T}}$。

存在连续可微并正定的函数 V_1 和 V_2，$k_b>0$，位置输出为 x_1，定义位

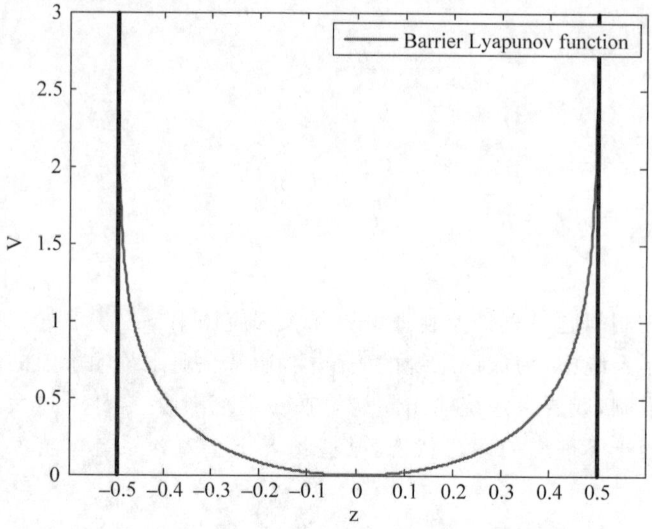

图 15.1　对称 Barrier Lyapunov 函数

置误差 $z_1=x_1-y_\mathrm{d}$，满足

(1) 当 $z_1\to -k_\mathrm{b}$ 或 $z_1\to k_\mathrm{b}$ 时，有 $V_1(z_1)\to\infty$；

(2) $\gamma_1(\|z_2\|)\leqslant V_2(z_2)\leqslant\gamma_2(\|z_2\|)$，$\gamma_1$ 和 γ_2 为 K_∞ 类函数。

假设 $|z_1(0)|<k_\mathrm{b}$，取 $V(z)=V_1(z_1)+V_2(z_2)$，如果满足

$$\dot{V}=\frac{\partial V}{\partial \boldsymbol{x}}f\leqslant -\mu V+\lambda \tag{15.4}$$

其中，$\lambda>0$ 且有界。

则 $|z_1(t)|<k_\mathrm{b}$，$\forall t\in[0,\infty)$。

考虑如下对称 Barrier Lyapunov 函数

$$V(z_1)=\frac{1}{2}\log\frac{k_\mathrm{b}^2}{k_\mathrm{b}^2-z_1^2} \tag{15.5}$$

其中 log(·)为自然对数。

该 Lyapunov 函数满足 $V(0)=0$，$V(x)>0(x\neq 0)$ 的 Lyapunov 设计原理。

由 $\dot{V}\leqslant -\mu V+\lambda$ 可知，V 有界，由于 V 是连续函数，$V(z_1)=\frac{1}{2}\log\frac{k_\mathrm{b}^2}{k_\mathrm{b}^2-z_1^2}$，且初始状态满足 $|z_1(0)|<k_\mathrm{b}$，说明 $z_1^2\neq k_\mathrm{b}^2$，即 $\forall t\in[0,\infty)$，$|z_1(t)|<k_\mathrm{b}$ 成立。

引理 15.3[2]　对于 $k_b>0$，如果满足 $|z_1(t)|<k_\mathrm{b}$，$\forall t\in[0,\infty)$，则有

$$\log\frac{k_\mathrm{b}^2}{k_\mathrm{b}^2-z_1^2}<\frac{z_1^2}{k_\mathrm{b}^2-z_1^2}$$

15.2　基于位置输出受限控制算法设计

15.2.1　系统描述

被控对象可写为

$$\begin{cases}\dot{x}_1 = x_2 \\ \dot{x}_2 = f(x) + bu\end{cases} \tag{15.6}$$

其中，$f(x)$为已知；$b \neq 0$。

控制任务为通过控制律的设计，实现$|x_1(t)| < k_c$，$\forall t \geq 0$。

15.2.2 控制器的设计

定义位置误差为

$$z_1 = x_1 - y_d \tag{15.7}$$

其中，y_d 为位置信号 x_1 的指令。

当$|z_1(t)| < k_b$ 时，有$-k_b < x_1 - y_d < k_b$，即

$$-k_b + y_{dmin} < x_1 < k_b + y_{dmax}$$

则可通过 k_b 的设定，实现$|x_1(t)| < k_c$，$\forall t \geq 0$。

首先证明$|z_1(0)| < k_b$ 时，需要通过控制律设计实现$|z_1(t)| < k_b$，$\forall t \geq 0$。采用反演控制方法，设计步骤如下。

第一步：由定义可得$\dot{z}_1 = x_2 - \dot{y}_d$，定义 $z_2 = x_2 - \alpha$，其中 α 为待设计的稳定函数。

为了实现$|z_1| < k_b$，$\forall t > 0$，定义如下对称 Barrier Lyapunov 函数[1]

$$V_1 = \frac{1}{2}\log\frac{k_b^2}{k_b^2 - z_1^2} \tag{15.8}$$

其中，log(·)为自然对数。

则

$$\dot{V}_1 = \frac{z_1\dot{z}_1}{k_b^2 - z_1^2} = \frac{z_1(x_2 - \dot{y}_d)}{k_b^2 - z_1^2} = \frac{z_1(z_2 + \alpha - \dot{y}_d)}{k_b^2 - z_1^2}$$

设计稳定函数 α 为

$$\alpha = -(k_b^2 - z_1^2)k_1 z_1 + \dot{y}_d \tag{15.9}$$

其中，$k_1 > 0$。

则

$$\dot{\alpha} = 2k_1\dot{z}_1 z_1^2 - (k_b^2 - z_1^2)k_1\dot{z}_1 + \ddot{y}_d$$

将上式代入$\dot{V}_1$ 中，可得

$$\dot{V}_1 = -k_1 z_1^2 + \frac{z_1 z_2}{k_b^2 - z_1^2}$$

如果 $z_2 = 0$，则$\dot{V}_1 \leq -k_1 z_1^2$。为此，需要进行下一步设计。

第二步：由于 x_2 不需要受限，则可定义 Lyapunov 函数

$$V = V_1 + V_2 \tag{15.10}$$

其中，$V_2 = \frac{1}{2}z_2^2$。

由于

$$\dot{z}_2=\dot{x}_2-\dot{\alpha}=f(x)+bu-\dot{\alpha}$$

则

$$\dot{V}=\dot{V}_1+z_2\dot{z}_2=-k_1z_1^2+\frac{z_1z_2}{k_b^2-z_1^2}+z_2[f(x)+bu-\dot{\alpha}]$$

设计控制律为

$$u=\frac{1}{b}\left[-f(x)+\dot{\alpha}-k_2z_2-\frac{z_1}{k_b^2-z_1^2}\right] \tag{15.11}$$

其中,$k_2>0$。

则

$$\dot{V}=-k_1z_1^2-k_2z_2^2\leqslant 0$$

则根据引理15.1[1],可得$|z_1|<k_b,\forall t>0$。

15.2.3 仿真实例

被控对象为

$$\begin{cases}\dot{x}_1=x_2\\ \dot{x}_2=-25x_2+133u\end{cases}$$

其中初始状态为[0.50,0]。

位置指令为$x_d(t)=\sin t$,则$z_1(0)=x_1(0)-x_d(0)=0.5$,由$|z_1(0)|<k_b$,可取$k_b=0.51$,即将x_1限制在[−1.51 1.51]之内。按式(15.5)设计V_1。采用控制律式(15.11),取$k_1=k_2=10$,仿真结果如图15.2~图15.6所示。

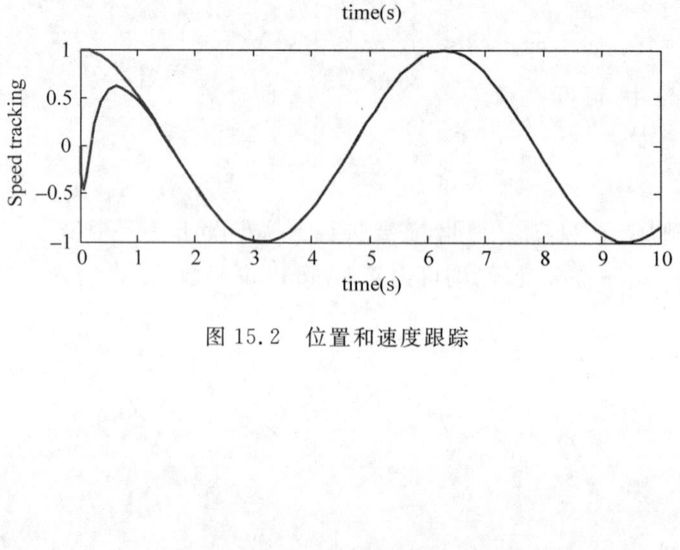

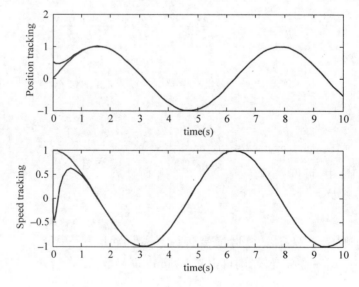

图15.2 位置和速度跟踪

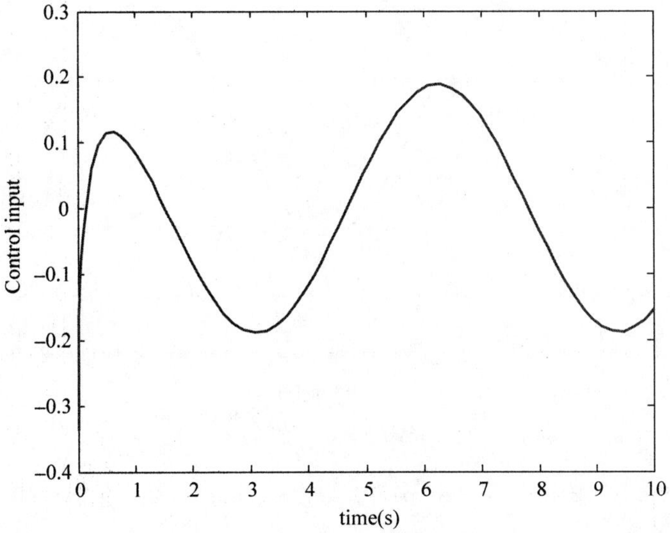

图 15.3 控制输入

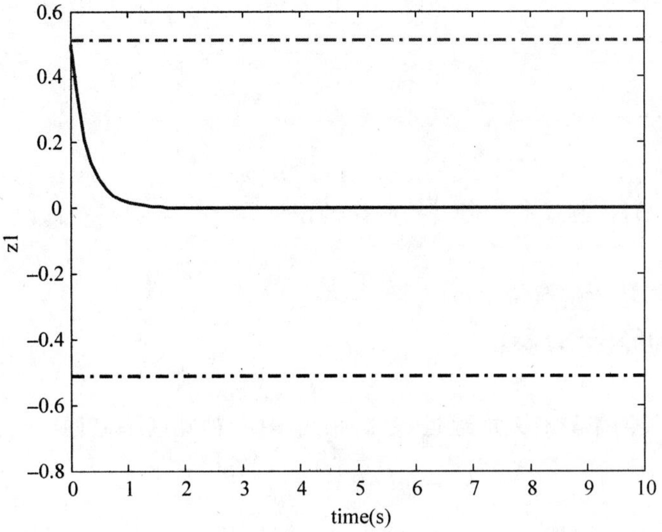

图 15.4 $z_1(t)$的变化

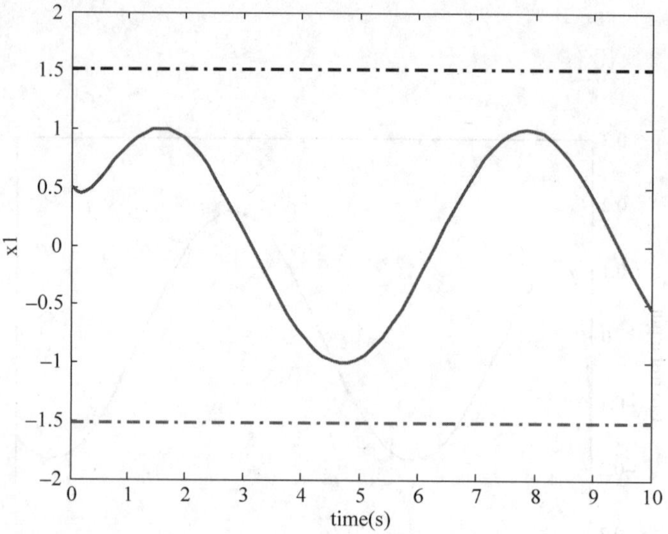

图 15.5　$x_1(t)$的变化

仿真程序为 chap15_2sim.mdl、chap15_2ctrl.m、chap15_2plant.m、chap15_2plot.m，程序清单可参见附录。

15.3　基于 RBF 神经网络的输出受限控制

15.3.1　系统描述

被控对象为

$$\begin{cases} \dot{x}_1 = x_2 \\ \dot{x}_2 = f(x) + bu \end{cases} \tag{15.12}$$

假设 $f(x)$未知，控制任务为通过控制律的设计，实现$|x_1(t)|<k_c$，$\forall t\geqslant 0$，当 $t\to\infty$时，$x_1\to y_d$，$x_2\to \dot{y}_d$。

15.3.2　RBF 神经网络原理

由于 RBF 神经网络具有万能逼近特性，采用 RBF 神经网络逼近 $f(x)$，网络算法为

$$h_j = \exp\left(\frac{\|\boldsymbol{x}-\boldsymbol{c}_{ij}\|^2}{2b_j^2}\right)$$

$$f = \boldsymbol{W}^{*\mathrm{T}}\boldsymbol{h}(\boldsymbol{x}) + \varepsilon$$

其中，$\boldsymbol{x}$ 为网络的输入；i 为网络输入个数；j 为网络隐含层第 j 个节点；$\boldsymbol{h}=[h_j]^{\mathrm{T}}$ 为网络的高斯基函数输出；$\boldsymbol{W}^*$ 为网络的理想权值；ε 为网络的逼近误差；$|\varepsilon|\leqslant\varepsilon_N$。

网络输入取 $\boldsymbol{x}=[x_1\quad x_2]^{\mathrm{T}}$，则网络输出为

$$\hat{f}(x) = \hat{\boldsymbol{W}}^{\mathrm{T}}\boldsymbol{h}(x)$$

则 $f(x)-\hat{f}(x)=\boldsymbol{W}^{*\mathrm{T}}\boldsymbol{h}(\boldsymbol{x})+\varepsilon-\hat{\boldsymbol{W}}^{\mathrm{T}}\boldsymbol{h}(x)=-\tilde{\boldsymbol{W}}^{\mathrm{T}}\boldsymbol{h}(\boldsymbol{x})+\varepsilon$。

15.3.3 控制器的设计

定义位置误差为

$$z_1 = x_1 - y_d \tag{15.13}$$

其中，y_d 为位置信号 x_1 的指令。

当$|z_1(t)|<k_b$ 时，有$-k_b<x_1-y_d<k_b$，即

$$-k_b + y_{dmin} < x_1 < k_b + y_{dmax}$$

则可通过 k_b 的设定，实现$|x_1(t)|<k_c$，$\forall t\geqslant 0$。

首先证明$|z_1(0)|<k_b$ 时，需要通过控制律设计实现$|z_1(t)|<k_b$，$\forall t\geqslant 0$。采用反演控制方法，设计步骤如下。

第一步：由定义可得$\dot{z}_1=x_2-\dot{y}_d$，定义 $z_2=x_2-\alpha$，其中 α 为待设计的稳定函数。

为了实现$|z_1|<k_b$，$\forall t>0$，定义如下对称 Barrier Lyapunov 函数[1]

$$V_1 = \frac{1}{2}\log\frac{k_b^2}{k_b^2 - z_1^2} \tag{15.14}$$

其中，log(・)为自然对数。

则

$$\dot{V}_1 = \frac{z_1\dot{z}_1}{k_b^2 - z_1^2} = \frac{z_1(x_2 - \dot{y}_d)}{k_b^2 - z_1^2} = \frac{z_1(z_2 + \alpha - \dot{y}_d)}{k_b^2 - z_1^2}$$

设计稳定函数 α 为

$$\alpha = -k_1 z_1 + \dot{y}_d \tag{15.15}$$

其中，$k_1>0$。

则

$$\dot{\alpha} = -k_1\dot{z}_1 + \ddot{y}_d$$

将上式代入$\dot{V}_1$，可得

$$\dot{V}_1 = -\frac{k_1 z_1^2}{k_b^2 - z_1^2} + \frac{z_1 z_2}{k_b^2 - z_1^2}$$

如果 $z_2=0$，则$\dot{V}_1\leqslant 0$。为此，需要进行下一步设计。

第二步：由于 x_2 不需要受限，则可定义 Lyapunov 函数

$$V_2 = V_1 + \frac{1}{2}z_2^2 \tag{15.16}$$

由于

$$\dot{z}_2 = \dot{x}_2 - \dot{\alpha} = f(x) + bu - \dot{\alpha}$$

则

$$\dot{V}_2 = \dot{V}_1 + z_2\dot{z}_2 = -\frac{k_1 z_1^2}{k_b^2 - z_1^2} + \frac{z_1 z_2}{k_b^2 - z_1^2} + z_2[f(x) + bu - \dot{\alpha}]$$

设计 Lyapunov 函数为

$$V = V_2 + \frac{1}{2\gamma}\tilde{\boldsymbol{W}}^{\mathrm{T}}\tilde{\boldsymbol{W}} = \frac{1}{2}\log\frac{k_b^2}{k_b^2 - z_1^2} + \frac{1}{2}z_2^2 + \frac{1}{2\gamma}\tilde{\boldsymbol{W}}^{\mathrm{T}}\tilde{\boldsymbol{W}} \tag{15.17}$$

其中，$\gamma>0$；$\widetilde{\boldsymbol{W}}=\hat{\boldsymbol{W}}-\boldsymbol{W}^*$。

由式(15.17)可知

$$\dot{V}=-\frac{k_1 z_1^2}{k_b^2-z_1^2}+\frac{z_1 z_2}{k_b^2-z_1^2}+z_2[f(x)+bu-\dot{\alpha}]+\frac{1}{\gamma}\widetilde{\boldsymbol{W}}^{\mathrm{T}}\dot{\hat{\boldsymbol{W}}}$$

设计控制律为

$$u=\frac{1}{b}[-\hat{f}(x)+\dot{\alpha}-k_2 z_2] \tag{15.18}$$

其中，$k_2>0$。

则

$$\dot{V}=-\frac{k_1 z_1^2}{k_b^2-z_1^2}-k_2 z_2^2+z_2[f(x)-\hat{f}(x)]+\frac{1}{\gamma}\widetilde{\boldsymbol{W}}^{\mathrm{T}}\dot{\hat{\boldsymbol{W}}}$$

则

$$\begin{aligned}\dot{V}&=-\frac{k_1 z_1^2}{k_b^2-z_1^2}-k_2 z_2^2+z_2[-\widetilde{\boldsymbol{W}}^{\mathrm{T}}\boldsymbol{h}(\boldsymbol{x})+\varepsilon]+\frac{1}{\gamma}\widetilde{\boldsymbol{W}}^{\mathrm{T}}\dot{\hat{\boldsymbol{W}}}\\&=-\frac{k_1 z_1^2}{k_b^2-z_1^2}-k_2 z_2^2+\widetilde{\boldsymbol{W}}^{\mathrm{T}}\left[\frac{1}{\gamma}\dot{\hat{\boldsymbol{W}}}-z_2\boldsymbol{h}(\boldsymbol{x})\right]+\varepsilon z_2\end{aligned}$$

设计自适应律为

$$\dot{\hat{\boldsymbol{W}}}=\gamma z_2\boldsymbol{h}(\boldsymbol{x})-\gamma\hat{\boldsymbol{W}} \tag{15.19}$$

则

$$\dot{V}=-\frac{k_1 z_1^2}{k_b^2-z_1^2}-k_2 z_2^2-\widetilde{\boldsymbol{W}}^{\mathrm{T}}\hat{\boldsymbol{W}}+\varepsilon z_2$$

由于

$$\begin{aligned}\widetilde{\boldsymbol{W}}^{\mathrm{T}}\hat{\boldsymbol{W}}&=\widetilde{\boldsymbol{W}}^{\mathrm{T}}(\widetilde{\boldsymbol{W}}+\boldsymbol{W}^*)=\widetilde{\boldsymbol{W}}^{\mathrm{T}}\widetilde{\boldsymbol{W}}+\widetilde{\boldsymbol{W}}^{\mathrm{T}}\boldsymbol{W}^*\\&=\frac{3}{4}\widetilde{\boldsymbol{W}}^{\mathrm{T}}\widetilde{\boldsymbol{W}}+\frac{1}{4}\widetilde{\boldsymbol{W}}^{\mathrm{T}}\widetilde{\boldsymbol{W}}+\widetilde{\boldsymbol{W}}^{\mathrm{T}}\boldsymbol{W}^*\geqslant\frac{3}{4}\widetilde{\boldsymbol{W}}^{\mathrm{T}}\widetilde{\boldsymbol{W}}-\boldsymbol{W}^{*\mathrm{T}}\boldsymbol{W}^*\end{aligned}$$

则

$$-\widetilde{\boldsymbol{W}}^{\mathrm{T}}\hat{\boldsymbol{W}}\leqslant-\frac{3}{4}\widetilde{\boldsymbol{W}}^{\mathrm{T}}\widetilde{\boldsymbol{W}}+\|\boldsymbol{W}^*\|^2$$

根据引理15.3，有$-\frac{k_1 z_1^2}{k_b^2-z_1^2}<-k_1\log\frac{k_b^2}{k_b^2-z_1^2}$，由于$\varepsilon z_2\leqslant\frac{1}{4}\varepsilon^2+z_2^2$，从而

$$\dot{V}\leqslant-k_1\log\frac{k_b^2}{k_b^2-z_1^2}-(k_2-1)z_2^2-\frac{3}{4}\widetilde{\boldsymbol{W}}^{\mathrm{T}}\widetilde{\boldsymbol{W}}+\|\boldsymbol{W}^*\|^2+\frac{1}{4}\varepsilon^2$$

取$\lambda=\|\boldsymbol{W}^*\|^2+\frac{1}{4}\varepsilon_{\mathrm{N}}^2$，$\eta=\min\left[2k_1,2(k_2-1),\frac{3}{2}\gamma\right]$，则

$$\dot{V}\leqslant-\eta V+\lambda$$

则根据引理15.2，可得V有界，从而z_1，z_2和$\widetilde{\boldsymbol{W}}$有界，且

$$V(t)\leqslant\mathrm{e}^{-\eta t}V(0)+\frac{\lambda}{\eta}(1-\mathrm{e}^{-\eta t})$$

且满足$|z_1|<k_b$，$\forall t>0$。

当$t\to\infty$时，$V(t)\to\frac{\lambda}{\eta}$，$V(t)$渐进收敛，收敛精度取决于$\eta$，当$\eta\gg\lambda$时，$V(t)\to0$，$z_1\to0$，$z_2\to0$，即$x_1\to y_d$，$x_2\to\dot{y}_d$。

15.3.4 仿真实例

被控对象为

$$\begin{cases}\dot{x}_1 = x_2 \\ \dot{x}_2 = f(x) + 133u\end{cases}$$

其中,初始状态为[0.50,0];$f(x) = -25x_1x_2$。

位置指令为 $x_d(t) = \sin t$,则 $z_1(0) = x_1(0) - x_d(0) = 0.5$,由 $|z_1(0)| < k_b$,可取 $k_b = 0.51$,即将 x_1 限制在[−1.51 1.51]之内,采用控制律式(15.18),取 $k_1 = k_2 = 50$,$\gamma = 0.10$。

根据网络输入 x_1 和 x_2 的实际范围来设计高斯基函数的参数,参数 c_i 和 b_i 取值分别为[−2 −1 0 1 2]和 3.0。网络权值中各个元素的初始值取 0.10。仿真结果如图 15.6~图 15.9 所示。

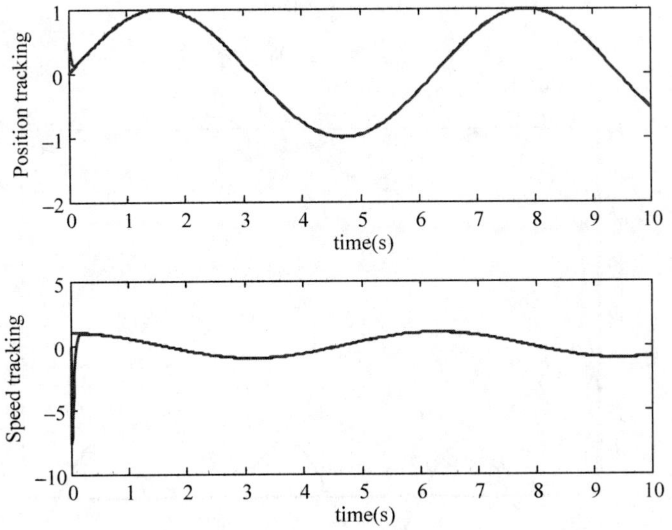

图 15.6 位置和速度跟踪

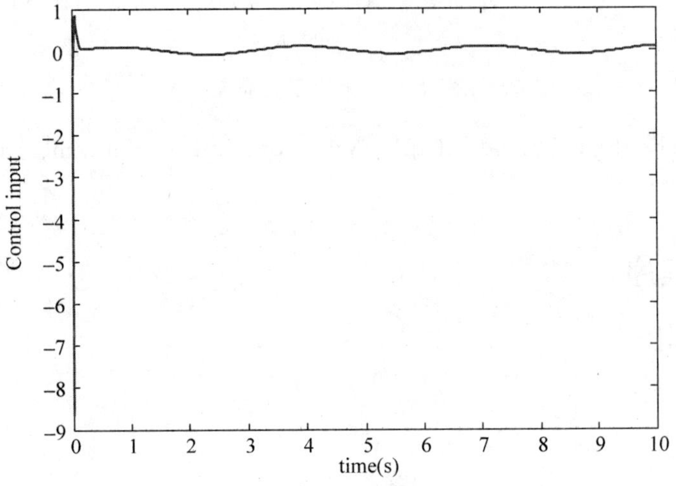

图 15.7 控制输入

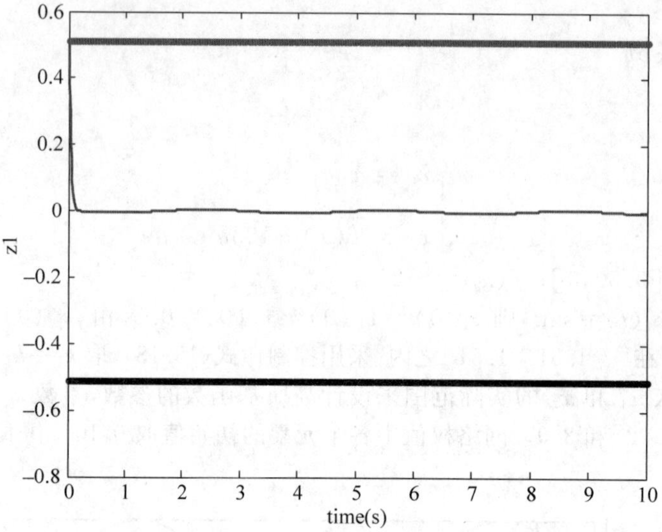

图 15.8 $z_1(t)$的变化

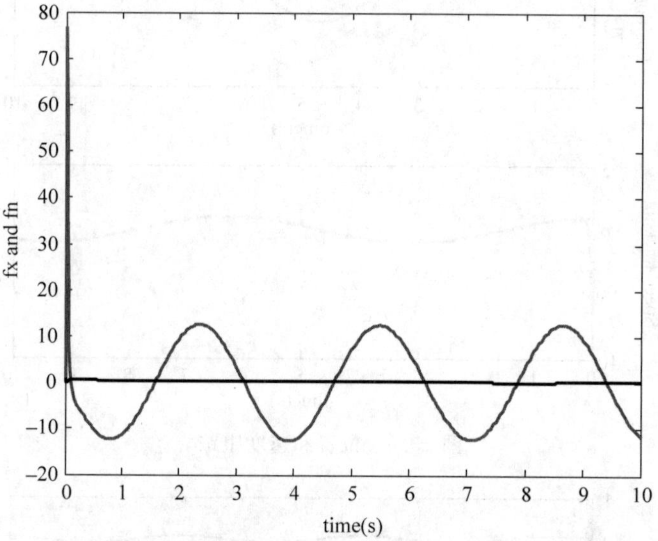

图 15.9 $f(x)$及其逼近

仿真程序为 chap15_3sim. mdl、chap15_3ctrl. m、chap15_3plant. m、chap15_3plot. m，程序清单详见附录。

附录 仿真程序

15.1 节的程序

```
clear all;
close all;
ts = 0.001;
```

```
kb = 0.501;

for k = 1:1:1001;
z(k) = (k - 1) * ts - 0.50;
V(k) = 0.5 * log(kb^2/(kb^2 - z(k)^2));
end

figure(1);
plot(z,V,'r','linewidth',2);
xlabel('z');ylabel('V');
legend('Barrier Lyapunov function');
hold on;
plot( - kb,[0:0.001:3],'k',kb,[0:0.001:3],'k');

XMIN = - 0.6;XMAX = 0.6;
YMIN = 0;YMAX = 3;
axis([XMIN XMAX YMIN YMAX]);
```

15.2.3 节的程序

1. Simulink 主程序：chap15_2sim.mdl

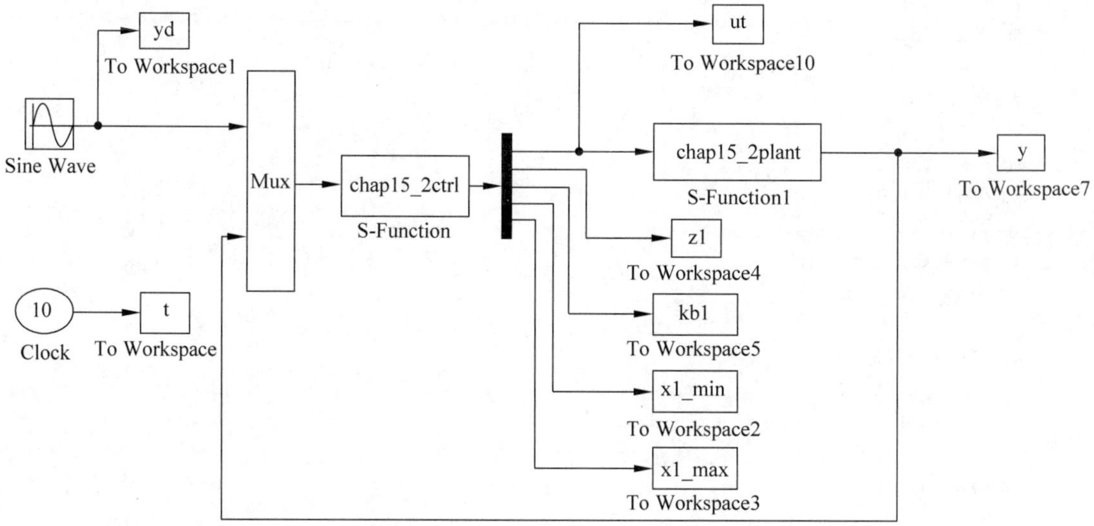

2. 控制器子程序：chap15_2ctrl.m

```
function [sys,x0,str,ts] = spacemodel(t,x,u,flag)
switch flag,
case 0,
    [sys,x0,str,ts] = mdlInitializeSizes;
case 3,
sys = mdlOutputs(t,x,u);
case {2,4,9}
sys = [];
otherwise
```

```
error(['Unhandled flag = ',num2str(flag)]);
end
function [sys,x0,str,ts] = mdlInitializeSizes
sizes = simsizes;
sizes.NumContStates   = 0;
sizes.NumDiscStates   = 0;
sizes.NumOutputs      = 5;
sizes.NumInputs       = 3;
sizes.DirFeedthrough  = 1;
sizes.NumSampleTimes  = 0;
sys = simsizes(sizes);
x0 = [];
str = [];
ts = [];
function sys = mdlOutputs(t,x,u)
yd = u(1);dyd = cos(t);ddyd = - sin(t);

x1 = u(2);x2 = u(3);

fx = - 25 * x2;
b = 133;

z1 = x1 - yd;
dz1 = x2 - dyd;

 % kb = 0.50;
kb1 = 0.51;
xd_max = 1.0;
xd_min = - 1.0;

x1_max = kb1 + xd_max;
x1_min = - kb1 + xd_min;

k1 = 10;k2 = 10;

alfa =- (kb1 ^2 - z1 ^2) * k1 * z1 + dyd;

z2 = x2 - alfa;

dalfa = 2 * k1 * dz1 * z1 ^2 - (kb1 ^2 - z1 ^2) * k1 * dz1 + ddyd;

temp = - fx + dalfa - k2 * z2 - z1/(kb1 ^2 - z1 ^2);
ut = temp/b;

sys(1) = ut;
sys(2) = z1;
sys(3) = kb1;
sys(4) = x1_min;
sys(5) = x1_max;
```

3. 被控对象程序:chap15_2plant.m

```
function [sys,x0,str,ts] = s_function(t,x,u,flag)
switch flag,
case 0,
    [sys,x0,str,ts] = mdlInitializeSizes;
case 1,
sys = mdlDerivatives(t,x,u);
case 3,
sys = mdlOutputs(t,x,u);
case {2, 4, 9 }
sys = [];
otherwise
error(['Unhandled flag = ',num2str(flag)]);
end
function [sys,x0,str,ts] = mdlInitializeSizes
sizes = simsizes;
sizes.NumContStates   = 2;
sizes.NumDiscStates   = 0;
sizes.NumOutputs      = 2;
sizes.NumInputs       = 1;
sizes.DirFeedthrough  = 0;
sizes.NumSampleTimes  = 0;
sys = simsizes(sizes);
x0 = [0.5 0];
str = [];
ts = [];
function sys = mdlDerivatives(t,x,u)
sys(1) = x(2);
sys(2) = - 25 * x(2) + 133 * u;
function sys = mdlOutputs(t,x,u)
sys(1) = x(1);
sys(2) = x(2);
```

4. 作图程序:chap15_2plot.m

```
closeall;

figure(1);
subplot(211);
plot(t,yd(:,1),'r',t,y(:,1),'b','linewidth',2);
xlabel('time(s)');ylabel('Position tracking');
subplot(212);
plot(t,cos(t),'r',t,y(:,2),'b','linewidth',2);
xlabel('time(s)');ylabel('Speed tracking');

figure(2);
plot(t,ut(:,1),'r','linewidth',2);
xlabel('time(s)');ylabel('Control input');
```

```
figure(3);
subplot(211);
plot(t,kb1,'-.r',t,-kb1,'-.k',t,z1(:,1),'b','linewidth',2);
xlabel('time(s)');ylabel('z1');
subplot(212);
plot(t,x1_min,'-.r',t,x1_max,'-.k',t,y(:,1),'b','linewidth',2);
xlabel('time(s)');ylabel('x1');
```

15.3.4 节的程序

1. Simulink 主程序：chap15_3sim.mdl

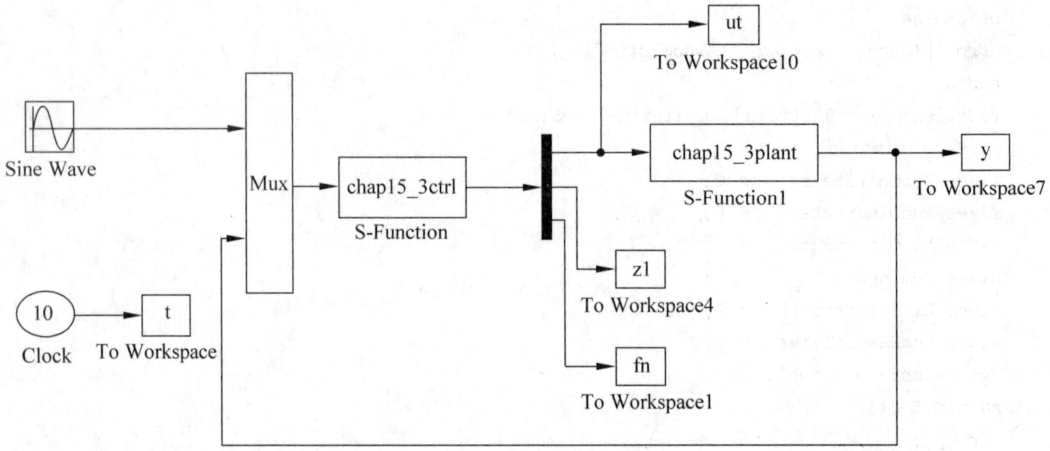

2. 控制器子程序：chap15_3ctrl.m

```
function [sys,x0,str,ts] = spacemodel(t,x,u,flag)
switch flag,
case 0,
    [sys,x0,str,ts] = mdlInitializeSizes;
case 1,
    sys = mdlDerivatives(t,x,u);
case 3,
    sys = mdlOutputs(t,x,u);
case {2,4,9}
    sys = [];
otherwise
    error(['Unhandled flag = ',num2str(flag)]);
end
function [sys,x0,str,ts] = mdlInitializeSizes
global bj cij k1 k2
cij = 0.5 * [-2 -1 0 1 2;
        -2 -1 0 1 2];
bj = 3.0;
k1 = 50;k2 = 50;
sizes = simsizes;
sizes.NumContStates    = 5;
```

```
sizes.NumDiscStates   = 0;
sizes.NumOutputs      = 3;
sizes.NumInputs       = 4;
sizes.DirFeedthrough  = 1;
sizes.NumSampleTimes  = 0;
sys = simsizes(sizes);
x0 = [0.1 0.1 0.1 0.1 0.1];
str = [];
ts = [];
function sys = mdlDerivatives(t,x,u)
global bj cij k1 k2

yd = u(1);dyd = cos(t);ddyd = - sin(t);
x1 = u(2);x2 = u(3);

z1 = x1 - yd;
dz1 = x2 - dyd;

 % kb = 0.50;
kb1 = 0.51; % kb must bigger than z1(0)
xd_max = 1.0;xd_min = - 1.0;
x1_max = kb1 + xd_max;x1_min = - kb1 + xd_min;
alfa = - k1 * z1 + dyd;
z2 = x2 - alfa;

dalfa = - k1 * dz1 + ddyd;

W = [x(1) x(2) x(3) x(4) x(5)];
xi = [x1;x2];
h = zeros(5,1);
for j = 1:1:5
    h(j) = exp( - norm(xi - cij(:,j))^2/(2 * bj ^2));
end
fn = W * h;

gama = 0.10;
for j = 1:1:5
    sys(j) = gama * z2 * h(j) - gama * x(j);
end

function sys = mdlOutputs(t,x,u)
global bj cij k1 k2

yd = u(1);dyd = cos(t);ddyd = - sin(t);
x1 = u(2);x2 = u(3);

z1 = x1 - yd;
dz1 = x2 - dyd;

 % kb = 0.50;
kb1 = 0.51; % kb must bigger than z1(0)
```

```
xd_max = 1.0;xd_min = - 1.0;
x1_max = kb1 + xd_max;x1_min = - kb1 + xd_min;
alfa = - k1 * z1 + dyd;
z2 = x2 - alfa;

dalfa = - k1 * dz1 + ddyd;

W = [x(1) x(2) x(3) x(4) x(5)];
xi = [x1;x2];
h = zeros(5,1);
for j = 1:1:5
    h(j) = exp( - norm(xi - cij(:,j))^2/(2 * bj^2));
end
fn = W * h;
b = 133;
ut = 1/b * ( - fn + dalfa - k2 * z2);

sys(1) = ut;
sys(2) = z1;
sys(3) = fn;
```

3. 被控对象程序:chap15_3plant.m

```
function [sys,x0,str,ts] = s_function(t,x,u,flag)
switch flag,
case 0,
    [sys,x0,str,ts] = mdlInitializeSizes;
case 1,
    sys = mdlDerivatives(t,x,u);
case 3,
    sys = mdlOutputs(t,x,u);
case {2, 4, 9 }
    sys = [];
otherwise
    error(['Unhandled flag = ',num2str(flag)]);
end
function [sys,x0,str,ts] = mdlInitializeSizes
sizes = simsizes;
sizes.NumContStates  = 2;
sizes.NumDiscStates  = 0;
sizes.NumOutputs     = 3;
sizes.NumInputs      = 1;
sizes.DirFeedthrough = 0;
sizes.NumSampleTimes = 0;
sys = simsizes(sizes);
x0 = [0.5 0];
str = [];
ts = [];
function sys = mdlDerivatives(t,x,u)
fx = - 25 * x(1) * x(2);
```

```
sys(1) = x(2);
sys(2) = fx + 133 * u;
function sys = mdlOutputs(t,x,u)
fx = - 25 * x(1) * x(2);
sys(1) = x(1);
sys(2) = x(2);
sys(3) = fx;
```

4. 作图程序:chap15_3plot. m

```
close all;

figure(1);
subplot(211);
plot(t,sin(t),'r',t,y(:,1),'b','linewidth',2);
xlabel('time(s)');ylabel('Position tracking');
subplot(212);
plot(t,cos(t),'r',t,y(:,2),'b','linewidth',2);
xlabel('time(s)');ylabel('Speed tracking');

figure(2);
plot(t,ut(:,1),'r','linewidth',2);
xlabel('time(s)');ylabel('Control input');

kb1 = 0.51; % kb must bigger than z1(0)
figure(3);
plot(t,kb1,'r',t,-kb1,'k',t,z1(:,1),'b','linewidth',2);
xlabel('time(s)');ylabel('z1');

figure(4);
plot(t,y(:,3),'r',t,fn,'k','linewidth',2);
xlabel('time(s)');ylabel('fx and fn');
```

参考文献

[1] Tee K P, Ge S S, Tay E H. Barrier Lyapunov functions for the control of output-constrained nonlinear systems[J]. Automatica, 2009, 45: 918-927.

[2] Ren B B, Ge S S, Tee K P, Lee T H. Adaptive Neural Control for Output Feedback Nonlinear Systems Using a Barrier Lyapunov Function[J]. IEEE Transactions on Neural Networks, 2010, 21(8): 1339-1345.

第16章 基于RBF神经网络的控制方向未知的状态跟踪

控制方向未知的问题是一个有意义的控制问题。当系统中存在未知控制方向时,会使得控制器的设计变得复杂,Nussbaum 增益技术是处理控制方向未知问题的一种有效方法。

16.1 基本知识

定义[1] 如果函数 $N(\chi)$ 满足下面条件,则 $N(\chi)$ 为 Nussbaum 函数。Nussbaum 函数满足如下双边特性

$$\lim_{k\to\pm\infty}\sup\frac{1}{k}\int_0^k N(s)\mathrm{d}s=\infty$$

$$\lim_{k\to\pm\infty}\inf\frac{1}{k}\int_0^k N(s)\mathrm{d}s=-\infty$$

根据 Nussbaum 函数定义[1],定义 Nussbaum 函数为

$$N(k)=k^2\cos(k) \tag{16.1}$$

其中,k 为实数。

引理 16.1[2] 如果 $V(t)$ 和 $k(\cdot)$ 在 $\forall t\in[0,t_f)$ 上为光滑函数,$V(t)\geqslant 0$,$N(\cdot)$ 为光滑的 N 函数,θ_0 为非零常数,如果满足

$$V(t)\leqslant\int_0^t\{\theta_0 N[k(\tau)]+1\}\dot{k}(\tau)\mathrm{d}\tau+\mathrm{const},\quad\forall t\in[0,t_f)$$

则 $V(t)$、$k(t)$ 和 $\int_0^t\{\theta_0 N[k(\tau)]+1\}\dot{k}(\tau)\mathrm{d}\tau$ 在 $\forall t\in[0,t_f)$ 上有界。

引理 16.2(Barbalat 引理)[3] 如果 $f,\dot{f}\in L_\infty$ 且 $f\in L_p$,$p\in[1,\infty)$,则当 $t\to\infty$ 时,$f(t)\to 0$。

16.2 控制方向未知的状态跟踪

16.2.1 系统描述

被控对象为

$$\begin{cases}\dot{x}_1=x_2\\ \dot{x}_2=\theta u(t)\end{cases} \tag{16.2}$$

其中,θ 为未知常数。

取 x_d 为指令信号，控制目标为 $x_1 \to x_d, x_2 \to \dot{x}_d$。

16.2.2 控制律的设计

定义跟踪误差为 $e = x_1 - x_d$，则 $\dot{e} = x_2 - \dot{x}_d$，定义滑模函数为 $s = ce + \dot{e}$，$c > 0$，则

$$\dot{s} = c\dot{e} + \ddot{e} = c\dot{e} + \dot{x}_2 - \ddot{x}_d = c\dot{e} + \theta u - \ddot{x}_d$$

定义 Lyapunov 函数 $V = \frac{1}{2}s^2$，则

$$\dot{V} = s\dot{s} = s(c\dot{e} + \theta u - \ddot{x}_d)$$

设计控制律为

$$\bar{u} = \eta s + c\dot{e} - \ddot{x}_d, \eta > 0 \tag{16.3}$$

$$u = N(k)\bar{u} \tag{16.4}$$

$$\dot{k} = \gamma s\bar{u}, \gamma > 0 \tag{16.5}$$

则

$$\begin{aligned}
\dot{V} &= s[c\dot{e} + \theta N(k)\bar{u} - \ddot{x}_d] + \frac{1}{\gamma}\dot{k} - \frac{1}{\gamma}\dot{k} \\
&= s(c\dot{e} - \ddot{x}_d) + s\theta N(k)\bar{u} + \frac{1}{\gamma}\dot{k} - s\bar{u} \\
&= s(c\dot{e} - \ddot{x}_d) + s\theta N(k)\bar{u} + \frac{1}{\gamma}\dot{k} - s(\eta s + c\dot{e} - \ddot{x}_d) \\
&= s\theta N(k)\bar{u} + \frac{1}{\gamma}\dot{k} - \eta s^2
\end{aligned}$$

由于 $s\bar{u} = \frac{1}{\gamma}\dot{k}$，则

$$\dot{V} = \frac{1}{\gamma}\theta N(k)\dot{k} + \frac{1}{\gamma}\dot{k} - \eta s^2$$

两边积分可得

$$V(t) - V(0) = \int_0^t \frac{1}{\gamma}\theta N[k(\tau)]\dot{k}(\tau)\mathrm{d}\tau + \int_0^t \frac{1}{\gamma}\dot{k}(\tau)\mathrm{d}\tau - \int_0^t \eta s^2(\tau)\mathrm{d}\tau$$

根据引理 16.1，$V(t) - V(0) + \int_0^t \eta s^2(\tau)\mathrm{d}\tau$ 有界，则 s^2 和 $\int_0^t s^2\mathrm{d}t$ 有界，则由 Barbalat 引理可知，当 $t \to \infty$ 时，$s \to 0$，从而 $e \to 0$，$\dot{e} \to 0$。

16.2.3 仿真实例

针对被控对象式(16.2)，取 $\theta = 10$，被控对象的初始值为 [0.20, 0]，采用控制律式(16.3)～式(16.5)，取 $x_d = \sin t$，$c = 10$，$\eta = 15$，$\gamma = 5.0$，$k(0) = 1.0$，仿真结果如图 16.1 和图 16.2 所示。

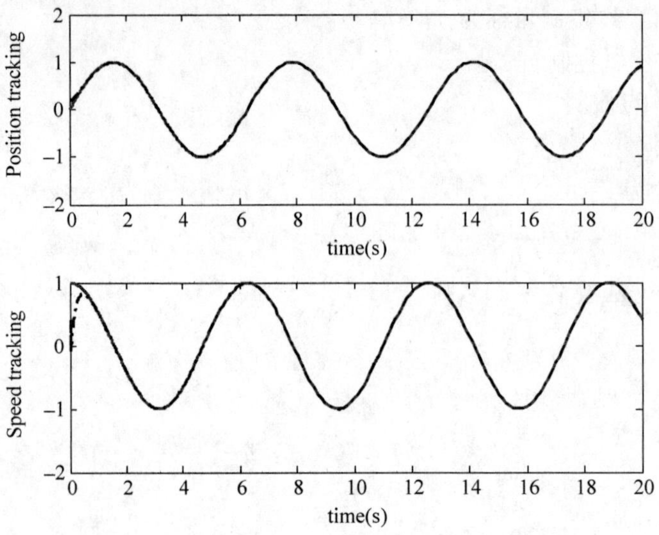

图 16.1　位置和速度跟踪

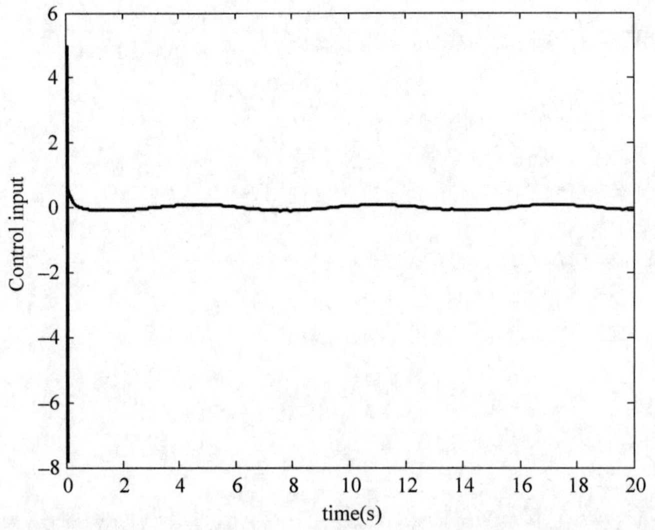

图 16.2　控制输入

仿真程序为 chap16_1input. mdl、chap16_1sim. mdl、chap16_1plant. m、chap16_1ctrl. m、chap16_1plot. m,程序清单详见附录。

16.3　基于 RBF 神经网络的控制方向未知的状态跟踪

16.3.1　系统描述

被控对象为

$$\begin{cases}\dot{x}_1 = x_2 \\ \dot{x}_2 = \theta u(t) + f(x)\end{cases} \tag{16.6}$$

其中，θ 为未知常数；$\boldsymbol{x}=[x_1 \quad x_2]$；$f(\boldsymbol{x})$ 为未知非线性函数。

取 x_d 为指令信号，控制目标为 $x_1 \to x_d$，$x_2 \to \dot{x}_d$。

16.3.2 RBF 神经网络设计

采用 RBF 神经网络可实现未知函数 $f(\boldsymbol{x})$ 的逼近，RBF 神经网络算法为

$$h_j = g(\| \boldsymbol{x} - \boldsymbol{c}_{ij} \|^2 / b_j^2)$$

$$f = \boldsymbol{W}^{*\mathrm{T}} \boldsymbol{h}(\boldsymbol{x}) + \varepsilon$$

其中，$\boldsymbol{x}$ 为网络的输入；i 为网络的第 i 个输入；j 为网络隐含层第 j 个节点；$\boldsymbol{h}=[h_1, h_2, \cdots, h_n]^{\mathrm{T}}$ 为高斯函数的输出；c_{ij} 和 b_j 为高斯基函数的参数；$\boldsymbol{W}^*$ 为网络的理想权值；ε 为网络的逼近误差，$|\varepsilon| \leqslant \varepsilon_{\mathrm{N}}$。

采用 RBF 逼近未知函数 f，网络的输入取 $\boldsymbol{x}=[x_1 \quad x_2]^{\mathrm{T}}$，则 RBF 网络的输出为

$$\hat{f}(\boldsymbol{x}) = \hat{\boldsymbol{W}}^{\mathrm{T}} \boldsymbol{h}(\boldsymbol{x}) \tag{16.7}$$

则

$$\tilde{f}(x) = f(x) - \hat{f}(x) = \boldsymbol{W}^{*\mathrm{T}} \boldsymbol{h}(\boldsymbol{x}) + \varepsilon - \hat{\boldsymbol{W}}^{\mathrm{T}} \boldsymbol{h}(\boldsymbol{x}) = \tilde{\boldsymbol{W}}^{\mathrm{T}} \boldsymbol{h}(\boldsymbol{x}) + \varepsilon$$

并定义 $\tilde{\boldsymbol{W}} = \boldsymbol{W}^* - \hat{\boldsymbol{W}}$。

16.3.3 控制律的设计

定义跟踪误差为 $e=x_1-x_d$，则 $\dot{e}=x_2-\dot{x}_d$，定义滑模函数为 $s=ce+\dot{e}$，$c>0$，则

$$\dot{s} = c\dot{e} + \ddot{e} = c\dot{e} + \dot{x}_2 - \ddot{x}_d = c\dot{e} + \theta u + f(\boldsymbol{x}) - \ddot{x}_d$$

定义 Lyapunov 函数

$$V = \frac{1}{2}s^2 + \frac{1}{2\gamma} \tilde{\boldsymbol{W}}^{\mathrm{T}} \tilde{\boldsymbol{W}}$$

则

$$\dot{V} = s\dot{s} - \frac{1}{\gamma} \tilde{\boldsymbol{W}}^{\mathrm{T}} \dot{\hat{\boldsymbol{W}}} = s[c\dot{e} + \theta u + f(\boldsymbol{x}) - \ddot{x}_d] - \frac{1}{\gamma} \tilde{\boldsymbol{W}}^{\mathrm{T}} \dot{\hat{\boldsymbol{W}}}$$

取

$$\alpha = k_1 s + c\dot{e} + \hat{f}(\boldsymbol{x}) - \ddot{x}_d + \eta \operatorname{sgn} s, k_1 > 0, \eta \geqslant \varepsilon_{\mathrm{N}} \tag{16.8}$$

$$\bar{u} = -k_2 s + \alpha, k_2 > k_1 \tag{16.9}$$

$$u = N(k)\bar{u} \tag{16.10}$$

$$\dot{k} = \gamma s \bar{u}, \gamma > 0 \tag{16.11}$$

由上面定义可知 $c\dot{e} - \ddot{x}_d = \alpha - k_1 s - \hat{f}(\boldsymbol{x}) - \eta \operatorname{sgn} s$，$\frac{1}{\gamma}\dot{k} = s\bar{u} = s(-k_2 s + \alpha)$，则

$$\begin{aligned}
\dot{V} &= s[\alpha - k_1 s - \hat{f}(\boldsymbol{x}) - \eta \operatorname{sgn} s + \theta N(k)\bar{u} + f(\boldsymbol{x})] - \frac{1}{\gamma} \tilde{\boldsymbol{W}}^{\mathrm{T}} \dot{\hat{\boldsymbol{W}}} + \frac{1}{\gamma}\dot{k} - \frac{1}{\gamma}\dot{k} \\
&= s[\alpha - k_1 s + \tilde{\boldsymbol{W}}^{\mathrm{T}} \boldsymbol{h}(\boldsymbol{x}) + \varepsilon + \theta N(k)\bar{u}] - \eta |s| - \frac{1}{\gamma} \tilde{\boldsymbol{W}}^{\mathrm{T}} \dot{\hat{\boldsymbol{W}}} + \frac{1}{\gamma}\dot{k} - s(-k_2 s + \alpha)
\end{aligned}$$

$$= s[\alpha - k_1 s + \varepsilon + \theta N(k)\bar{u}] - \eta|s| + \tilde{\boldsymbol{W}}^{\mathrm{T}}\left[s\boldsymbol{h}(\boldsymbol{x}) - \frac{1}{\gamma}\dot{\hat{\boldsymbol{W}}}\right] + \frac{1}{\gamma}\dot{k} - s(-k_2 s + \alpha)$$

设计自适应律为

$$\dot{\hat{\boldsymbol{W}}} = \gamma s\boldsymbol{h}(\boldsymbol{x}) \tag{16.12}$$

则

$$\dot{V} = s[\varepsilon + \theta N(k)\bar{u}] - \eta|s| + \frac{1}{\gamma}\dot{k} + (k_2 - k_1)s^2$$

由于 $s\bar{u} = \frac{1}{\gamma}\dot{k}$,则

$$\dot{V} \leqslant \frac{1}{\gamma}\theta N(k)\dot{k} + \frac{1}{\gamma}\dot{k} + (k_2 - k_1)s^2$$

两边积分可得

$$V(t) - V(0) \leqslant \int_0^t \frac{1}{\gamma}\theta N[k(\tau)]\dot{k}(\tau)\mathrm{d}\tau + \int_0^t \frac{1}{\gamma}\dot{k}(\tau)\mathrm{d}\tau - \int_0^t (k_2 - k_1)s^2(\tau)\mathrm{d}\tau$$

根据引理 16.1,$V(t) - V(0) + \int_0^t (k_2 - k_1)s^2(\tau)\mathrm{d}\tau$ 有界,则 s^2、$\int_0^t s^2\mathrm{d}t$ 和$\tilde{\boldsymbol{W}}$有界,则由 Barbalat 引理可知,当 $t\to\infty$时,$s\to 0$,从而 $e\to 0$,$\dot{e}\to 0$。

16.3.4 仿真实例

被控对象采用式(16.6),取 $f(\boldsymbol{x}) = 10x_1x_2$,$b = 0.10$,取位置指令为 $x_\mathrm{d} = \sin t$,对象的初始状态为[0.2,0],取 $c = 10$,采用控制律式(16.8)~式(16.11)和自适应律式(16.12),$k_1 = 1$,$k_2 = 1.5$,$\gamma = 10$,$\eta = 0.10$。根据网络输入 x_1 和 x_2 的实际范围来设计高斯基函数的参数,参数 c_i 和 b_i 取值分别为[−2 −1 0 1 2]和 3.0。网络权值中各个元素的初始值取0.10,仿真结果如图 16.3 和图 16.4 所示。

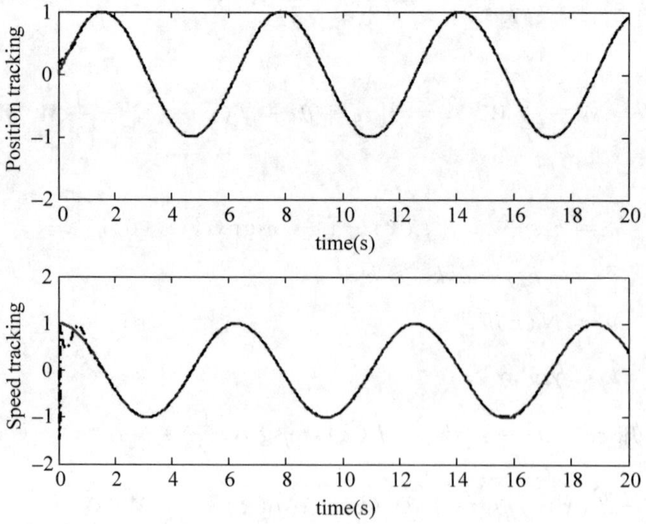

图 16.3 位置和速度跟踪

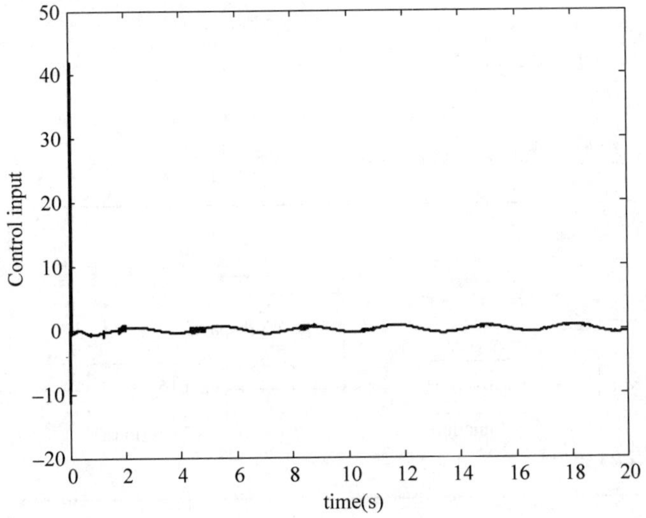

图 16.4　控制输入

仿真程序为 chap16_2input. mdl、chap16_2sim. mdl、chap16_2plant. m、chap16_2ctrl. m、chap16_2plot. m，程序清单详见附录。

附录　仿真程序

16.2.3 节的程序

1. 输入信号程序：chap16_1input. mdl

```
function [sys,x0,str,ts] = spacemodel(t,x,u,flag)
switch flag,
case 0,
    [sys,x0,str,ts] = mdlInitializeSizes;
case 3,
    sys = mdlOutputs(t,x,u);
case {2,4,9}
    sys = [];
otherwise
    error(['Unhandled flag = ',num2str(flag)]);
end

function [sys,x0,str,ts] = mdlInitializeSizes
sizes = simsizes;
sizes.NumContStates   = 0;
sizes.NumDiscStates   = 0;
sizes.NumOutputs      = 1;
sizes.NumInputs       = 0;
sizes.DirFeedthrough  = 0;
sizes.NumSampleTimes  = 1;
sys = simsizes(sizes);
x0 = [];
```

```
str = [];
ts = [0 0];
function sys = mdlOutputs(t,x,u)
sys(1) = sin(t);
```

2. Simulink 主程序:chap16_1sim.mdl

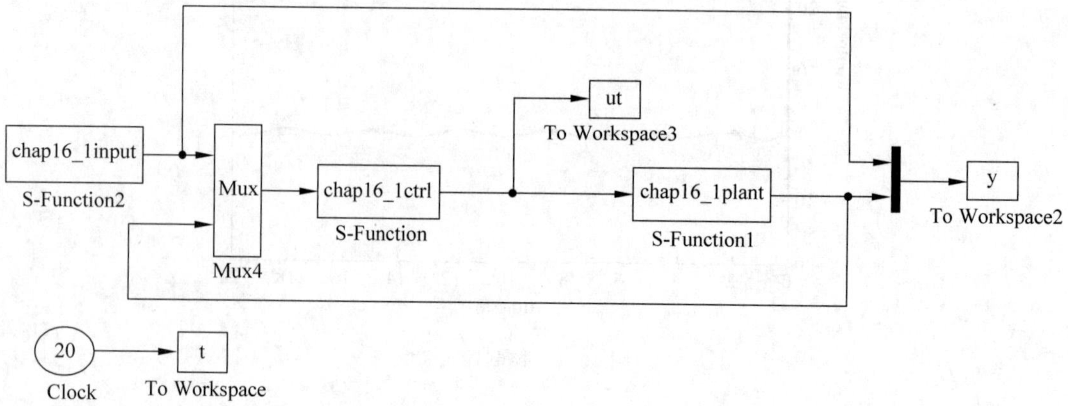

3. 被控对象 S 函数:chap16_1plant.m

```
function [sys,x0,str,ts] = spacemodel(t,x,u,flag)
switch flag,
case 0,
    [sys,x0,str,ts] = mdlInitializeSizes;
case 1,
    sys = mdlDerivatives(t,x,u);
case 3,
    sys = mdlOutputs(t,x,u);
case {2,4,9}
    sys = [];
otherwise
    error(['Unhandled flag = ',num2str(flag)]);
end
function [sys,x0,str,ts] = mdlInitializeSizes
sizes = simsizes;
sizes.NumContStates    = 2;
sizes.NumDiscStates    = 0;
sizes.NumOutputs       = 2;
sizes.NumInputs        = 1;
sizes.DirFeedthrough   = 1;
sizes.NumSampleTimes   = 1;
sys = simsizes(sizes);
x0 = [0.20;0];
str = [];
ts = [0 0];
function sys = mdlDerivatives(t,x,u)
ut = u(1);
th = 10;
```

```
sys(1) = x(2);
sys(2) = th * ut;
function sys = mdlOutputs(t,x,u)
sys(1) = x(1);
sys(2) = x(2);
```

4. 控制器的 S 函数:chap16_1ctrl.m

```
function [sys,x0,str,ts] = spacemodel(t,x,u,flag)
switch flag,
case 0,
    [sys,x0,str,ts] = mdlInitializeSizes;
case 1,
    sys = mdlDerivatives(t,x,u);
case 3,
    sys = mdlOutputs(t,x,u);
case {2,4,9}
    sys = [];
otherwise
    error(['Unhandled flag = ',num2str(flag)]);
end
function [sys,x0,str,ts] = mdlInitializeSizes
sizes = simsizes;
sizes.NumContStates   = 1;
sizes.NumDiscStates   = 0;
sizes.NumOutputs      = 1;
sizes.NumInputs       = 3;
sizes.DirFeedthrough  = 1;
sizes.NumSampleTimes  = 1;
sys = simsizes(sizes);
x0 = [1];
str = [];
ts = [0 0];
function sys = mdlDerivatives(t,x,u)
xite = 15;

xd = u(1);x1 = u(2);x2 = u(3);
dxd = cos(t);ddxd = - sin(t);

e = x1 - xd;
de = x2 - dxd;

c = 10;
s = c * e + de;
ub = xite * s + c * de - ddxd;

gama = 5.0;
dk = gama * s * ub;

sys(1) = dk;
function sys = mdlOutputs(t,x,u)
```

```
xite = 15;

xd = u(1);x1 = u(2);x2 = u(3);

dxd = cos(t);ddxd = - sin(t);
e = x1 - xd;
de = x2 - dxd;

c = 10;
s = c * e + de;

ub = xite * s + c * de - ddxd;
k = x(1);
Nk = k ^ 2 * cos(k);
ut = Nk * ub;

sys(1) = ut;
```

5. 作图程序:chap16_1plot.m

```
close all;

figure(1);
subplot(211);
plot(t,sin(t),'r',t,y(:,2),'-.k','linewidth',2);
xlabel('time(s)');ylabel('Position tracking');
subplot(212);
plot(t,cos(t),'r',t,y(:,3),'-.k','linewidth',2);
xlabel('time(s)');ylabel('Speed tracking');

figure(2);
plot(t,ut(:,1),'k','linewidth',2);
xlabel('time(s)');ylabel('Control input');
```

16.3.4 节的程序

1. 输入信号程序:chap16_2input.mdl

```
function [sys,x0,str,ts] = spacemodel(t,x,u,flag)
switch flag,
case 0,
    [sys,x0,str,ts] = mdlInitializeSizes;
case 3,
    sys = mdlOutputs(t,x,u);
case {2,4,9}
    sys = [];
otherwise
    error(['Unhandled flag = ',num2str(flag)]);
end
```

```
function [sys,x0,str,ts] = mdlInitializeSizes
sizes = simsizes;
sizes.NumContStates   = 0;
sizes.NumDiscStates   = 0;
sizes.NumOutputs      = 1;
sizes.NumInputs       = 0;
sizes.DirFeedthrough  = 0;
sizes.NumSampleTimes  = 1;
sys = simsizes(sizes);
x0 = [];
str = [];
ts = [0 0];
function sys = mdlOutputs(t,x,u)
sys(1) = sin(t);
```

2. Simulink 主程序：chap16_2sim.mdl

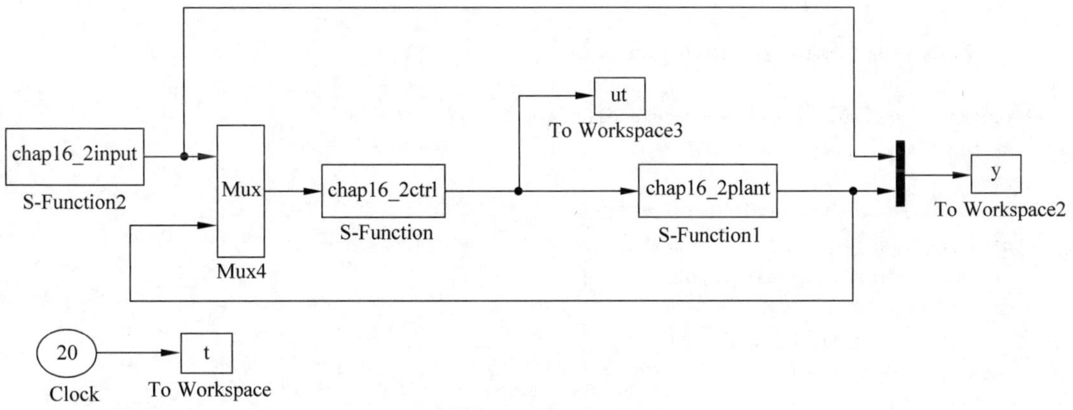

3. 被控对象 S 函数：chap16_2plant.m

```
function [sys,x0,str,ts] = spacemodel(t,x,u,flag)
switch flag,
case 0,
    [sys,x0,str,ts] = mdlInitializeSizes;
case 1,
    sys = mdlDerivatives(t,x,u);
case 3,
    sys = mdlOutputs(t,x,u);
case {2,4,9}
    sys = [];
otherwise
    error(['Unhandled flag = ',num2str(flag)]);
end
function [sys,x0,str,ts] = mdlInitializeSizes
sizes = simsizes;
sizes.NumContStates   = 2;
sizes.NumDiscStates   = 0;
sizes.NumOutputs      = 2;
```

```
sizes.NumInputs        = 1;
sizes.DirFeedthrough   = 1;
sizes.NumSampleTimes   = 1;
sys = simsizes(sizes);
x0 = [0.20;0];
str = [];
ts = [0 0];
function sys = mdlDerivatives(t,x,u)
ut = u(1);
th = 10;
fx = 10 * x(1) * x(2);

sys(1) = x(2);
sys(2) = th * ut + fx;
function sys = mdlOutputs(t,x,u)
sys(1) = x(1);
sys(2) = x(2);
```

4. 控制器的 S 函数:chap16_2ctrl. m

```
function [sys,x0,str,ts] = spacemodel(t,x,u,flag)
switch flag,
case 0,
    [sys,x0,str,ts] = mdlInitializeSizes;
case 1,
    sys = mdlDerivatives(t,x,u);
case 3,
    sys = mdlOutputs(t,x,u);
case {2,4,9}
    sys = [];
otherwise
    error(['Unhandled flag = ',num2str(flag)]);
end
function [sys,x0,str,ts] = mdlInitializeSizes
global bj cij
cij = 0.5 * [ -2 -1 0 1 2;
        -2 -1 0 1 2];
bj = 3.0;

sizes = simsizes;
sizes.NumContStates    = 6;
sizes.NumDiscStates    = 0;
sizes.NumOutputs       = 1;
sizes.NumInputs        = 3;
sizes.DirFeedthrough   = 1;
sizes.NumSampleTimes   = 1;
sys = simsizes(sizes);
x0 = [0.1 0.1 0.1 0.1 0.1 1.0];
str = [];
ts = [0 0];
function sys = mdlDerivatives(t,x,u)
```

```
global bj cij
xd = u(1);dxd = cos(t);ddxd = - sin(t);
x1 = u(2);x2 = u(3);

c = 10;
e = x1 - xd;
de = x2 - dxd;
s = c * e + de;

W = [x(1) x(2) x(3) x(4) x(5)];
xi = [x1;x2];

h = zeros(5,1);
for j = 1:1:5
    h(j) = exp( - norm(xi - cij(:,j))^2/(2 * bj^2));
end
fn = W * h;

k1 = 1;k2 = 1.5;
xite = 0.10;
alfa = k1 * s + c * de + fn - ddxd + xite * sign(s);

ub = - k2 * s + alfa;

gama = 10;
dk = gama * s * ub;

for j = 1:1:5
    sys(j) = gama * s * h(j);
end
sys(6) = dk;
function sys = mdlOutputs(t,x,u)
global bj cij

xd = u(1);dxd = cos(t);ddxd = - sin(t);
x1 = u(2);x2 = u(3);

c = 10;
e = x1 - xd;
de = x2 - dxd;
s = c * e + de;

W = [x(1) x(2) x(3) x(4) x(5)];
xi = [x1;x2];

h = zeros(5,1);
for j = 1:1:5
    h(j) = exp( - norm(xi - cij(:,j))^2/(2 * bj^2));
end
fn = W * h;
```

```
k1 = 1;k2 = 1.5;
xite = 0.10;
alfa = k1 * s + c * de + fn - ddxd + xite * sign(s);

ub = - k2 * s + alfa;
k = x(6);
Nk = k ^ 2 * cos(k);
ut = Nk * ub;

sys(1) = ut;
```

5. 作图程序:chap16_2plot.m

```
close all;

figure(1);
subplot(211);
plot(t,sin(t),'r',t,y(:,2),'-.k','linewidth',2);
xlabel('time(s)');ylabel('Position tracking');
subplot(212);
plot(t,cos(t),'r',t,y(:,3),'-.k','linewidth',2);
xlabel('time(s)');ylabel('Speed tracking');

figure(2);
plot(t,ut(:,1),'k','linewidth',2);
xlabel('time(s)');ylabel('Control input');
```

参考文献

[1] Nussbaum R D. Some remark on the conjecture in parameter adaptive control[J]. Systems and Control Letters, 1983,3(4): 243-246.

[2] Ye Xudong, Jiang Jingping. Adaptive nonlinear design without a priori knowledge of control directions[J]. IEEE Transactions on Automatic Control, 1998, 43(11): 1617-1621.

[3] Ioannou P A, Sun Jing. Robust Adaptive Control[M]. PTR Prentice-Hall, 1996: 75-76.